핵심 용접공학

이 책의 차례

[제1편] 용접 일반

CHAPTER 1 용접 개론

제1절 ▌용접의 개요 ········ 3

1. 용접의 원리와 역사 / 3
2. 용접의 장·단점 / 4
3. 접합과 용접의 종류 / 5

제2절 ▌용접의 기초 ········ 7

1. 용접 자세 / 7
2. 용접법의 응용 / 9
3. 용접 작업 / 9

◉ 단원 종합 문제 / 11

CONTENTS

CHAPTER 2 피복 아크용접

제1절 ▌피복 아크용접의 개요 ········ 13

1. 아크용접의 원리 / 13
2. 피복 아크용접의 특성 / 15

제2절 ▌아크의 성질 ········ 15

1. 아크(arc) / 15
2. 아크의 극성 / 16
3. 용융 속도와 이행 / 18
4. 용접 입열과 용접부의 온도 분포 / 19

제3절 ▌피복 아크용접용 설비 및 기구 ········ 21

1. 용접기의 특성 / 21
2. 피복 아크용접기의 종류와 특성 / 23
3. 아크용접용 기구 / 31

제4절 ▌피복 아크용접봉 ········ 34

1. 피복 아크용접봉의 개요 / 34
2. 피복 아크용접봉 / 35

제5절 ▌피복 아크용접 작업 ········ 45

1. 용접 작업 준비 / 45
2. 본용접 작업 / 46
3. 용접부의 결함과 그 방지 대책 / 50
4. 피복 아크용접 표준 용접 조건 / 52

◉ 단원 종합 문제 / 56

CHAPTER 3 가스 용접

제1절 ▌가스 용접의 개요 ········ 60

1. 가스 용접의 원리 / 60
2. 특 징 / 61

제2절 ▌용접용 가스 및 불꽃 ········ 61

1. 용접용 가스의 종류 / 61
2. 산소-아세틸렌 불꽃 / 65

제3절 ▌가스 용접 장치 및 기구 68

1. 산소 용기 / 68
2. 아세틸렌 용기 / 69
3. 용기의 검사 및 각인, 도색 / 70
4. 가스 용접 토치, 호스 / 72
5. 압력 조정기 / 74
6. 가스 용접용 공구 및 보호구 / 76

제4절 ▌가스 용접 재료 78

1. 가스 용접봉 / 78
2. 가스 용접 용제 / 79

제5절 ▌가스 용접 작업 79

1. 작업 준비 및 불꽃 조정 / 79
2. 전진법과 후진법 / 80
3. 역류, 역화, 인화 / 81

제6절 ▌납 땜 82

1. 납땜의 개요 / 82
2. 연납재와 경납재 / 84
3. 납땜용 용제 / 86
4. 납땜법 / 88

◉ 단원 종합 문제 / 89

CHAPTER 4 절단 및 가스가공

제1절 ▌개요 94

1. 절단의 개요 / 94
2. 절단의 분류 / 94

제2절 ▌가스 절단 95

1. 가스 절단의 개요 / 95
2. 가스 절단에 영향을 주는 요인과 절단 조건 / 97
3. 가스 절단 장치 / 101
4. 가스 절단 방법 / 103

제3절 ▌산소－LP 가스 절단 104

1. 액화 석유 가스 / 104
2. 프로판 가스용 절단법 / 105

제4절 ▌특수 절단 및 가스 가공 106

1. 특수 절단 / 106
2. 가스 가공 / 108

제5절 ▌아크 절단 ···· 109
1. 탄소 아크 절단 / 109
2. 금속 아크 절단 / 109
3. 불활성 가스 아크 절단 / 109
4. 플라스마 제트 절단 / 110
5. 산소 아크 절단 / 110
6. 아크 에어 가우징 / 111
7. 레이저 절단 / 113

◉ 단원 종합 문제 / 114

CHAPTER 5 특수 용접 및 기타 용접

제1절 ▌서브머지드 아크용접 ···· 117
1. 원리 및 특징 / 117
2. 용접 장치 / 118
3. 용접 재료 / 120
4. 용접 작업 / 123
5. 용접 결함과 방지 대책 / 128

제2절 ▌불활성 가스 아크용접 ···· 130
1. 원리 및 특징 / 130
2. 불활성 가스 텅스텐 아크용접 / 131
3. 불활성 가스 금속 아크용접 / 142

제3절 ▌탄산 가스 아크용접 ···· 148
1. 원리 및 특징 / 148
2. 용접 장치 / 151
3. 용접 재료 / 153
4. 용접 작업 / 154

제4절 ▌플라스마 아크용접 ···· 156
1. 원리 및 특징 / 156
2. 보호 가스 / 157

제5절 ▌일렉트로 슬래그 용접 ···· 158
1. 원리 및 특징 / 158
2. 용접 작업 / 159

제6절 ▌일렉트로 가스 용접 ···· 160
1. 원리 및 특징 / 160
2. 용접 작업 / 161

제7절 ▌레이저 용접 ········ 162
1. 원리 및 특징 / 162
2. 용 도 / 164
3. 레이저-하이브리드 용접 / 164

제8절 ▌전자 빔 용접 ········ 165
1. 원리 및 특징 / 165
2. 용 도 / 166

제9절 ▌기타 특수 용접 ········ 167
1. 원자 수소 아크용접 / 167
2. 아크 스터드 용접 / 168
3. 테르밋 용접 / 168
4. 단락 옮김(이행) 아크용접 / 169
5. 아크 점 용접법 / 170
6. 가스 압접법 / 170
7. 초음파 용접 / 170
8. 고주파 용접 / 171
9. 냉간 압접 / 172
10. 폭발 압접 / 173
11. 마찰 용접 / 173
12. 용 사 / 174

◉ 단원 종합 문제 / 175

CHAPTER 6 전기 저항 용접

제1절 ▌전기 저항 용접의 개요 ········ 180
1. 전기 저항 용접의 원리 / 180
2. 전기 저항 용접의 종류 / 180
3. 전기 저항 용접의 특징 / 181

제2절 ▌점 용접 ········ 182
1. 원리와 특징 / 182
2. 점 용접의 종류와 전극 / 184
3. 각종 금속의 용접 / 186

제3절 ▌심 용접 ········ 187
1. 원리와 특징 / 187
2. 심 용접의 종류 / 187
3. 심 용접기의 종류와 구조 / 188

제4절 ▌프로젝션 용접 ········ 188
1. 원리와 특징 / 188

제5절 ▌기타 전기 저항 용접 ······ 190
1. 업셋 용접 / 190
2. 플래시 버트 용접 / 191
3. 퍼커션 용접 / 191

◉ 단원 종합 문제 / 193

[제2편] 용접 설계 및 시공과 검사

CHAPTER 1 용접 설계

제1절 ▌용접 설계의 개요 ······ 199
1. 개 요 / 199
2. 설계상의 주의 사항 / 201
3. 용접 이음 / 203
4. 용접 홈의 종류와 특징, 선택 / 206

제2절 ▌용접 이음에 영향을 주는 요소 ······ 211
1. 용접 결함이 이음 강도에 미치는 영향 / 211
2. 변형 및 잔류 응력이 이음 성능에 미치는 영향 / 213
3. 용착 금속의 기계적 성질 / 213

제3절 ▌용접 강도와 안전률 ······ 214
1. 용접 강도 / 214
2. 허용 응력 및 안전률 / 217
3. 용접 경비 / 218

제4절 ▌용접 이음부 기호 ······ 224
1. 용접 이음부 기호와 용접 용어 정의 / 224

제5절 ▌용접절차 사양서 및 용접절차 인정 기록서 ······ 239
1. 용접절차 사양서 / 239
2. 용접절자 인정 기록서(PQP) 작성 / 242
3. 합격기준 / 244
4. PQ 시험 방법 및 절차/ 244

◉ 단원 종합 문제 / 269

CHAPTER 2 용접 시공

제1절 ▌용접 시공의 개요 ······ 273

1. 용접 시공의 개요 / 273
2. 용접 기술 관리 / 275

제2절 ▌용접 준비 ······ 276

1. 일반 준비 / 276
2. 이음 준비 / 278

제3절 ▌용접 작업(본용접) ······ 281

1. 용접 순서와 용착법 / 281
2. 용접열 사이클과 냉각 속도 / 284
3. 용접부의 예열과 후열 / 287

제4절 ▌용접 후 처리 ······ 293

1. 응력 제거 / 293
2. 변형의 방지와 교정 / 297
3. 결함의 보수 / 306
4. 용접 후 가공 / 307

◉ 단원 종합 문제 / 308

CHAPTER 3 용접의 자동화

제1절 ▌자동화 용접 및 절단 ······ 311

1. 자동화의 개요와 목적 / 311
2. 용어 해설 / 311

제2절 ▌로봇 용접 ······ 312

1. 로봇의 정의와 응용 / 312
2. 로봇의 장점 / 313
3. 로봇의 종류 / 314
4. 로봇의 동력 전달 장치 / 316
5. 로봇 제어 시스템과 좌표계와 동작 / 317
6. 센서 / 318

◉ 단원 종합 문제 / 322

CONTENTS

CHAPTER 4 용접 검사와 시험

제1절 ▌용접 검사와 시험 방법의 종류 ······ 324

1. 시험 및 검사의 의의 / 324
2. 작업 검사와 완성 검사 / 325
3. 용접부 검사법의 종류 / 326

제2절 ▌용접 재료 시험법 ······ 326

1. 파괴(기계적) 시험 / 326
2. 야금(금속)학적 시험 / 331
3. 화학적 시험 / 333
4. 비파괴 검사 / 334

제3절 ▌용접성 시험 ······ 348

1. 용접 균열 시험 / 348
2. 용접부 연성 시험 / 350
3. 노치 취성 시험 / 352

◉ 단원 종합 문제 / 355

[제3편] 용접 작업 안전

CHAPTER 1 일반 및 기계 안전

제1절 ▌작업 복장과 보호구 ······ 361

1. 작업 복장 / 361
2. 보호구 / 362

제2절 ▌통행과 운반 ······ 363

1. 통행시 안전 / 363
2. 운반 안전 / 364

제3절 ▌기계 작업 안전 ······ 364

1. 일반 수칙 / 364
2. 수공구류의 안전 수칙 / 365
3. 다듬질 작업 안전 / 366

제4절 ▌주요 기계 작업 안전 ···························· 366

1. 공작 기계 일반 안전 수칙 / 366
2. 선반, 밀링 작업 안전 / 367
3. 연삭, 드릴 작업 안전 / 367
4. 프레스(전단기) 작업 안전 / 368

◉ 단원 종합 문제 / 370

CHAPTER 2 산업 안전

제1절 ▌산업 재해 ···························· 372

1. 재해와 안전 / 372
2. 재해 원인과 상호 관계 / 373

제2절 ▌산업 재해율 ···························· 374

1. 재해율 / 374
2. 재해 발생 빈도 / 375
3. 재해 발생 손실 정도 / 376

제3절 ▌안전 표지와 색채 ···························· 376

1. 안전 표지 부착 / 376
2. 안전 표시와 색채 사용도 / 377

제4절 ▌작업 환경과 조건 ···························· 378

1. 작업 환경 / 378
2. 작업 조건에 의한 병(직업병) / 380

제5절 ▌화재 및 폭발 재해 ···························· 381

1. 화재 및 폭발 / 381
2. 화재 및 폭발 방지 대책 / 383
3. 소화기의 종류 및 용도 / 383

제6절 ▌응급 조치 ···························· 384

1. 현장에 비치해야 할 구급 용품 / 384
2. 구급 조치 / 385

◉ 단원 종합 문제 / 387

CONTENTS

CHAPTER 3 용접 안전

제1절 ▌아크용접 안전 ······ 390

1. 아크 광선에 의한 재해 / 390
2. 전격에 의한 재해 / 390
3. 가스 중독에 의한 재해 / 391

제2절 ▌가스 용접 및 절단의 안전 ······ 392

1. 가스 용접 및 절단의 안전 / 392
2. 가스 용접 관계 안전 관리 법규 / 393
3. 용접 중 화재, 폭발, 화상 / 394

◉ 단원 종합 문제 / 396

[제4편] 용접 야금(용접 재료)

CHAPTER 1 금속 재료 총론

제1절 ▌금속 재료의 개요 ······ 401

1. 금 속 / 401
2. 금속의 공통적인 성질(구비 조건) / 402
3. 경금속과 중금속 / 403
4. 합 금 / 403

제2절 ▌금속 재료의 특성 ······ 404

1. 기계적 특성 / 404
2. 물리적 특성 / 406
3. 화학적 특성 / 409

제3절 ▌금속 조직 ······ 410

1. 금속의 응고 / 410
2. 결정의 생성과 발달 / 412
3. 응고 조직 / 413
4. 고용체와 확산 / 414
5. 포정, 공정, 공석, 금속간 화합물 / 420

제4절 ▌금속의 결정 ········· 422

1. 물질의 구성 / 422
2. 금속의 결정체 / 422
3. 순금속의 결정 구조 / 424

제5절 ▌금속 가공 ········· 425

1. 금속의 변형 / 425
2. 회복 및 재결정 / 437
3. 소성 가공 / 428

◉ 단원 종합 문제 / 430

CHAPTER 2 철강 제조와 탄소강

제1절 ▌철강의 제조법 ········· 434

1. 제철법 / 434
2. 제강법 / 436

제2절 ▌철강의 분류와 변태 ········· 439

1. 철강의 분류 / 439
2. 금속의 상율과 변태 / 441
3. Fe-C계 평형 상태도 / 444

제3절 ▌탄소강 ········· 445

1. 탄소강의 특성과 조직 / 445
2. 탄소강의 성질 / 448
3. 탄소강의 종류와 특성 / 450

◉ 단원 종합 문제 / 452

CONTENTS

CHAPTER 3 특수(합금)강

제1절 ▌특수강의 개요 ········· 457

1. 특수강의 분류 / 457
2. 특수 원소가 강에 미치는 영향 / 458

제2절 ▌구조용 특수강 ········· 458

1. 강인강 / 458
2. 표면 경화용강 / 461

제3절 ▌공구용 특수강 ········· 462

1. 합금 공구강(STS) / 462
2. 고속도강(SKH) / 463
3. 주조 경질 합금, 초경 합금(소결 경질 합금) / 464
5. 기 타 / 464

제4절 ▌특수 용도(목적)용 특수강 ········· 465

1. 스테인리스강(stainless steel) / 465
2. 불변강(invariable steel) / 468
3. 기 타 / 469

제5절 ▌주강과 주철 ········· 470

1. 주 강 / 470
2. 주 철 / 472
3. 주철의 종류와 특성 / 475

◉ 단원 종합 문제 / 481

CHAPTER 4 열처리와 표면 경화

제1절 ▌열처리의 개요 487

1. 일반 열처리 / 487
2. 일반 열처리의 종류 / 488

제2절 ▌항온 열처리 및 심랭 처리 494

1. 개 요 / 494
2. 항온 열처리의 종류 / 495
3. 심랭 처리 / 496

제3절 ▌강의 표면 경화법 497

1. 표면 경화법의 개요 / 497
2. 화학적 표면 경화법 / 497
3. 물리적 표면 경화법 / 501
4. 기타 표면 강화법 / 502

◉ 단원 종합 문제 / 503

CHAPTER 5 비철 금속 재료

제1절 ▌구리와 그 합금 507

1. 구리의 성질 / 507
2. 순 구리(동)의 종류 / 507
3. 황동의 종류, 특성과 용도 / 508
4. 청동의 종류, 특성과 용도 / 512

제2절 ▌알루미늄과 그 합금 513

1. 알루미늄의 성질 / 513
2. 주물용 Al 합금 / 514
3. 가공용 Al 합금 / 516

제3절 ▌기타 비철 금속 재료 518

1. 니켈과 그 합금 / 518
2. 마그네슘과 그 합금 / 519
3. 티타늄과 그 합금 / 521
4. 주석 및 기타 합금 / 522

◉ 단원 종합 문제 / 526

CONTENTS

CHAPTER 6 각종 금속의 용접

제1절 ▌철강의 용접 ······ 529

1. 순철의 용접 / 529
2. 저탄소강의 용접 / 529
3. 중 고탄소강의 용접 / 530
4. 고장력강의 용접 / 531
5. 주강의 용접 / 531

제2절 ▌주철의 용접 ······ 532

1. 주철의 용접 개요 / 532
2. 회주철의 용접 / 532
3. 고급 주철, 기타 주철의 용접 / 534
4. 주철의 보수 용접 / 534

제3절 ▌스테인리스강의 용접 ······ 536

1. 스테인리스강의 용접성 / 536
2. 스테인리스강의 용접법 / 536
3. 스테인리스강의 종류별 용접법 / 537

제4절 ▌구리와 그 합금의 용접 ······ 539

1. 구리 및 구리 합금의 용접성 / 539
2. 구리 및 그 합금의 용접 / 539

제5절 ▌알루미늄과 그 합금의 용접 ······ 541

1. 알루미늄 용접이 곤란한 이유 / 541
2. 알루미늄 및 그 합금의 용접 / 541

제6절 ▌티타늄과 그 합금의 용접 ······ 542

1. 티타늄 용접의 개요 / 542
2. 용접 비드 표면 / 542
3. 티타늄 용접 / 542

◉ 단원 종합 문제 / 546

CHAPTER 7 금속 결합과 결함, 균열

제1절 ▌금속의 결합 ········· 549

1. 원자의 구조 / 549
2. 금속(원자) 결합 / 549
3. 금속 결합의 종류 / 549

제2절 ▌금속의 결함 ········· 551

1. 금속의 결함(격자 결함) / 551
2. 결함의 종류 / 552

제3절 ▌용접 균열 ········· 553

1. 용접 균열의 개요 / 553
2. 고온 균열 / 553
3. 저온 균열 / 555

제4절 ▌수소 취화 ········· 559

1. 철강에서의 수소 취화 / 559
2. 수소 취성의 발생 기구 / 560
3. 철강에서 수소 취성 방지 대책 / 561
4. 용접부의 수소 취화 / 562

제5절 ▌각종 금속의 균열 ········· 564

1. 탄소강 및 저합금강의 용접 균열 / 564
2. 스테인리스강의 용접 균열 / 564
3. 내열 합금의 용접 균열 / 565
4. Al 합금의 용접 균열 / 565
5. 구리(동) 합금의 용접 균열 / 566
6. 용접 균열의 방지 요점 / 567

◉ 단원 종합 문제 / 568

CONTENTS

[제5편] 용접 실기

CHAPTER 1 피복 아크용접 및 가스 절단

제1절 ▌비드놓기 피복 아크용접 575

1. 용접 준비 / 575
2. 아래보기 자세 비드놓(쌓)기 / 576
3. 수직 자세 비드놓(쌓)기 / 580
4. 수평 자세 비드놓(쌓)기 / 581
5. 위보기 자세 비드놓(쌓)기 / 583

제2절 ▌T형 필릿 피복 아크용접하기 584

1. 절단 준비 / 585
2. 모재 가스 절단 및 가공 / 586
3. 아래보기 자세 T형 필릿 피복 아크용접 / 586
4. 수평 자세 T형 필릿 피복 아크용접 / 587
5. 수직 자세 필릿 용접 / 588

제3절 ▌아래보기 자세 V형 맞대기 피복 아크용접 589

1. 용접 준비 / 589
2. 모재 가공 / 589
3. 모재 가접 및 역변형 주기 / 590
4. t6.0 연강판 아래보기 V형 맞대기 피복 아크용접 / 591
5. t9.0 연강판 아래보기 V형 맞대기 피복 아크용접 하기 / 593

제4절 ▌수직 자세 V형 맞대기 피복 아크용접 595

1. 용접 준비와 모재 가공 / 595
2. 모재 가접(tack welding) 및 역변형 주기 / 595
3. t6.0 연강판 수직 V형 맞대기 피복 아크용접하기 / 595
4. t9.0 연강판 수직 V형 맞대기 피복 아크용접하기 / 597

제5절 ▌수평 자세 V형 맞대기 피복 아크용접 599

1. 용접 준비와 모재 가공 / 597
2. 모재 가접(tack welding) 및 역변형 주기 / 599
3. t6.0 연강판 수평 V형 맞대기 피복 아크용접 하기 / 599
4. t9.0 연강판 수평 V형 맞대기 피복 아크용접 하기 / 601

제6절 ▌위보기 자세 V형 맞대기 피복 아크용접 ······ 602
1. 용접 준비와 모재 가공 / 602
2. 모재 가접(tack welding) 및 역변형 주기 / 603
3. t6.0 연강판 위보기 V형 맞대기 피복 아크용접 하기 / 603
4. t9.0 연강판 위보기 V형 맞대기 피복 아크용접 하기 / 605
5. 용접부 검사 / 606

제7절 ▌구조물(용기) 제작 피복 아크용접 ······ 608
1. 용접 준비 / 608
2. 모재 가공 / 609
3. 구조물 조립(도면 작품) / 609
4. 구조물 용접 / 611

CHAPTER 2 특수 용접(CO_2 용접, TIG 용접)

제1절 ▌T형 필릿 CO_2 용접 ······ 613
1. 아래보기 자세 T형 필릿 CO_2 용접 / 613
2. 수평 자세 T형 필릿 전기 용접 / 614
3. 수직 자세 필릿 용접 / 615

제2절 ▌수평 자세 V형 맞대기 CO_2 용접 ······ 616
1. 공구 및 용접 작업 준비 / 616
2. 모재 가공 / 616
3. 모재 가접 및 역변형 주기 / 617
4. V형 맞대기 용접 / 618

제3절 ▌수직 자세 V형 맞대기 CO_2 용접 ······ 620
1. 용접 준비 및 모재 가공, 가접, 역변형 / 620
2. 용접 조건 설정 / 621
3. 모재 고정 / 621
4. V형 맞대기 용접 / 621

CONTENTS

제4절 ▌V형 맞대기 TIG 용접 ········· 623

1. 아래보기 자세 V형 맞대기 TIG 용접 / 623
2. 수평자세 V형 맞대기 TIG 용접 / 628
3. 수직자세 V형 맞대기 TIG 용접 / 629
4. 위보기 자세 V형 맞대기 TIG 용접 / 630

제5절 ▌강관(파이프) V형 맞대기 TIG 용접 ········· 632

1. 압력배관용 탄소강관 전자세(5G) V형 맞대기 TIG 용접 / 632
2. 스테인리스강관 전자세(5G) V형 맞대기 TIG 용접 / 637
3. 스테인리스강관 45° 경사 전자세(6G) V형 맞대기 TIG 용접 / 642

■ 찾아보기 ········· 646

머리말

'핵심 **용접공학**' 교재를 개편하면서

요즘 조선, 해양 플랜트, 자동차, 항공, 풍력 및 원자력 발전 설비, 교량, 건축, 압력 용기, 송유관 등의 산업이 매우 빠른 속도로 발전하고 있다.

그리고 이러한 산업은 대부분 금속으로 이루어져 있으며, 금속을 조립하는데는 반드시 용접기술이 필요하다. 즉 용접기술은 중화학공업의 발전에 없어서는 안될 뿌리 산업으로서 이러한 산업이 발전하기 위해서는 용접기술이 업그레이드 되어야 할 것이다.

따라서 능률이 떨어지는 용접기나 단순한 경험에 의한 기술보다는 능률이 좋은 장비와 새로운 기술, 체계적인 교육훈련과 경험을 바탕으로 철저히 시험하고 검증된 설계와 시공법에 의한 용접 기술과 기술(능)인의 필요성이 요구되고 있다.

필자는 1973년부터 지금에 이르기까지 산업현장과 교육현장에서 **'금속과 용접'** 한분야만을 고집하면서 꾸준히 기술을 익히고 학생들을 지도하고 취업시켜 오면서 느낀 것은 무엇이든 단기간보다는 체계적인 교육 방법으로 이론과 실기를 연마하여 산업 현장에 나가거나 직접 체험하면서 기술을 익히는 방법이 처음엔 늦었다고 생각할지 모르지만 얼마 정도만 지나면 응용력도 훨씬 앞서고 기술도 한층 향상되고 있음을 보아왔다.

이론이 없고 생각이 잠자고 있는 사람, 노력하지 않는 사람은 발전할 수 없다. 따라서 용접사라면 이 정도는 알아야 되겠다는 용접관련 지식을 한권의 책으로 모아 정리해서 예비 용접사나 기량은 뛰어나지만 관련 지식이 부족한 분들에게 유익한 참고서가 되었으면 하는 바람으로 **'핵심 용접공학'**을 출간했으며, 많은 분들과 대학에서 선택하고 추천하여 주신 덕분에 벌써 **'개정판'**을 출판하게 되었으며, 그동안 부족했던 부분을 대폭 보강하고 수정하였기에 대학에서 강의용 교재뿐만 아니라 용접 현장에 종사하거나 용접기술을 배우려는 분들에게 도움을 주는데 충분한 교재라고 생각된다.

또한 본교재 출판 이후 많은 분들의 요청으로 [고수열강 용접·특수용접기능사, 만원의 행복 용접기능사, 만원의 행복 특수용접기능사, 용접산업기사, 용접기능장, 용접기사 필기&실기]를 출판했으며, 이어서 [고수열강 용접실습, 핵심 용접실무실습, 핵심 금속·용접야금학개론] 교재를 출판하였으며, 많은 분들의 호응 덕분에 개정판을 출판하고 있다.

본 교재의 구성은 **'제1편 용접일반, 제2편 용접 설계 및 시공과 검사, 제3편 용접 작업 안전, 제4편 용접야금(용접재료), 제5편 용접 실기'**로 구성하였다.

끝으로 본서의 출판에 도움주신 도서출판 구민사 조규백 대표님과 이하 직원 분들께 깊이 감사드린다.

PART 1 용접 일반

Chapter 01 용접 개론
단원 종합 문제
Chapter 02 피복 아크용접
단원 종합 문제
Chapter 03 가스 용접
단원 종합 문제
Chapter 04 가스 절단 및 가스가공
단원 종합 문제
Chapter 05 특수 용접 및 기타 용접
단원 종합 문제
Chapter 06 전기 저항 용접
단원 종합 문제

핵심 용접공학

chapter 01 용접 개론

제1절 | 용접의 개요

1 용접의 원리와 역사

가. 용접의 원리

금속을 접합하는 방법에는 접합력이 생기는 방법에 따라 기계적 방법과 야금학적 접합법이 있다. 기계적 접합에는 볼트나 나사, 리벳 등의 접합, 확관 접합, 시임 접합 등이 있으며, 야금학적 접합 방법 중의 하나로 용접법이 있다.

용접(welding)은 뉴턴의 '만유인력의 법칙'에 따라 금속의 원자 간의 접근 거리를 1억분의 1센티미터(옹그스트롱(Å) = 10 − 8cm) 정도로 가까이 하면 금속 원자들 간의 인력에 의해 두 금속이 굳게 결합하는 원리를 이용한 것이다.

그러나 실제로는 두 금속을 충분히 가까이 하여도 결합되지 않는 이유는 금속 표면의 산화막과 표면의 요철(표면이 매끈한 것 같아도 초현미경으로 확대하면 요철이 많음) 때문이므로 용접의 목적을 달성하기 위해서는 산화막 제거 및 산화물의 발생을 방지하며, 표면의 원자들이 서로 충분히 접근할 수 있도록 하여야 되는데, 그런 이유로 접합할 부분에 활성에너지(가열, 마찰, 충격, 가압 등)를 주어 접합시키는 방법을 선택하고 있으며, 접합 방법에 따라 융접, 압접, 납접(땜)으로 대분류하며, 두 금속 조각들의 일부를 가열 및 가압하거나 또는 이것들의 조각을 동시에 합하여 금속을 서로 결합시키는 방법을 취한다.

나. 용접의 역사

용접의 역사는 금속의 이용과 함께 시작되었다고 생각되나 실제로 많이 사용된 시기는 18세기 말경 피복 아크용접이 발명되면서부터 두드러지게 나타났다.

그 이후로부터 현재에 이르기까지 무수한 용접법이 개발되었고 앞으로도 금속 기술과 함께 새로운 접합 기술이 개발될 것으로 생각된다.

[표 1 - 1]은 용접법의 개발자와 개발 연대를 나타낸 것이다.

표 1-1 용접법의 개발자

구 분	용접 방법	개발자	개발 국명
제1기(1885 ~ 1902년)	금속 아크용접	슬라비아노프	구 소련
	테르밋 용접	골드 슈마트	독일
	가스 용접	푸세, 피카아르	프랑스
제2기(1926 ~ 1936년)	불활성 가스 아크용접	호버트	미국
	서브머지드 아크용접	케네디	미국
	경납땜	왓서만	미국
제3기(1948 ~ 1958년)	일렉트로 슬래그 용접	빠돈	구 소련
	탄산 가스 아크용접	소와	미국
	마찰 용접	아니아니초지코프	구 소련
	전자 빔 용접	스톨	프랑스

2 용접의 장·단점

가. 일반적인 장점

① 작업 준비가 간단하고, 재료(자재)가 절약되며, 작업 공수(공정수)가 감소된다.
  ㉠ 리벳 이음 공수(6 공정) : 재료에 금 긋기 – 절단 – 드릴링 – 리벳 체결 – 코킹 – 완성
  ㉡ 용접 이음 공수(4 공정) : 재료에 금 긋기 – 절단 – 용접 – 완성

② 이음의 효율이나, 제품의 성능과 수명이 향상된다.
③ 기밀, 수밀, 유밀성이 우수하다.
④ 용접 작업이 비교적 간단하고, 작업의 자동화가 용이하다.

나. 주조품, 단조와 비교한 장점

① 용접부 강도가 크며, 중량이 감소된다.
② 목형이나 주형이 필요 없어 제작비가 적게 든다.
③ 이종 재질을 조합할 수 있으며, 복잡한 구조물의 제작이 용이하다.

다. 용접의 단점

① 품질 검사가 곤란하다.
② 수축 변형이나 용접 모재의 재질이 변질되기 쉽다.
③ 용접사의 기술에 의해서 이음부의 성능이 좌우된다.
④ 응력 집중에 대하여 극히 민감하며, 저온 취성(메짐)에 의해 파괴가 발생하기 쉽다.

3 접합과 용접의 종류

가. 기계적 접합법

기계적 접합법은 리벳이나 볼트, 키 등을 사용하여 금속의 조각들을 결합하는 접합법을 말하며, 분해 이음과 영구 이음이 있다.

① 분해 이음 : 나사 이음, 키 이음, 코터 이음, 핀 이음 등이 있다.
② 영구 이음 : 리베팅, 시임, 가열 끼우기, 확관법, 가압 끼우기 등이 있다.

그림 1-1 기계적 이음의 종류

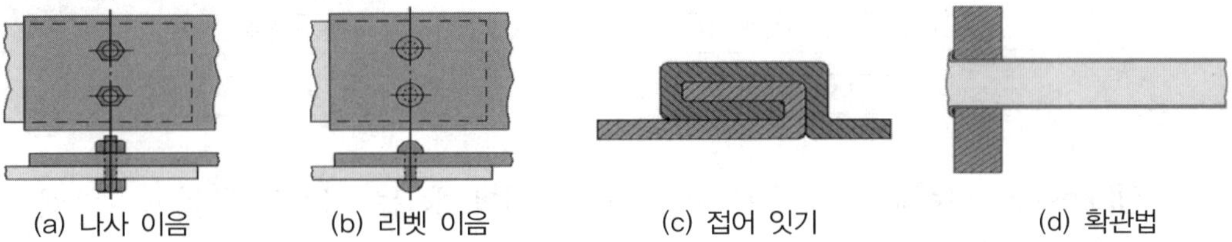

나. 야금학적 접합법

금속과 금속을 충분히 접근시켰을 때 생기는 원자 사이의 인력으로 접합하는 접합법으로 크게(대) 분류하면 융접, 압접, 납접(땜) 등의 용접법이 있다.

그림 1-2 용접법의 분류

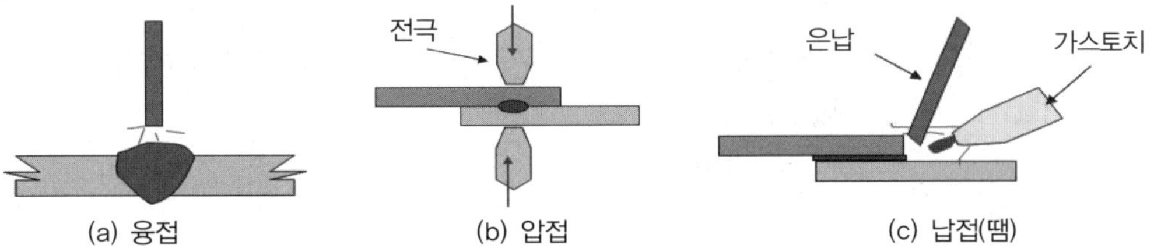

다. 용접법의 종류

1) **융접**(fusion welding) : 전기나 가스 열 등을 이용하여 접합 부분을 적당히 용융시키고 그 부분에 용가재(용접봉, 와이어 등)를 용융시켜 접합하는 용접법이다.

(1) 융접(fusion welding)의 종류

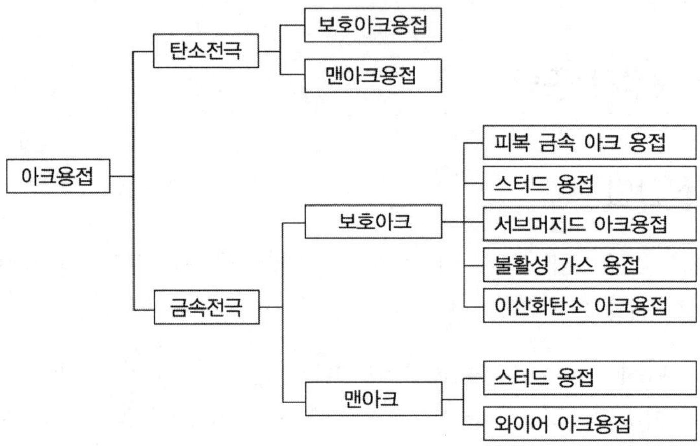

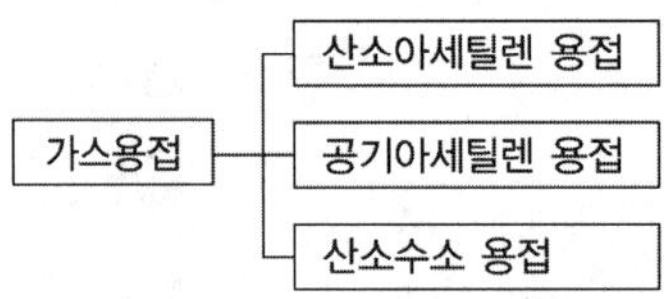

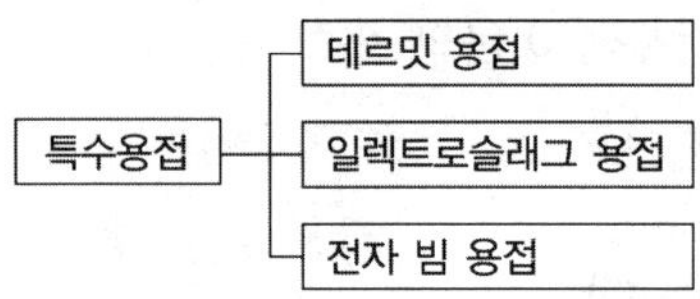

2) **압접**(pressure welding) : 용가재(용접봉, 와이어 등)는 사용하지 않고 두 물체의 접합부를 어떤 열로 적당히 용융시켜 가압력에 의해 접합하는 방법이다.

(1) 압접의 종류

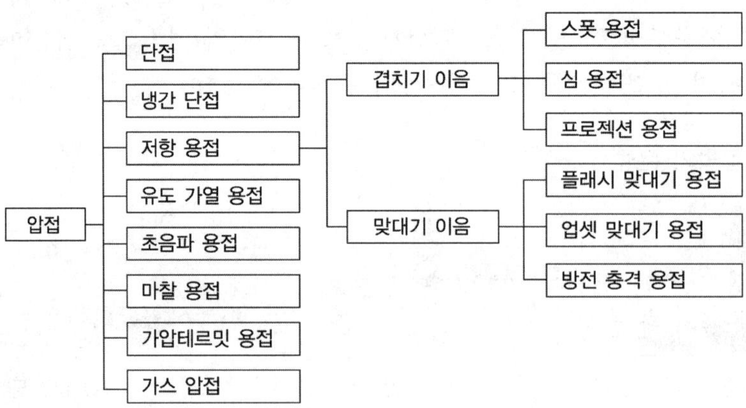

3) **납접**(brazing and soldering) : 일명 납땜이라고도 하며, 모재는 용융되지 않으나 땜납이 녹아서 접합면의 사이에 표면 장력의 흡인력이 작용하여 접합된다.

(1) **납땜의 종류**

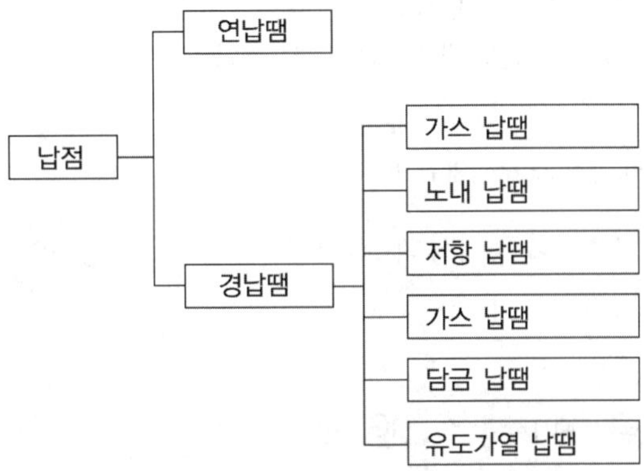

참고 Point

① 소모식(용극식) : 아크를 발생하는 금속 전극봉이 연속적으로 녹아서 용착 금속이 되는 방식을 용극식이라 하며, 전극이 소모되므로 소모식이라고 말한다.
② 비소모식(비용극식) : 탄소나 텅스텐 등의 소모되지 않는 전극을 쓰는 방식을 뜻한다.

제2절 | 용접의 기초

1 용접 자세

용접 자세는 4가지 기본 자세와 전자세, 응용 자세가 있으며, 작업 요소에 따라 적당한 자세를 선택하여야 되며, 용접 작업을 할 때에 가장 편안한 자세를 취하는 것이 좋다.

가. 용접 4가지 기본자세

1) **아래보기 자세**(F : Flat position), (1G, 1F)

용접하려는 재료를 수평으로 놓고 용접봉을 아래로 향하여 용접하는 자세이며, 다른 자세에 비해 20~40% 정도 작업 능률이 높으므로, 턴 테이블 등을 사용하여 아래보기 자세로 작업하는 것이 좋다. 여기서 G는 Groove 홈을 의미하며, 1G는 아래보기 자세 맞대기 용접을 뜻하고, 1F는 아래보기 자세 필릿(Fillet) 용접을 의미한다.

2) 수평 자세(H : Horizontal position), (2G, 2F)

모재가 수평면과 90° 또는 45° 이상의 경사를 가지며, 용접선이 수평이 되게 하는 용접 자세이며, 진행 방향에 따라 전진법과 후진법이 있다.

3) 수직 자세(V : Vertical position), (3G, 3F)

모재가 수평면과 90° 또는 45° 이상의 경사를 가지며, 용접선이 수직이 되게 하는 용접 자세이며, 상진법과 하진법이 있다.

4) 위보기 자세(O : Overhead position), (4G, 4F)

모재가 눈 위로 들려 있는 수평면의 아래쪽에서 봉을 위로 향하여 용접하는 자세이다.

나. 응용 자세

1) 전자세(AP : All position), (5G)

위 자세의 2가지 이상을 조합하여 용접하거나 4가지 전부를 응용하는 자세이다. 맞대기 할 파이프(관)를 수평으로 고정한 상태에서 그 위치에 따라 용접하는 자세이다.

2) 6G

AWS나 ASME에서 45° 경사 전자세를 말하며, 파이프에 장애물이 없을 뿐 다른 것은 6GR과 거의 같다.

3) 6GR

6GR란 AWS나 ASME에서 45°경사 전자세(6G)와 유사하나 상부 파이프에 장애물이 설치되어 있으며, 일반적으로 상부 파이프는 개선 가공을 하지 않고 하부 강관만 37.5°(프로젝트에 따라 다를 수 있음)로 개선(bavel) 가공하여 용접의 난이도를 높인 자세를 말한다.

실제 해양 구조물 등에서는 프로젝트의 요구에 따라 전체를 TIG 용접하는 경우(스테인리스강 파이프 용접 등)와 FCAW로 용접하는 경우, 그리고 1~2층을 TIG 용접한 후 나머지를 FCAW 용접하는 경우, 1층을 SMAW 용접 후 나머지를 FCAW 용접하는 경우 등의 작업이 적용되고 있다.

그림 1-3 용접 자세

(a) 아래보기 자세 (b) 수평 자세 (c) 수직 자세 (d) 위보기 자세 (e) 6GR 자세

2 용접법의 응용

용접법은 산업이 발전할수록 일반 금속에서 특수금속에 이르기까지 금속의 활용도가 높아지고 있으며, 피복아크용접에서 GMAW(CO_2/MAG/MIG) 용접이나 TIG 용접법, 레이저 용접, 전자 빔 용접 쪽으로 이동이 활발해지고 있다.

용접법에 의해 제작되는 주요 제품들은 다음과 같다.

① 각종 구조물 : 석유화학탱크, 열교환기, 철탑, 건축, 교량 등의 구조물
② 기계장치 : 압력용기, 기계부품, 보일러, 원자로, 발전설비, 배관, 기계설비
③ 운반기계 : 조선, 요트, 철도 차량, 자동차, 중장비, 항공기, 로켓, 우주선 등
④ 군수장비, 기타 : 장갑차, 탱크, 잠수함, 군용차량, 항공모함, 가정용품 등

3 용접 작업

가. 용접 열원

(1) 가스 에너지 : 아세틸렌 등의 가연성 가스와 지연성 가스인 산소 등을 적당히 혼합하여 연소할 때 발생하는 열을 이용하는 용접법으로, 최고 온도(3400℃)가 낮아, 요즈음은 거의 사용이 안되나, 절단, 박판 용접, 납땜 등에 주로 이용된다.

(2) 전기 에너지 : 피복 아크용접, CO_2 용접, 전기 저항 용접 등과 같이 모재와 전극(용접봉, 와이어 등) 사이에 아크열이나, 전기 저항열 등을 이용하는 용접에 이용된다.

(3) 기계적 에너지 : 압력, 마찰, 진동에 의한 열을 이용하는 용접법으로, 마찰 용접, 초음파 용접, 냉간 압접 등에 이용된다.

(4) 전자파 에너지 : 고주파 및 저주파, 전자 빔, 레이저 열을 이용하는 용접법으로, 전자 빔 용접, 고주파 용접, 레이저 용접 등에 이용된다.

(5) 화학적 에너지 : 테르밋제(산화철과 알루미늄의 미세한 분말)의 화학 반응열을 이용

한 용접법이다. 테르밋 반응열의 온도는 약 2800~3000℃ 정도 된다.

나. 용접 재료와 적용 용접법

용접법 선택은 모재의 재질이나 사용 목적, 구조물의 형상 등에 따라 적합한 용접법을 선정해야 된다.

예를 들면 연강이나 저합금강에는 거의 모든 용접법이 일반적으로 적용되나, 경제성 등을 고려해서 선택해야 될 것이며, 구리나, 알루미늄 및 그 합금의 용접에는 불활성 가스 아크용접으로 우수한 용접 결과를 얻을 수 있다.

[표 1-2]는 용접 재료와 적용 용접법에 대하여 나타낸 것이다.

표 1-2 용접 재료와 적용 용접법

재 료 / 용접법	연 강	저합금강	고합금강	구리 합금	알루미늄합금
피복 금속 아크용접	●	●	●	▲	▲
서브머지드 아크용접	●	●	●	×	×
탄산 가스 아크용접	●	●	×	×	×
불활성 가스 아크용접	●	●	●	●	●
산소-아세틸렌 가스 용접	●	●	●	●	●

※ 양호 : ●, 보통 : ▲, 불가 : ×

단원 종합 문제 {제1장 | 용접개론}

01 용접의 원리와 금속 원자간 접근 거리에 대하여 설명하시오.

02 다음 용접의 개발자를 쓰시오.

① 피복 금속 아크용접 ② 가스 용접
③ 서브머지드 아크용접 ④ 불활성 가스 아크용접

03 용접의 일반적인 장점 5가지를 쓰시오.

04 주조와 비교한 용접의 장점을 3가지만 쓰시오.

05 용접의 단점을 3가지만 쓰시오.

06 다음은 용접의 단점을 설명한 것이다. 틀린 것은 어느 것인가?

① 품질 검사가 곤란하다.
② 용접 모재의 재질이 변질되기 쉽다.
③ 용접공의 기술에 의해서 이음부의 성능이 좌우된다.
④ 용접 준비 및 작업 방법이 비교적 간단하다.

07 금속의 접합법을 크게 분류하여 설명하시오.

08 용접을 대분류하여 설명하고, 그에 속하는 용접법을 3가지씩만 들어보시오.

09 용접 기본 자세 4가지의 종류를 들고 자세의 기호를 써보시오.

10 모재가 수평면과 90° 또는 45° 이상의 경사를 가지며, 용접선이 수평이 되는 자세는?

① 아래보기 자세 ② 수직 자세
③ 수평 자세 ④ 위보기 자세

11 용접 열원의 종류를 들고 설명하시오.

12 다음 중 기계적 반응열을 이용한 용접법의 종류가 아닌 것은?

① 마찰 용접
② 초음파 용접
③ 냉간 압접
④ 고주파 용접

13 **다음 중 전자파 에너지를 이용하는 용접은 어느 것인가?**

① 레이저 용접
② 피복 아크용접
③ 저항 용접
④ TIG 용접

14 **다음 중 화학 반응열을 이용하는 용접법은 어느 것인가?**

① 피복 금속 아크용접
② 테르밋 용접
③ 이산화탄산가스 아크용접
④ 가스 용접

15 **구리나 알루미늄은 어느 용접법을 적용해야 양호한 용접이 되는가?**

① 피복 금속 아크용접
② 불활성 가스 아크용접
③ 서브머지드 아크용접
④ 탄산가스 아크용접

제1장 용접 개론 문제 해설 [p.1~10]

1. 1억분의 1cm(옹그스트롱(Å)=10^{-8}cm)
2. P4 표 1-1 참조
3. P4 2 가. 참조
4. P4 2 나. 참조
5. P5 2 다. 참조
6. ④, '④'는 장점에 해당된다.
7. 기계적 접합, 야금학적 접합
8. P5~7 3 나, 다. 1) 2) 3) 참조
9. P7 1 가. 참조
10. ③
11. P9 3 가. 용접 열원
12. ④, 고주파용접은 전자파 에너지를 이용한 용접법이다.
13. ②
14. ②
15. ①

02 피복 아크용접

제1절 | 피복 아크용접의 개요

1 아크용접의 원리

가. 피복 아크용접의 원리

피복 아크용접(shield metal arc welding : SMAW)은 피복제를 바른 용접봉과 모재(피용접물) 사이에 전류를 통하면 아크가 발생되며, 이때 발생하는 열은 약 3500~5000℃ 정도 되는데, 이 아크열을 이용하여 용접하는 용극(소모)식 용접법이다.

이 용접법은 모재와 용접봉(전극) 사이에 교류 또는 직류의 전압을 접속하고 아크를 발생시키면 모재와 용접봉이 녹아서 금속 증기와 용적이 되어 아크 속을 지나 용융지에 옮겨가서 용착금속을 만드는 방법으로, 연강, 고장력강, 스테인리스강, 비철 금속, 주철 및 표면 경화강까지 각종 용접법에 널리 적용할 수 있으나, 타 용접법에 비해 작업 능률이 현저히 떨어지므로 요즈음 산업현장에서는 거의 쓰이지 않는다.

그러나 도시가스관 용접이나 해양 구조물 용접 등 옥외에서는 다른 용접법에 비해 아크 길이를 짧게 할 수 있어 용접부 보호 능력이 좋으므로 피복 아크용접법이 쓰이고 있다.

나. 용어 설명

① 아크(arc) : 기체 중에서 일어나는 아크 방전의 일종, 피복 아크용접에서의 온도는 5000~6000℃이다.

② 용적 : 용접봉이 녹아 모재로 이행되는 쇳물 방울이다.

③ 용입 : 모재가 녹은 깊이이다.

④ 용착 : 용접봉이 녹아 용융지에 들어가는 것을 말한다.

⑤ 용융지 : 아크열에 의해 모재가 녹아

그림 2-1 피복 아크용접 원리

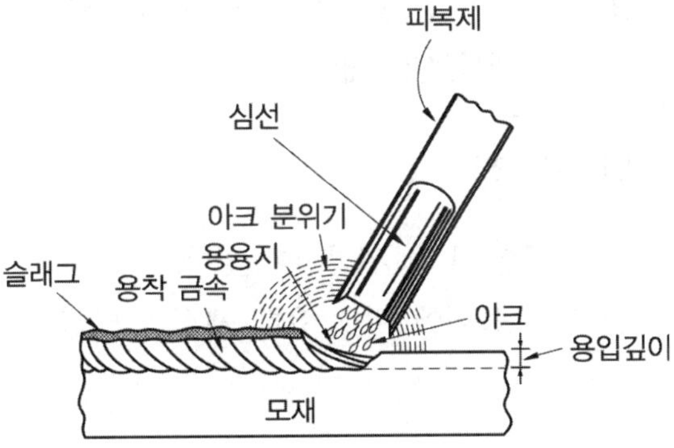

있는 쇳물 자리를 말한다.

⑥ 슬래그 : 피복제가 녹아서 용접부를 덮고 있는 비금속 물질이다.

⑦ 용착 금속 : 모재와 용접봉이 녹아서 혼합된 금속을 말한다.

⑧ 보호 가스 : 피복제가 연소하여 생긴 환원성 가스로 아크 분위기를 말한다.

다. 용접 회로(welding cycle)

피복 아크용접 회로란 용접 전원이 입력되어 아크를 발생하고 다시 용접기로 돌아오는 과정을 말한다. 즉 용접기(전원) → 전극 케이블 → 용접봉 홀더 → 피복 아크용접봉 → 아크 → 모재 → 접지 케이블 → 용접기(전원) 순을 말한다. [그림 2-2 참조]

그림 2-2 용접 회로

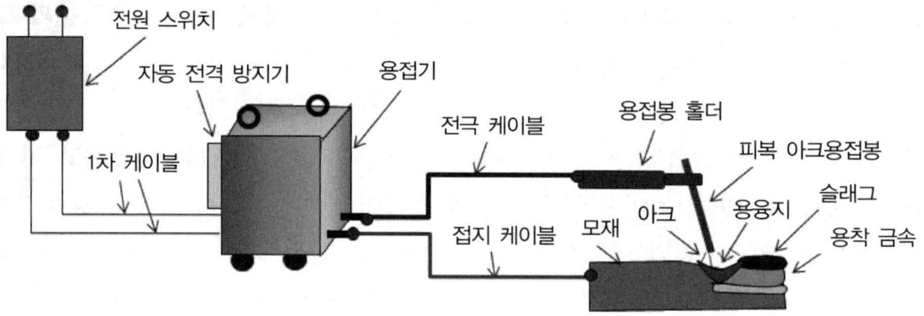

2 피복 아크용접의 특성

가. 장 점

① 가스 용접 등에 비해 열의 집중성이 좋아 직접 용접에 이용되는 열효율이 높다.

② 효율적인 용접을 할 수 있으며, 용접 변형이 적고, 기계적 강도가 양호하다.

③ 폭발 위험성이 없다.

나. 단 점

① 전격(감전)의 위험성이 있다.

② 가스 용접에 비해 유해 광선의 발생이 많다.

제2절 | 아크의 성질

1 아크(arc)

가. 아크 현상

아크란 탄소 전극 2개에 직류 전원을 접속하고 수평으로 서로 마주보게 하여 전극을 살짝 접촉시켰다 떼면 불꽃 방전인 아크가 발생하며 아크 기둥이 형성되는데 이 기둥의 형상이 상하로 볼록한 원호 형상을 그리고 있으므로 arc(圓弧)라는 이름이 붙여진 것 같다.

아크 방전은 그 특성에 따라서 코로나(corona) 방전, 글로(glow) 방전, 아크 방전(arc discharge) 등으로 구분한다.

글로 방전은 고전압, 저전류 영역의 방전으로 네온 사인이나 형광등 등에 이용되며, 아크 방전은 저전압 고전류를 특징으로 하며, 큰 열량이 얻어지므로 용접 등에 적용하고 있다.

이 아크를 통해 보통 10~500A의 전류가 흐르며 금속 증기와 그 주위의 각종 기체 분자가 해리하여 양전기를 띤 양이온과 음전기를 띤 전자가 각각 분리되고, 양이온은 음극(−)으로, 음이온은 양극(+)으로 이동하기 때문에 아크 전류가 흐르게 된다.

나. 아크의 특성

1) 부특성(부저항 특성)

일반적으로 전기는 옴의 법칙(Ohm's law)에 따라 동일 저항에 흐르는 전류는 그 전압에 비례하지만[그림 2−3 참조], 아크의 경우는 그 반대로 전류가 커지면 저항이 작아져서 전압도 낮아지게 되는데 이 현상을 부특성 또는 부저항 특성이라 한다.

부특성은 아크 전류 밀도가 작을 때 나타나며, 전류 밀도가 크면 전압이 상승하는 상승특성을 나타내며,[그림 2.4 참조] 용접봉과 보호 가스의 종류에 따라 변하는 성질이 있으므로 피복제를 사용하여 보호 가스를 발생시키면 낮은 아크 전압에서도 아크가 잘 일어나며 아크가 안정하게 된다.

2) 절연 회복 특성

교류 아크에서는 1사이클(cycle)에 두 번 전류 및 전압의 순간값이 0이 되므로 아크 발생이 중단되고 용접봉과 모재 사이가 절연된다. 이때 아크 기둥을 둘러싼 보호 가스가 용접봉과 모재 사이의 절연을 꺾고 전류가 잘 통하도록 만든다. 이와 같이 보호 가스에 의해 순간적으로 꺼졌던 아크가 다시 일어나는 특성을 절연 회복 특성이라 한다.

그림 2-3 일반 전류 전압 특성

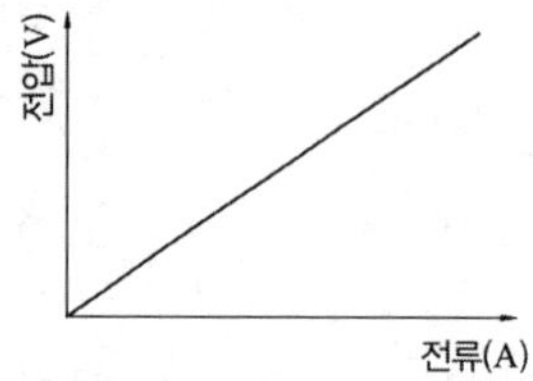

그림 2-4 아크의 전압, 전류 특성

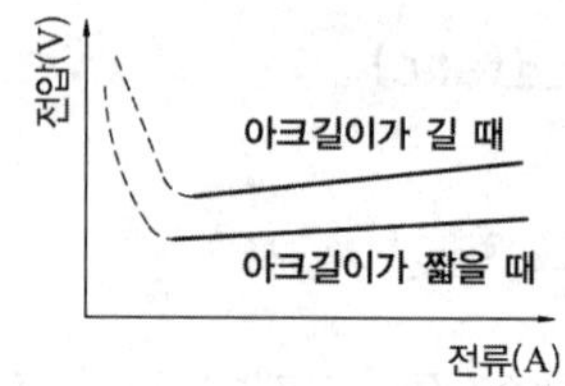

다. 아크의 구조와 전압 분포

2개의 탄소 또는 텅스텐 전극 사이에 직류 전원을 접속시키고 수평으로 마주보게 한 후 살짝 접촉시켰다 떼면 두 전극 사이에 아크가 발생한다. 이때 전원의 (+)극에 접속된 쪽을 양극(anode), (−)극에 접속된 쪽을 음극(cathode), 양극과 음극 사이를 아크 기둥(arc column) 또는 아크 플라즈(스)마(plasma)라 하는 방전이 일어나게 되는데, 이 아크 플라즈마는 강력한 불빛과 높은 열을 발생하며 가스 및 전극 물질이 증가하게 된다.

이때 아크 기둥의 길이에 따르는 전압 분포를 보면 양극과 음극에서 급격한 전압 강하가 일어나고 아크 기둥에서도 완만하게 전압 강하가 일어나게 되는데, 양극 전압 강하(V_A), 음극 전압 강하(V_K), 아크 기둥의 전압 강하(V_P)의 전체의 전압을 아크 전압(V_a)이라고 하며 다음과 같은 식으로 나타낼 수 있다. [그림 2−5 참조]

$$V_a = V_K + V_P + V_A$$

양극과 음극의 전압 강하는 전극 재질에 따라 변하지만, 아크 길이나 전류 크기와 관계없이 일정하나, 아크 기둥의 전압은 아크 길이에 거의 정비례하며, 아크 길이가 일정할 경우는 아크 전류의 증가에 따라 증가하는 경향이 있다.

2 아크의 극성

직류 용접기를 사용할 경우에 열의 분배는 일반적으로 (+)극 쪽에서 약 70%, (−)극 쪽에서 약 30%의 열이 발생한다. 따라서 직류 아크용접시는 모재를 (+)에 연결하느냐, (−)에 연결하느냐에 따라 작업 상태가 달라지므

그림 2-5 아크 전압의 분포

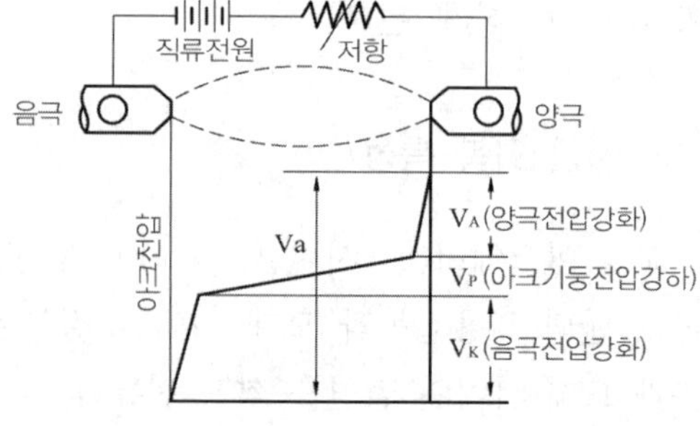

로 재질이나 형상에 따라서 적합한 극성을 선택해야 된다. [표 2-1 참조]

가. 직류 정극성(DCEN, DCSP ; DC straight polarity)

직류 용접에서 모재를 (+)에 연결하고, 용접봉을 (-)에 연결한 극성을 말하며, (+)극인 모재에서의 발열량이 크므로 모재는 용입이 깊은데 (-)극인 용접봉쪽은 발열량이 적어 용접봉의 용융이 적으므로 비드 폭이 좁고 용입이 깊은 용접이 되며, 철강이나 스테인리스강의 용접 등 일반적으로 많이 사용되는 극성이다.

표 2-1 정극성과 역극성의 비교

극 성	극성 그림	용접부 형상	특 성
정극성 (DCSP)	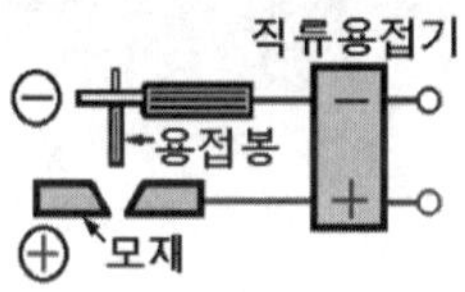	열분배 (-)에서 30% (+)에서 70% 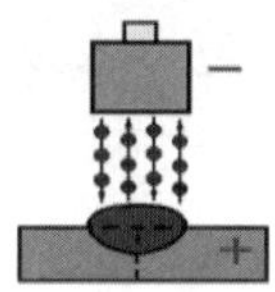	• 모재의 용입이 깊다. • 봉의 녹음이 느리다. • 비드 폭이 좁다. • 일반적으로 많이 쓰인다.
역극성 (DCRP)	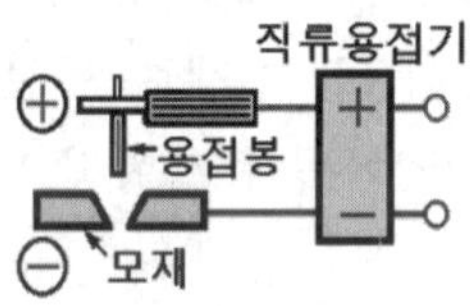	열분배 (+)에서 70% (-)에서 30% 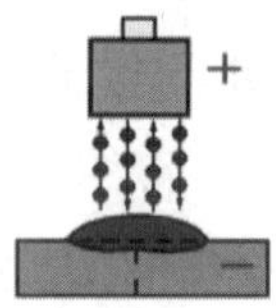	• 용입이 얕다. • 봉의 녹음이 빠르다. • 비드 폭이 넓다. • 박판 주철, 고탄소강, 합금강, 비철 금속의 용접에 쓰인다.

나. 직류 역극성(DCEP, DCRP ; DC reverse polarity)

직류 용접에서 모재를 (-)에 연결하고, 용접봉을 (+)에 연결한 극성을 말하며, 모재의 열량이 적고 용접봉의 발열량이 크므로 넓고 얕은 용입이 일어난다.

또한, 알루미늄 등의 용접시 양극인 용접봉(전극)에서 나오는 양자가 모재의 표면을 두드려주는 효과를 가지며 아르곤 가스의 해리작용에 의해 청정 작용이 있어 비철금속이나 주철의 용접, 박판 용접에 적용되는 극성이다.

다. 교 류(AC)

우리나라 교류는 60Hz의 교번 전류가 흐르고 있으므로 1초에 120회의 전원이 끊어지는 현상이 생기며 용접시 아크가 불안정한 원인이 된다. 그러나 용접기 제작이 쉽고 고장이 적어 관리가 편하므로 교류 용접기가 많이 사용되고 있다. 교류는 1/2은 정극성, 1/2은 역극성을 형성하므로 봉의 녹음이나 용입, 비드 폭 등이 정극성과 역극성의 중간 정도이다.

3 용융 속도와 이행

가. 용접봉의 용융 속도(welding rate)

용접봉의 용융 속도는 단위 시간당 소비되는 용접봉의 길이 또는 무게로써 표시되며, 아크 전압과는 관계가 없다. 지름이 달라도 같은 용접봉인 경우에 심선의 용융 속도는 아크 전류에 비례하며, 아크 전압과는 무관하고, 같은 종류이면 봉의 지름에도 무관하며, 심선의 화학성분이 같더라도 피복제의 종류에 따라 약간 차이가 있으나, 약 0.034~0.044 lb/100A.min(2.5~3.3×10^{-3}g/A.sec) 정도이다.

용융 속도 = 아크 전류 × 용접봉쪽 전압 강하

나. 용적 이행

용적 이행이란 용접봉에서 용융된 용적이 모재로 옮겨가는 상태를 말하며, 기본형은 단락형, 분무형, 입상(글로뷸러)형으로 구분하나[그림 2-6 참조], 실제로는 전류의 세기, 피복제의 종류, 사용 가스의 종류, 용접기의 종류 등에 따라 이들이 복합적으로 나타나기도 하므로 용적 이행 방식은 다양하게 많다.

1) 단락 이행(short circuit transfer)

용적이 용융지에 접촉되어 단락되고, 표면 장력의 작용으로 모재에 옮겨가서 용착되는 현상으로, 비피복봉을 사용할 때나, 솔리드 와이어를 사용하는 이산화탄산 가스 아크용접에서 주로 일어난다.

2) 분무 이행(spray transfer)

스프레이형이라고도 하며, 피복제의 일부가 가스화하여 가스를 뿜어내면서 미세한 용적이 모재에 옮겨가서 용착되는 현상으로, 일미나이트계, 고산화티탄계 등에서 일어난다.

3) 입상 이행(globular transfer)

비교적 큰 용적이 단락되지 않고 모재에 옮겨가는 현상으로 일명 글로뷸러형 또는 핀치 효과형이라고도 하며, 서브머지드 용접 등과 같이 대전류 사용시 일어난다.

핀치 효과란 플라즈마 속에서 흐르는 전류와 그것으로 생기는 자기장과의 상호 작용으로 플라즈마 자신이 가는 줄 모양으로 수축하는 현상을 말하며, 전자기적 핀치 효과와 열적 핀치 효과로 구분하고 있다.

그림 2-6 용융 금속의 이행 형식

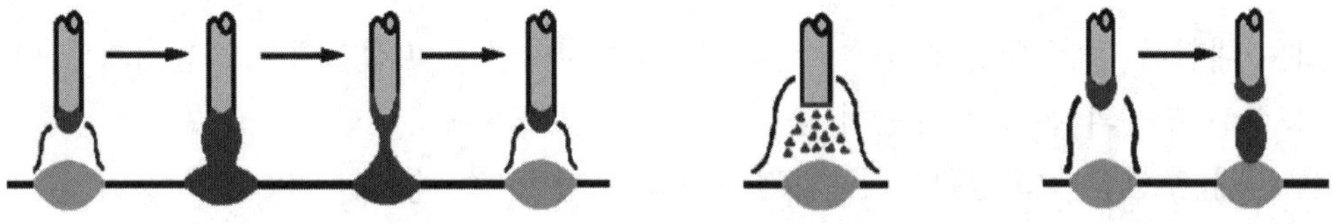

(a) 단락 이행 (b) 분무 이행 (c) 입상 이행

4 용접 입열과 열효율, 용접부의 온도 분포

가. 용접 입열과 열효율

용접 입열(weld heat input)이란 용접부에 외부에서 주어지는 열량을 말하며, 이 입열의 대소에 따라 용입 깊이가 달라진다.

만약, 용접 입열이 충분하지 못하면 용융 불량, 용입 불량 등의 용접 결함을 가져올 뿐만 아니라, 심할 경우에는 모재가 녹지 않아 용접이 안될 때도 있게 되며, 너무 클 경우는 용락 현상이 생기게 된다.

아크열은 통상 용접봉이 녹은 용적, 슬래그, 아크 플라즈마라 하는 고온의 가스류를 매체로 하여 모재에 운반되지만 그 중 일부는 복사열이나 대류 등으로 잃는다.

따라서 실제로 용접부에 용접 입열의 몇 %가 모재에 흡수되는가 하는 비율을 아크의 열효율(heat efficiency) η이라 한다.

판두께 13mm의 연강판에 각종 용접봉으로 비드를 놓고 측정한 결과 용접봉의 용융에 약 15%, 용접 금속의 생성에 20~40%, 기타(모재의 가열, 피복제의 용해, 대류, 복사, 스패터 등)에 60~85%이었다.

또한 모재에 흡수되는 열량은 용접 입열의 약 75~85% 정도가 되며, 이 열은 용접부와 모재에 여러 가지 영향을 끼치게 된다.

피복 아크용접에서 단위 길이 1cm당 발생하는 전기적 에너지 H 계산식은

$H = EIt\eta$,

이때 주울열은 초 단위이며, 용접 속도는 분 단위이므로 단위를 맞추기 위해 분자에 60을 곱해주면 다음과 같은 식이 된다.

$$H = \frac{60EI}{V}(\text{joule/cm})$$

(E : 아크 전압(V), I : 아크 전류(A), V : 용접 속도(cm/min), t : 시간 sec, η : 열효율)

나. 용접부의 온도 분포(구배)

용접은 대단히 높은 열원에 의하여 금속을 용융시키면서 피접합제를 접합시키는 방법이므로 용접부 부근의 온도는 대단히 높다.

얇은 판과 후판인 탄소강판에 용접 전류를 200(A), 용접 속도를 20(cm/min)의 조건으로 비드 용접한 결과의 온도 분포를 보면 아크는 최고 온도의 위치에 있으나 아크 전방의 온도 상승은 후방에 비하여 급하게 나타나며, 두꺼운 판은 얇은 판에 비하여 열영향부의 범위가 훨씬 좁고 급랭도가 커짐을 알 수 있다. [그림 2-7 참조]

이것은 모재에 흐르는 열원의 방향과 열원 이동의 상호 관계에서 당연히 추정할 수 있다.

아크용접의 경우 모재에 순간적으로 아크를 발생하여 큰 열원이 주어져서 어떤 속도로 일정한 시간 이동하면서 열이 가해지며, 열원에서 멀어지는 부분은 냉각하게 되기 때문에 모재에는 시시각각으로 온도구배가 변하게 된다.

이와 같이 용접에 의한 온도구배는 일정 거리에 대한 온도의 변화를 말하며, 다음과 같이 표시한다.

$$G = \frac{\partial T}{\partial t}$$

용접부에 큰 온도구배를 갖기 위해서는 열원이 강하며, 효과적인 흡열 역할을 하여야 한다. 따라서 열전도가 큰 재료나, 두꺼운 재료가 흡열이 커서 큰 온도구배를 가질 수 있다.

그림 2-7 t5와 t10인 연강판의 피복 아크용접 중의 등온선

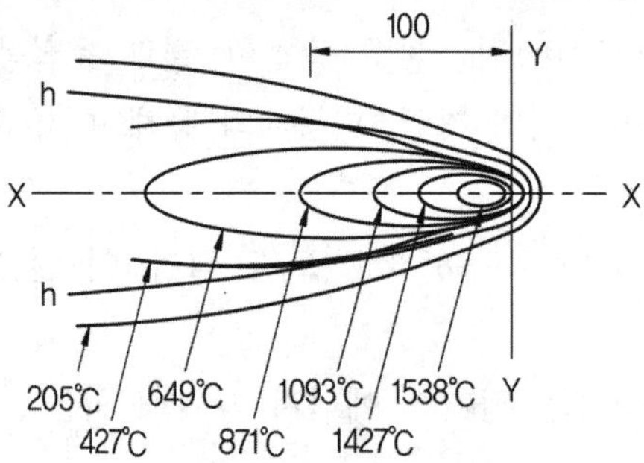

(a) 얇은 판의 온도 분포

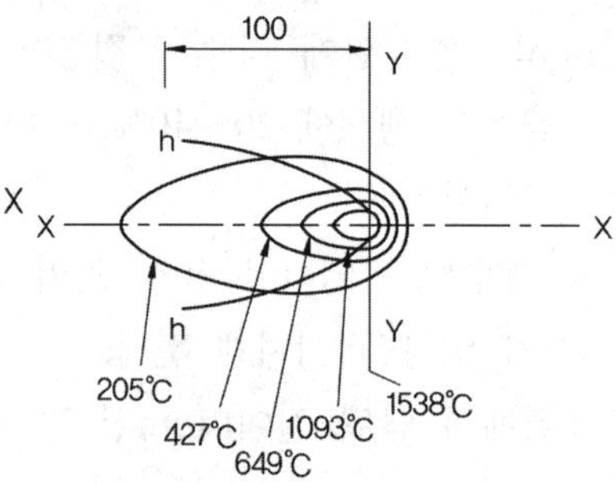

(b) 두꺼운 판의 온도 분포

제3절 | 피복 아크용접용 설비 및 기구

1 용접기의 특성

가. 수하 특성(drooping characteristic)

대부분의 전기 기기는 공급 전압이 높아지면 전류도 함께 상승하여 더 큰 출력을 내게 되지만, 교류 아크용접기의 경우 부하 전류가 증가하면 단자 전압이 낮아져 그 기계의 입력과 출력(입열량)은 같게 하는 특성을 수하 특성이라 한다.

[그림 2-8]에서 아크 특성 곡선과의 교점 S는 양자의 전압 및 전류의 조건을 동시에 만족시키는 표준 아크 발생점인데, 어떤 원인으로 아크 길이가 ℓ_1으로 짧아지면 전류는 I_B와 같이 약간 증가하고 전압은 V_B와 같이 S점보다 낮아지므로 전류가 감소되어 S점으로 되돌아가며, 또한 어떤 원인으로 아크 길이가 ℓ_2로 길어지면 I_A와 같이 전류가 약간 감소하고 전압은 V_A와 같이 S점보다 전압이 높아지므로 전류가 증가되어 S점에 돌아가게 된다.

따라서 아크 길이가 변하여도 전류는 거의 변하지 않으므로 피복 아크용접, TIG 용접처럼 손으로 조작함에 따라 아크 길이를 일정하게 유지하기 곤란한 수동 용접법에 적용된다.

그림 2-8 수하 특성 곡선

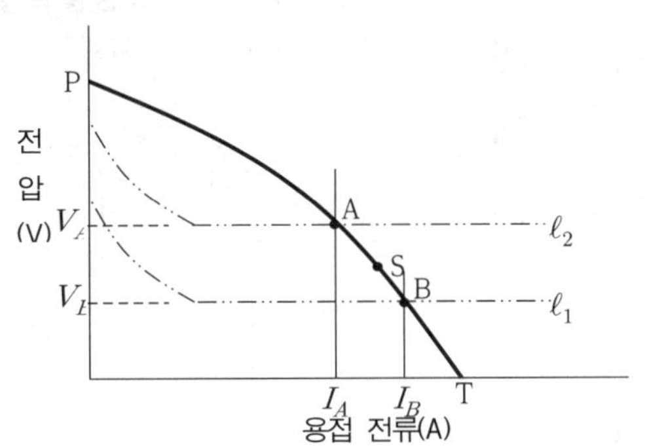

그림 2-9 정전류 특성 곡선

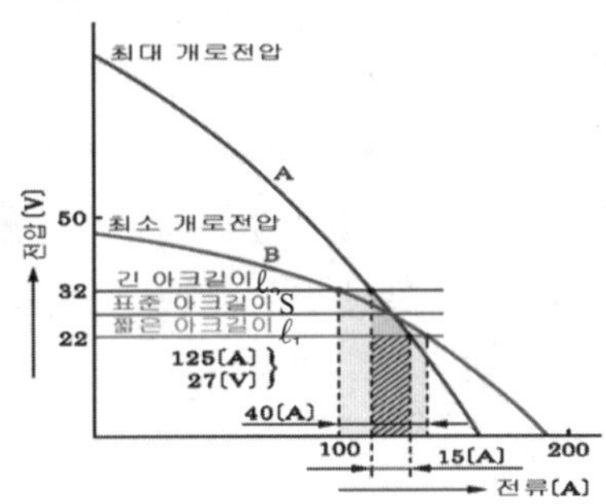

나. 정전류 특성(constant current characteristic)

수하 특성 곡선 중에서도 작동점 부근의 급경사 부분에서 일어나며, 아크 길이가 ℓ_1에서 ℓ_2로 변할 경우 전압변동은 크나 전류는 거의 변하지 않는다.

즉 전압의 변동은 심해도 전류는 일정한 값을 유지할 수 있어 아크가 매우 안정하고 용접봉의 녹는 속도가 일정하여 용접품질을 향상시킬 수 있기 때문에 수동용접이나 잠호용접

에 이 특성을 적용하고 있다. [그림 2-9 참조]

다. 상승 특성(rising characteristic)

부하 전류가 증가하면 단자 전압도 다소 높아지는 특성을 말하며, 직류 용접기에서 사용되는 특성으로 아크 길이 자기 제어 특성이 있다는 점에서는 정전압 특성과 같다.

라. 정전압 특성(constant voltage characteristic)

수하 특성과는 반대의 성질을 갖는 특성으로서, 부하 전류가 변하여도 단자 전압은 거의 변하지 않는 특성으로 CP 특성이라고도 한다.

이 특성은 와이어 송급 속도가 전류에 의해 정해지게 되며 보다 좋은 아크 조절을 위해서 필요하다.

이것은 용접 건(gun)의 노즐(nozzle) 끝과 모재와의 거리에 의해서 결정되는 것이 아니고 용접기 내에서 결정된다.

용접 전류에 따라 일정한 속도로 와이어를 공급하는 방식에 이용되는 MIG 용접, 탄산 가스 아크용접, 서브머지드 아크용접 등 반자동 및 자동 용접에서 정전압 특성[그림 2-10 b선] 및 상승 특성[그림 2-10 c선]을 이용한다.

마. 아크 길이 자기 제어 특성

그림 2-10 정전압 특성 곡선

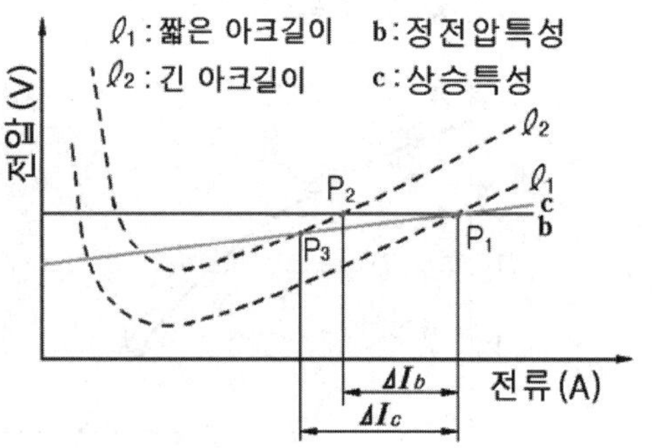

이와 같이 정전압 특성의 전원과 와이어 송급 방식의 결합에서는 아크 길이의 변동에 따라 전류가 증가 또는 감소하여 아크 길이를 일정하게 유지시키는 작용이 있는데 이 작용을 아크 길이 자기 제어 특성이라 한다. 이때의 아크 발생점은 전원의 외부 특성과 아크 특성이 만나는 점이 된다.

[그림 2-11]에서 만나는 점 K_0, 용접 전류 I_0, 아크 전압 V_0, 이때의 아크 길이 ℓ_0로서 안정된 용접 상태는 A_0이다.

만약, 어떤 원인으로 아크 길이가 길어질 때 A_1의 상태로 이동되며 아크 길이는 ℓ_0에서 ℓ_1으로 길게 되며 아크 발생점은 K_0에서 K_1으로 이동되며 용접 전류는 I_0에서 I_1으로 감소됨에 따라 와이어의 용융 속도가 낮아지지만 와이어 송급 속도는 일정하므로 다시 아크는 A_0의 상태로 돌아간다.

반대로 아크 길이가 짧게 될 때는 용접 전류가 증가해서 와이어 용융 속도가 높아지므로 아크 길이는 다시 A_0로 돌아가게 된다.

이와 같이 정전압 특성의 전원과 와이어 송급 방식의 결합에서는 아크 길이의 변동에 따라 전류가 증가 또는 감소하여 아크 길이를 일정하게 유지시키는 작용이 있는데 이 작용을 아크 길이 자기 제어 특성이라 한다.

그림 2-11 아크 길이 자기 제어(정전압) 특성

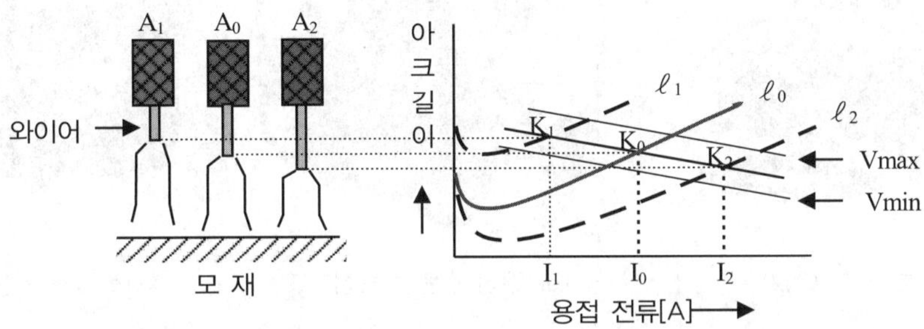

2 피복 아크용접기의 종류와 특성

가. 직류 아크용접기(DC. arc welding machine)

1) 발전기형

(1) 전동 발전형

교류 전원이 있는 곳에서 3상 교류 전동기로 직류 발전기를 구동시켜 발전하는 용접기로, 완전한 직류를 얻을 수 있으나, 구동부, 발전기부로 되어 있어 고가이고 보수와 점검이 어렵다.

(2) 엔진 구동형

옥외나 교류 전원이 없는 장소에서 가솔린 엔진이나 디젤 엔진으로 발전기를 구동하여 발전하는 용접기로, 완전한 직류를 얻을 수 있으며, 옥외나 교류 전원이 없는 장소에서 사용할 수 있으나, 회전하므로 고장 나기 쉽고 소음이 난다. 또한 구동부, 발전기부로 되어 있어 고가이며, 보수와 점검이 어렵다.

2) 정류기형

단상 또는 3상 220V 교류를 1차적으로 받아들여 셀렌 정류기, 실리콘 정류기, 게르마늄 정류기를 사용하여 교류를 정류하여 직류를 얻는 용접기이다. 이것은 40~60V의 직류를 발생하며, 소음이 나지 않으며, 취급이 간단하고 가격이 싸며, 보수 점검이 간단하다. 그러나 완전한 직류를 얻지 못하며, 정류기 파손에 주의하여야 된다.(셀렌 80℃, 실리콘 150℃ 이상에서 파손)

그림 2-12 직류(DC) 아크용접기

(a) 전동 발전형 용접기 (b) 엔진 구동형 용접기 (c) 정류기형 용접기

나. 교류 아크용접기(AC. arc welding machine)

요즘은 능률이 낮은 피복 아크용접이 거의 쓰이지 않아 일반적인 산업 현장에서는 교류 아크용접기가 거의 사용하지 않으며, 특히 사용하기 편하고 가볍고 성능이 좋은 직류(DC) 용접기가 생산됨으로써 가정이나 기기 수리, 보수, 이동 작업 등에 DC 용접기가 많이 쓰이고 있다.

1) 교류 아크의 안정성

① 용접 변압기의 리액턴스(교류에만 작용하는 저항)에 의하여 수하 특성을 얻고 있으며, 누설 자속에 의하여 전류를 조정한다.

② 전원 주파수의 1/2마다 극이 바뀌므로 전압의 순간값이 0이 될 때마다 아크 발생이 중단된다.

③ 아크 전압에 대응하는 무부하 전압이 아크 전압보다 높아야 한다. 이 반대의 경우 아크가 꺼지게 된다.

2) 교류 변압기의 원리

변압기는 어떤 전압의 값을 다른 전압의 값으로 변화시키는 전기 기계로서, 얇은 철판(주로 규소강판)을 여러 장 겹쳐 만든 고정 철심에 서로 절연된 1차 코일과 2차 코일을 감고 1차 코일에 전류를 통하면 철심 내에 자속이 생겨 2차 전압이 생기며, 코일의 권선수의 비에 따라 전압이 상승하기도 하고 강하하기도 한다.

이때 1차측 전압과 2차측 전압의 비를 변압비라 하며, 1차 코일과 2차 코일의 감긴 수의 비를 권수비라 한다.

다음 식은 변압비와 권수비, 전류, 전압, 권수와의 관계식을 나타낸 것이다.

$$\text{변압비} = \frac{\text{1차 전압}(E_1)}{\text{2차 전압}(E_2)} \qquad \text{권수비} = \frac{\text{1차측 코일 감긴수}(n_1)}{\text{2차측 코일 감긴수}(n_2)}$$

$$E_1\ I_1 = E_2\ I_2,\ n_1\ I_1 = n_2\ I_2$$

(E_1 : 1차 전압, E_2 : 2차 전압, I_1 : 1차 전류, I_2 : 2차 전류, n_1 : 1차 코일의 권선 수, n_2 : 2차 코일의 권선 수)

3) 교류 아크용접기의 종류와 특성

(1) 가동 철심형

변압기에 가동 철심으로 누설 자속을 가감하여 전류를 조정하는 용접기로, 광범위한 전류 조절은 어려우나, 미세한 전류 조정이 가능하며, 현재 가장 많이 사용한다.(일종의 변압기의 원리를 이용한 것)

이 용접기는 가동 철심이 고정 철심 안으로 들어갈수록 전기 저항이 커져서 전류가 낮아지며, 반대로 되면 전류가 높아진다.

이 용접기의 장점은 전류를 연속적으로 세부 조정할 수 있으며, 구조가 간단하고, 가격이 싸며, 보수 점검이 쉽다.

그러나 단점은 가동 철심의 가동부의 마모로 인하여 철심의 진동에 의한 소음이 있으며, 중간 이상 가동 철심을 빼내면 누설 자속의 영향으로 아크가 불안정하다.

그림 2-13 가동 철심형 교류 아크용접기 형상

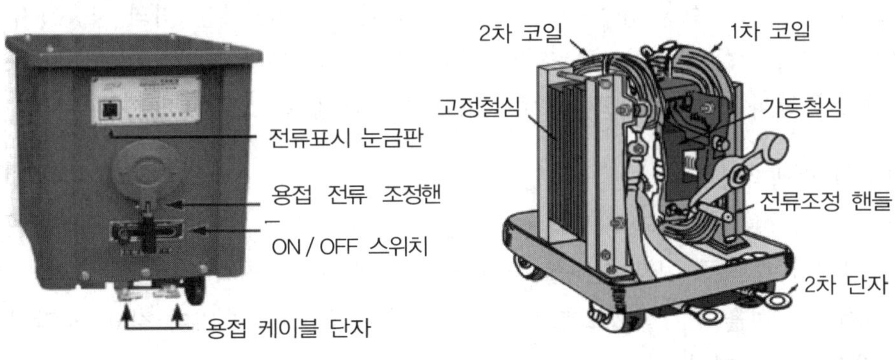

그림 2-14 가동 철심형 교류 아크용접기의 원리

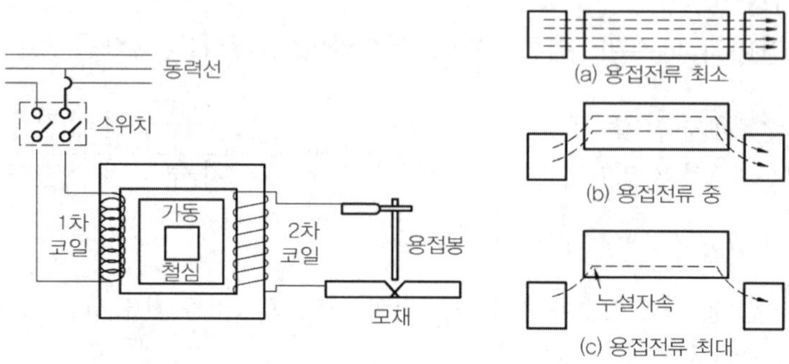

(2) 가동 코일형

1차, 2차 코일 중의 하나를 이동하여 코일간의 거리를 조절하여 누설 자속의 양을 변화시켜 전류를 조정하는 원리이며, 양 코일을 접근시키면 전류가 커지고, 멀리하면 작아진다.

이것은 아크 안정도가 높고 소음이 없으나, 가격이 비싸며 현재 거의 사용하지 않는다.

그림 2-15 가동 코일형 교류 아크용접기의 원리

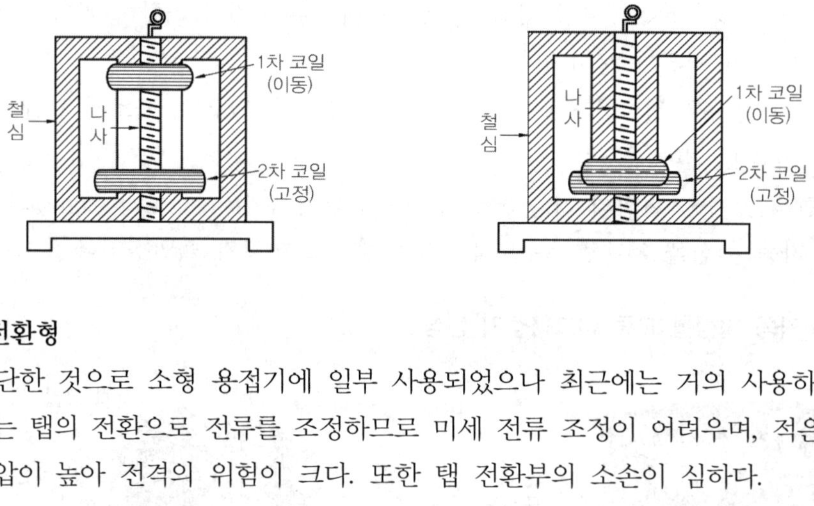

(3) 탭 전환형

가장 간단한 것으로 소형 용접기에 일부 사용되었으나 최근에는 거의 사용하지 않는다. 이 용접기는 탭의 전환으로 전류를 조정하므로 미세 전류 조정이 어려우며, 적은 전류에서 무부하 전압이 높아 전격의 위험이 크다. 또한 탭 전환부의 소손이 심하다.

(4) 가포화 리액터형

가포화 리액터형은 변압기와 가포화 리액터를 조합한 것으로 가변 저항을 변화시켜 전류를 조정하는 방법이며, 직류 여자 전류를 작게 하면 리액턴스가 커져서 용접 전류가 낮아진다.

이것은 전류 조정을 전기적으로 할 수 있어 소음이 없으며, 수명이 길고, 조작이 간단하며 원격 제어가 가능하다.

그림 2-16 탭 전환형 교류 아크용접기의 원리

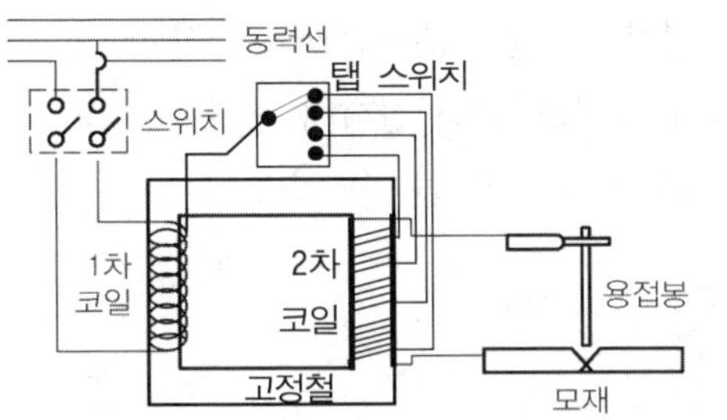

그림 2-17 가포화 리액터형 교류 아크용접기의 원리

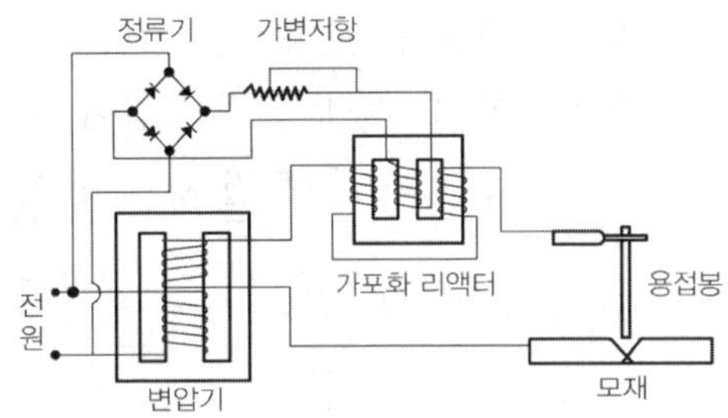

4) 교류 아크용접기의 규격

종류	정격2차 전류 [A]	정격 사용률 [%]	2차 무부하 전압 [V]	2차 전류 최대값 [A]	2차 전류 최소값 [A]	사용 용접봉의 지름(참고) [mm]
AW 180	180	40	85	196	36	3.2 이하
AW 240	240			264	48	2~3.2
AW 300	300			330	60	2.5~5
AW 400	400	–		440	80	3.2~6
AW 500	500	60	95	550	100	4~8

다. 용접기의 구비 조건

① 구조 및 취급이 간단하며, 능률이 좋고, 가격이 싸며, 사용 경비가 적게 들어야 한다.
② 전류 조정이 용이하고 일정한 전류가 흘러야 하며, 역률 및 효율이 좋아야 한다.
③ 아크 발생이 쉽고, 유지가 용이하며, 사용 중에 온도 상승이 작아야 한다.
④ 전격 위험이 적어야 한다(무부하 전압을 높게 하지 않을 것).
⑤ 절연이 완전하고 습기가 많거나 고온에서도 충분히 견뎌야 한다.
⑥ 단락되었을 때 흐르는 전류가 너무 크지 않아야 한다.

라. 용접기의 정격 사용률과 역률, 효율

1) 정격 사용률(duty cycle)

정격 사용률이란 용접기가 아크를 발생하여 용접하는 아크 시간과 발생하지 않는 휴식 시간의 비를 말한다. 이때 아크 시간과 휴식 시간의 합은 10분을 기준으로 한다.

예를 들어 AW 300A 아크용접기의 정격 사용률이 40%라면 300A로 연속 용접할 경우 10분 기준으로 4분만 아크를 발생하고, 6분은 중지해야 용접기의 소손 위험이 방지된다는 것이다.

그러나 실질적으로는 용접봉 하나로 비드쌓는 시간이 1분~2분 정도이며, 용접 후 슬래그 제거, 스패터 제거, 점검, 용접봉 갈아 끼우기 등 다음 아크 발생 전까지 상당시간 휴지(중지)가 이루어지므로 그보다 훨씬 길게 용접하여도 문제가 없다고 볼 수 있다.

$$\text{정격 사용률}(\%) = \frac{\text{아크시간}}{\text{아크시간} + \text{휴식시간}} \times 100$$

2) 허용 사용률

실제 용접 작업에서는 정격 2차 전류보다 낮은 전류로 용접하는 경우가 많은데, 이 경우는 정격 사용률 이상으로 용접작업할 수 있는데, 이것을 허용 사용률이라 하며, 허용 사용률 계산에서 100% 이상이 되면 연속적으로 용접기를 사용해도 무리가 없다는 것이며, 실질적으로는 허용 사용률이 70% 이상만 되면 휴(쉬)지 않고 연속으로 용접해도 용접기가 소손할 위험이 거의 없다고 할 수 있다.

허용 사용률 계산은 다음과 같다.

$$\text{허용사용률}(\%) = \frac{\text{정격 2차 전류}^2}{\text{실제 용접 전류}^2} \times \text{정격사용률}(\%)$$

3) 용접기의 역률

용접기의 전원 입력(2차 무부하 전압 × 아크 전류)에 대한 아크 출력(아크 전압 × 아크 전류)과 2차측의 내부 손실의 합인 소비 전력의 비율을 말하며, 전원 입력의 값이 클수록 역률은 낮아진다. 역률 계산은 다음과 같다.

$$\text{역률}(\%) = \frac{\text{소비 전력(kW)}}{\text{전원 입력(kVA)}} \times 100 = \frac{\text{아크출력} + \text{내부 손실}}{\text{2차 무부하 전압} \times \text{정격 2차 전류}} \times 100$$

4) 효율

용접기의 2차측에서 내부손실과 아크출력(소비 전력)에 대하여 순수하게 아크 발생에 사용된 아크 출력과의 비율을 말하며, 다음과 같이 계산한다.

$$\text{효율}(\%) = \frac{\text{아크출력(kW)}}{\text{소비 전력(kW)}} \times 100 = \frac{\text{아크 전압} \times \text{아크 전류}}{\text{아크 전압} \times \text{아크 전류} + \text{내부 손실}} \times 100$$

마. 용접기의 취급시 주의 사항

① 습기나 먼지 등이 많은 장소는 설치를 피하고, 환기가 잘 되는 곳을 선택한다.
② 전환 탭 및 전환 나이프 끝 등 전기적 접속부는 자주 샌드 페이퍼 등으로 청소한다.
③ 용접 케이블 등의 파손된 부분은 즉시 절연 테이프로 감거나, 교환해야 한다.
④ 조정 핸들, 미끄럼 부분, 냉각팬 등은 때때로 주유를 해야 한다.
⑤ 다음 장소에는 용접기 설치를 해서는 안된다.

㉠ 수증기, 습기, 먼지가 많은 곳이나, 옥외의 비바람이 치는 곳
㉡ 휘발성 기름이나 가스가 있는 곳이나, 유해한 부식성 가스가 존재하는 장소
㉢ 진동이나 충격을 받는 곳이나, 폭발성 가스가 존재하는 곳
㉣ 주위 온도가 −10℃ 이하인 곳

바. 직류 아크용접기와 교류 아크용접기의 비교

비교 항목	직류 아크용접기	교류 아크용접기
아크 안정성	우수	약간 불안함
극성 변화나 비피복봉 사용	가능	불가능
무부하 전압 / 전격의 위험	약간 낮음 (40~60V) / 적음	높음 (70~80V) / 많음
구조 및 유지	복잡, 약간 어려움	간단, 쉬움
자기쏠림 방지	불가능	가능(거의 없음)
역률	매우 양호	불량
소음	회전기는 크고, 정류형은 조용	조용함
고장 / 가격	회전기에 많음 / 고가	적음 / 저렴

사. 용접기의 부속 장치

1) 고주파 발생 장치

교류 아크용접기에서 안정한 아크를 얻기 위하여 상용 주파의 아크 전류에 고전압(2000~3000V)의 고주파(300~1000kc, 약전류)를 중첩하는 방식의 장치로서, TIG 용접시 전극봉을 접촉시키지 않고 토치의 스위치를 ON하는 순간 고전압에 약전류가 작동하여 스파크가 생기면서 아크가 발생하게 된다.

이 장치의 장점은 아크 손실이 적어 용접 작업이 쉽고, 전극봉을 접촉하지 않고 아크 발생을 할 수 있어 전극의 수명이 길어지며, 무부하 전압을 낮출 수 있어 전격의 위험이 적고, 아크가 매우 안정되며 긴 아크에도 아크가 유지되고, 일정한 지름의 전극에 대해서 광범위한

전류의 사용이 가능하며, 전원 입력을 적어지므로 용접기의 역률이 개선된다.

그러나, 교류 아크용접기에는 가격 부담과 사용의 필요성이 적어 거의 설치하지 않는다.

2) 자동 전격 방지 장치

교류 아크용접기는 80V 이상의 높은 무부하 전압으로 인해 작업자의 감전 위험이 크기 때문에 용접을 하지 않을 때는 보조 변압기에 의해 홀더(Holder)와 모재 사이의 전압을 용접기의 무부하 전압보다 낮게(20~30V 이하) 유지하다가 용접봉을 모재에 접촉하는 0.03초 이내의 짧은 순간에 릴레이가 작동하여 높은 무부하 전압으로 상승하여 아크를 발생시킴으로써 용접 작업이 가능하도록 하는 감전 방지 장치이다. [그림 2-18 참조]

3) 원격 제어 장치

용접기에서 작업장이 멀리 있어 작업할 때 용접기를 직접 작업장 가까이 이동하기 어려우므로 이 제어 장치만 작업 위치로 가지고 가서 현장에서 전류를 조정할 수 있는 장치이다.

현재 주로 사용되고 있는 대표적인 종류에는 전동기 조작형과 가포화 리액터형이 있다.

그림 2-18 전격 방지기

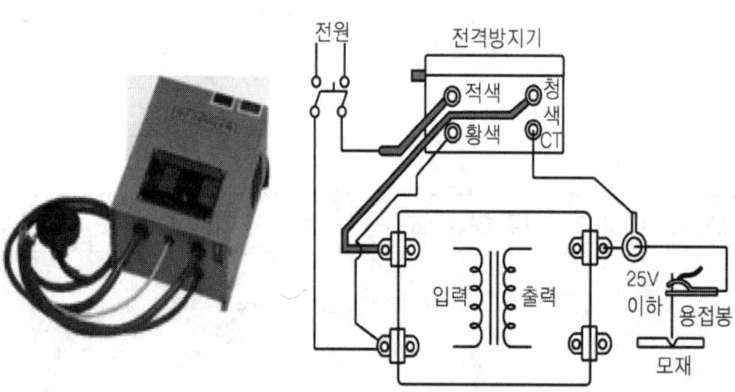

그림 2-19 원격 제어 장치

4) 핫 스타트 장치(Hot Start Equipnent)

아크 발생 초기에는 용접봉이나 모재가 차가우므로 입열이 부족하여 아크가 불안정하며 용입이 부족할 수 있으므로 이 장치를 사용하여 용접봉이 처음 모재에 접촉하는 순간 1/4~1/5초 정도 순간적인 대전류가 흘러서 가열을 세게 함으로써 아크 초기의 안정을 기하고 적정 용입을 갖게 하기 위한 장치로 일명 아크 브스터(Arc Booster)라고도 한다.

3 아크용접용 기구

가. 용접 케이블

용접기에 사용하는 전선에는 전원에서 용접기까지 연결하는 1차측 케이블과 용접기에서 모재와 홀더로 연결하는 2차측 케이블이 있으며, 2차측은 홀더가 연결되어 작업을 해야 되므로 유연성이 좋은 캡타이어 전선을 많이 사용한다.

캡타이어 전선은 지름이 0.2~0.5mm의 가는 구리선을 수백 내지 수천선을 꼬아서 튼튼한 종이로 감고 그 위에 고무로 피복한 것이다. [표 2-2 참조]

1차 케이블이 너무 가늘면 전기 저항이 높아 용접기의 전압이 떨어지고 도선에도 열이 나서 위험하다. 2차 케이블도 충분한 굵기의 것을 사용해야 되며, 멀리 떨어진 곳에서 작업할 경우는 굵기를 증가시켜야 된다.

캐이블의 길이는 필요 이상 길게 하면 관리가 불편하며, 전력 손실이 생기게 되므로 실내에서는 접지선은 3~5m, 홀더선은 5~7m가 적당하다.

표 2-2 케이블의 적정 크기

용접기의 용량	케이블 형상	200 A	300 A	400 A
1차측 케이블(지름)		5.5mm	8mm	14mm
2차측 케이블(단면적)	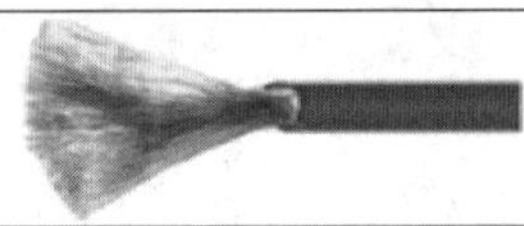	$38mm^2$	$50mm^2$	$60mm^2$

나. 용접 홀더와 접지 클램프

아크용접에서 용접봉을 물고 전류를 통하게 하여 아크열을 발생하게 하는 기구로 KSC 9607에 규정되어 있으며, 가볍고 전기 절연이 잘 되는 것이 좋다.

홀더의 종류는 완전 절연형(안전 홀더, A형)과 손잡이 부분만 절연된 B형이 있으며, 해당 번호는 정격 전류를 A로 나타낸다.(예 : 300호 - 정격 전류 300A 사용 가능)

접지 클램프는 용접 케이블 끝에 연결하여 용접 케이블을 손쉽게 용접기에 연결 또는 분리할 수 있는 부속품이다.

나. 케이블 커넥터와 러그

커넥터(connector)는 긴 선을 연결하는데 사용하는 부속이며, 러그(lug)는 2차측 끝과 용접기의 단자에 연결시키는 부품이다. 이때 이들이 잘 접속되지 않으면 접촉 저항이 생겨 과열되므로 좋지 않다.

그림 2-20 용접봉 홀더

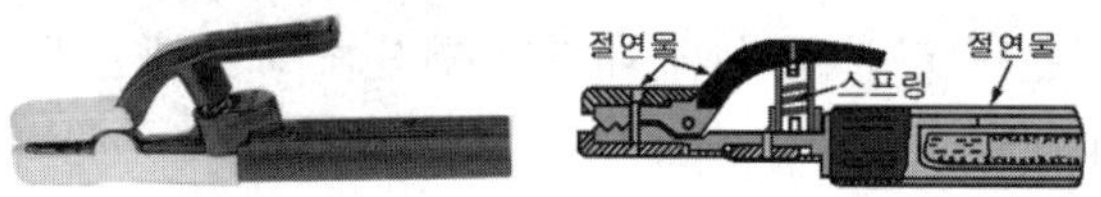

(a) A형 (b) B형

그림 2-21 접지 클램프

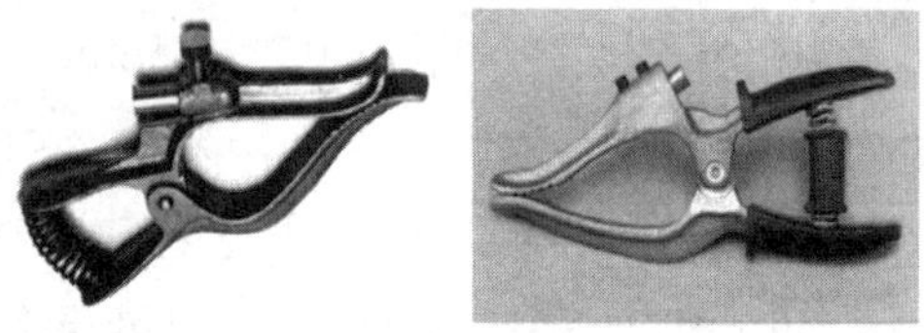

라. 장갑, 앞치마, 팔커버, 기타 보호구

용접 작업 할 때에 작업자를 보호하기 위해서는 가죽 장갑, 가죽 앞치마, 팔 커버(덮개), 발 커버(덮개) 등이 필요하며, 가죽으로 된 윗 조끼와 바지 등을 입기도 한다. 또한 유해 가스나 먼지 등을 막기 위해서는 방독, 방진 마스크도 필요하다.

그림 2-22 방진 마스크

마. 차광막 및 환기 장치, 방독 마스크

1) 차광막

용접실에서 용접 중이거나 야외에서 아크용접 작업시 아크 불빛의 해가 다른 사람에게 미치지 않게 하기 위하여 강력한 불빛을 막아주는 막으로, 소재는 목재, 얇은 철판, 면제품, 아킬레스 웰딩, 스크린 등이 사용되고 있다.

그림 2-23 차광막

그림 2-24 환기 장치

2) 환기 장치와 방독 마스크

환기 장치는 실내에서 아크용접할 때 발생하는 흄, 금속 분말, 먼지, 유해 가스 등을 밖으로 배출하는 장치이며, 특히 아연 용융 도금한 아연판이나, 백관, 황동 등을 용접할 때는 방독 마스크가 반드시 필요하다.

바. 차광 유리(filter glass)와 보호 유리

용접시에 발생하는 유해 광선(적외선, 자외선)을 차단하기 위하여 사용하는 유리로 빛의 차광 능력에 따라 번호를 붙이며, 번호가 높으면 빛의 차단량이 많게 된다.

납땜 작업에는 2~4번, 가스 용접에는 4~6번, 피복 아크용접 중 100~300A에는 10~12번, 300~400A 이상에는 13~14번이 사용된다.

또한 보호 유리는 차광 유리를 보호하기 위해 투명한 유리를 차광 유리 앞에 끼워서 사용하고 있으며 크기는 차광 유리와 같으며 두께는 약 3mm 정도가 적당하다.

그림 2-25 차광 유리의 차광도와 차광 유리 구조

용접전류(A)	차광도	용접전류(A)	차광도
30 이하	6	30~45	7
45~75	8	75~100	9
100~200	10	150~250	11
200~300	12	300~400	13
400 이상	14		

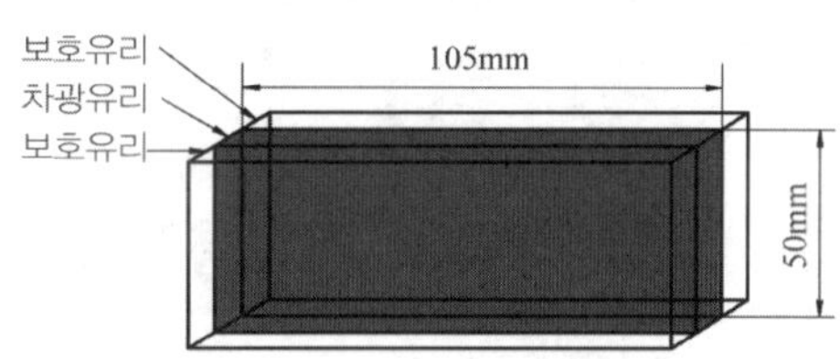

사. 용접 헬멧과 핸드 실드

용접 작업시 아크에서 나오는 유해 광선인 자외선 및 적외선, 스패터로부터 작업자의 눈이나 얼굴, 머리 등을 보호하기 위하여 사용하는 보호구로, 머리에 쓰는 것을 용접 헬멧, 손으로 들고 작업하는 핸드 실드가 있다.

그림 2-26 용접 헬멧과 핸드 실드

(a) 용접 헬멧 (b) 핸드 실드 (c) 자동 용접 헬멧

용접 헬멧이나 핸드 실드에는 차광 유리와 보호 유리를 끼워 사용해야 한다. 헬멧 중에 자동 용접 헬멧은 아크를 발생하지 않을 때는 환하게 보이므로 정확한 위치에 용접할 수 있으며, 아크 불빛의 세기에 따라 밝기의 조절이 가능하여 사용이 편리하나 단점은 고가이다. [그림 2-26 참조] 또한, 환기 헬멧은 밀폐된 공간이나 좁은 곳에서 용접 작업시 발생하는 유해가스 등으로 부족한 공기를 공급해주는 장치가 삽입된 헬멧이다.

아. 퓨 즈(fuse)

용접기의 1차 측에는 용접기 근처의 벽 등에 퓨즈를 붙인 나이프 스위치나 마그네틱 스위치가 부착된다. 이 퓨즈는 규정값 보다 크거나 구리선 등을 사용해서는 안된다.

퓨즈 용량 계산은 1차 입력(정격 전류 × 무부하 전압)(kVA)을 전원 전압(220V)으로 나누면 1차 전류값을 구할 수 있다.

자. 기타 용접 공구

이 외에 용접 작업에 필요한 공구는 집게(또는 플라이어), 와이어 브러시(쇠솔, wire brush), 슬래그 해머, 전류계, 틈새 게이지, 버니어 캘리퍼스, 자석 등이 있다.

제4절 | 피복 아크용접봉

1 피복 아크용접봉의 개요

피복 아크용접봉은 금속 심선 표면에 유기물과 무기물의 분말, 고착제(binder) 등을 적당히 배합한 피복제를 발라서 건조한 것으로, 아크용접에서 용가재(filler metal)이면서 모재와 용접봉 사이를 통전시키는 전극 역할을 하는 전극봉으로, 용접할 모재 사이의 틈을 메워주며, 용접부의 품질을 좌우하는 중요한 소재이다.

아크용접봉의 종류에는 피복 여부에 따라 피복 용접봉과 비피복 용접봉이 있으며, 비피복 용접봉은 주로 자동이나 반자동 용접에 쓰이고, 피복봉은 수동 용접에 주로 사용된다.

또한 용접할 재질에 따라 연강용, 저합금강용, 스테인리스강용, 주철용 등 다양한 종류가 만들어지고 있다.

피복 아크용접봉은 금속 심선 표면에 피복제를 발라서 건조한 것으로 심선의 지름은 1~10mm까지, 길이는 350~900mm까지가 있으며, 한쪽 끝은 홀더에 물려 전류를 통할 수 있도록 약 25mm 정도는 피복을 입히지 않았다.

2 피복 아크용접봉

가. 피복 아크용접봉의 심선

피복 아크 용접봉 심선의 재질은 용접하는데 매우 중요하다. 심선은 대체로 모재 성분과 동일한 것을 사용하는 것이 원칙이며, 용접의 최종 결과는 피복제와 심선과의 상호 화학 작용에 의해 형성된다. 연강용 피복 아크용접봉의 화학 성분은 [표 2－3]과 같으며, 용착 금속의 균열(crack) 방지를 위하여 주로 저탄소 림드강이 사용된다.

그러나, 유럽 쪽에서는 용접 구조용 용접봉으로 림드강을 사용하지 않고 세미 킬드강 또는 킬드강이 사용되고 있으며, 우리나라에서도 최근 림드강 대신 세미 킬드강이 많이 사용되고 있는 추세이다.

표 2-3 연강용 피복 아크용접봉 심선의 화학 성분(KSD 3508)

종류 기호		화학 성분 %					
		C	Si	Mn	P	S	Cu
1종	SWR 11	0.09 이하	0.03 이하	0.35～0.65	0.020 이하	0.023 이하	0.20 이하
2종	SWR 21	0.10～0.15	0.03 이하	0.35～0.65	0.020 이하	0.023 이하	0.20 이하

나. 피복제의 역할

① 아크를 안정시키며, 중성 또는 환원성 분위기로 대기 중으로부터 산화, 질화 등의 해를 방지하여 용착 금속을 보호한다.
② 용융 금속의 용적(globule)을 미세화하여 용착 효율을 높인다.
③ 용착 금속의 냉각 속도를 느리게 하여 급랭을 방지한다.
④ 용착 금속의 탈산 정련 작용을 하며, 용융점이 낮은 적당한 점성의 가벼운 슬래그를 만든다.
⑤ 슬래그를 제거하기 쉽게 하고, 파형이 고운 비드를 만든다.
⑥ 모재 표면의 산화물을 제거하고, 양호한 용접부를 만든다.
⑦ 스패터(spatter)의 발생을 적게 하며, 용착 금속에 필요한 합금 원소를 첨가한다.
⑧ 전기 절연 작용을 한다.

다. 피복 배합제의 성분

피복제 중에 포함된 피복제의 주요 성분은 아크 안정제, 슬래그 생성제, 가스 발생제, 탈산제, 고착제, 합금 첨가제 등이 있다.

1) 아크 안정제

아크에 부드러운 느낌을 주고 잘 꺼지지 않도록 피복제 성분이 아크열에 의해 이온화하기 쉬워야 한다. 이온화가 쉬우면 아크 전압도 낮아지고 아크도 안정된다.

아크 안정제 성분은 산화티탄(TiO_2), 석회석($CaCO_3$), 규산나트륨(Na_2SiO_3), 규산칼륨(K_2SiO_3) 등이 사용된다.

2) 슬래그 생성제

용융점이 낮은 가벼운 슬래그를 만들어 용융 금속의 표면을 덮어서 산화나 질화를 방지하고, 용융 금속의 냉각 속도를 느리게 하여 기공 등을 방지하는 역할을 한다.

성분의 종류는 산화티탄(TiO_2), 석회석($CaCO_3$), 산화철, 이산화망간(MnO_2), 일미나이트($TiO_2 \cdot FeO$), 규사(SiO_2), 장석($K_2O \cdot Al_2O_3 . 6SiO$), 형석($CaF_2$) 등이 있다.

3) 가스 발생제

중성 또는 환원성 가스를 발생하여 아크 분위기를 대기로부터 보호하고 용융 금속의 산화나 질화를 방지하는 역할을 한다.

가스 발생제 성분의 종류는 면사, 면포, 종이, 목재, 녹말, 해초, 아교, 카세인, 젤라틴, 아라비아고무, 당밀, 톱밥, 탄산바륨($BaCO_3$), 셀룰로오스 등이 있다.

4) 탈산제

용융 금속 중의 산화물을 탈산 정련 작용하는 물질이다.

탈산제 성분에는 규소철(페로실리콘, Fe－Si), 망간철(페로망간, Fe－Mn), 망간, 알루미늄, 마그네슘, 소맥분, 면사, 면포, 종이, 목재 톱밥, 탄가루 등이 사용된다.

5) 고착제

심선에 피복제를 고착시키는 역할을 하는 물질이다.

고착제 성분의 종류에는 물유리(규산나트륨 : Na_2SiO_3), 규산칼륨(K_2SiO_3), 소맥분, 해초, 아교, 카세인, 젤라틴, 아라비아고무, 당밀 등이 사용된다.

표 2-4 피복 배합제의 성분과 성질

원료 \ 성질	아크안정제	슬래그생성	탈산제	환원가스발생제	산화성	합금제	유동성증가	고착제	슬래그박리성증가
탄산나트륨, 중탄산나트륨, 산성백도	○	○							
탄산칼슘, 생석회, 석회석($CaCO_3$)	○	○							
황혈염	○	○					○		
형석(CaF_2)	○	○					○		
규산나트륨(물유리), 규산칼륨	○	○						○	
규사, 이산화망간(MnO_2)	○	○			○		○		
산화티탄, 석면	○	○					○		○
적철광, 자철광, 사철	○	○			○		○		○
붕사, 붕산, 고토, 제강슬래그		○							○
탄산마그네슘, 알루미나, 빙정석		○					○		
페로실리콘, 페로티탄, 페로바나듐			○			○			
산화몰리브덴, 산화니켈					○	○			
망간, 페로망간, 크롬, 페로크롬			○			○			
알루미늄, 마그네슘			○						
니켈, 니크롬산, 구리						○			
소맥분	○		○	○				○	
면사, 면포, 종이, 목재 톱밥	○		○	○					
탄가루			○	○		○			
해초, 아교, 카세인, 젤라틴, 아라비아고무, 당밀				○				○	

6) 합금 첨가제

용접 금속의 여러 성질을 개선하기 위한 합금 원소이다.

종류는 망간, 실리콘, 니켈, 몰리브덴, 크롬, 구리, 바나듐 등의 금속 원소가 이용된다.

라. 용착 금속의 보호 방식에 따른 분류

피복 아크용접봉은 피복제가 연소한 후 생성된 물질이 용접부를 어떻게 보호하느냐에 따라 다음과 같이 분류한다.

1) 슬래그 생성식

용적이나 모재의 주위, 용착금속의 주위를 액체 용제 또는 슬래그로 둘러싸여 공기와의 직접 접촉을 하지 않게 하며, 용착금속의 냉각 속도를 완만하게 하는 형식이다.

2) 가스 발생식

최근 발달한 것으로 일산화탄소, 수소, 탄산 가스 등 환원성 가스나 불활성 가스에 의해 용착 금속을 대기와의 접촉으로부터 보호하는 형식이다.

가스 발생식의 특징은 전자세 용접에 적당하며, 슬래그 제거가 쉽고 슬래그 생성식에 비해 작업 능률이 좋으며, 안정된 아크를 얻을 수 있으나, 스패터가 많으며, 유독 가스를 발생하는 경우가 있다.

3) 반가스 발생식

가스 발생식과 슬래그 생성식을 혼합한 형식이다.

마. 연강용 피복 아크용접봉의 표시

용접봉의 표시는 일본은 우리나라와 강도 표시 단위가 kgf/mm^2(MPa)로 동일하지만 첫 글자로 D를, 미국이나 우리나라는 E를 사용한다.

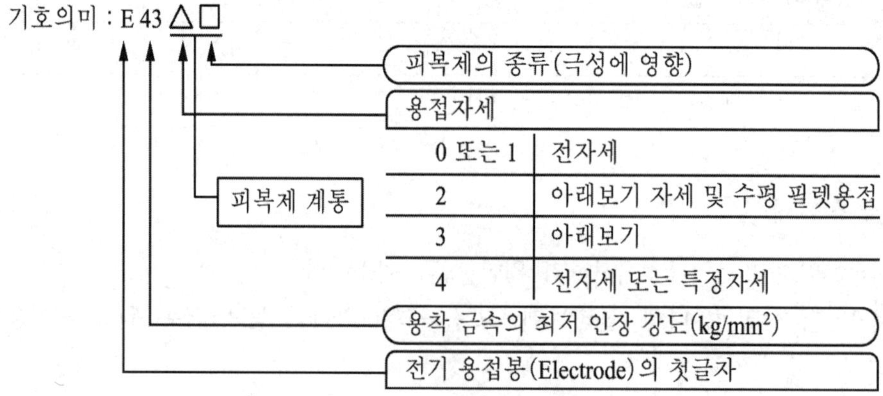

그러나 미국의 경우는 야드 파운드법을 사용하므로 lbs/in^2로 표시하고 있다.

따라서 E4300에서 43은 $43kg_f/mm^2$(421MPa)이며, AWS에서는 60000 lbs/in^2가 되므로 E4313은 E6013으로 표시한다.

연강용 피복 아크용접봉은 KSD 7004에 규정되어 있으며, 기호의 의미는 다음과 같다.

바. 연강용 피복 아크용접봉의 특성

1) 일미나이트계(E4301)

① 주성분 : 일미나이트($TiO_2 \cdot FeO$)와 사철 등을 30% 이상 포함한 슬래그 생성계이다.
② 특성 : 가격이 저렴하며, 작업성과 용접성이 우수하고, 전 자세 용접봉으로 용입 및 기계적 성질이 양호하며, 내부 결함이 적고, 슬래그의 유동성이 좋다.
③ 용도 : 우리나라, 일본에서 많이 생산하며, 일반 구조물의 중요 강도의 부재, 각종 압력 용기, 조선, 건축, 철도 차량 등에 사용한다.

2) 라임티타니아계(E4303)

① 주성분 : 산화티탄을 30% 이상, 석회석을 포함한 슬래그 생성계이다.
② 특성 : 슬래그의 유동성이 좋고, 비드 외관이 깨끗하고 언더컷이 적다. 슬래그 제거가 쉽고 용입이 얕다(피복제는 두껍다).
③ 용도 : 기계, 차량, 일반 강재의 박판 용접에 적합하다.

3) 고셀룰로오스계(E4311)

① 주성분 : 유기물(셀룰로오스)을 30% 정도 함유한 가스 발생식이다.
② 특성 : 가스에 의한 산화, 질화를 막고 피복제가 얇으므로 슬래그 생성이 적고 스패터가 심하며, 비드 파형이 거칠고 용입이 깊다. 위보기 자세와 좁은 홈 용접이 가능하다. 보관 중에 습기를 흡수하기 쉽다.(기공 발생 우려)
③ 용도 : 아연 도금 강판, 저장 탱크, 배관 용접에 많이 사용한다.

4) 고산화티탄계(E4313, AWS E6013)

① 주성분 : 산화티탄을 30% 이상 포함한 슬래그 생성계이다.
② 특성 : 아크가 안정되고, 스패터가 적으며, 슬래그 제거가 좋고, 비드가 고우며 언더컷이 잘 발생하지 않는다. 전자세와 수직 하진 자세 및 접촉 용접이 가능하며, 작업성이 좋고, 용입이 얇다.

③ 용도 : 고온 균열이 발생하기 쉽고, 기계적 성질이 나빠 인성이 요구되는 구조물에는 적합하지 않으며, 일반 경구조물 용접, 박판 용접에 적합하다.

5) 저수소계(E4316, AWS E7016)

① 주성분 : 석회석($CaCO_3$)이나 형석(CaF_2)을 주성분으로 한 것으로, 용착 금속 중의 수소 함유량이 다른 봉에 비해 1/10 정도로 현저히 적다.

② 특성 : 인성이 풍부하고 기계적 성질이 우수하나, 아크가 다소 불안정하며, 작업성이 나쁘다. 시점에서 기공이 생기기 쉬우므로 후진법을 선택하는 방법도 필요하다.

③ 용도 : 중요 부재의 용접, 고압 용기 후판 중구조물, 탄소 당량이 높은 기계 구조용강, 구속이 큰 용접, 유황 함유량이 많은 강 용접에 이용된다.

④ 건조 : 피복제는 습기를 흡수하기 쉬우므로 사용 전 300~350℃에서 1~2시간 건조 후 70℃ 정도로 유지하며 사용하는 것이 좋다.

6) 철분 산화티탄계(E4324)

① 주성분 : 고산화티탄계에 철분을 약 50% 정도 첨가시킨 용접봉이다.(E4313과 비슷함)

② 특성 : 우수한 작업성과 고능률성을 갖춘 것으로 스패터가 적고 용입이 얕다. 아래보기 자세와 수평 필릿 자세 전용 용접봉이다.

③ 용도 : 저탄소강, 저합금강, 고탄소강 등에 사용된다.

7) 철분 저수소계(E4326, E7018)

① 주성분 : 저수소계 용접봉 피복제에 철분을 30~50% 정도 첨가한 용접봉이다.

② 특성 : 용착 효율이 좋고 능률적이며, 스패터가 적다. 기계적 성질이 우수하고 슬래그 박리성이 E4316보다 좋으며, 작업성도 좋다.

③ 용도 : 아래보기 자세와 수평 필릿 자세 전용 용접봉이며, 용도는 E4316과 비슷하다.

8) 철분 산화철계(E4327)

① 주성분 : 산화철에 규산염을 첨가하여 산성 슬래그를 생성시킨 것이다.

② 특성 : 용착 효율이 좋고 능률적이며, 스패터가 적은 스프레이형이다. 용입이 양호하며, 슬래그 제거가 양호하다.

사. 기타 피복 아크용접봉

1) 고장력강 피복 아크용접봉

고장력강은 일반 구조용 압연 강재(SS275, 구 ,SS400)나 용접 구조용 압연 강재(SM275, 구, SWS 400)보다 높은 항복점과 인장 강도를 얻기 위해 망간, 규소, 니켈, 크롬 등 합금 원소를 약간 첨가한 저합금강으로, 판 두께를 얇게 할 수 있어 무게 경감과 재료의 절약, 내식성 향상 등이 요구되는 선박, 차량, 항공기, 압력 용기, 병기 등에 사용되며, 보통 인장 강도가 $50kg_f/mm^2$(490MPa) 이상인 것을 말한다.

이 종류는 KSD 7006에 $50kgf/mm^2$, $53kgf/mm^2$, $58kgf/mm^2$급이 규정되어 있으며, 연강에 비해 다음과 같은 장점이 있다.

① 판의 두께를 얇게 할 수 있어 소요 중량을 경감시킬 수 있다.
② 재료의 취급이 간단하고 가공이 용이하다.
③ 구조물의 제작 시 무게를 줄일 수 있어 기초 공사가 용이하다.

표 2-5 고장력강 피복 아크용접봉 종류(KSD 7006)

종 류	피복제 계통	용접자세	사용 전원	인 장 시 험		
				인장 강도 MPa(kg_f/mm^2)	항복점 MPa(kg_f/mm^2)	연신률 (%) 이상
E 5001	일미나이트계	F, V, O, H	AC, DC(±)	490(50)	392(40)	20
E 5003	라임티타이아계	F, V, O, H	AC, DC(±)	490(50)	392(40)	20
E 5016	저수소계	F, V, O, H	AC, DC(+)	490(50)	392(40)	23
E 7016				686(70)	549(56)	16
E 8016				784(80)	666(68)	15
E 5826	철분저수소계	F, H	AC, DC(+)	568(58)	490(50)	18

2) 스테인리스강 피복 아크용접봉

(1) 스테인리스강 : 철에 크롬(Cr)을 12% 이상 함유시킨 강으로 탄소강보다 내식성과 내열성이 우수하며, 기계적 성질과 가공성도 우수하다.
용접봉의 종류는 티탄계와 라임계가 있다.

(2) 티탄계 : 루틸을 주성분으로 하며, 아크가 안정되고 스패터가 적으며, 슬래그 제거성도 양호하며, 용입이 얕아 얇은(박) 판 용접에 적합하나, 수직자세나, 위보기 자세 용

접시 용적이 낙하하기 쉽다. 우리나라의 스테인리스강 용접봉은 거의 티탄계이다.

① 종류 : E 308, E 308L, E 309, E 309 Mo, E 310, E 316

② 용도 : X선 검사 성능이 양호하여 고압 용기나 중구조물 용접에 쓰인다.

(3) 라임계 : 형석, 석회석이 주성분이며, 비드가 볼록형으로 아래보기 및 수평 필릿 용접시 비드 외관이 나쁘고, 슬래그가 용융지를 거의 덮지 못하며, 아크가 불안정하다.

3) 주철 피복 아크용접봉

주철 용접봉은 주로 주물 제품의 결함을 보수할 때나 파손된 제품을 수리할 때 사용되며, 연강 및 탄소강에 비해 용접이 어렵기 때문에 용접 전, 후의 처리와 봉의 선택이 중요하다.

주철용 피복 아크용접봉으로는 니켈계, 모넬 메탈봉, 연강용 용접봉 등이 있다.

Fe－Ni 봉은 균열의 발생이 적어 많이 사용되며 모넬 메탈봉은 값이 싸나 다층 용접시 균열이 발생될 우려가 있다. 순 니켈봉은 저전류 저온용에 주로 사용된다.

4) 구리(동) 및 구리(동)합금용 피복 아크용접봉

① 주로 탈산 구리 용접봉 또는 구리 합금 용접봉이 사용되고 있다.

② 연강에 비해 열전도도와 열팽창계수가 크기 때문에 용접에 어려움이 있으나, 계속 우수한 용접봉 개발이 진행되고 있다.

③ 종류별 특성

㉠ 순동(DCu) : 합금 원소 최대 4% 함유, 첨가에 따라 용접성이 향상된다.

㉡ 규소 청동(DCuSi) : 규소 청동, 순동, 기타 동합금의 용접에 우수하다.

㉢ 인청동(DCuSn) : 용접 그대로는 취화되기 쉬우며, 피닝 처리하면 향상되나, 규소 청동에 비하여 작업성이 떨어진다.

㉣ 알루미늄 청동(DCuAl) : 용접 작업성과 기계적 성질은 우수하나 순동, 황동 용접은 곤란하다.

㉤ 특수 알루미늄 청동(DCuAlNi) : 알루미늄 청동과 같은 성능을 갖고 있으나, 균열에 유의해야 한다.

㉥ 백동(DCuNi) : 용접 작업성이 양호하고, 해수에 대한 내식성이 좋다.

아. 연강용 피복 용접봉의 선택

용접봉은 용접 결과에 중요한 역할을 하므로 사용 목적에 알맞게 선택하는 것이 중요하다. 용접봉은 피용접물의 재질과 사용 목적에 따라 알맞은 것을 선택해야 하며, 용접봉의 작업성과 용접성을 고려해야 된다.

1) 작업성

작업성이란 아크 발생과 아크 상태, 용접봉 용융 상태, 슬래그 상태, 스패터 발생 상태 등의 직접적인 것과 슬래그 박리성, 스패터 제거 난이도, 기타 작업의 난이도 등 간접 작업성으로 구분할 수 있다.

2) 용접성(weldability)

용접성이란 주어진 조건 하에서 적당히 설계된 구조물을 용접할 때 재료의 접합성(접합 성능)과 사용 성능으로 구분할 수 있다.

접합성이란 용접 모재가 적절한 용접방법을 사용하여 용접할 때에 만족한 접합이 이루어지는가의 정도, 즉 용접의 쉽고 어려움의 정도(용접의 난이)를 말하며, 용접 이음부가 실제로 사용될 경우 설계된 성능을 어느 정도 만족하는가의 정도, 즉 내균열성의 정도, 용접 후의 변형 정도, 용접 결함의 정도, 기계적 성질의 정도를 사용 성능이라 한다.

용접작업의 용이성, 사용 중에 균열 발생 등이 적은 재료가 용접성이 좋은 재료이다.

피복 아크용접봉에서 내균열성이 제일 좋은 것은 저수소계이고, 다음이 일미나이트계, 제일 떨어지는 것이 티탄계이다.

피복제의 염기도가 높을수록 내균열성이 우수하나, 작업성은 떨어지며, 산성도가 높을수록 내균열성은 작아지나, 작업성은 좋아진다. [그림 2-27 참조]

3) 피복 아크용접봉의 편심

피복 아크용접봉에서 피복제가 한쪽 부분에 더 두껍게 피복된 경우를 편심이라 하며 편심 허용률은 3% 이내로 보고 있다. 편심률이 크면 아크 쏠림 등 아크가 불안정하다.

$$편심률(\%) = \frac{D' - D}{D} \times 100$$

그림 2-27 용접봉의 내균열성 비교

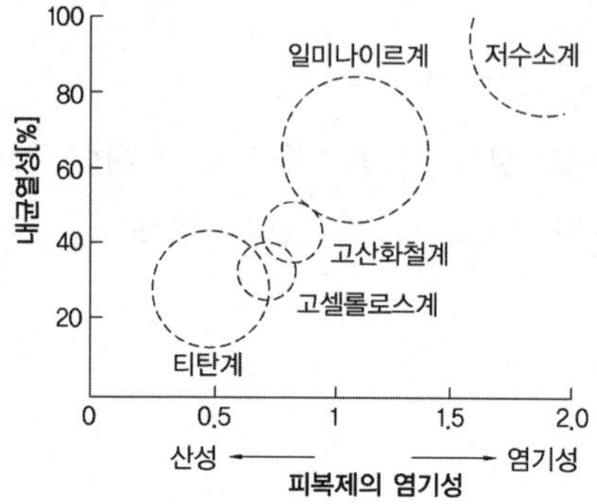

그림 2-28 피복제의 편심

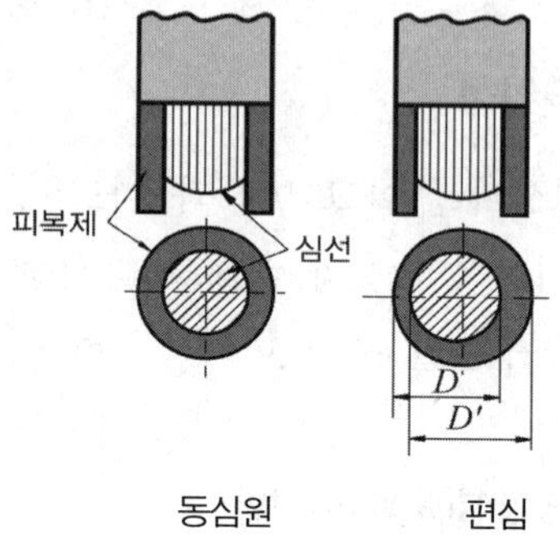

자. 용접봉 관리와 건조

1) 용접봉 보관

용접봉은 습기에 민감하기 때문에 특별히 취급 및 보관 등 관리에 주의해야 한다. 보관 장소는 지면보다 높고 건조한 장소로서 진동이 없고 하중을 받지 않는 곳이 좋다.

사용 중에 피복제가 떨어지는 일이 없도록 통에 넣어서 운반하여 사용하도록 하며, 현장에서 사용하는 용접봉은 특히 회수와 건조 등 보관에 신중을 기해야 한다.

용접사는 용접 전류, 용접 자세 및 건조 등 용접봉 사용 조건에 대한 용접봉 제조자의 지시에 따라야 한다.

2) 피복 아크용접봉 건조

용접봉에 습기는 기공이나 균열의 원인이 되므로 사용 전에 충분히 건조해야 한다.

① 일반 용접봉 건조 : 일반적으로 70~100℃에서 30분~1시간 정도 건조하여 사용해야 된다.

② 저수소계 용접봉 등 : 연강용(E4316), 고장력강용(E5016), 저합금강용(AWS 7016-A1)의 경우는 300~350℃에서 1~2시간 건조시킨 후 120℃에서 유지한다.

③ AWS E309MO-16 : KST-309MO(22%Cr-12Ni-MO 스테인리스강 사용) : 라임티타니아계 용접봉이며, 300-350℃에서 30-60분 정도 건조한 후 사용해야 되며, 내열주강 용접, 클래드강 용접, 이종금속 용접에 사용한다.

차. 피복 용접봉 취급시 주의 사항

① 습기에 민감하므로 건조한 장소를 택하며, 진동이 없고 하중을 받지 않아야 한다.

② 사용 중에 피복제가 떨어지는 일이 없도록 통에 넣어서 운반하여 사용하도록 한다.
③ 용접사는 용접 전류, 용접 자세 및 건조 등 용접봉 사용 조건에 대한 용접봉 제조자의 지시에 따라야 한다.
④ 용접봉에 습기는 기공이나 균열의 원인이 되므로 충분히 건조하여 사용해야 한다.

제5절 | 피복 아크용접 작업

1 용접 작업 준비

가. 용접봉 건조 및 모재 청소

도면을 이해하고 필요한 용접봉의 선택과 건조를 하여야 하며, 모재에 묻은 기름, 녹, 페인트 및 기타 불순물은 기공, 균열의 원인이 되므로 깨끗이 제거해야 한다.

나. 용접 설비 점검 및 보호구 착용

용접기의 케이블 손상 여부와 용접기의 이상 유무를 점검하고 전류를 조정한 후 보호구를 착용한다. 적정 전류는 모재의 재질 및 두께와 용접부 형상, 용접봉 지름 및 종류, 용접 자세, 용접 속도 등에 따라 알맞은 전류의 선택이 중요하다.

다. 환기 장치

용접 장소는 항상 환기 및 통풍이 잘 되도록 하고, 필요시 방독, 방진 마스크를 착용하여 유해 가스 및 분진을 흡입하지 않도록 한다.

특히, 밀폐된 탱크 등에서 작업할 경우는 작업 전에 압축 공기 등을 불어 넣어 환기가 잘되게 하며, 환기 헬멧, 방독 마스크 등을 사용해야 된다.

2 본용접 작업

가. 아크 전류 조정

아크 전류를 용접 전류라고도 하며, 피용접물의 재질, 모양, 크기, 이음의 형상, 예열 여부, 용접봉의 크기와 종류, 용접 속도, 용접사의 숙련도 등에 따라 결정된다.

일반적으로 후판이나 필릿 용접의 경우는 여러 방향으로 열전도에 의한 분산이 크므로 높은 전류를 사용해야 하며, 수직 및 위보기 자세는 아래보기나 수평 자세보다 다소 낮은 전류를 사용한다.

아크 전류 밀도는 용접봉 단면적 $1mm^2$에 대해 10～11A 정도를 표준으로 하고 있다.

나. 아크 발생

아크를 발생시킬 때는 용접봉을 아크를 발생할 부분 가까이 가져간 뒤 용접봉 끝을 모재의 표면에서 약 10mm 정도 가까이 한 뒤 헬멧(핸드 실드)으로 눈을 가림과 동시에 용접봉 끝을 순간적으로 모재 표면에 접촉시켰다가 3～4mm 떼면 아크가 발생된다.

아크가 발생되는 순간 빨리 각도와 자세를 잡고 일정한 속도로 진행한다. 이때 아크를 발생할 때나 용접 중에 아크 불빛을 맨눈으로 보면 결막염 등이 발생할 수 있으므로 주의해야 된다.

아크 발생법은 점찍기법과 긁기법이 있으며, 작업자의 편의에 따라 선택하면 된다. 점찍기법은 보통 숙련된 사람이 사용하며, 긁기법은 초보자가 사용하면 쉽게 아크를 발생할 수 있으나 어느 방법을 사용하던 편하게 아크를 발생할 수 있으면 된다.

그림 2-29 아크 발생법

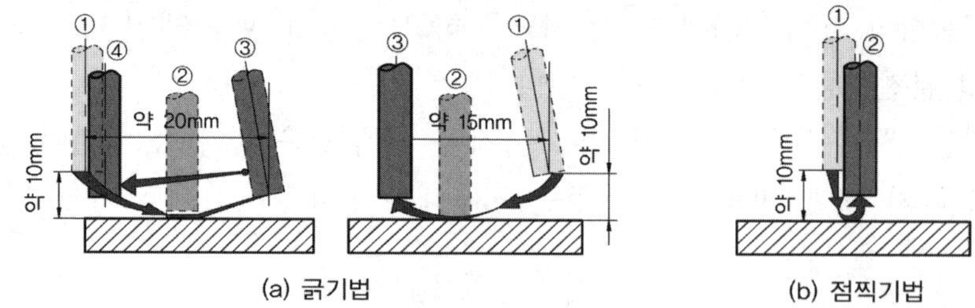

(a) 긁기법　　(b) 점찍기법

중요한 용접부의 경우 용접 전에 엔드탭을 붙인 후 엔드탭 부분에서 아크를 시작하여 종점 부분의 엔드탭에서 아크를 종료하는 것이 좋으며, 용접부가 아닌 부분에서 아크를 발생하여 아크를 용접부로 이동하는 경우는 아크 스트라이크라는 결함이 생기기 때문에 아크 발생시 용접할 부위에 살짝 접촉시켜 빨리 아크를 안정시켜 용접을 진행하는 것이 좋다.

다. 용접봉 각도 유지

용접봉 각도는 진행각과 작업각이 있으며, 진행각은 용접봉과 용접선이 이루는 각도로서 용접봉과 수직선 사이의 각도로 표시한다. 이때 수직선에 대하여 진행방향으로 각이 작으면 열의 집중도가 커지며, 각이 커지면 집중도가 낮아진다.

작업각은 용접봉과 이음 방향에 나란히 세워진 수직 평면(또는 수평 평면)과의 각도로 표시하며, 대체로 용접부에 대하여 대칭각을 생각하면 된다. 또한 두꺼운 재료와 얇은 재료의 맞대기 이음의 경우 봉의 끝이 두꺼운 쪽으로 더 향하게 하며, 면의 중앙부와 끝단부가 닿는 T형 필릿 이음의 경우 평면부쪽으로 더 향하여야 한다.

우수한 용접 품질을 얻기 위해서는 정확한 작업각과 진행각의 유지가 중요하다.

라. 용접 속도

모재에 대한 용접선 방향의 아크 속도로서 운봉 속도라고도 하며, 보통 8~30cm/min가 적당하다.

용접 속도는 용접봉의 종류, 모재 재질, 전류값, 가공 상태, 위빙의 유무 등에 따라 달라지며, 아크 전압과 아크 전류를 일정하게 유지하고 느린 속도에서 속도를 점차 증가시켜 가면 비드의 나비는 감소하나 용입은 가장 적당한 속도 이하 범위에서는 증가하고, 그 이상의 범위에서는 감소한다.

따라서 용입 정도는 용접 전류값을 용접 속도로 나눈 값에 따라 결정되며, 전류가 높을 때 용접 속도는 증가한다.

일반적으로 산업 현장에서는 작업 능률을 높이기 위해 적정 전류치보다 훨씬 높은 전류를 사용하는 경향이 있으나, 전류가 지나치게 높을 경우 금속 조직이 변질되거나, 나빠지는 경향이 있으므로 주의가 필요하다.

마. 아크 길이

아크 길이는 모재 표면에서 용접봉(또는 전극) 끝까지의 거리를 말하며, 피복 아크용접의 적정 아크 길이는 보통 용접봉 심선 지름의 1배 정도이나, 일반적인 아크 길이는 3mm 정도이며, 양호한 용접을 하려면 짧은 아크를 사용하는 것이 유리하다.

아크 길이가 길어지면 아크가 불안정하고(열이 산만해짐), 용입이 나빠지며, 용착 금속의 성질이 불량해진다.(산화 및 질화가 일어남) 또한 스패터가 심하다.(전압은 올라간다)

아크 길이가 너무 짧아지면 연속적으로 아크 발생이 어렵고 발열량이 낮아 용입이 불충분하고, 슬래그나 불순물이 섞이기 쉽다.

표 2-6 용접봉 지름과 아크 전류, 아크 길이

용접봉의 지름(mm)	용접 전류(A)	아크 길이(mm)	아크 전압(V)
1.6	20~50	1.6	14~17
3.2	72~135	3.2	17~21
4.0	110~180	4.0	18~22
4.8	150~220	4.8	18~24
6.4	200~300	6.4	18~26

바. 단층 용접과 다층 용접

용접시에 단층으로 용접할 경우 모재의 온도에 비해 비드 온도가 높아 비드의 열이 매우 빨리 빼앗기게 되므로 용접부가 급열. 급랭되어 주상조직이 생기고 담금질 효과에 의해 경도가 커지며, 인성이 낮아지게 된다.

그러나 다층 용접을 할 경우는 위층의 용접열에 의해 아래층의 주조조직이 파괴되어 세립화되며, 열영향부가 재가열되어 불림(normalizing) 효과를 가져오게 되므로 결정립이 미세해지게 되어 강인하고 연성이 좋아지게 된다.

사. 아크 쏠림과 방지 대책

1) 아크 쏠림(자기 불림, magnetic blow)

아크 쏠림(불림, arc blow)은 용접봉 끝의 아크가 한쪽으로 쏠리는 현상으로, 크게 2가지로 설명할 수 있다. 하나는 용접봉의 편심에 의해 일어날 수 있으며, 다른 하나는 직류 용접에서 비피복봉 사용시 더 심하게 일어난다.

직류 용접 중에 모재와 용접봉에 흐르는 전류에 의해 도체 주위에 어떤 방향으로 자장이 생기고 이 방향은 이 중에서 제일 저항이 적은 통로로 빠지게 되며 용접 시점과 종점 부분(L/8 ~ L/4)에서 아크가 내부로 향하여 세게 흡인되며, 이 자계가 용접물의 형상, 아크 위치 등에 따라 여러 가지로 변하여 아크를 끌어당겼다가 반발했다가 해서 아크 안정도가 교란되어 한쪽으로 쏠리는 현상으로 이를 자기 쏠림(불림)이라고도 한다.

직류 용접시 접지점과 모재 사이가 가까울 경우 일어나기 쉽다. 아크 쏠림이 생기면 아크가 불안정하여 아크가 불려 꺼지던가 용융액이 날려 용융풀 중에 들어가든가 해서 작업이 곤란해지고 불안전한 용착이 되기 쉽다.

2) 아크 쏠림 방지 대책

① 직류 용접으로 하지 말고 교류 용접으로 한다.
② 큰 가접부 또는 이미 용접이 끝난 용착부를 향하여 용접한다.
③ 이음의 처음과 끝에 엔드탭을 사용하며, 용접부가 긴 경우 후퇴 용접법으로 한다.
④ 접지점을 될 수 있는 대로 용접부에서 멀리하며, 접지점 2개를 연결한다.
⑤ 짧은 아크를 사용한다.(피복제가 모재에 접촉할 정도)
⑥ 용접봉 끝을 아크 쏠림 반대 방향으로 기울인다.

그림 2-30 아크 쏠림 원리

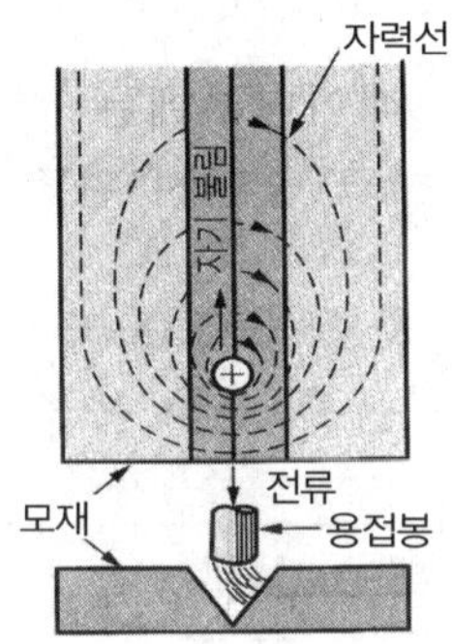

그림 2-31 아크 쏠림의 방지 대책

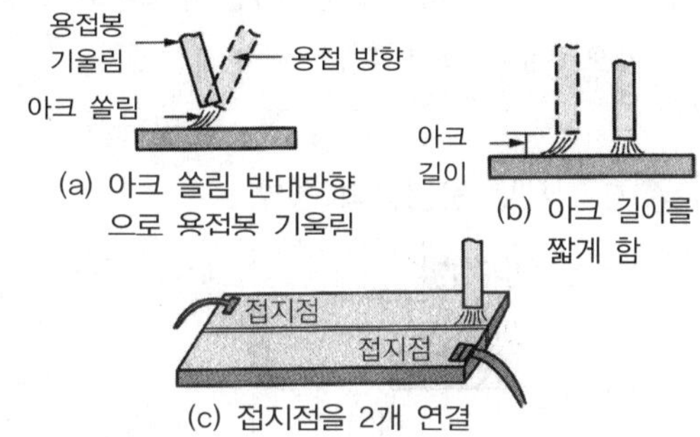

아. 아크 소멸과 크레이터

아크를 소멸시킬 때는 용접을 정지하려는 곳에서 아크 길이를 짧게 하여 운봉을 정지시켜서 크레이터를 채운 다음 용접봉을 빠른 속도로 들어 올린다.

크레이터란 아크의 중단된 부분이 오목하거나 납작하게 파진 모양이 되는데 이곳은 불순물과 편석이 남게 되고 균열이 발생할 수 있으므로 이곳을 채워야 된다.

그림 2-32 비드 잇기

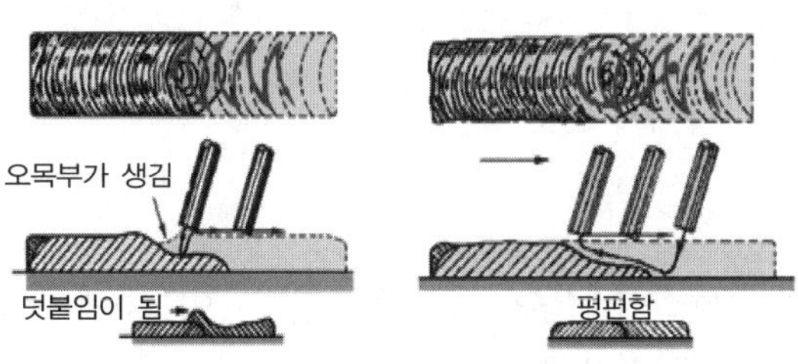

(a) 불량 (b) 양호

그림 2-33 크레이터 처리

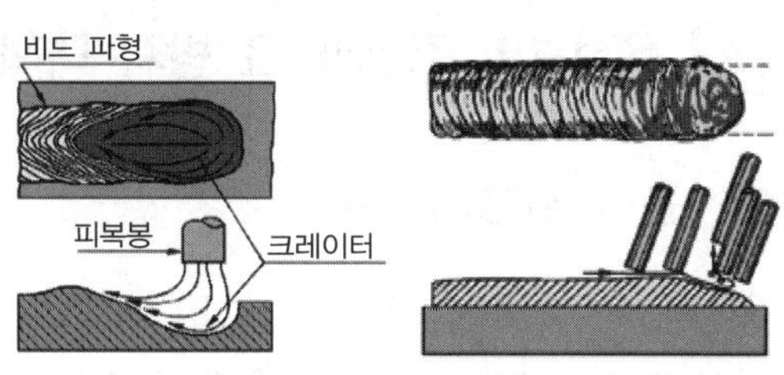

(a) 크레이터 (b) 양호한 크레이터 처리

자. 여러 가지 운봉법

1) 직선 비드(straight bead)

① 용접봉을 용접선에 따라 직선으로 움직이며, 진행각은 70～80°, 작업각 90°가 되게 한다.

② 용도 : 박판 용접 및 홈 용접의 이면 비드 형성에 사용한다.

2) 위빙 비드(weaving bead)

① 진행각을 70～80° 하고 작업각은 90°가 되게 하며, 용접봉을 좌우로 움직여 운봉한다. [표 2-7 참조]

② 위빙 운봉 폭은 심선 지름의 2～3배로 한다. 크레이터 발생과 언더컷이 생길 염려가 있으므로 주의한다.

표 2-7 자세별 운봉법의 종류

운봉법(위빙)		그림	운봉법(위빙)			그림
아래 보기 자세(V형)	직선	→	수직 자세	하진	직선	↓
	원형				부채꼴모양	
	부채꼴모양			상진	직선	↑
아래 보기 자세(필릿)	직선	→			삼각형	
	타원형				백스텝	
	삼각형	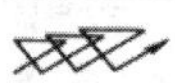	위보기 자세		직선	→
수평 자세	직선	→			부채꼴모양	
	타원형				백스텝	

3 용접부의 결함과 그 방지 대책

가. 용접 결함의 종류

용접 결함은 크게 치수상 결함, 구조상 결함, 성질상 결함으로 구분한다. 이 중에서도 용접의 직접적이고 중요한 결함은 치수상 및 구조상 결함이다.

① 치수상 결함 : 변형, 치수 불량(덧붙이 과부족, 목 길이, 목 두께 과부족 등), 형상 불량

② 구조상 결함 : 기공, 피트, 은점, 슬래그 섞임, 용입 불량(부족), 융합 불량, 언더컷, 오버랩, 균열, 선상 조직

③ 성질상 결함 : 기계적 성질 불량(인장 강도, 피로 강도, 경도, 연성 등), 화학적 성질 불량(성분 부적당, 내식성 등)

나. 용접부의 결함과 방지 대책

표 2-8 용접 결함과 방지 대책

결함의 종류	결함 발생 원인	결함 방지 대책
1. 용입 불량 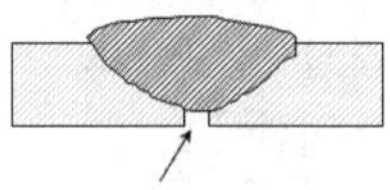	① 이음 설계의 결함 ② 용접 속도가 너무 빠를 때 ③ 용접 전류가 낮을 때	① 홈각도를 크게 또는 루트 간격을 넓게 한다. ② 용접 속도를 조금 느리게 한다. ③ 적정 전류로 조정한다.
2. 언더컷 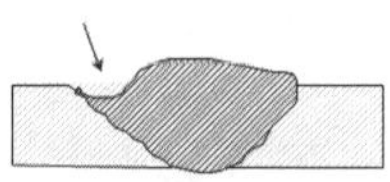	① 전류가 너무 높을 때 ② 아크 길이가 너무 길 때 ③ 부적당한 봉을 사용했을 때 ④ 용접 속도가 너무 빠를 때	① 낮은 전류를 사용한다. ② 적정 아크 길이를 유지한다. ③ 적정 봉을 사용한다. ④ 용접 속도를 조금 늦춘다.
3. 오버랩 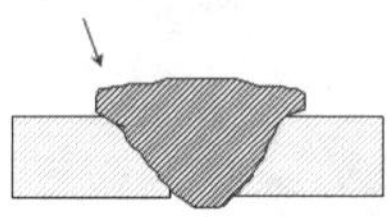	① 용접 전류가 너무 낮을 때 ② 운봉 및 유지 각도가 불량할 때 ③ 부적당한 봉을 사용했을 때 ④ 용접 속도가 너무 느릴 때	① 적정 전류를 사용한다. ② 적정 운봉과 각도를 유지한다. ③ 적정 봉을 사용한다. ④ 용접 속도를 조금 빠르게 한다.
4. 선상 조직 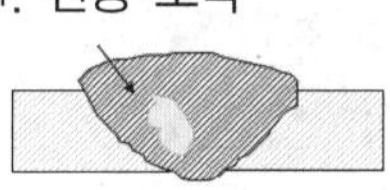	① 용착 금속의 냉각 속도가 빠를 때 ② 모재의 재질 불량	① 급랭을 피한다. ② 모재의 재질에 맞는 봉을 사용
5. 균열 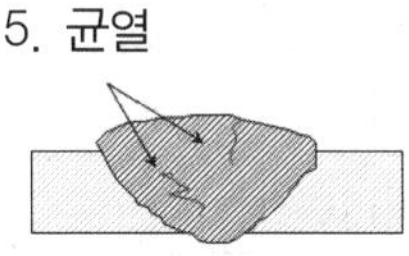	① 이음 강성이 큰 경우 ② 부적당한 용접봉 사용시 ③ 모재에 합금 원소가 많을 때 ④ 과대 전류 및 과대 속도일 때 ⑤ 모재에 유황 함량이 많을 때	① 예열, 피닝, 비드 배치법 변경 ② 적정 봉 사용 ③ 예열, 후열을 한다. ④ 적정 전류, 적정 속도를 유지한다. ⑤ 저수소계 봉을 사용한다.
6. 스패터 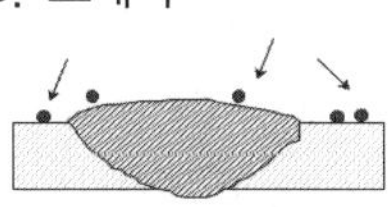	① 전류가 높을 때 ② 봉에 습기가 많을 때 ③ 아크 길이가 길 때	① 적정 전류로 조절한다. ② 건조된 봉을 사용한다. ③ 적정 아크 길이를 유지한다.

<table>
<tr><td>7. 기공
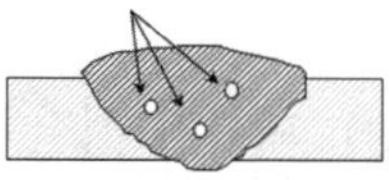
피트
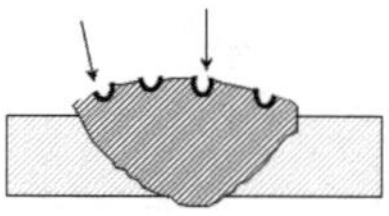</td><td>① 용접 분위기 중 각종 가스가 많을 때
② 용접부의 급속한 응고
③ 모재 중 유황의 함량이 많을 때
④ 강재에 페인트, 습기, 녹, 기름 등 불순물이 많을 때
⑤ 아크 길이, 과대 전류 사용시
⑥ 용접 속도가 빠를 때</td><td>① 예열, 봉 건조, 봉 교환
② 예열하거나 후열한다.
③ 저수소계 봉을 사용한다.
④ 모재를 깨끗이 청소한다.
⑤ 적정 아크 길이, 적정 전류 사용
⑥ 용접 속도를 조금 늦춘다.</td></tr>
<tr><td>8. 슬래그 섞임
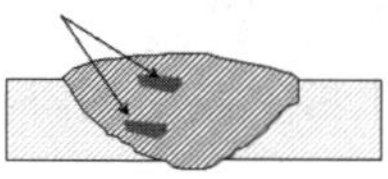</td><td>① 전층의 슬래그 제거 불충분시
② 전류 과소, 운봉 불완전시
③ 용접 이음부의 부적당
④ 냉각 속도가 빠를 때
⑤ 봉의 각도가 부적당할 때
⑥ 운봉 속도가 느릴 때</td><td>① 슬래그를 깨끗이 제거한다.
② 적정 전류, 운봉을 잘한다.
③ 이음부 설계를 잘한다.
④ 예열, 후열을 한다.
⑤ 봉의 적정 각도를 유지한다.
⑥ 운봉 속도를 조절한다.</td></tr>
</table>

4 피복 아크용접 표준 용접 조건

용접 조건은 모재의 재질이나 형상, 두께, 작업자의 기량이나 작업 방법, 용접봉 제조 회사의 제시 조건, 사용 용접봉의 종류 등에 따라 다르므로 다음 표와 같은 용접 조건 값이 절대적으로 옳은 값은 될 수 없고 참고 자료로 활용해야 한다.

표 2-9 아래보기(F) 자세 정방(I, 평)형 맞대기 용접 작업 표준

비드를 쌓는 법	판두께 t(mm)	루트 간격 s(mm)	용접봉 지름(mm)	용접 전류 (A)	비드 수
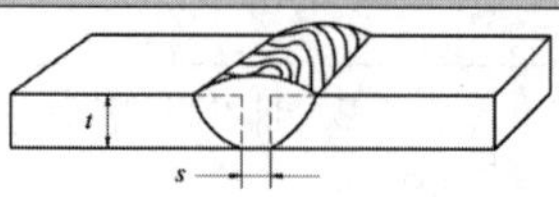	1.6	0	2.0	40	1
	2.3	0	2.6	60	1
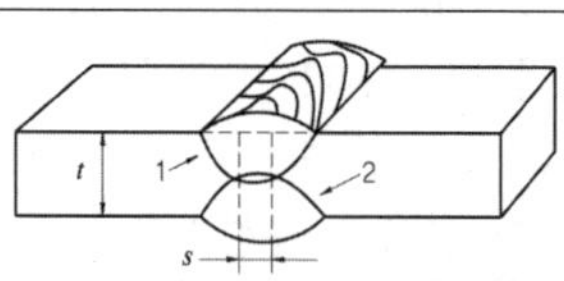	4.0	2.0	4.0	120~140	1
	5.0	2.0	4.0	130~140	1、2
	6.0	2.0	4.0	140~150	1、2

표 2-10 아래보기(F) 자세 단면 V형, 양면 V(X)형, 단면 U형 맞대기 용접 작업 표준

비드를 쌓는 법	판두께 t(mm)	루트 간격 s(mm)	용접봉 지름(mm)	용접 전류 (A)	비드 수
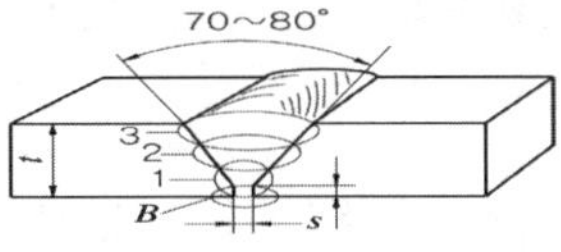	6.0	1.0	4.0	130~150	1、2、B
	9.0	1.5	4.0	140~160	1 …3・B
			4.0	140~160	1、2、B、3
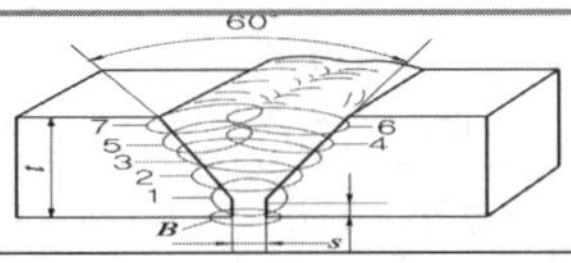	12.0	1.5	4.0	150~160	1 …5・B
			5.0	190~200	2 …4
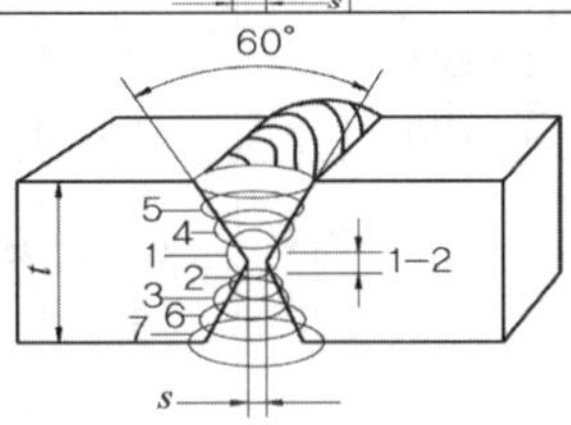	19	2.0	4.0 5.0	140~160 200~210	1、2 3 …6
	22	2.0	4.0 5.0	150~160 200~210	1、2 3 …8
	28	2.0	4.0 6.0	150~160 270~290	1、2 3 …8
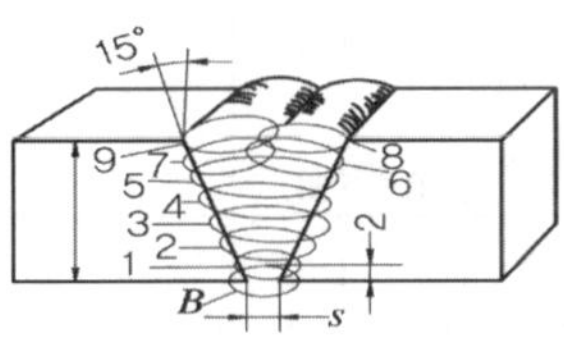	28	2.0	4.0 6.0	140~150 270~290	1 …3 4 …8
	32	2.0	4.0 6.0	140~150 270~290	1 …3 4 …10
	38	2.0	4.0 6.0	140~150 270~290	1 …3 4 …12

표 2-11 수평(H) 자세 정방(I, 평)형 및 단면 V형 맞대기 용접 작업 표준

비드를 쌓는 법	판두께 t(mm)	루트 간격 s(mm)	용접봉 지름(mm)	용접 전류 (A)	비드 수
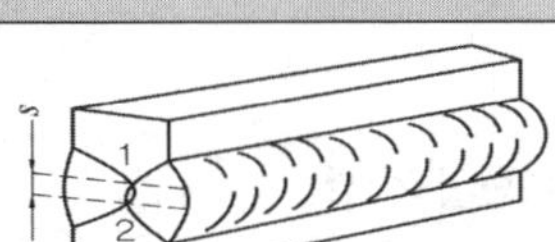	4.0	2.0	4.0	125~135	1、2
	6.0	2.0	4.0	130~140	1 …3
	9.0	3.0	4.0	135~145	1 …5
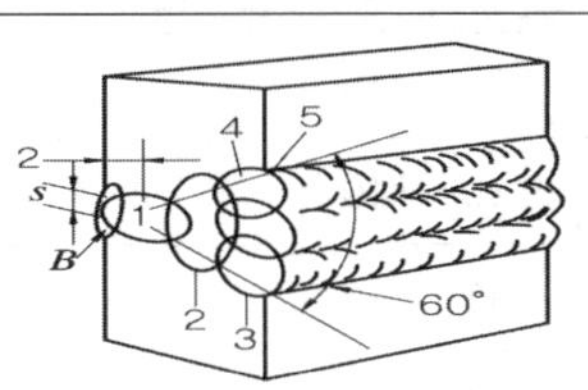	12.0	3.0	4.0 5.0	135~145 190~200	용접공의 덧붙이 방법에 따라 달라진다.
	16.0	3.0	4.0 5.0	135~145 190~200	
	19.0	3.0	4.0 5.0	135~145 190~200	

주) B는 뒷면 용접, 1층 붙임 또한 표 중 용접봉의 항에 2종 이상의 용접봉 지름이 기입되어 있는 것은 양자를 병용하는 뜻이며, 또 비드 수의 항에서 1・B, 2 …4라 기입되어 있는 것은 제1층과 뒷면 용접을 4.0mm 용접봉으로, 2층에서 4층까지를 5.0mm 용접봉으로 한다는 뜻이다.

표 2-12 수직(V) 자세 정방(I, 평)형 및 단면 V형 맞대기, 양면 개선(K)형 용접 작업 표준

비드를 쌓는 법	판두께 t(mm)	루트 간격 s(mm)	용접봉 지름(mm)	용접 전류 (A)	비드 수
I형 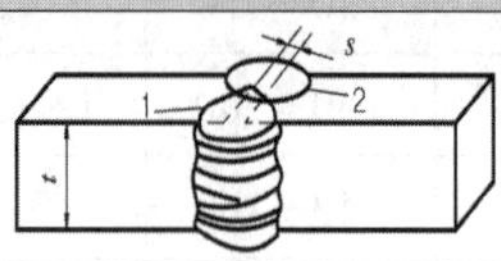	4.0	1.0	3.2	65~75	1、2
	6.0	2.0	3.2	75~85	1、2
V형 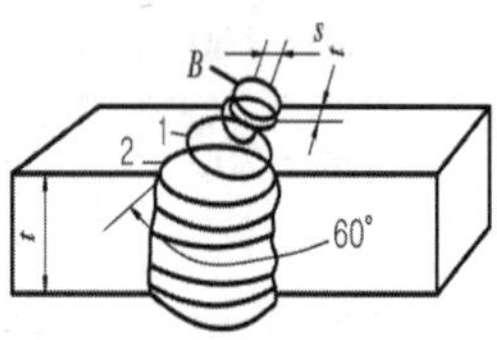	9.0	2.0	3.2 4.0	80~90 120~130	1 2、3、B
	12.0	2.0	4.0	120~130	1…4・B
	14.0	2.0	4.0 5.0	125~135 170~180	1、B 2…4
U형 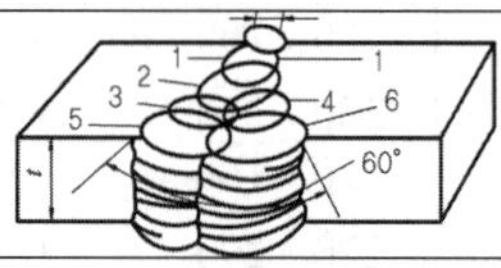	19.0	2.0	4.0 5.0	125~135 170~180	1、2、B 3…5
X형 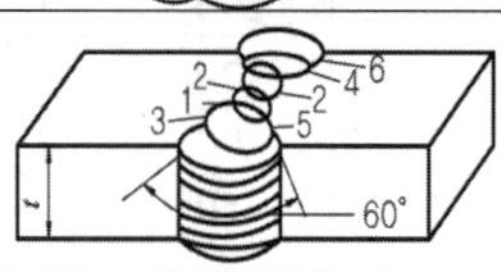	25.0	2.0	4.0 5.0	125~135 170~180	1、2 3…6
	28.0	2.0	4.0 5.0	125~135 170~180	1、2 3…8
K형 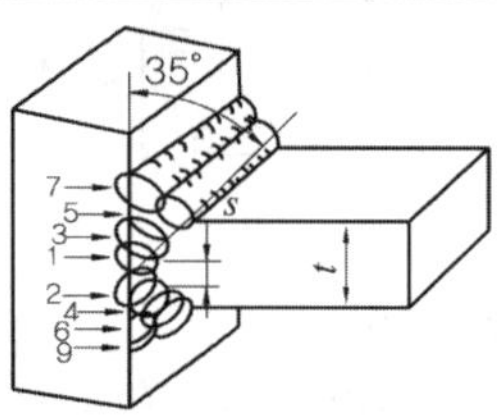	14.0	2.0	4.0	160~180	1、2
			5.0	190~210	3…6
	19.0, 25.0	2.0	4.0	160~180	1、2
			5.0	190~210	3…10

표 2-13 위보기(O) 자세 단면 V형 맞대기 용접 작업 표준

비드를 쌓는 법	판두께 t(mm)	루트 간격 s(mm)	용접봉 지름(mm)	용접 전류 (A)	비드 수
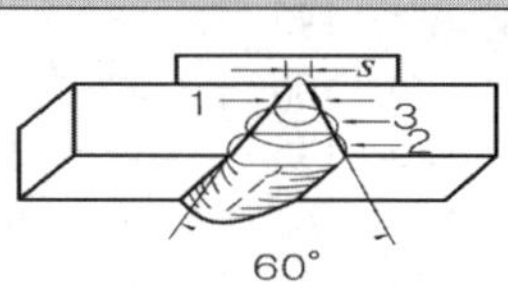	4.0	3.0	4.0	130~140	1、2
	6.0	4.0	4.0	130~140	1…3
	9.0	5.0	4.0	135~145	1…4
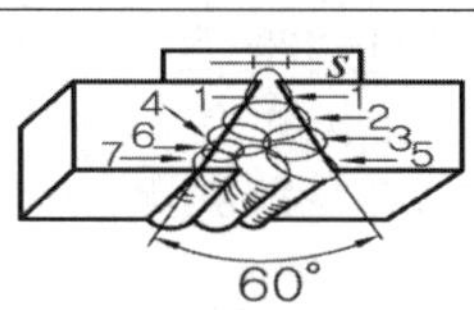	12.0	5.0	4.0	135~140	용접공의 덧붙이 방법에 따라 달라진다.
	16.0	5.0	4.0	135~145	
	19.0	5.0	4.0	135~145	

표 2-14 아래보기 모서리, 수직 필릿 용접 작업 표준

비드를 쌓는 법	판두께 t(mm)	루트 간격 s(mm)	용접봉 지름(mm)	용접 전류 (A)	비드 수
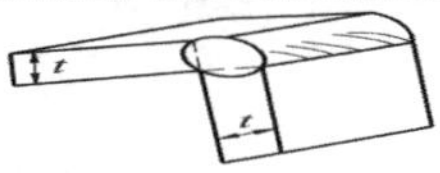	4.0	0	4.0	120～130	1
	6.0	0	4.0	130～140	1
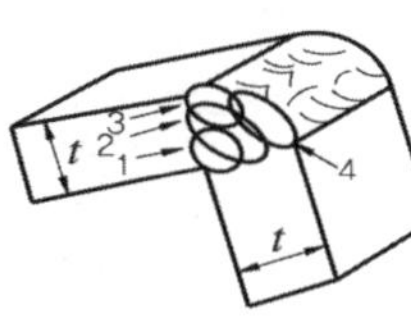	9.0	0	4.0	130～140	1
			5.0	170～180	2
	14.0	0	4.0	140～150	1
			5.0	180～190	2 …4
수직필릿 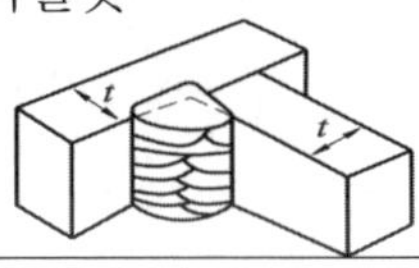	4.0	0	3.2	80～100	1
	6.0	0	3.2	90～110	1
	9.0	0	4.0	130～150	1
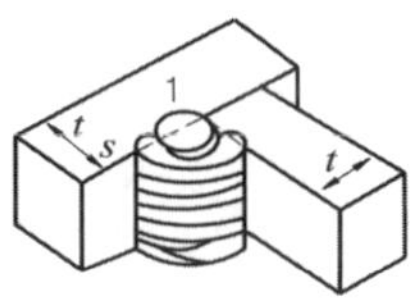	14.0	0	4.0	140～160	1
			5.0	170～190	2
	16.0	0	4.0	140～160	1
			5.0	170～190	2
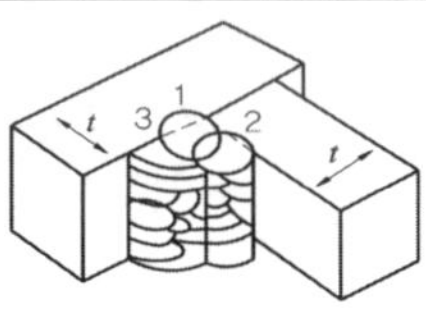	19.0, 22.0	0	4.0	140～160	1
			5.0	170～190	2 …3

PART 1 용접 일반

단원 종합 문제 {제2장 | 피복 아크용접}

01 피복 아크용접시 발생하는 아크열은 보통 몇 ℃ 정도인가?

02 '용입'과 '용착'의 뜻을 설명하시오.

03 피복 아크용접 회로를 순서대로 쓰시오.

04 가스 용접에 비교한 피복 아크용접의 장점을 3가지만 쓰시오.

05 부특성(부저항 특성)의 뜻은 무엇인가?

06 직류 정극성과 직류 역극성의 기호와 특성을 쓰시오.

07 피복 아크용접봉의 용적 이행의 종류 3가지를 들고 설명하시오.

08 용접 입열 계산식을 쓰시오.

09 수하 특성과 정전류 특성에 대하여 설명하시오.

10 아크 길이 자기 제어 특성이란 무슨 뜻인가?

11 직류 용접기의 종류를 쓰시오.

12 변압기에서 권선비란 무엇을 말하는가?

13 가동 철심형의 특징을 설명하시오.

14 원격 조정이 가능한 교류 용접기의 종류는 무엇인가?

15 일반적으로 AW 300A 용접기의 정격 사용률은 얼마인가?

16 용접기의 구비 조건을 3가지 이상 쓰시오.

17 용접기에서 정격 사용률과 허용 사용률 계산 공식을 나타내시오.

18 역률과 효율의 계산식을 나타내시오.

19 용접기를 설치해서는 안되는 장소를 3가지 이상 쓰시오.

20 직류 용접기와 교류 용접기에서 아크 쏠림이 생길 수 있는 용접기는?

21 교류 아크용접기에 전격 방지기를 설치하는 이유는 무엇인가?

22 1차 케이블의 규격에서 200A, 300A, 400A에 적합한 케이블의 굵기는?

23 차광 유리의 차광도 중 #10은 전류 얼마 범위가 적합한가?

24 피복 아크용접봉에서 피복제의 역할을 5가지 이상 쓰시오.

25 E4316에서 E, 43, 16의 뜻을 쓰시오.

26 피복 아크용접봉의 종류를 KSD의 규격으로 쓰고 피복제 계통별 이름을 쓰시오.

27 고장력강은 인장 강도가 얼마 이상을 말하는가?

28 우리나라에서 많이 사용하는 스테인리스강의 피복제 계통은 무엇인가?

29 피복 아크용접봉의 편심률 계산 공식과 허용 편심률은 얼마인가?

30 저수소계 피복 아크용접봉의 건조 온도와 건조 시간을 쓰시오..

31 아크 길이가 길 때와 짧을 때에 일어나는 현상을 쓰시오..

32 아크 쏠림(자기 불림)의 현상과 방지 대책을 쓰시오.

33 용접 결함의 종류를 크게 3가지로 분류하고 해당되는 결함을 3가지씩만 쓰시오

34 피복 아크용접에서 언더컷의 발생 원인을 3가지만 쓰시오.

35 피복 아크용접에서 기공의 발생 원인을 3가지만 쓰시오.

제2장 피복 아크용접 문제 해설 [p.13~55]

1. 3500~5000℃
2. 1) 용입 : 모재가 녹은 깊이 2) 용착 : 용접봉이 녹아 용융지에 들어가는 것
3. P14 1 다. 참조
4. P14 2 가. 참조
5. P15 1 나. 1) 참조
6. P17 2 가. 나. 참조
7. P18 나. 용적 이행 1)~3)
8. $H = \frac{60EI}{V}$ (joule/cm)

   E는 아크 전압(V), I는 아크 전류(A), V는 용접 속도(cm/min), η는 열효율.
9. P21 1 가. 나. 참조
10. P22 1 마. 참조
11. 1) 직류 아크용접기 : 엔진 구동형, 전동 발전형, 정류기형
12. 권선(수)비 $= \frac{\text{1차측 코일 감긴수}(n_1)}{\text{2차측 코일 감긴수}(n_2)}$
13. P25 2 나. 3) 참조
14. 가포화 리액터형
15. 정격 사용률 : 40%, 즉 10분을 기준으로 300A로 연속 작업시 4분 용접하고 6분은 휴식해야 된다는 뜻
16. P27 다. 용접기의 구비 조건 ①~⑧
17. 1) 정격 사용률(%) $= \frac{\text{아크 시간}}{\text{아크 시간} + \text{휴식 시간}} \times 100$

    2) 허용 사용률(%) $= \frac{\text{정격 전류}^2}{\text{실제 용접 전류}^2} \times$ 정격 사용률(%)
18. 1) 역률(%) $= \frac{\text{소비 전력(KW)}}{\text{전원 입력(KVA)}} \times 100 = \frac{\text{아크 출력} + \text{내부 손실}}{\text{2차 무부하 전압} \times \text{정격 전류}} \times 100$

2) $\text{효율(\%)} = \dfrac{\text{아크 출력(KW)}}{\text{소비 전력(KW)}} \times 100 = \dfrac{\text{아크 전압} \times \text{아크 전류}}{\text{아크 전압} \times \text{아크 전류} + \text{내부 손실}} \times 100$

19. P29 2 마. ⑤ 참조

20. 직류 용접기

21. 무부하 전압이 높아 감전의 위험이 있으므로 작업자 보호를 위해

22. P31 표 2-2

23. 100~200A, 차광 유리의 차광도 : P33 그림 2-25 참조

24. P35 2 나. 피복제의 역할 ①~⑧

25. E : 전극, 43 : 최저 인장 강도, 15 : 피복제 계통

26. E4301 : 일미나이트계, E4303 : 라임티타니아계, E4311 : 고셀룰로스계, E4313 : 고산화티탄계, E4316 : 저수소계, E4324 : 철분고산화티탄계, E4326 : 철분 저수소계, E4327 : 철분산화철계, E4340 : 특수계

27. 보통 인장 강도가 $50kg_f/mm^2$(490MPa) 이상인 것을 말한다.

28. 라임계와 티탄계가 있으며, 티탄계가 많이 사용된다.

29. $\text{편심율(\%)} = \dfrac{D' - D}{D} \times 100$,(P63 그림 2-28 참조) 허용 편심률 3% 이하

30. P44 2 자. 2) 참조

31. P47 2 마. 참조

32. P48 사. 아크 쏠림과 방지 대책

33. P50~51 3 가. 참조

34. P51 3 나. 표 2-8 참조

35. P51 3 나. 표 2-8 참조

03 가스 용접

제1절 | 가스 용접의 개요

1 가스 용접의 원리

가. 원리와 역사

가스 용접법은 아크용접과 같은 용접의 일종으로서 아세틸렌 가스, 수소, LP(프로판) 가스 등의 가연성 가스와 산소의 혼합 가스가 연소할 때 발생하는 열을 이용하여 모재와 용가재를 용융시켜 접합하는 방법이며, 사용 가스 중에 산소를 많이 사용하므로 산소 용접이라고도 부른다.

이 용접법은 1895년 프랑스의 르샤틀리에가 산소-아세틸렌 불꽃은 3000℃ 이상의 고열을 내며 탄다고 발표한 후 1900~1901년경 프랑스의 푸세와 피카르가 토치를 처음 고안하였다.

그림 3-1 가스 용접 장치의 구성

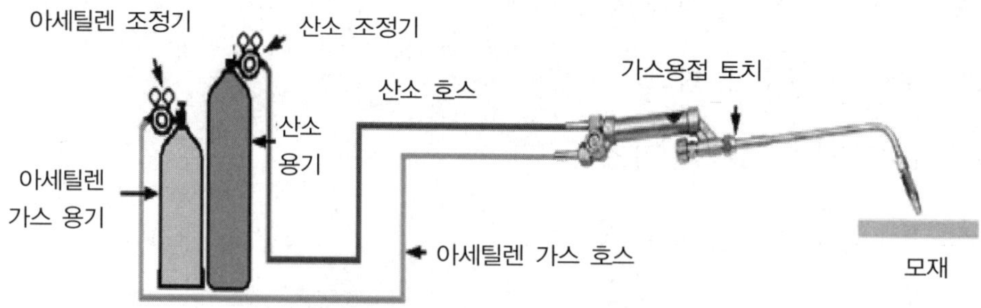

나. 가스 용접(gas welding)의 종류

사용 가스에 따라 산소-아세틸렌 용접, 산소-수소 용접, 산소-프로판 용접, 공기-아세틸렌 용접이 있으나, 현재 가장 많이 사용되고 있는 용접은 산소-아세틸렌 용접이다.

2 특 징

가. 장 점

① 전원 설비가 없는 곳에서도 쉽게 설치할 수 있고 설치 비용이 싸다.
② 가열할 때 열량 조절이 비교적 자유롭기 때문에 박판 용접에 적당하다.
③ 아크용접에 비해서 유해 광선의 발생이 적다.
④ 용접되는 금속의 응용 범위가 넓으며, 운반이 편리하다.

나. 단 점

① 고압 가스를 사용하기 때문에 폭발, 화재 위험이 크다.
② 아크용접에 비해서 불꽃의 온도가 낮다.
③ 열효율과 집중력이 낮아서 효율적인 용접이 어렵고, 용접 속도가 느리다.
④ 금속이 탄화 및 산화될 우려가 많다.
⑤ 가열 범위와 열 받는 범위가 넓어서 용접 응력이 크고, 용접 후에 변형이 심하다.
⑥ 용접부의 기계적 강도가 떨어지며, 일반적으로 아크용접에 비해 신뢰성이 적다.

제2절 | 용접용 가스 및 불꽃

1 용접용 가스의 종류

가스 용접에 사용되는 가연성 가스에는 아세틸렌 가스와 프로판 가스, 도시 가스, 메탄 가스, 천연 가스 등이 있으며, 지연성 가스로는 산소가 가장 많이 사용된다.

가. 산소(oxygen, O_2)

산소는 공기나 물의 주성분으로, 지구상에 널리 존재하고 있으며, 1932년 영국의 프리스틀리(Pristley)와 스웨덴의 셀(Shell)에 의해 발견, 프랑스의 '라브아지'에 의해 '산소'라고 이름지었다.

1) 성 질

① 공기 중에 약 21% 존재하며, 공업용 산소의 순도는 99.5% 이상이다.
② 무색, 무미, 무취의 기체로 융점은 −219℃, 비중은 1.105로 공기(비중 1)보다 약간 무겁다.
③ 기체산소 1ℓ의 중량은 0℃, 1기압에서 1.429g이다.
④ −119℃에서 5MPa(50기압) 이상으로 압축하면 담청색의 액체 산소가 된다.
⑤ 액체 산소는 연한 청색을 띠며, 1ℓ가 기화하면 약 900ℓ의 기체 산소가 된다.
⑥ 금, 백금, 수은 등을 제외한 모든 물질과 화합시 산화물을 만든다.
⑦ 자신은 연소하지 않고 다른 물질의 연소를 돕는 조연성 가스이다.

2) 산소의 제조법

(1) 물을 전기 분해하는 방법

가성 소다(수산화나트륨, NaOH)나 묽은 황산(H_2SO_4) 등을 물에 넣고 직류 전기를 통하면 다음 식과 같이 양극에는 산소가, 음극에는 수소가 포집된다.

$$\underset{\text{물}}{2H_2O} \xrightarrow{\text{전기분해}} \underset{\text{(음극)}}{2H_2\uparrow} + \underset{\text{(양극)}}{O_2\uparrow}$$

(2) 공기에서 산소를 채취하는 방법

공기 중에 수분, 탄산가스 등을 제거하고 가스체 공기를 가압한 후 급속히 팽창시켜서 냉각하면 액체 상태의 공기가 된다. 이 액체 공기는 액체 산소와 액체 질소로 이루어져 있으며, 액체 산소의 비등점은 −183℃, 액체 질소의 비등점은 −196℃인 성질을 이용하여 액체 상태의 공기를 가열하면 비등점이 낮은 질소가 먼저 증발하게 되고 산소가 남게 되므로 이것을 기화 압축해서 산소를 얻는 방법이다.

(3) 화학 약품에 의한 방법

염소산칼륨($2KClO_3$)에 촉매제인 이산화망간을 넣고 가열하여 얻는 법과, 산화수은을 가열하여 얻는 법, 이산화망간에 약 3%의 묽은 과산화수소를 가하여 얻는 법이 있다.

$$\underset{\text{염소산칼륨}}{2KClO_3} \xrightarrow[\text{가열}]{MnO_2} \underset{\text{염화칼륨}}{2KCl} + \underset{\text{산소}}{3O_2}$$

3) 기체 산소와 액체 산소

① 기체 산소 : 액체 산소를 기화시켜 용기에 압축하여 충전한 산소이다.

② 액체 산소 : 액산이라고 하며, 용기에 액체로 저장한 산소이며, 저장이 쉽고, 위험도가 적으며, 운반이 쉽고, 99.8% 이상 고순도를 유지할 수 있으므로, 대량의 산소를 사용하는 곳에서 편리하며 경제적이다.

나. 아세틸렌(acetylene, C_2H_2)

아세틸렌은 카바이드로부터 제조되며, 가스 용접용으로 많이 사용되는 가스이다. 이것은 불포화 탄화수소의 일종으로 불완전한 상태의 가스이며, 1836년 영국의 데이비 경(Sir, H Davy)에 의해 최초로 발견되었다.

1) 아세틸렌 제조법

① 카바이드법
② 탄화수소의 열분해법
③ 천연 가스의 부분 산화법

2) 카바이드(CaC_2) 법

(1) 아세틸렌 발생 원리

카바이드란 탄화칼슘의 속칭으로, 석회석을 코크스와 56 : 36의 중량비로 혼합하여 전기로에서 약 2300~3000℃의 고온으로 용융, 화합시켜 대량 제조한 것이며, 이 카바이드는 물 또는 수증기와 작용하면 아세틸렌 가스를 발생하고 생석회가 남게 되며, 이때 카바이드의 분해 작용으로 30.4kcal의 열을 발생하게 된다.

① 카바이드 제조시 반응식 : $CaO + 3C \rightarrow CaC_2 + CO - 108\ \text{kcal}$

② 아세틸렌 발생 반응식 : $CaC_2 + 2H_2O \rightarrow Ca(OH)_2 + C_2H_2 - 30.4\ \text{kcal}$

카바이드	물	소석회	아세틸렌
64g	36g	74g	26g

(2) 카바이드의 성질

① 순수한 것은 무색, 무취하고 투명하나, 판매되는 것은 불순물 때문에 회갈색 또는 회흑색을 띤다.

② 경도가 매우 크며, 비중은 2.2~2.3이며, 이론적으로 순수한 카바이드 1kgf당 348 ℓ의 아세틸렌을 발생하지만 실제로는 불순물 때문에 230~290 ℓ 정도 발생한다.

③ 물과 접촉하면 쉽게 아세틸렌 가스가 발생되고 백색의 소석회로 남는다.

(3) 취급 시 주의 사항

① 운반할 때 충격이나 마찰 등을 주지 말며, 저장소에 인화물질이나 화기를 멀리한다.
② 카바이드 통을 개통할 때는 모넬메탈이나 목재 공구를 사용한다.
③ 개봉 후 보관할 때는 빗물이나 습기가 침투되지 않도록 한다.

3) 아세틸렌 가스의 성질

① 순수한 것은 무색, 무취의 기체이나, 인화수소(PH_3), 유화수소(H_2S), 암모니아(NH_3) 등이 함유되어 있어 악취가 난다.
② 비중은 0.906으로 공기보다 가벼우며, 15℃, 1기압에서 1 ℓ 의 무게는 1.176gf이다.
③ 각종 액체에 잘 용해된다. 보통 물에는 같은 양, 석유에는 2배, 벤젠에는 4배, 알코올에는 6배, 아세톤에는 25배가 용해된다.
④ 아세틸렌을 800℃에서 분해시키면 탄소와 수소로 나누어지고 아세틸렌 카본 블랙(잉크 원료)이 된다.
⑤ 용해 아세틸렌 : 아세틸렌 발생기에서 발생된 아세틸렌은 불순물이 포함되어 있으므로 청정기를 통해 정제하고 이것을 강철제 용기(봄베)에 압축기로 압축해서 얻어진 아세틸렌을 말한다.

4) 아세틸렌 가스의 폭발성

(1) 온도의 영향 : 매우 타기 쉬운 기체로서, 406∼408℃가 되면 자연 발화하며, 505∼515℃가 되면 폭발하고, 780℃가 되면 산소가 없어도 자연 폭발한다.

(2) 압력의 영향 : 15℃에서 1.5기압 이상 압축하면 충격이나 가열에 의해 분해 폭발할 위험이 있으며, 2.0기압 이상 압축하면 폭발할 수 있다. 위험 기압은 1.5기압이다.

(3) 혼합 가스의 영향 : 아세틸렌 가스는 공기, 산소 등과 혼합될 때에는 더욱 폭발성이 심해진다.
아세틸렌 15%, 산소 85% 부근이 가장 폭발 위험이 크며, 인화수소가 0.02% 이상이면 폭발 위험성이 크고, 0.06% 이상이면 자연 발화하여 폭발한다.

(4) 외력의 영향 : 가압된 상태에서 마찰, 진동, 충격이 가해지면 폭발할 위험이 있다.

(5) 화합물 생성의 영향 : 아세틸렌 가스는 구리, 구리 합금(62% Cu 이상), 은(Ag), 수은(Hg) 등과 접촉하면 이들과 화합하여 120℃ 부근에서 폭발성 화합물을 생성하므로 가스 연결구나 배관에 이러한 물질을 사용해서는 안된다.

다. 도시 가스

석탄을 가스화시킨 것으로 주성분은 수소와 메탄이며, 일산화탄소, 질소 등도 함유되어 있으며, 발생하는 열이 낮아 용접에는 거의 사용하지 못하고 납땜에는 이용이 가능하다.

라. 수소 가스

아세틸렌보다 일찍 실용화되었으며, 물을 전기 분해하여 만들어지며, 고압 용기에 충전(35℃에서 150kg_f/cm^2)시켜 공급한다.

산소-수소 불꽃은 백심 구분이 어려워 불꽃 조절이 어렵고, 연소할 때 탄소가 나오지 않으며, 온도가 낮아 탄소의 존재를 피하는 납땜에 이용된다.

또한 수소는 쉽게 고압을 얻을 수 있으므로 수중 절단용 연료로도 사용된다.

마. 천연 가스(LNG), 메탄 가스

천연 가스는 유전 지대에서 분출되며, 주성분은 메탄(80~90%)이고 황(S) 성분이 거의 없으며, 폭발 범위가 좁아 위험성이 적어 도시 가스용으로 가장 알맞다.

표 3-2 예열 가스의 발열량 및 불꽃 온도

가스의 종류	발열량(kcal/m^3)	혼합비(연료 : 산소)		최고 불꽃 온도(℃)
		저	고	
아세틸렌(C_2H_2)	12690	1 : 1.1	1 : 1.8	3430
수소(H_2)	2420	1 : 0.5	1 : 0.5	2900
프로판(C_3H_8)	20780	1 : 3.75	1 : 4.75	2820
메탄(CH_4)	8080	1 : 1.8	1 : 2.25	2700
일산화탄소(CO)	2865	1 : 0.5	1 : 0.5	2820
부탄(C_3H_8)	26690	1 : 6.5	1 : 6.5	2930

2 산소-아세틸렌 불꽃

가. 불꽃의 구성

1) 불꽃심(백심 : flame core)

팁에서 나오는 혼합 가스가 연소하여 형성된 환원성의 백색 불꽃이다. 이 부분은 토치의 팁에서 나오는 혼합가스가 연소되어 다음과 같은 반응으로 2 용적의 이산화탄소와 1 용적의 수소를 만드는 부분으로서 환원성을 띄우며 색깔이 희다.

$$C_2H_2 + O_2 = 2CO + H_2 + 107.7kcal$$

2) **속불꽃(내염 : inner flame)**

그림 3-2 산소-아세틸렌 불꽃 구성

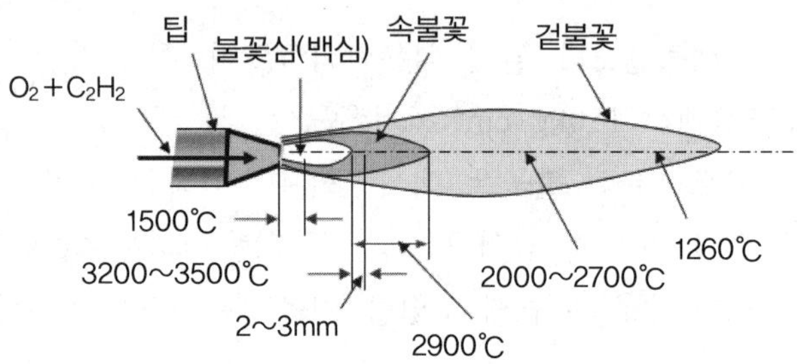

백심 부분에서 생성된 일산화탄소와 수소가 공기 중의 산소와 결합, 연소하여 3200~3500℃의 높은 열을 발생하는 부분으로 용접에 필요한 열은 이 부분에서 주로 공급한다.

이 불꽃은 무색에 가깝고 백색불꽃을 둘러싸고 있다.

아직도 이 부분에서는 산소가 부족하므로 완전 연소된 것은 아니며 여전히 환원성을 띄고 있다.

산소 아세틸렌 가스 용접시 용접물이 위치해야 할 곳은 백심 끝에서 2~3mm 정도 떨어진 속불꽃 부분에 두게 되는데, 이곳은 불꽃 중에서 가장 높은 온도(3200~3500℃)를 얻을 수 있으며, 용융지가 환원성 분위기로 보호되어 산화가 방지되며 좋은 품질의 용착금속을 얻을 수 있다.

3) **겉불꽃(외염 : outer flame)**

이 불꽃은 아직 연소되지 못한 가스가 불꽃 주위에 퍼져 있는 공기 중의 산소와 화합하여 거의 완전연소 되는 부분으로서 불꽃의 가장자리를 이루고 있다.

이 부분의 온도는 약 2000℃ 정도이며, 온도는 불꽃의 선단 부분으로 갈수록 낮아진다.

나. 불꽃의 종류

1) 탄화 불꽃(아세틸렌 과잉 불꽃)

가스 용접 전 안전 검사와 압력 조절이 끝났을 때 맨 먼저 토치의 아세틸렌 밸브를 약 1/4~1/10 회전시켜 점화시키고 불꽃이 팁 끝에서 떨어지지 않을 정도로 토치의 아세틸렌 조절 손잡이를 조절한 후 토치의 산소 밸브를 서서히 열어주면 불꽃이 점차 청색으로 변하면서 제일 먼저 탄화 불꽃이 얻어진다.

이 불꽃은 백심과 겉불꽃 사이에 연청색의 제3불꽃 즉, 아세틸렌 페더(깃)가 있는 부분으로 산화가 일어나지 않으므로 산화를 방지할 필요가 있는 스테인리스강, 스텔라이트, 모넬

메탈 등의 용접에 사용된다. 그러나 구조용 탄소강 등 금속 표면에 침탄 작용이 일어나 경화될 경우 파손의 우려가 있는 부분에는 사용하지 않는 것이 좋다.

2) 중성 불꽃(표준 불꽃)

산소와 아세틸렌 가스의 혼합비가 1 : 1(실제는 1.1～1.2)의 비율로 혼합될 때 얻어지는 불꽃이다.

이 불꽃은 탄화 불꽃에서 산소 밸브를 계속 열거나 아세틸렌 밸브를 닫으면 백심과 겉불꽃 사이의 연한 청백색의 불꽃(아세틸렌 패더)이 점차 감소되어 백심과 일치된 백색의 불꽃이 된다.

이 백심 불꽃 끝에서 2～3mm 끝 부분의 온도가 높으며(약 3240℃) 산화나 탄화가 일어나지 않아 금속의 화학적 영향이 적으므로, 이 부분에 용접물을 두고 가열하여 용접해야 되며, 대부분의 금속은 이 불꽃을 사용하여 용접한다.

그림 3-3 산소-아세틸렌 불꽃의 종류

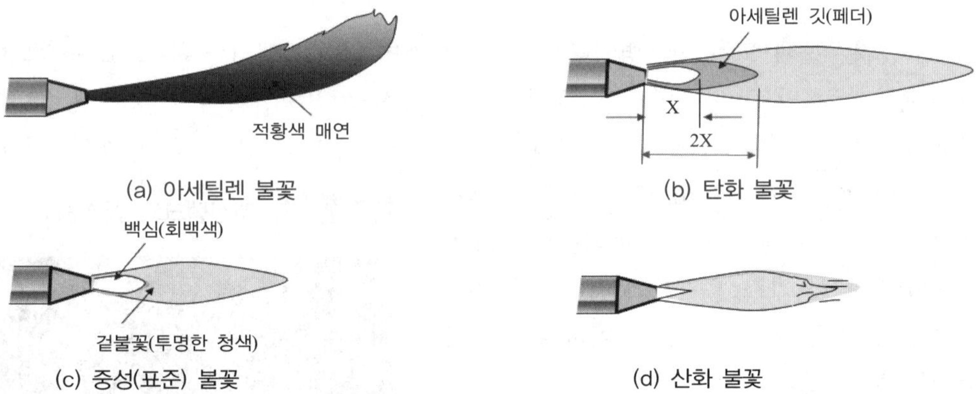

(a) 아세틸렌 불꽃 (b) 탄화 불꽃 (c) 중성(표준) 불꽃 (d) 산화 불꽃

표 3-1 산소-아세틸렌 불꽃과 용접 재료

용접 재료	불꽃 종류	용접 재료	불꽃 종류	용접 재료	불꽃 종류
강 판	중 성	니켈크롬강	중 성	니켈	약한 탄화
연강판	중 성	구 리	중성, 산화	모넬메탈	약한 탄화
고탄소강	중 성	알루미늄	중성, 탄화	망간강	약한 탄화
주강	중 성	황 동	산 화	가단 주철	약한 탄화
주 철	중 성	청 동	산 화		약한 산화

3) 산화 불꽃(산소 과잉 불꽃)

산소의 과잉 불꽃으로 중성 불꽃에서 산소를 더 열어주면 산소가 과잉되어 백색 불꽃이 작으며 끝이 뾰족하거나 가늘며 끝이 뚜렷해지고 심하면 연한 회청색의 산화 불꽃이 된다.

이 불꽃은 중성 불꽃에 비해 백심 부근에서 연소가 더욱 완전히 이루어져 산화성 분위기가 되므로 일반 철강 용접에는 사용하지 않고 구리, 황동 등의 가스 용접에 주로 이용된다.

제3절 | 가스 용접 장치 및 기구

1 산소 용기

가. 산소(oxygen) 용기

산소 용기는 봄베 또는 산소병이라고 하며, 산소병, 밸브, 캡의 3부분으로 구성되어 있으며, 강철제로 만드는데 반드시 정기적으로 검사를 받아 합격된 용기에 35℃에서 14.7MPa(150kg_f/cm^2)의 고압으로 충전하여 사용하고 있으며, 실제 상온에서는 약 110~120kg_f/cm^2(기압, 10.8~11.76MPa) 정도가 된다.

또한 큰 공장에서는 메니폴드(cylinder manifold)라 해서 가스 용기를 여러 개 연결하여 사용하거나, 액체 산소 탱크를 설치하여 액체 산소를 사용하는 것이 일반적이다.

그림 3-4 액산탱크와 산소병

1) 제 조

산소 용기는 만네스만법으로 이음매 없이 제조되며, 인장 강도 559MPa(57kgf/mm^2) 이상, 연신률 18% 이상의 강재가 사용된다.

2) 크 기

용기 내의 내용적(대기 중에서 환산량)에 따라 33.7ℓ(5000ℓ), 40.7ℓ(6000ℓ), 46.7ℓ(7000ℓ)가 주로 사용된다.($L = V \times P$)

나. 산소 용기 취급상 주의 사항

① 병 밸브, 조정기, 도관, 취부구는 기름이 묻은 천으로 닦아서는 안된다.
② 병 운반시 반드시 캡을 씌워 이동하며, 굴리거나 끌거나, 충격을 주어서는 안된다.
③ 병은 직사 광선을 피해 40℃ 이하로 보관하고, 병 내에 다른 가스를 혼합하면 안된다.
④ 산소병은 눕혀 두어서는 안된다.
⑤ 가스 누설의 점검을 수시로 해야 하며 점검은 비눗물로 한다.
⑥ 각종 불씨로 부터 멀리하며, 화기로 부터 5m 이상 거리를 둔다.
⑦ 용기 내의 압력이 상승되지 않도록($170kgf/cm^2$ 이상) 한다.
⑧ 사용 후의 용기는 '빈병'이라고 표시하여 실병과 구분하여 보관한다.
⑨ 밸브 부분이 얼었을 때는 따뜻한 물로 녹인다. 절대로 화기를 사용해서는 안된다.
⑩ 용기는 충전 압력 × 5/3 이상으로 내압 시험을 하여 합격된 것만 사용한다.

2 아세틸렌 용기

가. 용해 아세틸렌 충전

① 용해 아세틸렌의 저장 용기는 강철제의 용접 용기이며, 내부에 규조토, 목탄 분말, 석면 등과 같은 다공질 물질로 채워져 있고, 여기에 아세톤을 흡수시킨 다음 아세틸렌 가스를 15℃에서 15.5 기압으로 충전 용해시킨 것이다.
② 용기 속의 다공질 물질의 다공도는 75% 이상 92% 미만으로 하여야 한다.
③ 용해 아세틸렌 가스 충전용량 : 3kg, 5kg
④ 용기의 크기 : 내용적에 따라 30ℓ, 40ℓ, 50ℓ가 있다.
⑤ 용기에 충전된 용해 아세틸렌 가스의 양은 무게에 의해 나타내므로, 실병의 무게 A와 빈병의 무게 B의 차이에 의해 용량을 측정한다. 용해 아세틸렌 1kg이 기화하였을 때 15℃, $1kgf/cm^2$[0.1 MPa]에서 약 905리터의 기체 아세틸렌이 된다.

$$C = 905(A - B)$$

예제 1기압 15℃에서 아세틸렌 병의 무게가 61kg이고 빈병의 무게가 56kg이라면 용기에 들어있는 C_2H_2의 양은 얼마인가?

➡ C = 905(실병 무게－빈병의 무게) = 905(61－56) = 4525ℓ

나. 용해 아세틸렌의 장점

용해 아세틸렌은 발생기 아세틸렌에 비해 다음과 같은 장점이 있다.

① 압력이 높아 역화하기 어려우므로 위험성이 적다.
② 불순물과 수분이 제거되어 순도(99% 이상)가 높아 양호한 용접 결과를 얻을 수 있다.
③ 불꽃의 온도가 높아 능률적이다.
④ 저장과 운반이 용이하며, 어떠한 장소에서도 간단히 작업할 수 있다.
⑤ 시설비가 적게 들며 카바이드 찌꺼기가 나오지 않아 깨끗하다.
⑥ 아세틸렌을 발생시키는 발생기와 부속 기구가 필요하지 않다.
⑦ 발생기를 사용하지 않으므로 폭발할 위험성이 적다.

다. 용해 아세틸렌의 취급시 주의 사항

① 저장실은 불연 재료를 사용하며, 지붕은 경량의 것으로 한다.
② 저장실은 통풍이 양호하며 화기를 엄금하고, 전기 스위치, 전등은 방폭 구조로 한다.
③ 용기는 저장 중이나 사용 중 반드시 세워 두어야 한다.
④ 용기 운반시 반드시 캡을 씌워야 한다.
⑤ 용기 저장시 온도는 40℃ 이하로 유지하며 동결 부분은 35℃ 이하의 온수로 녹인다.
⑥ 용기는 직사 광선을 피하고 용기 밸브는 1/4～1/2 정도만 연다.
⑦ 용기는 전락(떨어짐), 전도(넘어짐)를 방지하고 충격을 가하지 말아야 한다.
⑧ 가스 누설 검사는 비눗물을 사용하여 검사한다.
⑨ 사용 후 용기 내 약간의 잔압($0.1kg_f/cm^2$)을 남겨 두어야 한다.
⑩ 용기의 가용전 안전 밸브는 105±5℃에서 녹게 되므로 끓는 물을 붓거나 증기를 쐬거나 난로 가까이에 두지 말아야 한다.

3 용기의 검사 및 각인, 도색

가. 가스 용기의 검사 및 각인

가스 용기는 용접 용기(계목 용기)와 이음매가 없는 용기(무계목 용기)가 있으며, 용접 용기는 아세틸렌이나 프로판 등 충전압이 낮은 가스 용기로, 이음부가 없는 용기는 산소, 질소, 아르곤, CO_2 등 압축가스 용기로 사용된다. 그런데 사용 전에 반드시 내압시험 등을 하여 시험에 합격된 것을 사용해야 하며, 용기의 상단에 각인을 하여야 한다.

그림 3-5 가스 용기의 각인

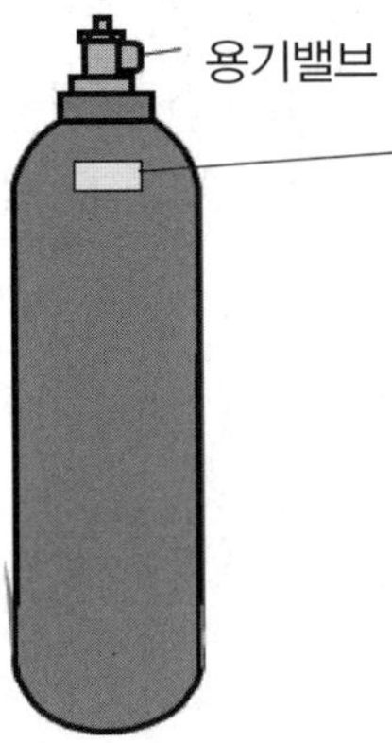

각인기호

□	: 용기 제조자의 명칭
02	: 충전가스 명칭
10.8.1999	: 내압시험 연월일(월. 일. 년)
△BC 1234	: 제조자의 용기번호 및 제조번호
T.P 250	: 내압시험압력(kg_f / cm^2)
V 40.6	: 내용적(ℓ)
F.P 150	: 최고 충전압력(kg_f / cm^2)
W 65.4	: 용기중량(kg_f)

표 3-3 용기의 충전 압력 및 내압 시험 압력

산소용기	최고 충전압력	35℃에서 150kg_f/cm^2로 압축충전
	내압 시험압력	최고 충전압력× 5/3배
LPG 용기	최고 충전량	20kg, 50kg
	내압 시험압력	30kg_f/cm^2(3MPa) 이상
아세틸렌용기	최고 충전압력	15℃에서 15.5kg_f/cm^2(5kg)
	내압 시험압력	최고 충전압력 × 3배
	기밀시험 압력	최고 충전압력 × 1.8배

나. 충전 가스 용기의 도색

가스 종류에 따른 가스 충전 용기별 색으로 표시하도록 규정되어 있다.

표 3-4 충전 용기의 도색

가스의 종류	용기색상	체결부 나사 방향
산 소	녹색	오른 나사
아세틸렌, LPG	황색, 회색	왼 나사
아르곤, 탄산 가스(CO_2)	회색, 청색	오른 나사
암모니아	백색	오른 나사
수 소	주황색	왼 나사

4 가스 용접 토치, 호스

가스 용접 토치는 아세틸렌 가스와 산소를 일정한 혼합 가스로 만들고 이 가스를 연소할 때 불꽃을 형성하여 용접 작업에 사용하는 기구이며, 토치의 구성은 손잡이, 혼합실, 팁으로 되어 있다.

가. 가스 용접 토치의 종류

토치는 사용하는 아세틸렌 압력에 따라 저압식 토치, 중압식 토치, 고압식 토치로 분류하며, 구조에 따라 불변압식, 가변압식으로 분류한다.

1) 아세틸렌 가스 압력에 따른 분류

(1) 저압식(인젝터식) 토치(low pressure torch)

고압의 산소로 저압(발생기식은 0.07기압, 용해식은 0.2기압)의 아세틸렌을 빨아내는 인젝터 장치가 있으며, 이 형식에는 불변압식과 가변압식이 있다.

(2) 중압(등압)식 토치(medium pressure torch)

아세틸렌 가스 압력이 0.07～1.3기압(kgf/mm2)에서 사용되는 토치로서 산소와 아세틸렌 압력이 같거나 약간 높아 역류 우려가 없고 안정된 불꽃을 얻을 수 있다.

(3) 고압식 토치(high pressure torch)

아세틸렌 압력이 1.3기압 이상에서 사용되는 토치로서, 요즈음 거의 사용 안한다.

2) 토치의 구조에 따른 분류

(1) 불변압식(독일식, A형)

이것은 가스 혼합부인 인젝터가 팁에 있어 가스 혼합은 유효하게 행하여지나(팁 혼합식) 팁의 구조가 복잡하고 팁 끝이 무거워지는 결점이 있다.

1개 팁에 1개의 인젝터가 있으나 니들 밸브가 없는 토치로, 분출 구멍의 크기가 일정하고 팁의 능력도 일정하기 때문에 불꽃의 능력을 변경할 수 없다. 가스 흐름의 길이가 짧아 역화가 적다.

팁의 교환이 프랑스식에 비해 불편하지만 산소 아세틸렌 가스의 개폐를 동시에 할 수 있으며, 한번 조절한 불꽃은 소화 후 재차 불꽃 조절할 필요없이 얻을 수 있다.

(2) 가변압식(프랑스식, B형)

토치 내부 손잡이 부분의 산소 통로에 인젝터가 있으며, 산소량은 니들 밸브에 의해 조절하며(토치 혼합 방식) 팁의 교환은 팁 끝만으로 되므로 팁 교환이 자유롭고 팁 끝이 가벼워 작업이 용이하다.

그러나 한번 소화한 불꽃은 재차 점화할 때 불꽃 조절을 다시 해야 한다는 것이 결점이며, 우리나라에서 많이 사용되고 있다.

그림 3-6 저압식 토치의 혼합실

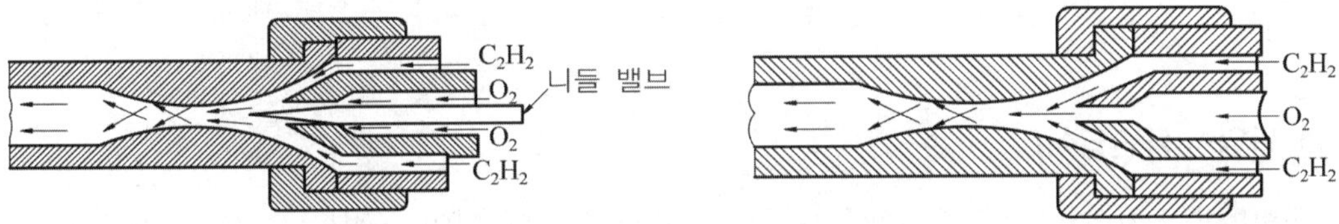

(a) 가변압식 인젝터 (b) 불변압식 인젝터

그림 3-7 가스 용접 토치의 종류

(a) 독일식 토치

(b) 프랑스식 토치

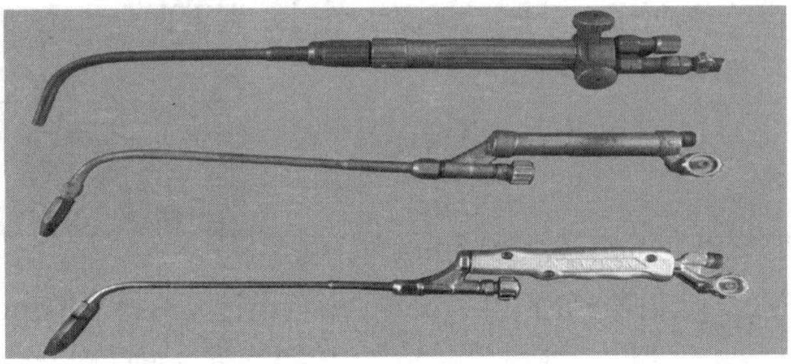

나. 토치의 구비 조건

① 구조가 간단하고 취급이 쉬울 것
② 안전성을 갖고 견고하며, 조정된 불꽃이 안정할 것

다. 토치의 취급상 주의 사항

① 토치를 망치 등 다른 용도로 사용해서는 안된다.
② 팁 및 토치를 작업장 바닥이나 흙 속에 방치하지 않는다.
③ 점화되어 있는 토치를 아무 곳이나 방치하지 않는다.
④ 팁이 과열 시 아세틸렌 밸브는 닫고 산소 밸브만 약간 열고 물속에 넣어 냉각시킨다.
⑤ 작업 중 발생하기 쉬운 역류, 역화, 인화에 항상 주의해야 한다.

라. 팁의 능력

팁은 토치 끝에 끼워져 있으며, 이 부분에서 혼합 가스가 나와 발화 연소한다. 팁은 보통 열전도성이 좋은 구리 합금으로 만들어지며, 가스 분출구는 원형으로 되어 있으며 크기, 모양, 제조 방법에 따라 다양하다.

1) 프랑스식(가변압식)

1시간에 표준 불꽃으로 용접할 경우 소비하는 아세틸렌 가스 양(ℓ)을 번호로 나타낸다. 예를 들면 200번 팁은 1시간 동안 표준 불꽃으로 용접할 경우 소비되는 아세틸렌 가스량이 200ℓ라는 뜻이다.

2) 독일식(불변압식)

불변압식 토치의 팁 능력은 중성 불꽃으로 용접했을 때 팁이 용접할 수 있는 연강판 두께(mm)를 번호로 나타낸다. 예를 들면 연강판 두께 1mm를 용접할 수 있는 팁을 1번이라 한다.

마. 가스 용접용 호스

그림 3-8 가스 용접 토치와 호스 연결

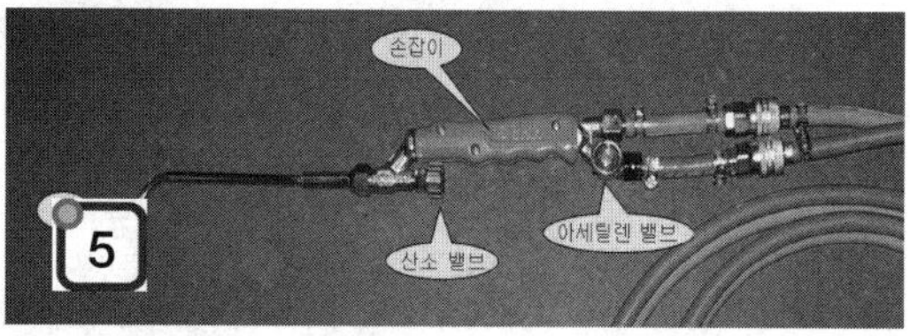

① 가스 호스는 천과 가는 철사가 섞인 양질의 고무관으로 산소용은 흑색 또는 녹색, 아세틸렌이나 LPG는 적색을 사용한다.

② 호스의 크기 : 6.3, 7.9, 9.5mm의 3종류가 있으며, 7.9mm가 많이 쓰이며, 길이는 보통 3~5m가 적당하다.

③ 호스의 내압 시험 : 산소 호스는 9MPa(90kg_f/cm^2), 아세틸렌 호스는 1MPa(10kgf/cm^2)에서 실시하여 합격하여야 된다.

5 압력 조정기

충전된 산소나 아세틸렌 용기의 압력은 고압이므로 작업에서 필요로 하는 압력으로 낮추어야 한다. 이와 같이 높은 압력의 가스를 필요로 하는 압력으로 감압하는 기기를 압력 조정기 또는 감압 조정기라고 한다.

압력 조정기는 보통 부르동관식이 많이 사용되며, 일반적으로 2개의 게이지가 있는데 하나(용기 쪽에 가까운 게이지) 용기 내의 압력을, 또 하나는 토치에 공급되는 압력을 나타내는 저압 게이지이다.

압력 조정은 조절 손잡이(나사식)를 시계 방향으로 돌리면 조정기 내부의 밸브시트가 열리어 저압 게이지 쪽으로 가스가 통과하게 되며, 반대로 하면 닫히게 된다.

압력계의 작동 순서는

가스 압력 → 부르동관 → 링크 → 섹터 기어 → 피니언 바늘 순이다.

그림 3-9 산소용 압력 게이지

가. 산소 압력 조정기

① 압력 조정 부분, 고압, 저압 게이지로 구성되어 있으며, 프랑스식과 독일식이 있다.
② 일반적으로 사용 압력은 3～4기압(kg_f/cm^2) 이하로 한다.

나. 아세틸렌 압력 조정기

산소 압력 조정기와 모양은 같으나 압력 조정 스프링의 압력이 훨씬 낮으며, 접속구 나사는 왼나사로 되어 있다.

다. 압력 조정기의 구비 조건

① 조정기의 동작이 예민하며, 사용 중 동결할 염려가 없을 것
② 조정 압력은 용기 내의 가스량이 줄어들어도 항상 일정할 것
③ 게이지 압력과 토치 방출 압력과의 차이가 작을 것
④ 가스 방출량이 많아도 유량이 안정되어 있을 것

라. 압력 조정기 취급상 주의 사항

① 용기에 조정기를 설치할 때 설치구에 있는 먼지를 털어 내고 연결구에서 가스의 누설이 없도록 정확하게 연결한다.
② 조정기 설치구나 나사부, 조정기 각부에 그리스나 기름 등을 사용해서는 안된다.
③ 조정기를 견고하게 설치한 다음 조정 나사를 풀고 용기 밸브를 천천히 열어야 하며, 가스 누설 여부를 비눗물로 검사한다.
④ 압력 지시계가 잘 보이도록 설치하며 유리가 파손되지 않도록 한다.
⑤ 조정기를 취급할 때에는 기름이 묻은 장갑 등을 사용해서는 안된다.
⑥ 압력 용기의 설치구 방향에는 아무런 장해물이 없어야 한다.

그림 3-10 조정기의 내부 구조

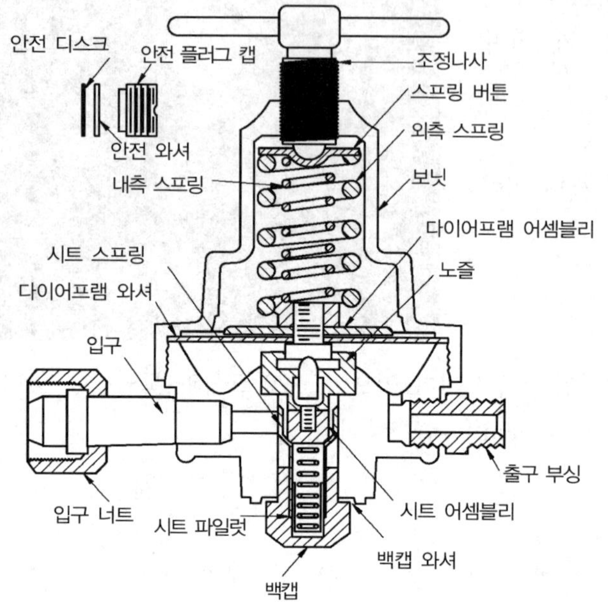

그림 3-11 압력계의 내부 구조

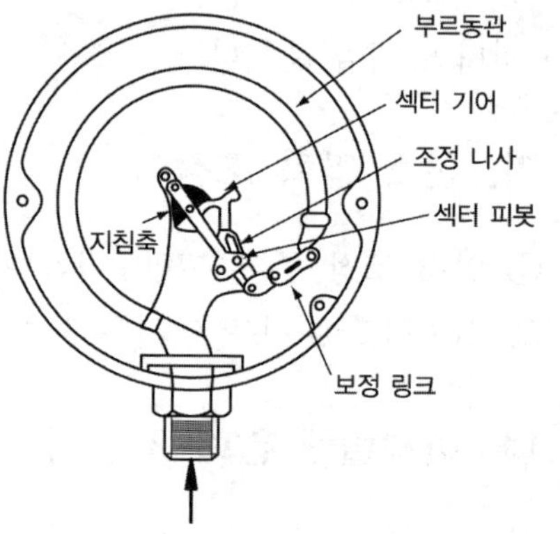

6 가스 용접용 공구 및 보호구

가. 가스 용접용 보안경 및 차광 렌즈

1) 보안경, 차광 렌즈

가스 용접용 보안경이나 차광 렌즈는 불티, 스패터, 유해 광선으로부터 눈을 보호하기 위해 사용한다. 이 보안경은 적당한 차광 렌즈 번호의 것을 사용해야 한다.

2) 작업별 차광 렌즈 번호

차광 렌즈는 2번에서 14번의 것이 있으며, 번호가 높을수록 빛의 차단량이 많아지게 되므로 강한 불빛일 경우 번호가 높은 것을 사용해야 된다.

일반적으로 연납땜에는 2번, 경납땜에는 3~4번, 가스 용접에는 4~8번, 가스 절단에는 3~6번을 사용한다.

표 3-5 용도에 따른 차광 렌즈 번호

용 도		토 치	차광 번호
납땜	연납땜	공기-아세틸렌	2
	경납땜	산소-아세틸렌	3~4
가스 용접	3.2mm 이하	산소-아세틸렌	4~5
	3.2~12.7mm	산소-아세틸렌	5~6
	12.7mm 이상	산소-아세틸렌	6~8
가스 절단	25.4mm 이하	산소-아세틸렌	3~4
	25.4~153.4mm	산소-아세틸렌	4~5
	152.4mm 이상	산소-아세틸렌	5~6

나. 점화 라이터와 팁 클리너

1) 점화(스파크) 라이터

토치에 점화할 때는 성냥이나 일반 라이터를 사용하지 말고 안전하게 점화할 수 있는 것을 사용해야 한다. 일반적으로 가스 용접에는 스파크 라이터나 길이가 긴 가스 라이터를 사용해야 한다.

2) 팁 클리너

팁이 불결할 때 팁을 청소하는 일종의 둥근 줄을 말한다. 팁을 청소할 때 주의해야 할 점은 구멍이 커지지 않도록 팁 구멍보다 지름이 약간 적은 팁 클리너를 사용해야 한다.

다. 보호 장갑, 앞치마, 발덮개

용접 작업자는 뜨거운 열이나 비산하는 스패터로부터 자신을 보호하기 위하여 보호 장갑, 앞치마, 발덮개, 팔커버 등을 착용한 후 가스 용접 작업에 임해야 한다.

라. 용접용 지그

제품의 치수 정확도를 높이기 위하여 용접 작업대 위에서 부품을 조립 고정할 때 쓰이는 것을 용접 지그라 한다.

용접 지그의 종류는 용도와 형상에 따라 가접 지그, 용접 지그, 용접 포지셔너, 메니 플레이터 등이 있다.

제4절 | 가스 용접 재료

1 가스 용접봉

가. 용접봉 선택 조건

① 가능한 모재와 같은 재질이어야 하며, 모재에 충분한 강도를 줄 수 있을 것
② 기계적 성질에 나쁜 영향을 주지 않으며, 용융 온도가 모재와 같을 것
③ 용접봉의 재질 중에 불순물이 포함하고 있지 않을 것
④ 연강용은 인, 유황 등이 적은 저탄소강을 사용할 것

나. 용접봉에 함유된 성분의 영향

① 탄소(C) : 강의 강도를 증가시키나, 연신률, 굽힘성이 감소된다.
② 규소(Si) : 기공을 방지할 수 있으나, 강도가 떨어진다.
③ 인(P) : 저온 취성을 일으키며, 연성을 저하시키므로 0.04% 이하로 제한하고 있다.
④ 유황(S) : 용접부의 저항력 감소와 기공 발생, 적열 취성의 원인이 된다.
⑤ 산화물 : 잔류하여 거칠게 하며 강도가 떨어진다.

다. 용접봉 종류와 특성

(1) 가스 용접봉 종류 : GA 46, GA 43, GA 35, GB 46, GB 43, GB 35 등이 있다.

(2) 용접봉 종류 중에 GA46, GA43 등의 숫자 : 용착 금속의 최저 인장 강도가 457MPa (46kgf/mm^2), 421MPa(43kg$_f$/mm^2) 이상임을 뜻한다.

(3) 시험편의 처리 : SR : 625±25℃에서 1시간 동안 응력을 제거함을 의미한다.
NSR : 용접한 그대로 응력을 제거하지 않음을 뜻한다.

(4) 봉 지름(mm) : 1.0, 1.6, 2.0, 2.6, 3.2, 4.0, 5.0, 6.0

(5) 봉 굵기 선택 : 모재 두께 T가 1mm 이상일 때 다음 공식을 적용한다. 예를 들면 판 두께가 3.2mm인 경우 '3.2/2+1' 이므로 용접봉 지름은 2.6mm를 선택하면 된다.

$$D = \frac{T}{2} + 1$$

2 가스 용접 용제

가. 용 제

① 용제(flux)는 용접 중에 생기는 산화물, 비금속 개재물을 용해하여 온도가 낮은 슬래그로 만들어 표면에 떠오르게 하여 용착 금속을 양호하게 한다.

② 형상 : 분말, 페이스트, 봉에 도포된 것 등이 있으며, 모재 용융점보다 낮은 것이 좋다.

표 3-6 각종 금속에 적당한 용제

용접 금속	용 제	용접 금속	용 제
연 강	사용하지 않음	주 철	탄산나트륨 15[%], 붕사 15[%], 중탄산나트륨 70[%]
반경강	중탄산소다 + 탄산소다	동합금	붕사 75[%], 염화리튬 25[%]
알루미늄	염화나트륨 30[%], 염화칼륨 45[%], 염화리튬 15[%], 플루오르화 칼륨 7[%], 황산칼륨 3[%]		

제5절 | 가스 용접 작업

1 작업 준비 및 불꽃 조정

가. 용접기 설치 및 불꽃 조정

① 용기의 고압 밸브 출구 쪽에 서지 말고, 고압 밸브를 열어 조정기 설치부를 깨끗이 한다.

② 압력 조정기를 누설이 없도록 설치한다.(아세틸렌 압력계 연결구 : 왼나사)

③ 적색 호스는 아세틸렌 조정기에, 흑(검정)색 또는 녹색 호스는 산소 조정기에 끼우고 클램프로 단단하게 접속한다.

④ 호스 끝에 도치를 끼운 후 용기의 고압 밸브와 압력 조정기를 열어 비눗물로 누설 검사를 한다.

⑤ 아세틸렌 압력계의 저압 게이지를 보면서 0.1～0.3기압으로 조정한다.

⑥ 산소 압력계의 저압 게이지를 보면서 3～4기압으로 조정한다.

⑦ 토치의 아세틸렌 밸브를 1/4~1/5 정도 열고 산소 밸브를 조금 열면서 점화 라이터로 점화한다.
⑧ 산소 밸브를 조금씩 열면서 중성 불꽃으로 조정한다.
⑨ 불꽃을 세게 할 경우 아세틸렌 밸브를 먼저 열고, 산소 밸브를 열어 불꽃을 조정하며, 약하게 할 경우는 반대로 실시한다.

나. 운봉법

가스 용접 방법은 오른 손으로 토치를 가볍게 잡고(오른손잡이 기준) 용접선을 따라 직선 또는 작은 원형이나 반달형을 그리며 전진(또는 후진)하며 용융 풀을 형성하는 것이 좋다. 이때 팁과 모재와의 거리는 일정해야 한다.

다. 용접 작업 후 처리

① 토치의 아세틸렌 및 산소 밸브를 잠근 후 용기의 고압 밸브를 잠근다.
② 토치의 아세틸렌 및 산소 밸브를 열어 토치, 호스, 압력 조정기 내의 잔여 가스를 방출시킨 후 토치 밸브를 잠근다.
③ 압력 조정기의 조절 손잡이 나사를 풀어준 후(가스 출구가 닫히게 됨) 호스와 주위를 정리한다

2 전진법과 후진법

가. 전(좌)진법

비드와 용접봉 사이에 팁이 있으며, 용융 풀의 앞쪽을 가열하며 앞으로 진행하는 방법으로 후진법에 비해 용접부 관찰이 쉬우며, 비드가 고우나 열 이용률이 나쁘고, 용착금속이 급랭된다.

가스 용접의 경우 박판의 용접에 주로 적용되고 있다.

나. 후(우)진법

용접봉을 팁과 비드 사이에서 녹이면서 토치가 후진하는 방법으로, 전진법에 비해 열 이용률이 좋고, 산화가 적으며, 변형도 적으나, 비드가 거칠다.

주로 후판 용접에 적용하면 된다.

표 3-7 전진법과 후진법의 비교

항 목	전진(좌진) 법	후진(우진) 법
도 시	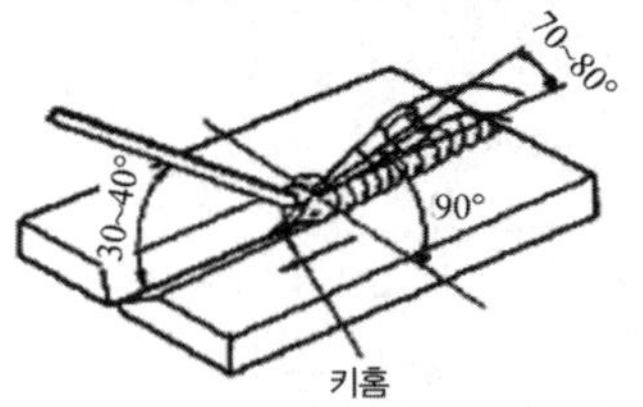	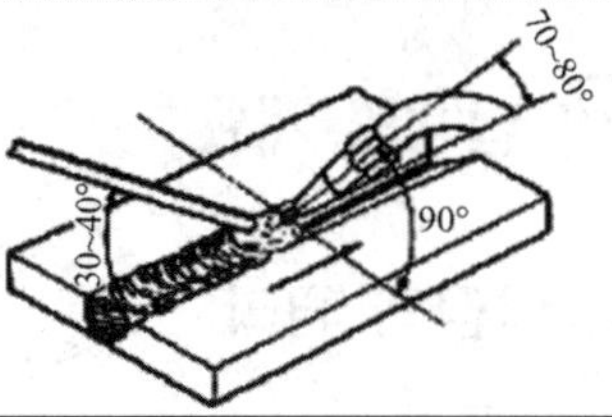
열 이용률	나쁘다.	좋다.
산화 정도	심하다.	약하다.
용접 변형	변형 크다.	변형 작다.
용착 금속의 냉각	급랭된다.	서랭된다.
홈 각도	각도(80°) 크다.	각도(60°) 작다.
용접가능 판 두께	얇다(5mm 까지).	두껍다.
용접 속도	속도 느리다.	속도 빠르다.
비드 모양	보기 좋다.	매끈하지 못하다.
용착 금속의 조직	거칠어진다.	미세하다.

3 역류, 역화, 인화

가. 역류(contra flow)

토치 내부의 청소가 불량할 때 토치 내부가 막혀서 고압의 산소가 아세틸렌 호스로 흐르는 현상(폭발의 위험이 있다)이며, 처리법은 제일 먼저 산소를 차단한 후 아세틸렌을 차단한다. 팁 청소를 하거나, 물에 토치를 냉각시킬 필요가 있다.

나. 역화(back fire)

역화는 토치의 취급이 잘못될 때 순간적으로 불꽃이 토치의 팁 끝에서 '빵빵' 또는 '딱딱' 소리를 내면서 불꽃이 꺼지는 현상을 말한다. 원인은 팁 끝이 모재에 닿아 팁 끝이 막히거나 과열, 사용 가스의 압력이 낮을 때, 팁의 죔이 완전치 않을 때 일어난다.

다. 인화(flash back)

팁 끝이 순간적으로 막히면 가스의 분출이 나빠져 가스 혼합실까지 불꽃이 도달되어 토치가 빨갛게 달구어지는 현상이며, 처리법은 토치의 아세틸렌 밸브를 차단한 후 산소 밸브를 차단한다.

제6절 | 납 땜

1 납땜의 개요

가. 납땜의 원리

납땜이란 동일 금속 또는 이종 금속을 접합할 때 접합할 모재 금속은 용융시키지 않고 모재를 가열한 다음 두 금속의 경계면에 모재보다 용융점이 낮고 모재와 융합되기 쉬운 금속의 용가재(땜납)를 용융시켜 두 모재간의 모세관 현상을 이용하여 접합하는 방법이다.

그러나 모재가 용융하지 않는 것은 극히 일부이고, 대개가 두 모재의 경계면으로 하여 야금학적 반응으로 아주 얇은 층이 서로 녹아 붙는 현상 즉 확산층을 만드는 용접이다.

나. 납땜의 종류

1) 연납땜

융점이 450℃ 이하인 주석, 납 합금 등의 용가재를 사용하여 납땜하는 방법으로 융점이 낮으며, 작업하기 쉽다. 용제는 수지, 염화 아연 등을 사용한다.

2) 경납땜

융점이 450℃ 이상인 은납, 동납, 황동납 등의 용가재를 사용하여 납땜하는 방법으로, 용융점이 높고, 강도나 내식성이 크다. 용제는 붕사, 붕산 등이 쓰인다.

그림 3-12 연납땜과 경납땜

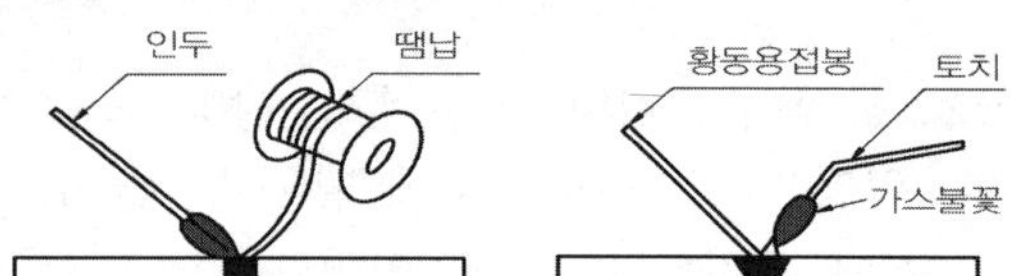

(a) 연납땜 (b) 경납땜

그림 3-13 액체의 젖음 상태

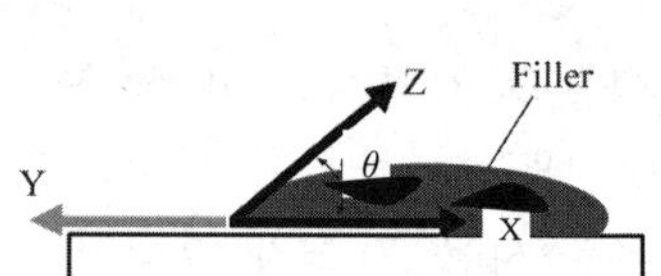

다. 납땜 작업의 3대 요소

1) 젖음성(흡착)의 원리 : 습윤성

액체가 고체와 접촉할 때 고체 표면 위에 액체가 부착되던가, 스며드는 상태, 즉 젖음성

(Wettability)은 납땜에서 중요하고 접합 과정의 핵심이 된다.

[그림 3-13]에서 면과 액체와의 접촉각 θ의 값이 작으면 그 액체는 잘 퍼져가며, 반대로 θ값이 큰 경우에는 잘 적셔지지 않고, 또한 잘 퍼지지도 않는다. θ값이 90° 이상이면 젖음성이 전혀 없으며, 90° 이하이면 젖음성이 조금이라도 있음을 의미한다.

이때 액체가 고체 표면을 적시는 현상은 액체와 고체의 접촉면에서 부착 장력(액체의 부착력)이 액체 자신이 가지는 응집력(표면 장력)보다 큰 경우에 일어나고, 그 반대인 경우 예를 들면 수은이나 토란잎 위의 물방울과 같은 경우에는 젖지 않는다.

2) 모세관 현상

물이 든 컵 속에 모세(가는) 관을 세웠을 때 컵 속의 수면보다 가는 관 안 액체의 면이 높거나 낮게 나타나는 현상을 모세관 현상이라 하며, 크고 작은 관을 물에 세웠을 때 관이 가늘수록 물은 높게 올라가고, 틈이 좁을수록 깊이 들어가며, 관 안 액체의 표면이 오목하다. 또한 관을 수은에 넣은 경우 관 안의 액체 표면이 볼록하고 높이는 관 바깥 액체의 면보다 낮아진다.

이것은 물은 응집력이 작아 관을 적시지만 수은은 응집력이 커서 관을 적시기 어렵기 때문이다. 모세관 현상은 가는 관뿐만 아니라 물체 사이의 가는 틈에서도 나타난다.

3) 제품의 접합 간격

경납땜에서 가장 중요한 요소 중의 하나인 모세관 현상을 가장 효율적으로 이용하기 위한 것이 접합 간격을 적당히 유지하는 것이다. 접합 간격 설계시 이종 금속의 경우 재료의 열팽창계수를 생각하여 가공해야 된다. 예를 들면 연강에 황동을 끼워 경납땜할 경우는 간격을 약간 넓게 해야 되며, 반대로 끼워 경납땜할 때는 억지 끼움이 되도록 해야 된다.

라. 납땜 접착기구

① **고용체형 접착** : 동-니켈계 등과 같이 모재와 납금속이 균일한 고용체를 만든 것

② **공정형 접착** : 카드뮴-비스머스계 등과 같이 공정반응에 의해서 정출한 가늘고 긴 조직이 모재와 서로 물려서 기계적으로 접착한 것

③ **금속간 화합물형 접착** : 카드뮴-텔투르계 등과 같이 모재와 납금속이 접촉면에서 다른 금속 화합물을 만들어 그것을 끼우고 양면에서 접착한 것

④ **부착형 접착** : 철-비스머스계와 같이 합금을 만들지 않지만 부착력으로 접착하는 것

⑤ **혼합형 접착** : 이상의 접착방식이 혼합된 것

그림 3-14 모세관 현상에 의한 경납땜하는 모습

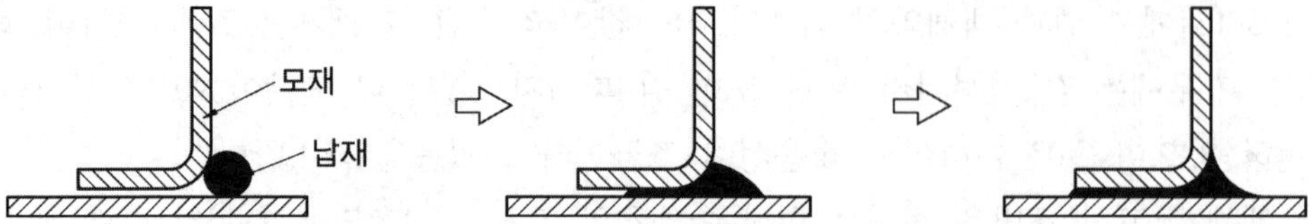

마. 액체의 젖음성과 브레이징 용접성_[그림 3-13 참조]

① 경납땜시 젖음성이 좋으려면 Y값이 X값보다 커야 한다.
② 접촉각 θ < 90°이면 액체 방울은 젖게 되며, 접촉각이 작을수록 젖음성은 커진다.
③ 90°< θ < 180°이면 젖음이 일어나지 않으며, 액체 방울은 젖음면에 퍼지지 않는다.
④ Y 값이 커지려면 고체 표면을 청정하게 하면 된다.
⑤ 깨끗한 표면을 이루고 유지하기 위해서는 플럭스나 보호 가스가 필요하다.
⑥ Y 값보다 X 값이 커지면 젖음성이 감소되며, X 값은 온도에 매우 의존적이다.
⑦ Z 값을 최소화함으로서 θ값이 적어지므로 압력을 줄이는 방법은 진공상태를 이용하는 것이다.

(X : 고체와 액체 사이의 계면장력, Y : 고체와 기체 사이의 표면 장력, Z : 액체와 기체 사이의 표면 장력, θ : 고체 표면 위 액체 방울 접촉각)

2 연납재와 경납재

가. 땜납의 구비 조건

① 모재보다 용융점이 낮으며, 표면 장력이 적어 모재 표면에 잘 퍼져야 한다.
② 유동성이 좋아서 틈이 잘 메워져야 한다.
③ 모재와 친화력이 있고 접합이 튼튼해야 한다.
④ 사용 목적에 적합해야 한다.(강인성, 내식성, 내마멸성, 전기 전도도 등)

나. 연납재

① 주석(Sn) – 납(Pb) : 대표적인 연납으로, Sn 40%, Pb 60%의 합금이며, 흡착 작용은 주석의 함유량에 따라 좌우된다.
② 납(Pb) – 카드뮴(Cd) 납 : 카드뮴을 사용하여 인장 강도를 높인 납으로, 아연판, 구리,

황동 등에 이용된다.

③ 납(Pb)－은(Ag)납 : 구리, 황동용 땜납으로, 은(Ag)의 함유량이 2.5%일 때 공정점의 온도가 304℃가 된다.

④ 저융점 땜납 : 낮은 온도에서 금속을 접합하려 할 때 주석(Sn)－납(Pb) 합금에 비스무드를 첨가한 다원계 합금 땜납이다. 저융점 땜납은 보통 100℃ 미만의 융점을 가진 땜납을 말한다.

다. 경납재

1) 은납(Cu－Ag－Zn)

① 주성분 : 은과 구리를 주성분으로 하고 여기에 아연, 카드뮴, 주석, 니켈, 망간 등을 첨가한 것이다.

② 특징 : 용융점이 비교적 낮고 유동성이 좋으며 인장강도, 전연성이 우수하며, 은백색으로 아름다워 Al, Mg 및 그 외의 저융점의 금속을 제외한 비철금속과 철강 납땜에 적합하며, 불꽃땜, 고주파 유도 가열땜, 로내땜 등 모든 수단에 적용이 가능하나, 고가(高價)인 것이 단점이다.

③ 용도 : 구리와 그 합금, 철강, 스테인리스강 등에 사용하며, 불꽃 경납, 고주파 경납, 로 내 경납 등 모든 경납땜에 사용된다.

2) 황동 납(Cu－Zn)

① 주성분 : 진유납이라고도 하며, 구리와 아연 60% 이하까지가 적합하며, 융점은 820～935℃ 정도이다.

② 특징 : 은납에 비해 값이 저렴하여 공업용으로 널리 사용되나 전기 전도도가 낮고 진동에 대한 저항이 적다.

3) 인동 납(Cu－P)

구리가 주성분이며 소량의 은, 인을 포함한 합금으로, 전기 전도와 기계적 성질이 좋으며, 황산에 대한 내식성이 우수하다.

4) 망간 납

구리－망간, 구리－망간－아연 합금이 있으며, 저망간 합금납은 구리 및 구리 합금에 쓰이고, 고망간 합금납은 철강의 납땜에 사용되고 있으며, 810~890℃의 융점을 가지고 있다.

5) 양은 납

구리-아연-니켈의 3원 합금으로서 Cu 47%, Zn 42%, Ni 11%의 것이 있으며, 구리, 황동, 백동, 모넬메탈의 납땜에 쓰인다.

6) 알루미늄 납

규소 또는 알루미늄을 주성분으로 하고 구리 또는 아연을 소량 첨가한 것이다. 알루미늄과 친화력을 얻기 위해 규소, 구리, 아연, 주석, 비스무스, 은 등을 첨가하고 있다.

3 납땜용 용제

가. 용제의 구비 조건

① 모재의 산화 피막과 같은 불순물을 제거하고 유동성이 좋을 것
② 깨끗한 금속면의 산화를 방지할 것
③ 땜납의 표면 장력을 맞추어서 모재와의 친화도를 높일 것
④ 용제의 유효 온도 범위와 납땜 온도가 일치할 것
⑤ 납땜 후 슬래그 제거가 용이하며, 인체에 해가 없을 것
⑥ 모재나 땜납에 대한 부식 작용이 최소한일 것
⑦ 전기 저항 납땜에 사용되는 것은 전도체일 것

나. 연납용 용제의 종류

1) 송진(resin)

부식 작용이 없으므로 납땜의 슬래그 제거에 문제가 있는 전자기기와 같이 전기 절연이 요구되는 곳에 사용된다.

2) 염화 아연($ZnCl_2$)

연납땜에 가장 보편적으로 사용되는 용제로서 283℃에서 용융하지만 보통 염화암모늄에 섞어서 사용한다.

3) **염화암모늄(NH_4Cl)**

가열해도 용융하지 않으므로 단독으로 사용할 수 없으며, 가열하면 염화가스를 발생하여 금속 산화물을 염화물로 변화시키는 작용을 한다.

4) **인산(H_3PO_4)**

인산의 알코올 용액은 구리 및 구리 합금의 납땜용 용제로 쓸 경우도 있으며 인산소다, 인산암모늄과 혼합하여 쓰는 경우도 있다.

5) **염산(HCl)**

염산은 물과 1 : 1 정도로 섞어서 아연 철판이나, 아연판 등의 납땜에 쓰인다.

다. 경납용 용제의 종류

1) **붕사($Na_2B_4O_7 \cdot 10H_2O$)**

금속 산화물을 녹이는 능력이 있지만 바륨, Al, 크롬, Mg 등의 산화물은 녹이지 못한다. 은납이나 황동 땜에서는 붕사만을 쓰나, 보통 붕산이나 기타의 알칼리 금속의 불화물, 염화물 등과 혼합하여 사용한다.

2) **붕산(H_3BO_3)**

일반적으로 붕산 70%, 붕사 30%의 것이 많이 사용되며, 용해도가 875℃이다.

3) **붕산염**

붕산소다를 사용하며 작용은 붕사와 비슷하다.

4) **불화물, 염화물**

리듐, 칼륨, 나트륨과 같은 알칼리 금속의 염화물이나 불화물은 가열하면 거의 금속 또는 금속 산화물과 반응하여 용해 또는 변형하는 작용이 있으므로 크롬, 알루미늄을 갖는 합금의 납땜에 없어서는 안 될 용제이다.

5) **알칼리**

몰리브덴 합금강의 땜에 유용하며 가성소다, 가성 알칼리 등의 알칼리는 공기 중의 수분을 흡수 용해하는 성질이 강하다.

4 납땜법

가. 연납땜

① 인두 납땜(soldering iron brazing) : 주로 연납땜을 하는 경우에 쓰이며, 구리 제품의 인두가 사용된다.

나. 경납땜법의 종류

(1) 가스 납땜(gas brazing) : 기체나 액체 연료를 토치나 버너로 연소시켜 그 불꽃을 이용하여 납땜하는 방법으로 가장 많이 사용되는 납땜법의 하나이다.

(2) 담금 납땜(dip brazing) : 납땜부를 용해된 땜납 중에 접합할 금속을 담가 납땜하는 방법과 이음 부분에 납재를 고정시켜 납땜 온도로 가열 용융시켜 화학 약품에 담가 침투시키는 방법이 있다.

(3) 저항 납땜(resistance brazing) : 이음부에 납땜재와 용제를 발라 저항열로 가열하는 방법으로, 저항 용접이 곤란한 금속의 납땜이나 작은 이종 금속의 납땜에 적당하다.

(4) 노내 납땜(furnace brazing) : 노(爐)내 납땜은 가스 불꽃이나 전열 등으로 가열시켜 로 내에서 납땜하는 방법이다. 온도 조정이 정확해야 하고 비교적 작은 부품의 대량 생산에 적당하다.

(5) 유도 가열 납땜(induction brazing) : 유도 가열 납땜은 고주파 유도 전류를 이용하여 가열하는 납땜법이다. 가열 시간이 짧고 작업이 용이하여 능률적이다.

그림 3-15 저항 납땜

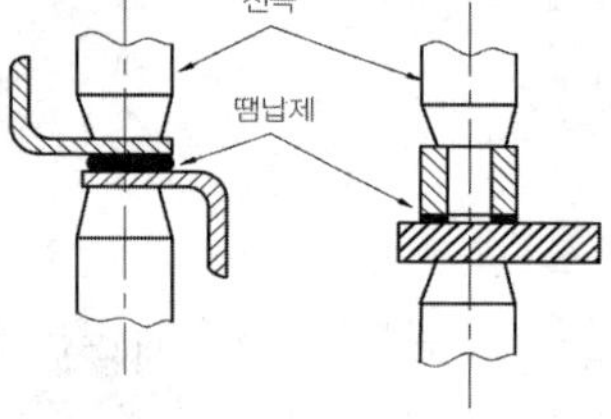

그림 3-16 노내 납땜

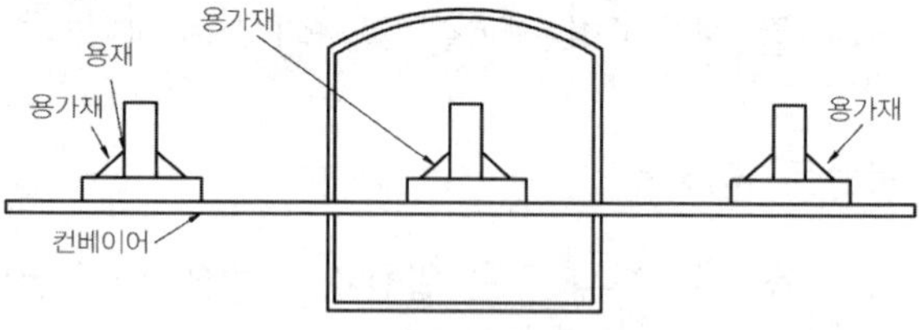

단원 종합 문제 {제3장 | 가스 용접}

01 가스 용접의 원리를 간단히 쓰시오.

02 가스 용접 토치를 고안한 사람은 누구인가?

03 가스 용접의 장점과 단점을 3가지 이상 쓰시오.

04 산소의 성질을 3가지 이상 쓰시오.

05 산소의 제조 방법 중 2가지를 들고 설명하시오.

06 액체 산소를 사용할 때의 이점은 무엇인가?

07 아세틸렌 가스의 발생 원리를 간단히 쓰시오.

08 아세틸렌 가스의 성질을 3가지 이상 쓰시오.

09 아세틸렌 가스를 몇 기압 이상 압축하면 폭발할 위험성이 있는가?

① $1.2kg_f/cm^2$　② $1.5kg_f/cm^2$　③ $2.0kg_f/cm^2$　④ $2.5kg_f/cm^2$

10 아세틸렌 가스의 자연 발화 온도는 얼마인가?

① 406～408℃　② 505～515℃　③ 780℃　④ 850℃

11 용해 아세틸렌의 충전은 어떻게 하는가?

12 가스 용접 불꽃의 종류 3가지를 들고 각 항목별로 설명하시오.

13 산화 불꽃으로 용접 가능한 금속은 무엇인가?

① 연강　② 황동
③ 알루미늄　④ 주철

14 산소 용기의 제조 방법은 무엇인가?

15 산소 용기의 최고 충전 압력은 얼마인가?

① 15℃에서 15.5kg_f/cm^2
② 35℃에서 150kg_f/cm^2
③ 15℃에서 150kg_f/cm^2
④ 35℃에서 15.5kg_f/cm^2

16 산소 용기의 크기는 무엇 무엇이 있는가?

17 용기의 각인 내용 중 TP는 무엇을 나타내는가?

① 내압 시험 압력
② 최고 충전 압력
③ 내용적
④ 빈병의 무게

18 17번의 보기에서 용기의 각인 중 V를 나타내는 것은 어느 것인가?

19 용해 아세틸렌을 사용하는 이유는?

20 아세틸렌 가스는 어떤 물질에 가장 많이 용해되는가?

① 물 ② 벤젠 ③ 석유 ④ 아세톤

21 용해 아세틸렌을 사용할 때의 장점을 3가지 이상 쓰시오.

22 가스 용접 토치를 압력에 따라 구분하여 설명하시오.

23 프랑스식 토치를 다른 이름으로 부른 것은 어느 것인가?

① 불변압식 ② A형 토치 ③ 독일식 ④ 가변압식

24 토치의 취급시 주의 사항을 3가지 이상 나열하시오.

25 독일식 토치 팁의 능력을 설명하시오.

26 프랑스식 토치의 팁의 능력은 무엇으로 나타내는가?

① 용접 가능한 강판의 두께를 번호로 나타낸다.
② 표준 불꽃으로 1시간에 소비되는 아세틸렌 가스의 양 ℓ를 번호로 나타낸다.
③ 1시간에 소비되는 산소의 양을 번호로 나타낸다.
④ 1시간에 용접 가능한 판두께를 번호로 나타낸다.

27 가스 호스 중 산소 호스와 아세틸렌 호스의 내압 시험 압력은 얼마인가?

① 산소 호스 $10kg_f/cm^2$, 아세틸렌 호스 $90kg_f/cm^2$
② 산소 호스 $50kg_f/cm^2$, 아세틸렌 호스 $60kg_f/cm^2$
③ 산소 호스 $90kg_f/cm^2$, 아세틸렌 호스 $30kg_f/cm^2$
④ 산소 호스 $90kg_f/cm^2$, 아세틸렌 호스 $10kg_f/cm^2$

28 압력 조정기의 취급시 주의 사항을 3가지 이상 쓰시오.

29 가스 용접에 적절한 차광 렌즈 번호는?

30 가스 용접봉 표시에서 'GA 46'에서 46은 무엇을 뜻하는가?

① 가스 용접봉 번호　② 용착 금속의 최저 인장 강도
③ 용착 금속의 최고 인장 강도　④ 연강판 46종

31 가스 용접시 용접봉의 굵기를 구하는 공식으로 맞는 것은?

① $\phi = \frac{T}{2} + 1$　② $\phi = \frac{T}{2} + 2$　③ $\phi = \frac{T}{4} + 1$　④ $\phi = \frac{1}{T} + 1$

32 용접 금속별로 사용하는 용제의 종류를 쓰시오.

33 가스 용접시 전진법과 후진법의 특성을 설명한 것 중 틀린 것은?

① 전진법은 후진법보다 변형이 적다.
② 후진법이 전진법보다 산화 정도가 적다.
③ 전진법이 후진법보다 열 이용률이 나쁘다.
④ 후진법이 전진법보다 홈각도가 작다.

34 역류, 역화, 인화의 차이점을 설명하고 방지법에 대하여 설명하시오.

35 연납땜과 경납땜의 구분 온도는 얼마인가?

① 150℃　② 250℃　③ 350℃　④ 450℃

36 납땜용 용제의 구비 조건을 3가지만 쓰시오.

37 연납용 용제와 경납용 용제를 3가지 이상 들고 설명하시오.

38 경납땜의 종류를 3가지만 들고 설명하시오.

제3장 가스 용접 문제 해설

[p.58~88]

1. P60 1 가. 참조
2. 프랑스의 푸세와 피카르
3. P61 2. 특징 가. 장점. 나. 단점
4. P61 가. 산소 1) 성질
5. P62 1 가. 2) 참조
6. P63 1 가. 3) ② 참조
7. P63 1 나. 2) (1) 참조
8. P64 1 나. 3) 참조
9. ②
10. ①, ②는 폭발 온도, ③는 산소 없이도 폭발 온도
11. 강철제의 용접 용기 내부에 규조토, 목탄 분말, 석면 등과 같은 다공질 물질로 채워져 있고, 여기에 아세톤을 흡수시킨 다음 아세틸렌 가스를 15℃에서 15.5 기압으로 충전
12. P66 2 나. 1) 2) 3) 참조
13. ②
14. 만네스만법으로 이음매 없이 제조되며, 인장 강도 57kgf/cm^2 이상, 연신률 18% 이상의 강재가 사용된다.
15. ②
16. P68 1 가. 2) 참조
17. ①, ②는 FP
18. ③
19. 용해 아세틸렌은 아세톤에 용해 충전시킨 것으로 발생기 아세틸렌에 비해 안전하기 때문에
20. ④, 아세톤에 1기압에서 25배 용해된다. 물에는 1배, 석유에는 2배, 벤젠에는 4배 용해된다.

21. P69 나. 용해 아세틸렌의 장점

22. P72 1) 아세틸렌 가스 압력에 따른 분류

23. ④, 프랑스식은 가변압식, B형 토치라고도 한다. '①, ②, ③'는 독일식 토치 이름

24. P73 다. 토치의 취급상 주의 사항

25. P74 라. 팁의 능력

26. ②

27. ④

28. P75 5 라. 참조

29. P76 표 3-5 용도에 따른 차광 렌즈 번호

30. ②

31. ①

32. P79 표 3-6 각종 금속에 적당한 용제

33. ①

34. P81 3 역류, 역화, 인화

35. ④

36. P84 가. 용제의 구비 조건

37. P86~87 나. 연납용 용제의 종류, 다. 경납용 용제의 종류

38. P88 나. 경납땜법의 종류

chapter

04 절단 및 가스가공

제1절 | 개요

1 절단의 개요

용접 작업에 수반되는 절단 작업은 용접 작업의 능률화를 위하여 정밀하고 신속하게 절단하는 방법이 필요하다. 용접 작업과 보조하여 적용되는 절단에는 고속 절단기(커팅기)를 이용한 절단, 가스 절단, 아크 절단 등이 있다.

2 절단의 분류

절단에는 조작 방법에 따라 수동 절단과 자동 절단법이 있으며, 절단 방법에 따라 가스 절단, 분말 절단, 아크 절단, 가스 가공 등이 있다.

가. 가스(산소) 절단

산소와 금속의 산화 반응을 이용한 절단법으로, 보통 가스절단(산소-아세틸렌 가스 절단, 산소-LP 가스 절단 등), 분말 절단, 가스 가공(가스 가우징, 스카핑 등) 등이 있으며, 강 또는 합금강의 절단에 이용된다.

나. 아크 절단

아크열을 이용하여 절단하는 방법으로, 비철 금속의 절단에 아크 절단 또는 분말 가스 절단이 이용된다.

아크 절단할 때 압축 공기나 산소 기류를 이용하면 좋다. 종류에는 탄소 아크 절단, 금속 아크 절단, 산소 아크 절단, 불활성 가스 아크(티그, 미그) 절단, 플라즈마 제트 절단 등이 사용되고 있다.

- **가스 절단**
  - 보통 가스 절단
    - 상온 절단
    - 고온 절단
    - 수중 절단
  - 분말 절단
    - 철분 절단
    - 수중 절단
  - 가스 가공
    - 가스 가우징
    - 스카핑

- **아크 절단**
  - 탄소 아크 절단
  - 피복 금속 아크 절단
  - 불활성 가스 아크 절단 ── MIG 절단, TIG 절단
  - 플라스마 아크 절단
  - 산소 아크 절단
  - 아크 에어 가우징
  - 레이저 절단

제2절 | 가스 절단

1 가스 절단의 개요

가. 가스 절단의 원리

보통의 가스 절단은 산소를 이용한 산소 절단을 의미한다. 이때 이용되는 불꽃은 산소-아세틸렌 불꽃이나 산소-프로판 불꽃을 이용하고 있으며, 산업 현장에서는 산소-프로판 가스 절단이 더 많이 활용되고 있다.

가스 절단의 원리는 절단 토치를 사용하여 팁에서 불출되어 나오는 예열불꽃으로 절단부분을 미리 적당한 온도(철강의 : 약 800~1000℃)로 예열하고 팁의 중심으로 고압산소를 불출시켜주면 산소에 의해 적열부분이 연속적으로 연소하여 산화철이 되고, 그 산화철의 용융점은 강보다 낮으므로 용융과 동시에 고압산소의 압력으로 불려서 절단되며, 연강, 중탄소강 등 탄소강 두께 3~500mm까지 절단이 가능하다.

산소는 스스로 연소하지 않고 다른 물질을 연소하는네 돕는 성질이 있으며 순도가 높을수록 절단능력이 높아지게 된다.

나. 산화 반응

① 제1반응 : $Fe + \frac{1}{2}O_2 \rightarrow FeO + 63.8(kcal)$

② 제2반응 : $2Fe + 1\frac{1}{2}O_2 \rightarrow Fe_2O_3 + 196.8(kcal)$

③ 제3반응 : $3Fe + 2O_2 \rightarrow Fe_3O_4 + 267.8(kcal)$

그림 4-1 가스 절단의 원리

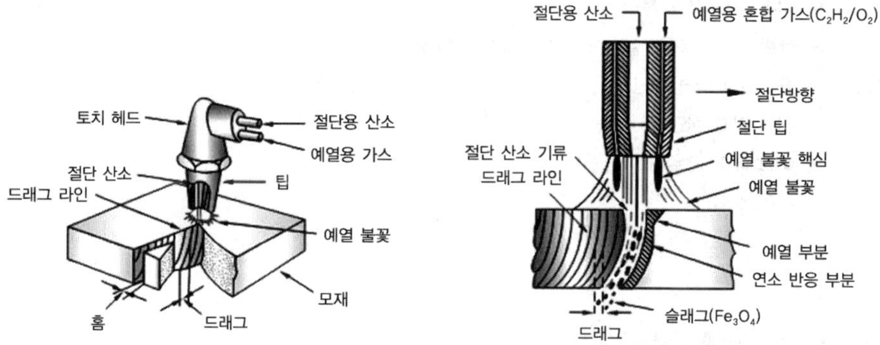

그림 4-2 가스 절단 장치의 구성

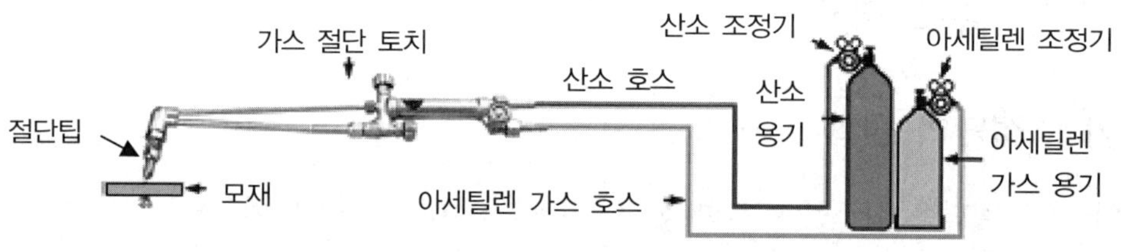

다. 가스 절단이 곤란한 금속과 절단 대책

보통 탄소강이나 저합금강의 가스 절단에는 판두께 3~300mm 정도는 위의 반응에 의해 절단이 쉽게 이루어지나, 주철이나, 비철 금속, 10% 이상의 Cr 함유 스테인리스강, 고합금강 등은 산화물이나 불순물의 용융 온도가 슬래그의 용융점보다 낮아 가스 절단이 어렵다.

1) 주철의 가스 절단이 곤란한 이유

주철의 용융점이 연소 온도 및 슬래그 용융점보다도 낮고 또 주철 중의 흑연은 철의 연속적인 연소를 방해하므로 철이나 탄소강과 같이 절단이 잘 안된다.

2) 스테인리스강의 가스 절단이 곤란한 이유

스테인리스강은 절단 중에 생기는 산화물인 산화크롬($Cr_{23}O_3$)은 산화피막이 매우 단단하고 모재의 용융점보다 훨씬 높기 때문에 유동성이 불량한 슬래그가 절단 표면을 덮어서 모재와의 산화반응을 방해하므로 절단이 쉽게 되지 않는다.

3) 알루미늄의 가스 절단이 곤란한 이유

알루미늄은 모재의 산화피막(Al_2O_3, 산화알루미늄)이 매우 단단하고 모재의 용융점(660℃)보다 훨씬 높아서(2050℃) 산화 연소가 곤란하며, 산화물이 설령 녹을 정도가 되면 원금속은 융점이 낮아 이미 녹아 용락되기 때문에 제품으로 쓸 수 없게 된다.

또한, 산화연소를 방해하는 합금 원소의 영향과 열전도도와 온도 확산성이 매우 큰 것도 절단이 곤란한 이유이다.

4) 대 책

스테인리스강이나 알루미늄의 경우 적당한 분말상태의 용제(flux)를 산소 기류 중에 혼입하여 내산화성의 산화물을 용해, 제거하거나, 철분을 가스 불꽃 중에 혼입하여 불꽃의 온도를 높여 절단하는 분말 절단법을 적용하거나, 아크 열을 이용한 TIG 절단이나 아크 에어 가우징법, 레이저 절단, 플라즈마 절단 등을 적용하면 된다.

2 가스 절단에 영향을 주는 요인과 절단 조건

가스 절단의 좋고 나쁨 등 절단 결과의 판정, 양호한 절단면을 얻기 위한 조건으로 여러 가지가 있다. 양호한 절단면을 얻기 위해서는 절단재의 두께와 폭, 재질, 팁의 크기와 모양, 산소 압력, 절단 주행 속도, 절단재의 표면 상태, 사용 가스, 산소의 순도, 예열 불꽃의 세기, 예열 온도, 팁의 거리, 각도 등에 따라 달라진다.

가. 절단용 산소

1) 절단용 산소의 역할과 영향

절단용 산소는 절단부를 연소시켜 그 산화물을 깨끗이 밀어내는 역할을 한다. 산소의 압력과 순도가 절단 속도에 큰 영향을 미치며, 산소의 압력과 소비량에 거의 비례한다.

산소의 순도(99.5% 이상)가 높으면 절단 속도가 빠르며, 절단면이 양호하다.

2) 산소에 불순물이 증가되면 미치는 영향

① 절단면이 거칠어지고, 절단 속도가 늦어지며, 산소의 소비량이 많아진다.
② 절단 개시 시간이 길어지고, 슬래그 이탈성이 나빠지며, 절단 홈의 폭이 넓어진다.

나. 절단의 조건

① 산화 반응이 격렬하고 다량의 열을 발생하며, 경제적인 절단이 이루어질 것
② 모재 중에 불연소물이 적으며, 드래그(drag)가 가능한 한 작을 것
③ 모재의 연소 온도가 그 용융 온도보다 낮을 것
④ 산화물 또는 슬래그의 용융 온도가 모재의 용융 온도보다 낮으며, 유동성이 좋고 모재에서 쉽게 이탈할 것
⑤ 절단면이 평활하며 드래그의 홈이 낮고 노치(notch) 등이 없을 것
⑥ 절단면 표면의 각이 예리하며, 슬래그 이탈이 양호할 것

다. 예열 불꽃(화염)

예열 불꽃은 절단 개시점을 연소 온도로 급속하게 가열하는 것이며, 절단 진행 중에는 항상 절단부를 연소 온도로 유지하며, 강재 표면의 스케일 박리로 철과 산소의 접촉을 좋게 해준다.

① 예열용 가스는 아세틸렌, 프로판, 수소, 천연 가스 등이 있으나 프로판 가스나 아세틸렌 가스가 많이 사용된다.
② 프로판 가스는 발열량이 높고 가격이 싸므로 절단에 많이 사용된다.
③ 수소 가스는 고압에서도 액화하지 않고 완전 연소하므로 수중 절단 예열 가스로 사용된다.
④ **예열 불꽃이 너무 세면(강하면)**
　㉠ 모서리가 용융되어 둥글게 되며, 절단면이 거칠어진다.
　㉡ 모재 뒤쪽에 슬래그가 많이 달라붙는다.
⑤ **예열 불꽃이 너무 약하면**
　㉠ 절단 속도가 느리고 절단이 중단되기 쉽고, 역화를 일으키기 쉽다.
　㉡ 드래그가 커지고 뒷면까지 통과하기 어렵다.
⑥ **완전 연소할 때 이론적인 가스의 혼합 비율**
　㉠ 산소 : 아세틸렌 → 1 : 1
　㉡ 산소 : LPG(프로판 가스) → 4.5 : 1

라. 절단 효율

가스절단 효율이란 절단 판두께와 산소 소비량에 대한 절단속도로 나타내며, 절단 능력을 평가하는 방법으로 사용되는 값이고, 팁의 모양이나, 산소압력, 절단속도 등에 의해서 변화된다. 절단 효율 η는 다음 식으로 산출한다.

$$\eta = \frac{T_m \cdot Q}{V}$$

η : 절단 효율(mm^2/L), T_m : 최대절단 판두께(mm), V : 절단속도(mm/min),
Q : 절단 산소 유량(L/min)

표 4-1 수동 절단의 속도

모재 두께(mm)	팁의 지름(mm)	가스 압력(kg_f/cm^2)		절단 속도 (mm/min)
		산소	아세틸렌	
3	0.5~1.0	1.0~1.5	0.1	500~600
6	0.8~1.5	1.0~1.5	0.1	400~500
9	0.8~1.5	1.5~2.0	0.1	400~500
15	1.0~1.5	1.5~2.0	0.1	300~400
20	1.2~1.5	2.0~2.5	0.2	300~400
25	1.2~1.5	2.5~3.0	0.2	250~350

마. 절단 속도

절단 속도는 절단의 좋고 나쁨을 결정짓는 중요한 조건으로, 모재의 온도가 높을수록, 절단 산소의 압력이 높을수록, 산소 소비량이 많을수록 비례하여 증가한다. 또한, 산소의 순도나 팁의 모양에 따라 다르다.

다이버젼트 노즐은 고속 분출을 얻는데 적합하며, 보통 팁에 비해 산소 소비량이 같을 때 절단 속도를 20~25% 증가시킬 수 있다.

바. 합금 원소의 가스 절단에 미치는 영향

① 탄소(C) : 0.25% 이하의 강은 절단이 쉬우나, 그 이상이 되면 경화나 균열을 방지하기 위해 예열해야 한다. 4% 정도의 탄소를 함유한 주철은 분말 절단을 해야 한다.

② 망간(Mn) : 보통 강 중에 함유된 정도는 별 문제가 없으나, 약 14% 망간과 탄소 1.5% 정도를 함유한 고망간강은 절단이 곤란하나, 예열을 하면 절단이 가능하다.

③ 규소(Si) : 함유량이 적을 때는 별로 영향이 없으나, 고규소 강판의 절단은 곤란하다.

④ 니켈(Ni) : 탄소량이 적은 니켈강 절단은 용이하다.

⑤ 크롬(Cr) : 크롬 5% 이하의 강은 재료 표면이 깨끗하면 절단이 비교적 용이하다. 크롬 10% 이상의 고크롬강은 분말 절단을 해야 한다.

⑥ 몰리브덴(MO) : 크롬과 같은 영향이 있고, 순수한 몰리브덴은 절단이 곤란하다.

⑦ 텅스텐(W) : 12~14%까지는 절단이 가능하지만, 20% 이상이 되면 절단이 곤란하다.

⑧ 구리(Cu) : 2%까지는 영향이 없다.

⑨ 알루미늄(Al) : 10% 이상은 절단이 곤란하고, 인(P), 황(S)은 보통 강에 함유되어 있는 정도는 영향이 없다.

사. 드래그(drag)

가스 절단을 일정한 속도로 실시하면 절단 홈의 밑면에 가까워질수록 슬래그의 방해, 산소의 오염, 산소의 속도의 느려짐 등의 원인으로 산화 작용과 절단이 늦어지게 된다.

드래그 라인이란 절단면에 일정한 간격의 곡선이 진행 방향으로 나타나는 선을 말하며, 하나의 시작점에서 끝점까지의 양단 수평 거리를 드래그 길이라 한다.

드래그 길이는 주로 가스 절단 속도, 산소 소비량에 따라 변화하며, 절단면 말단부가 남지 않을 정도를 표준 드래그 길이(판 두께의 20% 정도)라 한다.

그림 4-3 드래그

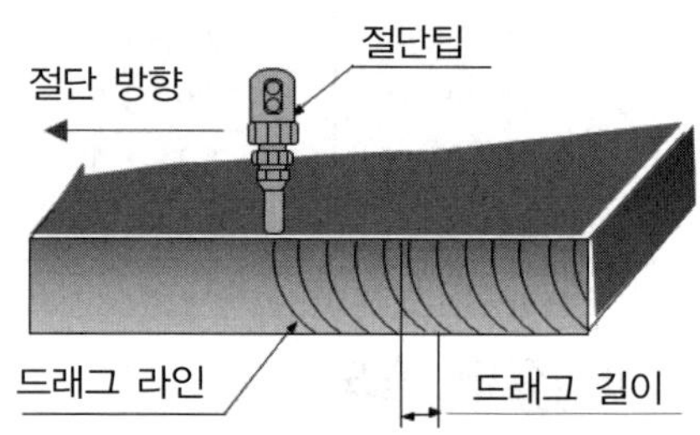

$$드래그(\%) = \frac{드래그길이(mm)}{판두께(mm)} \times 100$$

표 4-2 표준 드래그 길이

판두께(mm)	12.7	25.4	51	51~152
드래그 길이(mm)	2.4	5.2	5.6	6.4

아. 기타 절단 조건의 영향

절단 재질에 따라 연강은 절단이 잘 되나 주철, 비철은 곤란하다. 또한 동일한 재질에서는 두께가 두꺼우면 절단 속도가 느리며, 얇으면 절단 속도가 빨라지게 된다.

팁(화구)의 크기와 형상 측면에서는 팁 구멍이 크면 두꺼운 판 절단이 쉬우며, 산소의 압력이 높을수록 절단 속도가 빠르고, 절단재가 예열되면 더욱 절단 속도가 빨라진다.

3 가스 절단 장치

수동 가스 절단 장치는 절단 토치, 압력 조정기, 산소병, 산소와 연소 가스용 호스로 구성하며, 자동 가스 절단 장치는 압력 조정기, 산소병, 산소와 연소 가스용 호스, 대차, 자동 절단기로 구성된다. 절단 토치의 끝부분은 팁(tip)이 끼워져 있으며, 판의 두께에 따라 적당한 것을 사용해야 한다.

그림 4-4 팁의 형상

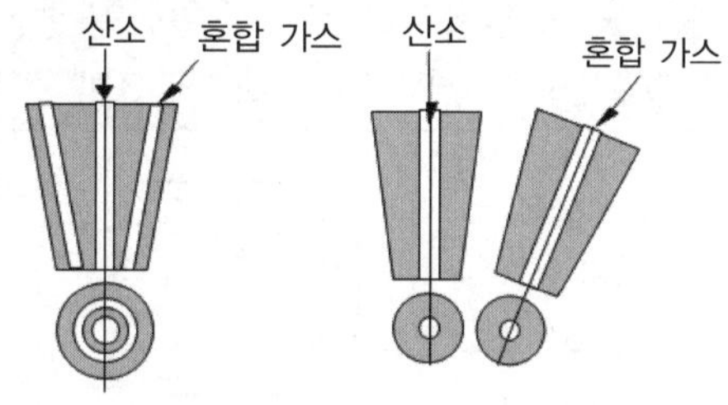

(a) 동심형 (b) 이심형

가. 수동 가스 절단기

1) 저압식 토치

산소와 아세틸렌을 혼합하여 예열용 가스를 만드는 부분과 고압 산소만 분출하는 부분으로 되어 있다.

아세틸렌의 게이지 압력이 $0.07kg_f/cm^2$ 이하이며, 니들 밸브를 갖고 있는 프랑스식과 니들 밸브를 갖지 않은 독일식이 있다.

토치 끝에 붙어 있는 팁은 열전도도가 좋고 내열성 및 내구성이 좋은 재질이 요구되며, 동합금이 많이 사용되며, 팁은 그 형식에 따라 동심형과 이심형이 있다.

① 동심형(프랑스식) : 예열 혼합 가스 분출 구멍과 고압 산소 구멍이 팁 하나에 형성되어 있는 것으로, 곡선 절단이 자유로우며, 직선 절단도 잘되나 정밀도가 독일식에 비해 떨어진다.

② 이심형(독일식) : 예열 혼합 가스 분출구와 고압 산소 분출구가 분리되어 있는 형으로, 직선 절단할 때 절단 속도가 빠르며 절단면의 정밀도가 좋고, 절단면이 깨끗하다.

표 4-3 동심형 팁과 이심형 팁 비교

내용	동심형 팁	이심형 팁
곡선 절단	자유롭게 절단할 수 있다.	곤란하다.
직선 절단	잘 된다.	능률적이다.
절단 면	좋다(보통)	아주 곱다.

2) 중압식 토치

중압식은 아세틸렌 압력이 $0.07 \sim 0.4kgf/cm^2$의 것을 말하며, 팁 중에서 가스가 혼합되기 때문에 팁 혼합(믹싱) 형식이라고도 하며, 역화가 방지되고, 가스의 소비량이 적어지는 이점이 있다.

그림 4-5 수동 가스 절단기의 형상

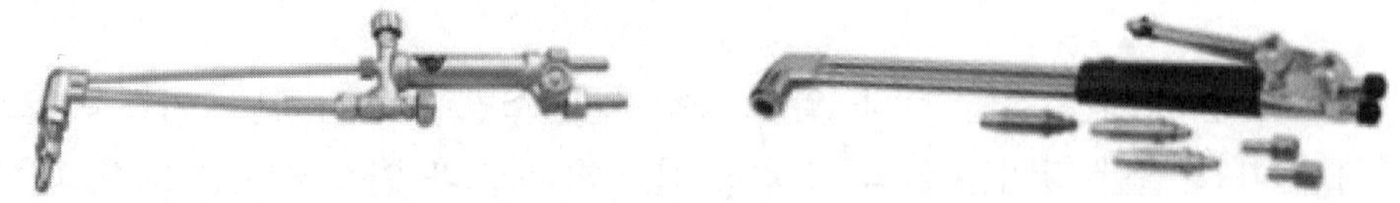

(a) 프랑스식　　　　(b) 독일식

표 4-4 팁 혼합식과 토치 혼합식의 형상

분류 방식	도 형
팁 혼합식 (독일식)	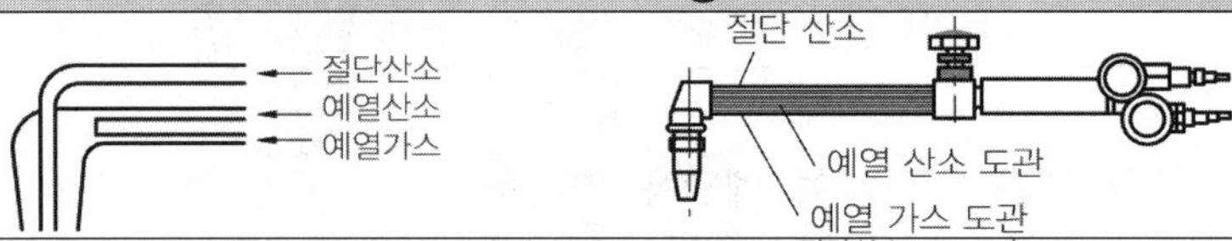
토치 혼합식 (프랑스식)	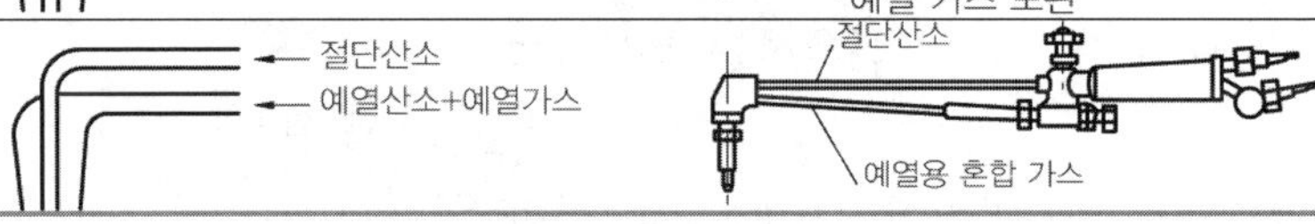

나. 자동 가스 절단기

자동 가스 절단기는 절단기가 자동으로 이동하며 금속을 절단하는 장치로서 절단 방법을 손으로 조작하는 반자동식과 모든 조작이 자동적으로 이루어지는 전자동식이 있다.

① 소형 자동 가스 절단기 : 1~2개의 팁으로 직선 절단에 사용하는 절단기

② 반자동 가스 절단기 : 자유로운 곡선이나 짧은 직선 절단에 주로 사용

③ 형 자동 가스 절단기 : 같은 형상을 다량 절단할 때 사용하는 절단기

④ 광전식 가스 절단기 : 원격 조정이 가능하며, 정밀도가 높은 절단기로, 소량·대량 절단에 적합한 절단기

그림 4-6 자동 가스 절단기의 종류

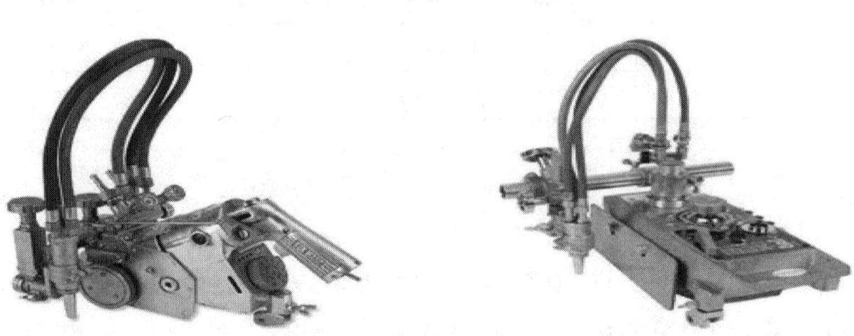

4 가스 절단 방법

가. 절단 준비

1) 절단 설비 점검 및 압력 조정

가스 용접할 때와 같이 설비를 점검하고 비눗물 검사로 연결부의 누설 여부를 점검한 뒤 압력을 가스 용접할 때보다 다소 높게 조정한다.

2) 절단 불꽃 조정

① 병의 산소 및 아세틸렌 밸브를 열고 조정기 압력을 조정한다.
② 절단 토치의 아세틸렌 밸브를 열고 산소 밸브를 약간 열어 점화한다.
③ 탄화 불꽃 상태에서 산소를 서서히 열어 중성 불꽃으로 만든다.
④ 불꽃의 세기를 조절한다.
  ㉠ 불꽃이 약할 때 : 아세틸렌 약간 밸브를 열고 산소 밸브를 열어 조절한다.
  ㉡ 불꽃이 강할 때 : 산소 밸브를 약간 닫고 아세틸렌 밸브를 약간씩 줄이며 조절한다.

나. 절단 작업 요령

토치의 백심을 판 위에서 1.5~2.0mm 정도 떨어지게 하여 절단 시작부 끝을 900℃ 정도로 예열한 후 고압 산소 밸브를 열어 절단을 시작한다.

이때 절단 속도가 크면 절단이 간헐적으로 불균일해지거나 중단하게 되는데, 이때는 곧 고압 산소 밸브를 잠가야 되며, 절단을 계속할 때는 절단 시작할 때와 같이 하면 된다.

그림 4-7 V형 및 X형 홈 가공의 예

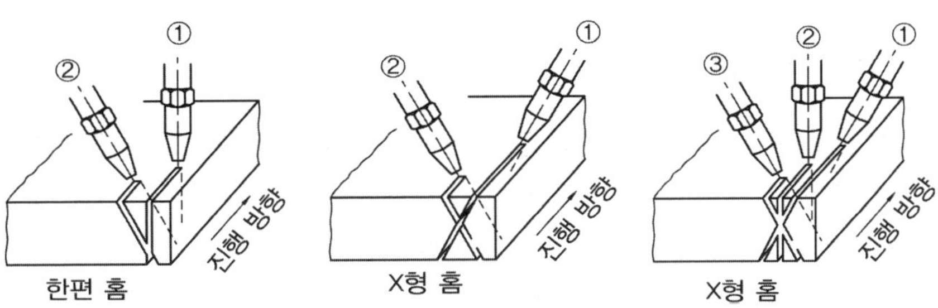

(a) V형 홈 절단 (b) X형 홈의 절단

다. 홈 가공 절단

용접 작업의 홈 가공은 판두께에 따라 개선각을 정하여 토치를 경사지게 조절한 후 절단을 실시해야 한다. 일반적으로 판두께 10mm 이하에는 V형 홈으로 가공하게 되며 홈각은 54~70°로 하며, 두께가 얇을수록 홈각을 크게 하고 있다. [그림 4-7 참조]

용접 홈 가공은 높은 정밀도가 요구되며, 홈각은 용접 가능한 한 최소한으로 하는 것이 좋다.

라. 절단면 검사

양호한 절단면은 윗 모서리 각이 예리하고, 드래그 라인은 수직이며 흔적이 깨끗하고 뒷면에 슬래그 부착이 없다. 그러나 윗 모서리가 둥그렇거나 절단면의 파형이 고르지 못하면 산소 압력이 너무 높고 절단 속도가 느린 경우이다. 또한 드래그 라인이 지나치게 구부러져 있고 절단면이 불규칙하면 절단 속도가 너무 빠른 경우이다.

제3절 | 산소-LP 가스 절단

1 액화 석유 가스

가. 액화 석유 가스(LPG, liquefied petroleum gas)

LP 가스는 석유나 천연 가스를 적당한 방법으로 분류하여 제조한 것으로 대부분 프로판(C_3H_8)으로 이루어져 있으며, 프로판 이외에 부탄(C_4H_{10}), 프로필렌(C_3H_6), 부틸렌(C_4H_8) 등이 있다.

나. LP 가스의 성질

① 액화하기 쉽고, 용기에 넣어 수송(운반)이 편리하다.(체적을 1/250 정도로 압축 가능)
② 온도 변화에 따른 팽창률이 크고 물에 잘 녹지 않는다.
③ 쉽게 기화하며, 발열량이 높으나, 증발 잠열이 크다.
④ 폭발 한계가 좁아 안전도가 높고 관리가 쉽다.
⑤ 연소할 때 필요한 산소의 양은 1 : 4.5이다.

다. 아세틸렌 가스와 프로판 가스의 비교

표 4-5 아세틸렌과 프로판 가스의 비교

아세틸렌 가스	프로판 가스
1. 점화하기 쉽다. 2. 중성 불꽃을 만들기 쉽다. 3. 절단 개시까지 시간이 빠르다. 4. 표면 영향이 적다. 5. 박판 절단할 때는 빠르다.	1. 절단 상부 기슭이 녹는 것이 적다. 2. 절단면이 미세하며 깨끗하다. 3. 슬래그 제거가 쉽다. 4. 포갬 절단 속도가 빠르다. 5. 후판 절단할 때는 빠르다.

라. 산소 대 프로판 가스의 혼합비

프로판 1에 대하여 산소 약 4.5로 아세틸렌 1 : 1에 비해 4.5배의 많은 산소가 필요하다.

2 프로판 가스용 절단법

가. 절단 토치

LP용 절단 토치는 아세틸렌보다 연소 속도가 느리므로 가스의 분출 속도를 느리게 하며, 비중의 차이가 있으므로 토치의 혼합실을 크게 하여 팁에서도 충분히 혼합할 수 있게 설계한다.

나. 팁(tip)

팁 끝은 아세틸렌 팁 끝과 같이 평평하게 하지 않고 슬리브를 가공면보다 약 1.5mm 정도 깊게 한다.

다. 절단 방법

1) 불꽃 조절

산소-프로판 가스를 사용하는 절단을 위한 불꽃 조절은 불꽃의 윤곽이 확실치 않아 산소-아세틸렌 가스를 사용하는 불꽃 조절보다 어렵다.

불꽃 조절 방법은 우선 토치의 산소 밸브를 약 1/5 정도 열고 프로판 가스 밸브를 열면서 점화한다.

이때 불꽃이 팁 끝에서 떨어져 있는 상태에서 산소를 열면 불이 꺼지므로 프로판 불꽃이 팁에 붙을 때까지 프로판 가스 밸브를 조금씩 닫은 후 산소 밸브를 열어준다.

백심에 속불꽃이 일치될 때까지 산소 밸브를 열어 불꽃을 조절하며, 만약 불꽃이 약하면 프로판 가스 밸브를 더 열고 산소를 열어 불꽃을 조절하며, 불꽃이 너무 셀 경우는 반대로 실시한다.

2) 절 단

산소－프로판 가스 절단법도 산소－아세틸렌 가스 절단법과 동일하게 실시하면 된다.

제4절 | 특수 절단 및 가스 가공

1 특수 절단

가. 분말 절단(powder cutting)

분말 절단은 미세한 철분 또는 용재의 분말을 팁을 통해서 압축 공기나 고압 산소 기류 중에 공급하고 예열 불꽃으로 이들을 연소 반응시켜 얻어진 산화열 또는 용제의 화학 작용을 이용하여 절단하는 방법으로, 보통의 가스 절단이 곤란한 주철, 스테인리스강, 구리, 알루미늄, 청동 등 비철 금속의 절단에 이용된다.

1) 철분 절단

약 200메시 정도의 철분 또는 이것에 Al 분말을 배합한 미세한 분말을 공급하고 철분의 연소열로 온도를 높여 산화물을 용융 제거하는 방법으로 주철, 스테인리스강, 구리, 청동 등의 절단에 적합하다. 다만 오스테나이트계 스테인리스강의 절단에는 철분의 혼입 우려가 있어 사용하지 않는다.

2) 용제 절단

탄산염 및 중탄산염을 주성분으로 한 용제 분말을 이용한 절단법으로 스테인리스강의 절단에 주로 사용된다.

나. 산소창 절단(Oxygen lance cutting)

① 강관(강관 내경 : 3.2～6 mm, 길이 : 1.5～3 m) 속으로 산소를 공급하여 강관 자체를 연소시키면서 절단하는 방법이다.
② 적용 : 슬래그 제거, 강 천공, 후판 절단 등에 이용된다.

다. 수중 절단(underwater cutting)

① 팁에서 나오는 불꽃을 보호하기 위하여 팁 둘레에 압축 공기를 보내 불꽃쪽으로 물이 들어오지 못하도록 장치된 팁을 사용하여 절단을 한다.
② 연료 가스 : 높은 수압에서 사용이 가능하며, 수중 절단 중 기포 발생이 적은 수소가 많이 사용된다.
③ 아세틸렌은 높은 수압에서 폭발 위험이 있으며, 잘 기화되지 않는다.
④ 절단부의 냉각으로 공기 중보다 4～8배의 예열 가스의 소모가 많다.
⑤ 공기 중보다 절단 산소 압력은 1.5～2배, 절단 속도는 12～50mm/min 정도로 한다.
⑥ 적용 : 수중 절단 최대 범위는 수심 45m 정도이며, 침몰 선박의 해체, 교량의 교각 개조, 해저 공사 등에 이용된다.

라. 포갬(겹치기) 절단(stack cutting)

① 얇은 판(6mm 이하)을 여러 장 포개어 0.08mm 이하의 틈이 되도록 압착한 후 산소－프로판 불꽃으로 한꺼번에 절단하는 방법이다.
② 판 사이가 깨끗하다.

마. 워터 제트 절단(water jet cutting)

1) 원 리

물을 3500～4000bar 이상 초고압으로 압축한 후 0.75mm의 노즐로 음속 이상으로 분사시켜 소재를 정밀 절단하는 방법으로, 모든 재료의 절단이 가능하다.

연질 재료는 순수한 물을 사용하며, 경질 재에는 연마재와 물을 분사시켜 절단한다.

그림 4-8 워터 제트 절단에 의해 가공된 부품

2) 특 징

모든 재료의 절단이 가능하며, 로봇 등과 조합시켜 자동화가 가능하고, 열변형이 없고 정밀도가 높아 후속 처리가 거의 불필요하다.

① 기존 절단법과는 전혀 다른 신기술 공법(CAD/CAM 활용 가능)이다.
② 초고압 고에너지 가공으로 모재의 변형 및 잔류 응력, 미세 균열, 화학적 변형이 없다.
③ 기존 절단법으로 불가능하거나 취약한 소재(예 : 열처리로 경화된 소재나 고경질, 비철류, 겹침 재료, 유리, 수지, 석재 등)의 절단에 적합하며 우수한 품질을 얻을 수 있다.
④ 형상에 영향을 받지 않아 자유로운 디자인과 복잡한 제품의 절단에 적합하다.
⑤ 절단면의 조도 및 품질이 우수하여 후가공 시간이 현저히 단축된다.
⑥ 물을 이용한 절단이므로 폭발성, 산화성, 휘발성이 있는 제품의 절단에 적합하다.
⑦ 환경 친화적 기술로서 작업 중 분진, 유해 GAS 등이 발생하지 않는다.(유리 섬유, 석면 등 절단할 때 분진 발생 전혀 없음)

2 가스 가공

가. 가스 가우징(gas gouging)

가스 절단과 비슷한 토치를 사용해서 강재의 표면에 둥근 홈을 파내는 것으로 홈 파내기 작업이라고도 한다.

이때 홈의 깊이와 폭의 비율은 1 : 1～1 : 3 정도가 가장 많이 쓰이며, 가스 압력은 팁의 크기에 따라 다르나 보통 3～7kg_f/cm^2(0.3～0.7MPa), 아세틸렌의 경우 0.2～0.3kgf/cm^2(0.02～0.03MPa)이 널리 쓰인다.

가우징 팁의 작업 각도는 예열 작업각은 30～45°, 작업시 각도는 10～20°가 보통이다.

나. 스카핑(scarfing)

강재 표면의 흠이나 개재물, 탈탄층, 주름이나 균열, 주조 결함 등을 제거하기 위하여 표면을 얇게 깎아내는 가공법이다.

작업 방법은 공작물의 스카핑할 표면과 75° 정도 경사지게 스카핑 토치의 예열 불꽃을 표면에 접촉시켜 불순물이 떨어져 금속면이 깨끗할 때까지 가열한 후 빨리 팁을 약 25mm 정도 후퇴시켜 토치 각도를 낮추면서 산소 밸브를 예열면에 분출시키면서 전진시켜 나간다.

가공 속도는 냉간재의 경우 5～7m/min, 열간재의 경우에는 20m/min로 가공한다.

제5절 | 아크 절단

1 탄소 아크 절단(carbon arc cutting)

① 원리 : 탄소 또는 흑연 전극과 피절단물 사이에 아크를 일으켜 절단할 대상을 녹이면서 절단하는 방법으로, 사용 전원은 직류, 교류 모두 사용되나, 주로 직류 정극성이 사용된다.

② 전극봉 : 전도성 향상을 위해 표면에 구리 도금한 것을 사용한다.

③ 특징 및 용도 : 가스 절단처럼 금속이 연속 반응을 적용한 것이 아니므로 절단면은 가스 절단처럼 깨끗하지 못하다. 고탄소강의 경우 절단 영향부가 경화되기 쉬우며, 주철, 고탄소강 등 가스 절단이 곤란한 재료에 사용된다.

2 금속 아크 절단(metal arc cutting)

① 교류 및 직류 용접기를 사용하여 전용 피복 용접봉으로 절단하는 방법이며, 피복 금속 아크 절단이라고도 한다.

② 피복제는 발열량이 많고 산화성이 풍부한 것을 사용하며, 용융물은 유동성이 좋아야 한다.

③ 피복제 조성에 따라서 가스 발생형과 용제형이 있다.

④ 가스(산소) 절단이 곤란한(잘 안되는) 금속의 절단에 효과적이다.

⑤ 절단 중에 피복봉 끝의 보호통을 3~5mm 정도 만들어 모재와의 아크 집중을 좋게 하며 모재와의 단락을 방지한다.

⑥ 피복제에서 다량의 가스를 발생시켜 절단을 촉진한다.

3 불활성 가스 아크 절단

가. TIG 절단

텅스텐 전극과 모재에 아크를 발생시켜 모재를 용융하여 절단하며, 비철 금속, 스테인리스강의 절단에 이용된다. 전원은 직류 정극성을 사용하며, 텅스텐 전극이 허용하는 범위에서 대전류를 쓰며, 비교적 직경이 작은 노즐에서 대량의 불활성 가스를 내보내어 두꺼운 판 절단도 하게 된다. 냉각용 가스는 주로 아르곤과 수소의 혼합 가스가 사용된다.

나. MIG 절단

금속 전극에 큰 전류를 흐르게 하여 절단하며, 보호 가스로는 10~15% 산소를 혼합한 아르곤 가스를 사용하면 좋고, 절단봉으로는 연강 심선을 쓰면 절단면이 더럽혀지지 않는다. 전원은 직류 역극성을 사용하며, 모든 금속의 절단에 이용된다.

4 플라즈마 제트 절단

① 플라즈마 아크의 바깥 둘레를 강제로 냉각하여 발생하는 15000~30000℃의 초고온, 고속의 플라즈마를 분출시켜 절단하는 절단법이다.

② 사용 가스 : Al, 경금속에는 아르곤과 수소의 혼합 가스를 사용하며, 스테인리스강에는 질소와 수소 혼합 가스를 사용한다.

③ 전원은 직류가 사용되며, 비철 금속의 절단에 이용된다.

그림 4-9 플라즈(스)마 제트 절단 방식

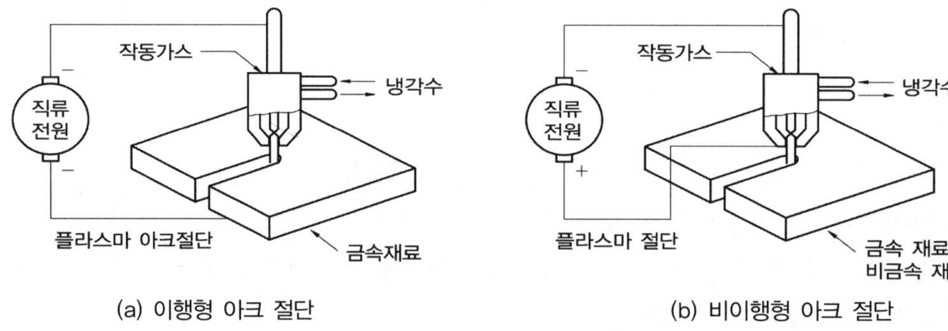

5 산소 아크 절단(Oxygen arc cutting)

① 중공(속이 빈)의 피복 용접봉과 모재 사이에 아크를 발생시켜 용융시키고, 빈 전극봉에 고압 산소를 분출하여 절단하는 방법으로 전원은 보통 직류 정극성이 사용되나 교류도 가능하다.

② 용도 : 철구조물 해체, 수중 해체, 고크롬강, 스테인리스강, 고합금강, 비철 금속 등의 절단에 사용된다.

6 아크 에어 가우징(arc air gouging)

가. 원 리

탄소 아크 절단에 압축 공기를 병용하는 방법으로 용융 금속을 에어(공기)로 불어내어 홈을 파는 방법이며, 직류 용접기를 사용한다.

나. 장 점

① 가스 가우징에 비해 작업 능률이 2~3배 높다.
② 용융 금속을 순간적으로 불어내므로 모재에 악영향을 주지 않는다.
③ 용접 결함부의 발견이 쉽다.
④ 소음이 적고 조작이 간단하다.
⑤ 경비가 저렴하고 응용 범위가 넓어 철, 비철 금속에도 사용된다.

다. 가우징 토치

피복 아크용접봉 홀더와 비슷하나 봉을 물리는 부분과 부수적으로 압축 공기 통로와 분출구가 있으며, 압축공기의 분사를 조정하기 위한 밸브가 장치되어 있다.

일반적으로 수동식이 많이 사용되며, 반자동식과 전자동식이 있다.

그림 4-10 아크 에어 가우징 토치

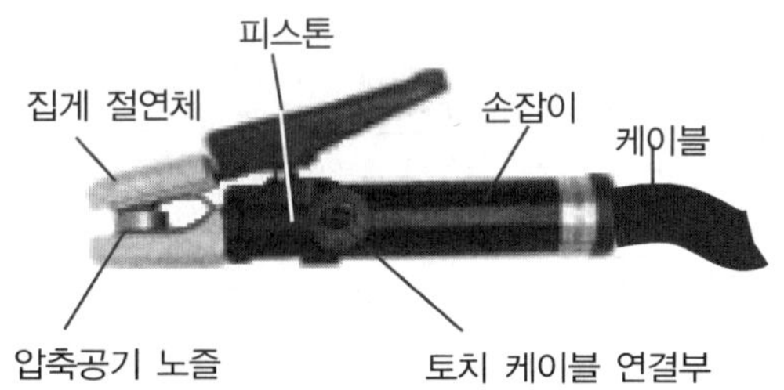

라. 압축 공기

압축 공기의 압력은 $5\sim7kg_f/mm^2$(0.5~0.7MPa) 정도가 적당하며, 질소나 아르곤 가스(Ar)도 가능하다.

압력이 $5kg_f/mm^2$(0.5MPa) 이하의 경우나 호스가 너무 가늘거나 연결부가 좁아 공기 공급량이 충분하지 못할 경우는 양호한 작업 결과를 얻을 수 없다.

콤프레셔(공기 압축기)를 사용할 경우 3마력(HP) 이상의 압축력이 있어야 된다. 압축 공기의 분사는 항상 봉의 바로 뒤에서 이루어져야 효과적이며, 압축 공기가 없는 경우 압축된 질소나 아르곤 가스를 사용하여 작업할 수 있다.

마. 가우징봉

가우징봉은 탄소와 흑연의 혼합물인 탄소와 흑연으로 만들어지며, 전기를 잘 통할 수 있도록 표면에 구리 도금을 한 것이 사용되고 있다.

가우징 봉은 사용 전원에 따라 직류용과 교류용이 있다.

그림 4-11 아크 에어 가우징용 탄소 전극봉

바. 아크 에어 가우징 방법

가우징 홀더는 직류 역극성으로 접속하며, 전극봉 끝에서 약 15cm 정도를 홀더에 물려 전극을 약간 뒤로 경사시키고 아크 발생시키며, 바로 압축 공기를 분출시키면서 전극을 전진시킨다.

전극은 보통 오른쪽에서 왼쪽으로 움직이며 모재 위의 각도는 일반적으로 45°로 한다. 각도가 크면 깊게 홈이 파지며, 낮으면 얕게 파진다.

그림 4-12 아크 에어 가우징의 예

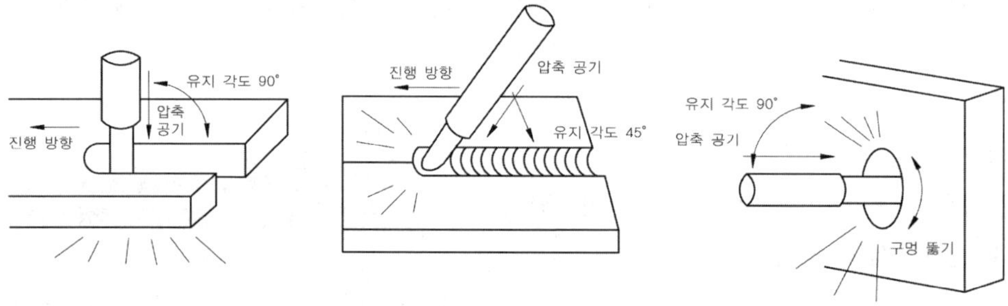

(a) 절단 (b) 홈파기 (c) 구멍 뚫기

사. 백 가우징시 문제점과 대책

① 전기가 필요로 하므로 전기가 없는 곳에서는 작업할 수 없다.

② 탄소 전극에 의해 가우징 부분에 탄소 침입이 많아질 수 있으므로 작업 후 와이어 브러시로 깨끗하게 제거해야 된다.

③ 두께가 얇아도 아크 불안정 때문에 가우징 속도를 늦추어야 된다.

④ 가우징봉은 갑자기 가열되어 아크를 산란케하여 홈 형상을 잘못 만들 수 있다.

⑤ 불규칙한 홈 형상이 되며, 너무 깊거나 얕게 될 수 있다.

⑥ 홈 가장 자리에 슬래그 부착이 생기기 쉽다.

7 레이저 절단

가. 원 리

원리는 레이저 발진 장치 내부의 레이저 가스(CO_2)에 전기 에너지(방전)를 가해 CO_2 가스의 일부를 플라즈마화하며, 이 플라즈마화된 자유 전자가 CO_2 분자의 최외곽 전자에 충돌했을 때 전자궤도가 팽창하게 되는데 그 상태대로 유지할 수 없어 원래의 상태로 되돌아간다. 그 궤도 차이로 인해 전자파(광선)가 발생하며 이 발생된 광선이 전반사경과 반투과경으로 구성된 공진기에 의해 광축 방향으로 강하게 증폭된다.

이 증폭이 설정된 어느 수준까지 되면 반투과경을 통해 밖으로 나와 렌즈로 집광되고 이 집광된 레이저 빔이 렌즈 또는 거울에 의해 물체 표면에 초점을 형성, 국부적인 가열로 인한 순간적인 용융 또는 증발 상태로 만든 후 이를 가스 제트로 불어서 절단하며 절단 형상에 제한이 적다.

나. 레이저 절단의 노즐부 제트 유동의 영향

레이저 절단시 노즐 압의 증가에 따라 초음속 제트에 의한 충격 형성으로 인해 노즐 압과 절단 압은 매우 비선형적인 관계를 갖게 되며 제트 절단압력이 높아지고, 절단재와 노즐 사이의 거리를 가능한 작게 유지하는 것이 좋으나 사용 중에 노즐이 손상되기 쉽다.

이런 현상의 해결을 위해 고압에서도 충격기류가 형성되지 않고 주기적인 압력 재상승이 일어나게 하거나, 라볼(Laval) 노즐을 이용해 충격 구조가 형성되지 않고 절단거리를 멀리 할 수 있는 방법이 연구되고 있다.

레이저 제트 절단법으로 후판을 절단할 노즐의 유동 박리 현상으로 인해 절단에 장애가 있을 수 있으므로 박판 절단에 적합하며, 적당히 조성된 혼합가스를 사용하는 것이 좋으며, 보조 가스 제트를 채용해 슬래그 제거를 효율적으로 수행할 수 있다.

단원 종합 문제 {제4장 | 가스 절단 및 가스가공}

01 다음 중 가스 절단의 종류가 아닌 것은?

① 산소-아세틸렌 가스 절단 ② 산소-프로판 가스 절단
③ 불활성 가스 금속 아크 절단 ④ 산소-수소 가스 절단

02 아크 절단의 종류를 3가지 이상 쓰시오.

03 가스 절단의 원리를 간단히 설명하시오.

04 주철이나 스테인리스강의 절단이 어려운 이유는 무엇인가?

05 가스 절단에 영향을 주는 요인은?

06 양호한 가스 절단이 되기 위한 조건 3가지를 쓰시오..

07 가스 절단 효율이란?

08 예열 불꽃이 너무 세거나 약할 경우에 일어나는 현상은?

09 완전 연소할 때 산소와 LPG의 비율은 어떻게 되는가?

① 1 : 1.2 ② 2 : 1 ③ 1 : 4.5 ④ 4.5 : 1

10 절단 속도에 미치는 영향에 대하여 간단히 설명하시오.

11 탄소나 합금 원소가 증가하면 절단에 미치는 영향은 어떻게 되는가?

12 드래그 길이는 판두께의 얼마 이하로 해야 되는가?

① 10% ② 15% ③ 20% ④ 25%

13 드래그 길이 계산 공식을 쓰시오.

14 동심형과 이심형 절단 팁의 차이점에 대하여 설명하시오.

15 저압식과 중압식 절단 토치의 아세틸렌 압력은 얼마인가?

16 LPG의 성질에 대하여 3가지 이상 쓰시오.

17 프로판 가스와 아세틸렌 가스의 차이점에 대하여 설명하시오.

18 분말 절단, 산소창 절단에 대하여 간단히 설명하시오.

19 가스 가우징과 스카핑의 차이점에 대하여 간단히 설명하시오.

20 탄소 아크 절단에 주로 사용되는 전원은 무엇인가?

21 MIG 절단, 아크 에어 가우징에 사용되는 전원은 무엇인가?

22 다음 중 아크 에어 가우징의 장점이 될 수 없는 것은?

① 가스 가우징에 비해 작업 능률이 2～3배 높다.
② 용융 금속을 순간적으로 불어내므로 모재에 악영향을 주지 않는다.
③ 용접 결함부의 발견이 어렵다.
④ 소음이 적고 조작이 간단하다.

23 아크 에어 가우징에 사용되는 압축 공기의 압력은 얼마가 적당한가?

① 2～3kg_f/mm^2(19.6～29.4MPa)　② 3～5kg_f/mm^2(29.4～49MPa)
③ 6～7kg_f/mm^2(58.8～68.6MPa)　④ 7～9kg_f/mm^2(68.6～88.2MPa)

24 백 가우징시 문제점에 대하여 간단히 쓰시오.

25 레이저 절단의 원리를 간단히 쓰시오.

제4장 가스 절단 및 가공 문제 해설 [p.94～113]

1. ③

2. P94 [2] 나. 참조

3. P95 [3] 가. 참조

4. P96-97 1 다. 1) 2) 참조

5. P97 2 참조

6. P98 2 나. 참조

7. P99 2 라. 참조

8. P98 2 다. ④, ⑤ 참조

9. ④, 산소가 LPG보다 최대 4.5배 필요하다.

10. P99 2 마. 참조

11. 탄소는 0.25% 이하의 강은 절단이 쉬우나, 그 이상이 되면 경화나 균열을 방지하기 위해 예열해야 한다. 4% 정도의 탄소를 함유한 주철은 분말 절단을 해야 한다.

12. ③

13. $\text{드래그(\%)} = \dfrac{\text{드래그길이(mm)}}{\text{판두께(mm)}} \times 100$

14. P101 3 가. 1) ①, ② 참조

15. 1) 저압식 : 발생기 아세틸렌의 게이지 압력이 0.07kgf/cm^2 이하
    2) 중압식 :아세틸렌 압력 0.07~0.4 kgf/cm^2

16. P104 나. LP 가스의 성질

17. P105 표 4-5 아세틸렌과 프로판 가스의 비교

18. P106~107 가. 분말 절단, 나. 산소창 절단

19. P108 2 가스 가공

20. 직류, 교류 모두 사용되나, 주로 직류 정극성이 사용된다.

21. 직류 역극성

22. ③, (결함 발견이 쉽다) 경비가 저렴하고 응용 범위가 넓어 철, 비철 금속에도 사용된다.

23. ③

24. P112 6 사. 참조

25. P113 7 가. 참조

chapter 05 특수 용접 및 기타 용접

제1절 ❙ 서브머지드 아크용접

1 원리 및 특징

가. 원 리

서브머지드 아크 용접법은 1935년 미국의 유니온 카바이드사가 고안한 것으로 개발 회사의 이름을 따서 유니언 멜트 용접, 링컨 용접, 아크가 보이지 않는다 해서 불가시 용접, 아크가 잠겨 있다 해서 잠호 용접이라고도 부른다.

그림 5-1 서브머지드 용접의 원리

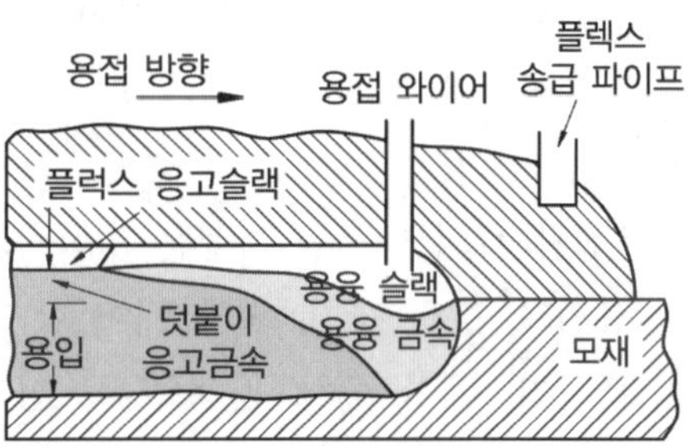

원리는 모재 표면 위에 미리 미세한 입상의 용제(flux)를 살포한 후 그 용제 속에 비피복 와이어를 집어넣고 모재와 전극 와이어 사이에서 아크를 발생시켜 그 아크열에 의하여 모재와 와이어 및 용제를 용융시켜 용접부를 대기로부터 보호하면서 용접하는 자동 용접법이다.

나. 특 징

1) 장 점

① 대전류 사용으로 전류 밀도가 높아 용접 속도와 용착 속도가 빠르며 용입이 깊다.
② 작업 능률이 수동 용접에 비해 매우 높다.(수동 용접에 비해 판두께 12mm에서 2~3배, 25mm에서 5~6배, 50mm에서 8~12배 빠르다)
③ 개선각을 적게 하여 용접의 패스 수를 줄일 수 있다.
④ 인장 강도, 연신률, 충격치 등 기계적 성질이 우수하다.
⑤ 유해 광선이나 흄(fume) 등의 발생이 적어 작업 환경이 좋다.
⑥ 비드의 외관이 아름답다.

2) 단 점

① 장비의 가격이 비싸다(고가이다).
② 개선 가공 및 루트 간격에 정밀을 요한다.(루트 간격 0.8mm 이하, 홈각도 오차 ±5도)
③ 아래보기, 수평 필릿 자세의 용접에 한정된다.
④ 용접 길이가 짧은 곳이나 좁은 공간에서 용접이 곤란하거나 비능률적이다.
⑤ 용접부가 보이지 않으므로 용접 상태를 확인할 수 없다.(결함이 발생하면 대량 발생)
⑥ 용접 입열이 커 변형 및 열영향부가 넓다.
⑦ 탄소강, 저합금강, 스테인리스강 등 한정된 재료의 용접에 사용된다.

2 용접 장치

가. 용접기의 구조

전원은 직류나 교류 모두 사용할 수 있으나 직류는 400A 이하의 낮은 전류를 사용하여 고속 용접시나, 동합금, 스테인리스강의 용접에 직류 역극성으로 사용하면 아름다운 비드를 얻을 수 있다.

용접기의 외부 전원 특성은 수하 특성이나 정전압 특성의 용접기가 사용된다. 용접 장치는 용접기, 송급 장치, 전압 제어 장치, 접촉팁, 이동 대차 등으로 구성되어 있으며, 와이어 송급 장치, 제어 장치, 콘택트 팁, 용제 호퍼를 일괄하여 용접 헤드(head)라고 한다.

용제는 용제 호퍼의 호스를 따라 분류관에서 모재의 용접선 위에 일정한 높이로 산포되며, 와이어 송급 속도는 전압 제어 장치에 의해 자기 제어되므로 항상 일정한 길이가 유지된다.

용접 후 녹지 않은 용제는 진공 회수기로 회수하여 재사용한다.

나. 용접기 분류

1) 전류 용량에 의한 분류

① 반자동 용접기 : 최대 전류 900A(UMW, FAW형)
② 경량형 용접기 : 최대 전류 1200A(DS, SW형)
③ 표준 만능형 용접기 : 최대 전류 2000A(UE, USW형)
④ 대형 용접기 : 최대 전류 4000A(75mm 후판을 1회로 용접 가능)

그림 5-2 서브머지드 아크용접기의 외형

2) 다전극 방식에 의한 분류

(1) 텐덤식(tandem process)

2개의 전극 와이어를 각각 독립된 전원(직류 또는 교류)에 연결하여 용접선을 따라 10~30mm 정도의 좁은 간격으로 나열하여 한꺼번에 다량의 용착 금속을 얻는 방법으로 비드 폭이 좁고 용입이 깊으며, 용접 속도가 빨라 능률적이다.

이때 독립된 전원은 교류와 직류, 또는 교류와 교류가 양호하며, 직류와 직류는 사용하지 않는다.

(2) 횡병렬식(parallel transverse process)

동일 전원에 2개의 전극을 가로로 연결하여 용접하는 것으로, 비드 폭이 넓고 용입이 깊은 용접부가 얻어지므로 능률이 높다. 전원 연결은 직류와 직류 또는 교류와 교류를 연결한다.

그림 5-3 텐덤식

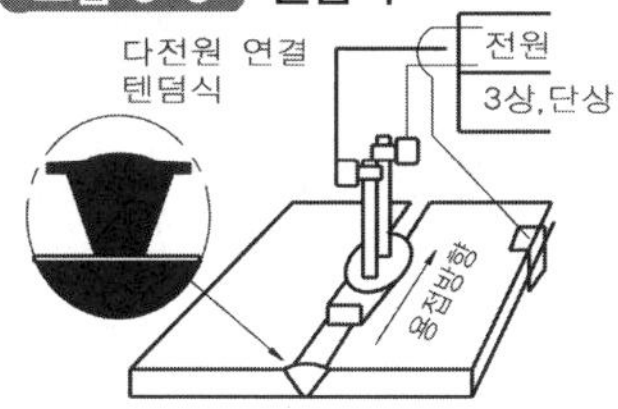

그림 5-4 횡병렬식

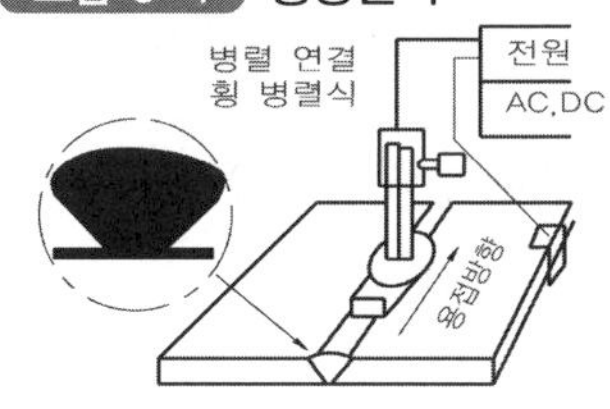

그림 5-5 횡직렬식

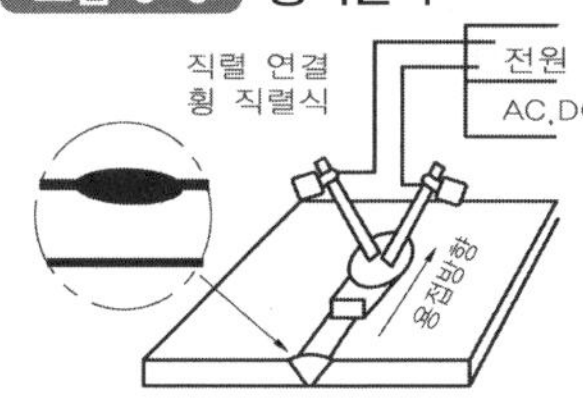

(3) 횡직렬식(series transverse process)

2개의 와이어에 전류를 직렬로 연결하여 아크를 발생시켜 아크의 복사열에 의해 모재를 가열하여 용접하는 방식이며, 용입이 얕아 스테인리스강 등의 덧붙이 용접에 적합하다. 용접 전류는 직류 또는 교류가 사용된다.

표 5-1 전극에 따른 특성 비교

종 류	전극 배치	특 징	용 도
텐덤식	2개의 전극을 독립 전원에 접속한다.	비드 폭이 좁고 용입이 깊다. 용접 속도가 빠르다.	파이프 라인의 용접에 사용한다.
횡병렬식	2개 이상의 와이어를 나란히 옆으로 배치한다.	용입은 중간, 비드 폭이 넓어진다.	
횡직렬식	2개의 와이어 중심이 한 곳에 만나도록 배치한다.	아크 복사열에 의해 용접하며, 용입이 매우 얕다. 자기 불림이 생길 수 있다.	육성 용접에 주로 사용한다.

3 용접 재료

가. 용접용 와이어

코일상의 금속선으로 와이어 릴에 감겨져 있으며, 와이어 표면은 접촉 팁과의 전기적 접촉을 원활하게 하고, 녹슴을 방지하기 위해 구리 도금한 것이 보통이다.

서브머지드 아크용접용 와이어의 표시는 다음과 같이 한다.

Y S 308
- 308 — 화학 성분
- S — 서브머지드 아크용접
- Y — 와이어

1) 와이어 지름

와이어 지름은 2.0, 2.4, 3.2, 4.0, 4.8, 6.4, 7.9, 12.7mm가 있으며, 2.4~7.9mm가 주로 사용된다.

2) 코일의 무게

작은 코일(약칭 S)은 12.5kg_f, 중간 코일(M)은 25kg_f, 큰 코일(L)은 75kg_f, 초대형 코일(XL)은 100kg_f로 구별된다.

3) 망간 함유량에 따라

저망간(0.6% 이하) 와이어, 중망간(1.25% 이하) 와이어, 고망간(2.25% 이하) 와이어가 있다.

4) 와이어의 선정 기준

① 구조용 강재(연강)를 용접할 경우는 고망간 와이어(Mn 1.8～2.2%)와 저망간 용제, 중망간 와이어(Mn 0.8～1.1%)와 중망간 용제, 저망간 와이어(Mn 0.35～0.6%)와 고망간 용제를 사용한다.

② 고장력강 용접에는 고망간 와이어와 중망간 용제, 중망간 와이어와 고망간 용제를 서로 짝지어 사용해야 된다.

나. 용접용 용제

서브머지드 아크용접에 사용되는 용제는 분말상의 입자로서 광물성 물질을 가공하여 만든다. 용제의 역할은 아크의 안정, 용접부 보호, 탈산 정련 작용 및 합금 원소 첨가 등이며, 제조 방법에 따라 용융형과 소결형, 혼성형이 있다.

이러한 용제는 흡습하기 쉬우므로 밀폐된 용기에 보관해야 하며, 만일 흡습한 경우 150～200℃로 1시간 정도 건조하여 사용해야 된다.

1) 용융형 용제(fusion type flux)

광물성 원료를 어떤 비율로 혼합하여 고온(1200℃ 이상)으로 용융한 후 급랭하여 분말 상태로 분쇄하여 적당한 입자로 만든 것으로, 유리와 같은 광택이 난다. 이 용제는 용접 중에 용착 금속에 합금 원소를 첨가하지 못하므로 강재의 종류에 따라 적당한 합금 성분이 첨가된 와이어를 선택하여 사용해야 된다.

[표 5.2]는 용제의 입도 표시이며, '그레이드 50(G 50), 그레이드 80(G 80)' 등이 대표적이다. 여기서 '20 × 200'이란 20~200메시 사이의 입도를, 'D'는 분말(dust)을 뜻한다.

표 5-2 용제의 입도

그레이드 NO.	입 도	그레이드 NO.	입 도
G 20	12×200, 20×200, 20×D	G 85	12×200
G 50	8×48, 12×150, 20×D	G 90	12×65, 20×200
G 60	12×200	MF 38	12×65, 20×D
G 80	12×65, 20×200, 20×D		

(1) 특 성

① 고속 용접성이 양호하며, 비드 외관이 아름답다.

② 흡습성이 없어 재건조가 불필요하며, 반복 사용성이 좋다.

③ 용접 전류에 따라 입자의 크기가 다른 용제를 사용해야 한다.

④ 용제의 화학적 균일성이 양호하다.

⑤ 용접시 산화나 분해되는 원소를 첨가해선 안된다.

(2) 용도

고장력강 용접, 저온 용기 용접, 건축, 교량 구조재의 용접, 극후판 용기류의 다층 용접 등에 사용된다.

2) 소결형 용제(sintered type flux)

용융형 용제는 일반적으로 탄소강에는 우수하지만 저합금강이나 스테인리스강의 용접에는 반드시 우수하다고 볼 수 없다.

소결형 용제는 원료 광석 가루, 합금 가루 등을 규산나트륨과 같은 점결제와 함께 용융되지 않을 정도의 저온으로 소결하여 입도를 조정한 것으로 강력한 탈산 작용이 있으며, 용착 금속에 합금 원소의 첨가로 기계적 성질의 조정이 자유롭다.

소결 온도에 따라 저온 소결형 용제는 400∼550℃에서 소결하고, 고온 소결형 용제는 800∼1000℃에서 소결한다. 소결형 용제의 제조 공정은 다음과 같다.

원료 – 배합·혼합 – 입도 조정 – 건조 – 정립 – 포장

(1) 특 성

① 용착 금속의 성질이 우수하며, 고전류에서 용접 작업성이 좋아 후판 용접에 적합하다.

② 합금 원소 첨가가 쉽고, 저망간강 와이어의 종류로 연강에서 저합금강까지 용제만 변경하면 용접이 가능하다.

③ 용융형 용제에 비해 용제 소모량이 적다.

④ 낮은 전류에서 높은 전류까지 동일 입도의 용제로 용접이 가능하다.

⑤ 흡습성이 높으므로 사용 전에 200∼300℃로 1시간 정도 재건조하여야 한다.

(2) 용도

고장력강 용접, 저온 용기 용접, 조선의 후판 용접, 스테인리스강 용접, 덧살 용접 등에 사용된다.

3) 혼성형 용제(bonded type flux)

혼성형 용제는 탄화규소 결합제를 사용하는 경우 외에는 소결형 용제의 제조와 유사하다. 탄화규소와 결합제를 비교적 저온(300~400℃)에서 소결 제조한 것이다.

혼성형 용제는 습기에 민감하므로 건조한 곳이나 오븐에 구워 저장해야 된다.

4) 용제의 구비 조건

① 아크 발생이 잘 되고 안정한 용접 과정이 얻어질 것
② 합금 성분의 첨가, 탈산, 탈유 등 야금 반응의 결과로 양질의 용접 금속이 얻어질 것
③ 용접 후 슬래그 박리성이 양호할 것
④ 적당한 용융 온도 및 점성, 온도 특성을 가질 것
⑤ 양호한 비드를 형성할 것
⑥ 적당한 입도를 가져 아크의 보호성이 좋을 것

4 용접 작업

가. 용접 준비

용접을 시작하기 전에 용접할 소재의 종류와 성분 등을 확인한 후 재료에 맞는 와이어와 용제, 용접 조건 등을 설정해야 한다.

재료의 성분 확인은 재료의 밀 시트(mill sheet)를 확인하고 탄소 당량을 확인한다.

나. 이음 홈의 가공

이음 홈의 가공 정밀도가 용접 품질에 많은 영향을 미치므로 정밀 가공이 필요하다.

홈의 각도는 ±5°, 루트 간격은 0.8mm 이하(뒤 받침이 없는 경우), 루트면은 ±1mm를 허용한다. 홈각도가 커지면 용입이 깊어지고 각도가 작으면 용입이 얕아진다.

다. 뒷받침(backing)

루트면의 치수가 용융 금속을 지지할 수 없을 정도이거나, 루트 간격이 0.8mm를 넘을 경우 수동 용접에 의해 누설 방지 비드를 놓거나 받침을 사용해야 된다. 단층 용접으로 뒷면까지 완전 용입이 필요한 경우나 홈이 정밀하게 가공되지 않아 용락의 우려가 있을 때 이면에 받침재를 사용한다. 받침재 재질은 동판이나 컴퍼지션 백킹법이 사용된다.

두께가 얇은 판의 I형 맞대기 용접, 두꺼운 판의 V형, U형 용접에는 구리 받침이나 받침 용제를 사용하여 깨끗한 이면 비드를 얻도록 해야 된다.

구리 뒷받침의 홈 깊이는 0.5~1.5mm, 폭은 6~20mm 정도로 하고 있으며, 판두께가 3.5mm 이하의 판에서는 홈을 파지 않는다. 그리고 열량이 많을 경우에는 수랭식 받침도 사용할 수 있으며, 구리판 대신에 내화성이 큰 컴퍼지션 용제 받침을 사용하고 있다.

그림 5-6 뒷받침의 사용 예

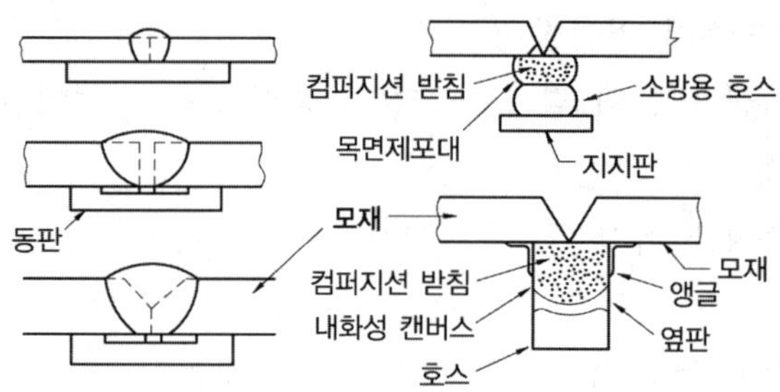

그림 5-7 가접과 엔드탭 사용의 예

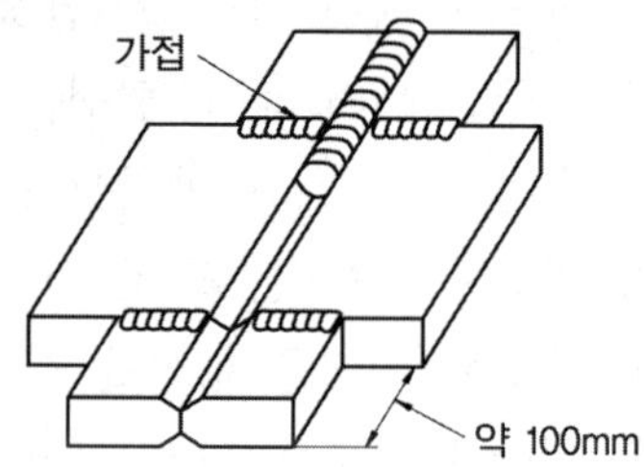

라. 가용접 및 엔드탭

1) 가용접(가접)

용접할 때에 각 부분의 위치 유지 및 변형 방지를 위해 가용접(tack welding)을 하게 되며, 가용접 길이나 개소의 설정이 매우 중요하다.

2) 엔드탭

용접이 시작되는 부분이나 끝나는 부분에 결함이 많이 발생하므로 이것을 효과적으로 방지하기 위해서는 모재와 홈의 형상이나 두께, 재질 등이 동일한 규격의 엔드탭 부착이 필요하다.

엔드탭은 용접 후 절단하여 제거하거나, 중요한 이음에서는 엔드탭을 크게 하여 용접 후 절단하여 기계적 성질 시험용으로 사용하기도 한다.

마. 용접에 영향을 주는 요소

서브머지드 아크용접에 가장 큰 영향을 주는 것으로 용접 전류, 아크 전압, 용접 속도 및 와이어와 용제의 선정이다.

1) 용접 전류와 아크 전압

전류가 증가하면 용입이 증가하며, 비드 높이도 높아지고 오버랩이 생길 수 있다. 또한 아크 전압이 낮으면 용입이 깊어지며, 비드 폭이 좁고 보강 덧붙이가 커지게 되며, 반대로 아크 전압이 높으면 이 특성이 반대가 된다.

그림 5-8 용접 전류와 비드의 단면의 형상 관계

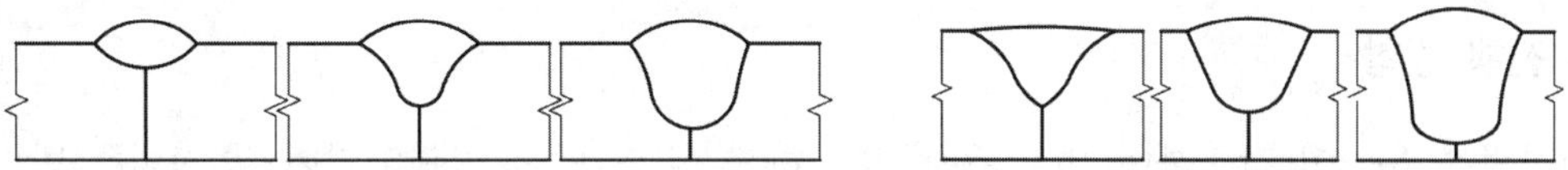

(a) 과소 (b) 적정 (c) 과대 (1) I형 맞대기

(a) 과소 (b) 적정 (c) 과대 (2) Y형 맞대기

그림 5-9 아크 전압과 비드의 단면 형상 관계

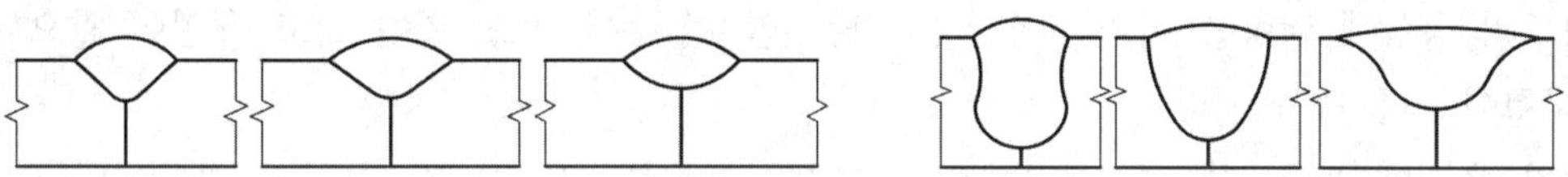

(a) 과소 (b) 적정 (c) 과대 (1) I형 맞대기

(a) 과소 (b) 적정 (c) 과대 (2) Y형 맞대기

2) 와이어 돌출 길이

와이어 돌출 길이가 길어지면 와이어의 저항열이 많이 발생하여 와이어의 용융량이 증가되나 용입이 불균일하게 되고 용입도 다소 감소한다. 적당한 와이어 돌출 길이는 와이어 지름의 8배 전후로 하는 것이 좋다.

3) 용접 속도

용접 속도가 느리면 용입이 약간 증가되고 보강 덧붙이가 커지게 되며, 반대로 빠른 경우는 비드 폭과 용입이 감소한다.

그림 5-10 용접 속도와 비드의 단면의 형상 관계

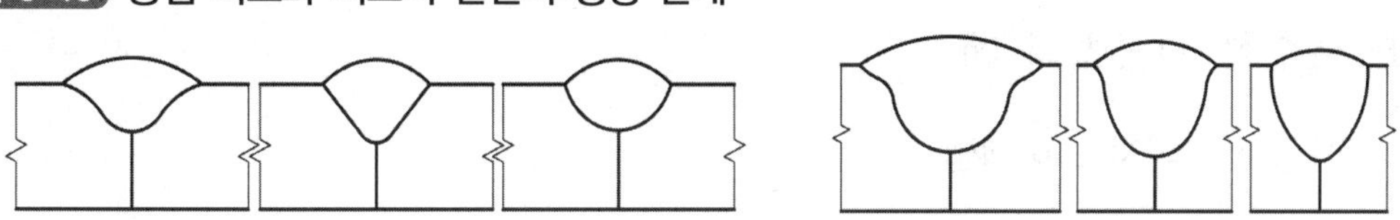

(a) 과소 (b) 적정 (c) 과대 (1) I형 맞대기

(a) 과소 (b) 적정 (c) 과대 (2) Y형 맞대기

4) 와이어 지름

와이어 지름이 커지면 전류 밀도가 감소하므로 용입이 낮아지며, 지름이 작아지면 전류 밀도가 커지므로 용입이 깊어진다.

5) 진행 방향

전진법은 용입이 감소하며 비드 폭이 증가하고, 비드 면이 평평해지며, 후진법은 반대 현상이 일어난다.

6) 용제의 영향

비드의 형상에 영향을 미치는 상황은 가는 입자일수록 비드 폭이 넓고 용입이 얕으며 비드 파형이 아름답게 된다.

거친 용제에 높은 전류를 사용하면 보호성이 나빠지고 비드가 거칠며 기공이나 언더컷 등이 생기기 쉬우므로 거친 입자는 낮은 전류에, 고운 입자는 높은 전류에 사용해야 된다.

또한 용제 살포 높이가 지나치게 높으면 가스 방출이 나빠 기공 발생의 원인이 되며, 너무 낮으면 아크가 노출되어 비드가 거칠고 기공 발생의 원인이 되므로 와이어 뒤쪽에서 연한 불꽃이나 연기가 나올 정도로 살포하는 것이 좋다.

7) 홈 각도와 루트면 두께

후판 다층 용접시 홈 각도를 너무 좁게 하면 용접 금속의 중앙에 균열이 생길 수 있으므로 V형과 X형의 홈 각이 60° 이상 되어야 한다.

루트면의 두께는 용입 깊이에 영향이 크다. 두께가 너무 두꺼우면 용입 불량의 원인이 되고, 너무 얇으면 용락이 발생될 수 있다.

양면 1층 용접시 V형의 경우 판 두께의 50～60%, X형은 30～40%가 적당하다.

바. 특수한 시공법의 예

1) 반자동 서브머지드 아크법

용접 헤드의 진행에 주행대차를 사용하지 않고 포터블 용접 헤드의 손잡이를 잡고 용접선을 따라 수동으로 이동하며, 와이어만 자동으로 송급하는 방식이다.

이 방식은 와이어 지름이 0.8～2.0mm 정도로 전류 600A까지 사용한다.

2) 와이어 컷 첨가 서브머지드 아크법

용접 능률을 높이기 위해 후판의 단일 패스 용접시 고전류 또는 저속 용접시 와이어 컷을 첨가하는 방식이다.

이때 와이어 컷은 와이어 지름과 같은 정도로 절단하여 호퍼에 넣어 공급하며, 2~3배의 능률을 높일 수 있으며, 용착 금속의 냉각 효과도 있다.

3) 핫 와이어(hot wire) 서브머지드 아크법

와이어를 저항열로 가열하여 용가재와 같이 공급하는 방식으로 능률이 좋으나, 용입이 얕으므로 융합 불량 및 슬래그 혼입의 우려가 있으므로 주의가 필요하다.

그림 5-11 대상 전극

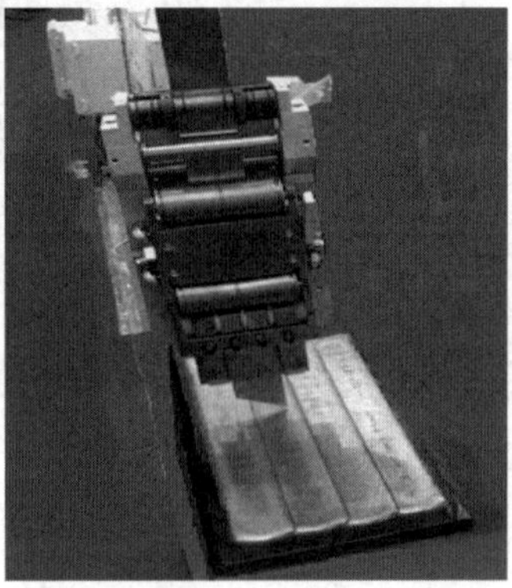

4) 대상 전극 서브머지드 아크법

폭 25~75mm, 두께 0.4~0.6mm 정도의 판상 전극을 사용하는 방법으로 밴드 아크용접법이라고도 한다.

이 용접법은 용착 효율이 매우 높고, 용입이 얕으며, 안정된 용접이 가능하다.

또한 넓은 비드가 단일 패스로 가능하여 내식 및 내마모 합금의 덧살 용접이나 라이닝 용접에 많이 사용된다.

5) I2R법(KK-X법)

이 용접법은 보통 와이어 돌출 길이(30mm 전후)에 비해 현저히 길게(200~250mm)하는 방법으로, 이 길이가 길게 되면 와이어에 많은 저항열이 발생하게 되며 이 열로 예열되어 용융속도가 증가되어 30%, 많게는 50%까지 증가되나 용입은 얕으며 용입불량이 생기기 쉽다.

6) 좁은 홈 용접(네로우 갭 용접, SUB NAP 용접)법

두꺼운 판에 좁은 홈으로 용접하는 용접법으로 작은 X형 홈(t80mm 이하)법과 한줄 센터 놓기(t150mm 이하)법, 두줄 놓기 방법 등이 있다. 이 용접법의 장점은 다음과 같다.

① 생산성이 높은 다전극법을 보다 쉽게 사용할 수 있다.
② 긴 콘텍트 팁에 절연 테이프를 입히면 일반 서브머지드 아크용접 장비로도 가능하다.
③ 용접부의 기계적 특성이 매우 좋아 중화학 공업, 원자로 분야에 적용할 수 있다.
④ 용접 정밀도가 매우 좋고 결함이 없는 용접부를 얻을 수 있다.

그림 5-12 네로우 갭(좁은 홈) 용접의 예

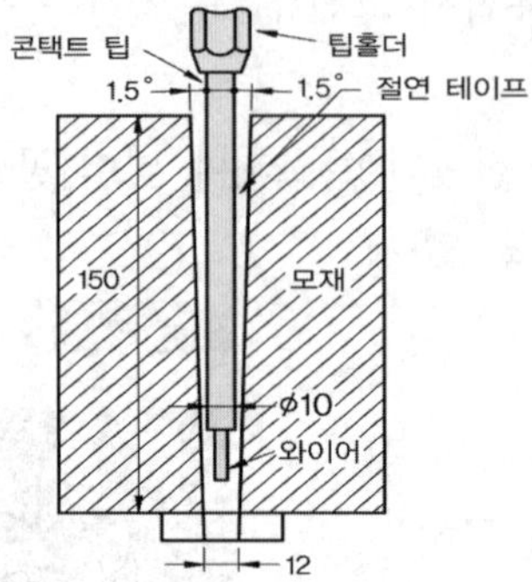

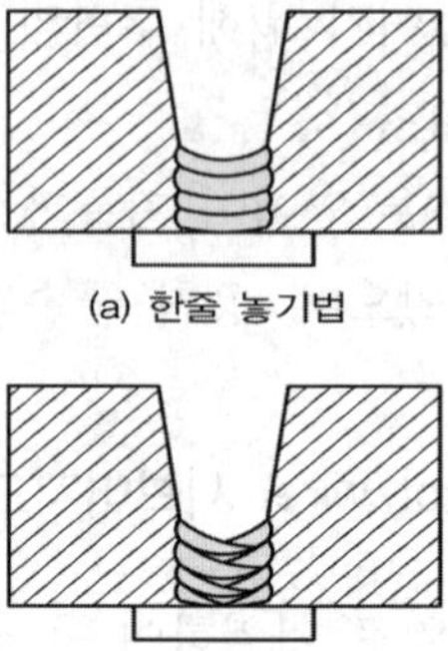
(a) 한줄 놓기법

(b) 두줄 놓기법

7) 테이프 전극법

두께 1.2mm, 폭 8~25mm의 테이프 전극을 사용하여 서브머지드 아크용접하는 방법으로, 고전류에서도 안정된 용접이 가능하며, 와이어 용융속도가 빠르며, 후판 다층 용접시 능률적이다.

8) FAB(Flexible asbestos backing)

맞대기 이음 이면의 용락 방지를 목적으로 백킹제를 사용하고 개선면의 용착효율을 높이기 위해 철분이나 컷 와이어를 사용하는 편면(한쪽) 서브머지드 아크용접법이다.

곡불록이 맞대기 이음에 주로 적용하며, 구리 백킹제와 이면 용제를 사용하고 3~4 전극을 사용(FCB, flux cooper backing))하는 경우도 있다.

5 용접 결함과 방지 대책

결 함	발생 원인	대 책
균 열	- 용접부의 급랭에 의한 열영향부 경화 - 응력 집중 현상 발생 - 모재와 와이어 용제의 조합 불량 - 구속이 너무 심할 때 - 비드 폭에 대하여 용입이 너무 클 때 - 제1층의 균열 및 수축에 견디지 못할 때	- 전압은 높게 속도는 느리게 한다. - 적당한 용접 설계를 한다. - 망간량이 많은 와이어 사용, 예열, 용제나 와이어 교체 - 구속이 적도록 설계 및 시공 - 비드 폭이 용입 깊이보다 크게 설계 - 제1층 비드를 크게 한다.

결 함	발생 원인	대 책
기 공	- 용제의 건조 불량과 불순물 혼입 - 이음부나 와이어의 녹, 기름, 페인트 등 부착 - 용제 산포량 부족 또는 과대로 가스 방출 불량, - 용접 속도 과대 - 극성 부적당	- 용제를 적정 온도로 건조, 용제 교체시, 회수시 불순물 혼입에 주의 - 이음부 청소, 연마, 산세, 센드부러싱 - 용제 산포 높이 적정 높이 유지 - 용접 속도 낮춰 적정 속도 조절 - 역극성으로 연결
언더컷	- 전류, 전압 과대 - 용접 속도가 너무 빠를 때 - 와이어 위치 부적당할 때	- 전류, 전압을 낮추어 적정하게 조절 - 용접 속도를 알맞게 조절 - 와이어를 적정 위치로 조정
오버랩	- 전류가 너무 높고 전압이 낮을 때 - 용접 속도가 너무 느릴 때	- 전류를 낮추고 전압을 높인다. - 속도를 높여 적정 속도로 조절한다.
슬래그 혼입	- 다층 용접시 이전층의 슬래그 제거 불량 - 용입 부족으로 비드 사이에 슬래그 섞임 - 용접 속도가 느려 슬래그가 와이어보다 앞설 때	- 이전 층의 슬래그를 완전 제거한다. - 전류를 높여 완전한 용입이 되게 함 - 전류와 용접 속도를 높인다.
용 락	- 전류 과대 - 홈각이 지나치게 큼 - 루트면 부족, 루트 간격 과대	- 적정 저류 조절 - 규정에 맞는 홈각으로 가공 - 루트면 루트 간격 적정치로 조절
용입 과소	- 전류가 낮고 전압이 높다. - 루트면 및 루트 간격 부적당	- 전류 높이고 전압 낮게, 적정치 조절 - 루트면, 간격 적정치로 조절
용입 과대	- 전류가 높고 전압이 낮다. - 루트면 및 루트 간격 부적당	- 전류 낮추고 전압을 높여 적정치 조절 - 루트면, 간격 적정치로 조절

제2절 | 불활성 가스 아크용접

1 원리 및 특징

가. 원 리

1930년경 호버트(Hobart), 데버(Dever)에 의해 발명되어 1940년경 실용화되었으며, 현재는 매우 중요한 용접법으로 활용되고 있다.

이 용접법은 아르곤(Ar) 또는 헬륨(He) 가스와 같은 고온에서도 금속과 반응하지 않은 불활성 가스 분위기 속에서 텅스텐 전극봉 또는 금속 와이어와 모재 사이에서 아크를 발생시켜 그 열로 용접하는 방법으로 불활성 가스 텅스텐 아크용접(TIG 용접)과 불활성 가스 금속 아크용접(MIG 용접)법이 있다.

나. 특 징

1) 장 점

① 피복제 및 용제가 불필요하다.
② 아크가 안정되어 스패터가 적다.
③ 전자세 용접이 용이하고, 열 집중성이 좋아 고능률적이다.
④ 직류 전원을 이용하면 모재의 용입이나 비드 폭 조절이 가능하다.
⑤ 낮은 전압에서 용입이 깊고 용접 속도가 빠르다.
⑥ 용접 변형이 비교적 적다.
⑦ 청정 작용이 있어 산화막이 강한 금속(알루미늄 등)의 용접이 가능하다.

2) 단 점

① 장비비가 고가이고 이동해서 사용하기 힘들다.
② 실드 가스가 바람에 의해 불려나갈 수 있어 옥외 작업이 힘들다.
③ 토치가 접근하기 힘든 경우에는 용접하기 어렵다.
④ 슬래그가 얇기 때문에 냉각 속도가 빨라 용착 금속의 조직과 기계적 성질을 변화시킬 수 있다.

2 불활성 가스 텅스텐 아크용접

가. 개요와 원리

1) 개 요

TIG 용접(Tungsten Inert gas arc welding)은 텅스텐 전극과 모재 사이에서 발생된 아크열로 모재와 용접봉을 녹이면서 용접하는 방법으로 GTAW라고도 불리어지며, 헬리 아크, 헬리 웰드, 아르곤 아크용접이라고도 불리어진다. 이 용접법은 전극이 녹거나 소모되지 않으므로, 비용극식 또는 비소모식 용접법의 하나이며, 주로 3mm 이하의 박판에 이용된다.

2) 원 리

모재와 텅스텐 전극 사이에 용접 전원과 고주파 발생 장치가 접속되어 있으며, 모재 표면과 텅스텐 전극 선단과의 사이에서 아크를 발생시켜 모재를 용융시키고 여기에 용접봉을 공급하여 접합하는 방법이다.

그림 5-13 티그 용접의 원리

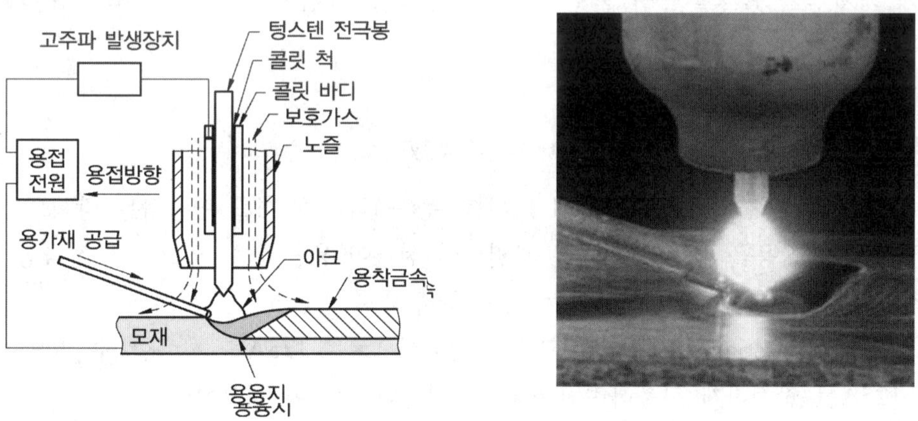

나. 장·단점

1) 장 점

① 용접부가 불활성 가스로 보호되므로 산화, 질화하기 쉬운 금속의 용접이 용이하고 용착부의 제성질이 우수하다.

② 모든 자세로 용접이 용이하고 열 집중성이 좋아 고능률적이다.

③ 용제를 사용하지 않으므로 슬래그 제거가 불필요하며, 아름다운 비드를 얻을 수 있다.

④ 거의 모든 금속을 용접할 수 있어 응용 범위가 넓다.
⑤ 아크용접이나 가스 용접의 용착부에 비해 연성, 강도, 기밀성, 내식성이 우수하다.

2) 단 점

① 후판 용접에는 다른 용접법에 비해 능률이 떨어진다.
② 바람의 영향을 받으므로 방풍 대책이 필요하다.
③ 피복 아크용접기에 비해 장비의 가격이 비싸 운영비와 설치비가 많이 소요된다.

다. 극성 효과와 청정 작용

불활성 가스 텅스텐 아크(TIG) 용접은 교류나 직류 전원의 어느 것이나 사용하는데, 극성의 선택 기준은 모재와 용가재의 재질에 따라 맞게 사용해야 된다.

1) 직류 정극성(DCEN, DCSP : DC straight polarity)

용접기의 양(+)극에 모재를, 음(−)극에 토치를 연결하는 방식을 직류 정극성이라 한다. 이 극성에서는 고속도의 전자가 전극으로부터 모재쪽으로 흐르므로 전극은 과열되지 않으며, 모재는 전자의 충격을 받아 높은 열이 발생되므로 용입이 깊고 폭이 좁은 비드가 형성된다.

2) 직류 역극성(DCEP, DCRP : reverse polarity)

직류 역극성은 용접기의 양(+)극에 토치를, 음(−)극에 모재를 연결하는 방식으로, 전자가 전극을 충돌 작용을 하므로 전극은 과열되어 전극이 용융될 수 있으므로 정극성의 경우보다 전극의 지름이 큰 것을 사용하는 것이 좋다.

예를 들면 지름 1.6mm의 텅스텐 전극을 정극성으로는 125A를 사용할 수 있으나, 역극성으로 125A를 안전하게 사용하려면 6.4mm 지름의 전극이 필요하다.

역극성의 특성은 전자가 튀어나오는 범위가 넓어 열의 집중이 정극성에 비하여 불량하므로 용입이 얕고 비드 폭이 넓으며, 정극성 경우보다 4배의 큰 전극이 필요하다. 또한 텅스텐 전극 소모가 많아진다.

Ar 가스 사용시 청정 작용(cleaning action)이 있어 경합금 용접에 적합하다.

3) 고주파 교류(ACHF)

아크용접기에서 안정한 아크를 얻기 위하여 상용 주파의 아크 전류에 고전압의 고주파를 중첩하는 방식의 장치로서, TIG 용접시 전극봉을 접촉시키지 않고 토치의 스위치를 ON하는 순간 고전압에 약전류가 작동하여 스파크가 생기면서 아크가 발생하게 된다.

직류 정극성과 역극성의 중간 정도의 특성과 용입이 얻어지며, 아르곤 가스를 사용하면 알루미늄이나 마그네슘 및 그 합금 등에 청정 작용이 있어 많이 사용된다.

(1) 정류 작용

원칙적으로는 반파는 정극, 반파는 역극으로 되어야 하나 모재 표면의 수분, 산화물, 스케일 등 때문에 아크 발생 중 모재가 (−)로 될 때는 전자가 방출하기 어려워 전류가 흐르기 어렵게 되며, 전극이 (−)로 될 경우는 전자가 다량으로 방출되어 2차 전류는 부분적으로 정류되어 불평형하게 된다.

정류 작용에 의해 불평형 전류가 흐르면 그 직류 성분에 의하여 용접기 철심이 한방향으로 자화되어 포화되고 1차 전류가 증가하여 과부하에 의해 용접기가 탈 염려가 있으므로 정격 전류의 70% 이하로 사용해야 된다. 또한 이러한 정류 작용을 막기 위해 콘덴서나, 축전지, 리액터 등을 삽입하여 직류 성분을 제거한 용접기를 평형 교류 용접기라 부른다.

그림 5-14 교류 용접시 정류 작용

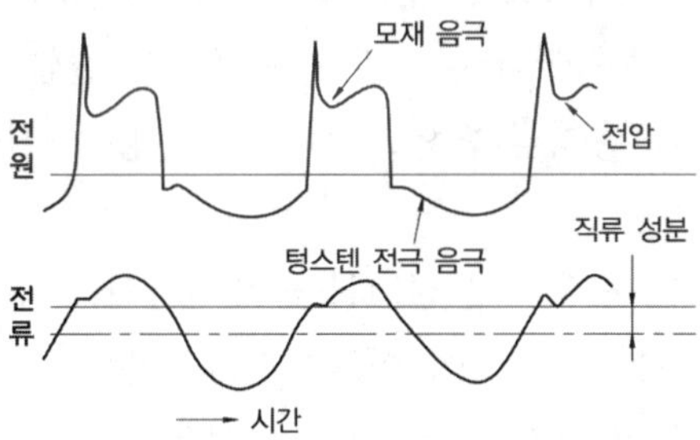

그림 5-15 불평형 전류

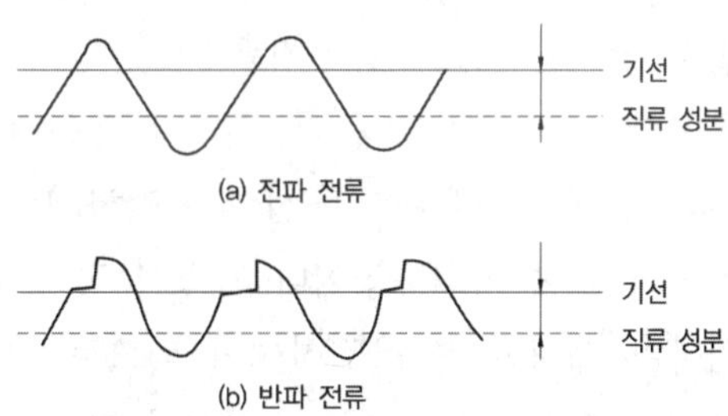

(2) 고주파 교류를 사용할 때의 이점

㉠ 전극을 모재에 접촉하지 않고도 아크를 발생할 수 있어 전극의 수명이 길어진다.
㉡ 아크가 대단히 안정되며 아크가 길어져도 끊어지지 않는다.
㉢ 일정한 지름의 전극에 대해서 광범위한 전류의 사용이 가능하다.
㉣ 교류 용접시 계속 작동하여 아크를 안정시킴으로서 작업 능률이 높아진다.

표 5-3 극성에 따른 특성 비교

특 성	직류 정극성(DCSP)	직류 역극성(DCRP)	고주파 교류(ACHF)
전자 및 이온의 흐름 용입 현상	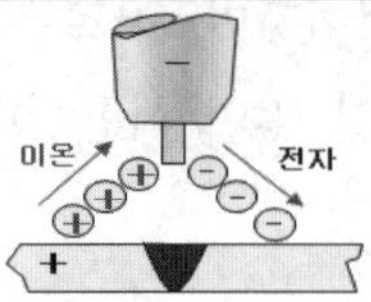	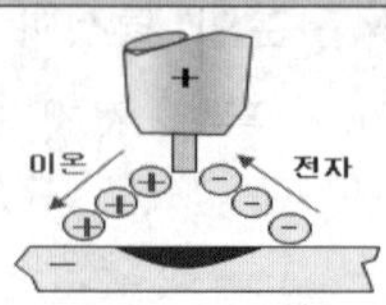	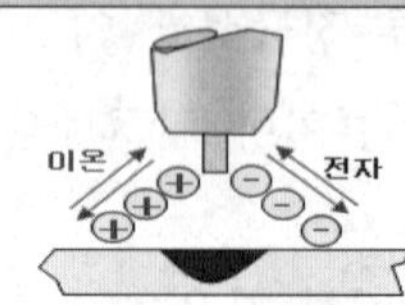
발생 열	모재에 2/3, 전극에 1/3	모재에 1/3, 전극에 2/3	모재와 전극에 각각 1/2
용 입	깊고 좁다.	얇고 넓다.	직류의 중간
전극 용량	우수(3.2mm, 400A)	불량(5.4mm, 120A)	양호(3.2mm, 225A)
청정 작용	없다.	있다.	있다(1/2 사이클 마다 반복)
용 도	강, 스테인리스강, 후판 용접	박판, Al, Mg 합금 용접	Al, Mg 등 경금속 용접

4) 청정 작용(cleaning action)

청정(淸淨), 즉, 맑고 깨끗하게 함을 의미하지만 용접에서의 청정 작용은 용접시에 방해물이 되는 산화물을 제거하는 작용을 말한다.

예를 들면 Al이나 Mg 등과 같이 재료 표면에 얇게 형성된 산화물은 철강에 비해 부동태 피막을 형성하여 내식성이 매우 우수하나, 대체로 원재료보다 용융점이 높고 비중이 커서 용접시 잘 녹지 않고 용융지를 덮고 있어 용융지의 흐름이나 용적과 용융금속간 결합이 잘 이루어지지 않으며, 비중이 무거워 용융된 산화물이 용착금속 안으로 들어가 용접 결함을 형성할 수 있기 때문에 용접이 곤란하게 한다.

따라서 피복 아크용접이나 가스 용접시에는 용제를 사용하여 산화물을 제거하거나 부러시 작업하여 제거한 후 용접하여야 되므로 번거롭고 양호한 용접이 이루어지지 않는다.

그러나 불활성가스 아크용접시에 모재가 (-), 전극이 (+)극으로 연결된 경우에 양극(+)인 전극쪽에서 양자(양이온)가 모재의 표면을 두드려 산화막을 제거하는 효과가 일어나며, 아르곤 가스가 고온에서 해리되어 이 청정 작용을 활성화시키는 역할을 한다.

MIG 용접의 경우 직류 역극성에서 이 작용이 일어나지만, TIG 용접에서 직류 역극성을 적용할 경우 (-)인 모재보다 전극인 (+)쪽에서 70% 정도의 열이 더 발생하여 전극의 과열이 일어나므로 직류 정극성에 비해 동일 조건에서 전극의 굵기를 4배 정도 크게 해야 된다.

따라서 교류 전원을 사용하게 되나, 전류가 1초에 120회 중단되어 불안전하므로 고주파 발생장치를 중첩시켜 양호한 용접이 이루어지게 하고 있다.

라. 보호 가스

1) 아르곤

헬륨보다 무거워 보호 능력은 우수하나, 아크 전압은 낮기 때문에 경합금 후판 용접에서는 적합하지 않다. 아르곤 가스는 1기압 하에서 약 6500 ℓ(리터)의 양을 140기압으로 압축시켜 용기에 충전되어 있으며, 감압 밸브를 이용하여 사용되고 있다.

용접시 사용되는 유량은 약 5~20 ℓ/min 정도이며, 가스 속도는 2~3m/sec로 하고 있다.

2) 헬륨(He)

아르곤보다 가벼우므로 아르곤 가스와 같은 보호 효과를 갖으려면 아르곤보다 2배 정도의 유량을 분출해야 된다. 그러나 아크 전압이 아르곤보다 높아 용접 입열이 크므로 경합금 후판 용접에 적합하다.

표 5-4 아르곤과 헬륨의 특성 비교

항목 \ 종류	아르곤 가스	헬륨 가스
아 크 전 압	낮 다.	높 다.
아 크 발 생	쉽 다.	어렵다.
아 크 길 이	길 다.	짧다(민감).
아크 안정성	좋 다.	나쁘다.
가스 소모량	적 다.	많다(1.5~3배).
열 영 향	넓 다.	좁 다.
용 입	얕 다.	깊 다.
청 정 작 용	있 다.	없 다.
모 재 두 께	박 판.	후 판
용 접 자 세	아래보기	위보기, 수직
가 격	싸 다.	비싸다.
용 도	알루미늄, 탄소강 등	동 및 동합금
이종금속접합	좋 다.	나쁘다.

3) 혼합 가스

아르곤과 헬륨의 혼합 비율은 25:75가 많이 쓰이며, 알루미늄과 동합금 용접에서 용입이 깊고 기공이 적게 발생한다. 스테인리스강의 용접에서는 아르곤에 산소를 1~5% 혼합하면 깊은 용입과 양호한 외관을 얻을 수 있다.

마. 용접 장치

1) 용접 장치의 종류

(1) 수동 TIG 용접기

일반적으로 TIG 용접기는 수동식이 많이 쓰이고 있으며, 장치의 구성이 비교적 간단하고 토치의 조작과 용가제의 공급이 작업자에 의해서 이루어진다.

용접기의 구성은 용접기(전원), 제어 장치, 보호 가스 공급 장치, 냉각수 순환 장치, 토치(torch)로 구성되어 있다.

용접기의 조작은 토치에 부착된 핸드 스위치나 족답 스위치에 의해 이루어지며, 스위치를 누르면 아르곤 가스와 냉각수가 흐르며, 고주파 발생 장치에 의해 아크가 발생되어 용접을 진행할 수 있게 된다.

(2) 반자동 TIG 용접기

반자동식은 토치의 조작은 손으로 실시하고, 용가제만 자동으로 송급하는 방식이다. 이 방식은 스위치를 누르면 아르곤 가스가 흐르고 아크가 발생되기 시작하며, 모재가 용융되었을 때 와이어를 자동으로 송급하며 용접하게 된다.

(3) 자동 TIG 용접기

자동식 용접 장치는 와이어 송급 장치, 와이어 릴이 이동 대차에 의해 이음선을 따라 일정한 속도로 이동하며 용접되는 방식이다.

자동식은 용접선이 직선인 곳에 사용을 할 수 있으며, 용접 중 전극이 다소 소모되므로 아크 길이를 일정하게 유지할 수 있는 장치가 있어야 된다.

그림 5-16 TIG 용접기의 형상

2) 용접 토치

냉각 방식에 따라 수냉식과 공랭식으로 구분하며, 200A 이하의 낮은 전류를 사용할 때는 공랭식 토치를 사용하며, 200A 이상에서는 냉각 효과가 큰 수랭식을 사용한다.

그림 5-17 TIG 용접 토치의 구성

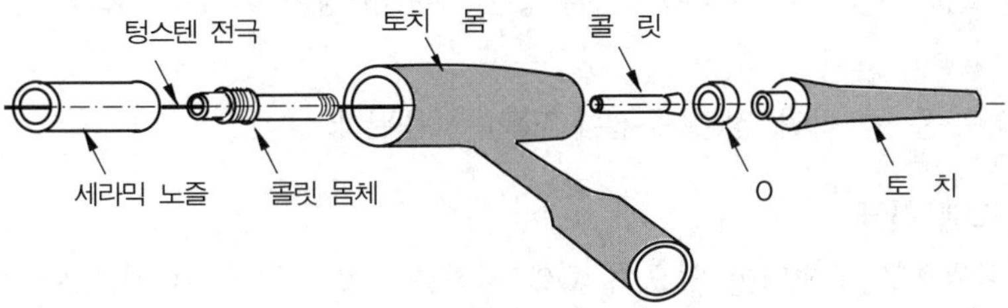

2) 가스 노즐

재질이 세라믹이나 동으로 만들어지므로 세라믹 노즐(그림 5.18 참조) 또는 가스 노즐이라고 부르며, 노즐의 크기는 가스 분출 구멍의 크기로 정해지며, 보통 4~13mm가 주로 사용된다.

노즐은 용접물의 재질, 용접 전류, 이음의 형태, 사용 가스의 종류 등에 따라 적당한 것을 선택한다.

3) 텅스텐 전극봉

TIG 용접용 전극봉은 아크 발생을 목적으로 하며 비소모식(비용극식)이기 때문에 고융점이며 전자 방출이 잘되고 열전도율이 큰 것이 요구된다.

텅스텐은 용융점이 3410℃이며 비등점이 5950℃로 높아 TIG 용접용 전극으로 적합하다.

전극봉의 지름은 0.25, 0.5, 1.0, 1.6, 2.0, 2.4, 3.2, 4.0, 4.8, 6.0mm가 시판되고 있다.

(1) 순텅스텐 전극

토륨 함유봉에 비해 전자 방사 능력은 떨어지나 교류에 적합하며, 가격이 저렴하나, 비교적 낮은 교류 전류에서는 오히려 불평형 전류가 감소된다.

(2) 지르코늄 텅스텐 전극

순텅스텐의 단점을 보완한 것으로, 지르코늄을 0.15~0.5% 함유한 것으로, Al, Mg의 고전류 전극봉으로 많이 사용되며, 교류 용접, 특히 알루미늄 용접에 우수하다.

(3) 1% 토륨 텅스텐 전극

토륨을 1% 함유한 것으로 순텅스텐 전극보다 비싸지만, 수명이 길고, 전자 방사 능력이 현저하게 뛰어나며, 불순물이 부착되어도 전자 방사가 잘 되어서 아크가 안정하므로 아크 발생이 쉽고 전극 소모도 적으나 교류에서는 좋지 않다.

주로 강, 스테인리스강, 동합금 용접에 사용된다.

(4) 2% 토륨 텅스텐 전극

1% 토륨 텅스텐 전극보다 수명이 더 길고, 전류 전도성이 좋아서 아크가 안정되며, 전극 소모가 적다.

주로 항공기 부품 등 박판 정밀 용접에 많이 사용된다.

(5) 세륨 텅스텐 전극

한쪽 끝에 회색으로 도색되어 있으며, DC 저전류 정밀 금형 용접에 많이 사용된다.

(6) 란탄 텅스텐 전극

텅스텐 전극에 란탄이 0.8~2.2% 함유되어 있으며, 탄소강, 스테인리스강, 알루미늄, 각종 금형용접에 사용되며, 알루미늄 용접에 탁월하다.

0.8~1.2%란탄은 흑색, 1.3~1.7%란탄은 황금색, 1.8~2.2%란탄은 하늘색으로 도색되어 있다.

(7) 스트립 텅스텐 전극

순텅스텐 전극+토륨 텅스텐 전극봉의 장점을 결합한 전극봉이다.

표 5-5 텅스텐 전극봉의 종류와 용도

AWS 등급 기호	KS 등급 기호	전극 재질	식별용 색		사용 전원	용 도
			AWS	KS		
EWP	YWP	순텅스텐	녹색	백색	ACHF	Al, Mg 합금
EWZr	–	지르코늄 텅스텐	갈색	–	ACHF	Al, Mg 합금
EWTh1	YWTh – 1	1% 토륨 텅스텐	황색	황색	DCSP	강, 스테인리스강
EWTh2	YWTh – 2	2% 토륨 텅스텐	적색	적색	DCSP	강, 스테인리스강

4) 전극봉 가공

일반적으로 강이나 스테인리스강 용접에는 뾰쪽하게, 알루미늄 용접 등에는 둥글게 가공한다.

직류 정극성 용접의 경우는 전극봉 선단의 각도를 30～50° 정도이면 용접시 아크열의 집중성이 좋아져 용입이 깊어지고 불순물이 적게 붙어 전자 방사 능력이 높아진다.

[그림 5 – 19]는 강이나 스테인리스강의 용접 등 직류 정극성의 사용시의 전극봉의 가공 모양이며, 연삭선이 그림 (a)와 같이 봉 길이 방향으로 생기도록 해야 되며, (c)와 같은 경우는 아크의 집중성이 나쁘다.

그림 5-18 각종 세라믹 노즐의 형상

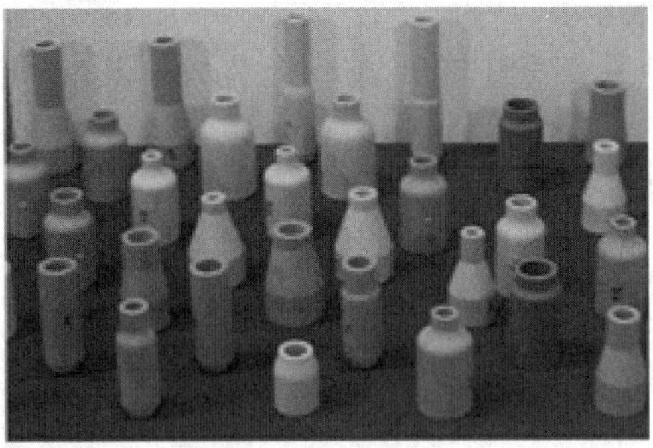

그림 5-19 텅스텐 전극봉 가공 방법

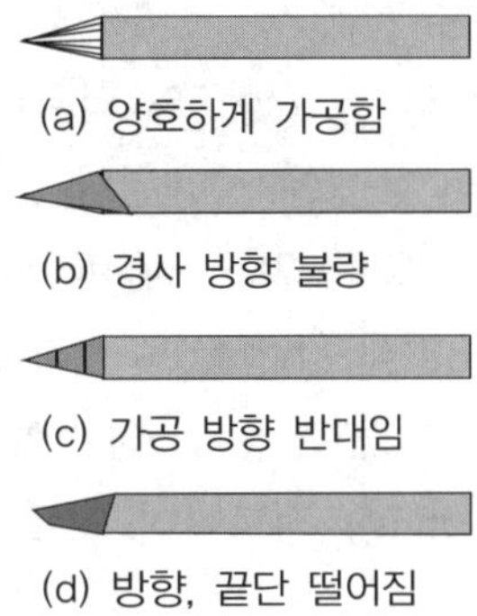

바. TIG 용접 재료(용가재)

보통 수동형은 직선형 환봉으로 만들어지며, 용접봉 길이는 약 1000mm 정도이며, 지름은 1.0, 1.2. 1.6, 2.0, 2.4, 2.6, 3.2, 4.0, 5.0mm로 만들어지고 있다.

반자동이나 자동 TIG 용접에는 코일형 와이어가 릴(rill)에 감겨져 있다. 일반적으로 수동형에 사용되는 와이어는 0.9, 1.2, 1.6, 2.0, 2.4mm가 사용되고 있다.

1) 알루미늄 용접봉(용가재)

알루미늄 및 그 합금 용접봉을 선택할 때 연성이 높은 순서로 나열하면 1100, 4043, 5554, 5654, 5356, 5183, 5556 순이다. 따라서 강도를 확보하려면 위의 순서를 역순으로 선택하면 된다.

① A 1100, A 1200(순 Al계) : 용접성 및 내식성이 좋으며 인장 강도는 78.4～117.6MPa(8～12kg$_f$/mm^2)정도로서, 순 Al 및 Al－Mn 합금의 용접에 사용된다.

② A 4043(Al－Si 합금) : 강도는 166.6～245MPa(17～25kg$_f$/mm^2)정도이며, 고온 균열 저항성이 커서 용접 균열이 발생하기 쉬운 열처리 합금이나 주물에 사용된다.

③ A 5654, 5554(Al－Mg 합금) : Al－Mg 합금의 용접에 사용되며, 용접성, 내식성이 우수하다.

A 5654는 Al－3.5%Mg 합금으로, 인장 강도는 205.8～264.6MPa(21～27kg$_f$/mm^2)정도이다.

그림 5-20 알루미늄 TIG 용접 구조물

A 5554는 Al－2.5%Mg 합금으로 인장 강도는 176～235MPa(18～24kg_f/mm^2) 정도이다.

④ A 5356(Al－Mg 5% 합금) : 용접성, 기계적 성질이 좋아 Al－Mg계, Al－Mg－Si계 합금의 용접에 사용된다.

인장 강도는 265～304MPa(27～31kg_f/mm^2) 정도이다.

⑤ A 5183(Al－Mg4.5%－Mn0.8% 합금) : 이것은 용접성이 뛰어나며, 내식성, 기계적 성질이 좋고 용착 금속의 연성이 좋은 것으로 인장 강도는 274～314MPa(28～32kg_f/mm^2) 정도이며, 주로 A 5083의 용접에 사용된다.

2) 스테인리스강 용접봉(용가재)

① Y 308 : 대표적인 성분 조성은 Cr18%－Ni9%이며, 18－8, 18－9 스테인리스강이라고도 부른다.

이 봉(와이어)은 내식성, 내마모성이 우수하여 육성 용접으로 많이 사용되며, STS 304 용접에 주로 사용된다.

② Y 308 L : 조성은 Y 308과 같으나 탄소 함유량을 극히 적게 함유시킨 것으로 용접 시 입계 부식의 해를 적게 해야 되는 곳이나 열처리가 불가능한 부분에 사용되며, STS 304L 용접에 적합하다.

③ Y 309 : 25%Cr－12%Ni의 조성을 가진 봉으로 18－8 스테인리스강 용접이나 이종 금속 용접에 사용된다.

④ Y 316, Y 316 L : 표준 조성은 Cr18%－Ni12%－Mo2%이며, Mo는 고온 취성에 대한 저항성을 좋게 하며 내열성도 증가하므로 STS 316 용접에 사용된다.

316 L은 316과 성분은 같으나 탄소함유량을 극히 적게 한 것으로 입계 부식의 해가 적고, 열처리가 불가능한 곳에 사용된다.

⑤ Y 410 : 대표적인 조성은 Cr 13%로서, 내식성, 내마모성이 우수하여 육성 용접에 많이 사용되며, STS 403, 410, 420의 용접에 사용된다.

이것은 용착 금속이 자경성이 있으므로 연성을 얻으려면 예열과 후열이 필요하다.

⑥ Y 430 : 대표적인 조성은 Cr 17%이며, 페라이트 조직일 때 STS 403, 410, 430 용접에 사용된다.

사. 용접 작업

1) 홈 가공

판이 두꺼울 경우 작업성이나 용접 품질의 향상을 위해 홈 가공을 해야 된다. 홈 가공의 형상은 판두께, 이음의 종류, 덧댐판 사용 유무와 작업장 조건 등에 따라 선택한다.

TIG 용접은 고정밀, 고품질의 용접부가 얻어지는 용접법으로 홈 가공이 잘못되면 여러 가지 용접 결함이 발생할 수 있다. 따라서 용접 시작 전에 가공 정도를 확인하는 것이 중요하다.

2) 아크 발생법

(1) 고주파에 의한 법

고주파 발생 장치가 설치된 용접기에서 전극과 모재 사이를 적당히 유지한 후 토치의 스위치를 ON하여 아크를 발생하는 방법으로, 전극의 소손이 생기지 않는다.

(2) 모재에 전극을 접촉시키는 법

피복 아크용접이나 GMAW와 같이 봉이나 와이어를 모재에 접촉시켜 아크를 발생하는 방법으로, TIG 용접의 경우 텅스텐 전극의 소손에 주의해야 된다.

(3) 고전압에 의한 법

전극봉이 모재에 가까이 접근할 때 순간적으로 고전압을 사용하여 아크를 발생하는 법으로 아크가 발생된 후는 고전압은 정상 전압으로 돌아오게 된다.

3) 가용접(tack welding)

가용접할 때 용접 순서에 유의하며, 가접의 위치는 모서리나 중요한 부분을 피하고, 용접에 지장을 주지 않는 곳에 실시한다. 가용접 위치, 길이, 크기 등이 적절하지 못하면 치수 변형, 기타 결함을 일으켜 작업 능률을 저하시킬 수 있다.

4) 조립용, 용접용 지그, 뒷댐판

TIG 용접은 박판 용접에 주로 이용되며, 열에 의한 변형 발생으로 제품을 못 쓰게 되는 경우도 있어 신중을 기해 조립해야 한다.

지그는 일반적으로 열전도성이 좋은 경질강이 적합하며, 뒷받침 방법에는 금속 뒷댐판, 불활성 가스 뒷댐판, 용제 뒷댐판, 세라믹 뒷댐판 등이 있다.

그림 5-21 각종 뒷받침의 종류

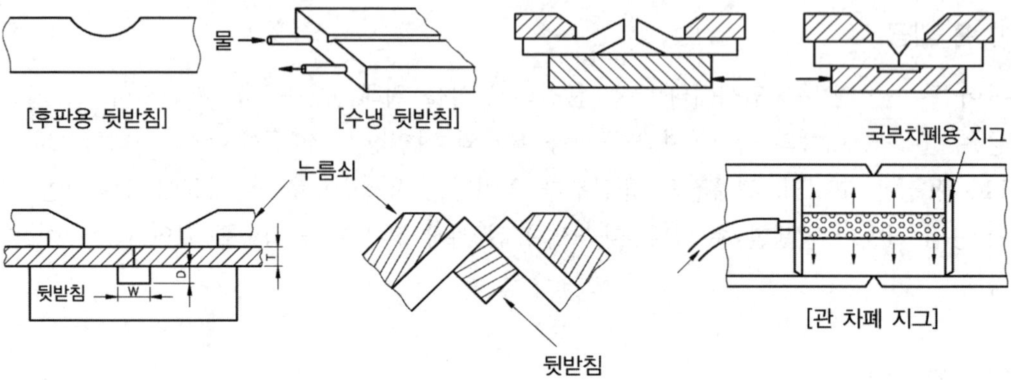

5) 전극의 돌출 길이

용접시 전극의 돌출 길이는 용접 이음 형상에 적합한 길이가 요구되며, 돌출 길이가 지나치게 길면 보호가 불안전하게 되고 너무 짧으면 작업성이 나쁘다. [그림 5-22 참조]

세라믹 노즐의 선택도 용접 이음의 형상과 판두께, 재질에 따라 적당한 것을 선택해야 된다.

그림 5-22 용접 이음 형상에 따른 전극 돌출 길이

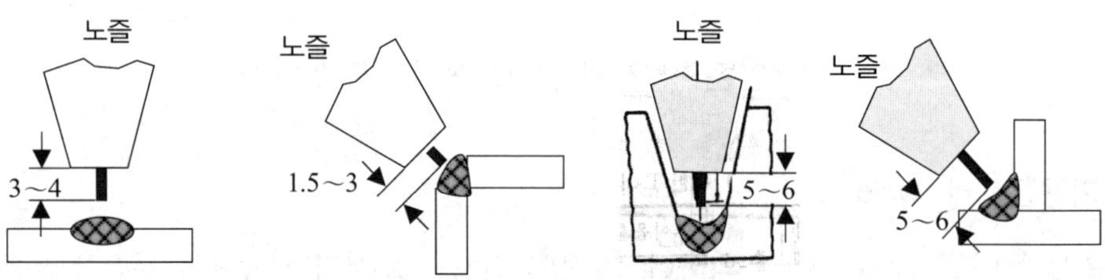

3 불활성 가스 금속 아크용접

가. 개요와 원리

1) 개 요

불활성가스 금속 아크용접(MIG, metal inert gas arc welding)은 보호 가스 금속 아크용접법의 일종으로 불활성 가스를 사용하여 용접부를 보호하면서 연속적으로 공급되는 용가재(와이어)와 모재 사이에서 발생하는 아크열을 이용하여 용융 접합하는 용극식 또는 소모식 아크용접법의 일종으로 알루미늄, 마그네슘, 동합금, 스테인리스강, 저합금강 고장력강 등 거의 모든 금속에 적용되며, TIG 용접에 비해 2~3배의 용접 능률을 얻을 수 있다.

상품명으로 에어 코메틱 용접법, 시그마 용접법, 필러 아크용접법, 아르고노트 용접법 등으로 불려진다.

2) 원 리

불활성 가스 분위기에서 연속적으로 공급되는 모재와 와이어 사이에 발생하는 아크열(5000~10000℃)을 이용하여 모재와 용가재가 용융되어 용착 금속으로 되는 용접법이다.

나. 장·단점

1) 장 점

① 용접기 조작이 간단하여 손쉽게 작업방법을 익힐 수 있다.
② 주로 직류 역극성을 이용하여 청정 작용에 의해 알루미늄, 마그네슘 등의 용접이 쉽다.
③ TIG 용접에 비해 전류 밀도가 높아 피복 아크용접의 5~8배, TIG 용접에 비해 약 2배 정도 크므로 3mm 이상의 후판 용접에 사용된다.
④ 슬래그가 없고(FCAW의 경우는 슬래그가 생성됨) CO_2 용접에 비해 스패터가 적으므로 용접 후 처리가 불필요하며 원가 절감 효과가 크다.
⑤ 비드가 비교적 아름답고 깨끗하며, 각종 금속 용접에 다양하게 이용할 수 있어 응용 범위가 넓다.
⑥ 봉을 교환할 필요가 없어 용접속도가 빨라 SMAW(피복 아크용접)보다 생산성이 높다.
⑦ 모재의 변형이 적고 전체 작업시간은 피복 아크용접의 1/2 밖에 안된다.(용접속도가 빠르기 때문)
⑧ 용접봉 손실이 적어 용착효율이 95% 정도이다.
⑨ 모든 강종에 완전한 용접이 되며, 용착금속의 기계적 성질도 우수하다.
⑩ 서브머지드 아크용접에 비해 모재 표면의 녹, 거칠기, 오물 등이 있어도 큰 지장이 없으므로 시공이 간편하다.

2) 단 점

① 용접장비가 복잡하며, 가격이 비싸고, 이동하며 사용하기가 힘들다.
② 보호 가스의 가격이 비싸 연강 용접에는 부적당하다.(비경제적이다.)
③ 전류 밀도가 높아 박판 용접에 부적당하다.

④ 바람의 영향을 받기 쉬우므로 방풍 대책이 필요하다.
⑤ 용착금속 위에 슬래그가 없기 때문에 냉각속도가 빨라서 용착금속의 조직과 기계적 성질이 변화하는 경우가 있다.
⑥ 용접 건의 노즐이 비교적 커서 토치의 접근이 곤란한 위치에서의 작업이 어렵다.

다. 특 성

1) 아 크

MIG 용접시 아크는 중심부에 가늘고 긴 백열 원추부와 그 주위에 미광부가 보이는데, 이 미광부는 주로 아르곤 가스의 발광에 의한 것이다.

전원은 직류 역극성을 사용하므로 가스 이온은 전극(−)에서 모재 표면에 충돌하여 표면의 산화막을 제거하는 청정 작용을 하므로 알루미늄, 마그네슘 등 경합금 용접에 사용된다.

직류 정극성에서는 용융 속도가 역극성에 비하여 약 2배 정도 크지만, 큰 용융 방울이 불연속적으로 용융 풀에 떨어져 아크가 불안정하므로 거의 사용하지 않는다.

2) 용융 속도

용융 속도는 매분당 용융되는 와이어의 길이, 또는 무게로 표시한다. MIG 용접에서는 용착 효율이 거의 95% 이상이므로 용융 속도가 그대로 용착 속도와 일치한다.

용융 속도는 대략 전류에 비례하여 증가하나, 동일 전류값에 대해서 와이어의 크기에 따라 달라진다.

일반적으로 가는 와이어일수록 용융 속도가 빠르며 탄소강은 순아르곤 가스 중에 산소를 1% 정도 혼합하면 용융 속도가 현저하게 증가한다.

3) 용적 이행

MIG 용접에서 가장 많이 사용되는 이행 방식은 스프레이 이행형이다. 스프레이 이행형은 고전압, 고전류에서 얻어지며, 아르곤 가스나 헬륨 가스를 사용하는 경합금 용접에 주로 나타난다. 또한 높은 전류 범위 내에서 용접되기 때문에 용착 속도가 빠르고 능률적이다.

4) 용접 아크 전압

단락형 용접에서는 비교적 낮은 전압을, 분무형 용접에서는 높은 전압으로 한다. 용접 전류와 와이어 용융속도가 증가하면 아크 전압은 아크 안정을 위해 다소 증가해야 한다.

전압이 증가하면 비드 높이는 감소하고 폭은 증가한다.(단 체적은 일정하고 비드 외관과 형상만 변한다.) 따라서 용융금속은 효과적으로 모재에 잘 스며들어 용융을 향상시킨다.

그림 5-23 아크 전압(아크 길이) 변화에 따른 비드 형상

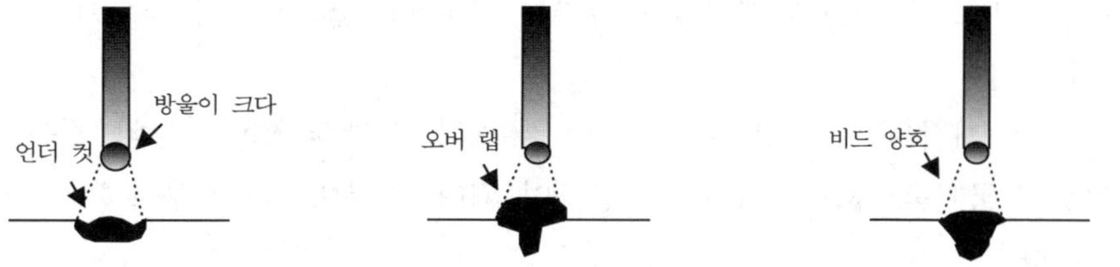

(a) 아크 전압이 너무 높을 때 (b) 아크 전압이 너무 낮을 때 (c) 아크 전압이 적당할 때

5) 용접 전류

MIG 용접에서 와이어의 송급속도는 거의 전류에 정비례한다. 와이어 송급속도는 전류와 관계가 깊다. 용접 전류가 증가하면 와이어 송급속도도 증가하며, 감소하면 송급속도도 감소한다.

6) 와이어 돌출길이

전기 접촉팁 끝에서 모재까지의 거리는 주어진 와이어 송급속도에서 와이어를 녹이는데 필요한 전류에 영향을 준다.

와이어 돌출길이는 일반적으로 3.2~32 mm 범위가 적당하나, 와이어 지름에 따라 와이어 직경이 0.8~1.2mm이며 낮은 전류를 사용할 때는 3.2~9.5mm의 짧은 돌출길이를, 와이어 직경이 2~2.4이며 플럭스 코어드 와이어(flux cored wire)와 같은 높은 전류를 사용할 때는 25~32mm의 긴 돌출길이가 적합하다.

돌출길이가 증가하면 정전압 특성의 자기제어 특성 때문에 와이어의 예열이 많아져서 용착속도와 비드 높이가 증가되고, 용접 전류와 용입이 감소된다.

라. 용접 장치

1) 와이어 송급 장치

와이어 송급 장치는 와이어를 스플(릴)에서 용접부에 공급하는 장치로서, 직류 전동기 감속 장치, 송급 롤러, 와이어 송급속도 제어 장치로 구성되어 있다.

와이어는 연한 재질, 단단한 재질 또는 내부에 용제가 들어있는 플럭스 코드 와이어 등 어려가지가 있으며 이 재질에 따른 와이어 송급 방식이나 구조를 선택해야 된다.

송급 장치의 종류에는 와이어를 밀어 송급하는 미는 식(push type), 당기는 식(pull type),

밀고 당기는 식(push－pull type)이 있다.

(1) 푸시 방식(Push type)

와이어 릴의 바로 앞에서 와이어를 송급하는 방식으로, 토치가 가볍기 때문에 반자동 용접기에 적합하다.

그러나 연한 재질에는 부적당하다. 송급 튜브의 길이가 3m 이상의 경우 강(steel)은 0.6mm 이상의 굵기를 가진 와이어를 사용해야 되며, 알루미늄의 경우 1.2mm 이상의 와이어를 사용한다.

(2) 풀 방식(pull type)

송급 장치를 토치에 직접 연결시켜 토치와 송급 장치가 하나로 된 구조이며, 송급할 때 마찰 저항을 작게 하여 와이어의 송급을 원활하게 한 방식으로 주로 가는 지름의 연한 와이어를 사용할 때 적합하다.

(3) 푸시－풀 방식(push–pull type)

토치 측과 와이어 릴 측 양쪽에 송급 장치를 부착하는 방식으로 송급 튜브가 수십 미터 길어도 사용된다.

이 방식은 양호한 송급이 되는 반면에, 토치에 송급 장치가 부착되어 있어 토치의 조작이 불편하다.

(4) 더블 푸시－풀 방식

푸시식 송급 장치와 용접 토치와의 중간에 보조 푸시 전동기를 장입시켜 2대의 푸시식 전동기에 의해 송급하는 방식이다.

그림 5-24 와이어 송급 장치의 종류

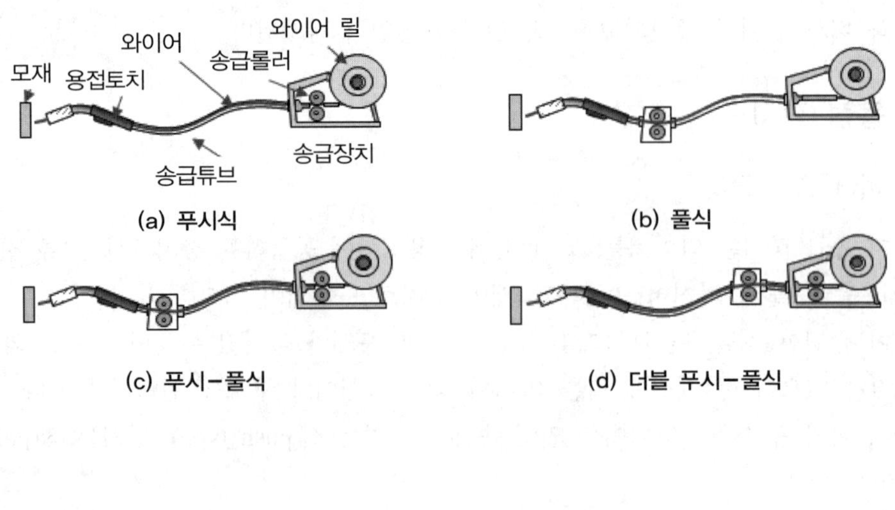

2) 용접 토치

토치는 용접기의 종류, 형태, 냉각 방식, 와이어 송급 방식에 따라 다양하다. 반자동 토치의 구성은 전원 케이블, 가스 송급 호스, 스위치 케이블로 되어 있다.

토치의 종류는 형태에 따라 커브형, 피스톨형(건형)이 있으며, 커브형은 주로 단단한 와이어를 사용하는 CO_2 용접에 사용되며, 피스톨형은 알루미늄 등 연한 비철 금속 와이어를 사용하는 용접에 적합하다.

3) 송급 롤러

송급 장치의 송급 롤러는 와이어와 접촉하여 마찰력에 의해 와이어를 미는 힘을 주는 역할을 하며, 홈의 형태에 따라 V형, U형, 로울렛형 등이 있으며, 사용하는 와이어의 재질이나 굵기에 따라 적당한 것을 선택하면 된다.

V형은 보통 지름이 2.4mm 이하의 경질 와이어에 쓰이며, U형은 와이어 표면 손상을 주어서는 안되는 경우에 사용하며, 3.2mm 이상의 연한 와이어에는 로울렛형이 적합하다.

롤러의 가압 방식은 롤러 2개만 사용하는 2단식과 4개의 롤러를 사용하는 4단식이 있다.

그림 5-25 4단 송급 롤러

그림 5-26 기어식 송급 롤러

마. 보호 가스

표 5-6 보호 가스 종류별 특성

가스 종류	특성 및 용도
아르곤	전류 밀도가 크고 청정 능력이 좋다.
헬륨	용입이 비교적 얕고 비드 폭이 넓어진다. Al, Mg 등 비철 금속 용접에 이용된다.
아르곤(25%) + 헬륨(75%)	용입이 깊고, 아크 안정성이 우수하다. 후판에 사용하며, 모재 두께가 두꺼울수록 헬륨 함량을 증가시키면 된다.
아르곤 + 탄산 가스	아크가 안정되고 용융 금속의 이행을 빨리 촉진시켜 스패터를 줄일 수 있다. 연강, 저합금강, 스테인리스강 용접에 이용된다.
아르곤 + 헬륨(90%) + 탄산 가스	단락형 이행형으로, 주로 오스테나이트계 스테인리스강 용접에 사용된다.
아르곤 + 산소(1 ~ 5%)	언더컷을 방지할 수 있다. 스테인리스강 용접에 주로 사용된다.

제3절 | 탄산 가스 아크용접

1 원리 및 특징

가. 원 리

탄산가스 아크 용접(CO_2 용접)은 MIG 용접의 불활성 가스 대신에 CO_2(이산화탄산) 가스를 이용하는 용극식 용접법으로, 용접 장치의 기능과 취급은 MIG 용접과 거의 동일하다.

원리는 송급 장치의 릴에서 송급 롤러에 의해 송급되는 와이어가 콘택트 팁을 통과할 때 용접 전류가 와이어와 모재에 전도되어 아크가 발생되어 용융 접합된다.

이때 아크 및 용융 금속을 대기로부터 보호하기 위해 토치 선단의 노즐을 통하여 이산화탄산 가스를 분출시킨다.

※ 열해리 및 탈산

$CO_2 \rightleftarrows CO + O$ (산성 분위기)

$Fe + O \rightleftarrows FeO$ (산화철)

$FeO + C \rightleftarrows Fe + CO\uparrow$

(산화철이 용융강에 함유된 탄소와 화합하여 일산화탄소가 발생함. 이것이 미쳐 배출되지 않으면 기공이 생김.)

$2FeO + Si \rightleftarrows 2Fe + SiO_2$

(탈산제 함유로 기공방지와 CO 발생 방지로 대단히 치밀하고 건전한 용접부 얻음)

$FeO + Mn \rightleftarrows Fe + MnO$

그림 5-27 CO_2 용접의 원리

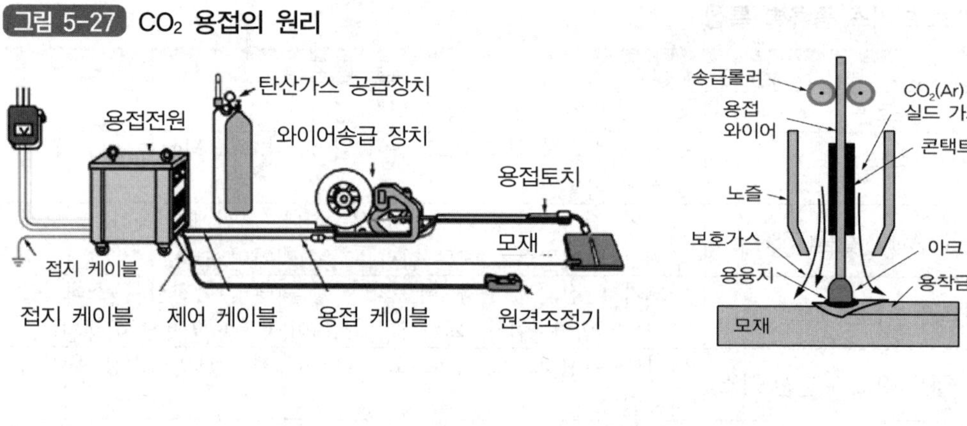

나. 특 징

1) 장 점

① 전류 밀도가 높아 용입이 깊고 용접 속도가 빠르다.
② 산화, 질화가 없고 수소 함유량이 적어 용착 금속의 기계적 성질이 우수하다.
③ 단락 이행(솔리드 와이어 사용시)에 의해 박판 용접이 가능하다.
④ 전자세 용접이 가능하다.
⑤ 용제를 사용하지 않아 슬래그의 혼입이 없다.(솔리드 와이어 사용시)
⑥ 용접 후의 처리가 간단하다.(솔리드 와이어 사용시)
⑦ 가시 아크이므로 시공이 편리하다.

2) 단 점

① 바람의 영향을 받으므로 풍속 2m/sec 이상에서는 방풍 장치가 필요하다.
② 비드 외관이 타 용접보다 약간 거칠다.
③ 적용되는 재질이 철강 계통에 한정되어 있다.

다. 용접의 종류

이산화탄산 가스 아크용접에는 사용하는 와이어 종류에 따라 솔리드 와이어(solid wire) 방식, 복합 와이어(flux wire) 방식이 있으며, 보호 가스와 용극 방식에 따라 다음과 같다.

1) 보호 가스와 용극 방식에 의한 분류

(1) 용극식

① 순 CO_2 법
② 혼합 가스법 : CO_2(75%)－O_2(25%)법, CO_2－Ar법, CO_2－Ar－O_2법
③ 탄산가스(CO_2) 용제법 : 아코스 아크법, 퓨즈 아크법, NCG법, 유니언 아크법

(2) 비용극식 : 탄소 아크법, 텅스텐 아크법

2) 탄산가스(CO_2) 용제법

(1) 아코스 아크법

얇은 박강판을 파이프 모양으로 말아서 그 속에 용제를 충전한 와이어를 계속적으로 송급하며, 탄산가스 분위기 속에서 용접하는 방법이다.

(2) 퓨즈 아크법(fus arc process)

와이어 주위에 가는 여러 개 나사 모양으로 감겨져 있으며 그 사이에 용제가 들어 있고 전류는 그 주위의 나선 모양으로 되어 있는 가는 선으로부터 공급된다.

(3) 유니언 아크법

자성이 있는 분말상 플럭스를 CO_2 가스와 함께 공급하고 전극 와이어에 직류 전류로 생긴 자력에 의해서 자성 플럭스를 전극와이어 표면에 달라붙게 하여 보통 피복아크용접봉과 같은 형식으로 하는 용접법이다.

자성 플럭스가 녹아서 슬래그를 만들기 때문에 용접 작업성과 용접 금속의 성능이 개선되는 이점이 있다.

(4) NCG법(버나드 아크용접법)

중공의 와이어에 용제를 충진시킨 복합 와이어를 사용하는 용접법이다.

3) 토치 작동 형식에 의한 분류

수동식(토치, 와이어 공급 수동), 반자동식(토치 수동, 와이어 공급 자동), 전자동식(토치, 와이어 공급 자동)이 있다.

4) 와이어 종류에 의한 분류

솔리드 와이어법, 플럭스 코드 와이어법이 있다.

(1) 솔리드 와이어 방식

솔리드 와이어를 용가제로 사용하는 방법으로 단락 이행에 의해 박판 용접에 주로 사용되며, 후판 용접에는 그다지 이용되지 않는다.

보호 가스인 이산화탄산 가스에 아르곤 가스를 30% 정도 혼합하면 스패터도 감소되고 아크가 안정되며, 아르곤을 75~85% 혼합할 경우 가장 좋은 상태가 된다.

(2) 플럭스 코드 와이어 방식

박판의 강대(鋼帶)를 절곡해서 그 속에 탈산제, 합금 원소 등 용제를 말아 넣은 것으로 그 형식에 따라 아코스 와이어, Y관상 와이어, S관상 와이어, NCG 와이어 방식이 있다.

그림 5-28 복합 와이어의 구조

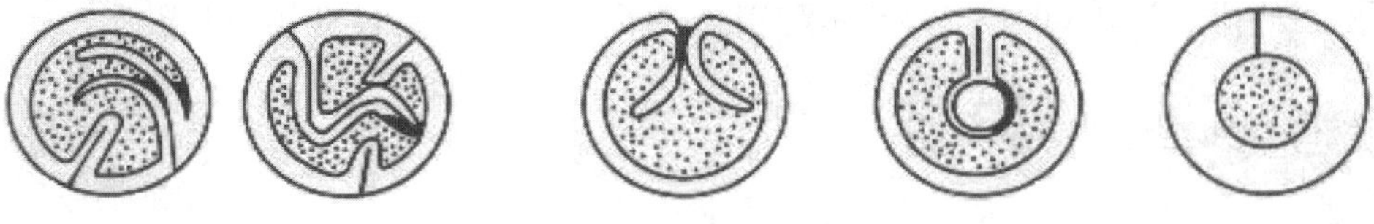

(a) 아코스 와이어 (b) Y관상 와이어 (c) S관상 와이어 (d) NCG 와이어

2 용접 장치

가. 용접기의 특성

1) 용접기 구조와 전원

CO_2 용접기의 구조와 조작법이 MIG 용접과 거의 같아, 용접기 본체와 와이어 송급 장치, 와이어 송급 제어 장치, 가스 제어 장치 등이 있으며, 전원 특성은 일반적으로 상승 특성과 정전압 특성이 적용되며, 전원은 교류 전원이 입력되어 용접기에서 정류되어 직류 역극성으로 출력되며, 보통 3상으로 연결되어 있다.

2) 와이어 송급 장치

와이어 송급 장치는 사용 목적에 따라 푸시식, 풀식, 푸시-풀식, 더블 푸시 풀식 등이 있으며, 정속도 송급 방식이 사용되고 있다. 정속도 송급 방식이란 와이어 송급 속도를 한 번 조정하면 일정한 속도로 송급되는 방식을 말한다.

3) 제어 장치

제어 장치에는 와이어 송급 제어 장치, 보호 가스 제어 장치, 냉각수 공급 제어 장치(수냉식의 경우) 등이 있으며, 하나의 제어 상자에 넣어 한곳에서 조작할 수 있게 되어 있다.

그림 5-29 U형 홈 2단 송급 롤러

4) 용접 토치

용접 토치에는 냉각 방식에 따라 수냉식과 공랭식이 있으며, 작동 방식에 따라 수동식, 반자동

식, 전자동식이 있다. 현장에서는 일반적으로 반자동식이 많이 사용되며, 토치 끝에는 접촉 팁, 또는 콘택트 튜브(contact tube)라고 하는 용접 팁과 노즐이 채결되어 있다.

그림 5-30 CO_2 토치의 구조

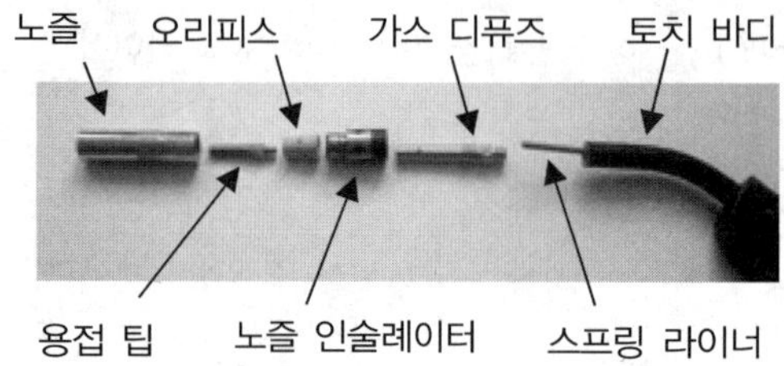

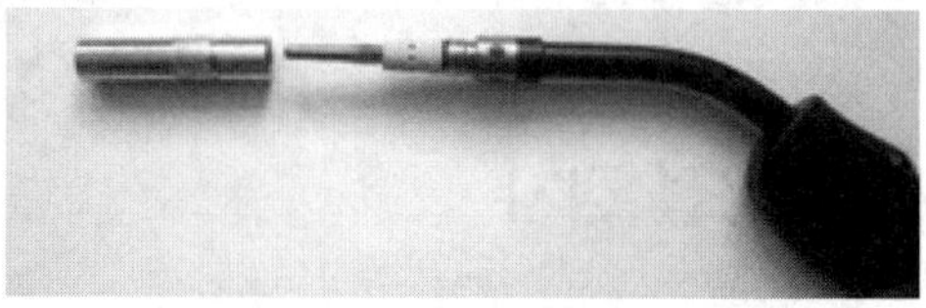

토치의 조립 상태

나. 보호 가스 설비

보호 가스 설비에는 가스 용기, 압력 조정기 및 유량계, 가스 연결 호스 등으로 구성되어 있으며, 압력 조정기는 액체 탄산가스가 기화하면서 온도가 내려가므로 히터(heater) 장치와 유량계가 부착된 조정기를 사용해야 되며, 낮은 전류에는 10～15 ℓ/min, 높은 전류에는 20～25 ℓ/min 정도가 필요하다.

그림 5-31 CO_2 가스 유량계의 구조

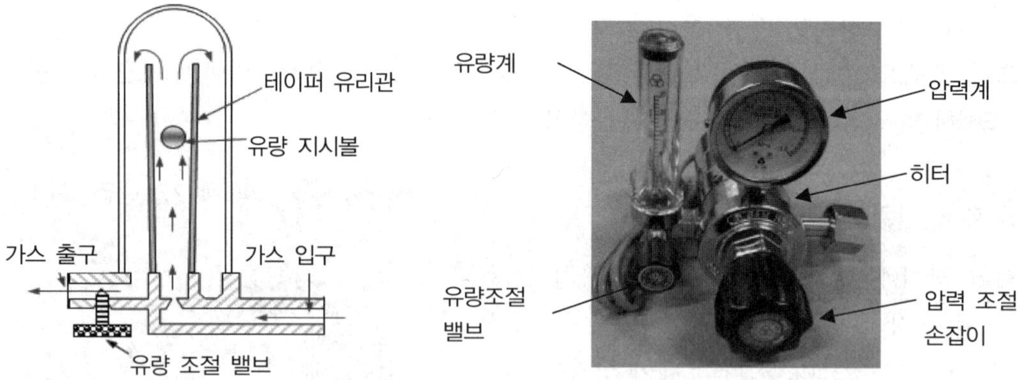

(a) 유량계 구조　　(b) 압력계 및 유량계 구조

3 용접 재료

가. 용접용 와이어

1) 솔리드 와이어(solid wire)

실체(나체, 단체) 와이어라고도 하며, 단면 전체가 균일한 강으로 되어 있는 와이어이며, 녹슴 방지와 전기가 잘 통할 수 있도록 구리 도금하여 20kg_f 정도의 릴이나 큰 통에 담겨져 시판되고 있다.

2) 플럭스 코어드(복합) 와이어(flux cord wire)

대상의 강판에 탈산제, 아크 안정제 등 용제를 넣어 둥글게 특수 가공한 와이어로서, 아크열에 의해 용제가 타서 용접부를 보호하고 탈산 및 합금원소의 첨가, 슬래그의 형성, 아크가 안정되어 전자세 용접이 가능하고, 스패터도 적어 비드 외관이 아름다우며, 용착금속이 양호하기 때문에 많이 이용되고 있다.

와이어 내에는 용제가 분말상으로 전중량의 20~25% 포함되어 있다.

단점은 와이어 지름이 굵고 전류밀도가 낮아 용착속도나 용착효율 등이 솔리드 와이어에 비해 뒤지며, 흡습 또는 녹슬기 쉽다. 또한 사용 전에 200~300℃로 1시간 정도 건조 후 사용해야 되지만 와이어 릴(스플)이 플라스틱이 대부분이라 건조에는 문제점이 있다.

나. 보호 가스

1) CO_2(이산화탄산 가스)

CO_2 가스는 비중이 1.53으로 공기보다 무거우며, 무색, 무취, 무미하나 공기 중에 농도가 높으면 눈, 코, 입 등에 자극을 느끼게 되며, 상온에서 쉽게 액화하므로 저장, 운반이 쉽고 비교적 가격이 저렴하다.

용기에 완전 충전된 액체 상태의 CO_2 가스는 용기 상부에 약 10% 정도가 기체로 존재하며, 용접에 사용되는 CO_2 가스는 순도 99.9% 이상이며, 수분이 0.02% 이하로 제한되어 있다.

CO_2 가스는 용접 중 해리되어 생성된 일산화탄소(CO)로부터 중독 작용의 위험보다 CO_2 가스의 축적으로부터 오는 질식의 위험이 더 크다.

CO_2 가스가 3~4% 존재하면 두통이나 뇌빈혈이 생길 수 있으며, 15% 이상이면 위험상태가 되고, 30% 이상이 되면 극히 위험(치사 상태)한 상태가 될 수 있으므로 취급에 주의가 필요하다.

2) 혼합 가스

CO_2 용접에 사용되는 가스는 주로 CO_2 가스가 사용되며, 아르곤 가스 단독으로 사용하는 경우는 드물고, 중요 부분에는 CO_2 가스와 아르곤 가스의 혼합 가스를 사용하고 있다.

혼합 가스는 가스 제조 회사에서 제조한 것을 사용하거나 가스 혼합기를 사용하여 일정한 비율로 혼합하여 사용하고 있으며, 2개의 유량계를 사용하여 직접 혼합하기도 한다.

일반적으로 혼합 가스는 CO_2 20～25%에 아르곤(Ar) 75～80%의 비율로 혼합하여 사용하고 있으며, 산소를 약 1~5% 혼합하면 용착강의 산화반응이 활발해져 용입이 증대되고 비금속 개재물의 응집으로 용착금속이 청정해지는 이점이 있다.

다. 뒷댐 재료

맞대기 용접시 표면 비드와 함께 이면 비드를 형성하여 이면 가우징 및 이면 용접을 생략할 수 있어 뒷댐재를 사용한다.

뒷댐재 재질은 세라믹, 수냉 동판, 글라스 테이프 등이 있으나 세라믹이 가장 많이 사용되고 있으며, 용접 자세나 형상에 따라 다양한 세라믹 뒷댐재가 시판되고 있다.

그림 5-32 세라믹 뒷댐재

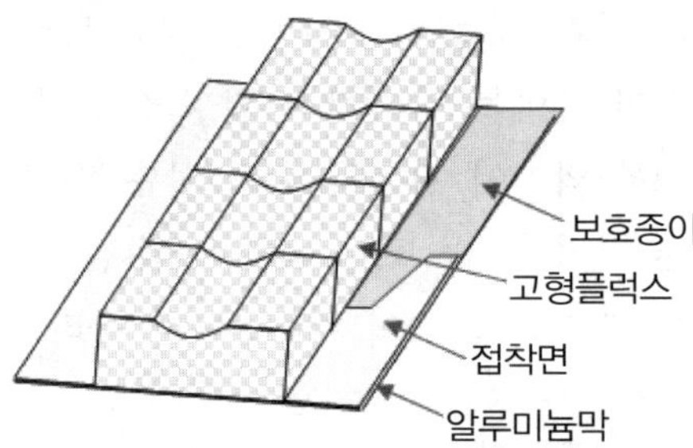

4 용접 작업

가. 용접 준비

1) 이음부 청정

이음부 및 와이어에 기름, 페인트, 녹, 수분 등의 이물질을 깨끗이 제거하고, 용제나 복합 와이어는 건조된 것을 사용해야 된다.

2) 용접 조건 설정

동일 전류에서 아크 전압이 증가할수록 용입은 낮아지고 비드 폭은 넓어지게 된다.

용접 전류는 용입을 결정하는 것으로 전류가 높게 되면 와이어 녹음이 빠르고 용착률 및 용입이 증가한다.

그림 5-33 전류, 전압, 속도 변화와 용입 관계

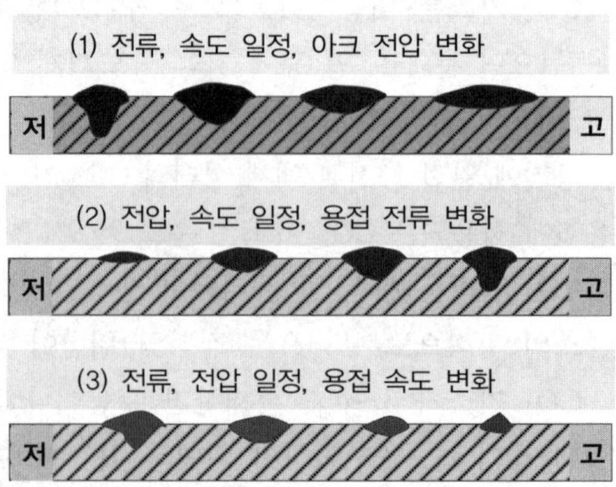

그리고 동일 조건에서 용접 속도가 증가하면 용입은 감소하는 것이 일반적이다. [그림 5-33 참조]

3) 와이어 돌출 길이

와이어 돌출 길이는 일반적으로 팁 끝에서 모재까지의 거리를 말하지만 실질적으로는 팁은 노즐 끝에서 약간 들어가 있으므로 노즐 끝에서부터 돌출된 길이로 정하는 것이 좋다.

와이어 돌출 길이가 길면 와이어의 예열이 많아지므로 작업 속도와 용착 효율이 커지나 보호 효과가 나빠지고 용접 전류는 낮아지며, 용입은 얕아지고 비드 폭은 넓어진다.

와이어 돌출 길이가 짧으면 가스 보호 효과는 좋으나 노즐에 스패터 부착이 많아지고 용접부의 외관도 나쁘며, 작업성이 떨어지고, 비드 폭은 좁으며 용입은 깊어진다.

와이어 돌출 길이는 저전류 영역(200A 미만)에서는 10～15mm 정도, 고전류 영역(200A 이상)에서는 15～25mm 정도가 적당하다.

그림 5-34 아크 길이와 용입 관계

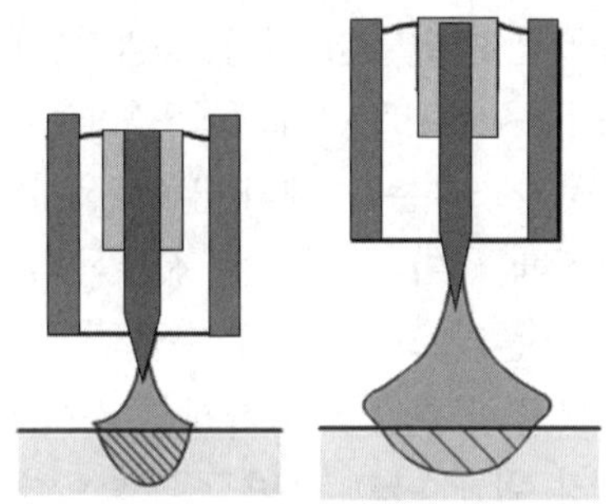

(a) 길이 짧을 때 (b) 길이 길 때

나. 전진법과 후진법의 비교

표 5-7 전진법과 후진법의 비교

전진법	후진법
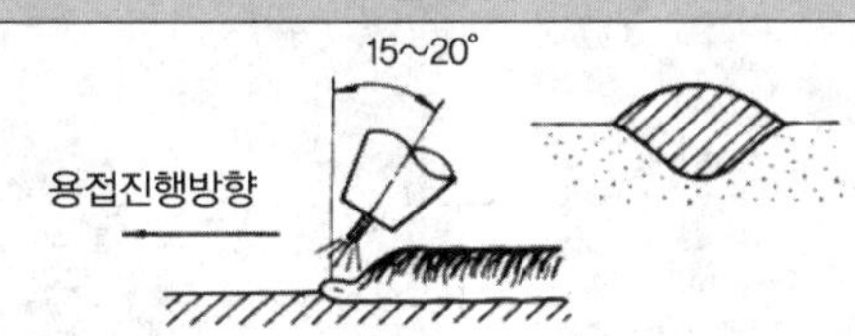	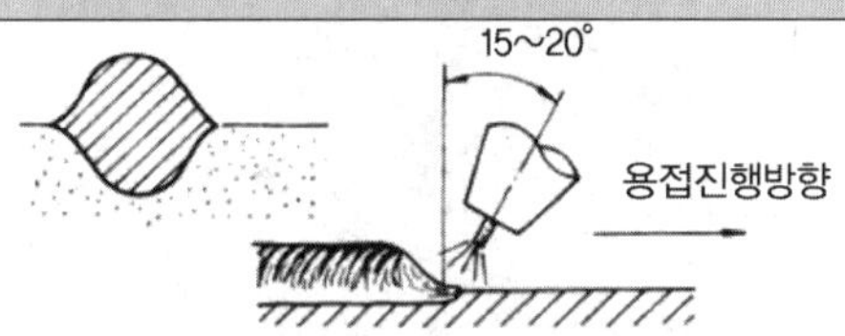
• 용접선이 잘 보이므로 운봉을 정확하게 할 수 있다. • 비드 높이가 낮고 평탄한 비드가 형성된다. • 스패터가 비교적 많으며 진행 방향쪽으로 흩어진다. • 용착 금속이 아크보다 앞서기 쉬워 용입이 얕아진다.	• 용접선이 노즐에 가려서 운봉을 정확하게 하기 어렵다. • 비드 높이가 약간 높고 폭이 좁은 비드를 얻을 수 있다. • 스패터의 발생이 전진법보다 적다. • 용융 금속이 앞으로 나가지 않으므로 깊은 용입을 얻을 수가 있다. • 비드 형상이 잘 보이기 때문에 비드 폭 높이 등을 억제하기 쉽다.

제4절 | 플라즈마 아크용접

1 원리 및 특징

가. 원 리

플라즈마란 1950년대 초에 생겨난 상에 대한 비교적 현대적인 새로운 개념으로, 초고온 기체이며, 고체, 액체, 기체에 이어 제4의 상태로 칭한다. 즉 기체가 수천도의 높은 온도로 가열된 아크열원 안을 통과할 때 고온에 의하여 기체의 원자가 원자핵(+ 양이온)과 전자(− 음이온)로 분해되어 플라즈마가 된다.

플라즈마는 기체와 많이 유사한 성질과 자신만의 독특한 성질을 가지고 있다. 용접에서의 플라즈마의 성질은 전류를 잘 통하게 하는 자유전자를 가지고 있다는 것이다.

이 플라즈마의 외주부를 가스로 강제 냉각시키면 아크 플라즈마의 열손실이 대단히 증가하므로 전류를 일정하게 유지하면 아크 전압은 상승하게 되며 플라즈마는 열손실을 최소화하기 위해 아크 표면적을 축소하게 되고. 전류 밀도는 증가하여 대단히 높은 온도(10000~30000°C 이상)의 아크 플라즈마가 얻어진다.(열적 핀치 효과)

이 고온의 플라즈마를 노즐로 분출시켜서 모재를 가열 용융하여 용접하는 것을 플라즈마 아크용접이라고 한다.

그림 5-35 플라즈마 아크용접의 원리

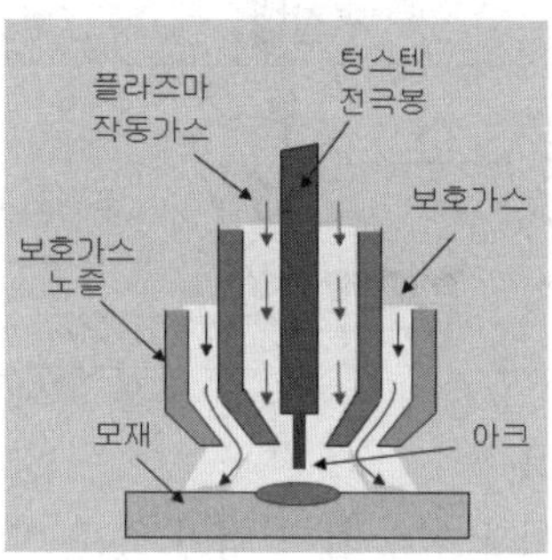

그림 5-36 플라즈마 아크용접과 TIG 용접의 아크 현상 비교

(a) 플라즈마 아크　　(b) TIG 용접 아크

나. 특 징

1) 장 점

① 열적, 자기적 핀치 효과에 의해 전류 밀도가 커서, 용입이 깊고 비드 폭이 좁으며, 용

접 속도가 빠르다.

② I형 맞대기 이음에서 단층으로 용접할 수 있어 능률적이다.

③ 용접부의 금속학적, 기계적 성질이 좋으며, 변형이 적다.

④ 각종 재료의 용접이 가능하며, 수동 용접도 쉽게 할 수 있고, 숙련을 요하지 않는다.

2) 단 점

① 설비비가 많이 들고 무부하 전압이 높다.(교류 아크용접기의 2~3배)

② 용접 속도가 빠르므로 가스 보호가 불충분하며, 용접부에 경화 현상이 일어나기 쉽다.

③ 모재 표면에 기름, 먼지, 녹 등이 오염되었을 때에는 플라즈마 아크의 상태가 변화하여 비드가 불균일하고, 용접부의 품질 저하 등의 원인이 되므로, 화학 용재로 깨끗이 청정해야 한다.

2 보호 가스

가. 가스 종류별 특징

1) 아르곤

아르곤은 전극 보호 성능이 좋으며, 어느 온도나 압력에서도 다른 물질과 화합물을 형성하지 않으며, 아크 안정성이 우수하고, 전극 보호 성능도 좋으며, 모든 금속에 사용 가능하고, 낮은 전류에서 청정 효과가 우수하여 모든 금속의 용접에 사용될 수 있으나, 열전도도가 낮아 불균일한 용접이 될 가능성이 있다.

2) 아르곤+수소(혼합시 효과)

H_2는 열전도율이 높고 가스 분출 속도를 증가시키는 기능이 있어 수소 분자가 원자로 해리할 때에 아크 기둥에서 해리 에너지를 빼앗아 아크를 수축시키면서 열적 핀치 효과가 생기며 용접 속도를 증진시킬 수 있다. 그러나 Ti, Zr과 같은 반응 금속에 수소가 미치는 나쁜 영향도 고려해야 되며, 과대한 수소의 혼합은 기공과 균열을 초래하는 경향이 있으며, 텅스텐 수명도 짧아진다.

3) 헬 륨

아르곤에 비해 25% 이상 용접 입열을 증대시키므로 열전도도가 높은 구리, 알루미늄 합금, 후판 티타늄 용접에 적합하다.

4) 아르곤+헬륨

아르곤의 아크 안정과 헬륨의 높은 입열 때문에 구리 및 티탄합금 등 산화반응이 심한 금속의 후판 용접에 사용된다. 헬륨(He)의 비율이 75% 이상이 되면 노즐이 과열될 위험이 크므로 낮은 범위의 부하(load) 상태에서만 가능하다.

나. 용접 재료별 보호 가스

1) 스테인리스강용

Ar+5~10% H_2의 보호 가스를 사용할 경우 집중성이 강한 아크를 얻을 수 있다.

2) 티탄, 구리용

매우 적은 양의 수소를 혼입하여도 용접부가 약화될 위험성이 크므로 수소 대신에 보호 효과가 매우 큰 순아르곤이나 헬륨을 사용해야 된다. 일반적으로 헬륨 가스는 아르곤 가스에 비해 용접부의 보호 효과가 떨어지므로 같은 보호 효과를 얻으려면 가스 유량을 1.5~2배 증가시켜야 한다.

제5절 | 일렉트로 슬래그 용접

1 원리 및 특징

가. 원 리

용융 슬래그와 용융 금속이 용접부로부터 유출되지 않게 모재의 양측에 수랭식 동판을 대어주고 용융 슬래그 속에서 전극 와이어를 연속적으로 공급하여 주로 용융 슬래그의 저항열에 의하여 와이어와 모재를 용융시키면서 단층 수직 상진 용접을 하는 방법이다.

나. 특 징

1) 장 점

① 다른 용접에 비하여 후판을 단일층으로 한 번에 용접할 수 있다.

② 용접 시간이 단축되므로 능률적이며 경제적이다.
③ 홈 형상은 I형 그대로 사용되므로 용접 홈 가공 준비가 간단하다.
④ 각(角)변형이 적고 용접 품질이 우수하다.
⑤ 스패터 발생이 적으며, 조용하고 용융 금속의 용착량은 100%가 된다.
⑥ 대형 용접에서는 서브머지드 용접에 비하여 용접 시간, 홈가공비, 용접봉비, 준비 시간 등을 1/3~1/5 정도로 감소시킬 수 있다.
⑦ 와이어 단위 무게당 소비 전력은 송급 속도가 크게 되면 저하된다.

그림 5-37 일렉트로 슬래그 용접

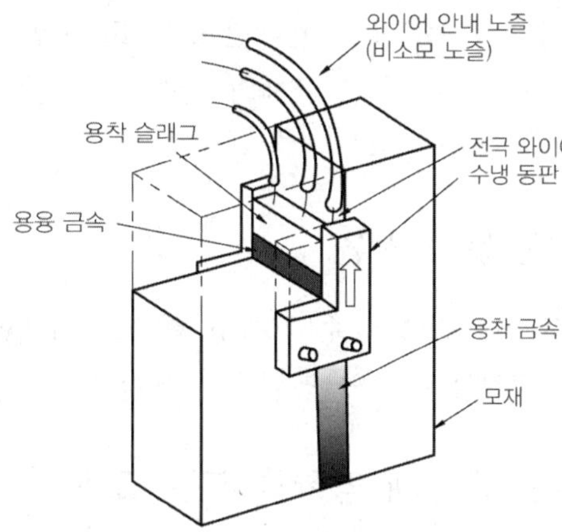

⑧ 송급 속도가 2배가 되면 전기 에너지 값은 20% 이상 감소된다.
⑨ 용제 소비량은 서브머지드 아크(잠호) 용접에 비하여 약 1/20 정도로 매우 적다.
⑩ 압력 용기, 조선 및 대형 주물의 후판 용접 등에 바람직한 용접이다.

2) **단 점**

① 박판 용접에는 적용할 수 없다.
② 장비 설치가 복잡하고, 냉각 장치가 필요하며, 장비가 비싸다.
③ 용접 진행 중 용접부를 직접 관찰할 수 없다.
④ 높은 입열로 인하여 횡방향의 수축과 팽창이 크다.
⑤ 용접부의 기계적 성질이 저하될 수 있다.
⑥ 용접 시간에 비하여 용접 준비 시간이 길다.
⑦ 소모 노즐의 경우 자체의 저항 발열 때문에 길게 용접할 수 없다.(1m 이하에 적합)

2 용접 작업

가. 용접용 와이어

연강용은 서브머지드 아크용접과 같은 것을 사용하며, 주로 ϕ2.4~3.2의 0.35~1.10% Mn의 저합금강을 사용한다.

나. 용 제

용접 금속 1[kg]에 대한 용제(flux)의 소비량은 서브머지드 아크용접에 비하여 약 50[g] 정도로 매우 적다. 용제의 주성분은 산화규소(SiO_2), 산화망간(MnO), 산화알루미늄(Al_2O_3) 등으로 되어 있다.

다. 용접 전원

교류나 직류의 수하 특성 전원을 사용할 때 와이어 송급 장치는 전압 제어 방식으로 하고, 정전압 특성의 전원을 사용할 때는 정속도 와이어 송급 장치로 한다.

라. 용입에 영향을 주는 요소

① 전류, 전압, 슬래그욕 깊이, 개선 간격 등이 있으며, 슬래그욕 내의 대류의 영역 및 그 발열 밀도 등이 크게 영향을 받는다.
② 일반적으로 전압이 높을수록 용입이 깊게 된다.
③ 모재의 용입 폭은 슬래그욕 깊이가 증가하면 감소하나 지나치게 얕으면 안정된 용입 현상을 유지할 수 없다. 일반적으로 40~50mm의 슬래그 깊이가 적당하다.

제6절 | 일렉트로 가스 용접

1 원리 및 특징

가. 원 리

수직 전용 용접이라는 점에서는 일렉트로 슬래그 용접과 같지만, 사용되는 열원이 아크라는 점에서 크게 다르며, 일렉트로 슬래그 용접의 특징과 CO_2 가스 아크용접을 조합한 아크용접의 일종이다.

이 방법은 수냉 동판으로 용접 부위를 둘러싸고 그 안에 CO_2를 집어넣어 보호 가스 분위기 속에서 와이어 가이드 노즐을 통하여 복합 와이어를 송급하여 와이어 끝과 모재간에 발생하는 아크에 의해 복합 와이어와 모재를 용융하여 용접을 진행한다.

나. 특 징

1) 장 점

① 수동 용접에 비하여 약 4~5배의 용융 속도를 가지며, 용착 금속량은 10배 이상 된다.

② 수동 용접의 수직 자세에서는 용융 금속의 낙하나 스패터 등의 손실을 고려해야 하나 이 용접법은 전혀 고려할 필요가 없으므로 용착 효율이 95% 이상 된다.

③ 판두께에 관계없이 단층으로 상진 용접하며, 판두께가 두꺼울수록 경제적이다.

④ 용접 홈의 기계 가공이 불필요하며 가스 절단 그대로 용접할 수 있다.

그림 5-38 일렉트로 가스 용접

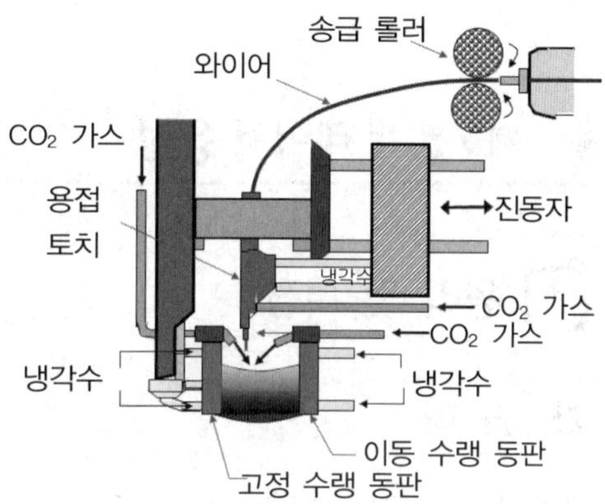

⑤ 용접 장치가 간단하며, 취급이 쉽고 고도의 숙련을 요하지 않는다.

⑥ 수직 상태에서 횡 경사 60~90° 용접이 가능하며, 수평면에 대해서 45~90° 경사 용접이 가능하다.

2) 단 점

① 정확한 조립이 요구되며, 이동용 냉각 동판에 급수 장치가 필요하다.

② 스패터 및 가스의 발생이 많다.

③ 용접 작업시 바람의 영향을 많이 받으므로 풍속 3m/sec 이상시 방풍막이 필요하다.

④ 일반적으로 용접 시작부의 5~15mm는 용입 불량이 생기고, 끝부분에는 10~20mm 정도의 수축공이 생기므로 엔드탭 판을 써서 용접 후 절단하거나 용접 후 교정해야 한다.

2 용접 작업

가. 작업 조건

① 용접 가능 두께는 10~35mm이며, 다층 용접의 경우 60~80mm까지 가능하다.

② 용접 전류는 ϕ1.6 사용시 250~400A, 전압 28~40V가 사용된다.

③ 용접 시단부는 수동 용접으로 20mm 정도 모재와 동일하게 층을 채워준다.
④ I형 홈의 루트 간격은 12~22mm, V형 홈의 루트 간격은 1~7mm가 적당하다.
⑤ 보호 가스로는 Ar, He, CO_2 또는 이들을 혼합한 가스를 사용하나, 주로 사용되는 가스로는 CO_2 가스이다.
⑥ 가스의 유출량은 25~30ℓ/min 정도가 적합하다.

제7절 | 레이저 용접

1 원리 및 특징

가. 원 리

그림 5-39 레이저 용접의 원리

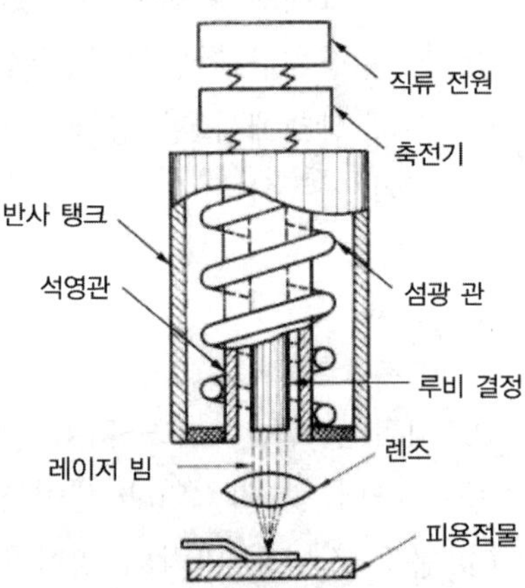

레이저(LASER)란 Light Amplification By Stimulated Emission of Radiation의 머리 문자를 딴 합성어로 유도 방사에 의한 빛(전자파, 광)의 증폭, 즉 외부 에너지를 이용하여 유도 방출에 의해 빛 증폭으로 생기는 특수한 형태의 광선, 또는 양자역학을 응용하여 아주 짧은 파장의 전자기파를 증폭하거나 발진하는 장치를 말하며, 이 레이저에서 얻어진 강렬한 에너지를 가진 접속성이 강한 단색 광선을 이용한 용접법이다.

레이저 광선을 집광하면 지름이 1μ 정도의 점으로 집광할 수 있으며, 이때의 에너지 밀도는 태양 표면의 에너지 밀도 7000W/cm^2 보다도 크다고 한다.

레이저의 발진기에 의해 만들어진 파장과 위상이 갖추어진 빛을 렌즈나 거울로 가늘게 짜내어 피용재에 조사하고 이 빛을 피용접재에 흡수시켜 가열, 용융하여 접합하는 방법으로, 레이저 빔이 모재에 조사되면 레이저의 초점부는 높은 에너지 밀도에 의해 표면이 순간적(1~20 ms)으로 약 6000~6400℃ 온도로 키홀(key hole) 내에서 용융 융착 후 냉각되어 용접이 이루어지게 된다.

나. 특 징

1) 장 점

① 레이저 빔의 스폿경(보통 1mm)이 작아 높은 에너지 밀도(106 W/cm^2 이상)를 얻을

수 있으므로 용접시 열영향부와 열변형이 작다.

② 전자 빔 용접과 비슷한 고밀도 에너지이나, 대기 중에서 용접할 수 있어 진공실이 필요하지 않다.

③ X선 방출이 없으며 자장의 영향을 받지 않는다.

④ 입력 에너지의 제어성이 좋아서 미세한 용접이 가능하다.

⑤ 아크용접에 비해 열에너지가 높다.

⑥ 용접 속도(1～20Hz)가 빨라 고속 용접과 자동화가 가능하다.

2) 단 점

① 장비 가격과 정밀한 지그 장치가 필요하므로 초기 투자 비용이 크다

② 용접 중 모재 표면의 반사도, 모재 사이의 갭에 따라 크게 영향을 받는다.

③ 재질에 따라 고온 균열이 발생할 우려가 있다.

④ 열전도성이 좋은 재료(Cu, Al 등)는 반사율이 높아 용접이 어렵다.

⑤ 금속 증기 및 실드 가스의 플라즈마화에 의해 용입 깊이가 저하한다.

다. 레이저 장치의 기본 형식

1) 고체 금속형 레이저

루비 레이저가 있으며, 직관 섬광식과 나선 섬광식이 있다. 직관식은 봉상 결정과 직선상의 크세논 섬광이 평행으로 나란히 놓여 있으며, 나선 섬광식은 크세논 섬광관이 나선상으로 놓여 있다.

그리고 레이저의 효율을 높이기 위해 액화 아르곤, 질소, 헬륨으로 냉각된 레이저를 사용한다.

2) 가스 방전형(기체) 레이저

헬륨, 네온, 아르곤, CO_2(이산화탄소), 엑시머 레어저 등이 대표적인 기체 레이저로서, 희박한 기체를 유리관 속에 넣고 관 양쪽 끝의 전극에 전압을 걸고 방전시켜 여기된 기체에서 생긴 빛이 양쪽의 거울을 왕복하면서 세기가 증가되어 강력한 빛을 발산한다.

3) 반도체형 레이저

① 반도체 재료로 갈륨-비소 등의 화합물이 사용되며, 반도체로서 가장 많이 사용되고 있는 실리콘은 발광 능력이 없어 사용하지 않는다.

② 광통신 등에 필수 재료로서, 스펙트럼 폭이 좁고 미세하게 집광할 수 있으며, 파장 선택 범위가 넓고 수명이 길다.
③ 고체나 기체 레이저에 비해 소형, 경량이고(100분의 1 이하의 크기), 소비전력이 적으며, 신호에 따라 쉽게 빛의 강도를 변화시킬 수 있다.

라. 레이저의 특성

① 단색성(Monochromaticity) : 태양광과 달리 색상의 변화가 일어나지 않으며, 다른 빛이 혼합되어 있지 않고, 어느 정도의 순수한 단일 광으로 이루어져 있다.
② 지향성(Directionality) : 빛이 퍼지지 않고 일정한 방향으로 직진하는 성질이 있다.
③ 에너지 집중과 고휘도성(High-brightness) : 태양 빛을 렌즈에 집중하면 종이나 나무를 태울 수 있는 정도이지만, 레이저 빛의 경우 렌즈로 집광하면 철판까지도 녹일 수 있을 만큼 에너지 밀도가 높고 밝기가 매우 밝은 빛을 발생한다.
④ 우수한 간섭성(Coherence) : 간섭이란 위상의 차이에 따라 명암의 무늬가 나타나는 현상으로, 레이저는 위상이 균일하기 때문에 약간의 장애물에 부딪히면 곧 간섭을 일으킨다.

2 용 도

① 절단, 용접, 표면 육성 용접, 열처리, 정밀 드릴링, 열변형이 문제되는 정밀 용접 분야
② 브레이징할 때 전체 공작물의 가열시 물성 변화가 있는 부품
③ CO_2, 아르곤 용접 때 열변형과 깨끗하지 않는 부품, 고가의 전자빔 용접 부품
④ 특수한 이유로 금속 표면에 서로 다른 재질을 육성 용접해야 하는 부품
⑤ 부분 열처리를 할 때 고주파 코일의 거리가 미치지 못하는 부품의 표면 경화 열처리
⑥ 공작물의 변형과 경화로 위험한 부품의 표면 경화 열처리
⑦ 원자재 비용 절감을 위하여 재질이 서로 다른 용접 부품
⑧ 기타(다이아몬드 구멍 뚫기, 의학(성형수술 등)(우주통신, 로켓트 추적, 광학) 분야

3 레이저-하이브리드(Hybrid) 용접(Laser + Arc)

가. 원 리

오하이오주의 콜럼버스에 위치한 Edison Welding Institute사에서 두꺼운 부분을 용접하기

위해 Nd : YAG 레이저 용접과 금속 보호 가스 아크용접(GMAW)을 접목시킨 기술로서, 낮은 레이저 동력으로 보다 많은 양을 용융시켜 용접할 수 있다.

장비가 요구하는 정밀성도 많이 완화시킬 수 있고, 용접 중 흄(Fume)의 발생이 적고 적외선, 자외선 등 유해 광선이 발생하지 않는 용접으로서 환경 친화적이며, 기존의 GTAW, GMAW 용접에 비해 높은 용접 속도와 깊은 용입과, 변형을 최소화할 수 있다.

하이브리드 용접은 레이저 용접의 경우 고출력에 의해 깊은 용입과 좁은 비드를 형성할 수 있으나 용접 전에 가공 정밀도를 높게 해야 하는 단점을 보완하고, CO_2 (MAG)용접 등과 같이 넓고 얕은 용입의 단점이 있으나 가공이 쉬운 장점을 서로 보완하여 MIG 용접 등에서의 넓은 비드 폭보다는 좁고 깊은 용입이 되도록 레이저는 높은 출력 밀도로 심 깊이를 깊게 하며, 용접 속도를 빠르게 하여 변형, 비틀림이 적게 하며, 용접 공정의 자동화를 용이하게 하는 장점이 있다.

그러나 레이저 용접 공정에는 매우 많은 동력이 필요할 뿐만 아니라 장치의 엄격한 정교함을 요구하는 제한 요인도 있다.

나. 특 징

① 아크와 레이저의 상호반응으로 인한 용접 안정화를 이룰 수 있다.
② 열변형이 적고, 깊은 용입을 얻을 수 있다.
③ 낮은 레이저 동력으로 보다 많은 양을 용융시켜 용접할 수 있다.
④ 용접속도가 향상되며, 단위 kW 에너지당 비용이 적어진다.
⑤ 레이저 장비가 요구하는 정밀성을 많이 완화시킬 수 있다.
⑥ 용접 중 적외선, 자외선 등 유해 광선이나, 흄(Fume)의 발생이 적어 친환경적이다.
⑦ 단순 GTAW, GMAW 용접에 비해 용접 속도가 빠르며, 자동화가 용이하다. 10mm 두께 판을 틈새 약 0.8mm 정도 띄우고 분당 1m 속도로 맞대기 용접할 수 있다.

제8절 | 전자 빔 용접

1 원리 및 특징

가. 원 리

전자빔 발생기 내부의 음극(Cathode)에서 열전자를 방출하면 고전압에 의해 양극(Anode)으로 가속되며, 높은 에너지를 가지고 접속된 전자 빔을 고진공(10^{-4}～10^{-6}mmHg) 분위기

속에서 용접물에 고속도로 조사시키면 광속의 약 2/3 속도로 이동한 전자는 용접물에 충돌하여 전자의 운동 에너지를 열에너지로 변환시켜 국부적으로 고열을 발생하게 된다.

이때 생긴 고에너지를 열원으로 이용하여 용접면을 가열, 용융시켜 용접물을 접합시키는 방법이다.

나. 특 징

1) 장 점

① 대단히 높은 에너지 밀도와 용접 효율을 가지고 있다.
같은 두께 용접시 입열량이 피복 아크용접에 비해 1/50 정도이며, 용입 깊이와 폭의 비가 20 :1이며, 300mm 두께까지 1회에 완전용입할 수 있고 용접 속도도 빠르다.

② 용접 변형(Minimizing Distortion)이 매우 적다.
두께 12mm를 용접시 수축량이 아크용접은 0.5mm인데, 전자빔 용접은 0.1mm(아크용접의 20%)로 매우 적다.

③ 다층투과 기능이 있어 다판용접이 가능하며, 광범위한 이종 금속의 용접이 가능하다.

④ 진공 분위기에서의 용접으로 활성 금속의 용접이 가능하며, 산화 등 대기 가스로 인한 오염을 최소화시킨다.

⑤ 고진공 분위기에서의 용접으로 제품의 진공 밀폐가 가능하다.

2) 단 점

① 일반 용접기에 비해서 전자빔 용접기의 장비 가격이 매우 고가이다.

② 일반 용접에 비해서 용접 단품과 치구의 가공 정밀도가 보다 높이 요구된다.

③ 진공 분위기를 형성하기 위해서 진공 배기 시간이 필요하므로 생산성이 저하된다.

④ 용접시 발생되는 X－Ray가 인체에 해를 끼치므로 이의 차폐가 필요하며, 장비는 주기적으로 점검되어져야 한다.

⑤ 전자 빔은 자장에 의해서 굴절되므로 일부 이종 금속 용접시 용접에 장애가 있다.

⑥ 강자성체 금속의 경우 탈자(脫磁)없이는 용접이 불가능하다.

⑦ 고밀도 에너지 용접에서는 기공이 발생할 우려가 많다.

2 용 도

가. 일반 용접이 어려운 금속의 용접

W(텅스텐), 탄탈, Zr(지르코늄), Al(알루미늄), 스테인리스강, 니켈강, 동, 은 등 용접부에

불순물, 가스 혼입 방지를 위할 때나, 도전체의 전기 전도율의 유지를 위할 때

나. 제작 비용의 현저한 저감이 필요한 경우

매우 두꺼운 후판의 용접 시간 단축, 용가재, 보호 가스(Sealing gas) 및 용제(Flux) 등 부자재의 절감, 자동화로 생산성 향상시, 홈 가공이 불필요할 때, 용접 후 연삭 등의 후처리 인건비의 절감이 필요할 때

다. 구조 설계적인 측면에서 다른 용접으로는 어려움이 많을 때

① 타 용접 방식으로 용접이 어려운 얇은 재료의 용접이 필요할 때
② 용접 변형의 방지와 용기 내부의 진공 봉합이 요구될 때
③ 외관상 용접면의 청결화가 필요할 때
④ 내부에 물질을 충진시킨 상태에서 열영향없이 용접이 필요할 때
⑤ 예열－용접－서랭/후열 처리가 동시에 연계적으로 요구될 때

제9절 | 기타 특수 용접

1 원자 수소 아크 용접(atomic hydrogen arc welding)

가. 원 리

가스 실드 아크용접의 일종이며 수소 가스 중에서 2개의 텅스텐 전극에 아크를 발생시키면 수소 분자(H_2)가 아크열에 의해 원자 수소(H)로 해리되고 이 원자 상태의 수소가 용접물의 표면에서 냉각되어 분자상 수소로 재결합할 때 방출하는 열을 이용하여 용접한다.

나. 특 징

① 강환원성 분위기에서 용접되므로 치밀하다.
② 연성이 풍부한 용착 금속을 얻을 수 있다.
③ 발열량이 높아 용접 속도가 빠르고 변형이 작다.
④ 토치 구조의 복잡성, 기술적인 난점 등으로 비용이 과다하여 사용이 줄어들고 있다.

다. 용 도

① 고도의 기밀, 유밀을 필요로 하는 내압 용기, 내식성을 필요로 하는 절삭 공구 등
② 용융점이 높은 금속 및 비금속 재료, C 1.25%까지의 탄소강, Cr 40%까지 용접 가능
③ 니켈, 모넬메탈, 황동, 주강, 청동 주물의 용접

2 아크 스터드 용접(arc stud welding)

가. 원 리

심기 용접이라고도 하며, 직경이 10mm 정도 이하의 강봉, 황동봉, 볼트 등을 직접 모재에 녹여서 접합하는 방법이다.

방법은 스터드(부품 겸 전극)를 모재에 접촉시켜 두고 전류를 통해 접합부를 모재에서 떨어뜨려 아크열에 의해 적당히 용융시킨 후 스터드를 용융 풀에 눌러 붙여서 용착시키는 법이다.

나. 특 징

① 대체로 급열, 급랭을 받기 때문에 저탄소강에 적합하다.
② 주로 철골, 건축, 자동차의 볼트 용접에 이용된다.

그림 5-40 아크 스터드 용접의 원리

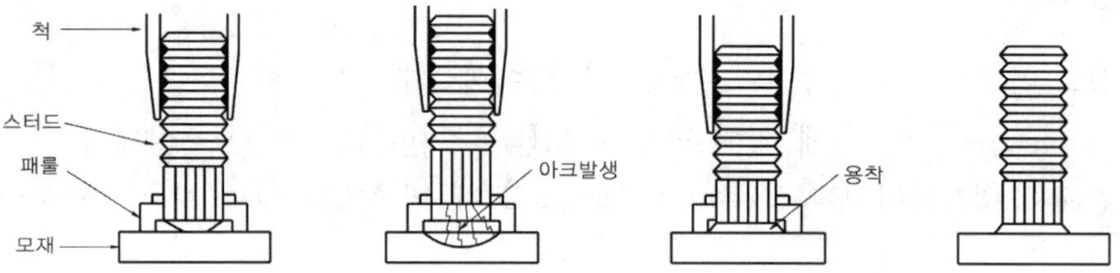

3 테르밋 용접(thermit welding)

가. 원 리

미세한 테르밋제로 알루미늄과 산화철 분말을 1 : 3～4의 중량비로 도가니 속에 넣고 그 위에 과산화바륨, 마그네슘 등의 점화제를 넣어 점화하면 강한 테르밋 반응에 의한 발열

반응이 일어나 용융 금속과 슬래그로 분리되며 슬래그를 제거한 후 용탕을 접합부에 부어 접합하는 용접법이다. 이때의 발열 온도는 약 2800℃ 정도 된다.

그림 5-41 테르밋 용접의 원리

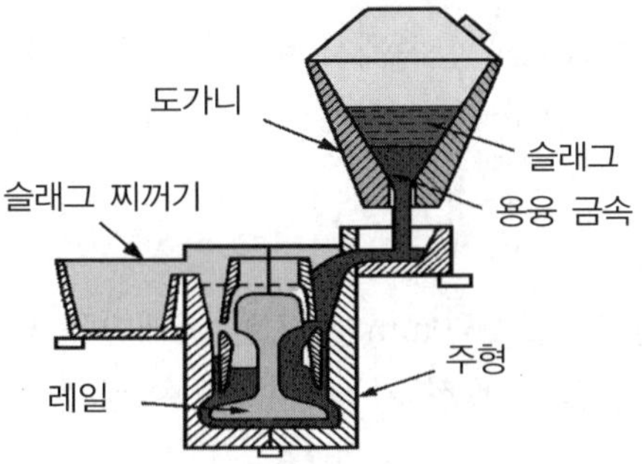

그림 5-42 레일 테르밋 용접 장면

나. 특 징

① 전기가 필요하지 않으며, 용접 작업이 단순하다.
② 용접 시간이 짧고, 용접 후 변형이 적으며, 용접 결과의 재현성이 높다.
③ 용접용 기구가 간단하며, 설비비도 싸다.
④ 차축, 레일, 배 뒤의 플레임 등 큰 단면을 가진 모재의 맞대기 용접에 이용된다.

4 단락 옮김(이행) 아크용접(short arc welding)

가. 원 리

가는 솔리드 와이어를 아르곤, 이산화탄산 가스 또는 그 혼합 가스의 분위기 속에서 용접을 하는 불활성 가스 금속 아크용접과 비슷한 방법이며, 보통 1초에 100회 이상 단락을 일으키며 용접이 이루어진다.

나. 마이크로 와이어

단락 옮김 아크용접에 사용되는 마이크로 와이어에는 연강의 용접에서 규소-망간계로, 지름이 0.76mm, 0.89mm, 1.14mm인 가는 와이어가 쓰인다.

5 아크 점 용접법(arc spot welding)

가. 원 리

아크의 고열과 그 집중성을 이용하여 겹친 2장의 판재의 한쪽에서 아크를 0.5~5초 정도 발생시켜 전극 팁의 바로 아래 부분을 국부적으로 융합시키는 아크에 의한 점 용접법이다.

나. 적 용

적용할 때의 판두께는 1.0~3.2mm 정도의 위판과 3.2~6.0mm 정도의 아래판을 맞추어 용접하는 경우가 많으며, 6.0mm까지는 구멍을 뚫지 않고 용접 가능하며, 그 이상은 구멍을 뚫고 플러그 용접으로 시공한다.

6 가스 압접법(gas pressure welding)

가. 원 리

맞대기 부분을 가스 불꽃으로 가열하여 적당한 온도에 도달하였을 때 압력을 주어 접합하는 방법으로, 가열 불꽃은 주로 산소-아세틸렌 불꽃을 사용하고, 그 밖에 산소-프로판, 산소-수소 불꽃이 있다.

나. 종 류

밀착시킨 상태에서 가열하여 접합하는 밀착 맞대기 용접법과, 압접면을 가열하여 용융되기 시작하면 양 접합물을 가압하는 개방 맞대기법이 있다.

7 초음파 용접(ultrasonic welding)

가. 원 리

용접물을 겹쳐서 용접 팁과 하부 앤빌(anvil) 사이에 끼워놓고 압력을 가하면서 초음파(18kHz 이상) 주파수로 횡진동을 주어 그 진동 에너지에 의해 진동 마찰열을 발생시켜 접촉부의 원자가 서로 확산되어 압접하는 방법이다.

나. 특 징

① 냉간 압접에 비해 주어지는 압력이 작으므로 용접 변형도 작다.

② 용접물의 표면 처리가 간단하며 압연한 그대로의 재료도 용접이 쉽다.
③ 극히 얇은 판(필름 등)도 쉽게 용접할 수 있다.
④ 이종 금속의 용접도 가능하다.
⑤ 판의 두께에 따라 용접 강도가 현저하게 변화한다.

그림 5-43 초음파 용접의 원리

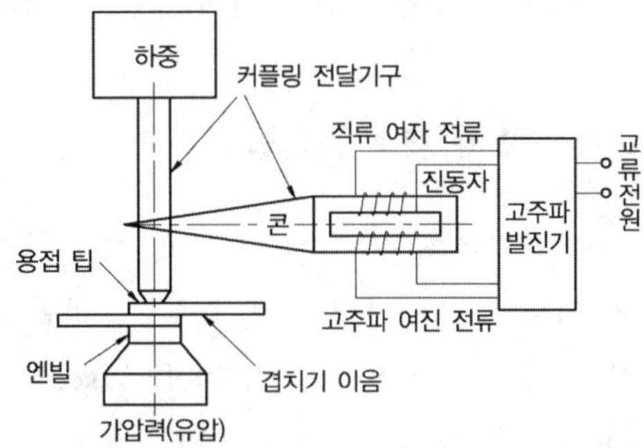

다. 장치와 용도

초음파 용접 장치는 보통 초음(고주)파 발진기, 진동자, 진동 전달 기구, 상하 접촉용 팁과 가압 기구, 각종 자동 제어 장치 등으로 구성되어 있다.

초음파 용접에 알맞은 판재의 두께는 금속에서는 0.01~2mm, 플라스틱류는 1~5mm 정도의 얇은 판의 접합에 적합하다.

8 고주파 용접(high frequency welding)

가. 원 리

고주파 전류가 도체의 표면에 집중적으로 흐르고 내부로 갈수록 전류 분포가 적어지는 성질인 표피 효과(skin effect)와 전류의 방향이 반대인 경우에는 서로 접근해서 흐르는 성질인 근접 효과(proximmity effect)를 이용해 용접부를 가열하여 용접하는 방법이다.

그림 5-44 고주파 유도 가열법

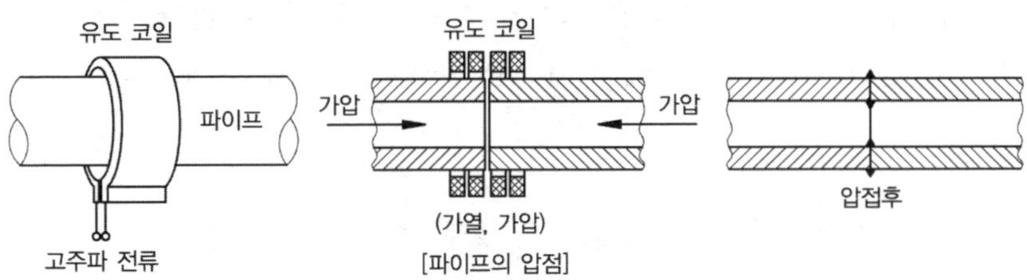

나. 종류와 용도

1) 고주파 유도 용접법

용접부 주위에 감은 유도 코일에 고주파 유도 전류를 통전해 피용접물에 2차적으로 유기된 유도 전류의 작용에 의해 가열하여 용접부가 압접 온도에 도달한 때에 가압하는 압접

PART 1 용접 일반

법이며, 고주파 전력을 발생시키는 주파수 범위는 1~3kHz/sec, 최대 출력 1000kW 정도이다.

2) 고주파 저항 용접법

고주파 전류를 직접 재료에 통전시켜 저항열에 의해 용융시킨 후 가압하는 압접법이며, 비교적 주파수가 높아 10~20000kHz/sec, 최대 출력 50kW 정도이다.

그림 5-45 파이프 고주파 저항 용접

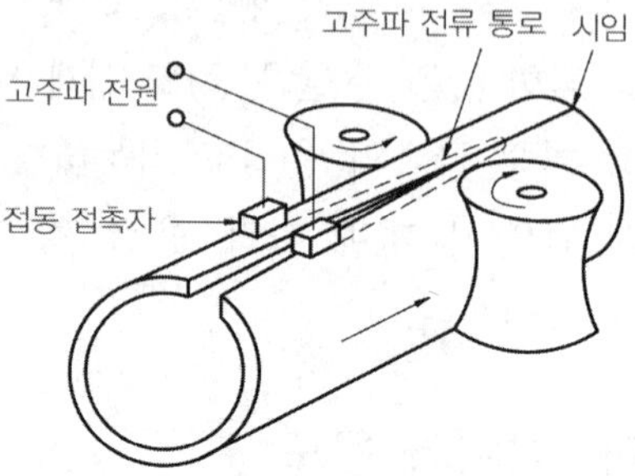

9 냉간 압접(cold pressure welding)

가. 원 리

접합면이 깨끗한 2개의 금속면을 Å 단위의 거리로 최대한 가까이 하면 전자의 공통화 현상에 의해 결정 격자점의 금속 이온과 상호 작용으로 금속 원자가 결합되는 형식을 이용하여 상온에서 단순히 가압만의 조작으로 금속 상호간의 확산을 일으켜 압접하는 방법이다.

접합면의 확산에 의해 완전한 압접을 얻기 위해서 필요한 소성 변형량은 금속에 따라 다르다.

나. 특 징

1) 장 점

① 접합부의 열 영향에 의한 변화가 없으며, 숙련이 필요하지 않다.
② 압접 공구가 간단하며, 접합부의 전기 전도율이나 내식성은 모재와 거의 같다.

2) 단 점

① 용접부가 가공 경화하며, 겹치기 압접은 눌린 흔적이 남는다.
② 철강 재료의 접합은 부적당하다.

다. 용 도

전기 전자 통신 부품의 결선 등에 가열을 피해야 하는 분야에 사용되는 알루미늄, 구리, 기타 비철 금속 등의 맞대기 또는 겹치기 접합에 널리 이용되며, 반도체 소자의 기밀 봉착, 위험물 용기의 밀봉에 이용되고 있다.

10 폭발 압접

가. 원 리

폭발 압접(explossive welding)은 2장의 금속판을 화약의 폭발에 의해 생기는 순간적인 큰 압력을 이용하여 압접하는 방법이다.

폭발 압접의 종류에는 전면 폭발 압접, 점 폭발 압접, 선 폭발 압접 등이 있다.

나. 장 점

① 특수한 제작 설비가 필요 없으므로 경제적이며, 용접 작업이 비교적 간단하다.
② 이종 금속의 접합, 고용융점 재료의 접합이 가능하다.
③ 접합이 견고하므로 성형이나 용접 등의 가공성이 양호하다.

다. 단 점

화약을 사용하므로 위험하며, 압접할 때 큰 폭발음을 낸다.

그림 5-46 전면 폭발 압접(경사법)

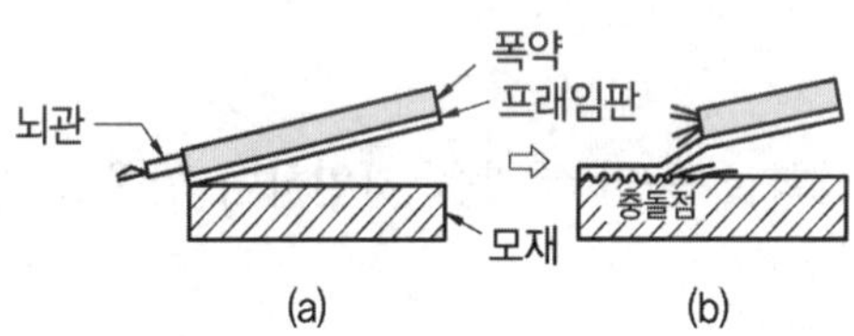

그림 5-47 전면 폭발 압접(평행법)

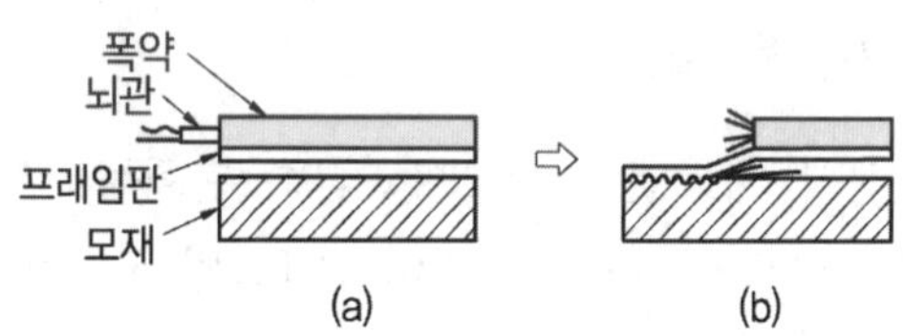

11 마찰 용접(friction welding)

가. 원 리

접합물을 맞대어 상대 운동을 시키고 그 접촉면에 발생하는 마찰열을 이용해 접합하는 방법으로 마찰 용접과 마찰 압접이 있다.

용도는 공구류, 기계 부품, 항공기 자동차 부품 등에 이용된다.

나. 장 점

① 자동화가 용이하며, 숙련을 요하지 않는다.
② 경제성이 높으며, 압접면은 끝손질이 필요하지 않다.
③ 국부 가열이므로 열영향부의 너비가 좁고 이음 성능이 좋다.

다. 단 점

① 피압접 재료의 단면은 원형으로 제한한다.(마찰 압접의 경우)
② 플래시 용접보다 용접 속도가 늦다.(마찰 압접의 경우)
③ 상대 각도를 필요로 하는 것은 곤란하다.

그림 5-48 마찰 압접의 기본 형식

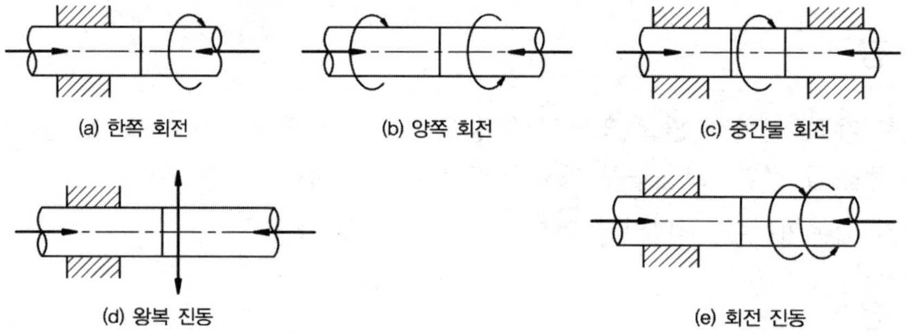

12 용 사(metallizing)

가. 원 리

용사 재료인 금속 또는 금속 탄화물, 질화물, 산화물 등의 분말을 가열하여 반용융 상태로 밀착 피복하는 방법이다. [그림 5-49 참조]

나. 용 도

내식, 내열, 내마모성 및 인성용 피복으로 금속, 기계, 전기 공업 분야에 널리 이용된다.

그림 5-49 아크 용사 장치

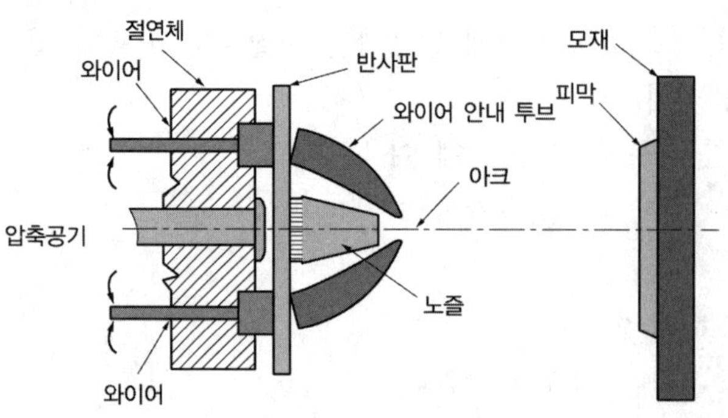

단원 종합 문제 {제5장 I 특수 용접 및 기타 용접}

01 다음 중 서브머지드 아크용접의 다른 명칭이 아닌 것은?

① 잠호 용접　　② 유니언 멜트 용접
③ 가시 용접　　④ 케네디 용접

02 서브머지드 아크용접은 수동 용접에 비해 판두께 12mm일 때 작업 능률이 몇 배 높은가?

03 서브머지드 아크용접의 장점, 단점을 각각 3가지씩 쓰시오.

04 서브머지드 아크용접기의 종류를 전류의 크기에 따라 분류하시오.

05 서브머지드 아크용접에서 텐덤식, 횡병렬식 횡직렬식의 전원 연결 방식으로 옳은 것은?

① 텐덤식 : 직류-직류　　② 횡병렬식 : 직류-교류
③ 횡직렬식 : 직류　　④ 직 · 병렬식 : 교류-직류

06 서브머지드 아크용접용 와이어의 코일의 무게 표시에서 S, M, L의 약칭별 무게는 얼마인가?

07 서브머지드 아크용접의 소결형 용제의 건조 온도와 시간은 얼마인가?

08 서브머지드 아크용접용 용제의 구비 조건을 3가지 이상 쓰시오.

09 서브머지드 아크용접 홈을 가공할 때 홈각도와 루트 간격은 얼마 이하로 해야 되는가?

10 서브머지드 아크용접에서 전류가 증가하면 용입은 어떻게 되는가?

11 불활성 가스 아크용접의 장점, 단점을 3가지 이상 쓰시오.

12 불활성 가스 텅스텐 아크(TIG) 용접의 장점, 단점을 3가지 이상 쓰시오.

13 불활성 가스 텅스텐 아크용접에서 직류 역극성의 특성을 쓰시오.

14 TIG 용접법의 전원 연결에서 모재를 +, 토치를 −에 연결한 극성을 무엇이라 하는가?

15 불활성 가스 텅스텐 아크용접시 고주파 교류를 사용할 때의 이점 3가지를 쓰시오.

16 불활성 가스 텅스텐 아크용접의 용접 토치에서 공랭식과 수냉식의 구분 전류는 얼마인가?

17 TIG 용접시 사용되는 텅스텐 전극의 종류를 들고 특성을 간단히 설명하시오.

18 TIG 용접시 사용되는 토륨 함유 텅스텐 전극봉의 특성 3가지를 쓰시오.

19 불활성 가스 텅스텐 아크용접의 아크 발생법 3가시를 쓰시오

20 다음 중 불활성 가스 금속 아크용접의 다른 명칭이 아닌 것은?

① 시그마 용접 ② 헬리 웰드
③ 아르고노트 용접 ④ 에어 코매틱 용접

21 불활성 가스 금속 아크용접의 장점, 단점 3가지를 쓰시오.

22 MIG 용접은 피복 아크용접에 비해 전류 밀도가 얼마나 큰가?

① 2～3배 ② 4～6배 ③ 6～8배 ④ 8～10배

23 MIG 용접에 사용되는 송급 장치의 종류 4가지를 쓰시오.

24 MIG 용접시 아르곤과 헬륨의 혼합 가스 사용시 적당한 혼합 비율은 얼마인가?

25 CO_2 용접의 장점, 단점 3가지를 쓰시오.

26 CO_2 용접시 풍속 얼마 이상이면 방풍 장치가 필요한가?

27 이산화탄산 가스 아크용접시 플럭스 코드 와이어의 형식 4가지를 쓰시오.

28 CO_2 용접시 낮은 전류 영역에서 적당한 가스 유량은 분당 얼마인가?

29 CO_2 가스가 작업장에 얼마 이상 포함되어 있으면 위험 상태가 되는가?

30 CO_2 용접시 저전류 영역에서 적합한 와이어 돌출 길이는 얼마인가?

① 5～10mm ② 10～15mm ③ 15～25mm ④ 20～30mm

31 CO_2 용접시 전진법과 후진법의 특성을 간단히 설명하시오.

32 플라즈마 아크용접시 플라즈마의 최고 온도는 얼마인가?

33 플라즈마 아크용접의 장점, 단점을 3가지 이상 쓰시오.

34 일렉트로 슬래그 용접의 장점, 단점을 3가지 이상 쓰시오.

35 일렉트로 슬래그 용접시 전압이 높으면 용입은 어떻게 되는가?

36 일렉트로 가스 아크용접은 수동 용접에 비해 몇 배의 용접 속도를 가지는가?

① 2~4배　　② 4~5배　　③ 5~7배　　④ 6~8배

37 일렉트로 가스 아크용접의 특징 3가지를 쓰시오.

38 레이저 용접의 장점, 단점을 3가지만 쓰시오.

39 전자 빔 용접시 적용하는 진공도는 얼마인가?

40 전자 빔 용접의 장점, 단점을 각각 3가지만 쓰시오.

41 스터드 용접의 원리를 간단히 쓰시오.

42 스터드 용접을 다르게 부르는 이름은 무엇인가?

43 테르밋 용접에서 테르밋제란 무엇을 말하는가?

44 용접법 중 화학 반응의 열을 이용하는 용접법은 무엇인가?

45 초음파 용접의 특징 3가지를 쓰시오.

46 고주파 용접은 어떤 성질을 이용하는 용접인가?

47 냉간 압접, 폭발 압접, 마찰 용접의 장점, 단점을 3가지씩 쓰시오.

48 용사법은 어디에 주로 사용되는가?

제5장 특수 용접 및 기타 용접 문제 해설 [p.117~175]

1. ③. 아크가 보이지 않는다 해서 불가시 용접이라고 함
2. 2~3배, 25mm에서 5~6배, 50mm에서 8~12배 빠르다)
3. P117~118 1 나. 1) 2) 참조
4. P118 2 나. 1) 전류 용량에 의한 분류
5. ③. 텐덤식 : 독립 전원(직류-교류), 횡병렬식 : 동일 전원(직류-직류, 교류-교류)
6. 작은 코일(약칭 S)은 12.5kgf, 중간 코일(M)은 25kgf, 큰 코일(L)은 75kgf, 초대형 코일(XL)은 100kgf로 구별된다.
7. P122 3 나. 2) (1) ⑤ 200~300℃로 1시간 정도 재건조
8. P123 3 나. 2) (4) 용제의 구비 조건
9. 홈의 각도는 ±5°, 루트 간격은 0.8mm 이하(뒤 받침이 없는 경우), 루트면은 ±1mm를 허용한다.
10. 전류가 증가하면 용입이 증가하며, 비드 높이도 높아지고 오버랩이 생길 수 있다.
11. P130 1 나. 특성
12. P131~132 2 나. 장. 단점
13. P132 2 다. 2) 1) 직류 정극성, 2) 직류 역극성, 3) 고주파 교류
14. DCSP
15. P133 2 다. 3) (2) 고주파 교류를 사용할 때의 이점
16. P136 2 마. 2) 참조 (일부 학자는 100A 이상으로 주장하는 분도 있음)
17. P137 2 마. 3) 참조
18. P138 2 마. 4) (3) (4) 참조
19. P141 2 사. 2) 참조
20. ②(불활성가스 텅스텐 아크용접의 다른 이름임)
21. P143~144 3 나. 장·단점

22. ③

23. 푸시 방식, 풀 방식, 푸시-풀 방식, 더블 푸시-풀 방식

24. 아르곤+헬륨(25%)

25. P149 1 나. 특징

26. 2m/sec

27. 박판강대를 절곡해서 그 속에 탈산제, 합금원소 등 용제를 넣은 것으로 형식에 따라 아코스 와이어, Y관상 와이어, S관상 와이어, NCG 와이어 방식이 있다.

28. 낮은 전류에는 10~15ℓ /min, 높은 전류에는 20~25ℓ /min 정도가 필요하다.

29. CO_2 가스가 3~4% 존재하면 두통이나 뇌빈혈이 생길 수 있으며, 15% 이상이면 위험 상태가 되고, 30% 이상이 되면 극히 위험(치사 상태)한 상태가 될 수 있다.

30. ②

31. P155 4 나. 표 5-7 전진법과 후진법의 비교

32. 10000~30000℃

33. P156~157 1 나. 특징

34. P158~159 1 나. 특징

35. 일반적으로 전압이 높을수록 용입이 깊게 된다.

36. ②, 용착 금속량은 10배 이상 된다.

37. P161 1 나. 특징

38. P162~163 1 나. 특징

39. 10^{-4} ~ 10^{-6}mmHg

40. P166 1 나. 특징

41. P168 2 가. 참조

42. 심기 용접

43. 알루미늄과 산화철 분말

44. 테르밋 용접

45. P170 7 나. 특징

46. 고주파 전류가 도체의 표면에 집중적으로 흐르고 내부로 갈수록 전류 분포가 적어지는 성질인 표피 효과(skin effect)와 전류의 방향이 반대인 경우에는 서로 접근해서 흐르는 성질인 근접 효과(proximmity effect)를 이용

47. P172 9 나. 특징, P173 10 나. 장점, 다. 단점, P173 11 나. 장점, 다. 단점

48. 내식, 내열, 내마모성 및 인성용 피복으로 금속, 기계, 전기 공업 분야

PART 1 용접 일반

06 전기 저항 용접

제1절 ▮ 전기 저항 용접의 개요

1 전기 저항 용접의 원리

가. 원 리

전기 저항 용접법은 1886년 미국의 톰슨이 발명했으며, 원리는 용접하고자 하는 2개의 금속면을 겹치거나 맞대어 놓고 적당한 압력을 주며 대전류를 흐르게 하면 접촉면의 저항 및 금속 자체의 저항에 의해 저항열이 발생하며, 이 주울열을 열원으로 접합부를 가열하고 적당한 온도가 되면 큰 압력을 주어 접합하면서 전기를 끊어서 용접을 완료한다.

전기 저항 용접은 세탁기, 냉장고, 자동차, 오토바이 등 각종 제품 제조에 사용되고 있다.

그림 6-1 전기 저항 용접의 원리

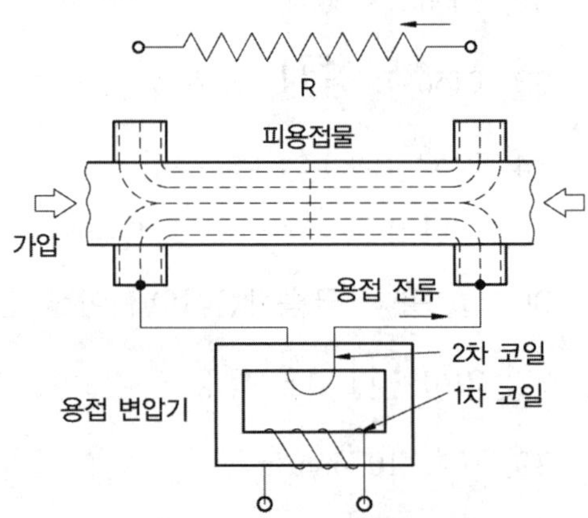

나. 발열량

$$H = 0.24\ I^2\ R\ t$$

H : 발열량(cal), I : 전류(A), R : 저항(Ω), t : 통전시간(sec)

2 전기 저항 용접의 종류

저항 용접은 이음 형상에 따라 겹치기 용접, 맞대기 용접으로 구분하며, 가압 방법에 따라 수동식, 족답(페달)식, 전자 캠식, 수압식, 유압식, 공기 유압 조합식 등이 있다.

또한 이음 형식에 따라 겹치기 이음과 맞대기 용접이 있으며, 겹치기 이음에는 점용접(spot welding), 프로젝션 용접(projection welding), 심 용접(seam welding)이 있고, 맞대기 이음에는 버트 용접(butt welding), 플래시 용접(flash welding), 퍼커션 용접(percussion welding)이 있다.

3 전기 저항 용접의 특징

가. 장 점

① 작업 속도가 빠르고, 대량 생산에 적합하다.
② 이음 강도에 대한 효율이 높고 무게 감소, 자재 절약 등의 이점이 있다.
③ 용접봉, 용제 등이 불필요하다.
④ 열손실이 적고, 용접 후 산화 및 변질, 변형이나 잔류 응력이 적다.
⑤ 작업자의 숙련도나 기량에 큰 관계가 없다

나. 단 점

① 대전류를 필요로 하고, 설비가 복잡하고 비싸다.
② 급랭 경화로 후열 처리가 필요하다.
③ 재질, 판두께 등 용접부의 위치, 형상에 대한 영향이 크다
④ 비파괴 검사가 어렵다.

다. 저항 용접의 3요소

저항 용접에서는 적당한 전류와 전류를 통해주는 시간, 가압력이 3원 일치가 되어야 양질의 저항 용접부가 얻어질 수 있다. 이러한 3요소 외에도 용접부의 표면 상태, 전극의 형상 및 재질 등에도 좌우된다.

1) 용접 전류(통전 전류)

가열에 필요한 전류로서 모재의 용입 열량과 입열량이 알맞아야 한다. 전원은 교류(AC)를 사용하며, 전류는 판두께에 비례하여 조정하며, 전압은 1~120V이지만 전류는 두께에 따라 2000암페어(A)에서 수만 또는 수십만A에 이른다.

일반적으로 판두께가 두꺼울수록 열용량도 커야 되며, 소요 너깃(nugget)도 커야 되므로 전류값도 크게 해야 된다. Al, Cu 등 열전도가 큰 재료는 더 큰 전류가 필요하다.

2) 통전 시간

저항 용접시 전류를 통해주는 시간을 통전 시간이라 하며, 모재의 재질, 판두께, 용접부 형상에 따라 적당한 전류를 적당한 시간 통해주어야 된다. Al, Cu 등은 대전류로 통전 시간을 짧게 해야 되며, 연강판의 경우는 보통 전류로 통전 시간을 길게 해야 한다.

같은 전류로 통전 시간을 배로 하면 발열량과 열 손실도 배가 된다.

3) 가압력

전류값과 통전 시간은 클수록 유효 발열량이 증가하나 가압력은 클수록 유효 발열량은 떨어지고 전극과 모재, 모재와 모재 사이의 접촉 저항은 작아진다.

가압력이 너무 크면 용접면이 찌그러지고 녹아 떨어져버릴 우려가 있으며, 너무 작으면 접합면이 약하여 강도가 떨어지게 된다.

제2절 | 점 용접(spot welding)

1 원리와 특징

가. 원 리

용접하려는 재료(판)를 2개의 전극 사이에 끼워 놓고 가압 상태에서 전류를 통하면 접촉면은 전기 저항이 크므로 발열하는데 이 저항열을 이용하여 접합부를 가열 융합한다.

그림 6-2 점 용접의 원리

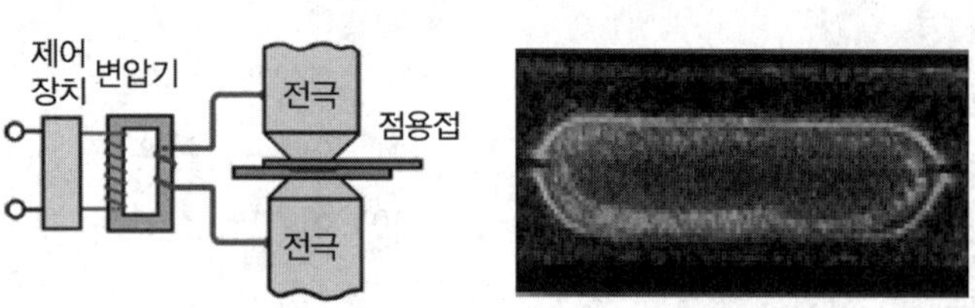

(a) 점 용접의 원리 (b) 너깃

그림 6-3 점 용접기의 형상

나. 특 징

① 재료가 절약되고 작업의 공정수가 감소하며, 숙련이 필요없다.
② 작업 속도가 빠르고 용접 변형이 비교적 적다
③ 포터블 점 용접기를 이용하면 이동 작업도 가능하다.
④ 가압력에 의하여 조직이 치밀해진다.

다. 너깃(negget)의 생성 기구

1) 너깃의 개요

용접할 재료를 2개의 전극 사이에 끼워 놓고 가압 상태에서 순간 높은 전류를 통하면 접촉면은 전기 저항열이 발생하여 접합면의 일부가 녹아 바둑알 모양의 단면으로 용접이 되는데 이 부분을 너깃이라 한다.

너깃 크기는 용접 강도와 직접적인 관계가 있으므로 요구되는 강도를 얻기 위해서는 적정 크기의 너깃을 만들어야 한다.

일반적으로 너깃 직경은 얇은 쪽 소재 두께의 3.5-4배로 하며, 너깃 두께는 피용접 모재 두께에 대한 용접부의 두께를 의미하며, 저항 용접에서 최소 너깃 두께는 모재 두께의 20% 이상 되어야 하며, 최대 두께는 모재 두께의 80% 미만이어야 한다.

너깃 두께가 지나치게 큰 조건으로 용접이 이루어지면 용접 과정에서 날림의 발생과 심한 압흔의 생성으로 용접품질을 떨어뜨리고 전극의 마모를 촉진하여 작업성을 해친다.

저항 용접에서 적당한 크기와 형상의 너깃을 만들기 위해서 발열과 방열간에 적당한 균형이 이루워지도록 통전전류, 통전시간, 가압력 등을 제어해야 한다.

피용접재의 판 두께가 얇을수록 또, 열전도율이 클수록 통전 시간은 짧게 해야 한다.

그리고 열전도율이 적고, 판 두께가 클 때는 용접부의 열용량이 크기 때문에 비교적 낮은 전류로 통전 시간을 길게 하여 용접을 해야 양호한 결과를 얻을 수 있다.

2) 너깃 생성 기구

전극과 전극의 접촉면에 높은 전류 밀도가 생겨 그 부분에서 온도가 급상승하며, 온도가 상승하면 저항이 더 높아져 한층 온도가 상승하게 되나 전극과 피용접재의 표면에 의해 냉각되기 때문에 온도가 크지 않아 접합부가 용융되지 않는다.

계속 통전하면 마침내 중심부가 용융되어 너깃이 생성되기 시작하며, 충분한 통전 시간이 경과한 후 너깃은 사각형 모양에서 타원형 모양으로 변하는 순간 전원을 끊으면 전극의 냉각효과가 작용하여 판 두께 방향으로 온도구배가 생겨 냉각된다.

- 표면 파괴 → 거친 표면 연화 → 온도 상승 → 초기 용융 → 너깃 성장 → 너깃 완성

3) 용접 전류와 너깃 생성관계(그림 6-4 참조)

① 그림 (a) : 전류가 너무 작아서 용입이 불량하여 충분한 강도가 얻어지지 않는다.
② 그림 (b) : 적정 전류를 유지한 경우 양호한 너깃이 형성된다.
③ 그림 (c) : 전류가 과대하여 용융 금속이 밖으로 돌출하게 되며, 가압력에 의해 오목 자국이 생기게 되고, 금속 조직도 약화되어 강도도 저하된다.
④ 일반적으로 판 두께가 두꺼울수록 열용량이 크게 되며, 소요의 너깃도 커야 되므로 전류값도 커야 된다.
⑤ 구리나 알루미늄 등 열전도도가 큰 재료는 전류값도 커야 된다.

그림 6-4 용접 전류와 너깃의 형상

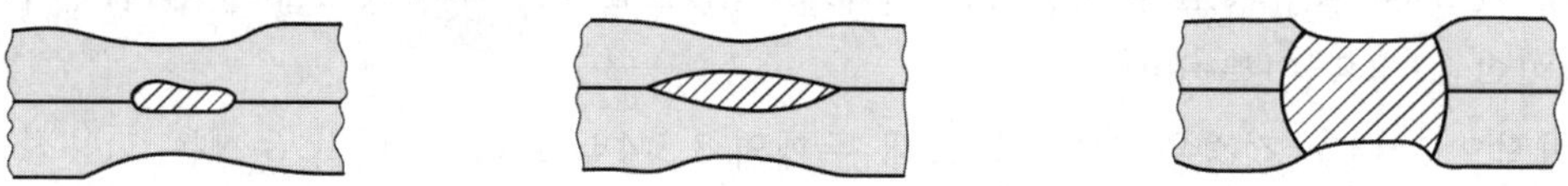

(a) 전류 과소　(b) 전류 적당　(c) 전류 과대

2 점 용접의 종류와 전극

가. 점 용접의 종류

점 용접의 종류에는 단극식, 다전극식, 직렬식, 인터랙식 등이 있다.

(1) 단극식(simgle spot welding) : 점 용접의 기본으로 전극 1쌍으로 1개의 점 용접부를 형성하는 점 용접법이다.

(2) 다전극식(multi spot welding) : 전극을 2쌍 이상으로 하여 2점 이상의 용접부를 형성하는 용접법으로, 용접 속도의 향상과 변형 방지에 효과가 있다. 다전극식은 100점까지도 가능하다.

(3) 직렬식(series spot welding) : 한 개의 전류 회로에 두개 이상의 용접점을 만드는 방법으로 전류 손실이 많아 전류를 증가시켜야 되며, 용접부 표면이 불량하여 용접 결과가 나쁘다.

(4) 인터랙식(interact spot welding) : 용접점 부분에 직접 두개의 전극으로 가압하지 않고 용접 전류가 피용접물의 일부를 통하여 다른 곳으로 전달되게 하는 방식이다.

그림 6-5 전기 저항 용접의 종류

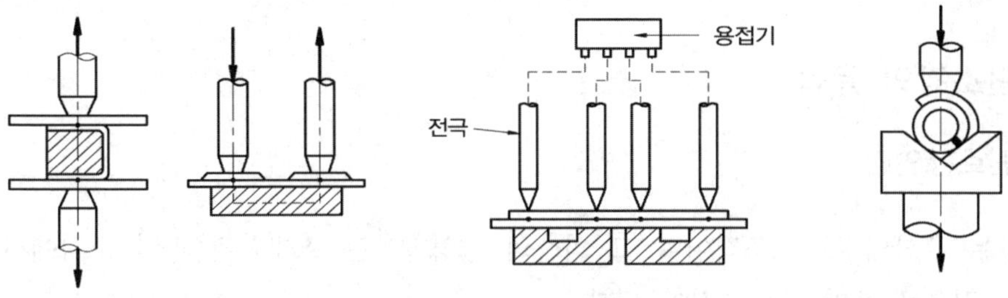

(a) 직렬식　　(b) 다전극식　　(c) 인터랙식

나. 전 극

1) 전극의 재질

점 용접에 적합한 전극의 재질은 전기와 열전도도가 좋고 연속 사용하여도 내구성이 있으며, 고온에서도 기계적 성질이 좋아야 된다.

철강, 경합금, 구리 합금에는 순구리가 좋으며, 구리 용접에는 Cr, Ni, Ti 등을 함유한 구리 합금이 많이 쓰인다.

2) 전극의 종류

전극은 전극 홀더에 끼워 사용하며, 전극 선단은 테이퍼가 주어진 것이 보통이다. 전극은 용접 작업량에 따라 공랭식과 수냉식이 있으며, 수냉식은 연속 작업을 할 때 용접기의 수명을 길게 할 수 있어 많이 쓰이고 있다.

① R형 팁 : 전극의 끝이 라운딩된 것으로, 용접부의 품질, 용접 회수 및 수명 등에서 우수하여 많이 사용되고 있다.
② P형 팁 : R형보다 용접부 품질과 수명은 떨어지나, 많이 사용되고 있다.
③ F형 팁 : 표면이 평평하여 전극측에는 누른 흔적이 거의 없다.
④ E형 팁 : 용접점이 앵글재와 같이 용접 위치가 나쁠 때, 보통 팁으로 용접이 어려울 때 사용된다.
⑤ C형 팁 : 원추형의 끝이 갈라진 형으로 일반적으로 가장 많이 사용되며 성능도 우수하다.

그림 6-6 점 용접용 전극 팁의 형상

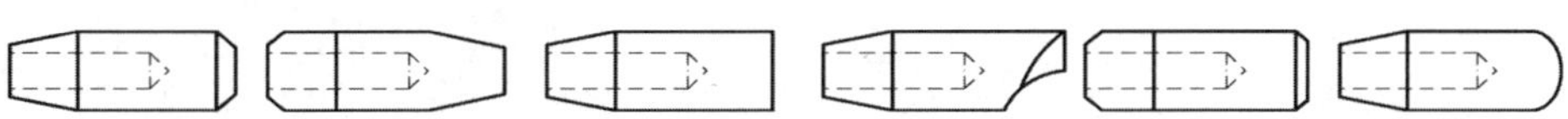

(a) R형 팁　(b) P형 팁　(c) F형 팁　(d) E형 팁　(e) C형 팁　(f) 돔형 팁

3 각종 금속의 점 용접

가. 탄소강의 용접

1) 저탄소강(연강)

용접부는 주상의 주조 조직이며 그 외측의 열영향부는 조대화된 과열 조직에서 점차로 열처리 조직으로 옮겨가는 조직이 된다.

2) 고탄소강, 저합금강

전기 저항이 커서 용접 전류는 연강의 90%, 전류치와 통전 시간은 연강보다 정확히 지켜야 하며 가압력은 연강보다 10% 증가시킨다. 용접부가 경화되기 쉽고 폭비나 불티가 연강보다 심하며, 눌린 흔적도 깊게 되기 쉽다.

나. 기타 금속의 용접

1) 구리와 구리 합금

통전 전류를 크게 하고 통전 시간은 연강보다 짧고 가압력도 연강보다 낮은 것이 좋다. 순 구리는 점 용접이 안되나, 구리 합금은 가능하다.

2) 알루미늄과 알루미늄 합금

모두 점 용접이 가능하며, 표면 처리는 필요 없으나 전류는 연강보다 30~50% 높(세)게 한다.

3) 스테인리스강

스테인리스강은 고탄소강보다 용접이 쉽고, 자성이 없어서 녹이 생기지 않으므로 표면 처리가 필요없다.

제3절 | 심 용접(seam welding)

1 원리와 특징

가. 원리

심 용접은 원형 전극 사이에 용접물을 끼워 전극에 압력을 주면서 전극을 회전시켜 모재를 이동하면서 점 용접을 반복하는 방법으로, 기밀, 유밀이 요구되는 드럼통, 파이프, 기름통 등의 이음부에 이용된다.

심 용접의 통전 방법에는 단속 통전법, 연속 통전법, 맥동 통전법이 있으며, 단속 통전법이 가장 많이 쓰인다. 단속 통전법은 통전과 중지를 규칙적으로 반복하며 용접하는 방법이다.

그림 6-7 심 용접의 원리

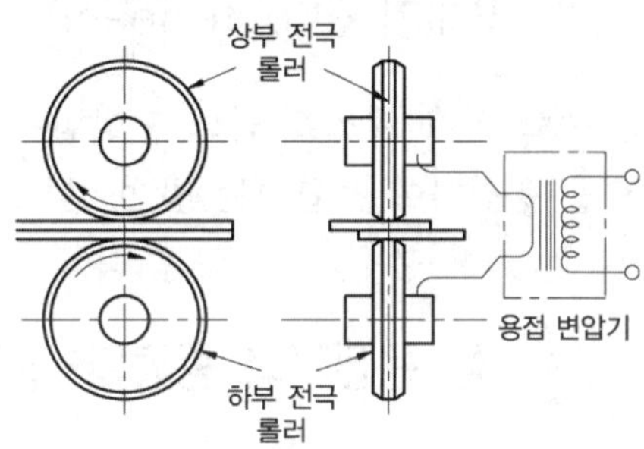

나. 특징

① 기밀, 수밀, 유밀 유지가 용이하다.
② 점 용접에 비해 전류가 1.5～2배, 가압력은 1.2～1.6배가 요구된다.
③ 얇은 판(0.2～4mm) 용접에 사용한다.(속도는 아크용접의 3～5배 빠름)
④ 단속 통전법에서 연강은 통전시간과 휴지시간의 비를 1 : 1, 경합금은 1 : 3 정도로 한다.

2 심 용접의 종류

가. 매시 심(mash seam) 용접

심 이음부의 끝을 판두께(보통 1.5~2mm) 정도 겹쳐서 끝이 평탄한 원판 전극으로 강하게 가압하여 맞대기 이음과 비슷한 이음부를 만드는 용접법으로, 연속 통전에 의하여 용접한다. 보통 1.6mm 이하의 박판에 주로 사용하며, 법랑 용기 등 길이 방향의 이음 등에 적합하다.

나. 포일 심(foil seam) 용접

모재를 맞대고 이음부에 같은 종류의 얇은 판(포일)을 대고 가압하는 용접법이다. 이 용접법은 적은 용접기로 비교적 후판을 용접할 수 있는 장점이 있다.

그림 6-8 심 용접의 종류

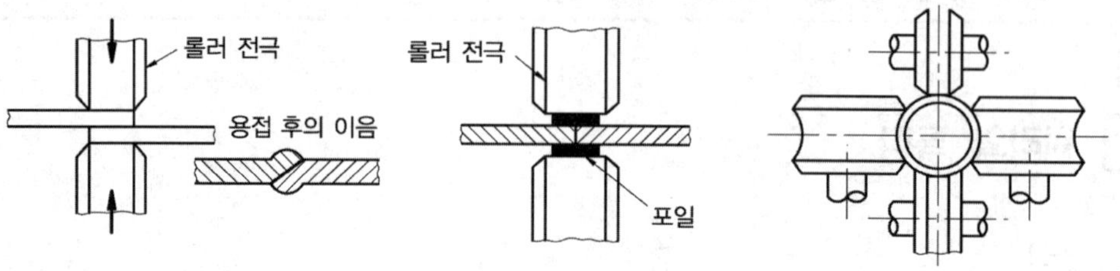

(a) 매시 심 용접 (b) 포일 심 용접 (c) 맞대기 심 용접

다. 맞대기 심(butt seam) 용접

주로 심 파이프를 만드는 방법이며, 판 끝을 맞대어 가압하고 2개의 전극 롤러로 맞댄 면을 통전하여 접합하는 방법이다.

3 심 용접기의 종류와 구조

가. 심 용접기

심 용접기는 횡 심 용접기, 종 심 용접기, 만능 심 용접기 등이 있다.

나. 용접기의 구조

심 용접기는 용접 변압기, 가압 장치, 로어 암, 전극, 전류 조정기, 시간 제어 장치 및 전극 구동 장치 등으로 구성되어 있다.

전극 구동 방식에는 상부 전극 구동, 하부 전극 구동, 종동식, 상하 전극 모두 차동 기어 구동식과 상하 전극 모두 피용접물에 의해 구동하는 방식이 있다.

제4절 | 프로젝션 용접(projection welding)

1 원리와 특징

가. 원 리

프로젝션 용접은 모재의 한쪽 또는 양쪽에 작은 돌기(projection)를 만들어 이 부분에 대

전류와 압력을 가해 압접하여 접합하는 방법으로 일명 돌기 용접이라고도 한다.

1개의 돌기보다는 2개 이상의 돌기부를 만들어서 1회의 작동으로 여러 개의 점 용접이 되도록 한 것이 특징이다.

얇은 판과 두꺼운 판, 열전도나 열용량이 다른 것을 쉽게 용접할 수 있어 용접 속도가 빠르고 전극의 수명도 길며, 외관이 아름다운 용접부가 얻어진다.

나. 특 징

1) 장 점

① 1개의 돌기보다는 2개 이상의 돌기부를 만들어 1회의 작동으로 여러 개의 점 용접을 할 수 있다.
② 얇은 판과 두꺼운 판, 열전도나 열 용량이 다른 것을 쉽게 용접할 수 있다.
③ 용접 속도가 빠르고 용접 피치를 작게 할 수 있다.
④ 전극의 수명이 길고, 작업 능률이 높으며, 외관이 아름답다.
⑤ 응용 범위가 넓고, 신뢰도가 높은 용접을 할 수 있다.

2) 단 점

① 용접 설비비가 비싸다
② 모재 용접부에 정밀도가 높은 돌기를 만들어야 정확한 용접이 된다.

다. 프로젝션(돌기)에 대한 요구 조건

프로젝션 용접은 판두께보다도 돌기(projection)의 크기와 형상이 문제가 되며, 돌기의 수에 따라 전류를 증가시켜야 된다.

① 프로젝션(돌기)은 초기 통전 전의 예압(가압력)에 견딜 것.
② 프로젝션이 녹을 때 귀가 생기지 않고 용접 후 양면이 밀착될 것.
③ 돌기의 재질이 충분하며, 두판의 열평형이 이루어질 때까지 녹지 않을 것.
④ 성형시 일부에 파열이 생기지 않으며, 성형 후 변형이 없을 것.
⑤ 성형(타출)하기가 용이하며, 타출형의 손모(흠집)가 적을 것.
⑥ 돌기 크기나 형상은 이론적으로 정해진 것이 아니고, 경험적 데이터에 따른다.
⑦ 돌기의 높이, 지름이 적정하여야 하고, 불꽃이나 흩어짐이 발생하지 않을 것.
⑧ 형상의 기본이 되는 것은 원형의 돌기이다. 박판에서는 버튼형, 후판에서는 원추형이 사용된다.

돌기 지름 = 2t + 0.7(mm), 돌기 높이 = 0.4t + 0.25(mm)

그림 6-9 프로젝션 용접의 원리

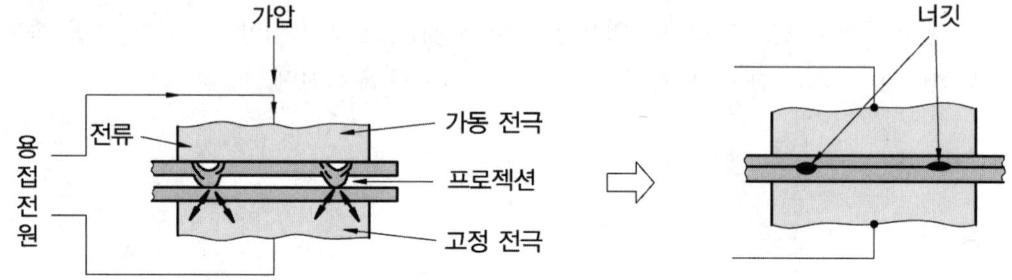

(a) 원리 (b) 용접

제5절 | 기타 전기 저항 용접

1 업셋 용접

가. 원 리

용접재를 세게 맞대고 대전류를 통하여 이음부에서 발생하는 접촉 저항에 의해 발열되어 용접부가 적당한 온도에 도달했을 때 축방향으로 큰 압력을 주어 접합하는 방법이다.

가압 속도가 느리면 플래시 용접에 비해 가열 속도가 느리고 가열시간이 길어 열영향부가 넓게 된다. 또한 열, 전기전도율이 좋은 재료는 전극으로부터 맞대기 부분까지 길이를 길게 한다. 환봉 용접전류는 봉지름에 비례하고, 통전시간은 봉지름의 제곱에 비례한다.

연강 : 황동 = 0.6d ; 3d, 경강 : 연강 = 0.5d : 1.5d)

나. 특 징

① 업셋 용접 온도는 1100~1200℃이며, 불꽃 비산이 없고, 업셋이 매끈하다.

② 용접기가 간단하고 가격이 싸다.

③ 단면이 큰 경우는 접합면이 산화하기 쉽고,(16mm 이내의 가는 봉재에 적합) 용접부의 기계적 성질이 낮다.

④ 비대칭 형상, 얇은 판 등은 업셋 용접이 곤란하다.

⑤ 기공 발생이 쉬우므로 용접 전에 깨끗이 청소해야 한다.

⑥ 플래시 용접에 비해 열영향부가 넓어지며 가열시간이 길다.

그림 6-10 업셋 용접의 원리

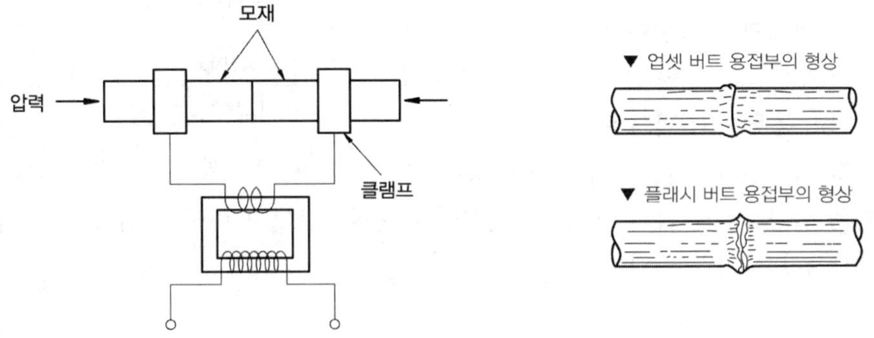

2 플래시 버트 용접

가. 원 리

용접할 2개의 면을 가볍게 접촉시키고 통전하여 면을 가열함과 동시에 약간 사이를 떼어 불꽃(플래시)을 발생시켜 그 열로 용접부의 일부분을 용융시키고 적당한 온도에 도달하였을 때 강한 압력을 주어 접합한다.

플래시 용접 과정 : 예열 → 플래시 → 업셋

나. 특 징

① 가열 범위와 열영향부가 좁고, 용접면에 산화물의 개입이 적다.
② 용접면을 정확하게 가공할 필요가 없으며, 신뢰도가 높고 이음 강도가 양호하다
③ 동일한 용량에 큰 물건의 용접이 가능하며, 이종 재료도 용접이 가능하다.
④ 용접 시간이 짧고, 업셋 용접보다 전력 소비가 적다.
⑤ 능률이 높고 강재, 니켈 합금 등에서 좋은 용접 결과를 얻는다.

3 퍼커션 용접

퍼커션(percussion) 용접은 일명 충돌 용접이라고도 하며, 전기 아크열을 이용하지만 업셋 및 프로젝션 용접과 유사한 일종의 저항용접 형상이다.

원리는 축전기(condenser)에 미리 축전된 전기 에너지를 금속의 접촉면을 통하여 대단히

짧은 시간(1000분의 1초)에 방출시켜 이때 생기는 아크에 의해 접합부를 집중 가열하고 방전하는 동안 또는 방전 직후에 충격적으로 강한 압력을 가해서 접합시키는 방법이다.

주로 알루미늄, 구리 등 전기 스위치 접촉기 제조 및 속성 용융 용접법으로 용접할 수 없는 이종금속 접합의 전기공업분야에 이용된다.

그림 6-11 퍼커션 용접의 원리

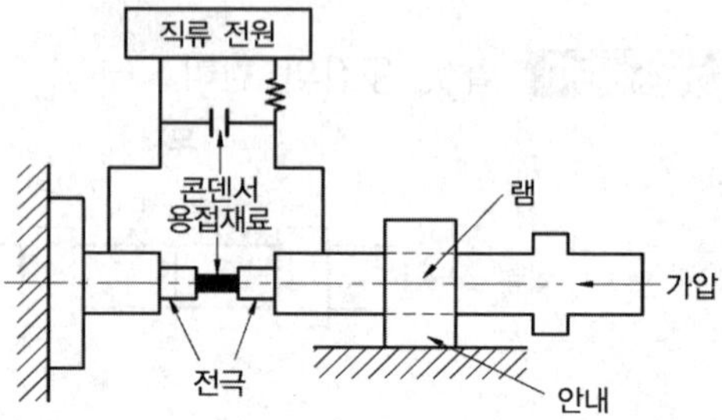

이 방법은 열영향부가 좁아 용접 후 열처리가 불필요하고 용락이 거의 없으나, 플래시가 전극을 손상시킬 우려가 있다.

단원 종합 문제 {제6장 | 전기 저항 용접}

01 전기 저항 용접은 무슨 열을 이용하는 용접법인가?

02 전기 저항 열(주울 열)의 계산 공식을 쓰시오.

03 다음 중 겹치기 저항 용접의 종류가 아닌 것은?

① 점 용접 ② 시임 용접
③ 프로젝션 용접 ④ 플래시 버트 용접

04 전기 저항 용접의 장점, 단점을 3가지씩 쓰시오.

05 다음 중 전기 저항 용접의 3요소가 아닌 것은?

① 가압력 ② 통전 시간
③ 통전 전류 ④ 모재 청결

06 전기 저항 용접의 3요소 중 통전 시간이란?

07 전기 저항 용접에서 열전도도가 큰 Al 등의 통전 전류와 통전 시간은 어떠한가?

08 가압력이 클수록 유효 발열량은 어떻게 되는가?

09 점 용접의 특징을 3가지 이상 쓰시오.

10 점 용접부가 바둑알 모양으로 된 것을 무엇이라고 하는가?

11 점 용접의 종류를 전극 방식으로 구분하여 쓰시오.

12 점 용접시 사용되는 전극의 종류를 5가지 쓰시오.

13 구리 및 그 합금의 점 용접시 통전 전류와 통전 시간, 가압력은 연강보다 어떻게 해야 되는가?

14 심 용접의 원리를 쓰시오.

15 심 용접은 점 용접에 비해 전류가 몇 배, 가압력은 몇 배 더 요구되는가?

① 전류 1.5~2배, 가압력은 2.2~2.6배　　② 전류 1.5~2배, 가압력은 1.2~1.6배
③ 전류 0.5~1배, 가압력은 1.2~1.6배　　④ 전류 0.5~2배, 가압력은 2.2~2.6배

16 심 용접은 아크용접보다 용접 속도가 몇 배 빠른가?

17 심 용접의 종류를 3가지 쓰시오.

18 심 용접부의 겹침을 판두께 정도로 하고 겹쳐진 부분 전체를 가압하여 접합하는 법은?

19 프로젝션 용접의 다른 명칭은 무엇인가?

20 프로젝션 용접의 장점, 단점을 3가지씩 쓰시오.

21 업셋 용접의 특징을 3가지만 쓰시오.

22 플래시 버트 용접 과정을 쓰시오.

23 플래시 버트 용접의 특징을 3가지 이상 쓰시오.

24 퍼커션 용접의 다른 이름은 무엇이며, 원리를 간단히 기술하시오.

제6장 전기 저항 용접 문제 해설 [p.181~193]

1. 전기 저항열(주울 열)
2. H = 0.24 I^2 R t
   여기서 H : 발열량(cal), I : 전류(A), R : 저항(Ω), t : 통전시간(sec)
3. ④
4. P181 3 가. 나. 참조
5. ④
6. P182 3 다. 2) 참조

7. Al, Cu 등은 대전류로 통전 시간을 짧게, 연강판은 보통 전류로 통전 시간을 길게 해야 한다. 같은 전류로 통전 시간을 배로 하면 발열량과 열 손실도 배가 된다.
8. P182 3 다. 3) 참조
9. P183 1 나. 특징
10. 너깃(nugget)
11. P184 2 가.~라. 참조
12. R형, P형, F형, E형, C형,
13. 통전 전류를 크게 하고 통전 시간은 연강보다 짧고 가압력도 연강보다 낮은 것이 좋다. 순 구리는 점 용접이 안되나, 구리 합금은 가능하다.
14. 원형 전극 사이에 용접물을 끼워 전극에 압력을 주면서 전극을 회전시켜 모재를 이동하면서 점 용접을 반복하는 방법
15. ②
16. 아크용접의 3~5배 빠름
17. 메시 심 용접, 포일 심 용접, 맞대기 심 용접
18. 메시 심 용접
19. 돌기 용접
20. P189 1 나. 특징
21. P190 1 나. 특징
22. 예열 → 플래시 → 업셋
23. P191 2 나. 특징
24. P191 3 참조

memo

PART 2 용접 설계 및 시공과 검사

Chapter 01 용접 설계
단원 종합 문제
Chapter 02 용접 시공
단원 종합 문제
Chapter 03 용접의 자동화
단원 종합 문제
Chapter 04 용접 검사와 시험
단원 종합 문제

핵심 용접공학

01 용접 설계

제1절 ▌용접 설계의 개요

1 개 요

가. 용접 설계의 필요성

용접 구조물의 설계는 우수한 성능과 충분한 강도 유지, 단위 출력당의 중량 경감, 그리고 세련된 설계와 저렴한 가격 등을 목표로 내구성과 실용성, 세련된 디자인과 조형미도 있는 설계가 되어야 한다.

따라서, 사용 목적이나 사용 조건에 알맞은 값싼 재료의 선택과 이음의 강도 및 형상을 선정하여 적당한 용접 방법과 용접 순서를 결정함과 동시에 용접 중과 용접 후의 검사 및 사후 처리의 방법을 선정하는 것을 용접 설계(design of welding)라고 한다.

불합리한 설계는 용접 시공을 어렵게 할 뿐 아니라 용접 변형이나 잔류 응력, 용접 결함의 발생 등이 일어나기 쉽고, 이를 제거하는 용접 비용이 많이 들게(소요하게) 된다.

따라서 설계자는 선박, 차량, 항공기, 건축, 기계, 교량, 강구조물, 제관, 저장 탱크, 내압 용기, 보일러, 가스관 등을 제작하기 위하여 다음 사항을 고려하여야 한다.

나. 용접 설계할 때 고려 사항

① 용접 구조물의 여러 특성 문제 고려와 용접 이음의 강도와 변형 예측
② 최적의 용접법 선정 및 가장 적당한 용접 시공법 선정
③ 용접성을 고려한 사용 재료의 선정과 열 영향 문제 고려
④ 신뢰성 있는 용접 시공 작업 관리 및 용접 후처리법 선정

다. 구조물 설계의 원칙과 순서

구조물 설계의 원칙은 구조물 전체가 외력에 안전하게 견딜 수 있게 설계하는 것이며, 안전성이 가능한 각 부분에 균등하게 될 수 있도록 형상, 강도, 강성 등에서의 불연속성을

가능한 피한 합리적이고 간편하게 이해할 수 있는 구조로 만들어야 한다.

따라서 설계자는 사용 재료나 용접 이음 및 구조물의 제성질, 용접 및 절단법, 시험 및 검사법, 경비 등의 전반에 대하여 정확한 지식이 필요하며, 설계자가 재료의 선정, 용접 방법의 선정, 용접 이음의 형상 및 치수의 지시는 물론 주된 시공 조건, 예를 들어 용접 순서, 치수 정밀도, 용접 전·후의 각종 처리, 또는 검사법 등의 책임까지 전부 갖는 것이다.

1) 구조물의 구조 및 제품 기본 계획

용접 구조물의 사용 조건과 목적, 구조물의 재료, 구조 형식, 경제성, 공사 기간 등의 기본 사항을 결정한다.

2) 구조 개선 및 강도 계산

구조물이 사용 중에 받는 각종 하중을 설정하여 각 부분에서 일어나는 응력을 구하고 구조 및 이음의 강도가 충분히 안전한가를 검토하며, 중량, 기능, 가공성 및 경제성 등의 측면에서 가장 유리한 용접 구조 및 이음을 결정하고, 부재 및 이음의 적당한 단면 치수를 결정한다.

3) 구조 설계

구조물의 강도 계산의 결과 및 시공 조건을 고려하여 구조물 또는 제품의 설계 도면을 작성한다. 이때 이음의 세부 사항을 결정하는 이음의 설계도 포함된다.

4) 시공 도면 작성

제작자가 도면만 보고도 시공이 가능하도록 시공법의 세부 사항을 지시한 도면을 작성한다.

5) 재료 계산(적산)

구조물 설계 도면에 따른 주재료와 부재료를 계산한다. 주재료는 중량 계산의 기초가 되며, 부(소요)재료 적산은 구입 계획에 필요하다.

6) WPS(용접 절차 사양서) 작성

설계 도면과 시공 도면에 따라 구조물을 제작 및 설치 방법 등의 세부 지시 사항을 기록한 명세서를 용접 절차 사양서라 한다.

용접 절차 사양서를 작성하기 전에 각종 시험 검사를 통하여 용접 절차 검정 기록서(PQR)를 작성한 후 용접 절차 사양서를 작성하게 되며, 구조물이나 제품의 종류, 사용 목적에 따라 지정 항목을 다르게 할 수 있다.

① 구조물 명칭과 용어의 의미
② 수량
③ 구조 형상, 치수, 종류와 등급
④ 관리 규격 성능(품질)
⑤ 공사 범위와 적용 범위, 사용 목적
⑥ 용접 시공법
⑦ 기술자, 용접사의 자격
⑧ 제조 방법 또는 가공 방법
⑨ 성능 시험
⑩ 도장
⑪ 예비 및 부속품
⑫ 보증(유지, 보수, 관리) 및 기타

2 설계상의 주의 사항

가. 기본 주의 사항

구조물을 제작하는데 있어서 사용 목적을 충족시킬 수 있으며, 경제성을 고려한 설계, 제작상의 여러 요인을 결정하는 것이 중요하다. 사용 목적을 완수하려면 이음의 품질과 성능의 확보가 중요하고, 경제성의 추구를 위해서는 생산성의 향상과 안전성이 필요하며, 사용 기간 중에 치명적인 손상이나 파괴를 일으켜서는 안된다.

그림 1-1 구조물의 용접 시공 상의 문제점의 모식도

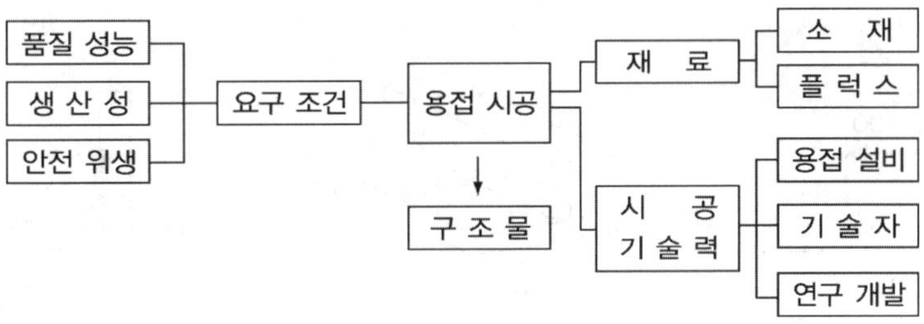

나. 용접 구조의 설계상 주의 사항

① 주·단조 구조 및 리벳 구조 부품 등의 개념을 떠나서 용접의 특징을 활용한다.
② 리벳과 용접법을 혼용할 때는 충분한 주의를 한다.
③ 용접 이음의 집중, 접근 및 교차를 피한다.
④ 용접 치수는 강도상 필요 이상으로 크게 하지 않으며, 접합부재의 균형을 고려한다.

⑤ 두꺼운 판을 용접할 경우에는 용입이 깊은 용접법을 이용하여 층수를 줄인다.
⑥ 이음의 역학적 특성을 고려하여 구조상의 불연속부, 단면 형상의 급격한 변화 및 노치를 피한다.
⑦ 용접성, 노치 인성이 우수한 재료를 선택하여 시공하기 쉽게 설계한다.
⑧ 용접에 의하여 구조물이 하나의 연속체로 되므로 부착물의 용접 설계도 신중을 기한다.
⑨ 판면에 직각으로 인장 하중이 작용할 경우에는 판의 이방성(압연방향)에 주의한다.
⑩ 용접에 의한 변형 및 잔류 응력을 경감시킬 수 있도록 주의하며, 특히 수축이 불가능한 용접은 피한다.
⑪ 용착 금속은 가능한 다듬질 부분에 포함되지 않도록 주의한다.
⑫ 용접 이음을 감소시키기 위하여 압연 형재, 주단조품, 파이프 등을 부분적으로 이용하거나 굽힘 가공, 프레스 가공 등을 이용한다.

다. 용접 이음 설계시 일반적인 주의 사항(그림 1-2 참조)

① 가능한 한 능률이 좋은 아래보기 용접을 많이 할 수 있도록 설계한다.
② 용접 작업에 지장을 주지 않도록 충분한 공간을 갖도록 설계한다.(a, b)

그림 1-2 용접 이음 설계시 주의

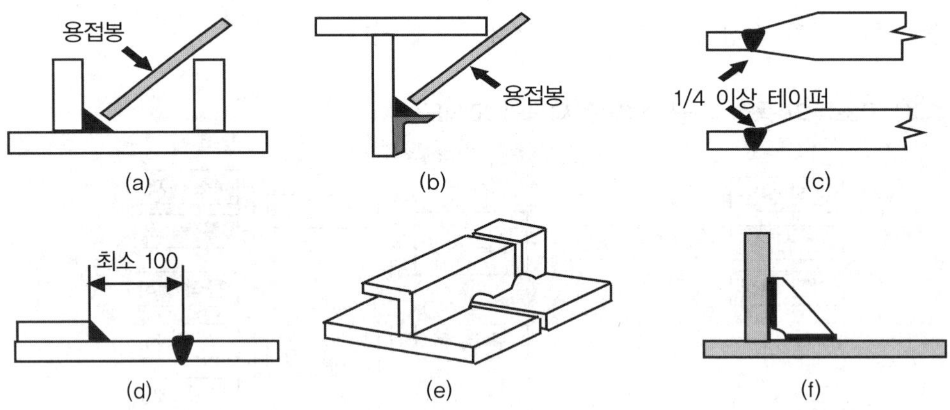

③ 맞대기 용접에는 이면 용접을 할 수 있도록 해서 용입 부족이 없도록 한다.
④ 강도가 약한 필릿 용접은 될 수 있는대로 피하고 맞대기 용접을 하도록 한다.
⑤ 판두께가 다를 때 얇은 쪽에서 1/4 이상의 테이퍼를 주어 이음한다.(c)
⑥ 용접 이음을 1개소로 집중시키거나 너무 접근하여 설계하지 않는다.(d)
⑦ 용접선은 될 수 있는대로 교차하지 않도록 하고 만일 교차하는 경우에는 (e, f)와 같이 원형 노치(스캘럽, scallop)로 설계한다.

⑧ 될 수 있는대로 용접량이 적은 홈 형상을 선택한다.

3 용접 이음

가. 용접 이음의 개요

용접 구조에서 이러한 용접 이음의 형상이나 홈의 선택은 매우 중요하다. 이것은 구조물이 용접에 의하여 변형 및 수축 응력, 개선 준비비, 용접 작업비 및 용접봉 사용량, 인건비 등에 크게 영향을 미치기 때문이다.

피복 아크용접 등 각종 용접을 하기 위한 이음의 종류에는 구조물의 재질, 구조물의 종류와 형상, 용접 방법 등에 따라 용접 이음의 형상이 달라질 수 있으며, 이러한 구조물 제작에 사용되는 기본용접 이음 형식은 맞대기 이음, 모서리 이음, 겹치기 이음, T자 이음, 변두리 이음의 다섯 가지가 있다. [그림 1-3 참조]

또한 기본 용접부 모양으로는 홈(groove) 용접, 필릿(fillet) 용접, 플러그(plug) 용접 등이 있다.

그림 1-3 용접 이음의 종류

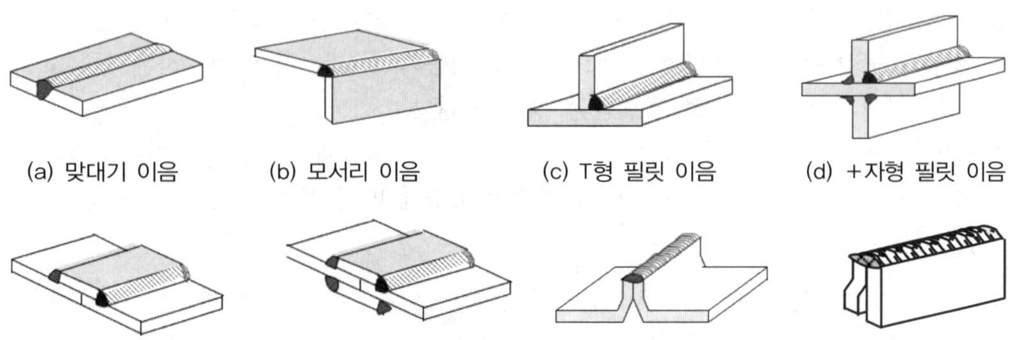

(a) 맞대기 이음 (b) 모서리 이음 (c) T형 필릿 이음 (d) +자형 필릿 이음
(e) 한면 겹치기 이음 (f) 양면 겹치기 이음 (g) 플레어 V형 이음 (h) 변두리 이음

나. 이음부의 종류

1) 맞대기 용접

맞대기 용접이란 대략 동일 평면에 있는 두 부재를 맞대어서 용접하는 이음을 말하며, 용접 이음부가 충분한 강도를 얻기 위해서는 용입 깊이(penetration)와 덧살부, 비드 폭 등을 충분히 확보할 필요가 있다.

일반적으로 판두께가 4mm 이상인 판재를 용접할 경우 접합하고자 하는 부분에 적당한 홈을 만들어 완전한 용입이 되도록 하여야 한다. 그리고 맞대기 용접에서 홈의 형상은 구조물의 형태나 재료의 두께, 사용 목적과 용접 방법에 따라 선택하여야 된다.

맞대기 이음의 기본 홈의 모양은 정방형(구,I, 평형) 홈, 단면 V형 홈, 단(일)면 개선형 홈, 단면 U형 홈, 단면 J형 홈이 있으며, 이것을 응용한 이음으로 양면 V(X)형 홈, 양면 개선(구, K)형 홈, 양면 U(H)형 홈이 있다. [그림 1-5 참조]

이들 홈은 대부분 맞대기 이음에 적용되고 있으나 때로는 모서리 이음, T자 이음, 겹치기 이음, 겹치기 이음에도 적용할 수 있다.

그림 1-5 맞대기 용접부의 홈 형상

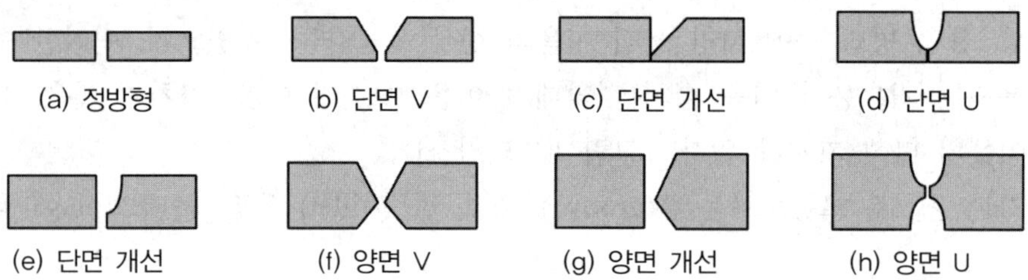

2) 필릿 용접

필릿 용접은 용접부가 거의 직교하는 삼각형의 단면을 가진 용접으로, T 이음부나 겹치기 이음부의 구석 부분을 용접하는 것으로서 T 이음의 경우는 홈을 가공하는 경우도 있으나 대부분 구석 부분을 그대로 용접하는 경우가 많다.

이음의 형상에 따라 T형, +자형, 겹치기형이 있으며, 용접부의 연속성 여부에 따라 연속 필릿 용접, 단속 필릿 용접이 있다. 또한 하중의 방향에 따라 전면 필릿 용접, 측면 필릿 용접, 경사 필릿 용접이 있다.

(1) 연속 필릿 용접 : 용접부 길이 전체를 연속으로 용접한 것으로 강도를 많이 요할 경우에 필요하지만 변형이 크므로 주의해야 한다.

(2) 단속 필릿 용접 : 용접부 전체의 길이를 일정한 간격으로 띄엄 띄엄 용접하는 것으로, 병렬 필릿 용접, 지그재그 필릿 용접 등이 있다.

(3) 전면 필릿 용접 : 용접선의 방향과 하중의 방향이 직교한 형상의 필릿 용접

(4) 측면 필릿 용접 : 용접선의 방향과 하중의 방향이 평행한 형상의 필릿 용접

(5) 경사 필릿 용접 : 용접선의 방향이 하중의 방향에 대하여 경사를 이루는 형상

그림 1-6 형상에 따른 필릿 용접부의 종류

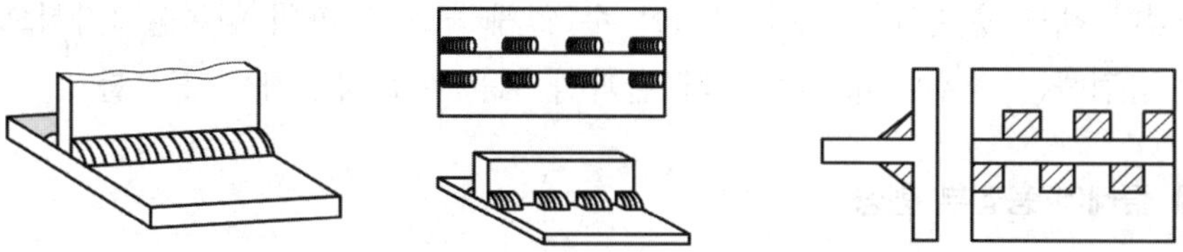

(a) 연속 필릿 용접 (b) 단속 필릿 용접 (c) 단속 지그재그 필릿 용접

그림 1-7 하중의 방향에 따른 필릿 용접

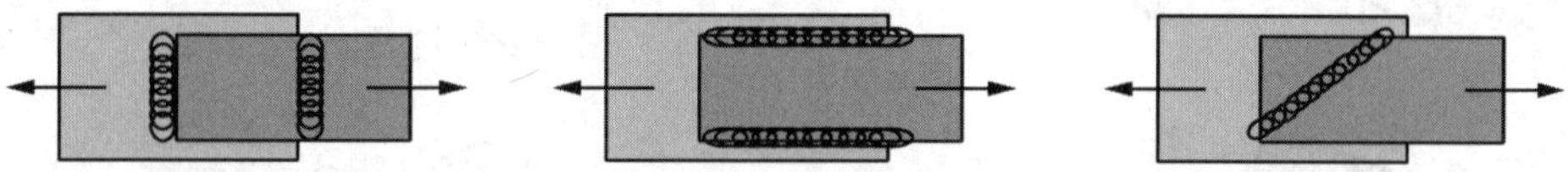

(a) 전면 필릿 용접 (b) 측면 필릿 용접 (c) 경사 필릿 용접

3) 플러그 및 슬롯 용접

플러그 용접은 접합하려는 두 부재를 겹쳐놓고 한쪽의 부재에 드릴 머신이나 밀링 머신으로 둥근 구멍을 뚫고 그 곳을 용접하는 것을 말하며, 슬롯 용접은 접합하기 위하여 겹쳐 놓은 2부재의 한쪽에 둥근 구멍 대신 좁고 긴 홈을 만들어 놓고 그 곳을 용접하는 이음을 말한다.

그림 1-8 플러그 및 슬롯 이음

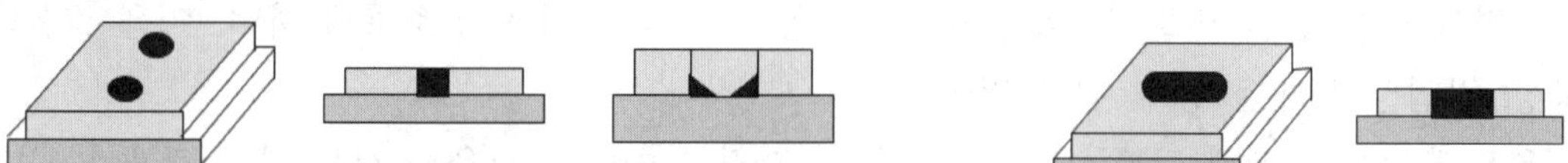

(a) 플러그 용접 (b) 슬롯 용접

4) 덧살 올림 용접(built up welding, Overlay Welding)

부재의 표면에 용착 금속을 입히는 용접으로, 마모된 부분이나, 부족한 치수를 보충하는데 사용하거나, 내식성, 내마모성 등에 뛰어난 금속을 모재 표면에 접합하여 사용하고자 할 때 덧살 올림 용접을 한다.

그림 1-9 비드 덧살 올림법

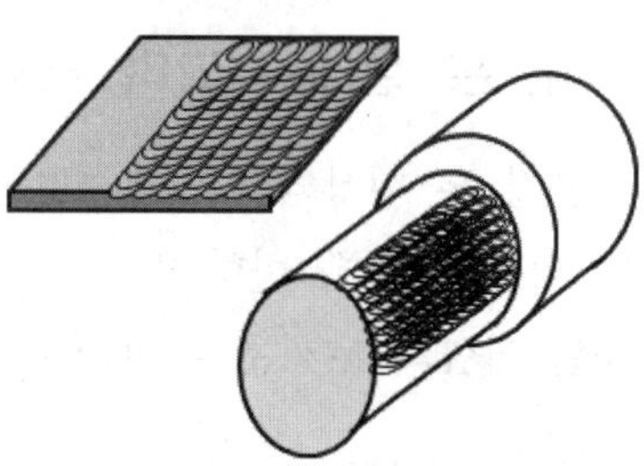

5) 플레어 용접

플레어 용접이란 두 부재 사이의 휨 부분을 용접하는

것을 말한다. 얇은 판의 맞대기 용접의 경우 판두께의 단면이 너무 없어 용접이 어렵거나 용접이 되었다 해도 충분한 강도를 유지할 수 없게 되므로 판의 한쪽을 J자형으로 구부려서 맞대어 용접하는 경우이며, 파이프와 판과의 이음부를 용접하는 경우를 말한다.

그림 1-10 플레어 용접부 형상

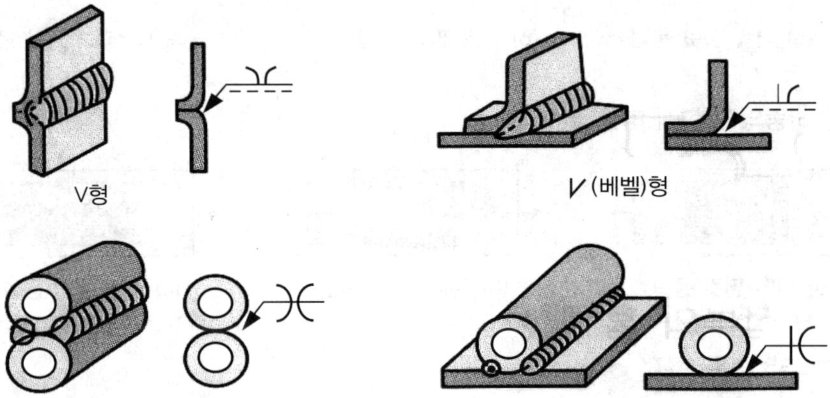

4 용접 홈의 종류와 특징, 선택

가. 홈 가공의 필요성

용접시 이음 홈을 만들어 주는 이유는 용융 금속의 용입을 양호하게 하며, 이음 효율의 향상, 작업성의 개선 등을 위한 것이다.

용접 홈각도와 베벨 각도, 루트면 및 루트 간격 사이에는 다음과 같은 상관 관계가 있다. 즉 홈의 각도를 작게 할 때는 루트 간격을 넓게 해야 하며, 루트 간격이 좁을 때에는 루트면을 작게 하거나 홈각도 및 베벨 각도를 크게 한다. 이것은 루트 부근까지 용접봉이 들어가 충분한 운봉으로 완전 용입과 용접 결함을 방지하기 위함이다.

나. 홈 설계시 고려 사항

용접 홈 형상의 치수는 대단히 중요한 것이므로 설계자는 용접 방법, 용접 자세, 판두께 및 이음의 종류, 변형 및 수축, 용입 상태, 경제성 및 모재의 성질 등 여러 인자를 고려하여 중판 이상의 두꺼운 판의 용접을 위한 홈을 설계할 때 다음과 같은 사항을 고려해야 된다.

① 최소 10° 정도는 전후 좌우로 용접봉을 움직일 수 있는 홈각도를 만든다.

② 홈의 단면적은 가능한 한 작게 한다.(개선 가공비를 고려한다.)
③ 적당한 루트 간격과 루트면을 만들어 준다.(루트 간격의 최대치는 사용봉의 지름 이하로 한다.)
④ 루트 반지름은 가능한 한 크게 한다.(홈각이 0인 U형 홈이 좋음)
⑤ 중요한 구조물에서는 개선 가공비에 관계없이 이음의 안전성을 고려하여 선택한다.

다. 맞대기 용접 이음 홈의 각부 명칭

맞대기 용접이음 홈은 완전 용입을 위해 모재 두께나 형상, 용접 방법에 따라 홈을 선택하게 된다. [그림 1-11 참조], (KSB 0106)

① 개선(베벨)각 : 모재에 용접할 홈을 만들기 위해 가공한 끝면과 부재 표면에 수직인 평면 사이에 이르는 각
② 홈 각도 : 접합할 두 부재 사이에 가공한 홈의 각도.
③ 루트 간격 : 용접 이음에서 2개의 모(부)재 사이의 홈 밑부분의 간격
④ 루트 면 : 용접부의 밑바닥 부분에 있어서의 접합면
⑤ 개선 깊이 : 용접되는 두 모재 접합부위에 두는 홈의 깊이
⑥ 루트 반지름 : 용접에서 단면 J형 및 단면 U형, H형 밑바닥 면의 둥근 홈의 반지름

그림 1-11 용접 이음부 홈의 각부 명칭

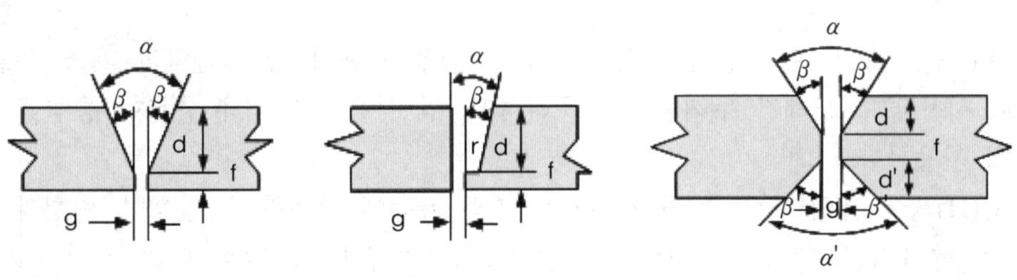

α, α' : 홈각도, β, β' : 베벨각, d, d′ : 개선 깊이, f : 루트면, g : 루트 간격, r : 루트 반지

라. 홈의 종류와 특성

1) 정방(구,I, 평)형 홈

정방(구,I, 평)형은 홈 가공이 쉽고 루트 간격을 좁게 하면 용착 금속의 양도 적어져서 경제적인 면에서는 우수하나 판두께가 두꺼워지면 완전하게 이음부를 녹일 수 없게 된다. 따라서 피복 아크용접 등 수동 용접에서는 판두께가 대략 6mm 이하의 경우에 사용된다.

2) 단면 V형 홈

두께 20mm 이하의 판을 한쪽 용접에 의해서 완전한 용입을 얻으려고 할 때 사용되는 것으로, 홈의 표준 각도는 54∼70° 정도가 적당하며, 홈 가공은 비교적 쉽지만 판두께가 두꺼우면 용접 금속이 증대되고 각 변형을 가져오는 위험도 있다.

3) 양면 V(X)형 홈

판두께 15∼40mm 정도에 사용되며, 양면 용접에 의해 완전 용입을 얻는 방법으로 두꺼운 판에 매우 유리하나 이면 용접시 이면 따내기를 한 후 용접할 필요가 있다.

동일한 판두께에 대하여 단면 V형 홈의 개선보다 용접봉의 소비량이 적으며, 용접 변형도 훨씬 적다.

4) 단면 U형 홈

두꺼운 판을 양면 용접을 할 수 없는 경우에 가공하는 방법으로, 한쪽 용접에 의해 충분한 용입을 얻으려고 할 때 사용한다.

단면 V형에 비하여 홈의 폭이 좁아도 되고 루트 간격을 "0"으로 해도 작업성과 용입이 좋으며 용착 금속의 양도 적으나 홈 가공이 다소 어려운 것이 단점이다.

5) 양면 U(H)형 홈

양면 V(X)형 홈과 같이 양면 용접이 가능한 경우에 용착 금속의 량과 패스 수를 줄일 목적으로 사용되며, 모재가 두꺼울수록 유리하고, 양면 용접에 의해 충분한 용입을 얻으려고 할 때 사용한다.

양면 U(H)형은 홈의 형상 중 가장 두꺼운 판의 용접에 적용할 수 있으며, 변형과 용착금속의 양이 양면 V(X)형에 비해 현저히 적으나, 홈 가공에 어려움이 많다.

6) ∨ (단면 개선)형 홈

모서리 용접 또는 T형 필릿 용접의 홈 가공에 주로 쓰이며, 단면 V형에 비하여 작업성이 좋지 않으므로 설계시 주의가 필요하며, 수평 용접의 경우에는 홈을 취한 쪽이 아래가 되지 않도록 주의한다.

7) 양면 개선(K)형 홈

단면 개선(∨) 형보다 약간 두꺼운 판에 쓰이며 작업성과 설계상 주의할 점은 단면 개선(∨)형 과 동일하나 밑면 따내기가 매우 곤란하며, 용접 변형이 적게 발생한다.

표 1-1 홈의 형상별 적용 두께와 특징

홈 종류	모 양	적용두께(mm)	특 징
정방(I, 평)형		6 이하	• 루트 간격을 좁게 하면 용착량이 적어 경제적이다. • 홈 가공이 쉽고, 박판에 적합하다.
단면 V형		6~20	• 한쪽에서 완전한 용입을 얻는데 적합하다. • 홈 가공은 비교적 쉽다 • 판두께가 두꺼워지면 용착 금속의 양이 증대한다. • 각 변형을 일으킨다.
양면V (X) 형		20 이상	• 양쪽에서 완전한 용입을 얻는데 적합하다. • 홈 가공이 어렵다. • V형에 비해 용착량이 적고, 후판에 적합하다.
단면 U형	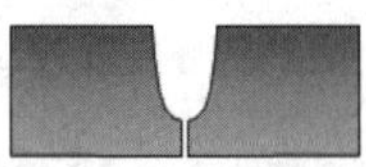	16~50	• 두꺼운 판을 한쪽에서 충분한 용입을 얻는데 적합하며, 비드의 폭이 좁고 용착량이 적다. • 홈 가공이 어려우나, 루트 간격을 0으로 해도 작업성이 좋고 용입도 좋다.
양면U (H) 형	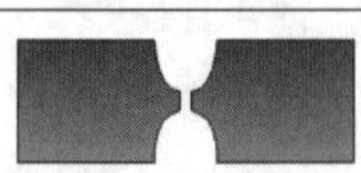	50 이상	• 두꺼운(후) 판을 양쪽에서 충분한 용입을 얻는데 적합하다.

마. 판두께가 다른 맞대기 용접 이음

판두께가 다른 두 판을 맞대기 용접할 경우는 두께가 두꺼운 판의 양면 또는 한면에 얇은 판두께까지 경사(1 : 3~5)를 주어 맞대기 용접을 하는 것이 좋다. [그림 1-12 참조]

그림 1-12 판두께가 다른 맞대기 용접 이음

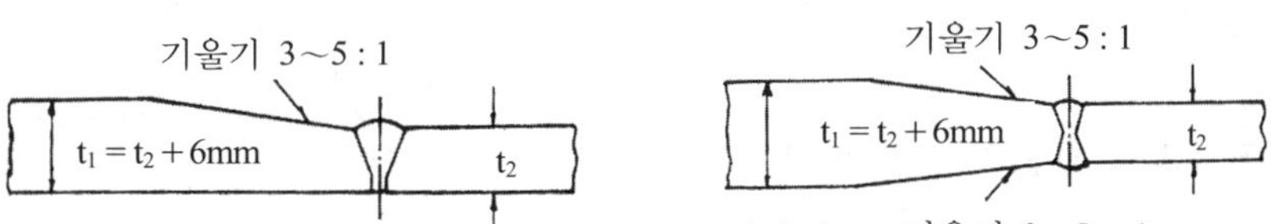

바. 필릿 용접 이음 홈의 각부 명칭

필릿 용접 이음 홈의 각부 명칭은 [그림 1-13]과 같다.(KSB 0106)

1) 다리 길이(목 길이, 각장), Leg length)

필릿의 루트부에서 토우(toe)까지의 거리[그림 1-13 h]를 말한다.

2) 목 두께(Thickness of throat)

이론 목 두께와 실제 목 두께가 있는데, 이론 목 두께는 필릿 용접의 가로 단면 내에서 이에 내접하는 2등변 삼각형의 루트부터 빗변까지의 거리를 말하며, 약간의 용입은 무시한 두께를 말한다.

실제 목 두께는 용입을 고려한 용입의 루트부터 필릿 용접의 표면까지의 최단 거리를 말한다. [그림 1-13 b는 이론 목 두께임]

그림 1-13 필릿 용접 이음 홈의 각부 명칭

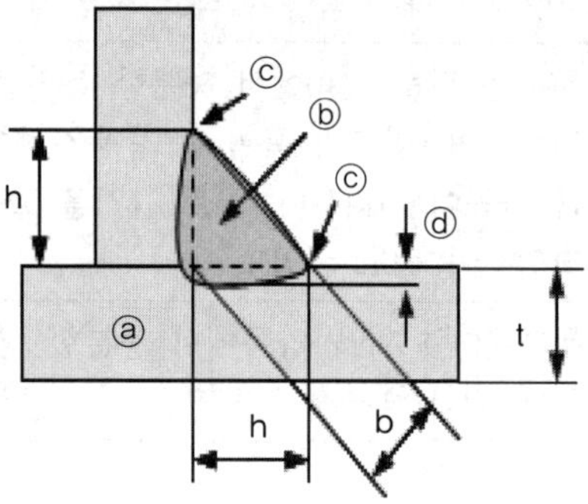

h : 다리 길이(각장)
t : 판두께
ⓑ : 용착 금속
ⓓ : 용입 깊이
b : 목 두께
ⓐ : 모재
ⓒ : 토(toe)

3) 비드의 형상

필릿 용접부의 비드 형상은 볼록형과 평면형, 오목형이 있으며, 필릿 용접부는 약간 볼록형이 좋다. [그림 1-14 참조]

오목형의 경우 목 두께 부분이 얇아 크랙이 갈 우려가 크며, 과도한 볼록형의 경우 토우부에 응력집중이 커질 수 있다.

그림 1-14 필릿 용접 이음의 표면 형상

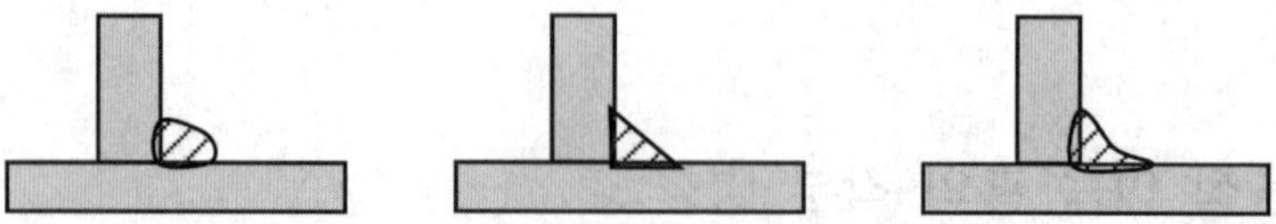

(a) 볼록형 필릿 (b) 평면형 필릿 (c) 오목형 필릿

사. 필릿 용접 이음의 치수 결정

필릿 용접 이음의 치수는 필릿 강도 계산에 중요하며 그 크기는 판두께 t에 비하여 너무 작거나 커서는 안된다.

일반적으로 필릿 용접의 다리 길이(목 길이, 각장)는 양면 필릿 용접에서는 판두께 3/4 정도로 하고 있으나 대부분의 경우는 회사 규격으로 정하고 있다.

또한 루트 간격이 커지면 다리 길이(각장)가 증가되며 결국 유효 목 두께가 감소되므로 필릿 용접 이음의 루트 간격은 0.8mm 이하로 하는 것이 적당하다.

단속 필릿 용접 이음은 용접부 중에서 일부분씩 끊어서 용접하는 방법으로, 단속 필릿 용접 길이(a)는 필릿 크기(h)의 4배 정도로 하고 최소 25mm 이상으로 하며, 용접의 시점과 종점을 포함한다.

또한 용접을 하지 않는 부분의 길이(b)는 하중선의 편심 또는 좌굴 현상을 고려하여 최소 판두께의 30배 이하, 최대 300mm로 한다.

제2절 | 용접 이음에 영향을 주는 요소

1 용접 결함이 이음 강도에 미치는 영향

가. 응력 집중

용접부의 결함은 피로 강도, 충격 강도, 인장 강도의 순으로 영향이 크다. 그 원인은 용접 결함부는 다른 부분에 비해 단면 변화나 결함의 영향으로 응력 집중 현상이 크기 때문이며, 응력 집중률이 커지면 평균 응력(σ_n)이 낮아도 최대 공칭 응력($\sigma_{\max}$x)이 높아지기 때문에 구조물에서는 위험하다.

응력 집중이란 용접부의 결함 부분에서 국부적으로 응력이 증가하는 현상이다. [그림 1-16 참조]

용접 이음부에 있어서 응력 집중의 대상으로 특히 중요한 것은 불균형과 각 변형이다. 또한 언더컷은 용접 결함 중 균열 다음으로 큰 응력 집중의 원인으로서 파괴의 원인이 될 위험이 크다. 응력 집중을 감소하려면 용접부를 평활하게 연삭하여야 한다.

구조물이 하중을 받을 때, 구조상의 불연속부나 결함이 있으면 그 부분에는 평균 응력보다 높은 응력이 발생하며, 형상에 따라서는 평균 응력의 몇 배, 몇 수십배에 달하기도 하는데, 이때 받는 하중을 응력 집중이라 한다.

구조물의 파괴의 대부분은 이러한 응력 집중부에서 발생하며 특히 피로 파괴나 취성 파괴에서는 응력 집중의 영향이 크다.

그림 1-15 단면 변화와 응력 집중

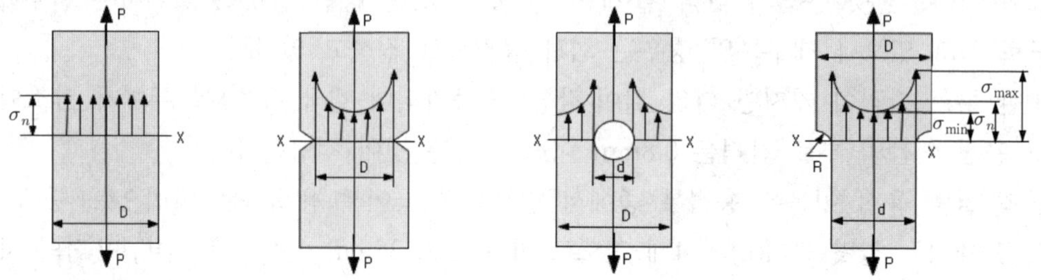

나. 용접 결함의 영향

용접 결함에는 구조상 결함(기공, 슬래그 섞임, 융합 불량, 용입 불량, 언더컷, 오버랩, 균열), 성질상 결함(물리적, 기계적, 화학적 성질), 치수상 결함(변형, 치수 오차) 등이 있으며, 이들 결함이 용접 강도에 미치는 영향은 그 형태에 따라 크게 달라진다.

일반적으로 언더컷이나 기공은 용접부 강도에 미치는 영향은 작지만 그 양이 많아지면 강도를 크게 저하시키게 된다. 균열은 상당히 큰 영향을 미쳐 용접 이음 강도를 현저하게 저하시킨다.

그림 1-15 용접부의 각종 용접 결함의 종류

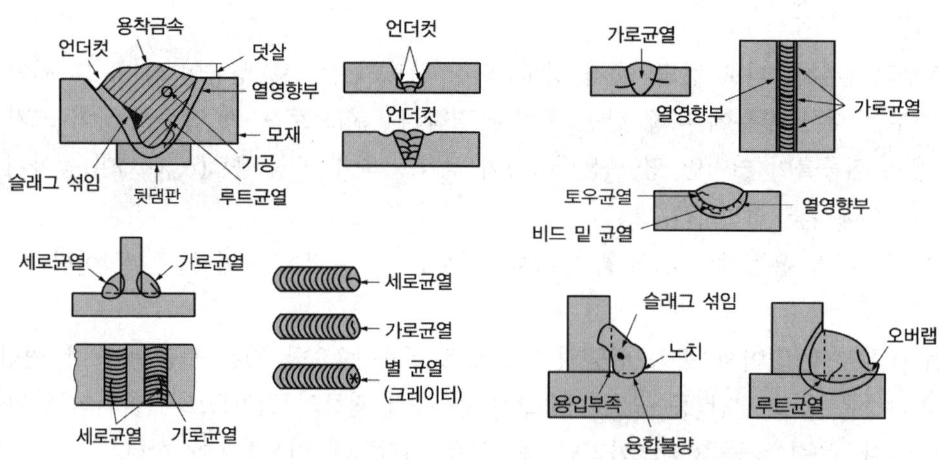

2 변형 및 잔류 응력이 이음 성능에 미치는 영향

용접시 발생하는 변형과 잔류 응력은 구조물의 치수가 달라지고 또한 변형이 생기므로 외력을 받으면 의외로 큰 응력이 변형부에 집중해서 구조물이 약해지며, 미관을 해치기도 한다.

또한 잔류 응력은 용접 제품에 대한 마무리 가공을 했을 경우 잔류 응력에 변화가 일어나 변형이 생기게 하는 것, 교번 하중을 받을 때 약해지는 경우가 있는 것, 저온에서 사용되는 구조물에서 취성 파괴를 일으키는 위험 및 특수 분위기 중에서 부식하기 쉬운 것 등이다.

이 밖에도 구속 응력이 크게 되는 상태에서는 용접 중에 균열이 발생하는 위험도 있다. [그림 1-17 참조]

그림 1-17 용접부의 변형 순서

(a) 처음 상태　(b) 용접열에 의한 일부 변형　(c) 탄성력이 없어진 상태　(d) 냉각 후의 변형 상태

3 용착 금속의 기계적 성질

가. 상온에서의 성질

연강은 용접 구조물 제작의 주요 재료로 널리 사용되고 있으며, 이에 사용되는 용접봉의 기계적 성질도 우수하여 모재와 거의 같은 정도이다.

그러나 피복 아크용접봉 고산화티탄계(E4313)의 경우 다른 종류에 비하여 연신률과 충격치가 상당히 뒤떨어지므로 반복 하중이나, 높은 정하중이 작용하는 강도상 중요한 이음에는 사용하지 않는 것이 좋다.

나. 고온에서의 성질

연강은 200~300℃에서 인장 강도는 커지지만, 연신률은 줄어들어 청열 취성의 범위가 되며, 300℃ 이상에서 연신률이 증가하게 되고, 인장 강도는 400℃ 이상에서는 급격히 저하한다.

다. 저온에서의 성질

노치가 없는 경우 저온에서 탄소강의 경우 노치(notch)의 영향이 매우 크며, 노치가 없는 경우는 저온일수록 항복점과 인장 강도가 커지며, 연신과 수축은 −100℃까지 거의 변화가 없다.

그러나 노치가 있는 경우 0℃ 부근에서도 인성이 상당히 저하하기 때문에 인성이 좋은 용접봉을 사용하는 것이 좋다. 또한 노치부(언더컷, 기공, 슬래그 혼입)가 생기지 않도록 해야 한다.

제3절 | 용접 강도와 안전률

1 용접 강도

가. 맞대기 이음

용접봉은 용착 금속의 기계적 성질이 모재보다도 약간 높게 제조되고 있으므로 완전 용입 이음의 덧살은 보강 가치가 거의 없고 오히려 응력 집중의 현상이 발생할 수 있으며, 피로 강도를 감소시킨다.

[그림 1−18]에서와 같이 맞대기 용접부의 토우 부분과 같이 급격한 단면 변화 부분은 표면 응력의 1.7∼1.8배 정도로 응력이 집중됨을 알 수 있으며, 정적 강도에서는 영향이 거의 없으나 피로 강도에는 크게 영향을 미치게 된다.

용접 이음 효율은 용착 금속 시험편의 인장 강도와 모재의 인장 강도와의 차이를 비율로 나타낸 것이다.

$$\text{용접이음효율} = \frac{\text{용착금속 시험편의 인장 강도}}{\text{모재의 인장 강도}} \times 100(\%)$$

그림 1-18 맞대기 용접부의 응력 집중

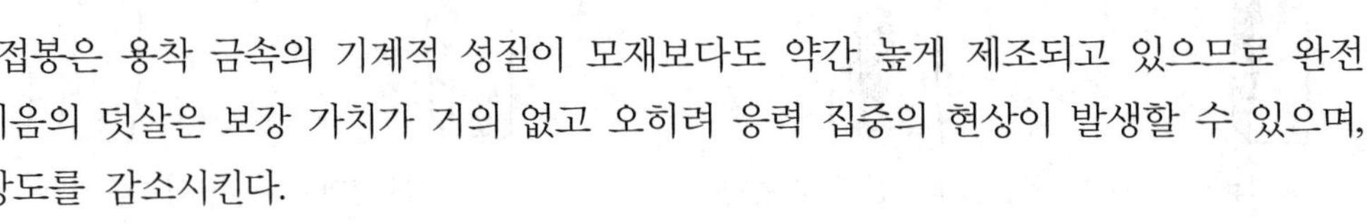

맞대기 용접 이음의 인장 강도는 용접부에서의 덧살의 존재를 무시하고 이론 목 두께의 단면적(mm^2)이 하중(kg_f)을 지지하는 크기로 나타낸다.

$$\text{인장 강도} = \frac{\text{인장 하중}(P)}{\text{용접부 단면적}(A)}$$

그림 1-19 맞대기 이음의 강도 계산

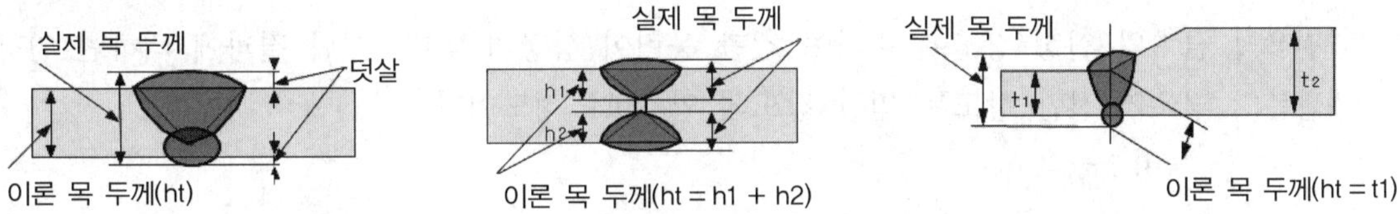

(a) 완전 용입 (b) 부분 용입 (c) 두께 다른 완전 용입

[그림 1－19(b)]와 같이 부분 용입의 경우는 불용착부를 제외한 목 두께 ht(h1＋h2)로 강도를 계산하며, 이것은 연신률이 적고, 충격이나 반복 하중에는 위험하므로 강도상 중요한 곳에는 사용해서는 안된다.

(c)와 같이 양쪽의 판 두께가 틀린 경우는 안전을 위하여 얇은 쪽의 판 두께를 기준으로 계산한다.

나. 필릿 이음

1) 전면 필릿 이음

전면 필릿 이음은 용접선이 응력의 방향과 대략 직각인 필릿 용접을 말하며, 인장 강도 계산은 최대 인장 하중을 이론 목 두께의 단면적으로 나눈 값으로 한다.

$$\text{인장 강도}(\sigma_t) = \frac{\text{용접부 최대 하중}(P)}{\text{목 두께의 단면적}(h\ell)}$$

전면 필릿 이음의 인장 강도(σ_f)는 전용착 금속의 인장 강도(σ_w)와 대략 비례하며, 연강의 경우는 약 90%($\sigma_f = 0.9\sigma_w$) 정도가 된다.

2) 측면 필릿 이음

측면 필릿 이음은 용접선의 방향과 하중의 방향이 평행한 필릿 용접으로 인장 강도 계산은 다음과 같다. 여기서 h_t는 이론 목 두께, h는 목 길이(각장)라 하면

$$h_t = h\cos 45° = 0.707h$$

가 되며, 이론 목 두께와 실제 목 두께와의 관계는 용입 단면을 측정해보아야 알 수 있다.

측면 필릿 이음의 전단 강도 계산식은 다음과 같다.

$$\text{전단 강도}(\tau) = \frac{\text{용접부 최대 하중}(P)}{\text{목 두께의 단면적}(h\ell)} = \frac{P}{0.707h\ell} = \frac{1.414P}{h\ell}$$

전용착 금속의 인장 강도에 비하여 전단 응력이 상당히 낮다. 시험 결과에 의하면 연강 용접봉의 경우의 전단 강도는 인장 강도의 약 70% 정도이다.

$$\tau \fallingdotseq 0.7\sigma_w$$

이것은 필릿 용접의 방향, 용접봉 종류, 시공 조건에 따라 변하며 필릿 각장이 크게 될수록 전단 강도가 저하하는 경향이 있다.

3) 경사 필릿 이음

경사 필릿 이음은 용접선이 하중 방향과 이루는 각도에 따라 전면 필릿 또는 측면 필릿의 강도에 가까운 값을 나타낸다.

그림 1-20 필릿 이음의 각부 명칭과 종류

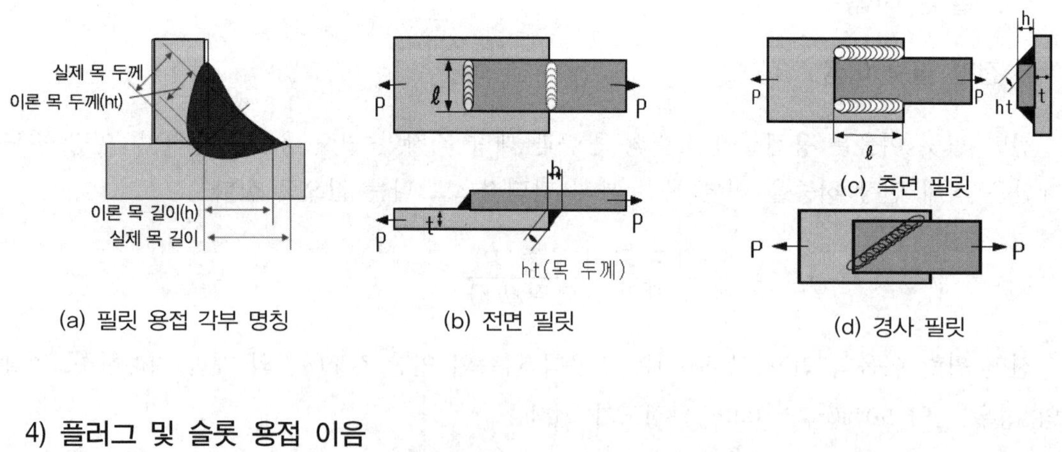

(a) 필릿 용접 각부 명칭　(b) 전면 필릿　(c) 측면 필릿　(d) 경사 필릿

4) 플러그 및 슬롯 용접 이음

전단 강도는 구멍의 면적당 전용착 금속 인장 강도의 60~70% 정도이다.

다. 용접 이음의 피로 강도

교번 하중을 받는 용접부의 피로 강도는 이음 형상이나 용접부의 표면 상황에 예민하게 영향을 받는다.

용접부의 파괴의 대부분은 노치부에서 저온 시에 발생하는 취성 파괴나 반복 하중에 의한 피로 파괴가 현저하게 많이 발생한다.

2 허용 응력 및 안전률

가. 허용 응력

기계나 용접 구조물을 설계할 때 각 부분에 발생되는 응력이 어떤 크기의 값을 기준으로 하여 그 이내이면 안전하다고 인정되는 최대 허용치이며, 구조물이나 기계 부품을 안전하게 사용하려면 사용 응력은 항상 허용 응력보다 작아야 한다.

강재의 허용 응력은 보통 정하중에 대하여 인장 강도의 1/4값, 최근 고장력강에 대하여는 인장 강도의 1/3(항복점의 약 40%) 응력이 쓰인다.

나. 안전률

1) 안전률에 영향을 미치는 인자

① 재료의 용접성(시공 상의 접합성과 사용 성능, 재료의 품질)
② 모재와 용착 금속의 기계적 성질
③ 하중의 종류(정적, 동적 하중 및 진동 하중 등)와 응력 계산의 정확성
④ 온도 및 분위기
⑤ 시공 조건(용접사의 기능 정도, 용접 방법, 용접 자세, 이음의 종류와 형상, 작업 장소(공장 및 현장의 구별), 용접 후 처리와 용접 검사 등)

2) 안전률

안전률이란 기계나 구조물의 안전을 유지하는 정도로서 파괴 강도를 그 허용 응력으로 나눈 값이며, 그 값은 언제나 1보다 크며, 기계나 구조물 설계상 아주 중요한 것이다.

$$\text{안전률 } S = \frac{\text{인장 강도(극한 강도 } \sigma_u)}{\text{허용 응력 } \sigma_a}$$

$$\text{사용 응력의 안전률} = \frac{\text{인장 강도(극한 강도 } \sigma_u)}{\text{사용 응력 } \sigma_w}$$

표 1-2 용접 이음의 안전률

재료	정 하 중	동 하 중		충격 하중
		반복 하중	교번 하중	
주철, 취약한 금속	4	6	10	15
일반 구조용강	3	5	8	12
주강	3	5	8	15
구리 및 유연한 금속	5	6	9~10	15
목재	7	10	15	20
석재	15	25	–	–

3 용접 경비

용접 비용 계산에 포함되는 요소는 다른 산업 분야와 마찬가지로 인건비, 재료비, 제외 경비로 크게 나눌 수 있다.

인건비는 용접 작업에 소요되는 시간에 대한 노임이며, 재료비는 용접 중에 소요되는 용접봉, 플럭스, 보호 가스, 기타 소모 재료를 말하며, 제외 경비는 공정 관리비, 영업비, 기계 감가 상각비 등 실제 작업 이외에 소요되는 모든 경비를 말한다.

가. 용접 비용 산출 요소

1) 아크 타임(작업률, 작업계수)

모든 용접 구조물의 정확한 가격을 결정하는 공식은 없으나 신뢰할 수 있는 추정 가격을 산출하는 것은 지금까지의 경험과 설계 기술의 정확한 이해를 토대로 가능하다.

생산성을 높이고 원가를 절감하기 위해서는 우선 생산과정 중에 발생하는 낭비를 없애야 하며, 특히 중요한 낭비는 대기시간, 노력부족, 오작품, 비협력, 불량재료 사용 등으로, 이것이 누적되면 제조 원가가 높아질 수 밖에 없다.

아크 타임이란 용접 소요시간과 용접 작업시간의 비, 즉 단위 시간 내의 아크 발생 시간을 백분률로 표시한 것을 말하며, 제품의 형상, 용접자세 등에 따라 달라진다.

낮은 아크 타임에서도 큰 지름의 용접봉이나 와이어, 철분 함유봉 또는 장척(길이가 긴)

봉 사용, 자동 및 반자동 용접법 등을 적용함으로써 용착효율을 높일 수 있다.

작업 계수(아크 타임)는 능률이 좋은 공장에서는 수동 용접에서 평균 35～40%, 자동 용접에서는 40～50% 정도이다. 보통 작업시간은 용접 소요시간의 2.5배 정도이다.

2) 아크타임 증가 방법

① 제작 중의 대기 시간 최소화 및 용접량이 적은 합리적인 설계
② 재료의 효과적인 사용계획 및 조립, 용접 지그의 활용
③ 가공 불량에 의한 용접의 손실 최소화 및 실제 용접작업의 효율 향상
④ 용접봉이나 와이어의 경제적 선택
⑤ 자동 및 반자동 용접법 등 고효율 용접법 선택

3) 용접 비용 산출이 필요한 경우

① 어떤 공사의 입찰을 하는 경우
② 건축 토목 또는 제조 공정에 있어 다른 공정에 비해 용접 공정과 비교하는 경우
③ 설계 과정에서 미리 필요 경비를 표시해야 할 경우
④ 용접법의 선택에 있어 소요 비용을 비교 검토할 때
⑤ 제조 공정의 변동상 그 타당성을 평가할 경우

4) 용접 비용에 소요되는 작업요소에 따른 비율

① 재료의 준비가공 비용 : 35~45%
② 조립 비용 : 10~15%, 용접 비용 : 15~20%
③ 설계, 다듬질, 열처리 및 기계가공 등의 끝맺음 비용 : 나머지 20~30%

나. 비용 절감 요소

① 합리적이고 경제적인 설계 및 대기 시간 최소화
② 효과적인 재료 사용 계획 및 조립 정반 및 용접 지그의 활용
③ 가공 불량에 의한 용접의 손실 최소화와 실제 용접 작업의 효율 향상
④ 용접 방법과 시공 방법을 개선하여 비용을 절감하는 방법

㉠ 모든 작업에는 용접 작업 지도서를 작성한다.
㉡ 사용 가능한 용접 방법 중 용착 속도가 최대인 것을 사용한다.
㉢ 작업 계수가 최대인 용접법 선택과, 적당한 용접 전류를 유지한다.

㉣ 피복 아크용접을 할 경우 가능한 한 용접봉이 긴 것을 사용한다.
㉤ 모든 용접에 과도한 덧살을 피하며, 본용접 전에 가접을 정확하게 한다.
㉥ 용접 변형을 최소화하는 용접 순서를 택한다.
㉦ 포지셔너나 지그를 사용하여 작업을 쉽게 한다.
㉧ 일상적인 장비 점검을 통하여 용접기의 효율을 높인다.

다. 용착 효율

용접봉의 용착 효율은 용착 금속의 중량에 대한 용접봉 사용 중량의 비를 말하며, 용접봉의 소요량을 산출하거나 용접 작업 시간을 판단하는데 필요하다.

$$\text{용착 효율(\%)} = \frac{\text{용착 금속의 중량}}{\text{용접봉 사용 중량}} \times 100$$

이때 피복 아크용접봉의 사용 중량에는 순용착 금속 외에 피복제 중량, 잔봉, 스패터(spatter) 손실, 연소에 의한 손실 등이 포함된다.

이 용착 효율의 값은 용접봉(용가재)의 종류와 굵기, 길이, 상품명 또는 용접 이음부의 형상, 용접 자세 등에 따라 달라진다.

홀더 부분 약 50mm 부분을 버리는 것으로 가정할 때 아래보기 자세에서 철분계는 60~65%, 기타 용접봉(셀룰로스계는 제외)은 50~55% 정도로 보면 된다.

다음은 각 용가재에 따른 용착 효율을 나타낸 것이다.

① 피복 아크용접봉의 경우 : 65%
② 플럭스 내장 와이어의 반자동 용접의 경우 : 75~85%
③ 가스 보호 반자동 용접의 경우 : 92%
④ 서브머지드 아크용접, 일렉트로 슬래그 용접의 경우 : 100%

라. 피복 아크용접봉의 소요량

용접 구조물 시공에 소요되는 용접봉의 량을 정확하게 파악하는 것은 생산 계획상 대단히 중요하다. 용접봉의 소요량은 실제 용착 금속의 중량보다 더 많다.

예를 들어 350mm 용접봉인 경우 잔봉 손실이 약 14%, 피복제의 연소 및 슬래그 손실이 10~15%, 스패터 손실이 5~15% 정도이므로 용착 효율이 저하된다.

용접봉 산출은 이음부 단면적에 길이와 용착 금속의 비중을 곱하여 용착 금속의 중량을 구한 후 용접봉의 손실량을 감안하여 산출한다.

$$W_e = \frac{W_d}{\eta}\ [\mathrm{gf}],\ \ W_d = (A+B+C)\cdot P\cdot L\ [\mathrm{gf}]$$

W_e : 용접봉의 소요량[gf]
W_d : 용착 금속의 중량[gf]
A : 용접 이음부의 단면적[cm^2]
B : 표면 덧붙임부의 단면적[cm^2]
C : 뒷면 따내기부의 단면적[cm^2]
P : 용착 금속의 비중
L : 용접 길이[cm]
η : 용착 효율[%]

마. 플럭스(flux)비

일반적으로 서브머지드 아크용접에서는 1g의 용접봉이 용착되면 1.5~2g의 플럭스가 소요된다. 그래서 플럭스 비는 1.5~2 정도 된다.

일렉트로 슬래그 용접의 경우 100g의 용접봉이 소모될 때 플럭스는 5~10g이 소요되므로 플럭스 비는 0.05~0.1이다.

플럭스 비용(원/m) = 플럭스 가격(원/g) × 용착 금속의 무게(g/m) × 플럭스 비율

바. 보호 가스(shielding gas)비

보호 가스 비용은 실제 용접 시간 중 아크 시간에 관계하며, 일반적으로 정해진 일정한 양으로 공급되고 단위는 보통 ℓ/min이다.

용접부 단위 길이(m)당 소요된 가스 비용을 계산하는 방법은 다음과 같다.

$$\text{가스 비용(원/m)} = \frac{\text{가스값(원/ℓ)} \times \text{가스 공급량(ℓ/min)}}{\text{용접 속도(cm/min)}} \times 100$$

사. 용접 작업 시간과 인건비

용접 비용 계산 중에서 인건비는 비용 전체에서 가장 많은 비중을 차지하는 요소로서 대부분의 인건비는 작업 시간에 대한 급여로 계산된다.

인건비(원/m) = 작업자 시급/용접 속도(cm/min) × 작업 계수(%) × 60/100

$$T_a = \frac{W_d}{R\cdot T_e}\ [h]$$

(T_a : 용접 작업 시간(총 용접 시간 h) W_d : 용착 금속의 중량 kgf
R : 용착 속도 g/min T_e : 용접공의 실동 효율, 즉 아크 타임 %)

아. 소비 전력량

소비 전력량은 사용 전력에 용접 시간을 곱하고 용접기의 내부 손실을 더해야 되며, 용접기의 효율을 고려해야 한다. 용접기의 효율은 일반적으로 직류 용접기는 약 50%, 교류 용접기에서는 80% 정도이나, 개개의 용접기 성능, 용접 케이블의 거리, 용접 단자전압의 변동 등에 따라 상당한 차이가 있다.

용접기의 무부하 운전에 의한 전력량의 손실은 직류 용접기에서는 25~45%가 되나 교류 용접기에서는 고려할 필요가 없다.

$$P = \frac{E \cdot I \cdot Te}{\eta} \times \frac{1}{1000}\ [\mathrm{kWh}]$$

P : 소비 전력량 kW, E : 아크 전압 V, I : 아크 전류 A,
η : 용접기의 효율(%), Te : 아크시간(타임)(%)

$$\text{전력비(원/m)} = \frac{\text{전력비(원/h)} \times \text{전압(V)} \times \text{전류(A)} \times \text{용착 금속 무게(g/m)}}{1000 \times \text{용접 속도(g/h)} \times \text{용접기 효율(\%)}}$$

자. 기타 제외 경비

기타 제외 경비는 공장의 여러 조건에 따라 다르나 일반적으로 관리직 사원들의 급료, 세금, 건물 유지비, 건물 및 기계의 감가 상각비, 정비비와 소모성 공구, 홀더, 안전 장비, 치핑 해머, 준비비, 후처리비, 부자재비 등 여러 가지 간접 비용이 여기에 포함된다.

$$\text{기타 경비(원/m)} = \frac{\text{제외 경비율(원}/h) \times \text{용착 금속의 무게}(g/m)}{\text{용착 속도}(g/h) \times \text{작업 계수(\%)}} = \frac{\text{제외 경비율(원}/h)}{\text{용착 속도}(g/h) \times \text{작업 계수(\%)} \times 60/100}$$

1) 상각비

1 시간당 비용으로 계산하며, 상각연수는 보통 8년으로 하고 있으나, 구체적인 적정시간은 아니다. 수요자의 특수 사정에 의하여 5~7년으로 한다.

$$\text{상각비} = \frac{\text{용접기 가격}}{\text{상각시간(년)}}$$

2) 보수비

보통 연간에 기계대금의 10%라고 가정하면 계산이나 실적에 따라 달라진다.

$$\text{보수비} = \frac{\text{연간보수비}}{\text{연간사용시간}}$$

3) 기타 준비비, 후처리비, 부자재비

준비비에는 현도 작업이나 지그 또는 용접 홈의 가공비, 가접비 등이 있으며, 부재의 정밀도가 나쁠 때는 조립이나 용접 작업에 많은 시간을 소비할 뿐만 아니라 변형이 커지고 용입 불량, 균열 등의 용접 결함이 많아져서 변형 제거나 수정 작업에 많은 공수를 소비하게 되는 결과를 가져오므로 적은 낭비라도 누적되면 큰 손실을 초래하게 된다.

후처리비에는 용접 후의 풀림 처리와 변형 제거, 용접 끝손질, 검사 등이 있으며, 용접 작업의 5~10% 정도가 필요하다.

차. 환산 용접장(길이)(equivalent weld length)

용접 견적시 용접 길이를 계산하는 것은 가장 기본적인 사항이다. 동일한 길이를 용접하는 경우라도 판두께나 용접 자세, 작업 장소 등이 변동되면 용접에 소요하는 작업량도 변하게 되는데 이 작업량에 영향을 주는 것을 각기 계수로 표시하고 이 계수를 실제의 용접 길이에 곱한 것, 즉, 판두께(필릿 용접의 경우는 목 길이), 용접 자세, 작업 장소 등 일정한 작업 조건에서 환산한 것을 환산 용접 길이라고 한다.

이 환산 용접 길이는 직접 공사량을 의미하는 것으로 공사량 예상의 기본이 된다. 그러므로 설계도와 시공법이 결정되면 즉시 도면 계산을 하여 환산 용접 길이를 구하여 놓아야 할 것이다. 환산 용접 길이의 계산에 사용되는 환산 계수는 용접봉의 종류 및 봉의 지름, 공장의 설비에 따라서 어느 정도 차이가 있으므로 경우에 따라 조사하여 둘 필요가 있다.

예제 판두께 10mm를 아래 보기 자세로 20m, 판두께 15mm를 수직 자세로 12m 맞대기 용접할 경우의 환산 용접 길이를 구하라. (단, 현장 용접이며, 아래보기 맞대기 용접 환산 계수는 1.32, 수직 맞대기 용접 환산 계수는 4.32임).

➡ 판두께 10mm의 아래보기 맞대기 용접의 환산 계수가 1.32이고, 15mm의 수직 맞대기 용접의 환산 계수는 4.32이므로
아래보기 자세는 용접부 길이 20m×환산계수 1.32 = 환산 용접길이 26.4m
수직 자세는 같은 방법으로 12m×4.32 = 51.8m
따라서 구하는 환산 용접 길이는 26.4 + 51.84 = 78.24m이다.

제4절 | 용접 이음부 기호

1 용접 이음부 기호와 용접 용어 정의

가. 용접 이음부 기호 개정

기존 KSB 0052 용접 기호는 2023년도에, 용접부 비파괴 시험 기호는 1995년도 폐지되었으나, 국제화 시대에 따라 용접 기호는 다시 KSBISO 2553(2019년)로 개정한 후, 2024년 12월 27일 KSBISO 2553 규정에 따라 용접이음부 기호로 개정하였다.

개정된 용접 이음부 기호는 기초 기호와 보조 기호로 나누고 있으며 용접(브레이징 및 솔더링 포함)부의 기호 표시 방법을 나타낸 기호이다.

나. 용접 용어 정의

① 용접 기호(welding symbol) : 화살표선과 기준선을 구성하는 기호. 기초 기호, 보조 기호, 치수 및 꼬리를 포함할 수 있다.

② 기본 용접 기호(basic welding symbol) : 이음부를 명시하지 않고 용접 이음부를 만들 것을 지시할 경우에 사용한다.

③ 화살표선(arrow line) ; 이음부가 기준선을 따라 일반적으로 135°로 그려저 용접되도록 나타내기 위하여 사용하는 지시선

④ 기준선(reference line) : 기초 기호가 도면의 아래 가장자리에 평행으로 그려져 위치하는 용접 기호의 부분 선

⑤ 꼬리(tail) ; 화살표선으로부터 떨어진 연속되는 기준선의 끝에 덧붙인 V 모양의 선

⑥ 화살표쪽(arrow side) ; 화살표선이 지시하는 방향의 이음부쪽
- 반대쪽(other side) : 화살표 방향의 이음부의 반대쪽

⑦ 기초 기호(elementary symbol) : 용접 기호의 부분을 형성하며 용접부 종류와 이음부 개선을 지시하기 위한 기준선 위에 그린 기호
- 보조 기호(supplementary symbol) : 이음부에 대해 추가 정보를 전달하도록 기초 기호와 연관하여 사용하는 기호

⑧ 보충 정보(complementary information) : 만들어진 용접부에 관련된 기호가 아닌 정보로서, 용접 기호의 꼬리에 포함할 수 있다.

⑨ 단속 용접부(intermittent weld) : 이음부에 따라 간격을 두고 만들어진 용접부 요소
- 체인형 단속 용접부(chain intermittent weld) : 용접 요소가 이음부에 따라 서로 반

대쪽에 놓이도록 하기 위해 정리된 이음부의 각 면 위에 있는 단속 용접부

- 지그제그 단속 용접부(staggered intermittent weld) : 한쪽 면 위의 용접 요소가 이음부를 따라 반대쪽 위의 공간에 놓이도록 하기 위해 정리된 이음부의 각 면 위에 있는 단속 용접부

⑩ 옵셋(offset) : 지그재그 단속 용접부 한쪽 면 위의 용접 출발점과 반대쪽 위의 용접 출발점 사이의 거리

⑪ 백런(back run) : 용융 용접부의 루트부에 용착된 최종 용접부

⑫ 백킹 용접(backing weld) : 용접부 형상의 뒷면에서 수행하는 용접

⑬ 공칭 용접부 길이(nominal weld length) : 용접부의 실제 길이

- 용접 요소의 공칭 길이(nominal length of weld element) : 단속 용접부 등 용접부 각 요소의 공칭 길이

⑭ 공칭 목 두께(nominal throat thickness) : 필릿 용접부의 단면에서 기입할 수 있는 가장 큰 이등변 삼각형의 높이 설계 값

⑮ 다리 길이(leg length) : 용융면을 가로질러 측정한 필릿 용접부 용융면과 토우의 실제 투영된 단면으로부터의 길이

⑯ 용입 깊이(penetration depth)=용착 두께(deposit thickness) : 모든 용접 덧살을 제외한 용접부 금속의 두께

- 깊은 용입 목 두께(deep penetration throat thickness) : 용융 용입의 충분한 양이 부가되는 공칭 목 두께 또는 유효 목 두께

⑰ 플레어 V 용접부(flare-V weld) : 곡선의 표면을 가진 두 부재 사이의 맞대기 용접

⑱ 현장 용접부(field weld) : 보통 최종 설치 장소의 야외 작업장에서 만들어진 용접부

⑲ 스테이크 용접부(stake weld) : 레이저 빔이나 전자 빔이 수평한 판재/플랜지에서 수직의 판재/웹(web)으로 조사되는 T 이음부에 있는 용접부

다. 용접 기호

1) 기본 용접 기호

이음부 세부사항을 전달하지 않은 기호, 화살표선, 기준선 및 꼬리를 포함하여야 한다.

그림 1-21 용접 기본 기호

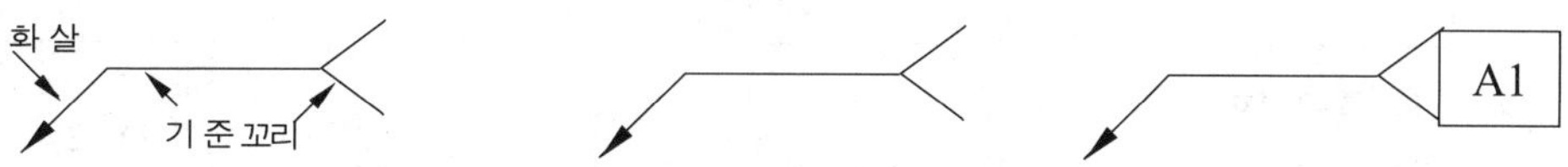

(a) 기본 용접 기호 (b) 열린 꼬리 (c) 닫힌 꼬리

2) 기준선과 용접 기호 시스템

용접 기호 시스템은 A, B가 있으며, 동일 도면에서 혼용해서는 안된다.

(1) 시스템 A : 기호 표시는 실선과 점선을 구성하는 이(2)중 기준선을 기본으로 한다.

① 점선은 기준선과 동일한 길이로 표시하며, 실선 위나 아래로 그려도 되나 가능하면 밑에 그려야 한다.

② 점선은 대칭 용접부와 점 용접, 심 용접의 경우 생략한다.

③ A 시스템에서 화살표쪽 용접일 때는 실선 위에 용접 기초 기호를, 화살표 반대쪽 용접일 때는 점선 위에 붙인다.

(2) 시스템 B : 기호 표시는 단일 기준(실)선을 기본으로 한다.

① B 시스템에서 화살표쪽 용접일 때는 실선 아래에 용접 기초 기호를 , 화살표 반대쪽 용접일 때는 실선 위에 붙인다.

② A, B 시스템 모두 치수, 보충 정보, 보조기호는 기준선에 붙여 그려야 한다.

그림 1-22 용접 기호 시스템

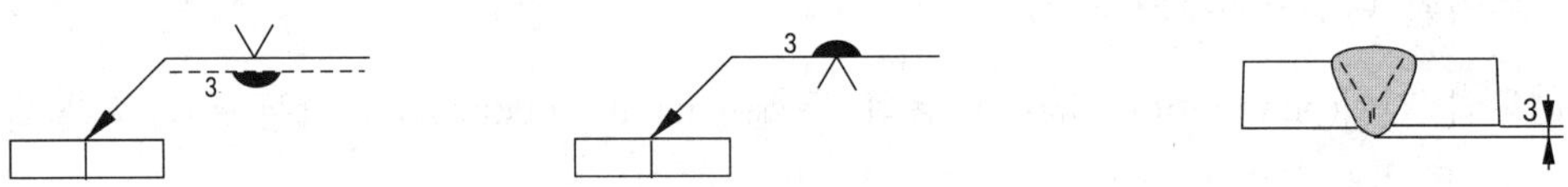

(a) 시스탬 A 용접기호　(b) 시스탬 B 용접기호　(c) 실제 생산된 용접부 형상

다. 용접 기초 기호

용접부 종류를 지시하기 위해 일반적으로 사용되는 용접부의 형상과 유사한 기호로 표시하고 있는데 이 기호는 용접 방법 등을 미리 판단하는데 사용해서는 안된다.

만약 접합부가 지정되지 않고, 용접, 브레이징 또는 솔더링 접합부를 나타낸다면 다음과 같은 모양의 기호를 사용하게 된다. [표 1-3 참조]

표 1-3 용접 기초 기호

번호	명 칭		도 시	기 호
1	1) 플래어 V 용접 2) 플래어 개선 용접	1) 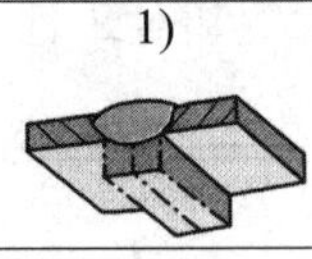	2) 	1)  2) 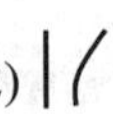
2	1) 플랜지형 맞대기 용접 2) 플랜지형 모서리 용접	1) 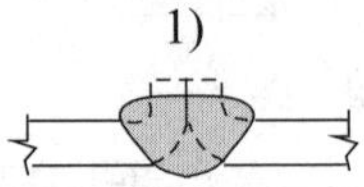	2) 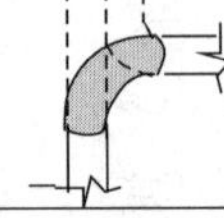	1), 2) 

3	정방형(구, I형, 평형) 맞대기 용접		
4	단면 V 맞대기 용접		
5	단(일)면 개선 맞대기 용접		
6	넓은 루트면을 가진 단(한)면 V 맞대기 용접		
7	넓은 루트면을 가진 단면 개선 맞대기 용접		
8	단면 U 맞대기 용접		
9	단면 J 맞대기 용접		
10	필릿 용접	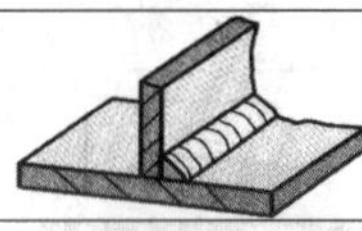	
11	플러그 용접 플러그 또는 슬롯 용접(미국)	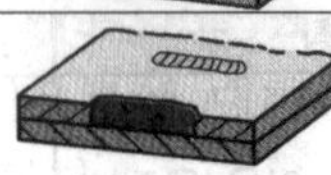	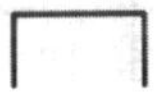
12	저항 점 용접, A 시스템 : 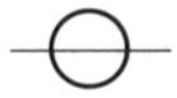 프로젝션 용접, B 시스템 :  - 용융 점 용접은 B 시스템 적용		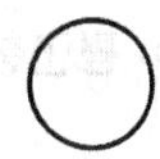
13	1) 저항 심(seam) 용접 : 1) 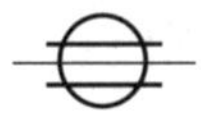 2) 용융 심 용접 2) 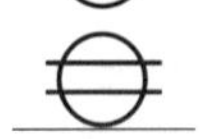 (가는 실선은 기준선인)		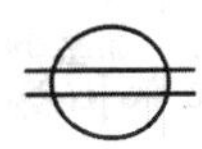
14	가파르게 경사진(개선각이 급격한) V 맞대기 용접	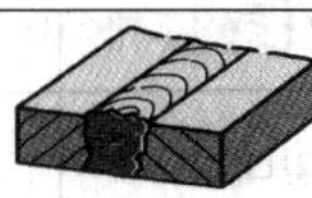	
15	가파르게 한쪽만 경사진(구, 개선각이 급격한 일면 개선형) 맞대기 용접	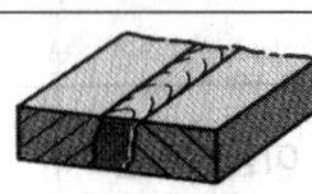	
16	가파르게 한쪽만 경사진(개선각이 급격한 일면 개선형) 맞대기 용접	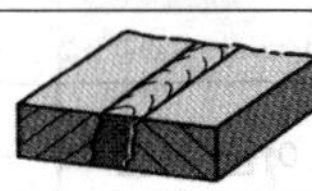	

17	가장 자리(edge) 용접		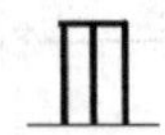
18	오버레이(표면 육성) 용접 (S : 오버레이 두께)		
19	양면 V 맞대기(구, X형 맞대기) 용접		
20	양면 개선 맞대기(구, K형) 용접	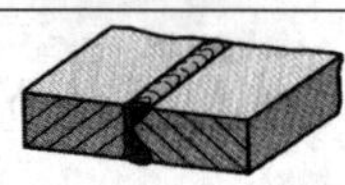	
21	넓은 루트면을 가진 양면 개선용접과 필릿 용접	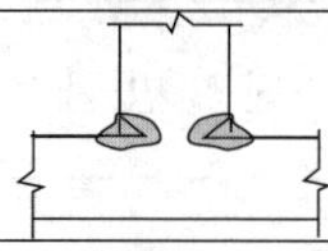	
22	양면 U 맞대기(구, (H형) 용접		
23	스터드 용접부	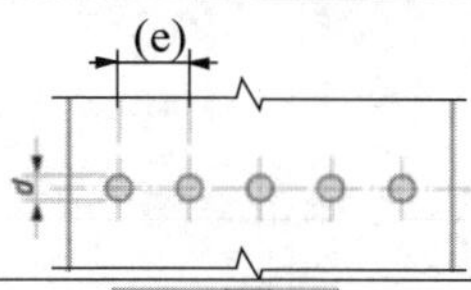	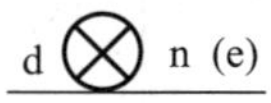
24	스테이크 용접	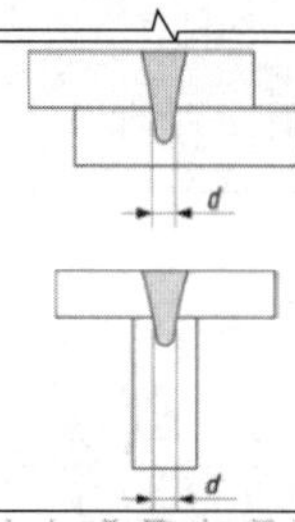	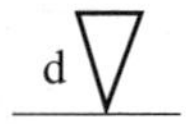
25	대체하는 단순화된 맞대기 용접부 기호(요구 품질, 예로 WPS 등에 근거한 경우 사용, 완전 용입의 겨우 치수 붙이지 않음)	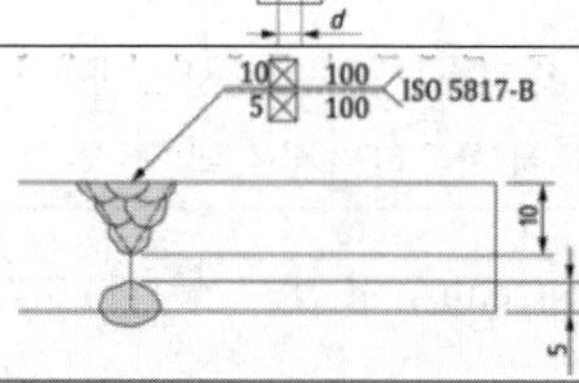	

마. 용접 보조 기호

용접 기본 기호에 용접 보조 기호를 사용함으로써 기본 기호를 보조하는 역할을 하는 것으로 용접부 표면의 형상을 이해할 수 있도록 도와주는 기호이며, 보조 기호가 없는 경우는 용접부 표면의 형상을 특별히 지시할 필요가 없다는 것을 뜻한다.

보조 기호는 용접부의 모양 또는 용접된 이음부가 어떻게 만들어져야 하는가에 대한 정보를 제공할 수 있다. [표 1-4]는 용접 보조 기호의 적용 예를 나타낸 것이다.

표 1-4 용접 보조 기호와 적용의 예

용접부 및 용접부 표면의 형상	보조 기호	도 시	조합 기호
1. 동일 평면(평평하게 마감처리된)	—		
2. 볼록함			
3. 오목함			
4. 매끄럽게 혼합된 토우			
5. a) 백런 (단면 V 맞대기 용접 후에 만들어진)		a)	
5. b) 뒷면 용접부 (단면 V 맞대기 용접 후에 만들어진)		b)	
6. 명시된 루트 용접 덧살(맞대기 용접부)			
7. 영구 백킹(backing)	M		MR
8. 제거성/일시적인(구, 제거 가능한) 백킹	MR		
9. 서페이서			
10. 소모성 삽입물			
11. 현장 전방위(구, 온둘레) 용접 1) 전방위 용접 : 원 2) 현장 용접 : 깃발	1) 2)	1)	
12. 두 지점 사이의 용접 A→ A←	↔	A B	A↔

바. 용접부의 용접 기호 표시 방법

1) 전방위 용접 기호의 사용 제한

① 용접부가 같은 지점에서 출발하지 않고 끝나지 않는 경우

② 용접부 종류가 변경되는 경우, 예로 필릿 용접에서 맞대기 용접부로

③ 용접부 치수가 변경되는 경우

④ 용접부가 원형 또는 길게 늘어진 구멍의 원주의 경우

2) 루트 덧살 (그림 1-22 참조)

한쪽면에 만들어진 맞대기 용접로 완전한 용입 + 명시된 최소 루트 덧살 치수를 단면에서 만들어진 맞대기 용접부에서 요구할 때만 적용한다. 덧살 기호는 기초 기호의 반대 편과 기준선의 다른 쪽 위에 놓아야 한다.

3) 설명선과 화살표선

용접할 이음부 지시를 하는데는 화살표선을 사용해야 한다.

화살표선은 도면 위의 이음부를 이루는 실선과 연결되는 점으로 마감된 화살촉으로 완성한다.

용접 기본 기호 설명선은 [그림 1-23]과 같으며, 두 개 이상의 화살표선은 동일한 용접부의 위치를 지시하기 위하여 기준선과 결합할 수 있다. [그림 1-24 참조]

그림 1-23 설명선 표시 방법

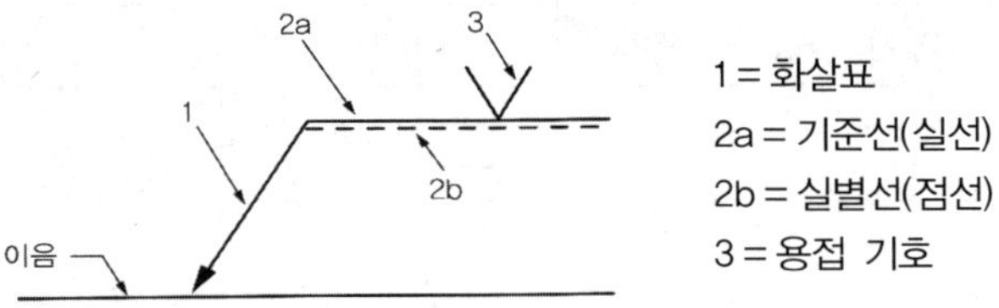

그림 1-24 여러 개의 화살표선

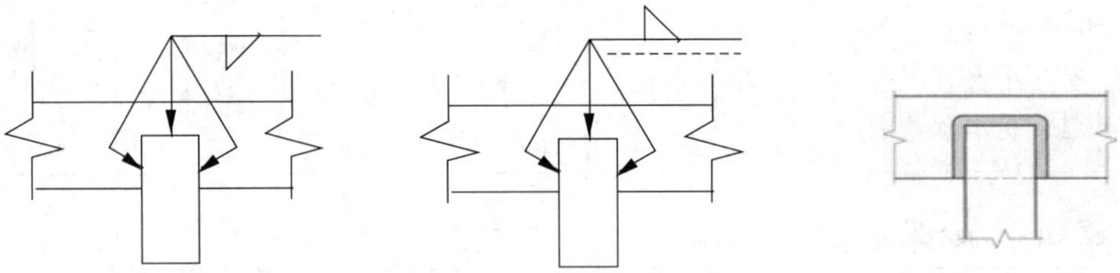
(a) 시스템 A (b) 시스템 B (c) 생산 제품의 형상

4) 기준선과 용접부 위치

기준선은 기초 기호와 결합하여 용접할 이음부의 면을 지시하는데 사용한다.

화살표쪽은 화살촉이 가르키고 있는 이음부 쪽이며, 반대쪽은 화살촉이 가르키고 있는 이음부와 마주하는 쪽이다. 화살표쪽과 반대쪽은 항상 같은 이음부의 일부를 형성한다.

[그림 1-25]는 이음의 "화살표 쪽"과 "화살표 반대 쪽"을 나타낸 것이다. 화살의 위치는 명확한 목적에 근거하여 선택된다. 일반적으로 이음에 직접 인접한 부분에 배치된다.

그림 1-25 화살표 방향과 화살표 반대 방향 관계

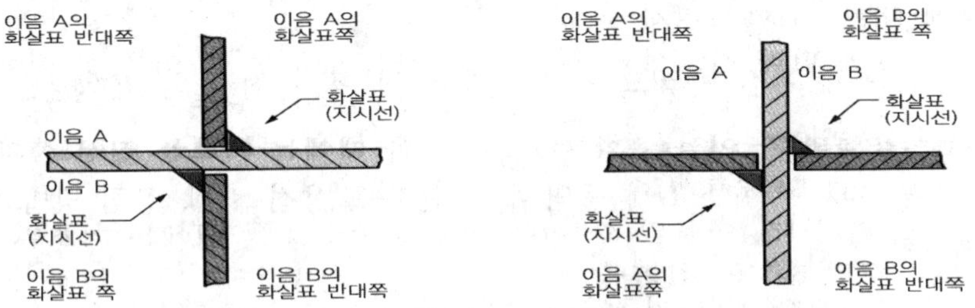

5) 용접 기호 기재 방법[그림 1-26 참조]

① 용접 이음부의 보조 기호로는 치수, 강도(S), 용접 방법 등을 표시하는데, 치수의 숫자 중에서 가로 단면의 주요 치수는 용접부 기본 기호의 좌측에 기입한다.

② 세로 단면 방향의 치수는 일반적으로 기초(구, 기본) 기호(⬚)의 우측 $n \times \ell(e)$에 기입한다.

③ 표면 모양(−) 및 다듬질 방법(G) 등의 보조 기호는 용접부의 모양 기호 표면에 근접하여 기재한다.

④ 현장 용접이란 구조물 등을 설치하는 현장에서 용접을 하라는 의미이며, 현장 용접부는 화살표선과 기준선 연결부에 수직으로 높이게 붙인다.

현장 용접(▶), 전방위(구, 일주, 전둘레) 용접(○), 현장 전방위 용접(○▶) 등의 보조 기호는 기준선과 화살표의 교점에 표시한다.

⑤ 꼬리 부분(T)에는 용접 자세, 용접 방법 등을 기입한다.

그림 1-26 용접 시공 내용의 기재 방법

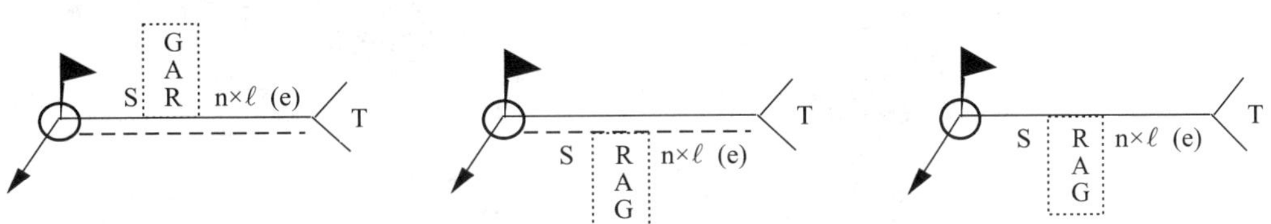

(a) 시스템 A(화살표 방향) (b) 시스템 A(화살표 반대 방향) (c) 시스템 B(화살표 방향)
(시스템 B에서 화살표 반대 방향의 표시는 용접 기초 기호를기준선 위에 나타낸다.)

◎ ⬚ : 기초 기호(∨, ╳, Ⅹ, ◺ 등)

PART 2 용접 설계 및 시공과 검사

• S : 용접부 단면 치수 또는 강도(홈의 깊이, 필릿의 목 길이, 플러그 구멍의 지름, 슬롯 홈의 나비, 심의 나비, 점 용접의 너깃 지름 또는 한 점의 강도 등)
• R : 루트 간격 • A : 홈의 각도 • n : 이음부(단속 필릿 등)의 수
• ℓ : 이음부(단속 필릿 용접의 용접 등) 길이, 슬롯 용접의 홈 길이 또는 필요한 경우 용접 길이
• e : 단속 필릿 용접, 플러그 용접, 슬롯 용접, 점 용접 등의 피치(용접부 끝과 인접 용접부 사이의 거리)
• T : 특별 지시 사항(J, U형 등의 루트 반지름, 용접 자세, 용접 방법, 비파괴 시험 보조기호, 기타 등)
• − : 표면 모양의 보조 기호(— : 평면 비드, ⌒ : 볼록 비드, ◡ : 오목 비드)
• G : 다듬질 방법의 보조 기호(G : 연삭, C : 치핑, M : 기계 가공, F : 지정하지 않음)

6) 용접부의 치수 표시

① 각 이음의 기호에는 확정된 치수의 숫자를 덧붙인다. 가로 단면에 관한 주요 치수는 기호의 좌측에 기입하며, 세로 단면에 관한 주요 치수는 기호의 우측에 기입한다. [그림 1－27 참조]
② 기호에 연달아 어떠한 표시도 없는 경우에는 공작물의 전 길이에 대하여 연속 용접을 한다고 생각해도 된다.
③ 치수 표시가 없는 한 맞대기 용접에서는 완전 용입 용접을 한다.
④ 필릿 용접의 경우는 [그림 1－28]과 같이 2개의 치수 표시 방법이 있다.

그림 1-27 치수 숫자의 표시의 예

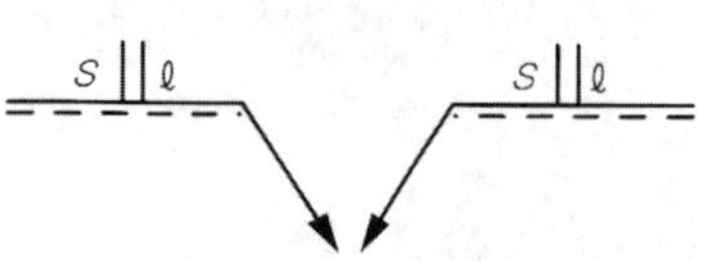

(a) 용접 단면 치수 표시

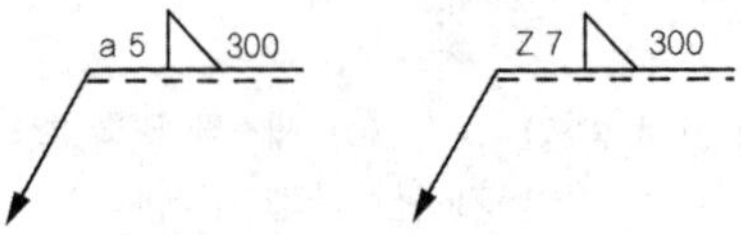

(b) 필릿 용접 도시

그림 1-28 필릿 용접 치수 표시법

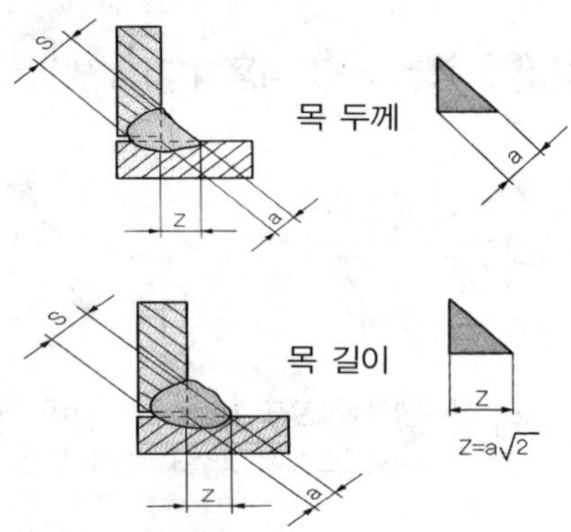

7) 플러그, 점, 심 용접 및 프로젝션 용접부

① 플러그 이음부 : 기초 기호는 기준선 위의 중앙에 놓여야 하며, 화살표쪽과 반대쪽 관련이 없으며, A 시스템의 경우 점선은 생략할 수 있다.

② 프로젝션 용접부 : 기준선 위나 아래에 기초 기호를 놓아야 하며, 용접 공정은 식별되어야 한다.

8) 여러개의 기준선과 꼬리

① 2개 이상의 기준선은 일련의 작업을 나타낼 목적으로 사용하며, 첫 번째 작업은 화살촉에 가장 가까운 기준선 위에 나타내야 한다. 후속 작업은 다른 기준선 위에 순차적으로 나타내야 한다. [그림 1-29 참조]

② 꼬리의 형상은 [그림 1-21 (b), (c)]와 같이 열린 꼬리와 닫힌 꼬리가 있다. 이 꼬리에는 품질 등급, 용접 공정, 용가제, 용접 자세, 이음부를 만들 때 고려해야 할 보충 정보를 나타내며, 닫힌 꼬리는 특정 지시(예 : WPS, PQR 또는 다른 문서에 따른 참조를 나타낼 목적일 때 사용해야 한다.

③ 길이 치수 : 용접부 공칭 길이 치수는 기초 기호 오른쪽에 놓여야 한다.

그림 1-29 여러개의 기준선 표시 예

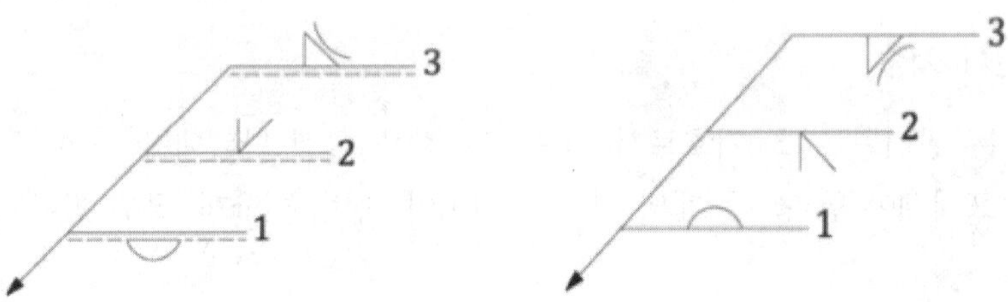

a) 예시 — 시스템 A　　b) 예시 — 시스템 B

1. 첫 번째 작업
2. 두 번째 작업
3. 세 번째 작업

9) 꺾인 화살표선의 사용과 각도별 이음의 종류

표 1-5 꺾인 화살표 사용의 예

용접부 종류	시스템 A 용접 기호	용접부 예시	시스템 B 용접 기호
1. 단면 개선 맞대기 - 꺾인 화살표 사용		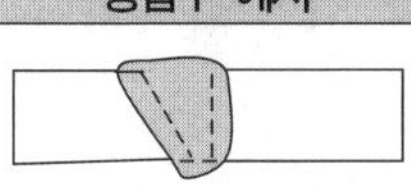	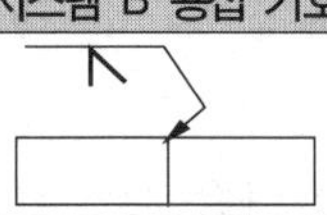
	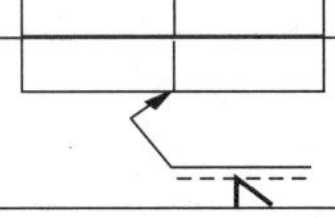	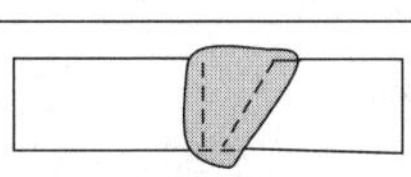	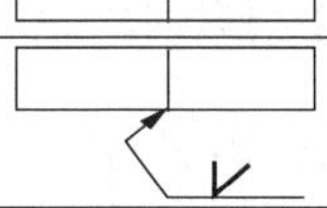

용접부 종류	시스템 A 용접 기호	용접부 예시	시스템 B 용접 기호
2. 양면 개선 맞대기 - 꺾인 화살표 사용	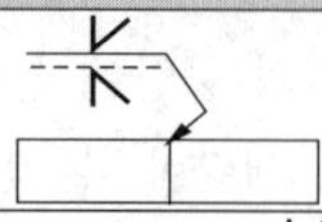		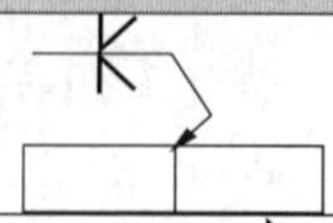
3.1 단면 개선 맞대기 용접부 (화살표쪽) 3.2 필릿 이음(화살표 반대쪽)	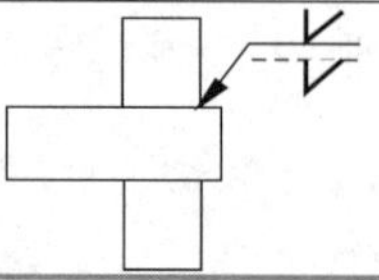	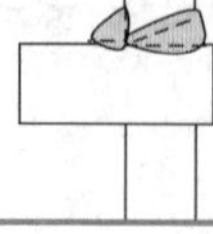	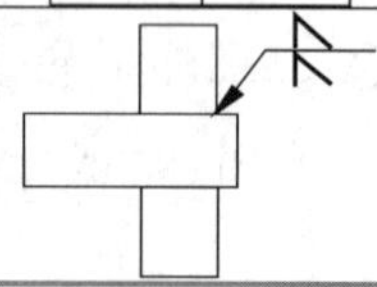

표 1-6 각도별 이음부의 종류

용접부 종류	허용 오차	α	용접부 종류	허용 오차	α
1. 가장자리	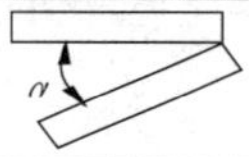	$0° \le \alpha \le 30°$	4. 맞대기	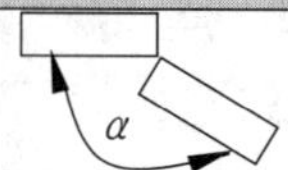	$30° \le \alpha \le 135°$
2. 모서리, 필릿	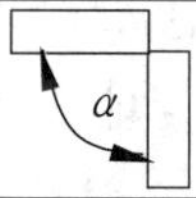	$30° \le \alpha \le 135°$		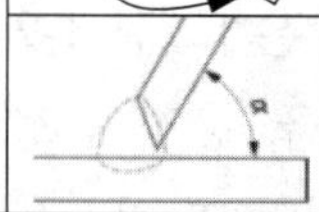	$45° \le \alpha \le 90°$
3. 필릿	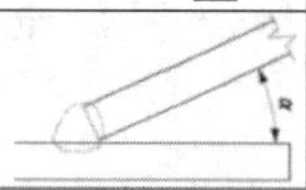	$5° \le \alpha \le 45°$	5. 필릿/겹치기	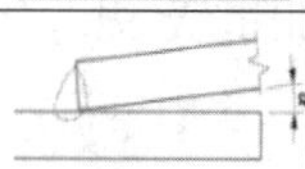	$0° \le \alpha \le 5°$

사. 용접부 치수

1) 일반 사항 및 단면적 치수

(1) 일반 사항 : 치수는 관련된 기초 기호로서 기준선과 같은 쪽에 나타내야 하며, 측정 단위를 분명하게 표시해야 한다. 두 개의 단위는 피해야 하며, 필요한 경우 변환표를 도면에 표시한다.

(2) 단면적 치수 : 기초 기호 왼쪽에 문자와 함께 단면적 치수를 결합해야 한다.

2) 길이 치수

공칭 용접부 길이, 치수는 기초 기호의 오른쪽에 놓이게 한다. 길이 치수가 없는 경우 용접부 전체 길이를 따라 이어져야 한다.

3) 단속 용접부 표시

(1) 일반 사항

① n : 단속 필릿 용접 등 용접부 요소의 개수

② ℓ : 단속 필릿 용접의 용접부 요소의 공칭 길이, 슬롯 용접의 홈 길이

③ e : 단속 필릿 용접, 플러그 용접, 슬롯 용접, 점 용접 등의 피치(용접부 요소 사이의 길이, 끝과 인접 용접부 사이의 거리)

(2) 체인형 단속 용접부

이음부의 양쪽 위의 용접부에 대해 모든 정보를 포함해야 한다. [표 1-5의 3 참조]

(3) 지그재그 단속 용접부

기준선을 가로 지르는 'Z' 기호를 사용한다. 이음부 양쪽 위에 만들어진 용접부에 대한 모든 정보를 포함해야 한다. [표 1-5의 7 참조]

4) 맞대기 용접부 표시

(1) 용입 깊이

① 요구되는 용입 깊이는 기초 기호 왼쪽에 놓이게 한다.
② 단면적 치수가 없는 경우 맞대기 용버부는 항상 완전 용입이어야 한다.
③ 루트 덧살이 요구되는 경우 루트 덧살의 치소 치수는 루트 덧살 기호의 왼쪽에 놓이게 한다.

(2) 양면 용접부와 플랜지 맞대기 용접부

① 양면 용접부 : 각 용접부는 별도로 치수를 적어야 한다. 완전 용입의 대칭 맞대기 용접부는 예외이다.
② 플랜지 맞대기 용접부 : 항상 완전 용입 용접부이다. 올라간 가장자리는 완전히 용융되며, 치수 표시가 요구되지 않는다.

(3) 플레어 단면과 플레어 V 맞대기 용접부

플레어 개선 용접부와 플레어 V 맞대기 용접부는 항상 치수 표시가 요구된다.

5) 필릿 용접부 표시

(1) 용접부 크기

① 문자 a(공칭 목두께) 또는 z(다리 길이)는 기초 기호의 왼쪽, 치수의 앞에 놓여야 한다.
② 부동면 다리 길이를 가진 경우 각각 다리 길이 치수(예 : z1 z2)로 나타낸다.
③ 이음부 양쪽 면 위에 필릿 용접부 치수가 동일한(대칭일) 경우에도 명시해야 한다.

(2) 깊은 용입 필릿 용접부

문자 s는 요구되는 깊은 용입 목 두께의 앞에 놓여야 하며, 공칭 목두께 a와 그 치수 앞에 놓여야 한다.

6) 플러그 용접부 표시

(1) 원형 구멍에서 플러그 용접부

① 지름 기호 d는 접합면에서 요구되는 구멍 지름 앞이면서 플러그 용접 기호의 왼쪽에 놓여야 한다.

② 원형 구멍 안에 있는 플러그 용접부를 부분적으로 채워야 할 경우 채우는 깊이는 기초 기호 안쪽에 지시되어야 한다. 깊이 치수가 없는 경우 완전 채워야 한다.

③ 일련의 원형 구멍 안에 있는 플러그 용접부는 기초 기호의 오른쪽에 용접부의 개수와 중심간의 공간을 추가로 표시한다.

(2) 길게 늘어진 구멍에서 플러그 용접부(슬롯)

① 폭 구호 c는 접합면에서 요구되는 길게 늘어진 구멍 지름 앞에, 그리고 플러그 용접부 기호의 왼쪽에 놓여야 한다. 길게 늘어진 구멍의 방향은 도면이나 다른 곳에 지정해야 한다.

② 길게 늘어진 구멍 안에 있는 플러그 용접부를 부분적으로 채워야 하는 경우 채우는 깊이는 기초 기호 안쪽에 표시한다. 깊이 치수가 없는 경우 완전 채워야 한다.

③ 일련의 길게 늘어진 구멍 안에 있는 플러그 용접부는 기초 기호의 오른쪽에 용접요소의 개수와 길이 및 공간을 추가로 표시한다.

7) 점, 심, 가장자리 용접부, 기타 용접부 표시

(1) 점 용접부

접착면에서 요구되는 점 용접부 지름 d는 점 용접부 기호의 왼쪽에 놓이게 한다. 일련의 용접부는 기초 기호의 오른쪽에 용접부의 개수와 공간을 표시한다.

(2) 심 용접부

접착면에서 요구되는 용접부 폭 c는 심 용접부 기호의 왼쪽에 놓이게 한다. 단속 용접부는기초 기호의 오른쪽에 용접 요소의 개수와 길이 및 간격을 추가적으로 표시한다.

(3) 가장자리 용접부 [표 1-5, 2 참조]

가장자리 용접부의 요구되는 용접부 금속 두께는 가장자리 용접부 기호의 왼쪽에 표시한다.

(4) 기타 용접부

① 스터드 용접부 : 요구되는 스터드 용접부 지름 d는 스터드 용접부 기호의 왼쪽에 놓이게 한다.

② 오버레이 용접부 : 요구되는 오버레이 용접부 두께는 오버레이 용접부 기호의 왼쪽에 놓이게 한다.

③ 스테이크 용접부 : 접착면에서 요구되는 스테이크 용접부 크기는 스테이크 용접부 기호의 왼쪽에 놓이게 한다.

아. 이음부 개선부 치수

1) 루트 간격

① 맞대기 이음부의 루트 간격 b는 기초 기호 내부에 명시해도 좋다. 루트 간격은 기준선의 한쪽 면에만 나타낸다.

[표 1-7]은 용접 기호의 주요 치수 표시의 예를 나타낸 것이다.

표 1-7 주요 치수 표시

용접부 명칭	도 시	정 의	기호 표시
맞대기 용접부 (완전 용입부 : ╲╱) 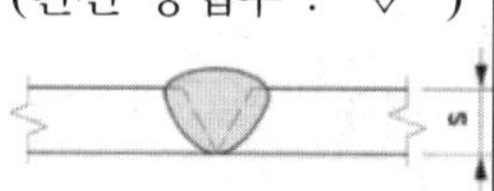	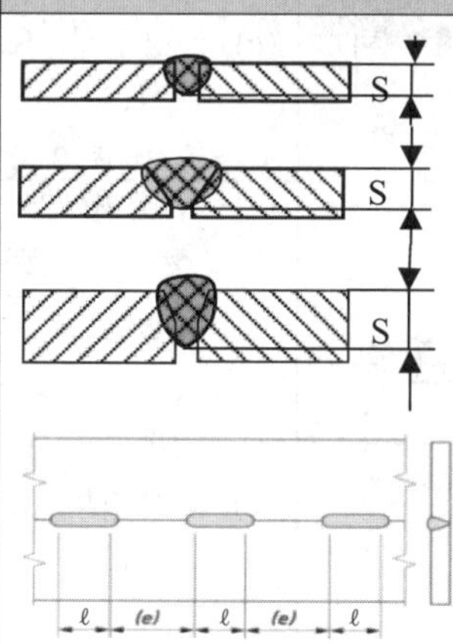	S : 용입 깊이 기초 기호 왼쪽에 치수가 없는 것은 완전 용입임 기초 기호 오른쪽에 치수가 없는 것은 연속 용접부임 단속 맞대기 용접(이음)	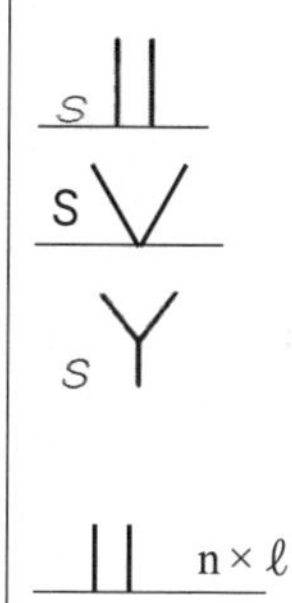
2. 1) 가장자리 이음 (겹침 이음부) 2) 가장자리(플랜지 맞대기 이음부)	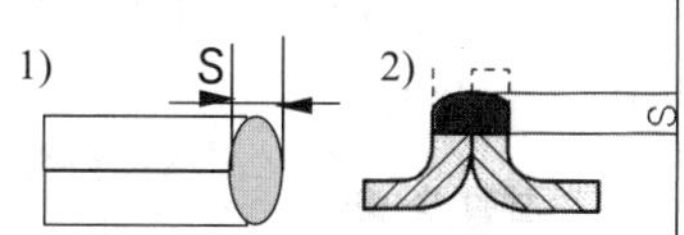	S : 1. 맞대기 용접과 동일	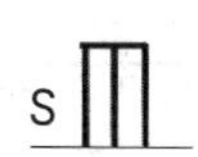

3. 체인형 단속	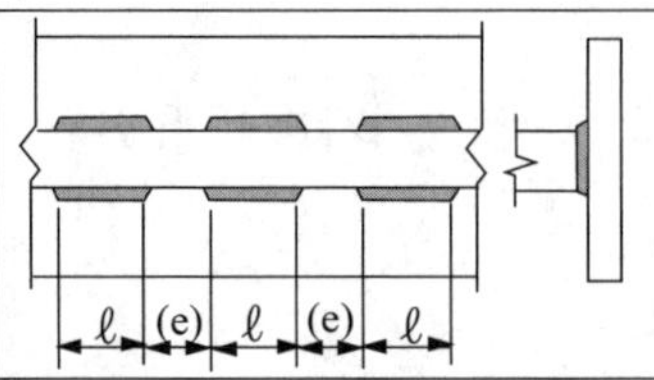	n : 용접부 요소의 개수 ℓ : 용접부 요소의 공칭 길이(크레이터부 제외) (e) : 용접부 요소 사이 거리	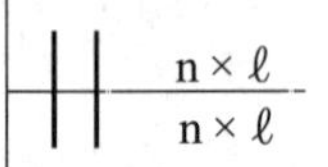
4. 연속 필릿 용접	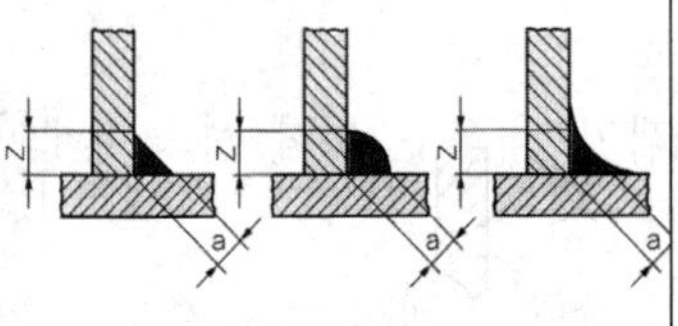	a : 공칭 목 두께 Z : 다리 길이 다리 길이가 다른 경우 Z1 : 가로 다리 길이 Z2 : 세로 다리 길이	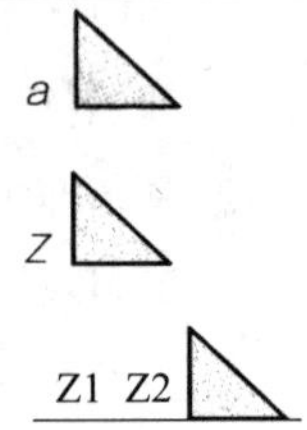
5. 깊은 용입 목두께 공칭 목두께	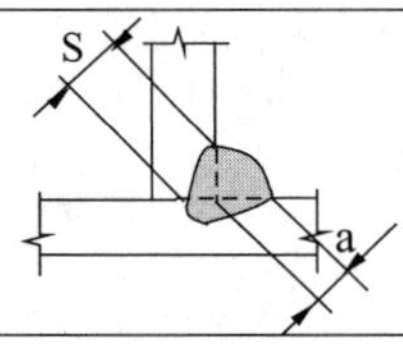	S8a6 S8 : 깊은 용입 목두께 8mm a6 : 공칭 목두께 6mm	
6. 단속 필릿 용접	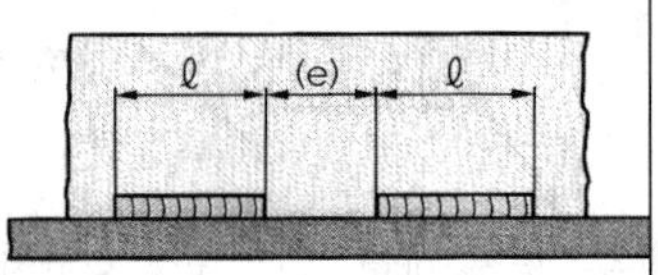	n : 용접부 요소의 개수 ℓ : 용접부 요소의 공칭 길이(크레이터부 제외) (e) : 용접부 요소 사이 거리 a, Z : 번호 3 참조	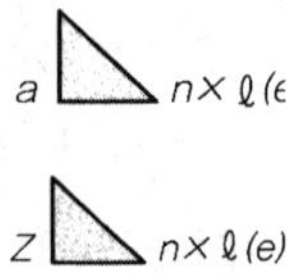
7. 지그재그 단속 필릿 용접	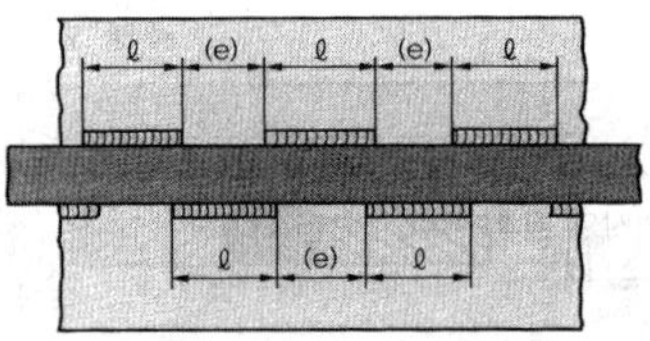	n : 용접부 요소의 개수 ℓ : 용접부 요소의 공칭 길이(크레이터부 제외) (e) : 용접부 요소 사이 거리 a, Z : 번호 3 참조	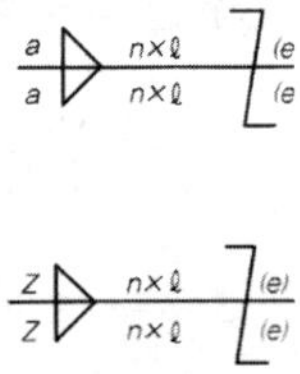
8. 단속 플러그 또는 스폿 용접	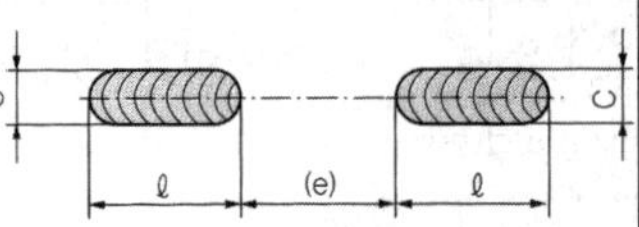	C : 접촉면에서 길게 늘어진 구멍의 폭 n : 용접부 요소의 개수 ℓ : 용접부 요소의 공칭 길이 (e) : 용접부 요소 사이 거리	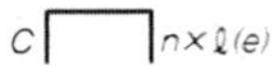
9. 플러그 이음 1) 완전 채움 2) 부분 채움	1) 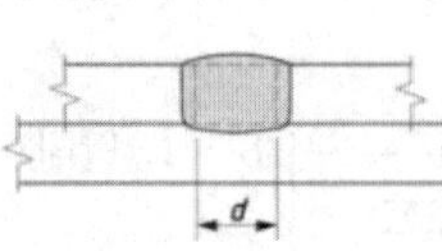	d : 접착면에서의 구멍 지름 C : 슬롯 용접에서 길게 늘어진 구멍의 폭	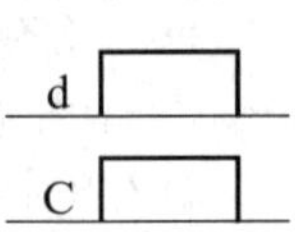

	2) 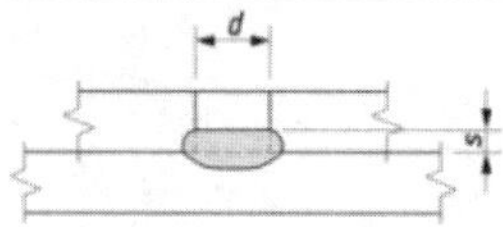	s : 채우는 깊이(구멍을 부분적으로 채울 경우)	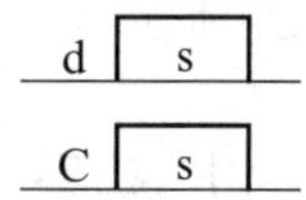
10. 저항 심(seam) 용접	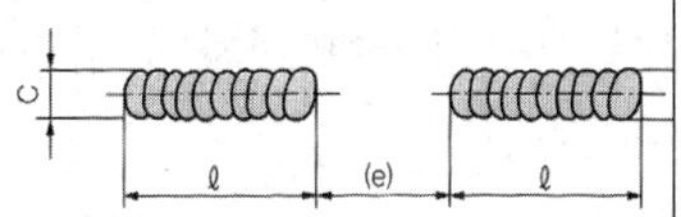	c : 접착면에서 요구되는 심 용접부 폭 C : 심 용접부에서 심의 폭	
11. 용융 심 용접부	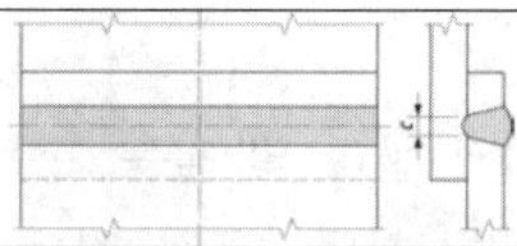	C : 접착면에서 요구되는 심 용접부 폭	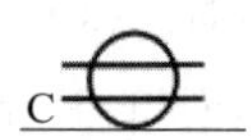
12. 단속 플러그 이음	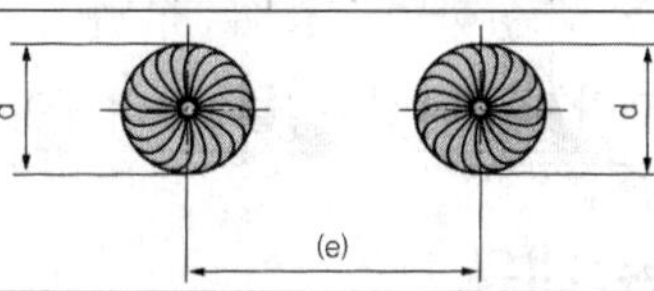	ℓ : 3번 참조 d : 구멍 지름 (e) : 간격	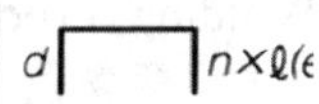
13. 점(spot) 용접 (저항 및 용융 점 용접)	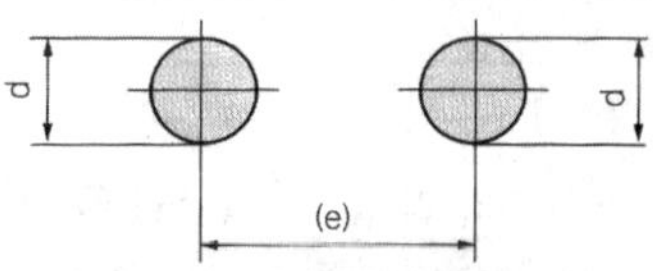	ℓ : 3번 참조 (e) : 간격 d : 점 용접부의 지름	

제5절 | 용접절차 사양서 및 용접절차 인정 기록서

1 용접절차 사양서(WPS)(WELDING PROCEDURE SPECIFICATION)

가. 용접절차 사양서 작성의 의의

용접절차 사양서(WPS)는 용접 구조물 설계 도면과 시공 도면에 따라 구조물을 제작 및 설치 방법 등의 세부 지시 사항 등 용접작업에 관한 정보와 지식을 포함하고 있는 명세서이다.

따라서 WPS는 용접사나 용접 관계자가 용접작업이 실행될 수 있는 범위(모재의 재질과 두께, 용착금속 두께), 사용가능한 용접 자재, 용접기의 전기적 특성 등의 모든 조건들을 알 수 있다.

나. 적용 범위

(주) ○○○사의 시공 현장에서 설치, 시공되는 용접(철) 구조물, 압력·비압력 용기, 각

종 배관 설비 등에 대한 용접에 적용한다.

다. 적용 목적과 책임

시공 현장에서 용접 품질을 향상시키며 요구사항이 절차에 따라 시행되어가는지를 관리하기 위함이다.

현장 소장은 현장의 전반적인 용접작업에 대한 관리 및 감독을 할 책임과 권한을 갖고 관리를 해야 된다.

관리 담당자는 용접 작업 및 용접 장비의 관리 및 감독, 용접절차 인정기록서(PQR) 작성 유지, 자격 검정 및 검정 기록서를 작성하며, 용접 작업이 "용접절차 사양서(WPS, Welding Procedure Specification)"에 따라 수행되는지를 관리해야 된다.

라. 용접절차 사양서에 포함되는 내용

용접 절차 사양서는 일반적으로 다음과 같은 사항을 작성하며, 용접 절차 사양서를 작성하기 전에 각종 시험 검사를 통하여 용접절차 인정 기록서(PQR)를 작성한 후 용접 절차 사양서를 작성하게 되며, 구조물이나 제품의 종류, 사용 목적에 따라 지정 항목을 다르게 할 수 있다.

① 구조물 명칭과 용어의 의미
② 수량
③ 구조 형상, 치수, 종류와 등급
④ 관리 규격 성능(품질)
⑤ 공사 범위와 적용 범위, 사용 목적
⑥ 용접 시공법
⑦ 기술자, 용접사의 자격
⑧ 제조 방법 또는 가공 방법
⑨ 성능 시험
⑩ 도장
⑪ 예비 및 부속품
⑫ 보증(유지, 보수, 관리) 및 기타

마. WPS와 PQR의 관계

1) 용접 재료 선택

용접 구조용 재료는 용접성이 양호하여 용접 시공 조건에 대하여 결함이 없는 우수한 성능이 발휘될 수 있는 것이 필요하다.

강의 용접부는 열영향부의 경화에 의하여 경화하는 경향이 있으며, 경화성이 큰 강재는 균열을 일으키기 쉬우므로 연성이 약화되기 쉽다.

이 경화성을 지배하는 하나의 요인으로 강재의 탄소당량이 있는데 가능한 범위에서 낮은 것을 선택하는 것이 좋다.

용접 구조용 재료 중에서 가장 많이 사용되는 것은 일반 구조용 압연 강재, 용접 구조용 압연 강재, 기계 구조용 탄소강, 보일러용 압연강재, 저합금 고장력강, 저온용 강재 등이 있다.

2) 설계 활동의 체계

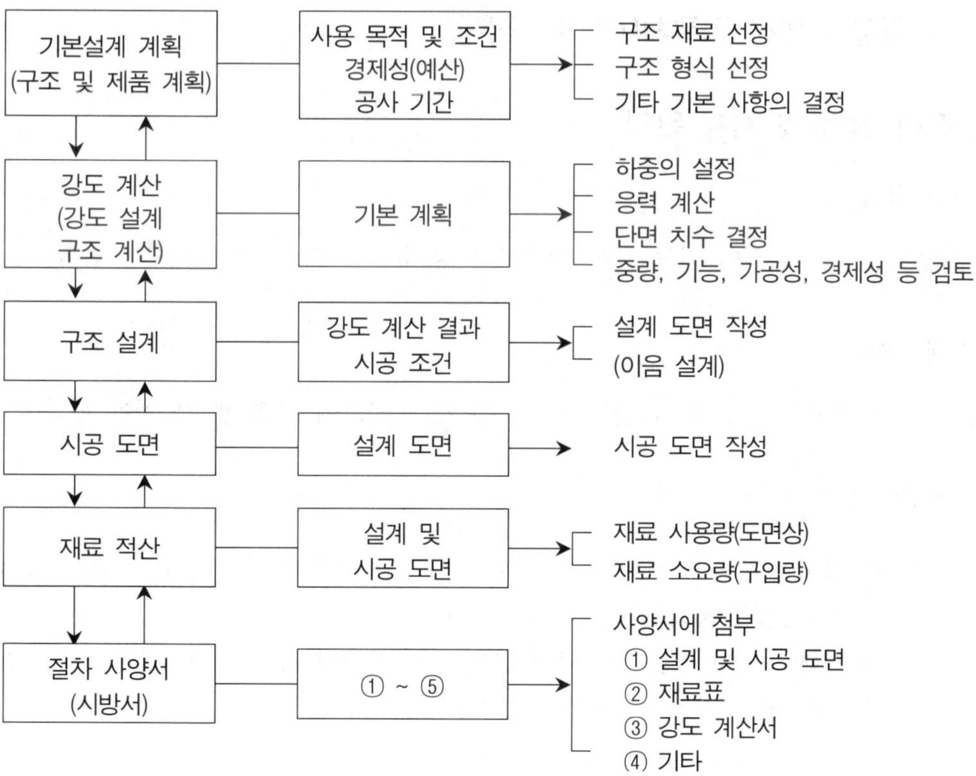

설계 활동의 경로

3) WPS 및 PQR 작성의 체계

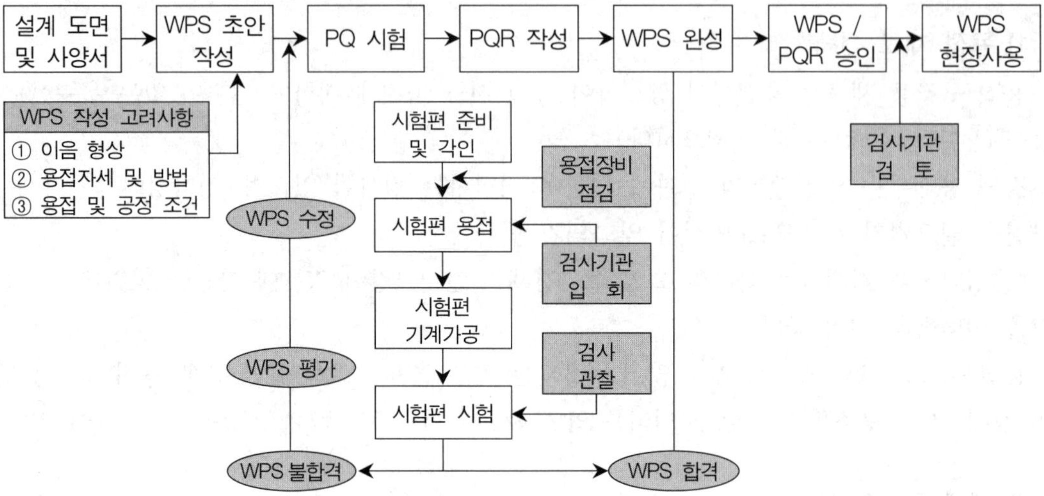

2 용접절차 인정 기록서(PQR) 작성

가. 장비 점검 및 자재 관리

1) 장비 점검

용접 장비는 요구 품질이 확보될 수 있도록 이상 유무의 확인 및 관리해야 한다.

2) 자재 관리

용접 자재는 사용하기 쉽고 습기를 방지할 수 있는 장소에 보관 관리되어야 한다.

나. 일반 사항

(1) 관리자는 압력을 받는 부분의 용접 작업은 적법한 절차에 따라 용접사 관리 규칙에 의한 자격이 인정된 용접사에 의해 수행되어야 한다.
(2) 관리자는 압력을 받지 않는 부분의 용접은 용접 작업이 가능하다고 판단하여 선임한 용접사에 의해 용접 작업이 수행되어야 한다.

다. 용접 절차

1) 용접 전 용접부위 가공

용접 부분의 모서리 및 예리한 부분은 기계 가공, 연삭 등의 방법으로 처리를 하며, 기름,

먼지 등 오염 물질로부터 보호되어야 한다.

2) 고정 및 중심선 맞춤(Fitting & Aligning)

용접에 의해 결합될 부분은 고정구, 물림쇠 등으로 용접 중에 이완되지 않도록 보호되어야 한다.

3) 가접(Tack Welds)

중심선 맞춤을 하기 위해 가접한 부분은 용접 후 이를 제거하거나 끝단을 그라인딩 또는 적당한 방법으로 처리하여 최종 용접이 양호하게 정리되어야 한다.

가접은 "용접절차 사양서"에 따라 일정한 간격으로 본 용접에 방해되지 않게 용접한다.

4) 예열 및 퍼징(purging), 층간 청결 유지

(1) 층간 청결(Interpass cleaning) : 각 용접 비드는 다음 용접 작업 전에 모든 플럭스, 스패터, 슬래그 및 기타 이물질을 제거 한다.
(2) "용접절차 사양서"에 따라 용접부와 주위 온도의 차이로 인한 용접 결함 발생을 방지하기 위하여 필요시 용접 전에 용접부에 가열 토치를 사용하여 예열을 실시한다.
(3) 용접부 뒷 부분의 퍼징이 요구될 때 "용접절차 사양서"에 따라 퍼징한다.

5) 후열 처리

용접절차 사양서에 따라 필요시 용접 후 후열처리를 실시한다.

라. 본 용접 작업

(1) 본 용접 작업 개시 전에 "용접절차 사양서'에 의거 예열, 적용전류, 전압, 용접자재 종류 등 필요한 사항을 확인 후 용접 작업을 한다.
(2) 모든 맞대기 용접부는 완전 용입이 되며, 용접부의 두께는 모재 두께보다 두꺼워야 한다.
(3) 용접부는 용접 완료 후 사양서에 따라 검사하여야 된다.

마. 용접결함 수정

육안검사(VT) 또는 비파괴 검사(NDT)에 의해 발견된 용접 결함은 비파괴검사 보고서에 기록하고 수정해야 한다.

3 합격 기준

가. 일반사항

용접관리 담당자는 용접작업 전에 용접사 및 용접자재가 각각 인정되고 합격되었음을 확인하여야 한다.

나. 용접부 검사

(1) 용접부 표면은 방사선(RT) 시험 및 기타 비파괴 시험 전에 비드 외관 미려도, 오버랩 및 균열 등을 확인하여야 한다.
(2) 언더컷(undercut)은 기준을 초과해서는 안되며 용접 비드는 요구 두께 이상 되지 않게 한다.
(3) 용접 구조물의 내면이 용접 또는 다듬질이 필요하나 접근이 어려운 경우 다음과 같이 실시한다.

① 외면 단차는 마무리 용접 및 필요시 추가 용착금속에 의해 폭을 적당히 경사지게 다듬질한다.
② 파이프 등 원주 이음부의 경우 내경이 약 1.6mm 내에 양방 단차를 가져야 한다.
③ 용접 대상물이 동심원으로 정열되었을시 획일적인 단차는 이음부 둘레에 대해 0.7mm 이내이어야 한다.
④ 길이 이음부의 경우 내면의 단차는 2.4mm를 초과할 수 없고 외면의 경우는 마무리 용접 또는 필요시 추가 용착 금속에 의해 적당히 테이퍼 지도록 다듬질 하여야 한다.

4 PQ 시험 방법 및 절차

가. 적용 범위

1) 시험 종류 및 방법

시험편 채취 위치 및 방법, 절차의 합격기준 등을 표시하고, PQR 작성법에 대해 표시한다.
ASME Ⅸ에서는 QW 202.2(c)와 QW-451.4에 따라 필릿 용접부는 홈 용접 시험으로 되기 때문에 Groove Weld Procedure Qualification에 대해서만 언급한다.

2) PQ 시험 절차

(1) ASME SECT.Ⅸ 최신본의 용접일반 요구사항과 용접절차 검정사항을 전체적으로 파악하고 있어야 된다.(발주자 Spec.의 요구사항도 동시에 점검함.)

(2) 기존 PQR을 추적하여 새로운 PQ Test 유무를 결정한다.(기존 PQR은 용접기술 개발팀에서 통합 보관함.)

(3) 새로운 PQ 시험이 결정되면 다음과 같이 실시한다.

① 시편준비 : 일반적으로 SMAW, GTAW, GMAW, FCAW는 t×150W×300 L, SAW는 t×200 W×400 L며, 덧붙임 용접은 t×150 W×150 L를 사용한다.(Test 종류에 따라 약간의 치수 변경이 있을 수 있다.)

② 용가재 준비 : ASME SECT. Ⅱ PART C와 발주자 Spec.을 만족하는 용가재를 선택한다.

③ PQ NO.는 Super Tech. System에서 시편 NO.는 용접기술 개발팀에서 발급받아 Draft WPS & PQ Spec.에 반영한다.

④ 시험 종류 및 개수 결정

(4) 인장 시험(tension test) : 전체 두께로 2개를 시험하는 것이 원칙이며, 시험 쿠폰이 1"(25.4mm)를 초과하면 시험 장비의 용량에 맞게 여러 개의 시편으로 나누어 시험할 수 있다.(시편 SIZE: QW-462.1 (a) – (e) 참조)

(5) 형틀 굽힘 시험(guide bend test)

시험 쿠폰의 두께 (T)	시편 갯수		
	측면(SIDE)	표면(FACE)	이면(ROOT)
T < 9.6	N/A	2	2
9.6 ≤ T < 19.0	4(*)	2	2
T ≥ 19.0	4	N/A	N/A

* 2개의 표면 굽힘 2개의 이면 굽힘 대신에 4개의 측면 굽힘 시험으로 대체할 수 있다.

(6) 경도 시험(hardness test) : 발주자의 스팩(Spec.) 요구시 실시, 용접금속, HAZ, 모재를 구분하여 실시, Overlay 용접

(7) 화학 시험(chemical test) : 발주자의 스팩(Spec.) 요구시 실시, A-No.가 존재하지 않는 용가재로 용접시 덧붙임 용접, 시편 채취 위치

① Groove Welding : Weld Part
② Overlay Welding : QW-462.5 (Fusion Line에서 최대 검정 두께의 위치)

(8) 매크로 시험(macro test) : 발주자의 스팩(Spec.) 요구시 실시, Overlay 용접

(9) 충격시험(impact test) : 발주자의 스팩(Spec.) 요구시 실시, 모재가 충격치 요구시(일반적으로 화력 보일러에서는 요구되지 않음)
충격치 요구시 반드시 수행하여야 하며 이를 수행한 PQ는 요구하지 않는 경우의 WPS에는 사용가능하나 반대는 불가함.

나. WPS 초안 작성

WPS 작성 지침을 기본으로 하며, 용접봉 제조사의 카탈로그를 참조하여 작성한다.

1) 시험 합격 기준

(1) 인장시험(tension test) : 모재의 최소 인장강도 이상 요구되며, 인장강도가 다른 두 모재일 경우 작은 것보다 클 것. 모재나 Fusion Line이 떨어졌을 때 모재의 인장강도 5% 이하보다 클 것

(2) 형틀 굽힘시험(guide bend test) : Transverse 용접 굽힘시험의 용접부와 HAZ는 시험 후 완전할 것. 용접부나 HAZ 부위에 3.175mm를 초과하는 Open Defects가 없을 것. 슬래그 혼입, 기타 내부결함의 원인이 아닌 Crack이 시험도 중 Corner에서 나타나지 않을 것. 내부식 오버래이 용접시 1.59mm를 초과하는 열린 결함이 없어야 하며, Bond Line에서는 3.175mm를 초과하는 열린 결함이 없을 것.

(3) 조직 시험(macro test) : 용착부와 모재부가 완전히 용융되고 크랙이 없어야 함.

(4) 화학분석 시험(chemical test) : A-No가 부여될 때에는 ASME SECT.Ⅸ, QW-442를 만족해야 됨. A-No가 부여되지 않을 경우에는 제작자의 Catalogue에 명기된 성분과 비교하여 적정 여부를 판단함.

(5) 경도시험(hardness test) : ASME Code에서 특별히 요구되는 사항은 없음.

2) PQ Spec. 작성(공정 점검표 작성)

PQ 시험시 수행되는 각 공정들을 나열한 것으로서, 시편준비부터 용접, 가공, 각종 시험 종류, 열처리 사항 등이 나열되어진다.

3) PQR(Procedure Qualification Record) 작성

시험 결과를 그대로 기록하는 것을 원칙으로 함.

(1) PQR No.

(2) PQR 작성 월, 일, 년도

(3) 초안 WPS No.

(4) PQ SPEC. 작성 날짜 PQ 시작 날짜

(5) 용접 방법: SAW, SMAW, GTAW, FCAW, GMAW 등

(6) 용접 형태: Manual, Semiautomatic, Automatic, Machine

(7) 자재 사양 기록

(8) P-No, Gr-No, QW-422에 명기된 것 중의 하나

(9) 모재의 두께 기입

(10) 용착금속의 두께 : 복합 과정은 각각의 용착 금속 두께 표기

(11) 파이프 직경 및 두께 표기(Pipe로 PQ Test를 하지 않을 경우 N/A로 표기)

(12) 자세(QW-461)

(13) 용접진행 방향 : 수직자세일 때 상향이나 하향으로 표기

(14) 차폐 가스 : GTAW, FCAW, OFW, PAW, EGW, EBW에 가스 종류 및 용제, 유량 기록

(15) 가스 Backing : 가스 종류 및 용제 기록, 해당없으면 N/A 기록

(16) 예열 : 용접 기록서에 기록된 온도에서 가장 낮은 온도 기록(최초의 기록)

(17) 패스간 온도 : 용접 기록서에 표기된 온도 중 가장 높은 온도를 Max. 온도로 함.

(18) 예열 온도 : 유지시간 표시

(19) 열처리 온도 및 유지 시간

① 열처리 기록서에 열처리 Chart에 기록된 실제의 유지온도 및 시간 표기

② 열처리 기록서 No. 등 표기

(20) 사용된 조인트 형상 : Single-V, Double-V, Single-U, Double-U, Groove 등

(21) 조인트 형상 그림 : 용접 기록서에 기록된 조인트 형상 및 비드의 적층순서를 그대로 표기

(22) 용융 형태 : Spray, Globular, Pulsing, Short Circuiting

(23) 진동 : 기계(Machine)나 자동용접에만 적용, 발생기간 주파수, 진폭 기록

(24) 굽힘(Beading) 형태 : Stringer나 Weave

(25) 용접봉극수 : Single이나 Multiple

(26) 백가우징 방법 : Grinding, Arc Air Gouging(일반적으로 GTAW는 None)
(27) 패스 형태 : 다층 패스 또는 단일 패스
(28) Sup. Filler 등 표시
(29, 30) 용접 기록서대로 표기
(31) 용접봉 상표명 기록
(32) Notes : 최대 입열(충격시험 요구시), 기타 특기사항 기록
(33) 인장시험 결과 기록 : 파괴형태 및 위치
(34) 굽힘시험 결과 기록 : 결과란에 결함없을시 Good, Accept 등으로 표기
(35) 충격시험 결과 기록 : 시험한 검사치 기록
(36) 화학성분 분석 기록 : Overlay 용접시에는 시편 채취 위치도 기록할 것.
(37) 비파괴 검사 결과
(38) Fillet 용접시험 결과 기록
(39) 경도시험 등 기타 시험 결과 기록 : 시험한 검사치 또는 최소, 최대치만 기록할 수 있음.
(40) 유자격 용접사 성명
(41) 용접사 I.D No.
(42) 물리적 시험 및 화학시험 수행자 명

다. WPS (Welding Procedure Specification) 작성

1) 작성 주안점

(1) PQR을 근거로 ASME SECT. Ⅰ & Ⅸ에 따라 WPS를 작성한다. AWS Code에 따라 Prequalified된 경우는 PQR이 별도로 요구되지 않는다.
(2) '필수 변수, 비필수 변수, 변수 없음'을 구분하여 각각의 적용 항목을 모두 기록한다.
(3) TRD 201을 비롯한 대부분의 유럽 규격들은 현재 DIN EN Standard(EN 288 Part 1&3)로 통합되고 있는 실정이므로 설명을 생략함. 500 MW급 보일러 이후에는 대부분의 화력공사가 해외에서 수주되고 있으며 이들은 대부분이 ASME Code에 따라 제작되고 있다.

2) 각 항목별 WPS 작성 방법

(1) 관련 코드: ASME Ⅰ, Ⅲ, Ⅷ, Ⅸ, ASME/ANSI B31.1, AWS D1.1, TRD 201 등 제작 코드 명기.

(2) 사양서 번호 : 적용 코드와 용접방법, 모재별로 작성 순서에 따라 일련번호 부여.(현재는 Super-Tech. Sys에서 자동으로 부여됨)
예) A - T - 0101 - 001

(3) 일련 번호 : 조합되는 모재의 P-No. 부여
① ASME, ASME/ANSI : ASMEⅨDML PARA. QW-422에 분류된 P-No. 명기
② AWS D1.1 : Table 3.1의 모재 Group No. 명기
③ TRD 201 : ASME Ⅸ의 P-No.의 화학 조성에 따라 DIN 재질의 유사성을 확인, 분류한 후 번호를 부여하되 ASME와의 구분을 위해 Z1Z1으로 기록함.
④ P-No. 분류가 불가능한 경우는 Z0Z0로 일괄 기록함.

(4) 용접방법 구분으로 복합 과정은 용접 순서대로 기록함(예: TM, TMA 등)
- A : SAW - M : SMAW - T : GTAW
- F : FCAW - G ; GMAW - S : STUD

(5) 적용 코드 구분
- A : ASME - W : AWS - X : TRD 201

(6) 일자 : WPS 최초 작성일자 명기(Dec. 24, 1999)

(7) 일자 : 적용 PQR의 변경없이 Code에 규정된 Non-Essential Variables의 변경이나 허용범위 이내의 Essential 및 Supplementary Essential Variables(충격치가 요구되지 않는 경우)의 변경으로 WPS를 개정한 경우 개정일자 명시.

(8) 관련 시험번호 : PQR No.를 명시

(9) 형태 : 적용 용접 과정란에 명기하고 복합 과정에서 해당 TYPE 우측 상단에 용접방법 추가 명시.

(10) 이음 : 여러 형태의 용접 이음 명시
① ASME : 홈(Groove)인 경우 : Single-V, Double-X, 등으로 표기하고 여러 형태의 Groove를 표기하는 경우에는 "Grooves"로 표기
- 필릿(Fillet)인 경우 : "Fillet"으로 명기
- 복합으로 되어 있는 경우 : All Grooves & Fillets으로 표기
② AWS : Figures 3.3 &3.4 중 적용 Design을 선택

(11) 해당 용접 이음형태 Sketch : 필요시 개선각, Root Face Th'k, 가우징 등 표시

(12) 루트 갭 : 범위나 최대치로 표기 (ASME에서는 제한사항 없음)

(13) 리테이너 : 유무를 None 또는 Yes로 명기

(14) 백킹 : 해당란에 명기하고 구체적 사항 명기(예 :모재, 용착금속l, 세라믹 바 등)

(15) P-No. : 코드의 P-No. 명기(P-No는 PQ Test 수를 줄이기 위하여 모재의 화학성분, 용접성 및 기계적 성질에 따라 분류)

(16) P-No. : 코드의 P-No. 명기

(17) Gr-No. : 코드의 Gr-No. 명기(Gr-No는 P-No 내에서 충격치가 요구되는 경우의 PQ를 위하여 분류)

(18) 사양 및 등급 : 반드시 기록할 필요는 없으나 고객의 요구나, 코드의 특정부분 규정시 명기(일반적으로 ASME Ⅰ, PW-39의 열처리 면제를 위해 요구되는 금속성 분비, 두께 제한 등을 표기)

① 두께(ASME) : PQ 두께(T)10mm : 1.6mm ~ 20mm(자격 부여)

② 10mm ~ 38mm : 4.8mm ~ 30mm, 38mm 이상 : 4.8 ~ 203mm(자격 부여)

- 후열처리 등 코드 요건을 고려하여 상기 범위 내로 조정하여 작성.
- 조합 용접인 경우도 해당 과정별로 최대 2배가 넘지 않도록 조정하여 작성.
  예) 두께 12mm의 시편으로 GTAW(4mm)+SMAW(8mm)로 PQ 수행시

③ CASE 1: WPS에는 총 두께 범위 : 4.8~24mm

- GTAW : up to 8mm(8mm 이내가 되도록 할 것).
- SMAW : up to 24mm(30mm 이내가 되도록 할 것).

④ CASE2: P-No. 4는 코드상 두께가 12.5mm 초과할 경우 후열처리를 수행해야 하지만 해당 WPS 용접 적용 부위가 12.5mm 이하로 후열처리가 필요없는 경우는 두께가 12.5mm 미만이 되야 하므로 총 두께 범위 : 4.8~12.5mm

- GTAW: up to 6mm(10mm 미만이므로 허용치 이내임)
- SMAW : up to12.5mm(즉 나머지 6.5mm는 SMAW로 수행)

(19) 관 직경 범위

① ASME : 용접 후열처리를 실시할 경우에는 "Unlimited" 로 표기

- 용접 후열처리가 면제될 경우에는 ASME Ⅰ(PW-39), ASME Ⅷ(UCS-56),

ASME/ANSI B31.1(TABLE 132)에서 Tube 및 Pipe 맞대기 용접시에 적용하고 있는 Max. OD(nominal) 규정을 명기함.

② AWS : 규제 조항이 없으므로 “Unlimited”로 명기함.

(20) 패스당 최대 두께

① ASME : SMAW, SAW, GMAW, FCAW, FSW, EGW에는 12.7mm (QW-403.9)

- AWS D1.1 : Chapter 3의 Table 3.7의 층별 제한 두께 명시.

(21) 자세

- ASME Ⅸ : 비 변수이므로 필요한 자세만을 명기하거나 “All”로 명기(QW-405.1)
- AWS D1.1 : Prequalified Joint : Figure 3.3, 3.4의 자세제한 규정 적용.
- Qualified Joint : Table 4.1

(22) 수직자세 진행방향 : “UP”, “DOWN”, “N/A”로 명기하고, Orbital 용접의 경우에는 두방향 모두를 명기함.

(23) 최저 예열온도 : 해당 제작 Code, Mat’l Spec. 및 계약 요구사항에 따라 두께별로 명시하거나 Test 치에 따른 Code의 허용치 적용.

- ASME Ⅰ : Appendix A-100 및 PW-39
- ASME Ⅷ : Appendix R, Table UCS-56
- ASME/ANSI B31.1 : Para. 131.4, Table 132
- AWS D1.1 : Table 3.2

(24) 최대 패스간 온도 : 일반적으로 아래 표를 기준으로 하나 특별한 경우 해당 코드 및 계약요구조건 적용.

재 질	최대 패스간 온도(℃)	비고
탄소강 및 합금강	350	ASME Ⅸ에서는 PQR 온도에서 +56℃까지 허용함(QW-406.3). 후열처리 수행시는 스테인리스강을 제외하고는 제한없음.
오스테나이트계 스테인리스강	177	
고 Ni, Cu - 강	150	

* 2개의 표면 굽힘 2개의 이면 굽힘 대신에 4개의 측면 굽힘 시험으로 대체할 수 있다.

(25) 예열 유지 : 용접 중은 물론 열처리 전까지 예열 온도의 계속 유지가 요구될 경우 또는 용접 완료 후 수소 방출을 위한 후열이 요구될 경우에 유지온도 및 유지시간

을 명시.

(26) 용접 후열처리 온도 및 시간 범위 : 적용 코드 및 Spec.에 따라 설정함.
- ASME Ⅰ : PW-39 및 PW-39.3에 따르되 Heavy Wall Th'k 제품의 경우에는 언급되지 않은 Heating/Cooling Rate, Loading/Unloading Temp.는 ASMEⅧ의 UCS-56를 따름.
- ASME Ⅷ : Table UCS-56
- ASME/ANSI B31.1 : TABLE 132
- AWS D1.1 : Para. 5.8

(27) 가스 : 화학 기호로 표기하며 필요시 순도 명시. 아래 표에 의거 유량 표기

용접방법	강 종	GAS 성분	차폐가스	백킹가스 유량	GAS CUP SIZE
GTAW	탄소강, 저합금강, 스테인리스강	Ar, Ar+He	8 ~ 15L/M	4 ~ 8L/M	9 ~ 13mm
FCAW		CO_2, Ar+CO_2	20 ~ 25L/M	-	12 ~ 20mm
GMAW		CO_2, Ar+CO_2	20 ~ 25L/M	-	12 ~ 20mm

(28) 토치 직경 혹은 가스컵 크기 : GTAW, GMAW, FCAW Process에서 표기(상기 표 참조)

(29) 콘택트 튜브와 용접물간의 거리 : GMAW, FCAW 및 SAW에서 표기(아래 참조)

용접방법	콘택트 튜브와 용접물간의 거리(mm)
GMAW	Short Circuit : 6~12, Spray/Globular : 13~25
FCAW	13~25
SAW	25~38

(30) 진동 : 주파수 및 진폭 기록(주기를 가지고 위빙하는 자동 GTAW, GMAW, FCAW, SAW 및 ESW 등에서 Cycle/Minutes로 기록)

(31) 미그용접의 금속 이행형태 : GMAW, FCAW Process에서의 용적의 이행형태 명시(이행형태는 Shielding Gas의 종류 및 용접 전류에 따라 Spray, Globular, Short Circuit Type으로 분류됨)

(32) 텅스텐 전극봉 형태와 크기 : "EWTh-2, Æ2.4mm"로 명시, 특별한 경우 다른 Type의 전극봉 명시

- EWTh-2 : Th 2% 함유된 Tungsten Electrode
- EWP : 순수 Tungsten Electrode
- EWZr : Zirconium 함유된 Tungsten Electrode

(33) 플럭스 형태 : SAW Process에서 사용되는 Flux의 형태. (“Neutral” or “Active” Type)

(34) 보조(분말) 용가재 : SAW, GMAW, FCAW, PAW에서 타전극의 ARC 열로 용융되는 보조 용가재의 종류를 기록함.

(35) 층번호 : 단일 Process는 “AS REQ’D or 층수를 1,2,3,… 등으로 표시하고, 복합 Process는 1,2,3,…”과 Remains, Bal.로 기록.

(36) F-No. : 용접절차 검정 및 용접사 검정의 수를 줄이기 위한 분류임.
① ASME Ⅸ : 용가재 분류번호를 QW-432에 명시
② AWS D1.1 : “N/A”로 명기

(37) A-No. : 용착금속의 화학성분에 따른 분류임
① ASME Ⅸ : QW-422에 명시
② AWS D1.1 : Table 3.1과 같이 “5.1, 5.5” 등으로 명시(AWS의 A-No.는 ASME Ⅱ/C의 SFA-No.와 동일하며 용착금속을 화학성분에 따라 분류한 것임.)

(38) SFA No.
① ASME Ⅸ : ASME Ⅱ/C의 해당 SFA-No. 명시.
② AWS D1.1 : “N/A”

(39) 규격
① AWS Code의 용접자재 Class로 명기
② SAW의 경우는 Wire/Flux Class와 Flux Bland를 명기

(40) 전류 형태 : “AC”, “DCRP”, “DCSP”로 기록하고 두가지 이상 사용시 모두 기록

(41) 암페어, 전압 및 속도 범위 : 아래 표와 같이 표준화, 단 ASME에서 충격치 제한으로 입열관리가 필요할 경우 코드 규정에 의거 제한함.(QW-409.1)

용접방법	모재종류	직경	전류범위	전압범위	속도범위	비고
SMAW	탄소강 및 저합금강	Æ 2.6	50 - 85	22 - 28	6 - 25	특별한 경우 Mill Maker 권고나 Test 결과를 따름
		Æ 3.2	80 - 130			
		Æ 4.0	110 - 180			
		Æ 5.0	150 - 240			
	스테인리스강	Æ 2.6	45 - 85	22 - 28	6 - 15	
		Æ 3.2	65 - 115			
		Æ 4.0	85 - 145			
		Æ 5.0	135 - 180			
GTAW	탄소강 및 저합금강	Æ 2.4/2.5	100 - 190	10 - 15	8 - 15	
	스테인리스강	Æ 2.4/2.5	90 - 190			
FCAW	탄소강 및 저합금강	Æ 1.6	210 - 350	22 - 30	30 - 60	
SAW	탄소강 및 저합금강	Æ 2.4	300 - 350	27 - 34	40 - 60	
		Æ 4.0	500 - 550	28 - 35	40 - 80	

(42) 기타 : 적용 자세의 상세 기술이 요구될 때 F, H, V, OH 등을 명기하거나 용가재의 여타 Class 및 Brand 명기

(43) 주

① ASME : 열처리 사항 및 기타 필요한 지시사항 명기

② AWS : Prequalified Joint에서의 Technical Requirement 사항 수록.

Note 1. 본 작성지침은 Code Requirement 중 일반적인 사항이며 여기에 포함되지 않은 사항으로 계약시 Customer Requirement 및 적용 Spec.에서 특별 요구사항이 있을시 부가하여 적용할 수 있음.

2. 전술한 표준 Welding Parameter는 일반적인 표준치이므로 필요시 변경이 가능함.

표 1 용접 절차 사양서의 예

PAGE	OF

WELDING PROCEDURE SPECIFICATION (WPS)
용접 절차 사양서

Sheet No. 1 OF 2

용접작업표준번호 WPS NO.	WP-TS-1.1-3304	일 자 DATE	15. Feb. 2015
개정번호 REV. NO.	0	충격시험 IMPACT TEST	YES ■ (-29 NO ☐
관련시험번호 SUPPORTING PQR NO(S).	PQ-TS-1.1-3304		
용접방법 WELDING PROCESS(ES)	GTAW + SMAW	형 태 TYPE(S)	MANUAL + MANUAL

이음 설계 JOINT DESIGN [QW-402]

이음형태 Type of Joint	GROOVE, FILLET
백킹유무 Backing	YES X(SM,FILLET) NO X(GT)
백킹재질(형태) Backing Mat'l(Type)	GT:NONE, SM:WELD MATAL FILLET : BASE METAL
리테이너 Retainers	YES NO X

이음 상세 JOINT DETAIL (Unit : mm)

1. Unless otherwise specified, Root Face : Max.2mm
2. Toleranceofgroovedegreeshallbewithintherange of ±5˚ of drawing specified.
3. See applicable drawing for joint details.

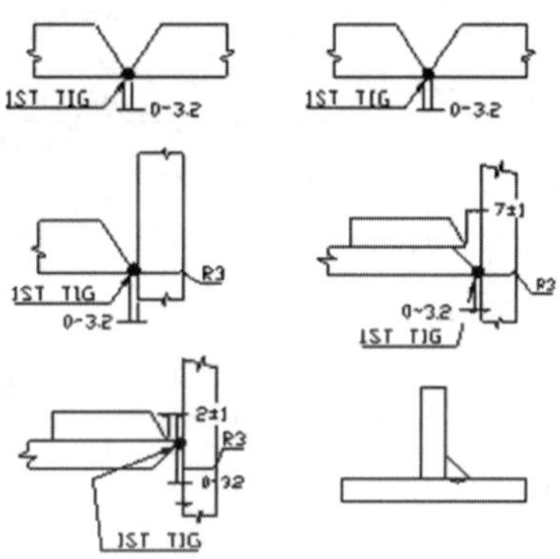

모 재 BASE METAL [QW-403]

P-No 1 G-No 1&2 TO P-No 1 G-No 1&2	
혹은 사양 or Spec. and Grade	(※1)
To	(※1)
두께 범위 Qualified Th'k Range	
모재 Base Metal	FILLET:UNLIMITED GROOVE : 16 ~ 200mm
용착금속 Weld Metal	GT:MAX. 16mm SM:MAX. 200mm
패스당최대두께제한 Max. Pass Th'k Limit	GT:5mm, SM:10mm
기 타 Others	NONE

후열 처리 POSTWELD HEAT TREATMENT [QW-407]

후열 처리 온도 PWHT Temp.	620 ± 20˚C
후열 처리 시간 Holding Time	1Hr./In(Min. 30Min.)(※3)
기 타 Others	NONE

용 가 재 FILLER METAL(S) [QW-404]

와이어 플럭스 사양 Wire Flux Class	N/A
플럭스 상표명 Flux Trade Name	N/A
소모성 인서트 Consumable Insert	N/A
기 타 Others	BRAND : GT:TGC-50S(CHOSUN) or EQ.

SM:S-7018.1H(HYUNDAI) or EQ.
FILLER METAL FOR GTAW : SOLID(BARE)
* Other Variables Are Shown On Next Page.

가스 GAS(ES) [QW-408]

	GTAW	SMAW
ShieldingGas(es) 가스종류	Ar	N/A
PercentComposition(Mix.) 혼합가스조정비율	SINGLEGAS	N/A
Flow Rate 유량	10~20L/Min.	N/A
GasBacking 가스백킹	NONE	N/A
TrailingGas 트레이링가스	NONE	N/A

자 세 POSITION(S) [QW-405]

그루브 자세 Position of Groove	ALL
필렛 자세 Position of Fillet	ALL
진행 방향 Progression	UP X DOWN

전기특성 ELECTRICAL CHARACTERISTIC(S) [QW-409]

전극봉 형태 Tungsten Electrode Type	EWTH-2 : GTAW
전극봉 크기 Tungsten Electrode Size	Ø2.4, Ø3.2 : GTAW
용융금속 전이형태 Mode of Metal Transfer For FCAW	N/A
기 타 Others	NO PULSING CURRENT : GTAW

예 열 PREHEAT [QW-406]

최저 예열 온도 Min. Preheat Temp.	T > 25mm : 100℃ 10℃(※2)
최대 패스간 온도 Max. Interpass Temp.	222℃
예 열 유 지 Preheat Maintenance	NONE

Form 9.6A(Rev.0) A4 (210mm x 297mm)

PAGE	OF

	WELDING PROCEDURE SPECIFICATION (WPS) 용접 절차 사양서	Sheet No. 2 OF 2

용접작업표준번호 WPS NO.	WP-TS-1.1-3304	개정번호 REV. NO.	0
용접기법 WELDING TECHNIQUE(S) [QW-410]		가우징 방법 Method of Back Gouging	NONE
비드 형태 Stringer or Weave Bead	BOTH	단층 혹은 다층 Single or Multiple Pass(Per Side)	MULTIPLE
가스컵 크기 Orifice or Gas Cup Size	GT : 3/8~5/8" SM : N/A	진동 Oscillation	NONE
초층 및 층간 청결 방법 Initial or Interpass Cleaning	GRINDING AND/OR BRUSHING	단극 혹은 다극 Single or Multiple Electrode	SINGLE
콘택트튜브와 용접물간 거리 Contact Tube To Work Dist.	N/A	피이닝 Peening	NONE
용기내 용접 Closed to out chamber	NONE	열 공정 사용 Useofthermalprocess	NONE
극성 간격 Electrode Spacing	NONE	기타 Other	NONE

LAYER No.	W/D PROCE-SS(ES)	MAX. W/M TH'K (mm)	F No.	A No.	SFA No.	FILLER METAL(S)		CURRENT		VOLTS RANGE (V)	TRAVEL SPEED RANGE (Cm/Min.)	OTHERS (MAX. Heat Input)
						AWS CLASS (OR BRAND	DIA. (mm)	TYPE POLA.	AMPERES RANGE (A)			
ROOT&FIL	GTAW	16	6	1	5.18	ER70S-6	2.4	DCEN	140~220	10~16	10~18	GT:21.3KJ/Cm
												SM:57.4KJ/Cm
FILL	SMAW	200	4	1	5.1	E7018-1 이하여백	4.0	AC	140~220	25~32	10~25	

SPECIAL INSTRUCTIONS (특기 사항)

※1. Applicable materials are P NO.1 Gr.1&2 of QW/QB-422 in ASME Section IX.

※2. When the base metal temp. is below 5℃, both sides of the weld preparation shall be preheated to a temp. of approximately 50℃.

※3. In case base metal Th's is 2" over, Min. holding time shall be 2Hrs. Plus is 15 Min. per additional inch over 2".

3				
2				
1				
0	K.H.JUNG	JUNGKHO	B.S.KANG	
Rev. No.	PREPARED BY	REVIEWED BY	APPROVED BY	REVIEWED BY

Form 9.6B(Rev.0) A4 (210mm x 297mm)

표 2 용접 절차 인증서의 예

PAGE	OF
Sheet No.	
1 OF 2	

PROCEDURE QUALIFICATION RECORD (PQR)
용접 절차 인증서

PROCEDURE QUALIFICATION RECORD NO. PQ-TS-1.1-3304 DATA 15. Feb. 2015

WELDING PROCESS(ES) GTAW + SMAW TYPE(ES) MANUAL + MANUALTYPE(ES)

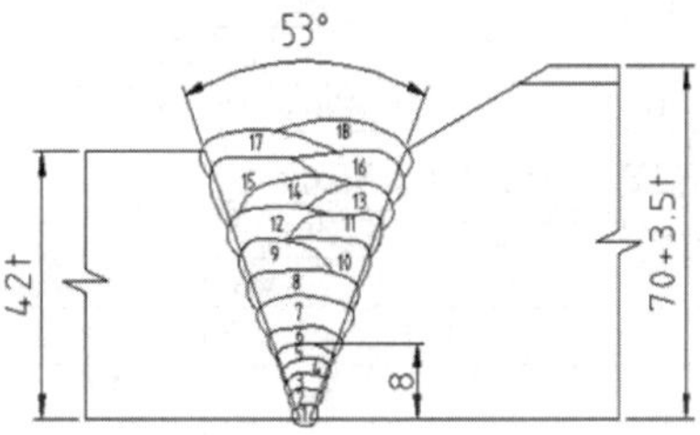

JOINTS (QW 402)	BEAD No.	PROCESS	ELECTRODE	SIZE (⌀ mm)	AMPS (A)	VOLT (V)	SPEED (Cm/Min.)
	1	GTAW	ER70S-6	Ø2.4	118~121	10~12	**5.7**
	2~3	GTAW	ER70S-6	Ø2.4	176~196	10~15	11.9~12.7
	4~5	GTAW	ER70S-6	Ø2.4	228~268	14~16	11.9~12.2
	6	SMAW	E7018-1	Ø4.0	137~141	23~26	5.7
	7~8	SMAW	E7018-1	Ø4.0	159~166	24~28	4.9~5.5
	9~16	SMAW	E7018-1	Ø4.0	151~189	23~29	6.0~8.4
	17~18	SMAW	E7018-1 이하여백	Ø4.0	180~189	23~26	6.6~6.7
ROOT GAP : 1mm ROOT FACE : - UNIT : mm	MAX. HEAT INPUT : GT : 20.3 KJ/Cm, SM : 57.4KJ/Cm						

BASE METALS (QW 403)

MATERIAL SPEC.	SA516	TO	SA516
TYPE OR GRADE	60N	TO	70N
P NO. 1	Gr. NO.	1	TO
P NO. 1	Gr. NO.	2	
THICKNESS	42mm	TO	70mm
DIAMETER	N/A		
MAX. THICKNESS PER PASS	GT : 3mm, SM: 7mm		
OTHER	NONEOTHER		

POSTWELD HEAT TREATMENT (QW 407)

TEMPERATURE	610 ~ 620°C
HOLDING TIME	10 Hr 35 Min
OTHER	NONE

GAS(ES) (QW 408)	GTAW	SMAW
SHIELDING GAS(ES)	Ar	N/A
COMPOSITION (MIXTURE)	SINGLE GAS	N/A
S/G FLOW RATE	20L/MIN.	N/A
BACKING GAS	NONE	N/A
B/G FLOW RATE	NONE	N/A
TRAILING GAS	NONE	N/A
T/G FLOW RATE	NONE	N/A
OTHER	NONE	NONE

FILLER METALS (QW 404)	GTAW	SMAW
SFA SPECIFICATION	5.18	5.1
AWS CLASS	ER70S-6	E7018-1
FILLER METAL F NO.	6	4
WELD METAL ANALYSIS A NO.	1	1
SIZE OF FILLER METAL	2.4	4.0
DEPOSITED WELD METAL THICKNESS	GT : 8mm,	SM : 34mm

OTHER BRAND: GT : TGC-50S(CHOSUN)OTHER
SM : S-7018.1H(HYUNDAI)
FILLER METAL : SOLID(BARE) : GTAW

ELECTRICAL CHARACTERISTICS (QW 409)

CURRENT	GT:DC, SM:AC
POLARITY	GT:EN, SM:NONE
TUNGSTEN ELECTRODE TYPE	GT : EWTh-2
TUNGSTEN ELECTRODE SIZE	GT : Ø3.2
OTHER	NONE

POSITION (QW 405)

POSITION	3G
WELD PROGRESSION	UP-HILL
OTHER	NONE

TECHNIQUE (QW 410)

STRING OR WEAVE BEAD	BOTH
OSCILLATION	N/A
SINGLE OR MULTIPLE PASS (PER SIDE)	MULTIPLE
SINGLE OR MULTIPLE ELECTRODE	SINGLE
USE OF THERMAL PROCESSES	N/A
CLOSED TO OUT CHAMBER	N/A

PREHEAT (QW 406)

PREHEAT TEMP.	31℃
INTERPASS TEMP.	167℃
OTHER	NONE

Form 9.7(Rev. 0) A4 (210mm x 297mm)

PAGE	OF

정호(주)	PROCEDURE QUALIFICATION RECORED (PQR) 용접 절차 인증서	Sheet No. 2 OF 2

PROCEDURE QUALIFICATION RECORD NO. PQ-TS-1.1-3304

TENSILE TEST (QW 150)

SPECIMEN NO.	SIZE (mm) THICK.	SIZE (mm) WIDTH	AREA (mm^2)	ULTIMATE TOTAL LOAD (N)	ULTIMATE UNIT STRESS(N/mm^2)	TYPE OF FAILURE & LOCATION
3-A	41.30	19.14	790.48	363621.72	460.00	B.M DUCTILE
3-B	41.51	41.51	1723.08	766770.64	445.00	B.M DUCTILE
				이하여백		

GUIDED BEND TEST (QW 160)

TYPE AND FIGURE NO.	RESULT	TYPE AND FIGURE NO.	RESULT
SIDE-1/SIDE BEND(QW-462.2)	SATISFACTORY	SIDE-3/SIDE BEND(QW-462.2)	SATISFACTORY
SIDE-2/SIDE BEND(QW-462.2)	SATISFACTORY	SIDE-4/SIDE BEND(QW-462.2)	SATISFACTORY

TOUGHNESS TEST (QW 170)

SPECIMEN SIZE : 10 x 10 x 55mm

SPECIMEN NO.	NOTCH LOCATION	NOTCH TYPE	TEST TEMP.(℃)	IMPACT VALUES (J)				LATERAL EXPANSION (mm)				REMARKS
				1	2	3	AVG.	1	2	3	AVG	
1	WELD(FACE)	V	-29°C	98	32	29	53					
2	HAZ(FACE)	V	-29°C	181	198	196	192					SA516-60
3	HAZ(FACE)	V	-29°C	43	25	35	34					SA516-70
4	WELD(ROOT)	V	-29°C	37	35	39	37					
5	HAZ(ROOT)	V	-29°C	42	35	26	34					SA516-60
6	HAZ(ROOT)	V	-29°C	182	140	117	146					SA516-70
7	WELD(3/4T)	V	-29°C	31	64	48	48					

FILLET-WELD TEST (QW 180)

[N/A]

RESULT-SATISFACTROY YES ______ NO ______ PENETRATIONINTOPARENTMETAL: YES ______ NO ______

MACRO - RESULTS ______ MACRO - RESULTS

OTHER TESTS

VISUAL EXAMINATION: ACCEPT(SGT-MTR-1101-24-03)

RADIOGRAPHIC EXAMINATION: ACCEPT(SGT-WPQT-RT-001)RADIOGRAPHIC EXAMINATION

ULTRASONIC EXAMINATION: ACCEPT(SGT-PQ/TEST-UT-002)

MAGNETIC PARTICLE EXAMINATION: ACCEPT(SGT-PQ/TEST-MT-002,003)

MACRO TEST: ACCEPT(TAU-000960)

MICRO TEST: ACCEPT(TAU-000960)

HARDNESS TEST: Report No. : SGT-MTR-1101-24-03 SPECIFIEDTYPEOFTEST:HV10

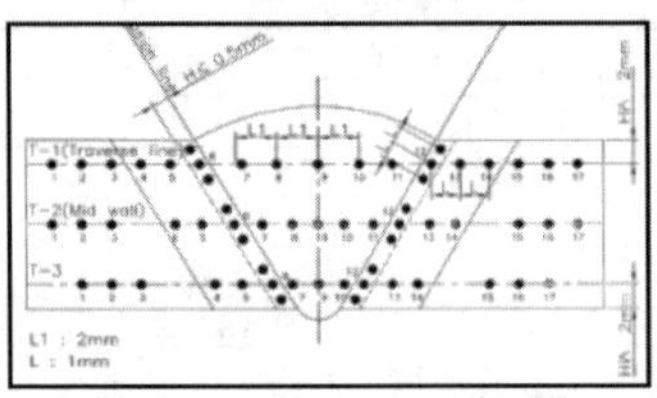

	1	2	3	4	5	6-1	6-2	6-3	7	8	9
T-1	156	159	160	162	165	169	175	171	176	181	183
T-2	157	162	166	1781	176	173	176	169	181	189	198
T-3	158	160	164	169	171	169	175	172	–	172	171
	10	11	12-1	12-2	12-3	13	14	15	16	17	–
T-1	180	180	185	178	176	171	169	164	161	159	-
T-2	193	186	178	174	174	172	171	166	165	162	-
T-3	177	-	172	183	181	175	172	167	164	160	-

OTHER: NONEOTHER

WELDER'S NAME: J.W.PARK WELDER'S I.D NO.: 38-0019

TEST CONDUCTED BY: H.C.JUNG LABORATORY TEST NO.: SGT-MTR-1101-24-03LABORATORY TEST NO.

WE CERTIFY THAT THE STATEMENTS THIS RECORD ARE CORRECT AND THAT THE TEST WELDS WERE PREPARED, WELDED ANDTESTEDINACCORDANCEWITHTHEREQUIREMENTSOFSECTIONIXOFTHEASMECODEIX&CONTRACTSPECIFICATION.

PREPARED BY	REVIEWED BY	CERTIFIED BY	REVIEWED BY
K.H.JUNG	JUNGKHO	B.S.KANG	

Form 9.7(Rev. 0) A4 (210mm x 297mm)

1–1

용 접 절 차 사 양 서
WELDING PROCEDURE SPECIFICATION(WPS)

SHEET NO. 1 OF 2

작업 표준 번호
WPS NO. W1-TDW-004 REV. NO. 0
관련 시험 번호
SUPPORTING PQR NO. P1-TDW-004
용접 방법
WELDING PROCESS GMAW + SMAW
형 태
TYPE MANUAL
IMPACT PROPERTY ■ NO, □ YES(TCV) AT ℃

이음 설계 JOINT DESIGN (QW-402)

이음 형태
TYPE OF JOINT GROOVE & Fill
백킹 유무
BACKING YES : Ar (2*) NO :
백킹 재질(형태)
BACKING MAT'L(TYPE) (1*), (2*)

모 재 BASE METAL (QW-403)

P.NO. 1 GR.NO. 1,2 TO P.NO. 1 GR.NO. 1, 2
혹은 사양
OR SPEC. AND GRADE
TO
검정 두께 범위
QUALIFIED THICKNESS RANGE
모 재
BASE METAL : GROOVE : 4.840mm FILLET: ALL
파이프 직경 범위
MAX.PAS TH'K LIMIT: 12mm
기 타
OTHER NONE

용가재 FILLER METALS (QW-404)

(GMAW)(SMAW) (GMAW)(SMAW) (GMAW) (SMAW)
F NO. 6 +4 A NO. 1+1 SFA NO. 5.18 + 5.1
AWS CLASS YFW 23 G(GMAW) E7016 - (SMAW)

용가재 크기
SIZE OF FILLER METAL : ∅1.2(GMAW), 4.0(SMAW)
용착 금속 두께 범위
DEPOSITED WELD METAL
TH'K RANGE : GROOVE MAX.6mm(GMAW), 34mm(SMAW)
FILLET ALL
와이어 플럭스 사양
WIRE FLUX CLASS N/A
플럭스 상표명
FLUX TRADE NAME N/A
소모성 인서트
CONSUMABLE INSERT N/A
기 타
OTHER TRADE NAME(CHOSUN STEEL WIRE CO. LTD or EQ)

자세 POSITION (QW-405)

그루우브 자세
POSITION OF GROOVE ALL
필렛 자세
POSITION OF FILLET ALL
진행 방법
PROGRESSION : UP ○ DOWN N/A

예열 유지 PREHEAT(QW-406)

최저 예열 온도
MIN. PREHEAT TEMP. 25mm UNDER : 16℃
25mm OVER : 93℃
최고 패스간 온도
MAX. INTERPASS TEMP. 250℃
예열 유지
PREHEAT MAINTENANCE NONE

후열 처리 POSTWELD HEAT TREATMENT(QW-407)

온도 범위
TEP. RANGE 625 ± 25℃
시간 범위
TIME RANGE MAX.: 1.86HR
기 타
OTHER NONE

가 스 GAS(ES) (QW-408)

가스 종류
SHIELDING GAS (ES)ARGON(GMAAW) N/A(SWAW)
혼합 가스 조성 비율 99.99%(GMAW)
PERENT COMPOSITION(MIXTURE) N/A (SMAW)
유 량
FLOW RATE 15-25ℓ min (GMAW), N/A(SMAW)
가스 배킹
GAS BACKING NONE
트레일링 가스 NONE

전기 특성ELECTRICAL CHARACTERISTICS(QW-409)

전류
CURRENT (GMAW), AC(SMAW)
극성
POLARITY (GMAW), N/A(SMAW)
텅스텐 전극봉 경 및 모양
TUNGSTEN ELECTRODE SIZE AND TYPE N/A(SMAW)
용융 금속 전이 형태
MODE OF METAL TRANSFER FOR GMAW N/A
전극봉 이송 속도 범위
ELECTRODE WIRE FEED SPEED RANGE N/A

용 접 절 차 사 양 서
WELDING PROCEDURE SPECIFICATION(WPS)

SHEET NO. 2 OF 2

작업 표준 번호
WPS NO. W1-TDW-004 REV.NO. 0

용접 기법 WELDING TECHNIQUE (QW-410)

비드 형태
STRING OR WEAVE BEAD STRING/WEAVING

가스컵 크기
ORIFICE OR GAS CUP SIZE (GMAW), N/A(SMAW)

초층 및 층간 청결 방법
INITIAL OR INTERPASS CLEANING BRUSHING OR GRINDING

콘택트 튜브와 용접물간 거리
CONTACT TUBE TO WORK DISTANCE N/A

가우징 방법
METHOD OF BACK GOUGING GRINDING OR AIR-ARC

단층 또는 다층
SINGLE OR MULTIPLE PASS(PER SIDE)
SINGLE(GTAW) MULTIPLE(SMAW)

진동
OSCILLATION NONE

단극 또는 다극
SINGLE OR MULTIPLE ELECTRODE SINGLE

피이닝
PEENING PROHIBITED TO USE

LAYER NO.	PROCESS	FILLER METAL		CURRENT		VOLT RANGE (V)	TRAVEL SPEED (cm/min)	OTHER
		CLASS	DIA(∅)	TYPE OF POLAR.	AMP RANGE(A)			
1ST	GMAW	YFW 23	1.2	SP	80~115	12~15	-	TRADE NAME TGC-50
2ND-END	SMAW	E 7016	4.0	-	95~140	25~32	-	LC-300

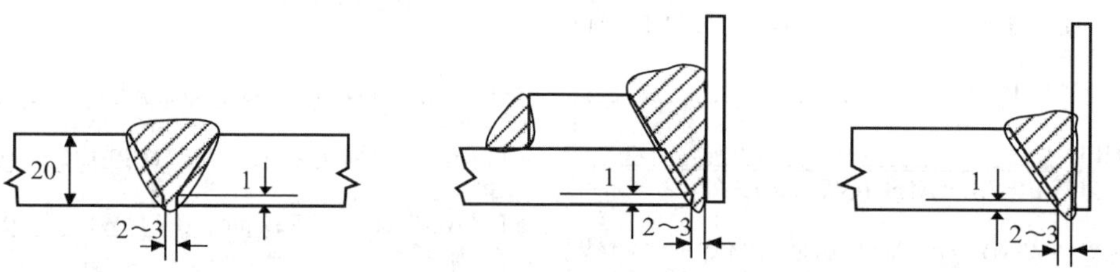

이음상태 JOINT DETAIL
* GROOVE ANGLE : BUTT JOINT 60°±5°. CORNER JOINT 45°±5°, PAD JOINT 30°± 5°

특기사항 SPECIAL INSTRUCTION

1. GMAW : WITHOUT BACKING
2. SMAW : WITH BACKING WELD METAL
3. PRIOR TO WELDING, ADJACENT AREA WITHIN 1/2" FROM EDGE PREPARATION SHALL BE FREE OF DIRT, GREASE OR ANY OTHER HARMFUL MATERIAL TO WELDS.
4. WEAVE MAX. IS 3TIMES OF ELECTRODE DIAMETER. (ONLY SMAW WELDING PROCESS)
5. RETAINER SHALL NOT BE USED.

REV. NO.	PREPARED BY	REVIEWED BY	APPROVED BY	REVIEWED BY

1–2

용 접 절 차 검 정 기 록 서
PROCEDURE QUALIFICATION RECORD (PQR)

SHEET NO. 1 OF 2

PROCEDURE QUALIFICATION RECORD NO P1-COMB-004
WELDING PROCEDURE SPECIFICATION NO W1-COMB-004
WELDING PROCESS (ES) GMAW + SMAW

DATE DEC. 01. 2006
TYPE MANUAL

JOINT DESIGN (QW-402)	BEND NO.	PROCESS	ELECTRODE	SIZE (Φ)	AMP. (A)	VOLT (V)	SPEED (CM/MIN)
	1	GMAW	YGW 12	Φ1.2	140	22	-
	2	GMAW	YFW 23	Φ1.2	200	24	-
	3	SMAW	LC 300	Φ4.0	130	27	-
	4	SMAW	LC 300	Φ4.0	130	27	-
	5	SMAW	LC 300	Φ4.0	125	28	-
	6	SMAW	LC 300	Φ4.0	125	27	-

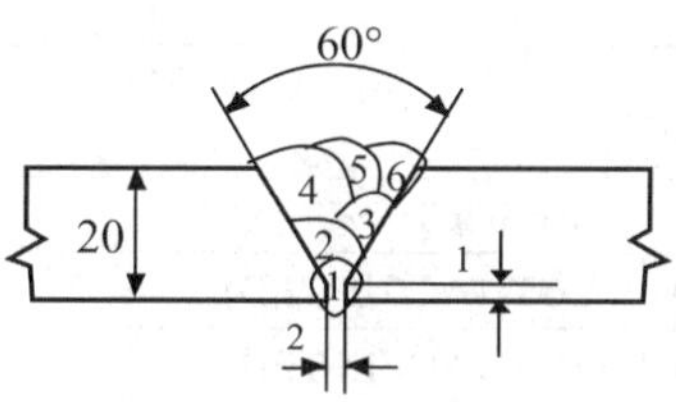

GROOVE DESIGN OF COUPON

BASE METAL (QW-403)

MATERIAL SPEC. A516 TO A516
TYPE OR GRADE GR.70 TO GR.70
P-NO. 1 GR.NO. 2 TO P-NO. 1 GR.NO. 2
THICKNESS OF TEST COUPON 20mm
DIAMETER OF TEST COUPON N/A
OTHER -

FILLER METALS (QW-404)

SFA SPECIFICATION 5.18(GMAW), 5.1(SMAW)
AWS CLASSIFICATION YFW 23(GMAW), E7016(SMAW)
FILLER METAL F-NO. 6(GMAW), 4(SMAW)
WELD METAL A-NO. 1(GMAW), 1(SMAW)
SIZE OF FILLER METAL Φ1.2(GMAW), 4.0Φ(SMAW)
DEPOSITED WELD METAL THK
MAX15mm(GMAW),17mm(SMAW)
TRADE NAME CHOSUN STEEL WIRE CO. LTD.

POSITION (QW-405)

POSITION OF GROOVE 3G
WELD PROGRESSION UPHILL OTHER -

PREHEAT (QW-406)

PREHEAT TEMP 18℃
INTERPASS TEMP 230℃
OTHER -

POSTWELD HEAT TREATMENT (QW-407)

TEMPERATURE 630℃
TIME 1.5HR
OTHER -

GAS (QW-408)

SHIELDING GAS ARGON(GMAW), N/A(SMAW)
PERCENT COMPOSITION 99.99%(GMAW), N/A(SMAW)
FLOW RATE ℓ /min(GMAW), N/A(SMAW)
BACKING GAS NONE
OTHER

ELECTRICAL CHARACTERISTICS (QW-409)

CURRENT (GMAW), AC(SMAW)
POLARITY N/A(SMAW)
TUNGSTEN ELECTRODE SIZE AND TYPE
Φ1.2, EWTH-2(GMAW), N/A(SMAW)
OTHER -

TECHNIQUE (QW-410)

STRING OR WEAVE BEAD STRING/WEAVING
OSCILLATION NONE
SINGLE PASS (GMAW)
MULTIPASS OR SINGLE PASS(PER SIDE) MULTI PASS (SMAW)
SINGLE OR MULTIPLE ELECTRODES SINGLE
MODE OF METAL TRANSFER FOR GMAW N/A
OTHER -

용 접 절 차 검 정 기 록 서
PROCEDURE QUALIFICATION RECORD (PQR)

PQR NO. : P1-COMB-004 SHEET NO. 2 OF 2

TENSILE TEST (QW-150)

ASME SEC. Ⅱ PART A
SPEC VALUE : 49.5-63.3(kg/m^2)

SPECIMEN NO.	WIDTH (mm)	THICKNESS (mm)	AREA (mm^2)	ULTIMATE TOTAL LOAD (kg)	ULTIMATE UNIT STRESS (kg/mm^2)	TYPE OF FAILURE LOCATION
TS - 5	18.9	20.0	378	21500	56.9	BASE METAL, DUCTILE
TS - 6	19.0	20.0	380	21550	56.7	BASE METAL, DUCTILE

GUIDED 、 BEND TESTS (QW-160)

TYPE AND FIGURE NO.	RESULT
SIDE SEND QW - 462.2	NO DEFECT (ACCEPTED)
SIDE SEND QW - 462.2	NO DEFECT (ACCEPTED)
SIDE SEND QW - 462.2	NO DEFECT (ACCEPTED)
SIDE SEND QW - 462.2	NO DEFECT (ACCEPTED)

TOUGHNESS TESTS (QW-170)

SPECIMEN NO.	NOTCH LOCATION	NOTCH TYPE	TEST TEMP.	IMPACT VALUE	LATERAL EXP.		DROP WEIGHT	
					% SHEAR	MILS	BREAK	NO BREAK
				- BLANK-				

FILLET-WELD TEST (QW-180)

RESULT-SATISFACTORY : YES _-_ NO ____
PENETRATION INTO PARENT METAL : YES _-_ NO _-_ MACRO-RESULTS _-_

OTHER TESTS
RADIOGRAPHIC TEST NONE
DEPOSIT ANALYSIS NONE
OTHER -

HARDNESS TEST

BASE METAL		WELD METAL		H. A. Z	
		(REFER TO TTACHMENT)			
				/	

WELDER'S NAME K.N.PARK(SMAW),(GTAW)_ STAMP NO. SW-07 TESTS CONDUCTED BY M. K. HAN
WE CERTIFY THAT THE STATEMENTS IN ARE CORRECT AND THAT THE WELDS WERE PREPARED, WELDED, AND TESTED IN ACCORDANCE WITH REQUIRMENTS OF SECTION Ⅸ OF THE ASME CODE AND THE RESULTS FOUND TO BE SATISFACTORY.

PREPARED BY	REVIEWED BY	APPROVED BY	REVIEWED BY

2–1

용접 절차 사양서(WPS)
(WLDING PROCEDURE SPECIFICATION)

사양번호	일 자	개정번호	일 자
용접방법		용접형태	
joint Joint Design (이음형태)		Position(자세) Position(s) of Groove (홈의 자세)	
Backing (백킹유무)	Yes ······ No ········ (있음) (없음)	Position(s) Of Fillet (필렛의 자세)	Up.......Down..... (상향) (하향)
Backing material			
Retainer	Yes ······ No ······ (있음) (없음)		
Base Metals(모재)	P-No ······ GR-No ·· To P-No ·· GR-No····	Joint Detai1s(이음상태)	
Spec Type & Gr			
To Spoc Typo &er. (사양 및 등급)			
Chem Analysis & Mech Prop			
To Chem Analysis & Mech Prop (화학적분석/기계적특성)			
Base Metal Thick Range	Groove	Preheat (예열처리) Preheat Temp Mi n(최저예열온도)	
두께범위	Fl llet	Intorpass Temp Max (최대 패스감 온도)	
Plpe Diaa Range	Groove		
관직경범위	Fillet	Preheat Maintmance(예열유지)	
Othor (기타)			
Filter Metals(용접자재)			
Filter Metals(용접자체)	F-No A- No	Postweld Heat Treatment(후열처리) Temp . Range(온도범위)	
SFA No.		Holdi ng Time Range (유지시험범위)	
AWS No .			
Size of filter Metals(용가재 크기)		Gas (가스)	
Flux Class(플럭스 등급)			
Flux Trade Name (플럭스 상표명)		Shieldlng Gas(es) (차폐가스)	Flow Rate (유량)
Consumable lnsert (소모성 인서트)		Percent Composition(Mix) (혼합가스 성분비)	
Deposited Weld Metal (용적두께)		Gas Backing (가스백킹)	Flow Rate (유량)
Ihr'k Range	Groove Fillet	1railingng Gas	Flow Rate (유량)

용접 절차 사양서 (WPS)
(WELDING PROCEDURE SPECIFICATION)

Electrical Characteristics (전기적 특성)		Technique (용접기법)	
Current Type (AC or DC) (교류 혹은 직류)		String or \ eave Bead (직선 혹은 위브비드)	
Polarity (극성)		Orifice or Gass Cup Slze (토치구경 혹은 가스컵크기)	
Tungsten Electrode Size and Type (텅스텐 전극봉 형태와 크기)		Initial and Interpass Cleaning (초층 및 층간청정)	
Pulsing Current (펄스전류)	Yes No	Method of Back Gouging (백가우징방법)	
Mode of Metal Transfer (금속 이행행태)		Oscillation (진동)	
Other (기 타)		Contact Tube to Work Distance (콘택트튜브와 용접물간거리)	
ElectrodE Wire FeedSpeeD RanGe (와이어 증급속도)		Multiple or single Pass (Per Side) (다층 혹은 단층 (한면당))	
Single or Multiple Electrode (단극 혹은 다극)		Peenlng (피닝)	

Pass NO. (층번호)	Process (방법)	FilterMetal (용가재)		Current(전류)		Volt Range (전압 범위)	Travel Speed Range (주행속도 범위)	Other (기타)
		Class (규격)	Dia (직경)	Type (형태)	AMP RANGE (암페어 범위)			

Notes (특기사항)

구분	Prepared by (작성자)	Revlewed by (검토자1	Approved by (승인자)	Reviewed by (검토자)
Title/직책				ANI(공인검사관)
Sign/ 서명 Date/일 자				

2-2

용접 절차 인정 기록서 (PQR)
(PROCEDURE QUALIFICATION RECORD)

Procedure Qualification Record No. (관련 사업번호)				Date (작성일자)	
WPS No. (용접절차 사양서 번호)		Rev/No. (개정번호)		Date (개정일자)	
Welding Process (용접방법)		Type (형태)	□ Manual □ Auto □ Semiauto		

Base Metal (모재)		Jjoint designused (이음상태)	
Meterial spec (사양)			
Type Grade(등급)			
P-No ··············· to P-No ············			
ThIckness of Test Coupon (직경)			
Other(기타)			
Filter Metals (용가재)		Gas(가스)	
SFA Spec (사양번호)		Percent Composition (%) Gas(es) (Mixture) Flow Rate	
AWS Class(용접봉명)			
Filter Metal A-No.		Shielding	
Other (기타)		Trailing	
Deposited Weld Metal (용접두께)		Backing	
Position (자체)		Electrical Charact (전기특성)	
Positon of Groove(자세)		Current/poarity (전류/극성)	
Weld Progression (방향)		Tungsten Electrode Size (전극봉크기)	
Other (기타)		Other (기타)	
Preheat (예열)		technique (기교)	
Preheat Temp(예열온도)		Travel Speed (속도)	
Interpass Temp(중간온도)		String or Weave Bead (직선/위브)	
Other(기타)			
Postweld Heat Tretment (후열처리)		Oscillation (지동)	
Temperature(c) (온도)		Multipass of Single Pass (per side) (다층/단층)	
holding Time(유지시간)			
Other (기타)		Other (기타)	

Pass No (층번호)	Process (방법)	Filter Metal (용가재)		Current/polarity (전류/극성)		Voltage (전압)	Speed (Cm/min) (속도)	Other (기 타)	Remark (비고)
		AWS Class	DIA	Type	AWP (전류)				

Tensile Test (인장시험)

Specimen No (시험번호)	Dimentions(in)칫수		Area(mm²) (단면적)	Ultimate Total Load(LB) (총하중)	Ultimate Unit Stress(psi) (인장감도)	Type of Failure/Location (파단형태/위치)
	Width(폭)	Thickness (두께)				

Groded Test (굽힘시험)

Specimen No. (시험번호)	Type and Figure No. (형태/형상번호)	Result (결과)	Specimon No. (시험번호)	Type and Figure No. (형태/형상번호)	Result (결과)

Tonghness Tests (충격시험)

Specimen No. (시험번호)	DWPT emp (℃)	Break (파괴)	No Break (비파괴)	Specimen No (시험번호)	Notch Location (위치)	Notch Type (형태)	Test Temp (℃)	lmpact Value (결과치)	Lateral E/P	
									Shear	Mils

- RT NDT

  Report No

  Chemical Analysis (화학분석) Test Report No.

- Visual Examination

  (육안검사)

  Non - Destructive Test (RT,UT,dtc) Test Report No.

  (비파괴시험)

3-1

용 접 절 차 사 양 서
WELDING PROCEDURE SPECIFICATION(WPS)

관련코드
Applicable Code A.S.M.E

사양서번호 WPS No. A-M-0108-297　　일자 Date DEC. 24. 2003　　개정번호 Rev. No. N/A　　일자 Date N/A

Supportion PQR No.(s) QA-M-0108-010

용접방법 Welding Process(es) SMAW　　형태 Type　　수동 ■ Manual　　반자동 □ Semi-Auto　　자동 □ Auto.　　기계 □ Machine

이음 JOINT (QW-402)

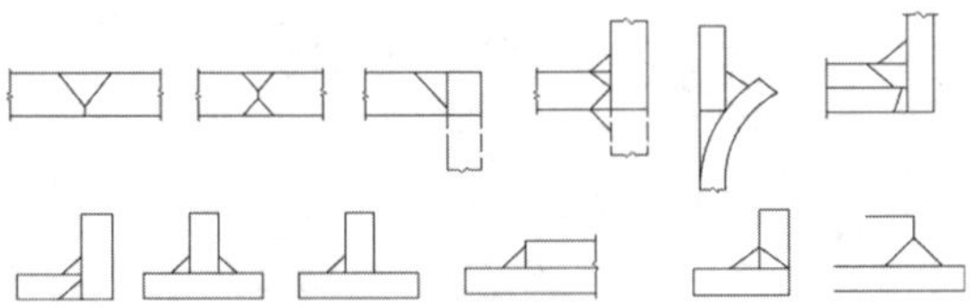

• 루트갭 Root Gap(mm) Max 3.2　리테이너 Retainer l
• 백킹 Backing □ 있음 YES Base/Weld Metal □ 없음 No.

용접후 열처리 POSTWELD HEAT TREATMENT (QW-407)

온도 범위(℃) Temp. Range None
시간 범위 Temp. Range N/A
기타 Other N/A

가스 GAS(QW-408)

	가스 GAS(es)	유량 Flow Rate(1/mm)
차 폐 Shielding	N/A	N/A
백 킹 Backing	N/A	N/A
후 행 Trailing	N/A	N/A

모재 BASE METALS (QW-403)

P-No. 1　Gr-No. 1,2　to P-No. 8　Gr-No. -
또는 사양 및 등급 or Spec. Type and GR. ASTM A516-70+A240-TP304
두께범위 Thick Range(mm)
모 재 Base Metal　Groove 4.8-33.4　Fillet Unlimited
용착금속 Deposited Weld Metal　Groove Max. 33.4　Fillet Unlimited
관 직경 범위 Pipe Dia. (mm) Unlimited
패스당 최대 두께 Max.Thick Per Pass(mm) Max. One Pass Th'k : 12.7

자 세 POSITION (QW-406)

Position　Groove ALL　Fillet ALL
수직자세 진행 방향 Progression of Vertical Position　상향 ■ Up　하향 □ Down

기술사항 TECHNIQUE (W-410)

토치직경 혹은 가스 컵 크기 Orifice or Gas Cup Size(mm) N/A
콘택트 튜브와 용접물간의 거리 Contact Tube to Work Distance(mm) l
진 동 Oscillation N/A
직선 혹은 위비 비드 Stringer or Weave Bead　직선 ■ Stringer　위브 ■ Weave
청정방법 Method of Cleaning　브러싱 ■ Brushing　치핑 ■ Chipping　그라인딩 ■ Grinding
다극 혹은 단극 Single or multi Electrode　단극 ■ Single　다극 □ Multi
백가우징 방법(If Req'd) Method of Back Gougine　아크에어가우징 ■ Arc Air Gouging　그라인딩 ■ Grinding
다중 혹은 단층(한면당) Multi of Single Pass(Per Side)　■ Multi　□ Single
피 닝 Peening　있음 □ Yes　없음 ■ None

예열 PREHEAT (QW-406)

최저 예열 온도(℃) Preheat Temp. Min 10℃
초대 패스간 온도(℃) Interpass Temp. Max. 176℃
예열 유지 Preheat Maintenance None

용가재/전기적특성 FILLER/ELECT. CHARACT (QW-404,409)

GMAW의 금속 이행 형태 Metal Transfer Mode for GMAW/FCAW N/A
텅스턴 적극봉 형태와 크기 Tungsten Electrode Type and Size N/A
플럭스 형태 Flux Type N/A　N/A
보조(분말) 용가재 Supp. (Powder) Filler N/A

층번호 Layer No.	방법 Process	용가재 Filler metal F-No.	A-No.	SFA-No.	규격 AWS Class	크기 Size(mm)	전류 Current/Polarity 형태 Type	암페어 범위 Amp. Range	전압범위 Volt. Range	속도범위 Trv. Speedd (cm/min)	기타 Other
I & BAL.	SMAW	5	8	5.4	E309-16	φ3.2 φ4.0 φ5.0	AC or DCRP	65-120 85-150 130-200	22-28 22-28 22-28	- - -	

주 NOTE : For root pass welding, the qualified GTAW may be applied to make full-penetrated welds.

Rev.No	Prepared By	Certified By	Approved By	Reviewed By
	WE Sect	WE Dept. Mgr	QES Chief	AI

3-2

PROCEDURE QUALIFICATION RECORD(PQR)

Procedure Qualification Record No. QA-M-0108-010 Date SEP. 16. 2003
WPS No. A-M-0108-297 Rev. No. 0 Date DEC. 24. 2003
Welding Process(es) SEAW Type Manual

JOINT Grove Design Used

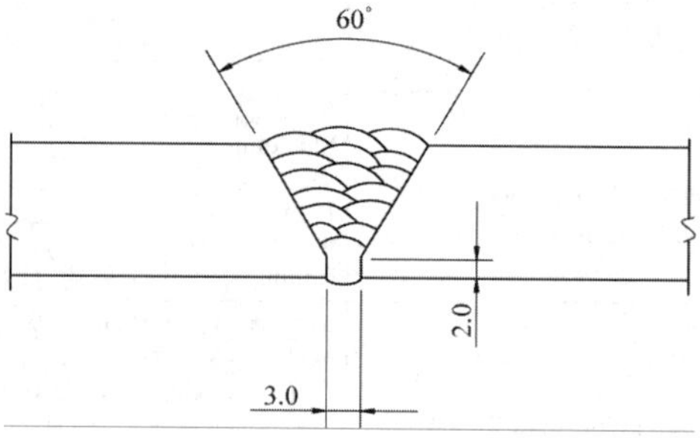

BASE METALS	**POSTWELD HEAT TREATMENT**
Material Spec. SA515 to SA240	Temperature -
Type or Gr. 70 to 304L	Holding Time -
P-No. 1 to P-No. 8	Other -
Thickness 16.7mm	**GAS**
Diametet -	Type of Gas(es) -
Other -	Composition of Gas Mixture -
FILLER METALS	Other -
Weld Metal Analysis A-No. 8	**ELECTRICAL CHARACTERISTICS**
Size of Electrode ϕ3.2	Current AC
F-No. 5 SFA Spec. 5.4	Polarity -
AWS Class. E309-16	Amps 80-110
Flux Class. -	Volts 23-25
Trade Name SMP : SS-8(C : .07, Mn : 1.40, Si : 60. P : .018, S : .008, CR : 25.0, NI : 13.0)	Other -
Other Delta ferrite content : 13%	**TECHNIQUE**
POSITION	Travel Speed 13Cm/Min.
Position of Groove IG	String or Weave Bead String
Weld Progression -	Oscillation -
Other -	Multi, or Single Pass(Per Side) Multi
PREHEAT	Multi, or Single Electrode Single
Temp. : Preheat 10℃ Interpass Max. 176℃	Other -
Other -	

단원 종합 문제 {제1장 I 용접 설계}

01 설계시 고려 사항을 3가지 이상 쓰시오.

02 WPS란 무엇을 말하는가?

03 용접 구조물의 설계상 주의 사항을 5가지만 쓰시오.

04 용접 이음의 설계시 일반적인 주의 사항을 5가지 이상 쓰시오.

05 용접 기본 이음의 종류를 5가지만 쓰시오.

06 맞대기 홈 용접시 사용하는 홈의 형상을 5가지만 쓰시오.

07 필릿 이음 중 용접부 전체를 연속적으로 용접하는 필릿 이음의 명칭은?

08 필릿 이음을 하중의 방향에 따라 구분한 필릿 이음의 명칭을 쓰시오.

09 플러그 이음과 슬롯 이음의 차이점은 무엇인가?

10 맞대기 홈 설계시 고려 사항을 5가지만 쓰시오.

11 단면 V형 홈이음이 가능한 판두께는 얼마인가?

12 단면 V형 홈 이음의 표준 홈각도는 얼마인가?

13 단면 V형, 단면 U형, 양면 V(X)형, 양면 U(H)형 홈으로 후판 용접시 가장 변형이 적은 홈의 형상은?

14 판두께 다른 경우 적당한 구배는 얼마인가?

15 필릿 용접에서 다리 길이(목 길이, 각장)와 목 두께 부분을 표시하시오.

16 용접 이음의 효율을 구하는 공식을 쓰시오.

17 인장 강도를 구하는 계산식을 쓰시오.

18 측면 필릿 용접에서 전단 강도는 인장 강도의 약 얼마 정도인가?

19 정하중시 강재의 허용 응력은 인장 강도의 얼마 정도가 쓰이는가?

20 정하중시 일반 구조용강의 안전률은 얼마 이상 주어야 하는가?

21 용착 효율의 계산식을 쓰시오.

22 피복 아크용접봉, 서브머지드 아크용접의 용착 효율은 얼마인가?

23 부분 용입 한쪽면 V형 맞대기 이음의 용접 기호를 쓰시오.

24 필릿 용접 이음의 용접 기호를 쓰시오.

25 용접 보조 기호 중 영구 덮개판을 사용하는 것을 나타내는 보조 기호를 쓰시오.

26 용접 보조 기호 중 현장 일주 용접 기호를 그리시오.

27 용접 보조 기호 중 C, M, G, F의 의미를 쓰시오.

28 용접부 치수 표시에서 S8a6의 뜻은?

29 다음 기호의 뜻을 쓰시오.

1) $S \parallel \ell$　　　　2) $n \times \ell(e)$

30 WPS의 적용 목적과 책임에 대하여 간단히 설명하시오.

31 용접절차 사양서에 포함되는 내용을 5가지만 쓰시오.

32 PQR을 우리 말로 무엇이라 하는가?

33 PQ 시험에서 판두께 $9.6 \leq T < 19.0$에 대한 형틀 굽힘 시험시 표면, 이면 굽힘 시험편은 각각 몇 개로 하는가?

제1장 용접 설계 문제 해설 [p.199~268]

1. P199 1 나. 용접 설계할 때 고려 사항
2. P200 1 다. 6)
3. P201 2 나. 용접 구조의 설계상 주의 사항 ①~⑫
4. P202 2 다. 용접 이음 설계시 일반적인 주의 사항 ①~⑧
5. 맞대기 이음, 모서리 이음, 필릿 용접, 겹치기 이음, 변두리 이음
6. I형, V형, 베벨형, X형(양면 V형), U형, J형, H형(양면 U형), K형
7. 연속 필릿 용접, 용접부 길이 전체를 연속으로 용접한 것으로 강도를 많이 요할 경우에 필요하지만 변형이 크므로 주의해야 한다.
8. 전면 필릿 용접, 측면 필릿 용접, 경사 필릿 용접
9. P205 3 나. 3)
10. P206 4 나. 홈 설계시 고려 사항
11. 두께 20mm 이하, 보통 6~19mm 이내의 경우 사용한다.
12. 홈의 표준 각도는 54~70° 정도
13. H형 < X형 < U형 < V형
14. 판두께가 다른 두 판을 맞대기 용접할 경우는 두께가 두꺼운 판의 양면 또는 한 면에 얇은 판두께까지 1 : 3~5의 구배를 주어 맞대기 용접을 하는 것이 좋다. P209 그림 1-12 참조
15. P210 그림 1-13
16. $\text{용접 이음 효율} = \dfrac{\text{용접 시험편의 인장 강도}}{\text{모재의 인장 강도}} \times 100(\%)$
17. $\text{인장 강도} = \dfrac{\text{인장 하중}(P)}{\text{용접부 단면적}(A)}$
18. 시험 결과에 의하면 연강 용접봉의 경우의 전단 강도는 인장 강도의 약 70% 정도이다.
    $\tau \fallingdotseq 0.7\sigma_w$
19. 보통 정하중에 대하여 인장 강도의 1/4값, 최근 고장력강에 대하여는 인장 강도의

1/3(항복점의 약 40%) 응력이 쓰인다.

20. 정하중에는 3, 충격하중에는 12, 반복 하중에는 5 이상을 주어야 된다.

21. 용착 효율(%)=$\frac{\text{용착 금속의 중량}}{\text{용접봉 사용 중량}}\times 100$

22. P220 4 다. 참조

23. 

24. 

25. 영구 백킹(덮개판) : 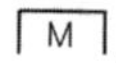, 제거 가능한 백킹(덮개판)을 사용 : 

26. 현장 전방위(구, 일주, 전둘레) 용접 : , 현장 용접은 , 전방위 용접은 ○

27. C : 치핑, M : 기계 가공, G : 연삭, F : 지정하지 않음

28. S8a6 : 실제 목 두께 8mm, 이론 목 두께 6mm의 뜻

29. 1) S ||ℓ : S : 판두께보다 크지 않고 용접부 표면으로부터 용입 바닥까지의 최소 거리, || : I형 맞대기 용접, ℓ : 용접부 길이, 용접 단면 S, 용접부 길이 ℓ 인 I형 맞대기 용접
   2) n×ℓ(e) : 용접부 수 : n, 용접부 길이 : ℓ, 인접용접부 간의 거리(피치) : e

30. P240 1 다.

31. P240 1 라.

32. 용접절차 인정 기록서

33. 표면 2개, 이면 2개

chapter

02 용접 시공

제1절 ▌용접 시공의 개요

1 용접 시공(welding procedure)

용접 시공(welding procedure)이란 용접 구조물을 제작하기 위한 모든 공정으로, 용접 설계나 사양서가 부적당하면 시공이 매우 곤란하고 양질의 구조물을 만들기 어렵게 되므로 용접 설계자는 충분한 지식과 경험을 가지고 설계에 임하여야 된다.

또한 시공자는 용접 구조물을 능률적으로 잘 제작하기 위해서는 면밀한 계획과 준비가 되어야 하므로, 공정, 설비, 자재, 시공 순서, 준비, 작업 관리, 사후 관리 등의 계획을 세워야 된다.

용접에 있어 일반적으로 주의해야 할 사항은 모재의 재질 확인, 용접 기기의 선택, 용접봉의 선택, 용접사의 기량, 용접 지그의 적절한 사용법, 홈 가공과 청소, 조립과 가용접 등이 있다.

가. 설비 사용 계획(provision plan)

1) 소요 전원 용량 계산

공장에 보유 중이거나 보유 예정인 설비를 토대로, 또는 위탁 가공이 가능한 것을 토대로 설비의 사용 계획을 세워야 된다. 장기적인 공사의 경우는 공사의 공정에 맞도록 정비되어야 된다.

용접 작업에 직접 관계되는 설비로는 용접기, 케이블, 전원 변압기, 가스 절단기 등이 있으며, 몇 대의 용접기를 설치할 것인가는 작업량과 일정에 따라 결정해야 된다.

용접기 등 장비가 결정되면 그에 따른 전원 변압기의 용량이 결정된다. 전원 변압기 용량 결정 방법에는 여러 가지가 있으나 보통 다음의 식이 사용되고 있다.

(1) 용접기가 1대인 경우 : $Q = \sqrt{\alpha} \cdot \beta \cdot P$ [kVA]

(2) 용접기가 2대~10대인 경우 : $Q = \sqrt{n\alpha} \cdot \sqrt{1+(n-1)\alpha} \cdot \beta \cdot P$ [kVA]

(3) 용접기가 10대 이상일 경우 : $Q = n \cdot \alpha \cdot \beta \cdot P$ [kVA]

(여기서, Q : 전원 변압기 용량(KVA), n : 용접기 대수, a : 용접기 사용률, β : 용접기 부하율, P : 용접기의 최대 용량을 의미)

예제 2차 무부하 전압 85V, 정격 2차 전류 400A, 정격 사용률이 0.5(50%), 부하율은 0.7(70%)인 용접기 10대를 설치하려면 전원 변압기의 용량은 얼마나 되는가?

풀이 ➡ 용접기의 최대 용량 $P = 85 \times 400 = 34$[kVA]이므로 변압기 용량 Q는 다음과 같이 계산된다.

$$Q = \sqrt{n \cdot a}\,\sqrt{1+(n-1)a} \cdot B \cdot P = \sqrt{10 \times 0.5}\,\sqrt{1+(10-1) \times 0.5} \times 0.7 \times 34 = 125[\text{kVA}]$$

---

2) 전원 케이블 굵기와 길이

작업 장소가 용접기 설치 장소와 멀리 떨어져 있는 곳에서는 1차측 케이블을 길게 하고 용접기를 작업자 가까이 두는 것이 좋다.

케이블 단면적은 사용 전류와 사용률 및 케이블의 길이에 따라서 50～60mm^{2}의 것이 많이 사용되고 있다.

나. 공정 계획(process plan)

1) 공정표 및 산적표 작성

구조물 제작에서 제일 먼저 해야 할 일이 공정 계획을 세우는 일이다. 작업의 시작에서 끝날 때까지의 모든 공정이 한눈에 볼 수 있게 해야 되며, 이때 참고해야 할 것은 작업 공사량과 노동력(작업자), 설비 능력 등이 우선적으로 선택되어야 한다.

공정 계획을 세울 때는 공정표와 산적표를 만들어야 한다. 공정표란 각 공정의 일정별 계획, 재료 및 주요 부품 입고 시기, 완성 예정일 등을 표시하는 것으로 중요하며, 작업 구분별 공정표를 모아 소요 공수의 산적표를 만들어야 된다.

이때 산적표는 한곳에 집중되면 안되고 가급적 평탄(공사량의 평균화)해야 된다.

2) 공작법 결정

구조물의 설계도에 따라 상세한 공작법을 결정한다. 예를 들면 가스 절단, 홈 형상 및 용접 조건 결정, 용접법 선택, 용접 순서 결정, 변형 방지법, 열처리법 등을 결정한다.

3) 가공표 및 인원 배치표 작성

작업을 시작하려면 설비 능력을 고려하여 공사에 대한 가공표를 만들고 이에 따라 소요 인원 변동 관계에 대한 표를 만들어야 된다. 이때 가급적 소요 인원의 변동이 적게 되도록 해야 되며, 인원 관리를 잘못하면 공사 진도에 차질이 생길 수 있으며, 더 많은 인원이 소요될 수 있다.

2 용접 기술 관리

생산 과정에서 사용할 재료, 기계, 기구 및 용접사의 기술에 대하여 충분한 관리를 하고 제품의 품질 보증을 확보할 수 있는 관리 체제가 필요하며, 기술 관리는 품질의 보증, 경제성의 확보, 오작의 방지 등을 위하여 필요 불가결한 요소이다.

표준화는 품질 관리의 전제 조건이며 표준화의 추진과 표준의 개선에는 많은 노력이 필요한 만큼 효과도 큰 것이다.

가. 재료 관리

재료 관리의 목적은 작업에 필요한 재료를 소요 시간 내에 소요 수량을 확보하고 이것을 사용할 수 있는 상태로 보유하는 것을 말한다.

용접 재료는 철강 등의 주재료와 용가재(용접봉, 와이어) 등이 있다. 용접봉 관리의 잘못은 용접 제품의 품질과 생산비를 크게 좌우하므로 우선 사용 예정량을 산출하고, 다음 작업 공정에 지장이 없게 용접봉의 종류별, 직경별로 필요량을 산출하여 재료를 구입하고, 작업 공정 중에 용접봉의 과부족이 생기지 않도록 배려가 요구된다.

나. 기계 및 기구 관리

용접 작업 능률의 향상을 위해서는 그 공장에 적합한 작업과 작업 용량, 작업에 적합한 용접기를 적절히 배치해야 하며, 각종 기구(용접용 케이블, 케이블 커넥터, 홀더, 보호구, 청소용구 등)를 정비하여 두어야 된다. 또한 대형 용접 구조물을 제작하는 경우 작업 능률을 높이기 위해 많은 용접기를 설치하여 사용하는 경우는 용접기의 관리 책임자를 선정하여 항시 가동 상태를 파악하고 정비하는 관리 방법을 취하도록 한다.

용접기 정비는 고장날 때만 하는 것이 아니라 수시 점검과 불량 개소의 발견 즉시 수리 등으로 사전 정비가 필요하며, 정비하고 수리한 사항은 항상 장비 이력 카드에 기록하여 두면 그 용접기의 특성을 이해하는데 대단히 편리하다.

다. 시공 관리

용접 시공 관리자는 제품 제작에 적합한 강재의 선택과 사용 강재에 알맞은 용접법과 용접봉의 선택, 시공할 용접 자세, 이음 형상의 종류에 따라서 용접봉의 종류와 직경을 결정하고, 예열 및 후처리의 유무를 결정할 의무가 있다.

일반적으로 용접사는 적정 전류치보다 높은 전류를 사용하는 경향이 있으므로 작업 중에 용접 전류치를 계측하여 적정 전류로 용접할 수 있도록 용접사를 교육해야 한다.

라. 용접사의 기능 관리

용접사의 기능은 제품의 품질을 좌우하는 중요한 요소이므로 해당 작업에 적합한 용접사의 채용과 배치도 필요하지만 새로운 작업에 적합한 용접사의 기능 훈련과 관리를 하여야 된다.

① 도면 이해력과 용접 시공 기준에 대한 이해력이 있을 것
② 숙련된 용접 기술과 필요한 기능 자격을 가질 것
③ 제작 기능 및 제작 공정에 대해 전반적으로 이해할 수 있을 것
④ 정확한 판단과 경험을 바탕으로 적극적인 신지식을 수용할 수 있는 자세가 있을 것
⑤ 양심적인 작업을 하며, 안전 작업에 힘쓰고, 의지가 견고해야 한다.

제2절 | 용접 준비

1 일반 준비

용접부는 본용접과 용접 전 각종 준비에 따라서 좌우된다. 용접의 일반적인 준비 사항으로는 모재의 재질 확인과 용접기의 선택, 용접봉의 선택, 용접공의 선임 및 지그의 결정 등이 있다.

가. 설비 준비

용접 설비에는 주로 용접기이며, 용접부의 형상이나 재질 등에 따라 피복 아크용접기, CO_2 용접기, TIG 용접기, 가스 절단기 및 아크 절단기 등 용접과 절단 설비의 준비가 필요하다.

나. 용접 재료

용접에 필요한 재료명, 모재의 성분 등을 확인하여 모재 성분과 용도에 맞는 용접봉을 선택해야 된다. 이때 피복 아크용접을 할 것인가, TIG 용접을 할 것인가 등 용접 방법에 따라 용접봉도 달라지므로 용접기의 종류에 따라 용접봉을 준비해야 된다.

다. 용접사

용접사는 정신적으로 기본 이상을 갖춘 사람 중에서 기량이 우수한 사람을 선정해야 된다. 아무리 설비와 장비가 잘 갖추어졌다 해도 용접사의 정신 상태나 기량이 부족하다면 용접 이음부의 신뢰도는 인정받을 수 없게 되므로 중요한 사항의 하나이다.

라. 용접 지그, 고정구

용접 지그(jig)는 용접물을 정확한 치수로 완성하기 위한 기구이며, 고정구는 부품을 누르는 역할을 하는 것으로 이들을 잘 활용해야 우수한 용접부 품질이 얻어지게 된다.

지그는 용접물의 조립을 잘 할 수 있는 크기와 힘이 있어야 하며, 부착과 탈취가 쉽고 변형을 방지할 수 있어야 한다. 또한 용접 위치를 유리한 자세로 용접할 수 있도록 움직일 수 있어야 한다. 지그의 종류에는 포지셔너(위치 결정용 지그), 회전 롤러 및 회전 테이블, 메인 플레이트, 고정구(정반 등) 등이 있다.

1) 지그를 사용했을 때의 이점

① 용접 작업을 쉽게 하고 용접부의 신뢰성을 높인다.
② 작업 능률을 높이며, 제품의 치수를 정확하게 한다.
③ 가공 공정수를 적게 하며, 대량 생산을 할 수 있다.
④ 다듬질 정밀도를 좋게 하고, 결함을 적게 한다.

2) 지그의 종류

지그의 종류에는 위치를 결정하는 포지셔너(positioner)가 있으며, 그 외에 회전 롤러가 붙은 테이블, 메인 플레이트(main plate) 등이 있다. [그림 2-1 참조]

(1) 회전 테이블

회전 테이블은 제관이나 탱크, 용기류 등의 외주부를 용접할 때 용접 토치를 일정하게 해놓고 용접부를 회전하거나 토치를 움직일 수 있도록 한 테이블이며, 회전 속도, 용접봉의 공급 속도, 용접봉 운봉 속도 등을 제어할 수 있는 장치가 필요하다.

(2) 메인 플레이트

메인 플레이트는 지그나 포지셔너, 회전 테이블의 역할을 다할 수 있는 종합적인 기구로서 작업 능률을 향상시킬 수 있는 기구이다.

그림 2-1 지그의 종류

(a) 포지셔너 (b) 회전 테이블 (c) 회전 롤러 (d) 벨트식 포지셔너

3) 지그의 사용시 유의 사항

① 변형을 막을 수 있어야 하며, 구속력이 너무 크지 않아야 된다.
② 제작비가 저렴하며, 구조가 간단하고 효과적인 결과를 가져와야 한다.
③ 한번 부품을 고정시키면 차후 수정없이 정확하게 고정되어 있어야 한다.
④ 부품간의 거리 측정이 필요없게 하며, 부품의 고정과 이완은 신속해야 된다.
⑤ 모든 용접 부위가 아래보기 자세로 용접이 가능하도록 회전할 수 있어야 한다.

마. 용접 전 일반적인 준비 사항

① 제작 도면을 잘 이해하고 작업 내용을 충분히 검토한다.
② 사용 재료를 확인하고 제성질, 용접성, 용접 후 처리 등을 파악한다.
③ 용착 금속의 강도, 사용 목적 충족과 이음 홈의 선택을 결정한다.
④ 용접기와 필요한 설비, 용접 조건, 용접 순서, 예열, 후열의 필요성을 결정한다.
⑤ 이음부의 페인트, 녹, 기름 등의 불순물을 제거한다.

2 이음 준비

가. 홈 가공 및 루트 간격

홈가공 및 가접의 정도(정밀도)는 용접 능률과 이음 성능에 큰 영향을 끼친다. 능률면에서는 용입이 허용되는 한 홈각도를 작게 하여 용착 금속량을 적게 하는 것이 좋고, 균열 발생 측면에서도 루트 간격이 좁은 것이 좋다.

① 용입의 홈각도를 적당하게 하여 용착 금속량을 적게 하는 것이 좋다.
홈각도를 적게 하면 시간 절약, 용접봉 소비량 감소, 모재 열영향이 감소, 변형이 감소된다. 그러나 홈각도를 너무 적게 하면 용입 불량, 슬래그 섞임 등의 결함이 발생하므로 최소 10° 정도는 전후 좌우 용접봉이 움직일 수 있어야 한다.
피복 아크용접의 홈각도는 일반적으로 54~70°가 적합하다.
② 용접 균열을 막기 위해서 루트 간격이 좁을수록 좋다.
③ 루트 반지름의 R값을 크게 하여 용입 및 아크 발생을 양호하게 한다.
④ 루트 간격과 루트면을 만들어 용락을 방지하고 용입을 좋게 한다.
㉠ 자동 용접은 수동 용접보다 홈 정밀도가 좋아야 한다.
㉡ 서브머지드 아크용접의 시공 조건 : 루트 간격 : 0.8mm 이하, 루트면 : 7~16mm.

나. 조립 및 가접

1) 조립(assembly)

① 조립 순서는 용접 순서 및 용접 작업의 특성을 고려하여 계획하고, 용접이 안되는 곳이 없도록 한다.
② 변형 혹은 잔류 응력이 남지 않도록 검토하여 조립 순서를 정한다.
③ 조립 순서는 수축이 큰 맞대기 이음을 먼저 용접하고, 다음에 필릿 용접을 한다. 또 큰 구조물에서는 구조물의 중앙에서 끝으로 향하여 용접을 실시하며, 대칭으로 용접을 진행시키는 것도 생각해 볼 필요가 있다.

2) 가접(가용접, tack weld)

가접은 본용접을 실시하기 전에 좌우의 홈 부분을 잠정적으로 고정하기 위한 짧은 용접을 말한다. 가접부는 슬래그 섞임, 용입 불량, 균열, 기공 등의 결함이 발생하기 쉬우므로, 이음의 시점과 종점, 모서리, 강도상 중요한 부분엔 피한다.
다만, 필요한 경우는 본용접 전에 갈아내는 것이 좋다.

3) 가접의 일반적인 주의 사항

① 하중을 받는 중요 부분에는 가접을 피한다.
② 가접 부위에 본용접을 해야 될 경우 시작점이나 끝나는 곳에는 가접을 피하고 연속 비드의 중간에 가접부가 오도록 한다.
③ 가접부의 슬래그를 완전히 제거하며, 균열 등 결함부는 깎아낸다.

④ 본용접자와 동등한 기량을 갖는 용접자가 가접을 시행한다.

⑤ 가접 비드의 길이는 판두께에 따라 변경하며, 본용접과 같은 온도에서 예열을 한다.

⑥ 개선 홈 내의 가접부는 백치핑으로 완전히 제거한다.

⑦ 가접 위치는 부품의 끝 모서리나 각 등과 같이 응력이 집중되는 곳은 피한다.

그림 2-2 가접의 적정 위치

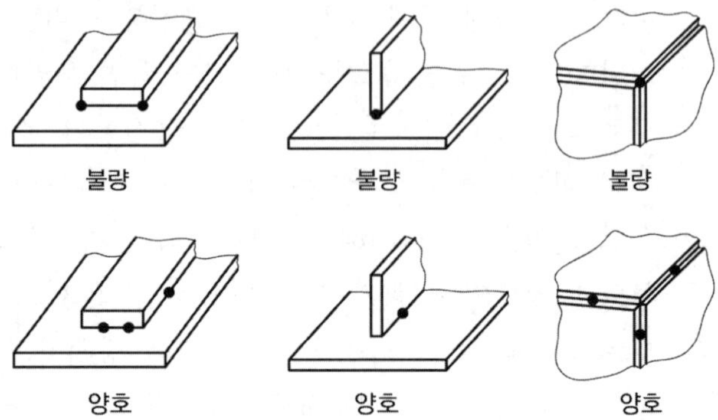

⑧ 용접봉은 본용접 작업시에 사용하는 것보다 약간 가는 것을 사용하고, 간격은 일반적으로 판두께의 15~30배 정도로 하는 것이 좋다.

다. 루트 간격과 보수 방법

1) 맞대기 피복 아크용접

루트 간격	보수 방법	도 면
6mm 이하	한쪽 또는 양쪽을 덧살올림 용접하여 깎아내고 규정 간격으로 수정 후 용접한다.	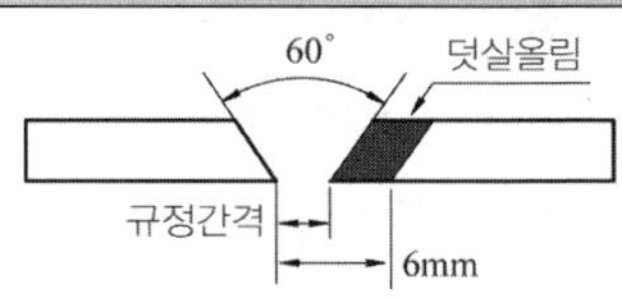
6~16mm	6mm 정도의 뒷판을 대서 용접한다.	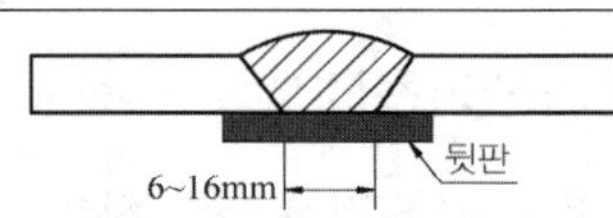
16mm 이상	판의 전부 또는 일부(약 300mm)를 대체한다.	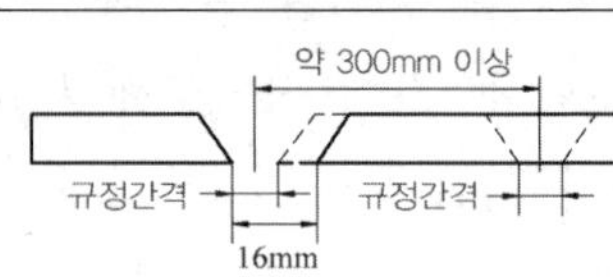

2) 필릿 이음 보수 방법

루트 간격	보수 방법	도 면
1.5mm 이하	규정 각장으로 용접한다.	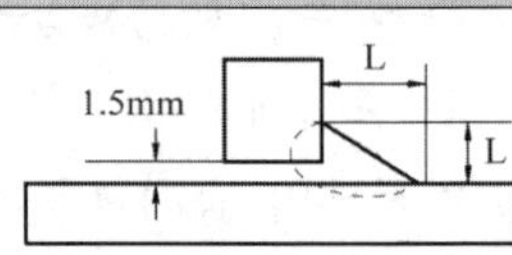

루트 간격	보수 방법	도 면
1.5~4.5mm	규정대로 용접하거나 넓혀진 만큼 각장을 증가시킨다.	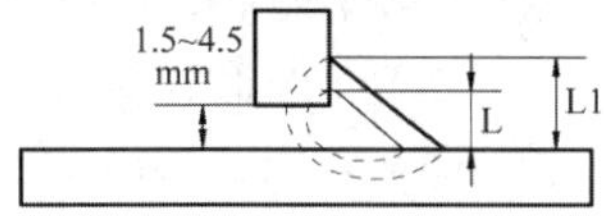
4.5mm 이상	라이너를 넣던지, 부족한 판을 300mm 이상 잘라내고 대체한다.	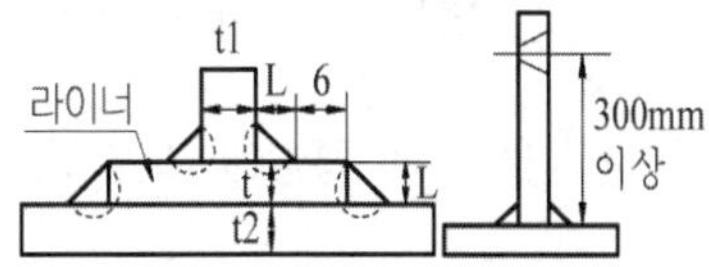

제3절 | 용접 작업(본용접)

1 용접 순서와 용착법

가. 용접 순서(우선 순위)

용접 시공 순서의 결정 기준은 가능한 변형이나 잔류응력의 누적을 가능한 한 적게 되도록 설계하여야 된다. 그러나 변형을 방지하기 위한 구속과 구속에 따른 균열 발생 정도와는 서로 상반되는 경향이 있기 때문에 그 요구 정밀도나, 사용 목적, 용도 등에 따라 적정 수준으로 균형 있게 정하여야 된다. 일반적으로 다음과 같은 사항을 유의하여 시공한다.

① 동일 평면 내에 많은 이음이 있을 때는 수축은 가능한 자유단으로 보낸다. 이렇게 함으로써 외적 구속에 의한 잔류 응력을 감소시키는 효과와 전체를 가능한 균형 있게 수축시켜서 변형을 줄이는 효과를 가질 수 있다.

② 물품의 중심선에 대해서 항상 대칭적으로 용접한다.

③ 수축이 큰 이음은 가능한 먼저 용접하고 수축이 적은 이음은 다음에 한다. 이것은 내적 구속에 의한 잔류 응력을 적게 하는데 도움이 된다. 예를 들면 용접선이 가로 방향 수축은 세로 방향의 수축에 비하여 크다.

④ 용접선의 직각 단면 중심축에 대하여 수축력의 모우멘트의 합이 0이 되게 한다. 이렇게 함으로서 용접선 방향에 대한 굴곡이 없어진다.

⑤ 리벳 작업, 볼트 작업 등과 용접을 같이 할 때는 용접을 먼저 하여 용접열에 의해서 리벳이나 볼트의 구멍이 늘어남을 방지한다.

⑥ 필요에 따라 블록법, 즉 전체를 여러 개의 블록으로 분할하고 각기 블록 안에서 대칭으로 용접하여 변형을 상쇄한다.

⑦ 좌우는 될 수 있는 대로 동시에 대칭으로 용접한다.(용접선의 가로 방향 수축이 세로 방향 수축보다 크다)

⑧ 교차하는 맞대기 용접 이음의 경우 [그림 2-3, 4]와 같은 용접 순서로 용접한다. 이 방법은 어느 것이나 이음의 길이 방향의 수축 변형을 완전히 구속하지 않기 위한 용접 방법을 선택한 것이다.

그림 2-3 **각종 형상에 따른 용접 순서**

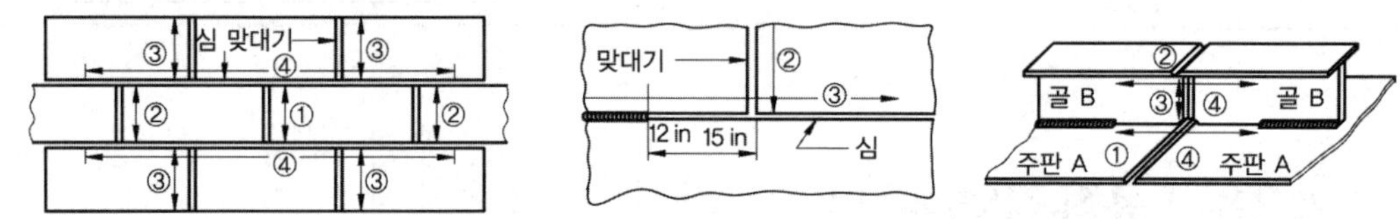

(a) 주판과 보강판 맞춤 구조물 용접순서 (b)심과 맞대기 용접 순서 (c) 주판과 골재의 현장 이음 용접의 용접 순서

그림 2-4 **교차하는 맞대기 이음부의 용접 순서**

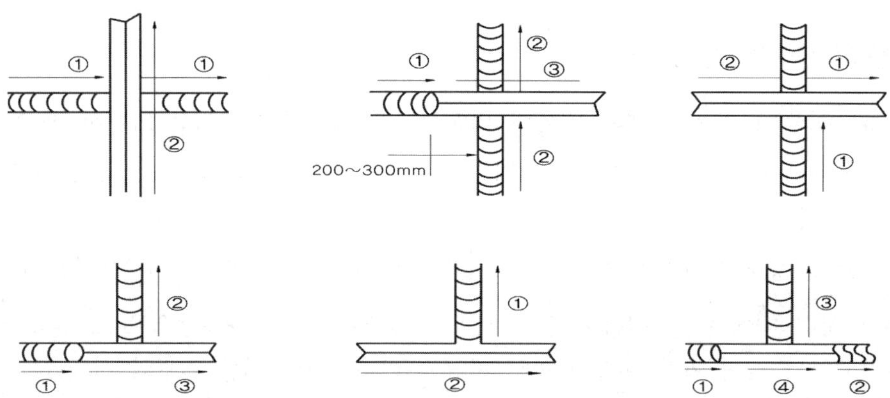

나. 용착법

본용접에 있어서 하나의 용접선을 용접할 때 모재의 형상, 구속의 정도, 판두께, 온도, 변형의 허용도 등을 고려하여 적절한 용착 방법을 선택하지 않으면 용접 후의 변형을 잡기 위하여 많은 공수와 시간, 비용이 소요하게 되며, 다른 업체와의 경쟁력이 떨어지게 된다.

용착법을 대별하면 다음의 3가지가 있다.

① 용접 방향에 의한 분류법 : 전진법, 후진법

② 용접 순서에 따른 분류법 : 전진법, 대칭법, 비석법, 후퇴법

③ 다층 용접법에 의한 분류법 : 덧살 올림법, 케스 케이드법, 전진 블록법

1) 비드 놓는 순서에 의한 용착법

용착법	특 징	용착 순서
전진법	한쪽 끝에서 다른 끝으로 연속 진행하는 용접하는 법 • 변형이 크게 문제되지 않을 때 사용한다. • 자동용접에 이용됨, 능률 좋으나 끝부분에 수축이 큼	⟶
후진(퇴)법	용접 진행 방향과 용착 방향이 서로 반대인 법 • 잔류 응력은 다소 적으나 작업 능률이 떨어진다.	5 4 3 2 1 → → → → →
대칭법	이음의 중앙에서 대칭으로 용접하는 방법 • 변형 및 잔류 응력이 대칭으로 발생한다. • 이음 끝 부분의 수축 및 잔류 응력이 감소한다.	4 2 1 3 ← ← → →
비석법 (스킵법)	이음 전 길이를 뛰어 넘어서 용접하는 방법 • 얇은 판이나 용접 후 비틀림을 방지하는데 적합하다. • 비드 시점과 종점에 결함이 많이 발생한다. • 잔류 응력이 가장 적다.	1 5 2 6 3 7 4 →→→→→→→
교호법 (스킵블럭법)	한모재의 가열되지 않는 부분을 골라 좌우 교대로 용접하는 방법	2 5 7 3 6 4 1 →→→→→→→

2) 다층 용착법의 종류

용착법	특 징	용착 방식
빌드업법 (덧살올림법)	각 층마다 전체 길이를 용접하며 쌓는 방법 • 한랭시나 구속이 클 때, 판 두께가 두꺼울 때 첫 층에 균열 발생에 주의, 열 영향을 많이 받으며 슬래그 혼입 발생	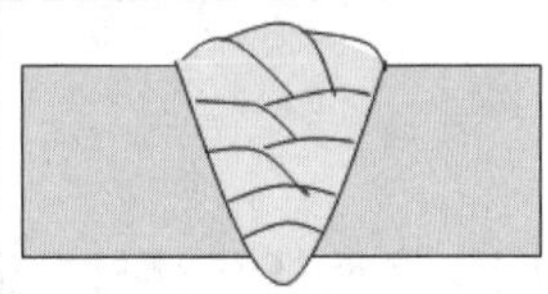
케스 케이드법	한 부분의 몇 층을 용접하다가 다음 부분의 층으로 연속시켜 전체가 단계를 이루도록 용착시키는 방법 • 변형과 잔류 응력 제거에 이용함	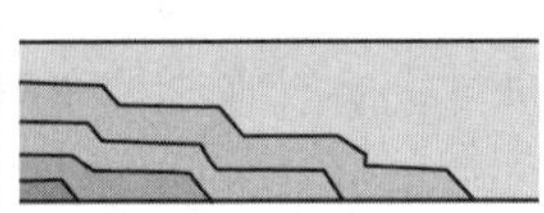
전진 블록법	일정한 길이의 비드를 층으로 덧땜하는 방법 • 첫층에 균열이 발생하기 쉬운 곳에 이용된다.	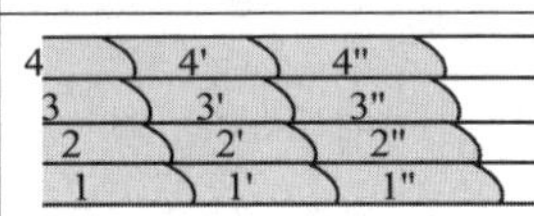

2 용접열 사이클과 냉각 속도

가. 용접시의 온도 분포

① 온도 기울기가 급할수록 용접부 부근은 급랭한다.
② 금속의 대부분은 급랭하면 열영향부가 경화되어 이음 효율이 저하한다.
③ 같은 열량이라도 열이 확산하는 방향이 많을수록 냉각 속도는 빨라(커)진다.
④ 용접 온도 기울기의 크기는 용접 이음 모양과 금속의 종류에 따라 다르다.
⑤ 용접 입열이 일정한 경우에는 열전도율이 큰 것일수록 냉각 속도가 빠르다.
(금속의 열전도율 순서 : 은, 구리, 금, 알루미늄, 연강, 스테인리스강)

그림 2-5 용접부의 온도 분포

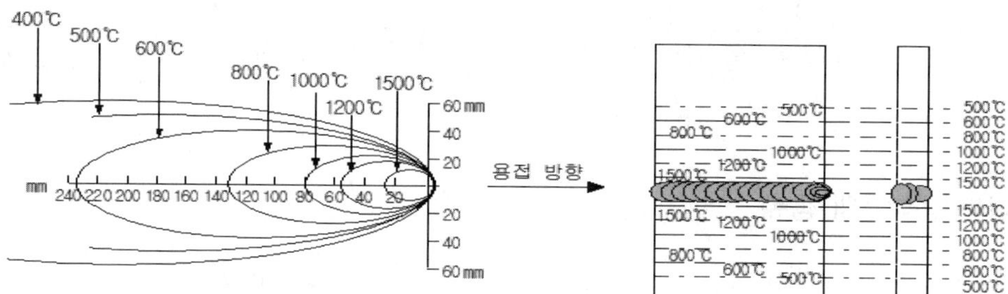

등온 곡선

온도 분포

나. 용접 열영향부의 열 사이클

모재가 용접에 의해 가열될 때 용착 금속에 인접하는 모재의 각 점은 용착 금속으로부터 거리에 따라서 여러 가지 온도로 급열, 급랭하게 된다. 이와 같은 온도 변화를 열 사이클이라고 한다.

용접 열영향부의 열 사이클에서 중요한 인자는 가열 속도, 최고 가열 온도, 최고 도달 온도에서의 유지 시간, 냉각 속도 등이며, 이들은 계산으로 구할 수도 있지만, 직접 실측하는 쪽이 확실한 경우가 많다.

통상 아크용접 등에서 열 사이클은 겨우 4~5초 정도의 짧은 시간에 가열 속도가 매우 다른 것 및 가열 시간이 짧은 것 등이 용접에서의 열 사이클의 특징이다.

그리고, 용접 비드 중심부의 바로 아래에서 측정한 경우와 모재 표면에 가까운 용접 시점에서 측정한 경우는 후자 쪽이 냉각 속도가 약간 빠르고, 최고 가열 온도에서의 유지 시간은 약간 짧은 것 같다. 또 보통의 탄소강, 고장력강 및 저합금강에서는 열전도도나 비열 등의 물질적 성질이 비슷하므로, 어떤 강에서 측정한 열 사이클 또는 냉각 속도가 그대로 다른 강의 종류에 적용하여도 지장이 없다.

예를 들면 판두께 20mm인 연강판의 표면에 ∅4mm인 피복 아크용접봉으로 길이가 긴 비드를 놓았을 때의 각 점에 있어서의 열 사이클을 보면 최고 가열 온도가 1100℃인 곳은 불과 4초 정도의 짧은 시간에 1100℃로 가열되고 600℃로 즉시 냉각하는데 12초 정도의 짧은 시간이 걸린다.

[그림 2-6] 중의 점선은 1.2mm인 각봉을 1100℃로부터 기름(oil) 담금질한 경우의 냉각 곡선이고, 550℃ 부근까지의 냉각 시간은 열영향부의 냉각 시간과 거의 같이 나타나고 있다.

그림 2-6 피복 아크용접 열영향부 각 지점에 대한 열 사이클 (HT 52(0.2%C, 1.38% Mn, 0.23% Si)

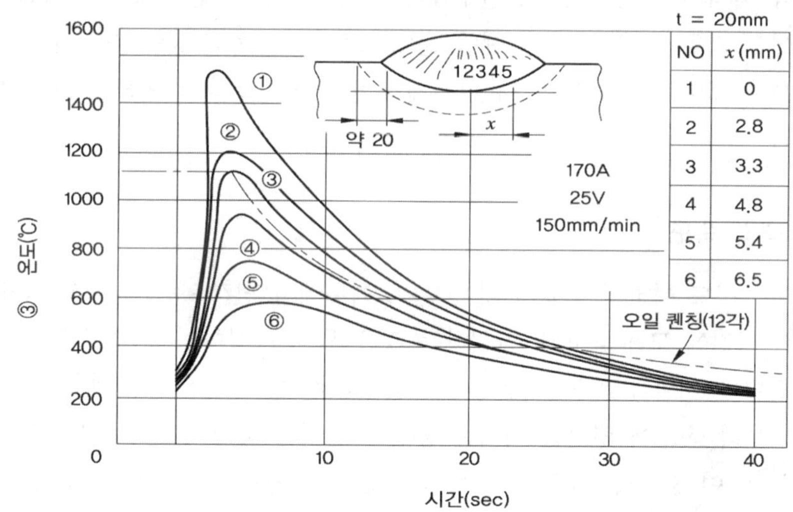

다. 이음 종류에 대한 열의 확산

① [그림 2-7(a)]는 열의 확산이 한 방향이므로 냉각 속도는 비교적 느리며, (b)는 평판 위에서는 확산이 두 방향이라서 (a)보다 냉각 속도가 빠르다.

② (c)는 모서리 이음의 경우 열의 확산이 두 방향이고 (b)와 같은 냉각 속도이며, (d)와 같이 후판일 경우 여러 방향으로 열이 확산되어 냉각 속도가 매우 빨라진다.

③ (e)는 T형 필릿 이음의 경우 열이 세 방향으로 확산되어 맞대기 이음보다 냉각 속도가 빠르다. 냉각 속도는 얇은 판보다 두꺼운 판이, 맞대기 이음보다는 T형 이음이 크다.

그림 2-7 이음 종류별 열의 확산

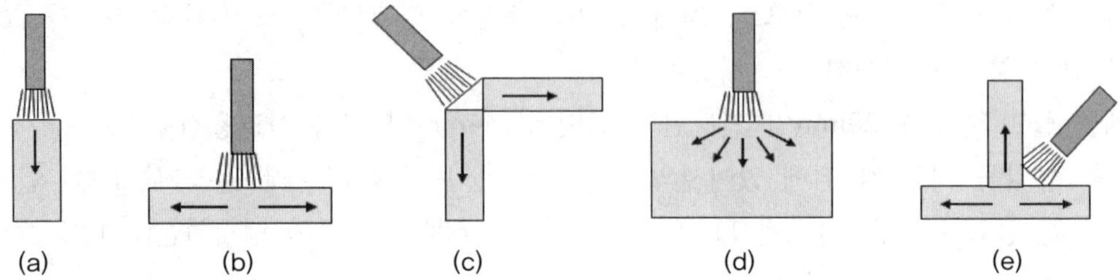

라. 열영향부의 냉각 속도

냉각 속도는 재질이 다르고, 크기가 다르면 같은 조건에서 용접 비드를 놓아도 열영향부 각 부분의 냉각 조건이 달라지는 것이 일반적이다. 시험편의 크기가 일정한 경우 냉각 속도는 판두께에 따라서 영향을 받고, 판두께가 두꺼워지면 냉각 속도도 증가한다.

같은 재질에도 판두께, 용접 입열, 예열 온도 또는 이음 형식 등에 따라서 영향을 미친다. 그러나 판두께가 25mm 이상 되면 더 판두께가 증가하여도 냉각 속도는 그다지 변하지 않는다.

1) 예열과 냉각 속도

예열은 600℃ 정도 이하의 비교적 낮은 온도 범위에서 냉각 속도를 매우 작게 하는 효과가 있다. 용접 직전에 모재를 미리 가열하는 것은 특히 경화하여 균열 등의 결함이 생기기 쉬운 고탄소강이나 저합금강 등의 냉각 속도를 경감하는 수단으로서 매우 중요하다.

열영향부의 냉각 속도에 영향을 미치는 용접 조건에는 용접 전류, 아크 전압, 및 용접 속도를 들 수 있다. 이 중 다른 조건이 같은 경우는 용접 전류가 작을수록 또 용접 속도가 클수록 냉각 속도는 증가한다. 모재의 초기 온도가 높을수록 열 사이클은 완만하게 되고 냉각 속도는 감소한다.

2) 용접부 형상과 냉각 속도

같은 판두께의 경우, 같은 용접 조건하에서는 필릿 용접의 본드부의 냉각 속도는 맞대기 용접의 냉각 속도의 약 1.4배 정도 된다.

긴 용접 비드의 경우 양쪽 끝이 중앙부의 냉각 속도보다 약 2배 정도 빠르다. 즉, 크레이터에서는 중앙부의 약 2배의 냉각 속도를 가진다.

크레이터는 용접할 때의 운봉 조작, 즉 갑자기 아크를 끊지 않고서 파묻음으로서 급랭을 피할 수 있다. 이 조작이 용접 균열의 방지에 유효한 것도 주로 이 이유 때문이다.

아크 스트라이크 부분은 용접 비드의 끝보다 더 급랭된다. 같은 조건에서는 아크의 발생 시간이 짧을수록 냉각 속도는 커진다.

3) 재질과 냉각 속도

열전도도나 비열 등 열적 상수가 다른 재료는 당연히 냉각 속도도 달라진다. 예컨대 오스테나이트계 스테인리스강은 탄소강의 약 2/3 정도, A1 합금에서는 3~7배의 냉각 속도를 가진다.

마. 용접법과 냉각 속도

가스 용접은 아크용접에 비하면 열의 집중이 적으므로 용접부 전체의 가열 온도 범위가 넓어지고, 따라서 냉각 속도는 아크용접의 경우보다 훨씬 작아진다, 또 일렉트로 슬래그 용접과 같은 용접 입열이 큰 용접에서는 냉각 속도는 더 작아진다.

저항 용접 등에서는 반대로 냉각 속도가 커진다. 열은 용접 모재의 사이만이 아니고, 판과 전극의 사이에서도 발생한다, 저항 용접에서는 판두께가 작은 쪽이 냉각 속도가 빨라진다. 이것은 열이 주로 전극에의 전도로 잃어버리기 때문이다.

3 용접부의 예열과 후열

가. 예 열

예열(preheating)이란 이러한 급열 급랭에 의한 열응력이나 변형, 균열을 방지하기 위해 용접 전에 용접부를 가열하는 작업으로, 보통 도시 가스, 산소-아세틸렌 가스, 산소-프로판 가스 등의 토치나 고정식 버너를 이용한다.

예열에는 전체 예열과 국부 예열이 있는데, 작은 물건이나 변형이 많은 경우를 제외하고는 국부 예열을 행하는 것이 보통이다.

국부 예열의 가열 범위는 용접선 양쪽에 50~100mm 정도로 하며, 온도의 측정은 용접선에서 30~50mm 떨어진 곳을 온도 초크(chalk)나 표면 온도계로 측정하는 것이 일반적이다.

용접부는 급열로 인한 열팽창과 급랭에 의한 응고 수축이 일어나기 때문에 조직 변화와 열응력, 변형, 균열 등이 발생하기 쉽다.

1) 예열 방법

고탄소강, 저합금강, 주철 등과 같이 급랭에 의하여 경화하고, 균열이 생기기 쉬운 재료는 재질에 따라서 50~350℃의 예열을 행한다.

(1) 연강(25 mm 이상)

판두께 25mm 이상에서는 0℃ 이하에서 용접하게 되면 저온 균열이 발생하기 쉬우므로 이음부의 양쪽 약 100mm 폭을 50~100℃로 가열하는 것이 좋다.

또한 다층 용접인 경우에는 제2층 이후는 이전 층의 열로 모재가 예열한 것과 동등한 효과를 얻기 때문에 예열을 생략할 수도 있다.

(2) 주철 및 고급 내열 합금

주철은 경도와 취성이 커서 균열이 생기기 쉬우므로 500~550℃로 예열 후 용접한다. 주철의 두께 차가 클 경우 냉각 속도가 균일하도록 예열량을 조절한다.

또한, 합금 원소가 많아져서 탄소 당량이 높고, 두꺼운 합금강은 용접성이 나빠지므로 예열한다. 저수소계 용접봉을 사용하면 예열 온도를 낮출 수 있다.

(3) 알루미늄 합금 및 구리 합금

Al 합금, Cu 또는 Cu 합금 등과 같이 열전도도가 큰 것은 이음부의 열집중이 부족하여 융합 불량이 생기기 쉬우므로 200~400℃의 예열이 필요하다.

2) 예열의 목적

① 열영향부와 용착 금속의 경화를 방지하고 연성을 증가시킨다.

② 수소의 방출을 용이하게 하여 저온 균열을 방지한다.
약 200℃의 범위를 통과하는 시간을 지연시켜 용착 금속 내의 수소의 방출 시간을 줌으로서 비드 밑 균열 등 저온 균열을 방지한다.

③ 용접부의 기계적 성질을 향상시키고 경화 조직의 석출을 방지시킨다.

④ 온도 분포가 완만하게 되어 열응력의 감소로 변형과 잔류 응력의 발생을 적게 한다.

⑤ 예열에 의해 용접부의 온도 분포, 최고 도달 온도 및 냉각 속도가 변한다.

3) 예열 온도

예열 온도는 모재의 경화성, 이음의 종류, 모재 두께와 이음의 구속 상태, 용접 방법, 용접 입열량, 용착 금속의 강도, 다층 용접법, 용접 재료의 흡습 상태, 기온과 습도, 가열 방법 등에 따라 최적 및 최고 온도 범위를 선택한다. [표 2-2 참조]

용접부에 발생하는 저온 균열에는 열영향부의 경도, 용접 금속의 수소량, 구속의 3가지 원인에 의해서 크게 영향을 끼치게 되며, 예열에도 관계가 크다.

제1층 용접 균열 시험에 있어서의 루트 균열 방지에 필요한 예열 온도(T)에 끼치는 강판의 화학 성분, 구속도 및 수소량의 영향(균열 감수성 지수 : P_c)에 대하여 다음 식으로 표시한다.

$$T(\text{균열 정지 예열 온도 ℃}) = 1440P_c - 392$$

$$P_c(\%) = \mathrm{C} + \frac{\mathrm{Si}}{30} + \frac{\mathrm{Mn}}{20} + \frac{\mathrm{Cu}}{20} + \frac{\mathrm{Ni}}{60} + \frac{\mathrm{Cr}}{20} + \frac{\mathrm{V}}{10} + 5\mathrm{B} + \frac{t}{600} + \frac{\mathrm{H}}{60}$$

(여기서 t : 판두께(mm), H : 용착 금속의 확산성 수소량(ml/100g)

표 2-2 각종 금속의 예열 온도

금속 재료	예열 온도(℃)	금속 재료	예열 온도(℃)
HT 50	20~100	HT 60	60~100
HT 70	80~150	HT 80	100~180
주 강	20~100	주 철	150~300
STS 403, 410	100~400	18Cr	100~200
$\frac{1}{2}$ Mo강	100~200	Mn－Mo강 Mn－Mo－Ni강	150~250
$\frac{1}{2}$Cr－$\frac{1}{2}$Mo강	150~250	9Cr－1Mo강 13Cr－Mo강	250~400
$2\frac{1}{4}$Cr－1Mo강	200~350	$1\frac{1}{4}$Cr－$\frac{1}{2}$Mo강	150~350
5Cr－0.5Mo강	250~350	황 동	150~200

강재의 용접성은 강의 열영향부의 최고 경도에 대한 탄소 당량(carbon equivalent)으로 나타내며, 망간, 규소, 니켈, 크롬, 몰리브덴 등을 탄소 당량으로 환산하여 그 탄소 당량에 의하여 용접성의 양부를 판단한다.

일반적으로 탄소 당량(Ceq)이 0.4 이하이면 용접성이 양호하나, 0.45~0.5 정도면 약간 곤란하게 되며, 0.5 이상이면 대단히 곤란하다.

탄소강 및 저 Mn강(HT 50)에 대한 탄소 당량 계산식은 국제용접학회(IIW)에서는 다음 식을 이용한다.

$$Ceq(\%) = C + \frac{1}{6}Mn + \frac{1}{5}(Cr + Mo + V) + \frac{1}{15}(Ni + Cu)$$

실제로 ASME Code의 Section I인 발전 보일러 규격에는 탄소량이 0.35%를 초과하는 재료는 사용 못하게 제한하고 있기도 한다.

한편, 탄소 당량값과 용접부의 최고 경도(Hmax)와의 관계식은 아래와 같다.

$$Hmax(Hv) = (666Ceq + 40) \pm 40$$

여기서 탄소 당량값이나 최고 경도값을 제한하면 용접하고자 하는 재료의 화학 성분을 제한할 수가 있다는 상관 관계를 현장 용접에서는 상당히 유용하게 이용할 수가 있을 것이다.

나. 후 열

용접에서 후열처리란 모재의 재질과 두께 형상에 따른 변형 방지와 잔류응력 제거, 재질 개선, 탈수소 등을 목적으로 용접 후에 실시하는 열처리를 말한다.

넓은 의미의 용접 후열처리(PWHT : post weld heat treatment)에는 용접 후의 급랭을 피하는 목적의 후열, 응력 제거 풀림, 완전 풀림, 불림(normalizing), 고용체화 열처리, 선상 가열 등이 있다.

1) 직후열(좁은 의미의 후열)

용접 후 급랭에 의한 균열을 방지할 목적으로 용접 직후에 용접부를 소정의 온도까지 가열한 후 소정의 시간 동안 유지시키는 조작을 말하며, 좁은 의미의 후열이라고 한다.

후열 온도와 그 유지 시간은 재료의 종류와 두께, 잔류 응력, 용접부의 형상, 확산성 수소량, 예열의 유무와 그 온도 등에 의해 결정된다고 생각된다.

용접부의 후열 효과는 다음과 같다.

(1) 저온 균열의 원인이 되는 확산성 수소를 방출시킨다.
온도가 높고 시간이 길수록 수소 함량은 낮아진다.

(2) 잔류 응력을 제거한다.
실제 시공에서는 예열 온도를 높게 할 수 없으므로 후열에 의한 잔류 응력 제거가 유리하다.

2) 풀 림

강을 일정 시간 가열 후 서랭하여 기계적, 물리적 특성을 변화시키고 함유 가스를 방출시키기 위한 열처리로, 풀림의 목적에 따라 가열 온도와 유지 시간을 설정해야 된다.

풀림 방법은 가열 온도에 따라 온도 A_3 이상 가열하여 서랭하는 완전 풀림(고온 풀림)과 A_1 이하의 저온 풀림으로 나누며, A_3 이상 가열하면 변형이 심한 경우가 있으므로 용접물의 경우 A_1 이하의 후열이 바람직하다.

일반적으로 풀림 온도에서 유지하는 시간은 판두께 25mm당 1시간이 보통이고 가열 및 냉각 속도는 다음 식으로 하는 것이 일반적이다.

$$\text{최고 가열 속도} = \frac{220 \times 25.4}{t}\ ℃/\text{hr}(\text{최고 } 220℃/\text{hr})$$

$$\text{최고 냉각 속도} = \frac{275 \times 25.4}{t}\ ℃/\text{hr}(\text{최저 } 273℃/\text{hr})$$

그림 2-8 용접부의 조직

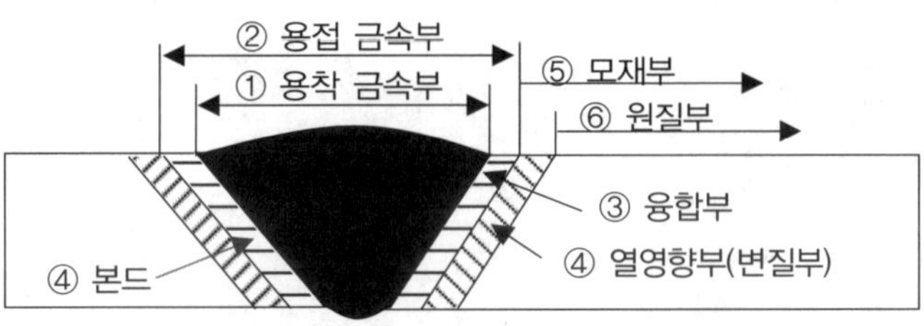

① 1800℃ ② 1500～1800℃ ③ 1400～1500℃
④ 900～1200℃ ⑤ 500～1200℃ ⑥ 500℃ 이하

다. 용접부의 조직과 성질

1) 용착 금속부(weld metal zone)

용착 금속부는 모재와 용접봉이 녹아서 굳어진 부분으로 주조 조직과 같다. 용착 후의 조직은 최고 가열 온도와 냉각 속도에 의해서 결정된다.

2) 열영향부(HAZ, heat affected zone)

용접부 부근의 모재가 용접할 때의 열에 의하여 급열, 급랭되어 변질된 부분으로, 열영향부의 기계적 성질과 조직의 변화는 모재의 화학 성분, 냉각 속도, 용접 속도, 예열 및 후열 등에 따라 달라지며, 변질부라고도 한다. 열영향부는 다른 부분에 비하여 연성 결핍으로 경화가 심하며, 용착금속의 수축과 원질부의 저항 등에 의해 응력집중이 크다. 특히 수소 함유량이 높을수록 메짐성이 커지는 부분이다.

3) 원질부(unaffected zone)

모재가 열영향을 크게 받지 않은 부분으로, 조직과 성질이 변하지 않은 모재 부분이다.

4) 본드(bond of weld)

용접 금속과 모재와의 경계를 말하며, 반용융 상태를 포함하여 용융 온도 범위로 가열된 곳과 가열되지 않은 곳의 경계이다.

라. 가우징 및 뒷면 용접

1) 가우징의 목적

이음에서 강도가 요구될 때에 완전한 접합을 하기 위해서 뒷면의 용입 불량, 슬래그 섞임, 균열 등의 결함을 제거하기 위해서 실시하며, 가우징(파내기)은 전면 제2층 비드 이상 완료 후에 실시한다.

2) 가우징 방법

(1) 기계 가공

소음이 많고 깊이 팔 때에는 비능률적이며, 용입 불량의 결함이 정에 의하여 눌릴 염려가 있다

(2) 아크 에어 가우징

탄소 전극과 모재와의 사이에 아크를 발생시키고 그 아크열에 의하여 녹은 강을 공기로 불어내는 방법으로, 소음이 적고 능률적이며 특수강에도 적용될 수 있다. 다른 방법으로는 시공하지 못하는 좁은 장소의 가우징도 가능하다.

(3) 가스 가우징

산소-아세틸렌(프로판)불꽃 등을 사용하여 홈을 파는 방법으로, 소음이 적고 능률도 좋으나 변형이 발생될 위험이 있어 얇은 판에는 사용할 수 없다.

제4절 | 용접 후 처리

1 응력 제거

가. 잔류 응력(residual stress)

1) 용접에 의한 잔류 응력 발생

금속은 열을 받으면 팽창하게 되며 냉각하면 수축하게 되는데 이때 수축에 따른 변형이 전부 일어난다면 내부에는 응력이 잔류하지 않을 수 있지만 실질적으로는 그렇지 않다.

용접의 경우 국부 가열과 냉각이 계속 반복되며 냉각 중에 수축시에는 모재와 일체가 되어 수축이 일어나면서 용착 금속 인접부의 내부 저항에 의해 변형이 저지된 만큼 응력으로 남게 되는데 이 응력을 잔류 응력이라고 하며, 계속 잔류할 경우 용접부를 약화시키게 된다.

그리고 대개의 금속은 압축력에 대해서는 거의 무제한의 저항력을 갖기 때문에 압축 응력을 받으면 유동 또는 변형은 하지만 파괴되지는 않는다. 그러나 반대로 인장력을 받으면 저항력이 비교적 약해서 좀 심한 인장력이 작용하면 파단되기 쉽다.

이러한 수축, 팽창에 대한 분명한 것은 다음과 같다.

① 팽창과 수축의 정도는 가열된 면적의 크기에 정비례한다.
② 구속된 상태의 팽창, 수축은 금속의 변형과 응력을 초래한다.
③ 구속된 상태에서의 수축은 금속이 그 장력에 견딜만한 연성을 가지지 못하면 결국 파단된다.

용접 이음에서 잔류 응력은 이음의 형상, 모재의 크기, 용접 순서, 용접 입열, 외적 구속 등의 영향을 크게 받으며 용접 구조물에서의 잔류 응력은 다음과 같은 영향을 미치게 된다.

① 박판 구조물에서는 국부 좌굴 변형을 일으킨다.
② 용접 구조물에서는 취성 파괴 및 응력 부식을 일으킨다.
③ 기계 부품에서는 사용 중에 서서히 해방되어 변형이 생긴다.

2) 잔류 응력 분포

(1) 맞대기 이음에서의 응력 분포

용접 이음부는 용접선 방향으로 수축하는 힘이 강하게 작용함에 따라 주위의 모재 부분이 방해되는 부분과의 수축 응력과 인장 응력이 작용하게 되며 일부는 변형으로 상쇄되지만 상당 부분은 응력이 잔류하게 된다.

[그림 2-9]는 외적 구속이 없는 맞대기 용접부의 잔류 응력 분포 상태를 나타낸 것이며, 용접 방향 X의 응력 및 용접선과 직각 방향의 각 부분의 응력 분포 상태를 나타낸 것이다.

① 단면 A-A' : 아직 열을 받지 않은 모재부에서의 응력은 거의 0이다.
② 단면 B-B' : 용접에 의해 용융지를 형성한 부분의 응력 분포를 조사한 것으로 거의 0에 가깝게 작게 잔류하고 있음을 알 수 있다.
③ 단면 C-C' : 용융지에서 조금 떨어진 용접부 부분은 용착 금속과 용접부 가까이에 있는 모재가 냉각되므로 주위의 인장 응력에 의해 수축하려고 한다. 용접이 진행됨에 따라 이 응력은 압축 응력에서 인장 응력으로 변화한다.
④ 단면 D-D' : 용융지에서 조금 멀리 떨어진 부분이며, 용접 비드 부분의 높은 인장 응력과 그의 양 끝은 낮은 압축 응력이 존재한다.

(2) 다층 용접에서의 응력 분포

다층 용접에서는 1층 용접부와 달리 먼저 용접된 부분은 나중에 용접되는 용착 금속의 열 때문에 다시 열을 받으므로 일단 이완된 후 다시 발생하게 된다.

그림 2-9 자유단 맞대기 용접 이음 각 부의 온도와 응력 변화

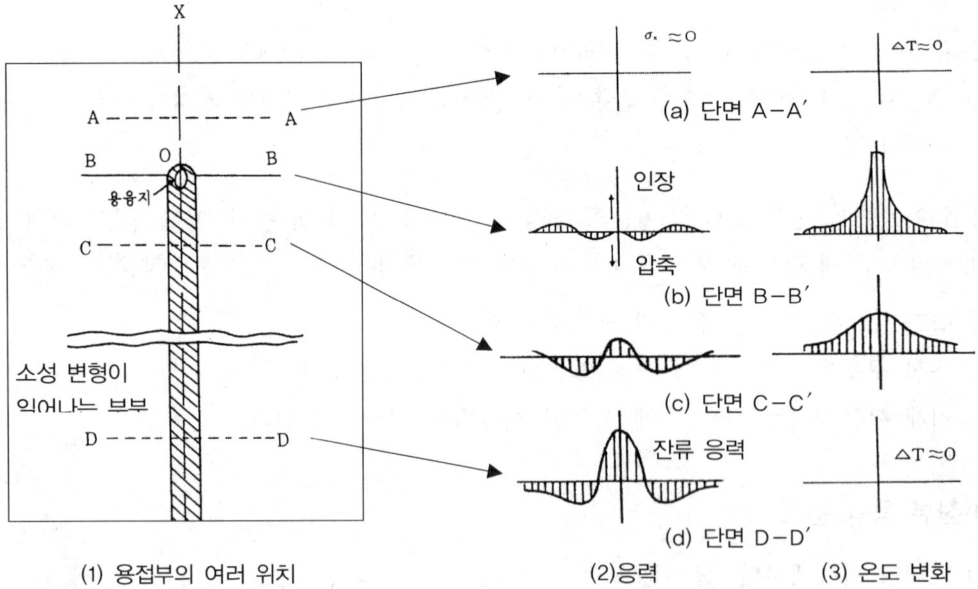

3) 용접부의 응력 분포

① 박판 : 모재의 변형은 크나 잔류 응력은 작다.
② 후판 : 모재의 변형은 작으나 잔류 응력은 크다.
③ 용접 잔류 응력은 외력이 작용하면 이음이 파괴 또는 외력의 작용이 없어도 자체의 저항력에 견디지 못하면 균열이 발생한다.
④ 잔류 응력은 용접 이음의 형상, 용접 입열, 판두께, 용착 순서, 외적 구속 등에 따라 영향을 받는다.

나. 잔류 응력 경감법

1) 용착 금속량의 감소

① 용착 금속량을 적게 하면 수축에 따른 변형량이 적어지고 따라서 잔류 응력의 크기도 적어진다.
② 용착 금속량을 줄이기 위해서는 용접 홈의 각도를 최대한 작게 만들고 루트 간격을 좁혀 용접부에서 발생되는 내부 구속을 경감시킨다.

2) 잔류 응력 제거와 응력 제거법의 종류

용접부의 잔류 응력을 용접 시공상의 주의만으로는 현저하게 경감 또는 완화시킬 수 없다. 따라서 인위적인 응력 제거법을 사용해야 하는데, 이들의 방법은 크게 가열법과 기계적 처리법이 있으며, 이들의 종류를 들면 다음과 같다.

(1) 노내 풀림법(furnace stress relief)

노내 풀림법은 가장 널리 이용되며 제품 전체를 노내에 넣고 알맞은 온도에서 일정 시간 유지한 다음 노 내에서 서랭시키는 방법이다. 연강 제품을 노 내에서 출입시키는 온도는 300℃를 넘어서는 안되며, 300℃ 이상에서 가열 및 냉각 속도(R)는 다음 식에 만족해야 한다.

① 가열 속도 : $\leq$ 200×25/t(℃/h)
② 냉각 속도 : $\leq$ 280×25/t(℃/h)

(t : 용접부 가열 부분의 최대 두께(mm)

노내 풀림시 구조물의 온도가 250∼300℃까지 냉각되면 대기 중에서 공랭한다. 구조용 압연재나 탄소강은 625±25℃에서 1시간 풀림 후 10℃ 내려가는데 20분 정도 되게 냉각한다.

(2) 국부 풀림법(local stress relief)

제품이 너무 커서 노내에 넣을 수 없는 대형 용접 구조물은 노내 풀림을 할 수 없으므로 용접선의 좌우 양측을 각각 약 250mm의 범위나 또는 판두께의 12배 이상의 범위까지를 일정한 온도와 시간을 유지시킨 후 서랭하여 응력을 제거하는 방법이다.

그러나 이 방법은 온도가 불균일하게 되어 오히려 잔류 응력을 유발할 수가 있으므로 주의해야 한다. 한편 응력 제거 온도가 낮아지면 그 만큼 유지 시간이 길어져야 하는데, ASME의 규정에는 600℃에서 1시간, 570℃에서 2시간, 540℃에서 3시간 유지 시간을 연장하도록 규정하고 있다.

국부 풀림법의 가열 열원에는 여러 가지가 있으나, 가열부의 온도 유지가 균일하게 올라갈 수 있는 장치이어야 한다. 전기적인 열원으로는 유도 가열 방식이 많이 사용되고, 가스 불꽃으로는 산소-아세틸렌 불꽃 방식이 많이 사용되고 있다.

(3) 기계적 응력 완화법(mechanical stress relief)

이 방법은 잔류 응력이 존재하는 구조물에 어떤 하중을 걸어 용접부를 약간 소성 변형시킨 다음 하중을 제거하면 잔류 응력이 현저하게 감소하는 현상을 이용하는 방법이다. 그러나 실제 용접 구조물에는 응용이 곤란하여 거의 사용하지 않는다.

(4) 피닝(peening)법

피닝법은 용접 직후 용착 금속이 냉각되기 전에 끝이 구면인 치핑 해머로 용접 표면을 연속 타격하는 방법으로, 잔류 응력 완화, 변형 교정 및 용착 금속의 균열을 방지하는데 효과가 있다. 또한 피닝은 잔류 응력의 완화 이외에 용접 변형의 경감이나 용착 금속의 균열 방지 등을 위해서도 가끔 쓰이며 잔류 응력을 완화시키는데 고온에서 하는 것보다 실온으로 냉각한 후에 하는 것이 효과적이며, 다층 용접에서는 최종 층에만 하면 충분하다.

잔류 응력 제거의 목적에서 보면 피닝을 용착 금속 부분뿐만 아니라 그 좌우의 모재 부분에도 어느 정도(폭 약 50mm) 하는 것이 효과적이다.

그러나 피닝의 효과는 표면 근처 밖에 미치지 못하므로 판두께가 두꺼운 것은 내부 응력이 완화되기 힘들며, 용접부를 가공 경화시켜 연성을 해치는 결점이 있다.

(5) 저온 응력 완화법(low temperature stress relief)

저온 응력 완화법은 미국의 린데사에서 연구한 것이므로 린데법이라고도 하는데, 방법은 용접선 방향에 큰 인장 잔류 응력이 생긴 용접선의 양측을 정속도로 이동하는 가스 불꽃에 의해 폭이 약 150mm 범위를 15O~200℃ 정도로 가열한 다음 즉시 수냉함으로써 용접선 방향의 인장 응력을 완화시키는 방법이다. [그림 2-10 참조]

[그림 2-11]은 두께 19mm 연강판의 용접선 양측 용착부의 압축 응력이 작용하는 부분을 가열하여 인장 열응력이 생기게 하고, 이것이 인장 잔류 응력과 겹쳐 용착부에 인장 소성 변형이 생기게 함으로서 잔류 응력이 현저하게 감소되는 것을 나타낸 것이다.

그림 2-10 저온 응력 완화법

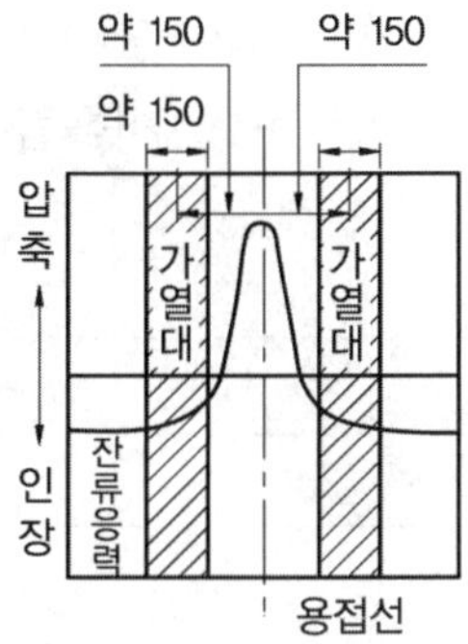

그림 2-11 저온 응력 완화법에 의한 응력 제거 예

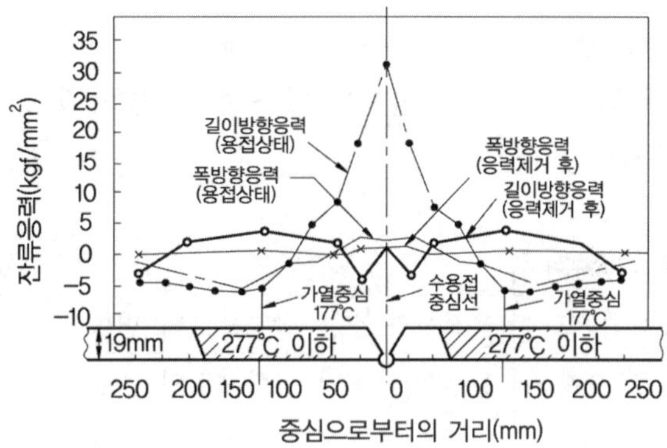

3) 응력 제거 풀림 효과

① 용접 잔류 응력이 제거되며, 치수 안정화가 실현된다.

② 용접 열영향부가 뜨임(tempering)화 되어 연성을 갖는다.

③ 응력 부식에 대한 저항력, 크리프 강도 및 충격 저항성이 증가한다.

④ 용착 금속 중의 수소 가스가 제거되어 연성이 증가한다.

2 변형의 방지와 교정

가. 변형과 잔류 응력

금속의 용접은 고열을 이용하여 국부적으로 금속을 용융 응고시켜 구조물을 접합시키는 방법으로 일부는 급격히 고온에 도달하고 열전도에 의하여 급속히 냉각되는 현상이 연속적으로 일어나게 된다. 이때 용접부 부근의 고온으로 가열된 영역에 소성 변형이나 변태에 의하여 체적 변화가 생기고 용착 금속의 수축에 따른 변형이 일어나게 되며, 변형이 일어나지 못한 부분은 수축과 팽창에 의해 응력이 형성되어 남게 된다. 이러한 응력을 잔류 응력이라고 한다.

그러나 모든 금속에서의 가열과 냉각되는 용착 금속과 인접 모재의 불규칙한 팽창 수축에 영향을 미치는 요소가 매우 복잡하기 때문에 변형을 사전에 정확히 예측하기는 힘들다.

나. 변형의 종류

1) 면내, 면외 변형의 종류

(1) 면내 변형 : 평판 혹은 곡면판에서 판면 접선방향으로의 변형을 말하며, 횡 수축, 종 수축, 회전 변형 등이 있다.

(2) 면외 변형 : 평판 또는 곡면판에 있어서 면과 직교하는 방향의 변형으로 면내 변형과 반대되는 개념의 변형을 말하며, 각변형(횡 굴곡, 종 굴곡), 좌굴 변형, 비틀림 변형 등이 있다.

변형의 종류	내 용
종(세로) 수축	용접선과 같은 방향으로의 변형
횡(가로) 수축	용접선과 직각 방향으로의 변형
회전 변형	맞대기 용접에서 진행 방향에 따른 홈 간격이 벌어지거나 좁혀지는 변형
횡 굴곡 (각 변형)	용접시의 온도 분포가 후판의 경우 판두께 방향으로 불균일하기 때문에 모재가 용접부를 중심으로 꺾여 굽혀지는 변형으로 가로 굽힘 변형이라고도 한다.
종 굴곡	용접선과 같은 방향으로 완만한 곡선을 이루는 변형
좌굴 변형	박판 용접시 용접선에 대한 압축 열응력으로 인하여 일어나는 비틀림 변형

2) 횡(가로) 수축

(1) 맞대기 이음의 횡 수축

횡 수축이란 용접선에 직각 방향으로 발생하는 수축을 뜻하며, 맞대기 이음의 경우 횡수축이 많이 나타나고 있어 쉽게 수축량을 알 수 있다. [그림 2-12(a) 참조]

구속하지 않은 맞대기 이음의 경우 용접 중에는 자유롭게 팽창할 수 있지만 냉각될 때는 용착 금속이 모재와 일체가 되어 수축하므로 횡 수축량은 용접 직후의 재료의 열팽창량에 따라 다음 식과 같이 발생하게 된다.

$$S_d = \frac{a}{C\rho} \times \frac{Q}{vt}$$

S_d : 자유 이음의 수축량(cm), a : 선팽창계수(1/℃), C : 비열(cal/g℃),
ρ : 밀도(g/cm^3), Q : 단위 시간당 입열(cal/sec), υ : 용접속도(cm/sec)
t : 판두께(cm)

즉, 용접 방법이 일정한 경우 용착 금속량은 단위 용접 길이당의 입열량에 비례하게 되므로 개선 단면적이 증가하면 용착 금속량도 증가하게 되며 횡수축도 크게 된다.

따라서 같은 판두께라 해도 루트 간격이 클수록, 또한 X형보다 V형 홈의 용접이 횡수축이 크게 된다.

알루미늄이나 스테인리스강 용접의 경우 a/Cp 값이 연강보다 크므로(Al : 4배, STS : 2배) 횡 수축량도 훨씬 크며, 서브머지드 아크용접이 피복 아크용접의 1/2 정도로 횡 수축량이 적다.

(2) 필릿 용접 이음의 횡 수축

필릿 용접은 용접부가 비드놓기와 유사한 현상으로 맞대기 용접의 경우보다 용착 금속 자체의 수축이 자유롭지 못하기 때문에 수축은 맞대기 용접의 경우보다 훨씬 적다.

그리고 필릿 용접의 횡 수축량도 용착 금속량 또는 필릿 목 길이에 따라 달라진다.

그림 2-12 가로 수축과 세로 수축

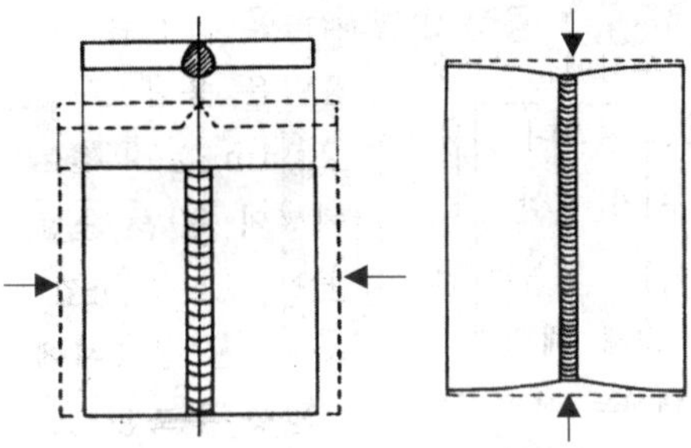

(a) 가로(횡) 수축　　(b) 세로(종) 수축

① 연속 필릿 용접의 횡 수축
　= 목 길이(각장) / 판 두께(mm)

② 단속 필릿 용접의 횡수축 = 목 길이(각장) / 판두께 × 용접 길이 / 전체 길이(mm)

3) 종(세로) 수축

종 수축이란 용접선 방향의 수축을 말하며, 모재 주위의 저항이 크므로 그다지 문제되지 않으나, 철골, 교량의 기둥이나 빔 등 길이가 긴 구조물의 경우는 종수축도 고려하지 않으면 안된다.

일반적으로 용접 이음의 종 수축량은 1/1000 정도이며, Gryot의 맞대기 용접 종 수축량 δ 계산 실험식은 다음과 같다.

$$\delta = \frac{Aw}{Ap} \times 25\text{mm}$$

(여기서 Aw : 용착 금속의 단면적 mm^2, Ap : 저항하는 부재의 단면적 mm^2,
Aw/Ap의 비가 1/20보다 작을 경우 모두 0.05로 한다.)

4) 회전 변형

맞대기 용접에서 홈 간격이 벌어지거나 좁혀지는 변형으로 용접 속도가 빠르고 용접 전류가 높을 경우에 일어난다. 수동 용접은 홈 간격이 좁혀지게 되며, 서브머지드 아크용접은 홈 간격이 벌어지게 된다. [그림 2-13(c) 참조]

회전 변형의 방지 대책은 다음과 같다.

① 미리 수축을 예측하여 예측량 만큼 벌려 놓거나 가접을 튼튼히 한다.
② 길이가 긴 경우 2명 이상의 용접사가 길이를 정하여 놓고 동시에 용접한다.
③ 필요한 경우 용접 끝을 구속한 후 용접한다.
④ 대칭법, 후퇴법, 비석법 등의 용착법을 택한다.
⑤ 길이가 긴 맞대기 용접의 경우 큰 판에 용접 후 절단하는 방법도 고려한다.

그림 2-13 용접 변형의 종류

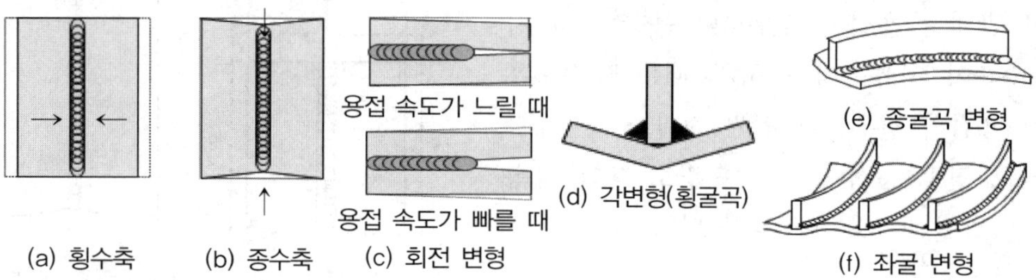

5) 각 변형(가로 굽힘 변형)

후(두꺼운)판의 용접에서는 용착 금속의 표면과 뒷면이 비대칭이므로 온도 분포도 비대칭이 되어 판의 횡수축이 표면과 이면이 다르게 되어 발생한다. [그림 2-13(d) 참조]

① 층수가 많으면 많을수록 각변형이 크다.
② V형 맞대기 용접시 용접봉의 직경이 큰 것을 사용하면 층수가 적어 각변형이 적다.
③ X형 용접의 경우 1~2층에서는 각변화가 거의 없으나 3층째부터 급격하게 각변형이 일어난다.

굽힘 변형을 줄이는 방법 다음과 같다.

① 개선 각도는 용접에 지장이 없는 범위에서 작게 한다.
② 판두께가 얇은 경우 첫 패스 측의 개선 깊이를 크게 한다.
③ 역변형을 주거나 구속 지그로 구속한 후 용접한다.
④ 뒤쪽에서 물에 적신 석면포 등으로 열을 식히면서 용접한다.
⑤ 후퇴법, 대칭법, 비석법 등을 채택하여 용접한다.
⑥ 허용 범위에서 봉의 지름이 큰 것으로 시공하여 패스 수를 줄인다.
⑦ X형 홈의 경우 홈의 형상을 상하 대칭보다는 6:4~7:3 정도로 비대칭으로 용접한다.

6) 좌굴 변형

두꺼운(후) 판의 경우는 문제가 없으나 얇은(박) 판의 경우 용접 입열에 비하여 판의 강성이 현저하게 낮으므로 용접선 방향으로 압축 응력에 의하여 좌굴 변형이 생기기 쉽다.

좌굴 변형은 용접 조건의 미세한 변화에도 여러 가지 변형 양식이 존재하여 변형으로 나타나며 동일 제품을 동일 조건으로 용접하여도 물품에 따라 다른 양식으로 변형이 일어나게 된다. [그림 2-13 (f) 참조]

① 용착 순서를 고려하여 열량을 적당히 분산시켜주는 방법을 선택한다.
② 이음 부근의 좌굴 변형을 구속하고 용접한다.

다. 수축량에 미치는 용접 시공의 영향

시공 조건	영 향	시공 조건	영 향
루트 간격	루트 간격이 클수록 수축이 크다.	구속도	구속도가 크면 수축이 작다.
피복제 종류	영향 없다.	운봉법	운봉을 하면 수축이 작다.
봉 지름	봉 지름이 클수록 수축이 작다.	피닝	피닝을 하면 수축이 감소된다.
홈 형상	V형 이음은 X형 이음보다 수축이 크다.	뒷면 파기 (가우징)	수축은 변화 없고 재용접을 하면 뒷면 파기 이전과 거의 같은 경향으로 증가한다.

라. 변형 방지법

1) 역변형법(pre-distortion method)

용접에 의한 변형을 미리 예측하여 용접하기 전에 용접 반대 방향으로 적당량 변형을 주고 용접하는 방법을 역변형이라 하며, 용접 후 변형을 바로 잡기 어려울 때 사용하면 효과적이다.

역변형을 주는 방법에는 탄성 역변형과 소성 역변형의 두가지가 있다. 전자는 재료를 탄성 한도 범위 내로 놓아주면 제자리로 돌아가는 변형이며, 후자는 탄성 한도를 넘어서 제자리로 돌아오지 않는 범위까지 역변형을 잡아주는 방법으로 가장 널리 쓰이고 있다.

용접 전에 루트 간격을 비드 종단 부근에서 벌려 준다든지, 가접 후에 뒷면으로 2~3° 정도 꺾어준 후 용접하는 방법도 있으며, 주로 V형 맞대기 용접에 이용된다.

V형 맞대기 용접의 경우 루트 간격의 역변형량은 이론상 다음 식으로 계산하지만, 이 계산식이 반드시 옳은 것은 아니고, 모재의 두께, 용접법의 종류, 용접 속도, 전류의 세기 등에 따라서 달라지므로 실험이나 경험치에 의하는 것이 가장 좋은 방법이다.

$$D = (d + 0.005\ell)$$

(d : 아크 시작점에서의 루트 간격, D : 아크가 끝나는 지점, 즉 역변형으로 벌려 주어야 할 간격, ℓ : 전체 용접 길이)

그림 2-14 **탄성 역변형법**

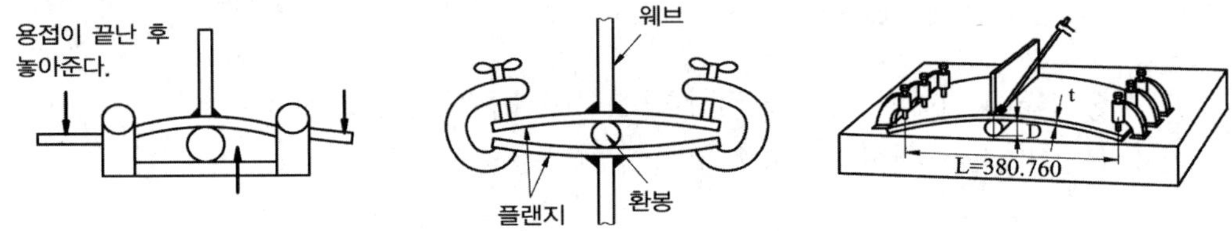

2) **구속(억제)법**(restraint method)

구속법은 강제적으로 변형을 억제하는 방법으로, 소성 변형이 일어나기 쉬운 장소를 구속하는 것이 원칙이다.

용접물을 정반이나 지그 등에 고정시키거나 보강재나 보조판을 붙이든지 하여 변형을 억제하면서 용접하는 방법으로 가장 널리 쓰인다.

그러나 억제하는 힘이 너무 크게 되면 잔류 응력이 커져서 균열이 생기기 쉬우므로, 두꺼운 판에서는 특히 주의해야 한다.

① 박판의 경우 개선면 부근에 클램프나 잭으로 고정시킨다.
② 스테인리스강 박판 맞대기 이음의 경우 동판을 조합시킨 구속 지그를 이용하는 것이 유효하다.
③ 적당한 지그가 없는 경우 스트롱 백을 사용한다.
④ 홈각 및 루트 간격을 용접이 가능한 범위에서 최소화한다.
⑤ 맞대기 용접의 경우 잭으로 판을 구속하거나 중량물을 올려 놓는다.

그림 2-15 **억제법**

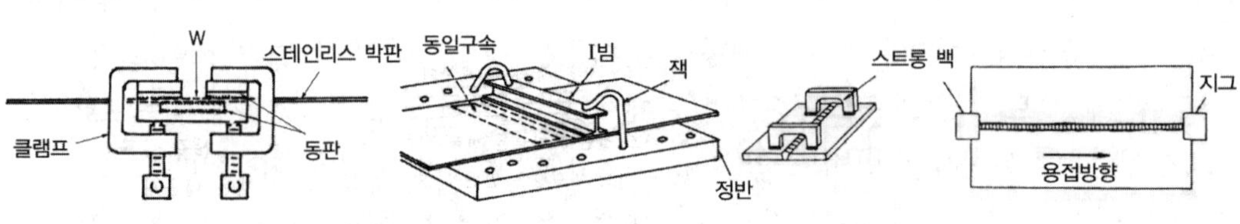

3) 용접 순서를 바꾸는 법

(1) 비석법(skip method)

용접선이 긴 경우 전 길이를 적당한 구간으로 구분한 후 각 구간을 한칸씩 건너 뛰어서 용접한 후에 다시금 비어 있는 곳을 차례로 용접하는 방법으로, 잔류 응력이 가장 적게 남는 방법이다. 이때 각 비드의 길이는 200mm 정도가 적당하다. [그림 2-16(a) 참조]

(2) 대칭법(symmetry method)

용접선이 긴 경우에 사용되는 비드 배치법의 일종으로서 용접선의 중앙으로부터 시작하여 좌우에 한번씩 대칭적으로 비드를 놓음으로써 변형의 발생을 경감하는 방법이다. [그림 2-16(b) 참조]

(3) 후퇴법(back step method)

용접선의 전 길이를 대략 용접봉 하나로 용접할 수 있는 길이로 구분하여 국부 구간의 용접은 전진하지만 전체 구간의 용접 방향은 용접 방향에 대하여 후진하는 방법이다. 2층 이상의 경우에는 각 층 구간의 이음매가 일치되지 않고 어긋나도록 한다. [그림 2-16(c) 참조]

그림 2-16 용접 순서 변경에 따른 변형 방지법

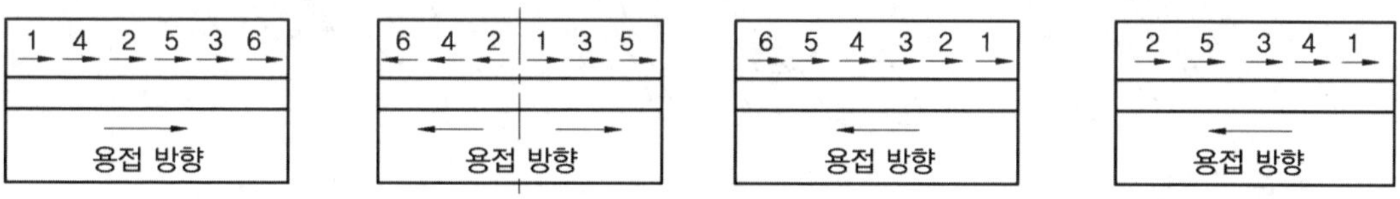

(a) 비석법 (b) 대칭법 (c) 후퇴법 (d) 교호법

(4) 교호법(alternation method)

전체 용접선을 놓고 볼 때, 처음과 끝 그리고 중앙에 비드를 배치하여 2등분 한 후에 다시 등분된 곳의 중앙에 비드를 배치하는 요령이다. 즉 각 구간의 용접 순서는 교대로 진행되면서 전체 용접 방법은 반대가 되는 형식으로, 용접선 전체에 대하여 용접열의 영향이 비교적 균일하게 분포되어 변형이 적어지는 장점이 있다. [그림 2-16(d) 참조]

4) 냉각법(cooling method)

(1) 수냉 동판법

수냉 동판법은 용접선의 뒷면이나 옆에 대어서 용접열을 열전도성이 큰 구리판에 흡수하게 하여 용접 부위의 열을 식히는 방법이다. [그림 2-17(a) 참조]

(2) 살수법

얇은 판의 용접부의 뒷면에서 물을 뿌려주는 법이다. 이 변형 방지법은 용접 진행 중에 사용되는 것이 보통이지만, 얇고 넓은 철판의 변형을 바로 잡는데도 널리 쓰이고 있다.

(3) 석면포 사용법

용접선의 뒷면이나 옆에 물에 적신 석면포나 헝겊을 대어 용접열을 냉각시키는 방법으로 수냉 동판을 사용하는 방법이나 살수법에 비하여 간단한 방법이기 때문에 널리 쓰이고 있다. [그림 2-17(c) 참조]

그림 2-17 변형 방지를 위한 냉각법의 예

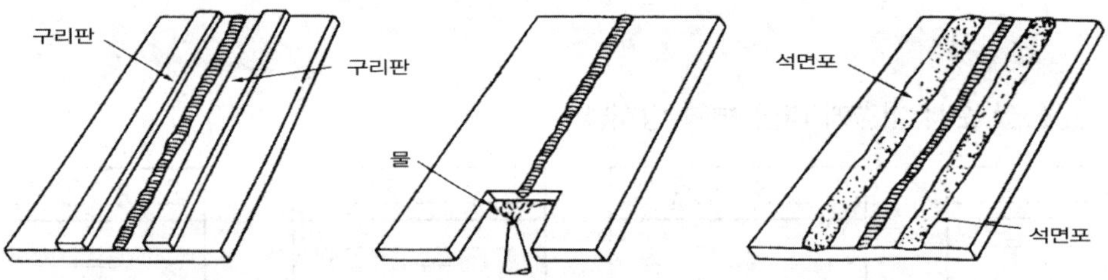

(a) 동(구리)판 사용법 (b) 살수법 (c) 석면포 사용법

마. 용접 변형 교정법

용접 변형 교정에는 많은 시간과 비용이 필요하므로, 변형의 발생을 최대한으로 억제할 수 있는 시공법을 취하는 것이 가장 바람직하다. 그러나 실제에 있어서 수축이나 변형과 동시에 잔류 응력이 발생하기 때문에 잔류 응력을 적게 하려고 하면 변형이 커지게 되고, 반대로 변형을 억제하기 위하여 구속하면 잔류 응력이 커진다.

따라서 양쪽을 동시에 해결하기는 매우 어렵다. 일반적으로 구조물의 강도상 중요한 부재로 사용되는 두꺼운 판에 대해서는 잔류 응력을 적게 할 수 있는 시공법을 채택해야 하고, 얇은 판의 경우는 변형을 경감시키는 방향으로 시공법을 채택하는 수 밖에 없다.

이와 같이 하여 용접한 것이라도 제품이 된 다음 변형이 생기면 미관상 또는 강도상, 성능상 좋지 못하므로 변형을 교정하기 위하여 변형 교정 작업을 실시해야만 한다.

변형 교정 방법은 그 제품의 종류, 변형의 모양과 양에 의하여 여러 가지 방법이 사용되며 크게 가압법과 가열법이 있다.

1) 교정법의 종류

(1) 박판에 대한 점 수축법

얇은 판의 경우 가열 온도 500~600℃, 가열 시간 약 30초, 가열 지름 20~30mm, 피치 50~70mm 정도로 가열한 후 수냉한다. [그림 2-18(a) 참조] 변형이 큰 경우는 상하에서 가열하여 수냉한다. [그림 2-18(c) 참조]

그림 2-18 얇은 판에 대한 점 수축법

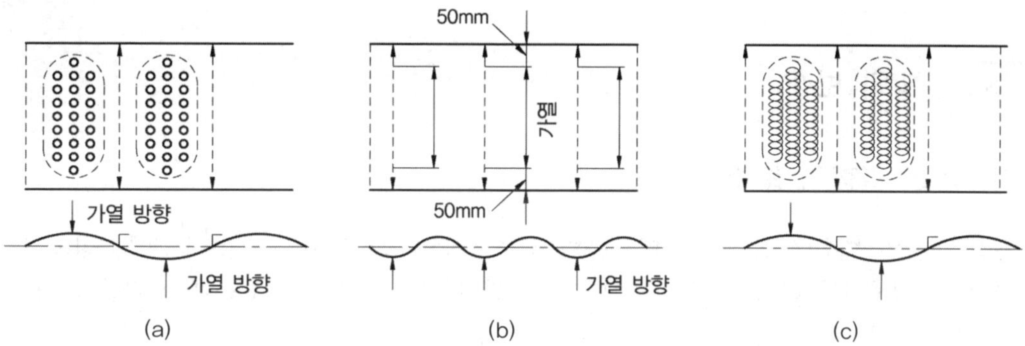

(2) 형재(형강)에 대한 직선 수축법(선상 가열법)

판두께 방향으로 수축량이 다른 것을 이용하여 교정하는 방법으로 판의 표면과 이면의 온도차를 크게 하기 위하여 표면에서 가열하는 동시에 이면에서 수냉한다. [그림 2-10 참조]

방법은 변형 부분에 대하여 쐐기 모양으로 가능한 한 판두께 방향으로 균등하게 가열하여 판의 면내 수축을 이용하여 변형을 교정한다.

그림 2-19 형강에 대한 직선 수축법

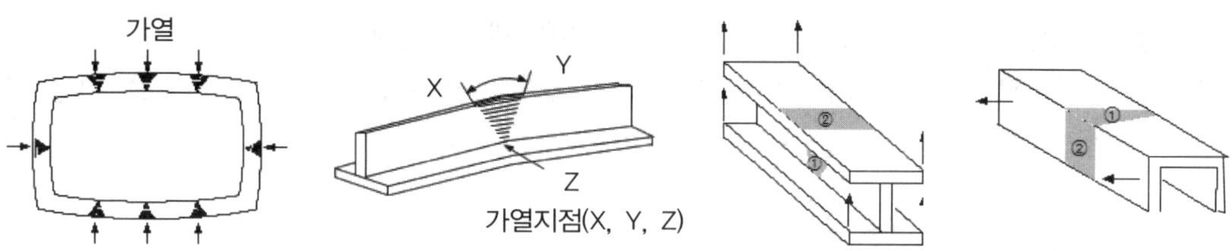

(3) 가열 후 해머질하는 법

변형 부분을 가열한 후 해머로 두드려 변형을 교정하는 방법으로 중·후판의 국부 변형에 이용되고 있다.

(4) 롤러에 의한 법

판재나 직선재 등의 변형 교정에 이용되며 변형 부분을 롤러를 통과시키며 교정하는 방법이며 어느 정도 후판에 적합하다.

(5) 절단에 의한 정형과 재용접

변형 부분이 크고 교정이 어려운 경우 변형 부분을 절단한 후에 다시 용접하는 방법이다.

3 결함의 보수

가. 용접 결함의 보수

용접 결함의 보수 용접에서는 대부분의 경우 짧은 비드가 되기 쉬우며, 어느 정도 무리한 용접을 행하여야 하므로 예열을 하거나 균열의 발생이 적은 저수소계 용접봉을 사용하는 등의 고려가 필요하다.

만약 용접 제품에 방사선 검사 등의 여러 가지 검사법에 의해 결함이 발견된 경우에는 결함부를 완전히 제거한 후 보수 용접을 하여 완전한 제품으로 만들어야 한다.

1) 기공의 보수 용접

아크 에어 가우징 등으로 결함을 제거하고 재용접한다. 가우징시 주의를 요하는 것은 결함부의 깊이 및 길이와 크기를 확실히 측정하고, 정확한 위치를 결정하지 않으면 안된다.

2) 언더컷, 오버랩 보수 용접

언더컷은 그대로 가는 용접봉으로 언더컷 부분을 재용접한다.

오버랩은 정으로 따내기 작업 후 재용접한다. 특히 이들은 일정한 보수 기준을 설정하여 기준을 초과한 부분에 대해서만 보수 용접을 한다.

3) 슬래그 혼입, 용입불량 보수 용접

슬래그의 혼입이나 용입불량이 X선 검사로서 발견되었을 때는 연삭이나 가우징으로 충분히 따내기 작업을 한 후에 예열을 하고 균열의 발생이 적은 저수소계 용접봉을 사용하여 짧은 비드로 재용접한다.

4) 균열 보수 용접

용접 결함 중에서 가장 염려가 되는 것은 균열이다. 균열부를 가우징하여 보수 용접을 한다. 가우징할 때에 가능한 운봉이 자유롭게 넓게 잡은 것이 좋다.

필요에 따라서는 부근의 관련 용접부도 부분적으로 절단하여 자유로운 상태에서 균열부를 재용접한 후에 절단부를 용접하도록 한다.

또한 모재의 라미네이션이나 설퍼 밴드(sulfur band)를 발견하였을 때에는 가능한 재료를 바꾸어 쓰도록 한다.

나. 보수 용접

보수 용접이란 기계 부품(기어 이빨, 축 등)의 마모된 부분을 육성 용접봉을 사용하여 덧붙이 용접하여 재생한 후 가공하여 사용할 수 있도록 하는 방법을 말한다.

주철 균열의 보수 용접은 [그림 2-20]과 같이 균열의 선단부(양끝)에 작은 드릴로 스톱 홀을 뚫어 균열의 진행을 방지한 후 균열 부분을 연삭하여 정상 홈으로 한 후 용접한다.

균열의 결함 보수 용접 순서는 아래 그림과 같이 한다.

그림 2-20 결함의 보수 용접 순서

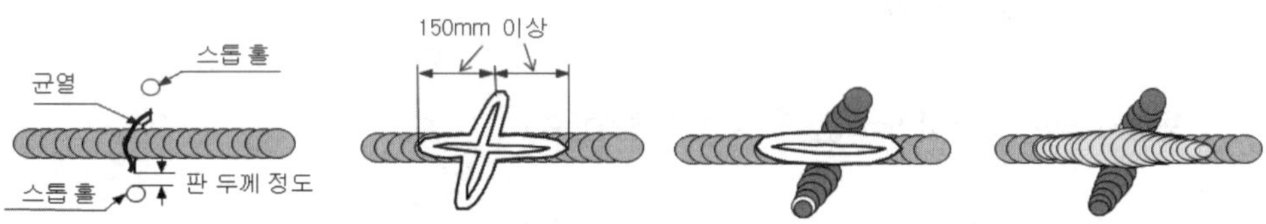

ⓐ 스톱 홀 ⓑ 균열부 가공 ⓒ 균열부 1차 용접 ⓓ 균열부 마무리 용접

4 용접 후 가공

제품 제조의 중간 단계에서 용접 후 기계 가공 또는 굽힘 가공을 하는 경우 용접부의 잔류 응력에 의해 변형이 일어날 수 있으므로 응력 제거 처리를 한 후에 가공을 해야 된다. 또한 용접부를 굽힘 가공시 용접 열영향부의 경화가 심해지고 연성이 모재에 비해 낮기 때문에 균열 발생의 우려가 있다.

연강 용접부의 천이 온도는 400~600℃이며, 이 부분은 연성 파괴에서 취성 파괴로 변화하는 온도이며, 조직의 변화는 없으나 기계적 성질은 나쁜 곳이다.

따라서 용접 후 가공을 실시하는 것에 대하여는 노내 풀림을 하는 것이 바람직하다.

단원 종합 문제 {제2장 Ⅰ 용접 시공}

01 2차 무부하 전압 85V, 정격 2차 전류 400A, 정격 사용률이 0.5(50%), 부하율은 0.7(70%)인 용접기 10대를 설치하려면 전원 변압기의 용량은 얼마나 되는가?

02 작업장과 거리가 멀 경우 1차측 케이블을 길게 해야 하는가 짧게 해야 되는가?

03 지그에서 위치를 결정하는 지그의 종류는 어느 것인가?

04 지그의 사용시 이점을 3가지만 쓰시오.

05 지그의 사용시 유의 사항을 3가지만 쓰시오.

06 용접 전 일반 준비 사항을 4가지만 쓰시오.

07 가접할 때 주의 사항을 3가지만 쓰시오.

08 맞대기 용접시 루트 간격이 6mm일 경우 보수 방법은?

09 필릿 용접시 루트 간격이 1.5～4.5인 경우 보수 방법은?

10 용접 우선 순위를 3가지 이상 쓰시오.

11 비석법은 어떻게 하는 용착법인가?

12 전진법, 후퇴법, 비석법 중 가장 변형이 적은 방법은?

13 모재에 주어지는 열량은 용접 입열의 몇% 정도가 흡수되는가?

14 용접 입열 계산식으로 옳은 것은?

① $U=\frac{EI}{V}$ J/cm　　② $U=\frac{60EI}{V}$ J/cm　　③ $U=\frac{EI}{60V}$ J/cm　　④ $U=\frac{V}{60EI}$ J/cm

15 맞대기 용접과 T형 필릿 용접 중 어느 것이 냉각 속도가 빠른가?

16 용접시 연강판의 예열 방법은?

17 예열의 목적을 3가지 이상 쓰시오.

18 맞대기 용접부의 형상을 그리고 용착 금속, 열영향부, 원질부 등을 표시하시오.

19 기계적 응력 완화법에 대하여 간단히 설명하시오.

20 피닝법에 대하여 간단히 설명하시오.

21 저온 응력 완화법에 대하여 간단히 설명하시오.

22 회전 변형의 방지 대책을 3가지 이상 쓰시오.

23 굽힘 변형을 줄이는 방법 중 X형 맞대기 용접시 X형 홈의 상하 비율은?

24 박판에 대한 점 수축법에 대하여 간단히 설명하시오.

25 용접 변형 방지법의 종류를 3가지 이상 쓰시오.

26 결함의 보수 방법 중 기공, 언더컷, 오버랩의 보수 방법을 쓰시오.

제2장 용접 시공 문제 해설 [p.273~306]

1. 용접기의 최대 용량 $P = 80 \times 300/1000 = 24$[KVA]
   변압기 용량 $Q = \sqrt{n \cdot a}\ \sqrt{1+(n-1)a} \cdot \beta \cdot P$
   $= \sqrt{10 \times 0.5}\ \sqrt{1+(10-1)\times 0.5} \times 0.7 \times 24 = 88.1$[KVA]
2. 1차측 케이블을 길게 하고 용접기를 작업자 가까이 두는 것이 좋다.
3. 포지셔너(positioner)
4. P277 1 라. 1) 지그를 사용했을 때의 이점

5. P278 1 라. 3) 지그의 사용시 유의 사항
6. P278 1 마. 용접 전 일반적인 준비 사항
7. P279 2 나. 3) 가접의 일반적인 주의 사항
8. 한쪽 또는 양쪽을 덧살올림 용접하여 깎아내고 규정 간격으로 수정 후 용접한다.
9. 규정대로 용접하거나 넓혀진 만큼 각장을 증가시킨다.
10. P281 1 가. 용접 순서(우선 순위)
11. 이음 전 길이를 뛰어 넘어서 용접하는 방법, 1 5 2 6 3 7 4 (→→→→→→→)
12. 비석법 < 후퇴법 < 전진법
13. 약 75~85%
14. ②
15. T형 필릿 용접 : 이유는 열의 확산 방향이 맞대기 용접은 2방향인데, T형 필릿 용접은 3방향이기 때문이다.
16. 판두께 25mm 이상에서는 0℃ 이하에서 용접하게 되면 저온 균열이 발생하기 쉬우므로 이음부의 양쪽 약 100mm 폭을 50~100℃로 가열하는 것이 좋다.
17. P288 3 가. 2) 예열의 목적
18. P291 2 나. 그림 2-9 참조
19. P296 1 나. 2) (3) 참조
20. P296 1 나. 2) (4) 참조
21. P296 1 나. 2) (5) 참조
22. P300 2 나. 4) 회전 변형 ①~⑤
23. 홈의 형상을 상하 대칭보다는 6:4~7:3 정도로 비대칭으로 용접한다.
24. 가열 온도 500~600℃, 가열 시간 약 30초, 가열 지름 20~30mm, 피치 50~70mm 정도로 가열한 후 수냉
25. 역변형법, 억제법, 용접 순서를 바꾸는 법(비석법, 교호법, 대칭법 등)
26. P306 3 가. 참조

03 용접의 자동화

제1절 ┃자동화 용접 및 절단

1 자동화의 개요와 목적

가. 개 요

산업 현장은 인력 부족과 생산성 향상, 제품 원가 절감에 의한 경쟁력 확보의 차원에서 설비 자동화가 절실히 요구되고 있으며, 다양한 용접 방법이 개발되고 있다. 특히, 컴퓨터의 대용량화와 고속 처리화의 기술의 발전과 함께 설계 분야의 자동화(CAD)와 제조 분야에서의 로봇에 의한 자동 생산(CAM)이 급속하게 발전하고 있으나 형상이나 치수가 다양하고 판이 두꺼우며 대형 용접 구조물의 경우는 아직도 단순 작업에 한해 일부 적용되고 있어 향후에도 계속 많은 연구가 필요한 부분이며, 수동 용접에서 반자동 용접이나 자동 용접으로, 또는 로봇을 활용한 용접으로 변화되고 있는 추세이다.

나. 자동화 목적

① 단순 반복 작업 및 위험 작업에 따른 작업자를 보호할 수 있다.
② 무인 생산화에 따른 생산 원가를 절감할 수 있다.
③ 제품의 균일한 품질을 유지할 수 있다.
④ 숙련 작업자 부족에 대처할 수 있다.
⑤ 다품종 소량 생산에 대응할 수 있다.
⑥ 재고 감소와 정보 관리의 집중화를 실현할 수 있다.

2 용어 해설

가. 수동 용접

용접 작업시 용접봉(용가재)의 공급과 용접 홀더나 토치의 이동을 수동으로 하는 용접으로, 피복 아크용접(SMAW), 수동 TIG 용접법이 여기에 속한다. 수동 용접은 장소의 제약이 적고 간편하며, 설비비가 적게 들어 널리 사용되고 있으나 생산성은 매우 낮다.

나. 반자동 용접

용가재(와이어)의 송급은 자동적으로 이루어지며 토치는 수동으로 조작하는 용접법이며, CO_2 용접, MIG 용접 등이 여기에 속한다.

다. 자동 용접

용접 와이어의 송급과 용접 헤드의 이송 등이 자동적으로 이루어져 작업자의 계속적인 조작이 없어도 연속적으로 용접이 진행되는 용접이다. 이 용접은 숙련(경험)이 많이 필요하지 않으며, 생산성이 매우 높으나 설비비가 많이 소요되며, 직선 용접부에 제한한다.

제2절 | 로봇 용접

1 로봇의 정의와 응용

가. 로봇의 개요

1) 로봇의 정의

로봇(robot)은 '여러 가지 작업을 수행하기 위하여 자재, 부품, 공구, 특수 장치 등을 프로그램된 대로 움직이도록 설계하고, 재 프로그램이 가능하며, 다기능을 가진 메니플래이터'라고 미국 로봇 협회에서 정의하고 있다.

2) 로봇의 원리

산업용 로봇은 사람의 손의 기능을 기계가 대신한다고 생각하면 된다. 이러한 손이 있으면 손목이 있어야 하고 손목은 암(arm)에 접속되어 있게 되며, 이 부분 전체를 이동시키는 기능을 다리가 하고 있다.

로봇은 용도와 기능에 따라 다리 부분은 없어도 손과 암은 가지고 있어야 된다. 이러한 손과 다리와 암 부분 즉 동작을 가지는 부분 전체를 가동부, 또는 구동부라 한다. 또한 이러한 동작을 하기 위해 제어가 필요하며, 제어부가 없으면 아무 일도 할 수 없다.

3) 로봇의 구성

산업용 로봇은 일반적으로 사람의 두뇌에 해당하는 제어기(controller), 외관에 해당하는 메니플레이터(manipulator), 손목에 해당하는 뤼스트(wrist), 손에 해당하는 앤드 이팩터(end effector), 팔다리에 해당하는 암(arm), 지각 기관에 해당하는 센서(sensor), 그리고 로봇의 기저부인 베이스(base) 등으로 구성되어 있다.

이때 구동부와 제어부를 가동시키기 위한 에너지를 동력원이라 하며, 이 에너지를 기계적인 움직임으로 변환하는 기기를 액츄에이터라 한다.

그림 3-1 로봇의 형상

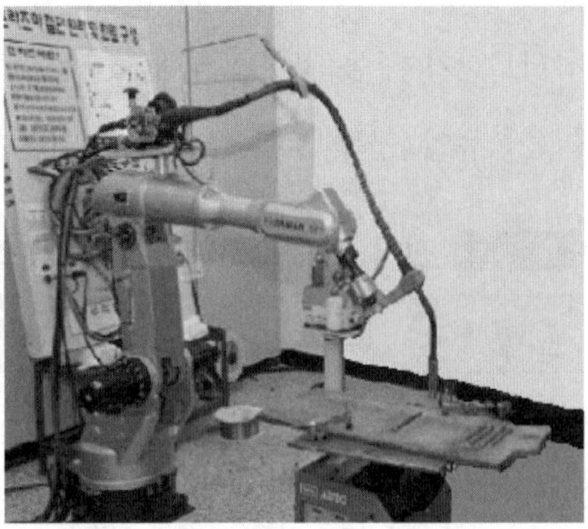

4) 로봇 기술의 응용

용접용 로봇의 발달은 1980년대 이후 자동차 산업에서 스폿 용접의 근간을 이루며 급속하게 보급되어 활용되고 있으며, 최근에는 모든 산업 분야, 용접 분야에서 그 사용이 활발히 확대되고 있다. 1980년 이전만 해도 스폿 용접을 위한 로봇의 사용이 많았으나 그 이후 아크용접을 위한 로봇의 활용이 급속히 높아져 최근에는 CO_2 용접, 서브머지드 아크용접 등에 그 이용이 늘고 있다.

5) 로봇 기술의 과제

아크용접 로봇화를 진행시키는데 과제로서는 로봇 기구의 최적화, 센서, 제어 시스템에 의한 지능화, 터칭의 간략화, 로봇에 적합한 용접 프로세스의 개량, 주변 공정과의 시스템화 등을 들 수 있다.

2 로봇의 장점

로봇을 활용함으로서 인건비 절감, 정밀도와 생산성 향상, 지루하고 반복적이며 위험한 작업의 대체로 인적 안전 사고 방지와 작업 환경을 개선할 수 있다.

3 로봇의 종류

가. 구동 방식에 의한 분류

(1) 전기 구동 로봇 : 구동 수단으로 전기 서보 모터나 스테핑 모터를 사용하는 로봇

(2) 유압 구동 로봇 : 유압 장치를 사용하여 구동하는 로봇

표 3-1 전기 구동 로봇과 유압 구동 로봇의 특징 비교

종 류 구 분	전기 구동 로봇	유압 구동 로봇
구 조	간단하다.	복잡하다.
가 격	저렴하다.	고가이다.
출 력	소출력이다.	대출력이다.
청 정 도	깨끗하다.	오염이 있다.
안 정 성	과부하에 약하다.	과부하에 강하다.
응 답 성	보통(저관성 서보 개발로 양호해지고 있음).	좋음(토크-관성비가 크다).
기 타	정확도가 높다.	정확도가 높다.
	반복성이 좋다.	잡음이 있다.
	관리가 편하다.	유지, 보수가 필요하다.
	설치가 쉽다.	설치에 넓은 면적이 필요하다.
	저속 구동이다.	고속 구동이 가능하다.

나. 기하학적 작업 궤적에 따른 분류

작업 궤적, 즉 앤드 이팩터의 작동 궤적에 따라 직각 좌표계, 원통 좌표계, 구면 좌표계, 다관절 로봇 등이 있다.

1) 직각 좌표계 로봇

직교 로봇 또는 XY 로봇이라고도 부르며, 산업 로봇 중 가장 간단한 구조를 가지며, 각 축들이 직선 운동을 하기 때문에 로봇 몸체와 제어기 부분으로 구성되어 있다.

이 로봇의 종류에는 단축 직교 로봇, 다축 직각 로봇, 기타 등이 있다.

2) 원통 좌표계 로봇

원통 좌표계 로봇은 앤드 이팩터의 동작 범위가 원통 모양을 가지며, 구조는 베이스에 필러(pillar)가 있고 필러에 연결된 암이 상하 운동을 하고 암 자체는 암의 중심축 방향으로 직선 운동을 하며 암의 선단에 앤드 이팩터가 취부되어 있는 형식이다.

이것은 신뢰성이 높아서 공작물의 로딩과 언로딩에 많이 사용된다.

3) 극 좌표계 로봇

산업용 로봇의 최초 실용 로봇으로 구면 궤적을 갖으며, 주로 스폿 용접, 중량물 취급 등에 사용되었다.

4) 다관절 로봇

이것은 인간의 팔과 유사하게 형성하고 있으며 동작도 유연하므로, 앤드 이팩터의 동작도 가장 다양하게 구현할 수 있어 각종 작업에 사용되고 있다. 다관절 로봇은 극좌표계 로봇의 특수한 형태라고 할 수 있다.

다. 용도에 의한 분류

1) 지능 로봇(Intelligent Robot)

지능 로봇은 사람의 손, 발과 같은 관절 운동 기능과 시각, 촉각, 감각 등의 감각 기능과 학습, 연상, 기억, 추론 등 인간의 두뇌 작용의 일부인 사고 기능까지 인공 지능의 명령으로 기능을 수행하는 로봇이다. 그리고 다리, 무한 궤도 등을 사용하여 이동할 수도 있으며, 감각 및 사고 기능에 의해 주위 환경과 물체의 인식, 그리고 인간-로봇 간의 정보 교환을 고도화할 수 있는 기능을 가지고 있다.

2) 산업용 로봇(industrial robot)

산업용 로봇은 프로그램의 입력 및 재조정이 가능한 다기능의 원거리 조종 장치로 공구나 특수 장비를 갖추고 프로그램되어 있는 다양한 동작을 반복하여 용접, 도장, 운반 등 산업 분야의 일을 수행하도록 설계되었으며, 인간이 하기에는 위험하고 힘든 작업을 수행할 수 있는 이점이 있다.

3) 극한 작업용 로봇

인간이 견뎌낼 수 없는 혹독한 환경 조건에서 인간을 대신해 특정한 작업을 수행하는 고성능 로봇으로 원자력 발전 시설, 석유 개발을 위한 해저 현장, 재해 현장 등 인간이 접근하기 어려운 환경에서 점검, 개발, 방제(防除), 인명 구조 등의 작업을 수행한다.

4) 극 좌표형 로봇(Spherical coordinate Robot)

극 좌표 형식의 운동으로 공간상의 한 점을 결정하는 로봇으로 작업 영역이 넓고 손끝의 속도가 빠르며 팔을 지면에 대하여 경사진 위치로 이동할 수 있으므로 용접, 도장 등의 작업에 이용된다.

5) 우주용 로봇

인공 위성 내부와 우주 정거장에서의 작업, 인공 위성과 혹성에서의 자원 조사 등을 행하는 원거리 조종 장치 로봇과 이동 로봇을 말하며, 이 로봇은 우주선처럼 온도나 압력 등의 환경이 열악하거나 무중력 상태에서 사용되는 일이 많으므로 제어에 특별한 방법이 요구된다.

6) 의료 복지용 로봇

의료 복지용 로봇은 장애자와 병자, 노인 등 약자를 위해 일하는 로봇으로, 수술을 도와주는 로봇, 소생술 등에 활용되는 훈련용 로봇, 환자를 이송하거나 간호하기 위한 간호용 로봇 등이 있다. 인간이 주도권을 가지고 작업을 진행시키고 로봇은 힘과 정확성을 겸비하여 긴 시간 동안 인간을 돕는다.

7) 감각 제어 로봇(Sensory controlled Robot)

감각 정보를 이용하여 동작의 제어를 하는 로봇이다.

4 로봇의 동력 전달 장치

로봇의 동력 전달 장치는 암 조인트, 손목 조인트, 그리퍼(gripper)의 동작을 위한 것으로, 각종 기어류, 볼엔 롤러 스크루, 스크루 너트 시스템, 톱니형 V 벨트와 타이밍 벨트와 롤러 체인을 이용하는 풀리 구동, 각종 베어링, 각종 전기 브레이크, 그리고 특수 동력 전달 장치로 하모닉 드라이브, 싸이클 로이달 스피드 레듀서 등이 있다.

가. 하모닉 드라이브

(주)하모닉 드라이브의 상품명으로, 원리는 웨이브 제너레이터가 시계 방향으로 1회전하면 플랙 스플라인은 상대적으로 잇수 2만큼 반시계 방향으로 후퇴하게 되므로 상대적으로 잇수에 따라 감속비가 결정되는 형식이다. 이는 구조가 간단하면서도 콤팩트한 크기, 경량이어서 로봇 시스템에 사용하기 적합하다. 이것은 320 : 1의 감속비를 얻을 수 있으며, 높은 출력 토크를 얻을 수 있고 강성이 좋다.

주요 부분은 웨이브 제너레이터, 써큘러 스플라인, 플랙 스플라인 등이 있다.

나. 싸이클로이탈 스피드 레듀셔

이것은 하모닉 드라이브보다 10배 전후의 큰 동력을 전달할 수 있는 감속기로서 1단 감속일 경우 6 : 1에서 87 : 1의 감속비를 가질 수 있으며, 여러 단으로 사용할 경우 1천만 : 1의 감속이 가능한 감속기로, 싸이클 로이터 디스크, 편심축 등으로 구성되어 있다.

5 로봇 제어 시스템과 좌표계와 동작

가. 로봇 제어 시스템

제어 장치에 입력되는 것은 프로그래밍 명령들, 시스템 테이프 드라이브, 디스크 드라이브 및 버블 메모리, 거품 기억 장치자성체의 얇은 막의 표면에 형성된 거품 모양의 작은 점들에 정보를 저장하는 기억 장치) 등이 있다.

이러한 대량 저장 장치는 로봇 운영 시스템 소프트웨어, 초기 실행 과정 관련 및 오퍼레이팅 언어를 저장하게 되며, 이 명령들은 단말기와 사후 처리기를 통해 오프라인(단말기 등에서 입력된 자료를 곧바로 중앙의 컴퓨터에 전달하지 않고 일정한 장소에 보관하여 두었다가 일괄적으로 한꺼번에 입력하는 장치) 프로그래밍과 모의실험, 터미널 등이 있다.

나. 로봇 좌표계와 동작

아래 [표 3-2]는 로봇의 좌표계와 동작을 나타내는 기호를 나타낸 것이다.

번호	명칭	그림 기호	참고 운동방향	비고
1	직동(1)	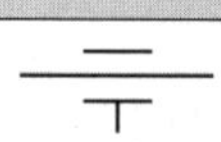	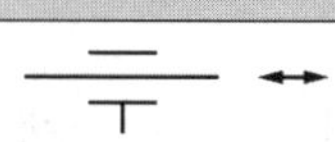	
2	직동(2)	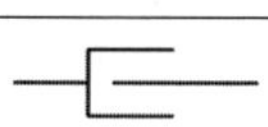		

표 3-2 로봇의 좌표계와 동작

번호	명칭	그림 기호	참고 운동방향	비고
3	회전기구	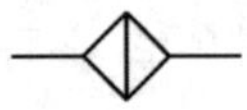	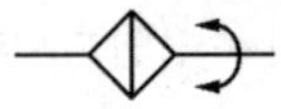	
4	선회(1)	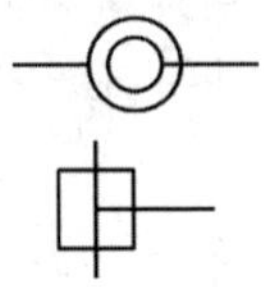	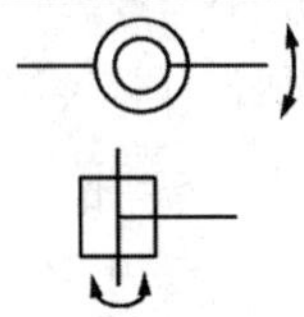	(1) 통상 많이 사용되고 있는 그림기호 (2) (1)의 측면을 나타내는 그림기호
5	선회(2)	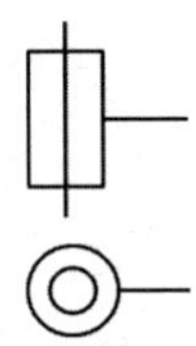	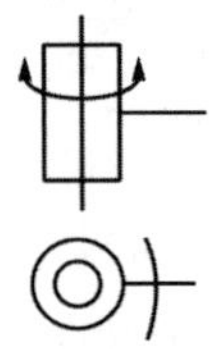	(1) 통상 많이 사용되고 있는 그림기호 (2) (1)의 측면을 나타내는 그림기호
6	차동기어	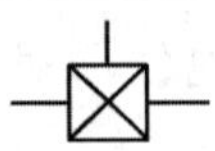	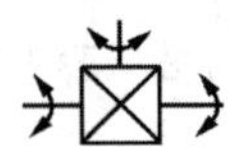	
7	볼조인트			
8	파악	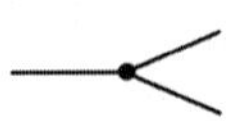	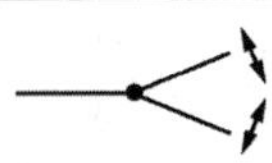	
9	보시등			손끝이 막바로 공구로 되어 있는 것을 포함, 로봇용 공구는 여기에는 규정하지 않는다.
10	베이스	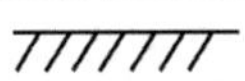		

6 센 서

가. 센서(Sensor)

센서란 온도, 압력, 속도와 같은 물리적인 환경 정보의 변화를 전기적인 신호로 변환하는 장치를 말하며, 용접에서 센서는 로봇에게 환경과 작업 대상물을 계측 인식하는 기능을 주어 상황에 따라 작업을 수행하는 적응성과 유연성이 있는 로봇이 되게 인공 지능을 부여한 것이다.

따라서 센서는 이론적으로 제어 대상 시스템으로부터 제어 장치가 원하는 정보를 추출하는 장치이다.

나. 센서의 종류

1) 내외 계측 여부에 따라

(1) 내계 계측 센서(torch sensor)

로봇 자체의 움직임을 제어하거나 자신의 상태를 감지하는 센서이며, 용접 개시점의 위치 어긋남을 검지, 보정하는 기능으로, 용접 개시점의 좌표치 기준 데이터와 탐색 데이터를 비교하여 그 차이를 보정치로서 용접 개시점의 위치 어긋남을 수정하는 센서이다.

(2) 외계 계측 센서(arc sensor)

로봇을 중심으로 작업 환경이나 작업물의 상태를 알기 위한 센서이며, 용접 전류 파형은 랜덤한 주파수 성분이나 리플을 포함하고 있으므로, 로패스 필터를 사용하여 평활화하고, 다시 샘플링 데이터(용접 전류)를 적분처리하므로서 평활화 효과를 높이고 있다.

용접시 위빙방향의 보정을 행하여 용접와이어 선단과 용접선과의 상대위치가 일정하게 되도록 하는 센서이다.

2) 접촉 유무에 따른 센서의 종류

(1) 접촉식 센서

안내 롤러나 탐침(stylus) 등을 사용하는 기계적인 장치이기 때문에 전기적인 노이즈가 발생하지 않으며 사용 기술이나 개념이 매우 간단하다.

문제는 용접 위치보다 센서의 신호 스위치가 앞에 있기 때문에 센서의 위치 조절을 위해 자유도가 하나 더 필요하는 등 장치가 복잡해질 수 있으며, 접촉부의 용접 위치에 대한 리드 거리와 낮은 정확도로 인해 적용에 제한적이다.

신호 감지 위치가 용접 위치보다 앞에 존재하므로 로봇에 적용할 경우 자유도의 하나를 센서 조정에 사용해야 하므로 용접자세에 제한될 수 있으며 용접초기 및 끝점에서 특별한 처리가 필요하며, 저가이나, 형상 파악을 못하거나, 직선이 아니면 도중에 추적을 못하는 결점이 있다.

종류에는 터치(touch) 센서, 탁타일(tactile) 센서 등이 있다.

(2) 비접촉식 센서

CCD 카메라를 이용한 화상처리 방법 등을 말하며 화상처리가 방해받을 수 있는 단점이 있다. 이 센서의 종류에는 온도 센서, 전자기력 센서, 비전 센서, 음향 센서 등이 있으며, 최근 레이저 비전 센서가 많이 사용되고 있다.

아크 센서는 용접시의 전압 또는 전류 신호를 이용하여 용접선을 측정하는 것으로 토치에 부착되는 별도의 감지장치가 필요없어 직접 접촉하지 않고 용접부의 정보를 얻을 수 있으며, 주요 기능인 아크 특성을 이용하는 soft ware로 이루어져 용접 위치와 신호감지 위치가 동일하며 용접 와이어가 휘어져도 거의 영향이 없으며, 제작비가 비교적 저렴하다.

그러나 토치가 반드시 위빙을 해야 하므로 겹치기 용접, 박판 금속용접에 적용이 곤란하며 용접조건에 따라서도 다소 영향을 받는다.

또한 아크 센서는 노이즈뿐만 아니라 용융지와 용접와이어의 상호작용으로 인하여 측정오차가 발생하게 되며 arc blow 등의 문제점이 있다. 특히 3차원 현상의 용접선 추적시에 위빙방향의 결정 등에 어려움이 있다.

비전 센서는 가장 많이 사용되는 것으로, 점, 선, 면의 정보를 얻어 용접제어, 공정제어가 가능하며, 정밀도가 높으나 고가이다.

3) 영상처리 유무에 따른 센서의 종류

(1) 영상처리 센서 : 선행 측정법, 용접부 직시법

(2) 비영상처리 센서 : 음향 센서, 전자기 센서, 자기 센서, 아크 센서

(1) 선행 측정법

광원으로부터 주사된 입체광을 사용하여 2차원 영상 정보로부터 3차원 용접 개선 변수 등을 파악하여 용접 토치의 선단에서 용접선의 위치 및 모양, 개선의 크기를 측정하는 방법이다.

(2) 용접부 직시법

용접시에 발생하는 아크 광을 직접 조명광을 사용하여 아크가 발생하는 용접토치 주위를 직접 측정하는 방법으로 별도의 광원이 필요없으나 스패터 및 강한 아크광의 영향을 줄이는데 어려움이 있다.

다. 레이저 비전 시스템

1) 원 리

레이저 비전 시스템은 수동식이나 기계식 센서 적용에 의한 용접 자동화의 어려움을 극복하기 위하여 레이저 비전(센서)과 조합된 용접 시스템(제어기구)을 적용함으로써 용접 이음의 형상 관측 곤란부 해소와 불규칙한 용접선과 이송에 의한 밀림으로 인한 용접선 변화에 대한 추적을 자동으로 실시간 정확히 용접조건을 제어할 수 있다.

자동 용접은 로봇 등에 의해 자동으로 용접이 이루어지지만 자동 시스템에 사람처럼 눈이 없기 때문에 눈을 대신할 수 있는 센서(비전)이 필요하며, 센서에 의해 지정된 좌표 또는 지점사이만 용접할 수 있도록 해야 된다.

2) 특 징

① 비접촉식 센서로서 접촉식에 비해 내구성이 뛰어나다.
② 3차원 정보를 얻을 수 있으며, 용접 생산성을 향상시킬 수 있다.
③ 다양한 작업환경에서도 균일하게 연속 용접할 수 있다.
④ 인건비 및 용접 결함 보수비용을 줄일 수 있다.
⑤ 노이즈, 스패터, 아크 광에 강하나, 장비가 고가이다.

단원 종합 문제 {제3장 | 용접의 자동화}

01 용접 자동화의 목적을 아는데로 쓰시오.

02 용접법 중에서 와이어 등은 자동으로 공급하고, 조작은 손으로 하는 용접법은 무엇인가?

03 로봇이란?

04 산업용 로봇의 구성 요소를 아는데로 쓰시오.

05 로봇에서 액츄에이터의 역할은 무엇인가?

06 로봇의 사용시 이점을 아는데로 쓰시오.

07 로봇을 구동 방식에 따라 구분하여 간단히 설명하시오.

08 로봇에서 전기 구동과 유압 구동의 차이점을 쓰시오.

1) 구조　　2) 출력　　3) 안전성
4) 응답성　　5) 반복성

09 로봇을 기하학적 작업 괘적에 따라 분류하시오.

10 로봇을 용도에 따라 분류하시오.

11 로봇의 동력 전달 장치의 종류를 쓰시오.

12 제어 형태에 따라 산업용 로봇을 분류할 때 해당하지 않는 것은?

① 서보 제어 로봇　　② 논 서보 제어 로봇
③ 원통 좌표 로봇　　④ CP 제어 로봇

제3장 용접 자동화 문제 해설 [p.311~321]

1. P311 1 나. 자동화 목적
2. 반자동 용접법
3. P313 1 가. 1)
4. P313 1 가. 3)
5. 에너지를 기계적인 움직임으로 변환하는 기기
6. 인건비 절감, 정밀도와 생산성 향상, 지루하고 반복적이며 위험한 작업의 대체로 인적 안전 사고 방지와 작업 환경을 개선
7. 1) 전기 구동 로봇 : 구동 수단으로 전기 서보 모터나 스테핑 모터를 사용하는 로봇
   2) 유압 구동 로봇 : 유압 장치를 사용하여 구동하는 로봇
8. P314 표 3-1 전기 구동 로봇과 유압 구동 로봇의 특징 비교
9. 직각 좌표계 로봇, 원통 좌표계 로봇, 극 좌표계 로봇, 다관절 로봇
10. 지능 로봇, 산업용 로봇, 극한 작업용 로봇, 극좌표계 로봇, 우주 로봇, 의료 복지용 로봇, 감각 제어용 로봇
11. 하모닉 드라이브, 싸이클로이탈 스피드 레듀셔
12. ③ (기하학적 작업 괘적에 따른 분류에 속함)

04 용접 검사와 시험

제1절 ▮ 용접 검사와 시험 방법의 종류

1 시험 및 검사의 의의

가. 시험 및 검사의 의의

검사란 일반적으로 품질 검사를 의미하며, 제품의 종류와 특성, 용도 등에 따라서 검사 방법은 다양하며, 중요도에 따라서 전수 검사, 샘플 검사 등을 실시하고 있다.

여기서는 용접에 대한 검사를 기본으로 하여 작업 검사, 완성 검사, 또한 검사체의 파괴 여부에 따라서 파괴 검사, 비파괴 검사 등으로 구분하여 설명하고자 한다.

용접은 금속 재료를 가열, 용융, 융합, 응고 및 냉각이라는 복잡한 과정이 짧은 시간에 이루어지므로 용접열에 의한 모재의 변질, 변형과 수축, 잔류 응력의 발생 및 용접부 내의 화학 성분과 조직의 변화를 어느 정도 피할 수 없을 뿐만 아니라 각종 결함이 발생할 수 있으므로 구조물이 요구되는 성능을 발휘하지 못할 경우가 있다.

따라서 용접부의 시험·검사는 용접부의 최종 품질을 확인하고 용접부의 건전성과 신뢰성을 조사하여 그 시험 결과를 시방서나 규격 등의 정해진 합격 여부 판정 기준과 비교하여 합격, 불합격을 결정하거나 생산 관리 데이터로 사용되고 있다.

나. 용접 검사

용접부의 시험·검사 방법은 여러 가지가 있으나 크게 작업 검사와 완성 검사로 나눌 수 있다.

1) 작업 검사

양호한 용접을 하기 위하여 용접 전, 용접 중, 용접 후의 용접사의 기량, 용접 재료, 용접 설비, 용접 시공 상황, 용접 후의 열처리의 적정 여부 등의 검사이다.

2) 완성 검사

용접 후에 제품이 요구대로 완성되었는지를 검사한다. 일반적으로 완성된 용접부는 용접 구조물의 제작 과정의 검사, 즉 작업 검사에 중점을 두는 것이 바람직하며, 이 작업 검사를 통하여 용접 결함이 최대한 발생되지 않도록 시공을 하고, 검사를 통해 얻어진 검사 정보를 설계, 재료 선정, 용접 시공 등의 관련 부분에 적용하는 것이 통례이다.

2 작업 검사와 완성 검사

가. 용접 전 검사

① 용접 설비 : 용접 기기, 부속 기구, 보호 기구, 지그 및 고정구 적합성을 검사
② 용접봉 : 겉모양과 치수, 용착 금속 성분과 성질, 이음부 성질, 작업성과 균열, 건조 상태 등을 검사
③ 모재 : 화학 성분, 기계적 성질, 물리적 성질, 화학적 성질 및 결함 유무와 표면 상태를 검사
④ 용접 준비 : 홈각도, 루트 간격, 이음부 표면 상태, 가접 상태를 검사
⑤ 용접 시공 : 홈 모양, 용접 조건, 예열과 후열처리 적합 여부를 검사

나. 용접 중 검사

① 비드 형상, 융합 상태, 용입 부족, 슬래그 섞임, 균열, 크레이터 처리, 변형 상태 등을 외관 검사 또는 비파괴 검사한다.
② 용접 전류, 용접 순서, 용접 속도, 운봉법, 용접 자세 등을 확인한다.
③ 예열을 필요로 하는 재료는 예열 온도와 층간 온도를 점검한다.

다. 용접 후 검사

후열 처리, 변형 교정, 가열과 냉각 속도, 작업 조건 확인, 균열, 변형 치수 등을 검사한다.

라. 완성 검사

완성 검사는 좁은 의미의 용접 검사를 의미하며, 용접 구조물 제작이 완성된 후 설계에서 요구하였던 모든 조건에 만족하고 있는가를 검사하는 것으로, 용접부의 결함 여부, 용접부 성능, 용접 구조물 전체의 결함 유무를 검사하며, 파괴검사와 비파괴 검사가 있다.

3 용접부 검사법의 종류

- **용접부 시험**
  - 파괴 시험
    - 기계적 시험
      - 정적시험 : 인장, 굽힘, 경도, 크리프 시험
      - 동적시험 : 충격 시험, 피로 시험
    - 물리적 시험 — 비중, 탄성, 열 및 전기 전도도, 전기 저항
    - 화학적 시험 — 화학 분석 시험, 부식 시험, 수소 시험
    - 금속학적 시험
      - 파면 시험, 육안 조직시험
      - 현미경 조직 시험
    - 압력 시험
    - 용접성 시험
      - 노치 취성 시험, 용접 인성 시험
      - 용접 경화 시험
      - 용접 균열 시험
    - 낙하 시험
  - 비파괴 시험
    - 외관시험, 압력 시험
    - 누설 시험
    - 침투 시험 — 형광 침투 시험, 염류 침투 시험
    - 초음파 시험
    - 자기적 사회, 자분 탐상 시험, 와류 시험
    - 방사선 투과 시험(X선, 감마선)
    - 음향 시험

표 4-1 용접 결함 검사법

용접 결함	결함 종류	대표적인 시험과 검사
치수상 결함	변형, 치수 및 형상 불량	게이지를 사용하여 외관 육안 검사
구조상 결함	기공, 융합 불량, 균열	방사선 검사(RT), 자기 검사(MT), 와류 검사(ET), UT, 파단 검사, 현미경 검사, 마이크로 조직검사
	용입 불량	외관(육안) 검사, 방사선 검사(RT), 굽힘 시험
	언더컷	외관(육안) 검사, RT, 초음파 검사(UT),
	표면 결함	MT, PT, 형광 검사, 굽힘 검사, 외관 검사
성질상 결함	기계적, 화학적, 물리적 성질 부족	기계적 시험, 화학 분석 시험, 물성 시험, 전자기 특성 시험

제2절 | 용접 재료 시험법

1 파괴(기계적) 시험

가. 인장 시험

인장 시험 방법은 시험편을 인장 시험기로 인장 파단하여 항복점(내력), 인장 강도, 연신률, 단면 수축률 등을 측정하는 시험법으로, 연성 시험을 하는 가장 기본이 되는 기계적 시험 방법의 하나이다.

용접 이음은 결함이나 취화가 없을 때 상온에서 연성 파괴한다. 인장 시험은 맞대기 용접, 전면 필릿 용접 스폿 용접 등에 대한 이음의 인장 강도를 구하기 위한 시험으로 인장 시험편의 모양은 [그림 4-1]과 같다.

$$\text{인장 강도}(\sigma) = \frac{\text{인장최대하중}(P)}{\text{시험편의 최초 단면적}(A)}$$

그림 4-1 용접 이음 인장 시험편

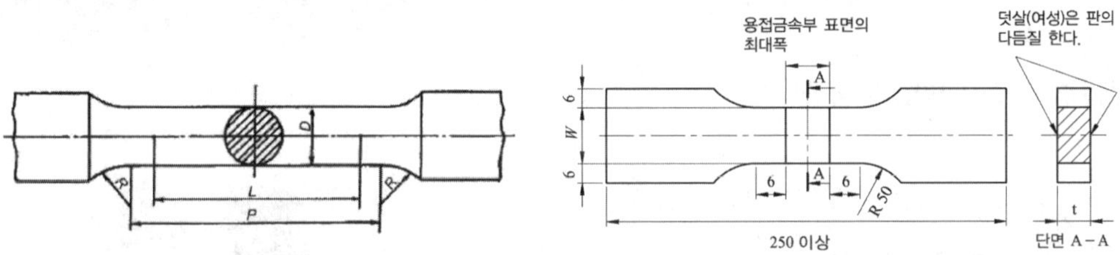

(a) 봉상 인장 시험편 (b) 광폭 인장 시험편(JIS Z 3127)

나. 경도 시험

강재의 경화의 정도를 조사하기 위해 실시하는 시험이며, 인장 강도와 더불어 가장 널리 사용되며, 시험 방법으로는 브리넬(Brinell) 경도 시험, 로크웰(Rockwell) 경도 시험, 비커스(Victors) 경도 시험, 쇼어(Shore) 경도 시험 등이 있다.

1) 브리넬 경도 시험(HB)

철강 재료에 일정한 지름의 강철 볼(10mm, 5mm)을 일정한 하중(3000, 1000, 750, 500kg)으로 시험편의 표면에 압입한 후, 이때 생긴 오목 자국의 표면적으로 하중을 나눈 값을 HB로 표시한다. [그림 4-3 (a) 참조] 그러나, 얇은 판, 침탄강, 질화강에는 적당치 않다.

$$H_B = \frac{\text{하중}(\text{kg})}{\text{오목 자국 표면적}(\text{mm}^2)} = \frac{\text{P}}{\pi \text{d t}}$$

2) 로크웰 경도 시험(HRB, HRC)

지름이 1.5785mm(1/16″)인 강구(B 스케일)나 꼭지각이 120°인 원뿔형 다이아몬드 압입자(C스케일)를 사용하여 기본 하중 10kg을 주면서 경도계의 지시계를 0점에 맞춘 다음, B 스케일(scale)일 때는 100kg의 하중을, C 스케일일 때는 150kg의 하중을 가한 후 하중을 제거하여 지시계(dial indicator)에 나타나는 수치로 경도를 측정한다. [그림 4-3 (b) 참조]

3) 비커스 경도 시험(HV)

꼭지각이 136°인 다이아몬드 사각추의 압입자를 1~120kg의 하중으로 시험편에 압입한 후에 생긴 오목 자국의 대각선을 측정해서 미리 계산되어진 환산표에 의하여 경도를 표시한다. 비커스 경도는 하중(P)을 오목 자국의 표면적 A로 나눈 값이며, 단단한 강이나 정밀 가공품, 박판 등의 시험(HS)에 쓰인다. [그림 4-3(c) 참조]

$$H_V = \frac{\text{하중(kg)}}{\text{오목 자국 표면적(mm}^2\text{)}} = \frac{1.8544P}{D^2}(\text{kg/mm}^2)$$

그림 4-3 경도 시험법의 종류

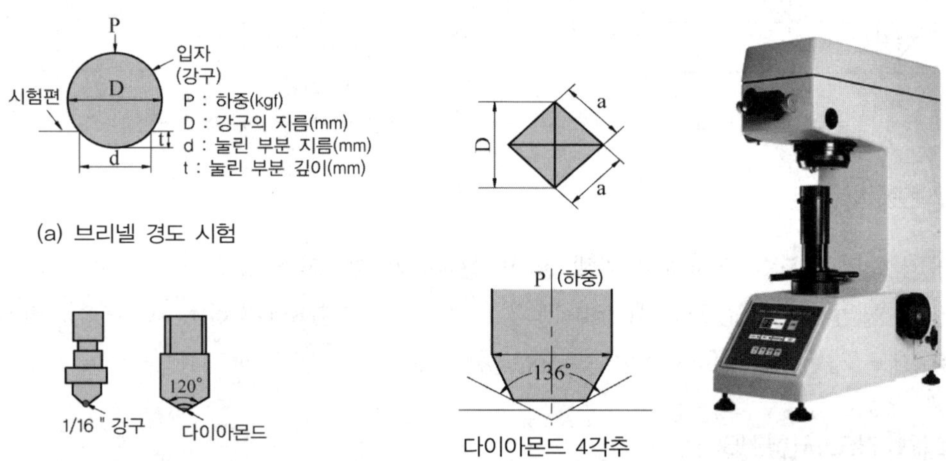

(a) 브리넬 경도 시험

(b) 로크웰 경도 압입자

(c) 비커스 경도 시험기

4) 쇼어 경도 시험(HS)

이 시험은 작은 강구나 다이아몬드를 붙인 소형의 추(5.6g)를 일정 높이(2.5cm)에서 시험편 표면에 낙하시켜 튀어 오르는 반발 높이에 의하여 경도를 측정하는 것으로서 오목 자국이 남지 않기 때문에 정밀 제품의 경도 시험에 널리 쓰인다. 그러나 측정부 표면의 요철 정도나 경사도 등에 따라 오차가 크기 때문에 경도치는 참고치로 활용하는 경우가 일반적이다.

$$H_S = \frac{10000}{65} \times \frac{h}{h_0}$$

여기서 h_0 = 낙하 물체의 높이(25cm), h = 낙하 물체의 튀어 오른 높이이다.

다. 굽힘 시험

모재 및 용접부의 연성, 결함 등을 조사하기 위해 시험편을 절취하여 자유 굽힘이나 형 굽힘에 의하여 판두께에 따라 규정된 굽힘 반경 180°로 표면과 이면을 굽히거나, 측면 굽힘을 행한다.

용접 이음의 굽힘 시험은 유해한 결함이 없고 충분한 연성을 가지는 건전한 이음을 확인할 목적으로 실시한다.

[그림 4-2]는 A3 굽힘 시험 형틀의 규격과 시험 방법을 나타낸 것으로 A1 형틀은 두께 3.0~3.5mm, A2 형틀은 5.5~6.5mm, A3 형틀은 8.5~9.5mm의 재료를 굽힘 시험하는데 사용한다.

그림 4-2 용접 굽힘 시험

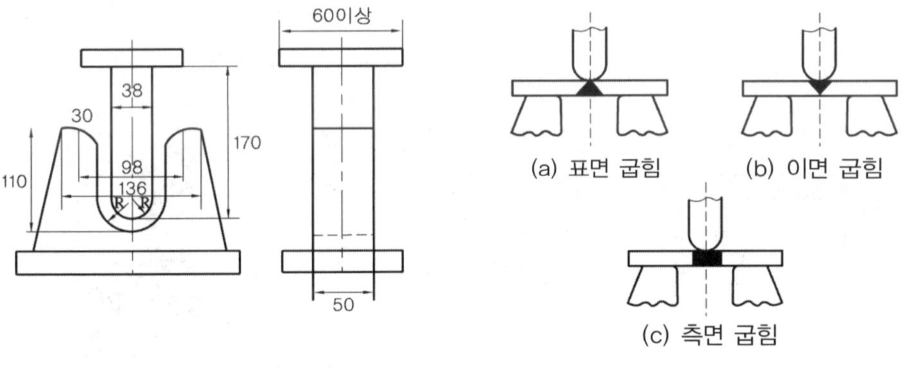

(1) 굽힘 시험기의 규격(A3형) (2) 굽힘 시험 방법

라. 전단 시험

전단 시험은 전단 강도가 문제가 되는 스폿 용접 등에 적용하고 있다. 스폿 용접에서 1개의 스폿 용접당 파괴 하중을 구하게 되며 너깃의 면적을 계측하면 공칭 파괴 전단 응력을 구할 수 있다.

마. 충격 시험

충격 시험은 재료가 충격에 견디는 저항을 인성이라고 하며 이 인성을 알아보는 시험을 말한다. 방법은 시험편에 V형 또는 U형의 노치를 만들고 시험기에 설치한 후 충격적인 하중을 주어서 시험편을 파괴시키는 시험이다. [그림 4-4 참조]

시험 방법에는 시험편을 단순보 상태로 설치하고 시험하는 샤르피식(Charpy type)과 내다지보 상태로 설치하고 시험하는 아이죠드식(Izod type)이 있다.

충격 시험 온도는 지정된 온도에서 ±1℃의 허용치를 가지고 있는 액체 속에 약 10분정도 담갔다가 5초 이내에 시험을 완료하여야 하는데 충격값은 충격 온도에 큰 영향을 미치므로 다음과 같이 구한다.

시험편의 파단에 필요한 흡수 에너지가 크면 클수록 인성이 큰 재료가 되고, 흡수 에너지가 작을수록 취성이 큰 재료가 된다.

$$\text{시험편에 흡수된 에너지 } E = WR(\cos\beta - \cos\alpha)\text{kg}_\text{f}\cdot\text{m}$$

$$\text{충격값} = \frac{E}{A}\text{kg}_\text{f}\cdot\text{m/cm}^2$$

(여기서 W : 펜듀럼 해머의 무게 kg_f, R : 회전축 중심에서 해머 중심까지의 거리)

그림 4-4 충격 시험의 종류와 샤르피식 충격 시험기

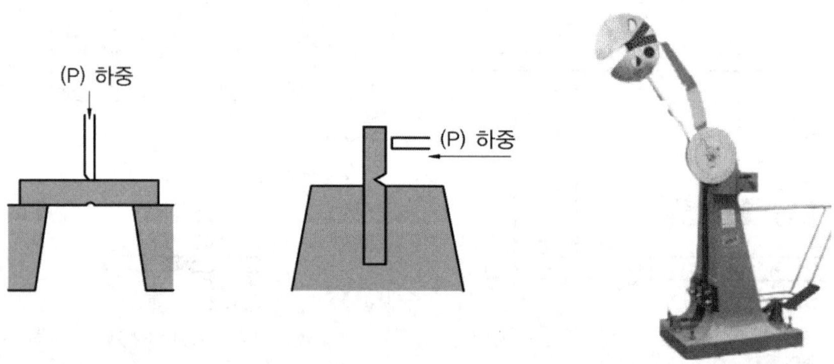

(a) 샤르피식 (b) 아이죠드식 (c) 샤르피식 충격 시험기

바. 피로 시험

피로 파괴란 재료가 인장 강도나 항복 강도 측면에서 안전 하중 상태라 하더라도 작은 힘이 수없이 반복하여 작용하면 파괴를 일으키는 경우가 있는데 이러한 파괴를 말한다.

그러나 하중이 일정 값보다 작을 경우에는 무수히 많은 반복 하중이 작용하여도 재료는 파단하지 않는 부분이 있는데 이와 같이 영구히 파단하지 않는 응력 상태에서 가장 큰 것을 피로 한도(fatigue limit)라 한다. 이때 반복 회수는 일반적으로 $2\times10^6\sim2\times10^7$회 정도에 견디는 최고 하중을 적용하는 경우가 많다.

2 야금(금속)학적 시험

가. 현미경(micro) 시험

1) 시험 방법

현미경 시험은 50～2000배의 광학 현미경[그림 4-5 참조]으로 금속의 조직이나 미소 결함 등의 상태를 관찰하기 위한 시험으로 시험 방법은 시험편을 샌드 페이퍼와 연마포로 충분히 매끈하게 광택을 내어 거울면과 같이 만든 다음 적당한 매크로 부식액으로 부식시켜 조직을 관찰한다.

그림 4-5 금속 현미경의 형상

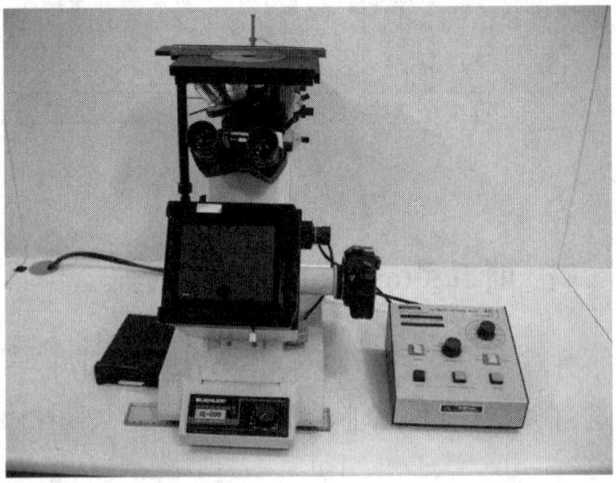

시험 순서는 시험편 채취-마운팅-샌드 페이퍼 연마-폴리싱-부식-현미경 검사 순으로 한다.

2) 부식액

① 철강용 : 피크린산, 알콜액(피크린 산 4g, 알콜 100cc, 초산 알콜액(진한 초산 1～5cc, 알콜 100cc))
② 스테인리스강용 : 알콜액, 왕수, 구리
③ 알루미늄 및 그 합금용 : 플루오르화 수소액, 수산화 나트륨, 수산화 칼륨액 등
④ 구리 합금용 : 연화철액

나. 파면 시험(KSB 0843)

파면 시험은 필릿 용접부의 모서리 용접부를 해머 또는 프레스로 굽힘 파단하여 그 파단면의 용입 부족, 결함(균열, 슬래그 섞임, 기공), 결정의 조밀성, 선상 조직, 은점 등을 육안으로 검사하는 방법으로서 맞대기 시험편의 인장 파면, 충격 파면 또는 모서리 용접 및 필릿 용접 파면 검사 등에 주로 쓰인다. [그림 4-6 참조]

결정의 파면이 은백색으로 빛나는 파면은 취성 파면이고, 쥐색의 치밀한 파면은 연성 파면이다.

그림 4-6 필릿 용접부의 파면 시험편 규격과 시험 방법

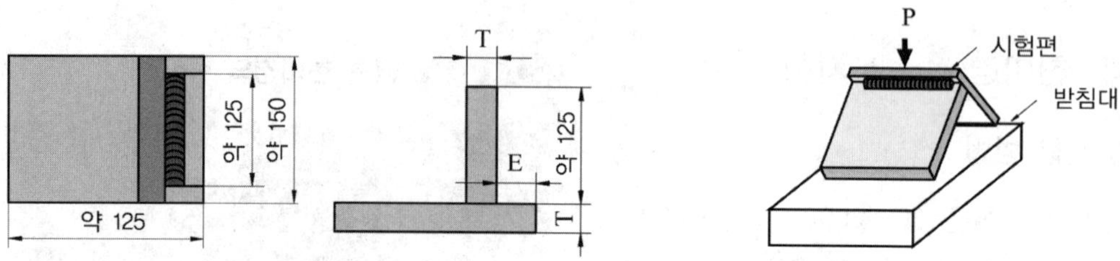

(a) 파면 시험편 규격

(b) 파면 시험 방법

다. 매크로(macro) 조직 시험

용접부의 단면을 연삭기나 샌드 페이퍼 등으로 연마하고 적당한 부식(macro－etching)을 해서 육안이나 저배율의 확대경으로 관찰하여 용입의 상태, 다층 용접에 있어서의 각층의 양상, 열영향부의 범위, 결함의 유무 등을 알아보는 시험이다.

철강에 주로 사용되는 부식액은 염산 : 물의 비율을 1 : 1로 한 액이나, 염산 3.8 : 황산 1.2 : 물 5.0의 액, 초산 1 : 물 3의 액 등 여러 가지가 이용되며 부식을 한 다음 곧 세척하고 건조시켜서 시험한다.

라. 설퍼 프린트법

설퍼 프린트법도 매크로 시험의 일종으로서 철강 재료에서 황의 분포 상태를 알기 위하여 연마한 단면에다 9%의 희석 황산액에 적신 사진용 브로마이드 인화지(bromide paper)를 붙여 적당한 시간이 지난 다음 떼어 내면 편석부에 해당하는 부분이 갈색으로 변하여 설퍼 프린트가 얻어진다.

마. 불꽃시험에 의한 재료 판별법

시험편을 연삭기에 접촉시켜 유선이나 불꽃의 형태, 길이 등을 관찰하여 금속의 성분 파악할 수 있는 간단한 방법의 하나이다. 방법은 표준 시험편의 불꽃 사진과 시험하고자 하는 시험편의 불꽃 형태를 비교해서 강종이나 성분을 파악하는 것이다.

그림 4-7 불꽃 시험과 탄소량에 따른 불꽃의 종류

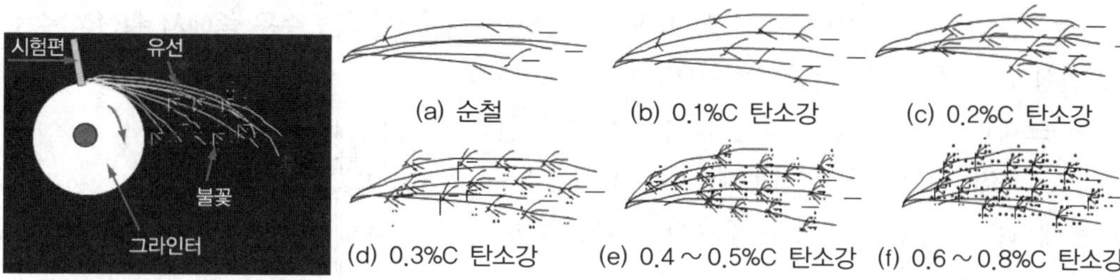

3 화학적 시험

가. 화학 분석 시험

재료에서 시험 재료를 깎아내어 화학 분석법에 의하여 모재 또는 용착 금속 등의 금속 또는 합금 중에 포함되어 있는 불순물, 가스 조성 성분을 알기 위해 금속을 분석하는 시험으로(요즈음은 파쇄없이 재료 표면에 X선 등을 투사시키면 바로 분석되기도 함), 일반적으로 많이 사용되는 탄소강에 대해서는 보통 탄소, 규소, 망간 등 각종 원소를 분석하여 금속 재료의 금속학적 성질의 좋고 나쁨을 판정해 주는 기초 자료로 활용되고 있다.

나. 부식 시험

1) 습부식 시험

용접부가 유기산이나 알카리, 바닷물(해수), 부식성 오염물 등에 접촉되어 부식되는 상태에 대하여 시험하는 방법이다.

2) 건(고온) 부식 시험

고온의 증기나 가스 등과 반응하여 부식하는 상태를 시험하는 방법이다.

3) 응력 부식 시험

어떤 응력 하에서 부식 분위기에 쌓일 경우에 받는 부식 상태를 시험하는 시험법으로, 스테인리스강, 구리 합금, 모넬메탈 등 내식성 금속 또는 합금 용접부의 시험에 적용한다.

다. 수소 시험

수소는 용착 금속 내부에서 기공, 비드 밑 균열, 은점, 선상 조직 등 각종 결함의 큰 요인이 되며, 특히 헤어 크랙과 수소 취성의 원인이 되는 유해한 원소이므로, 용접 방법이나 용접봉에 의해 용착 금속 중에 용해되는 수소량의 측정은 주요한 시험법의 하나이다.

시험 방법에는 글리세린 치환법, 진공 가열법, 수은 치환법, GC법 등이 있다.

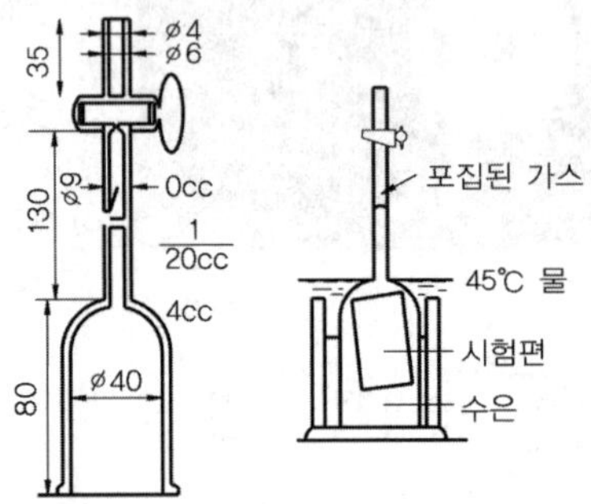

그림 4-8 수은 중에서 확산성 수소 포집 방법

45℃ 글리세린 치환법은 130mm × 25mm × 12mm의 판 위의 중앙에 길이 115mm의 비드를 놓고, 용접이 끝난 다음 곧 물에 담가 급랭시켜서 미리 준비된 45℃의 글리세린 중에 넣고 치환법에 따라 수소 포집기에 넣어(용접이 끝난 9분 이내) 48시간 방치하여 수소를 포집하고 그 양을 0℃에 있어서의 용적 cc으로 환산하여 나타내는 법이며, 글리세린 대신에 수은 중에서 포집하는 방법도 사용된다. [그림4－8 참조]

일반적으로 저수소계 용접봉의 수소량에 대해서는 0.1cc/g 이하로 제한하고 있다.

표 4-2 확산성 수소량 측정 방법별 장·단점 비교

측정 방법	장 점	단 점
글리세린 치환법	간단한 설비, 안정성, 경제성	낮은 수소량 측정 불가능, 결과치 부정확
수은 치환법	간단한 설비, 측정치의 신뢰성	위험성(수은 중독)
GC법	신속한 실험 가능, 안정성	고가의 측정 장비, 결과치에 대한 신뢰성 검증 불가, 장비 보정 불가

4 비파괴 검사

용접 구조물이 제작 목적대로 제작되고 있는지를 사전에 정한 용접 기준과 비교하여 합격－불합격의 판정을 내리는 것을 용접 검사라고 말할 수 있다.

검사법 중에서 부품이나 구조물 등의 종류 여하에 불구하고 시험체의 형상 혹은 기능에 변화를 주는 일 없이 결함을 검출하거나 품질이나 형상을 조사하는 것을 비파괴 시험이라고 한다.

비파괴 시험법(Non Destructive Testing or Inspection : NDT 혹은 NDI) 중에서 내부 결함을 검출하는 비파괴 시험법에는 방사선 투과 시험과 초음파 탐상 시험이 있으며, 표면의 결함을 검출하는 방법에는 외관 검사, 침투 탐상 시험, 자분 탐상 시험, 전자 유도 시험 등이 있고, 기타 음향 탐상 시험, 응력 측정 시험, 내압 시험, 누설 시험 등이 있다.

가. 육안(외관) 검사(VT, Visual test)

용접부 외관의 좋고 나쁨에 대하여 육안 또는 확대경 등으로 검사하는 방법으로 간편하면서도 중요한 검사법의 하나이다.

검사 내용은 주로 언더컷, 용입 상태, 오버랩, 표면 균열, 피트, 슬래그 섞임, 용접 시점과 크레이터, 형상 불량, 변형 등을 검사한다.

다층 용접의 경우는 각 층마다 육안 검사를 하고, 결함이 있을 경우에는 곧 보수를 하여 다음 층으로 진행할 수 있도록 해야 한다.

용접에서 외관이 불량할 경우에는 내부까지 좋지 않다고 생각할 수 있다.

1) 장 점

① 어떤 용접부이건 제작 전, 제작 중, 제작 후에 할 수 있다.

② 대부분 큰 불연속만을 검출하나 기타 다른 방법에 의해 검출되어야할 불연속부도 예측할 수 있게 된다.

③ 용접이 끝난 즉시 보수해야 할 불연속부를 검출, 제거할 수 있다.

④ 다른 비파괴 검사 방법보다 비용이 적게 된다.

2) 단 점

① 검사원의 경험과 지식에 따라 크게 좌우된다.

② 일반적으로 용접부의 표면에 있는 불연속 검출에만 제한된다.

③ 용접 작업 순서에 따라 육안 검사를 늦게 하면 이음부를 확인하기 곤란하다.

나. 누설 검사(LT, Leak test)

검사체 내부나 외부에 적용한 기체나 액체 등의 유체가 검사체 내부와 외부의 압력 차이에 의해 결함을 통해 흘러 들어가거나 나오는 것을 적당한 검출 매체를 통해 결함의 존재 유무 및 위치를 확인하는 방법이다. [그림 4-9 참조]

시험체의 재질과는 무관하게 검사가 가능하며 누설 검사는 누설이 있는 곳에 발생된 비누 방울을 관찰하거나 검사체 내에 특정 추적 가스를 주입하여 누설된 가스의 양을 검출하거나 화학 반응을 일으켜 색깔이 달라지게 하는 방법으로 검사한다.

그림 4-9 누설 검사

(a) 누설 탐상 기기의 일종

(b) 누설 검사의 예

1) 가압법과 진공법

누설 시험에서 시험체의 내부와 외부의 압력차를 만들 때 시험체 내의 압력을 가압하여 높게 하거나 시험체 내의 압력을 감압하여 대기압보다 낮게 하는 방법을 사용하는데 전자를 가압법, 후자를 진공법이라 한다.

2) 누설 감지법

비눗물을 사용해 누설이 있는 곳은 비누 방울이 생기는 것으로 감지하거나, 시험체 내의 압력 변화를 측정하여 누설을 감지하는 방법, 그리고 여러 가지 기능을 지닌 추적 가스를 시험체 내에 주입시켜 누설된 미량의 추적 가스를 검출기로 검출하기도 한다.

다. 수압 검사(WPT, water pressure test)

용접 용기나 탱크에 물을 넣고 소정의 압력을 주어 물이 누설될 때까지의 압력을 측정하여 내압 검사를 하며, 누설 여부를 검사하여 용접 결함을 판정하는 시험이다.

라. 침투 탐상 검사(PT, Penetrant test)

용접부의 표면 결함 검사에 사용되는 시험법으로서 비교적 간단하고 비용이 싸며, 특히 자기 탐상 시험으로 검출되지 않는 금속 재료에 주로 사용된다.

검사 방법은 용접부 표면을 깨끗이 세척(전처리)한 다음 침투성이 강한 액체를 표면에

뿌리면 침투액이 결함이 있는 곳으로 스며들게 되며, 표면의 잔여 침투액을 닦아낸 후 건조시킨 다음 현상제(MgO, $BaCO_3$ 등 용제)를 분사시키면 결함(균열 등) 중에 침투되었던 액이 소재의 표면으로 나타나 이것에 의하여 결함을 판별할 수 있다. [그림 4－10 참조]

그림 4-10 침투 탐상 검사법의 원리

(a) 전처리　(b) 침투 처리　(c) 잔여액 제거　(d) 현상 처리　(e) 결함 관찰

1) 장 점

① 시험 방법이 간단하며, 고도의 숙련이 요구되지 않는다.
② 제품의 크기, 형상 등에 크게 구애를 받지 않는다.
③ 국부적 시험과 미세한 균열도 탐상이 가능하며, 판독이 쉽다.
④ 비교적 가격이 저렴하다.
⑤ 철, 비철, 플라스틱, 세라믹 등 거의 모든 제품에 적용이 용이하다.

2) 단 점

① 표면의 결함(균열, 피트 등) 검출만 가능하다.
② 시험 표면이 너무 거칠거나 기공이 많으면 허위 지시 모양을 만든다.
③ 시험 표면이 침투제 등과 반응하여 손상을 입는 제품은 검사할 수 없다.
④ 주변 환경, 특히 온도에 민감하여 제약을 받는다.
⑤ 후처리가 요구되며, 침투제가 오염되기 쉽다.

3) 침투 탐상 검사법의 종류

(1) 형광 침투 탐상 검사법

유기 고분자 유용성 형광 물질을 점도 낮은 기름에 녹인 침투액은 표면 장력이 매우 좋아 매우 미세한 균열이나 흠집에 잘 침투하는 성질을 갖고 있다. 이 침투액을 용접부 등에 침투시킨 후 현상액을 써서 형광 물질을 표면으로 노출시키고 암실에 설치한 초고압 수은등(black right) 아래서 관찰하는 탐상법이다.

이 방법은 작은 균열이나 표면의 흠집 관찰이 쉬우며, 자외선(블랙 라이트)으로 비추면 쉽게 판별할 수 있다.

검사 순서 : 전처리(세척) - 침투 - 잔여 액 제거 - 현상제 살포 - 건조 - 검사

(2) 염료 침투 탐상 검사법

염료 침투는 형광 침투액 대신에 적색 염료를 주체로 한 침투액과 백색의 현상제를 사용하는 방법으로 원리적으로는 형광 침투법과 동일하나 보통의 전등 또는 햇빛 아래서도 검사할 수 있는 것이 특징이다.

마. 자분(기) 탐상 검사(MT, Magnetic test)

강자성체인 철강 등의 표면 결함 검사에 사용되는 시험법이다. 시험 방법은 시험체를 자화하여 자속이 발생되었을 때 도자성이 높은 미세한 자성체의 분말을 검사체 표면에 산포하면 결함이 있는 경우 그 속에서 자분이 흐트러져 일부가 밖으로 새므로 이 누설 자속을 관찰하여 결함의 유무 및 그 상황을 확인할 수 있다. [그림 4-11 참조]

자분 탐상법은 자화 방법에 따라 [그림 4-12]와 같은 방법이 있으며, 자화에 의하여 검출 가능한 결함의 깊이는 표면과 표면 바로 밑 5mm 정도이다. 자화 전류는 표면 결함의 검출에는 교류를, 내부 결함의 검출에는 직류가 사용된다.

그림 4-11 자분 탐상법의 원리

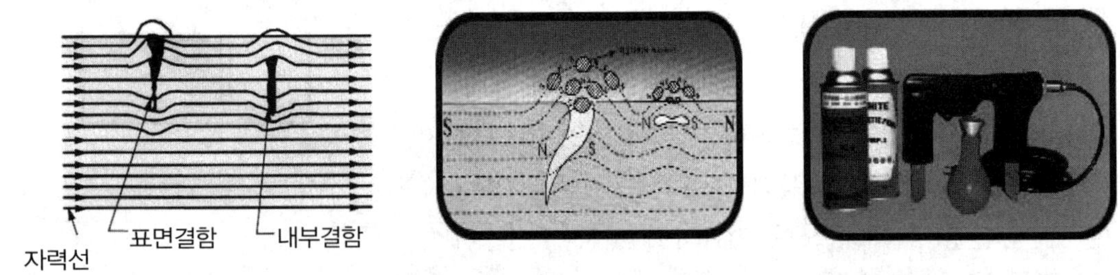

1) 장 점

① 검사법 습득이 쉽고, 검사가 신속, 간단하다.
② 표면 균열 검사에 가장 적합하며, 시험편의 크기, 형상 등에 구애를 받지 않는다.
③ 결함 모양이 표면에 직접 나타나 육안으로 관찰할 수 있다.
④ 검사자가 쉽게 검사 방법을 배울 수 있다.
⑤ 정밀한 전처리가 요구되지 않는다.
⑥ 자동화가 가능하며 비용이 저렴하다.

2) 단 점

① 강자성체 재료에 한하며, 내부 결함의 검사가 불가능하다.

② 불연속부의 위치가 자속 방향에 수직이어야 한다.

③ 탈자(자기 제거) 등 후처리가 필요하다.

그림 4-12 자분 탐상의 자화 방법

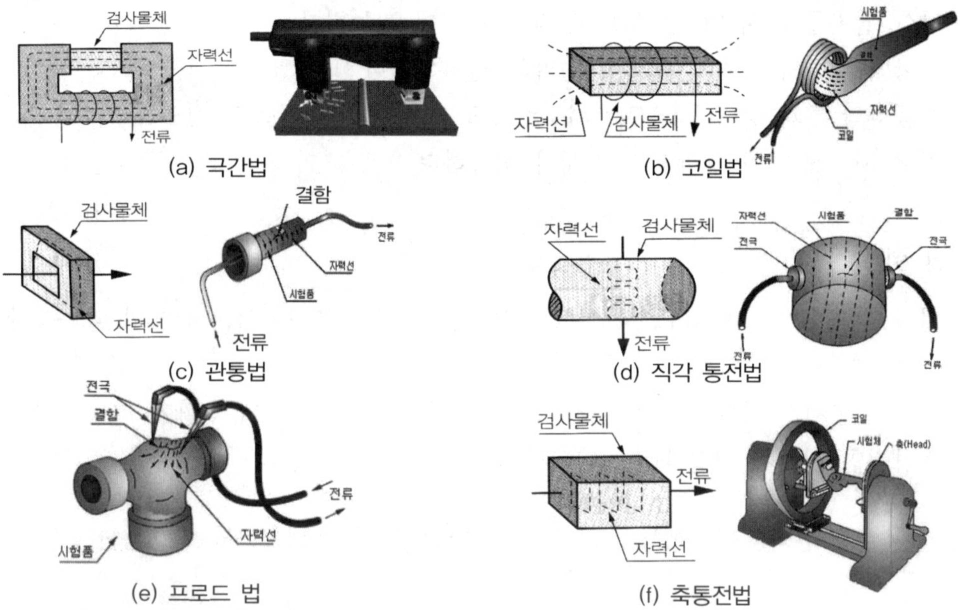

바. 초음파 검사(UT, Ultrasonic test)

1) 개 요

초음파란 실제로 귀를 통해 들을 수 없는 짧은 음파(0.5～15 MHz)를 시험체 내로 보내어 시험체 내에 존재하는 불연속을 검출하는 방법으로서 시험체 내의 불연속부로부터 반사되는 에너지량, 손상된 초음파가 시험체를 투과하여 불연속부로부터 반사되어 되돌아올 때까지의 진행 시간과 초음파가 시험체를 투과할 때 감쇠되는 양의 차이를 적절한 표준 자료와 비교하여 결함의 위치와 크기 등을 측정하는 방법이다.

원리는 기계 진동 형태의 고주파 음파를 검사할 부분으로 주사하면 재료를 통과하는 음파는 결함부 또는 경계면에 부딪치게 되며, 음향 진동은 반사가 되고 이 반사파를 검출하여 반사파에 대한 정보를 음극선관(CRT) 또는 다른 기록 장치에 나타내어 분석하면 결함의 유무와 위치, 크기 등을 판별 할 수 있다. [그림 4－13, 14 참조]

초음파의 속도는 공기 중에서는 약 330m/sec, 물 속에서는 약 1500m/sec, 강(steel) 중에서는 약 6000m/sec인데, 공기와 강 사이에서 초음파는 반사되므로 탐촉자와 물체 사이가 충분히 밀착되도록 검사체의 표면에 물, 기름, 글리세린 등을 바른 후 검사한다.

2) 장 점

① 감도가 높아 미세한 결함(0.1mm 정도까지 검출)을 검출할 수 있다.
② 탐상 결과를 즉시 알 수 있으며 자동 탐상이 가능하다.
③ 결함의 위치와 크기를 비교적 정확히 알 수 있다.
④ 초음파의 투과 능력이 크므로 수 m 정도의 두꺼운 단강품도 검사가 가능하다.
⑤ 검사 시험체의 한 면에서도 검사가 가능하다.

3) 단 점

① 검사 시험체의 표면이나 형상이 탐상을 할 수 없는 조건에서는 탐상이 불가능한 경우가 있다.
② 검사 시험체의 내부 조직의 구조 및 결정 입자가 조대하거나 전체가 다공성일 경우는 정량적인 평가가 어렵다.

그림 4-13 초음파 탐상기의 형상

그림 4-14 소형 스캐너를 이용한 결함 검사

4) 초음파 탐상법의 종류[그림 4-15 참조]

(1) 투과법

검사 물체 속에 펄스 초음파 또는 연속파를 투과하고 뒷면에서 이를 수신하여 결함으로 인한 초음파의 장해 및 쇠약 정도를 조사하는 방법이다.

(2) 펄스(pulse) 반사법

펄스 초음파를 검사 물체의 한쪽 면(탐상면)에서 송신하여 그 결함에서 반사되는 반사파(결함 에코)의 형태로 결함을 판정하는 방법으로 가장 많이 이용된다.

(3) 공진법

검사 물체의 두께에 따라 어떤 특정 주파수일 때 검사 물체 속에 초음파의 정상파가 생겨 공진하므로 그 상황을 근거로 하여 라미네이션 등의 결함을 검출할 수 있는 방법이다.

그림 4-15 초음파 검사법의 종류

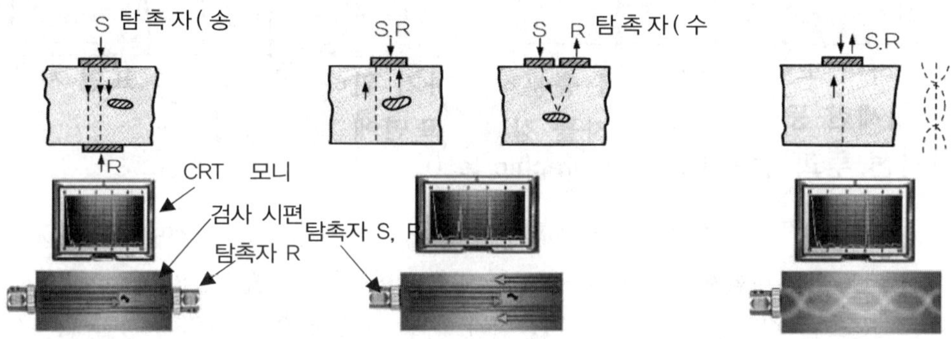

(a) 투과법 (b) 펄스 반사법 (c) 공진법

5) 초음파 탐상 검사 방법

(1) 수직 탐상법(straight beam technique)

초음파의 진행 방향을 검사 물체의 표면에 수직으로 전달시켜 내부 결함의 상태를 검사하는 방법으로 두께 측정의 원리를 이용한 것이다. 원리는 표면에서 발사된 수직파가 결함이 존재하는 불연속면에서 반사되는데 이 반사파는 원래 저면에서 반사되어 나오는 파가 돌아오는 거리 및 시간보다 적게 되는 원리를 이용하였으며 결함의 크기, 길이, 종류를 알 수 있는 방법이다. [그림 4-16 참조]

그림 4-16 수직 탐상법의 원리

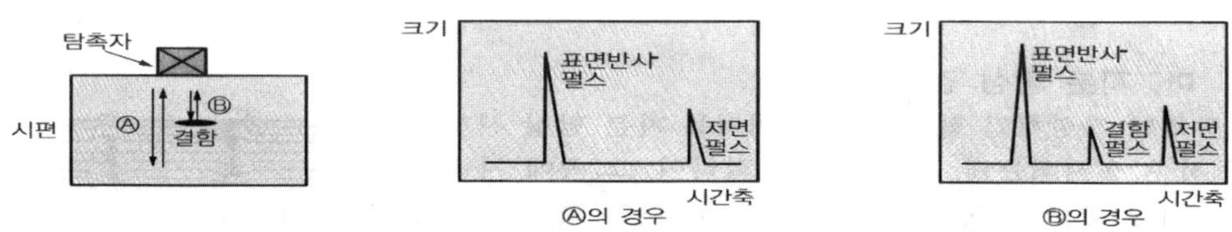

(2) 사각 탐상법(angle beam technique)

탐상면에 대하여 사각 탐촉자를 사용하여 초음파를 경사각으로 주사하여 탐촉자에서 멀리 떨어진 결함이나 불연속한 곳을 감지하는 방법으로 용접부나 복잡한 모양의 검사체에 적당하다. 용접부와 같은 비드파가 있을 경우에도 비드 표면을 가공하지 않아도 된다. 이 방법의 특징은 저면 반사가 나타나지 않는다는 것이다. [그림 4-17 참조]

그림 4-17 사각 탐상법

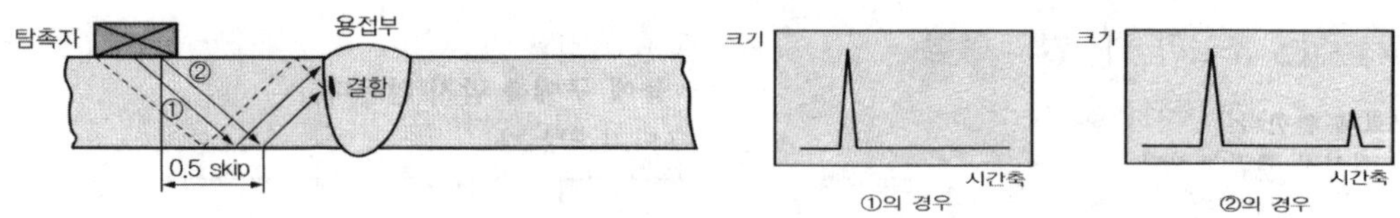

사. 방사선 투과 검사(RT, radiographic test)

이 방법은 비파괴 검사법 중에서 가장 신뢰성이 높아 널리 사용되고 있으며, 방사선(X-선, γ-선 등)을 이용하여 시험체의 두께와 밀도 차이에 의한 방사선 흡수량의 차이에 따라 방사선 투과 사진 또는 형광 스크린 상에 결함이나 내부 구조 등을 나타내어 관찰하는 방법으로 주로 주조품이나 용접부 시험에 적용된다. [그림 4-18, 19 참조] 그러나 미세한 라미네이션 등의 검출이 곤란하다.

그림 4-18 X선 검사의 원리

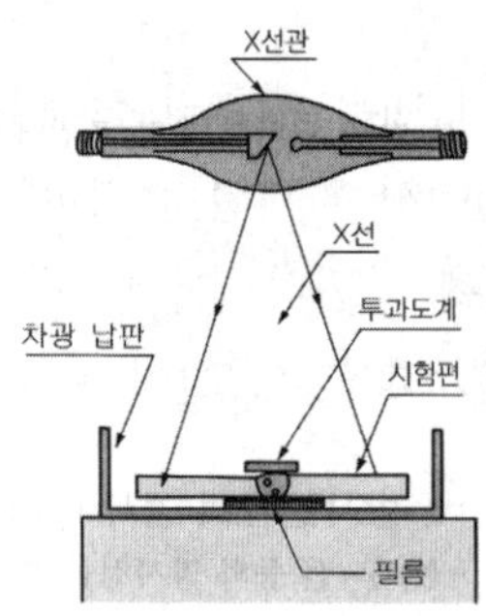

그림 4-19 X선 검사 장치

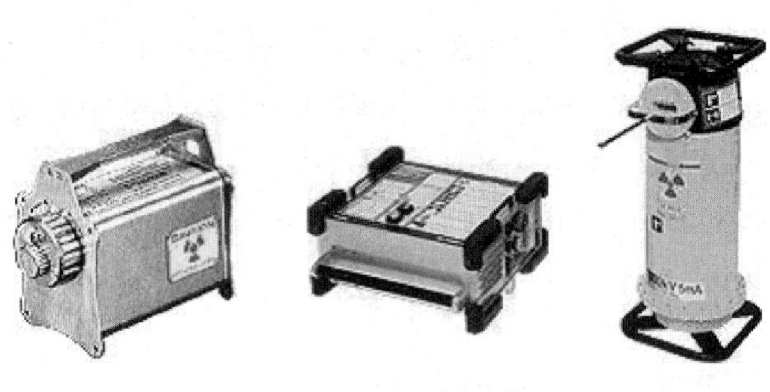

1) 검사법의 종류

(1) X선 투과 검사

① 용접 이음의 반대쪽에 필름을 놓고 X선을 입사시키면 모재부와 용접부의 두께 차이에 의해 X선의 투과량이 달라지고, 용접부는 모재부와 구별된다.

② 균열, 융합 불량, 용입 불량, 기공, 슬래그 섞임, 비금속 개재물, 언더컷 등의 검사가 주목적이다.
③ X선 종사자는 전문의로부터 자주 백혈구 검사를 받고 X선량을 알아두어야 할 필요가 있다.

(2) γ선 투과 검사

① X선으로 투과하기 힘든 두꺼운 판에 사용한다.
② 사용되는 방사선 물질은 천연 방사선 동위 원소(라듐) 또는 인공 방사선 동위 원소(코발트 60, 세슘 134 등)가 사용되고 있다.
③ γ선이란 자기장 내의 납으로 된 상자의 방사성 물질이 발생하는 α선, β선, γ선 중의 하나이며 전리 작용, 사진 작용, 형광 작용이 있으며. X선보다 더 투과력이 크고 방사선을 끊임없이 내고 있어 주의해야 한다.

2) 장 점

① 자성의 유무, 두께의 대소, 형상, 표면 상태의 양부에 관계없이 모든 재질의 내부 결함 검사에 적용할 수 있다.
② 검사 결과를 필름에 영구적으로 기록할 수 있다.
③ 주변 재질과 비교하여 1% 이상의 흡수차를 나타내는 경우도 검출될 수 있다.

3) 단 점

① 미세한 표면 균열이나 라미네이션은 검출되지 않는다.
② 방사선의 입사 방향에 따라 15° 이상 기울어져 있는 결함, 즉 면상 결함은 검출되지 않는다.
③ 현상이나 필름을 판독해야 한다.
④ 미세 기공, 미세 균열 등은 검출되지 않는 경우도 있다.
⑤ 다른 비파괴 검사 방법에 비하여 안전 관리에 특히 주의하여야 한다.

4) 투과도계와 계조계[그림 4－19 참조]

(1) 투과도계

투과도계는 철심(선)형(DIN형)과 유공형이 있으며, 철심형은 지름이 약간씩 다른 철사줄 7~10개를 일정한 간격으로 나란하게 배열하여 만든 것으로, 방사선 투과사진 상의 질을 나타내는 척도를 알 수 있어 X선 탐상의 결함 검출 기준으로 많이 쓰이는 게이지이다.

(2) 계조계

계조계는 투과 두께 20mm 이하인 평판의 맞대기 용접부에 대하여 촬영 조건을 결정할 경우에 사용하며, 동일한 조건으로 촬영하는 경우에는 연속 10회 이하의 촬영을 1군으로 해서 1군에 대하여 계조계를 1회 이상 사용하는 것을 원칙으로 한다.

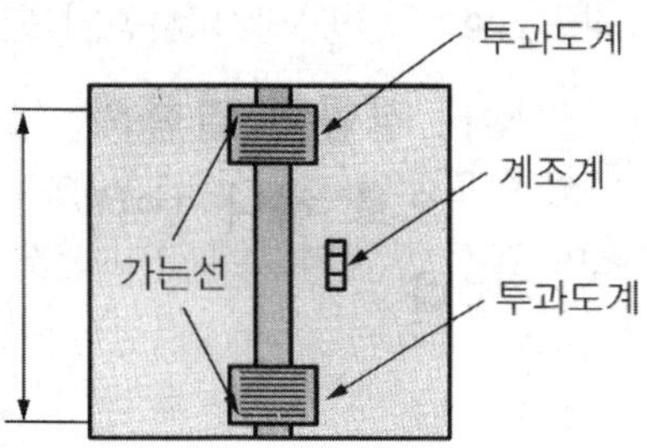

그림 4-20 투과도계와 계조계의 배치

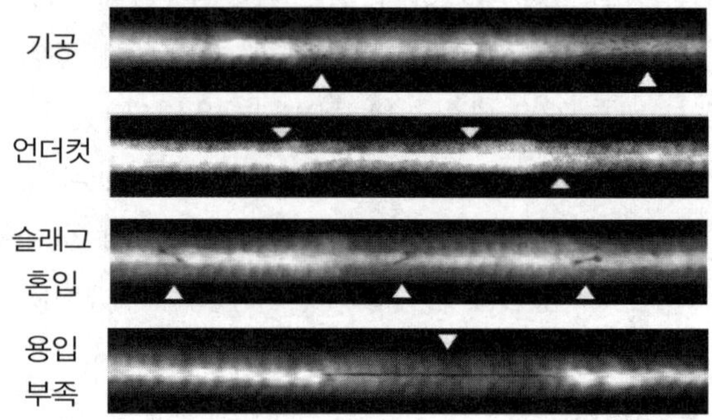

그림 4-21 X선 필름

5) 결함 판별

KS B 0845에서 규정한 결함의 분류 및 등급 분류에 대한 사항을 기준으로 필름 관찰기로 관찰한다. 결함의 분류는 어두운 곳에서 충분히 밝은 필름을 기준으로 제1종(기공 및 이와 유사한 둥근 결함)과 제2종(슬래그 섞임 및 이와 유사한 결함), 제3종(터짐 및 이와 유사한 결함), 제4종(텅스텐 개재물 및 이와 유사한 결함) 등으로 분류하고 있다.

(1) 제1종 결함

제1종의 결함은 기공 및 이와 유사한 원형 결함으로 시험부의 전면적 중 점수가 가장 크게 나타나는 부분의 시험 시야 내를 대상으로 한다. 시험 시야의 크기는 모재의 두께에 따라 [표 4-3]에 나타낸 크기로 한다.

결함이 1개일 경우의 결함 점수는 결함의 긴 지름에 따라 [표 4-3]의 값을 사용한다. 다만 결함의 긴 지름이 [표 4-3]에 표시하는 값 이하의 것은 결함 점수로서 계산하지 않는다.

(2) 제2종 결함

제2종의 결함은 결함의 종류에 따라 [표 4-3]에 표시하는 계수를 곱하여 결함 길이로 한다. 결함과 결함의 간격이 [표 4-3]에 표시하는 값을 초과하는 경우에는 각각 독립된 값으로 하나 1 이하의 경우에는 각각의 결함 길이의 총합을 그 결함군의 결함 길이로 한다.

(3) 등급 분류

제1종 결함의 등급 분류는 [표 4-3]의 기준에 따라 실시하는 것으로 한다. 표 중에 나타낸 숫자는 결함 점수의 허용 한도를 표시한다. 다만 결함의 긴 지름이 모재 두께의 1/2를 초과할 경우에는 4급으로 한다.

표 4-3 X선 결함 판별 기준

구 분	항목 및 크기, 점수, 크기, 계수, 간격						
시험 시야의 크기	25 이하		25 ~ 100			100 초과	
	10 × 10		10 × 20			10 × 30	
결함의 점수	1.0 이하	1.0 ~ 2.0	2.0 ~ 3.0	3.0 ~ 4.0	4.0 ~ 6.0	6.0 ~ 8.0	5.0초과
	1	2	3	6	10	15	25
산정않는 결함의 치수	모재 두께				결함의 치수		
	20 이하				0.5		
	20～50				0.7		
	50 초과				모재 두께의 1.4(%)		
결함의 계수	결함의 종류				계 수		
	슬래그 섞임				1		
	용입 부족, 융합 부족				2		
결함과 결함의 간격	결함의 종류				결함과 결함의 간격		
	슬래그 섞임				큰 쪽의 결함의 치수		
	용입 부족, 융합 부족				큰 쪽의 결함의 치수의 2배		

표 4-4 제1종 및 제4종 결함의 분류

시험 시야 mm	10 × 10		10 × 20		10 × 30
모재 두께 mm / 등 급	10 초과	25 이하	25 초과 55 이하	50 초과 100 이하	100 초과
1 류	1	2	4	5	6
2 류	3	6	12	15	18
3 류	6	12	24	30	36
4 류	결함 점수가 3류보다 많은 것				

또한 1급에 대하여는 결함의 긴 지름이 [표 4-3]에 표시하는 값 이하의 것이라도 시험 시야 내에 10개 이상 있어서는 안된다.

제2종 결함의 등급 분류는 [표 4-5]의 기준에 따라 실시하는 것으로 한다. 다만 1급에 대하여는 용입 부족 또는 융합 부족이 있어서는 안된다. 제3종 결함의 등급 분류는 모두 4급으로 한다. [그림 4-20]은 용접 결함별 X선 필름을 나타낸 것이다.

표 4-5 제2종 결함의 분류

모재 두께 mm / 등 급	12 이하	12 초과 48 미만	48 이상
1 류	3 이하	모재 두께의 1/4 이하	12 이하
2 류	4 이하	모재 두께의 1/3 이하	16 이하
3 류	6 이하	모재 두께의 1/2 이하	24 이하
4 류	결함 길이가 3류보다 긴 것		

아. 와류 탐상(맴돌이) 검사(ET, Eddy current test)

교류가 흐르는 코일을 금속 등의 도체에 가까이 가져가면 도체의 내부에는 와전류(eddy current)라는 맴돌이 전류가 발생하며, 이 와전류는 전도체의 불연속성 유무에 따라 달라지는 임피던스를 발생시키는데 이와 같은 와전류가 검사체 표면 근방의 균열 등의 불연속에 의하여 변화하는 것을 관찰함으로써 검사체에 존재하는 결함을 찾아내는 검사 방법이다. [그림 4-22 참조]

1) 장 점

① 표면 결함의 검출 감도가 우수하며, 지시의 크기도 결함의 크기를 추정할 수 있어 결함 평가에 유용하다.

② 파이프, 환봉, 선 등에 대하여 고속 자동화가 가능하여 능률이 좋은 On-line 생산의 전수 검사가 가능하다.

③ 응용 분야가 넓고, 결과를 기록하여 보존할 수 있다.

④ 고온 하에서 측정, 얇은 시험체, 가는 선, 구멍의 내부 등 다른 비파괴 검사법으로 검사하기 곤란한 대상물에도 적용할 수 있다.

⑤ 비접촉법으로 프로브(probe)를 접근시켜 검사뿐만 아니라 원격 조작으로 좁은 영역이나 홈이 깊은 곳의 검사가 가능하다.

2) 단 점

① 강자성체 금속에 적용이 어렵고 검사의 숙련도가 요구된다.
② 검사를 통해 얻은 지시로 직접 결함의 종류, 형상 등을 판별하기 어렵다.
③ 검사 대상 이외의 재료적 인자의 영향에 의한 잡음이 검사에 방해되는 경우가 있다.
④ 표면 아래 깊은 곳에 있는 결함의 검출이 곤란하다.
⑤ 지시는 시험 코일이 적용되는 전 영역의 적분치가 얻어지므로 관통형 코일의 경우 관의 원주상 어느 위치에 결함이 있는지를 알 수 없다.

3) 와류 탐상 검사의 적용 범위

① 용접부 표면 또는 표면에 가까운 균열, 기공, 개재물, 피트, 언더컷, 오버랩, 용입 불량, 융합 불량 등을 검출할 수 있다.
② 전기 전도성, 결정립의 대소, 열처리 상태, 경도 및 물리적 성질 등 재료의 조직 변화 및 기계적, 열적 이력을 측정하거나 확인할 수 있다.
③ 이종 재질을 구별하고 그 조성 및 현미경 조직 등의 차이를 확인할 수 있다.
④ 도체 위에 입힌 페인트와 같은 비도체 도포물의 두께를 측정할 수 있다.

그림 4-22 와류 탐상법

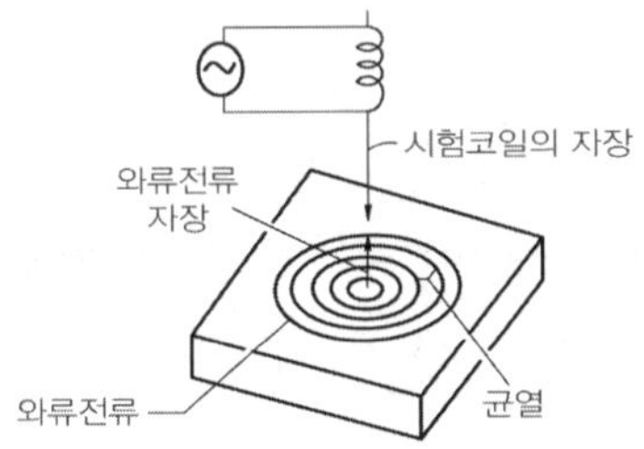

(a) 와류 탐상 시험의 원리

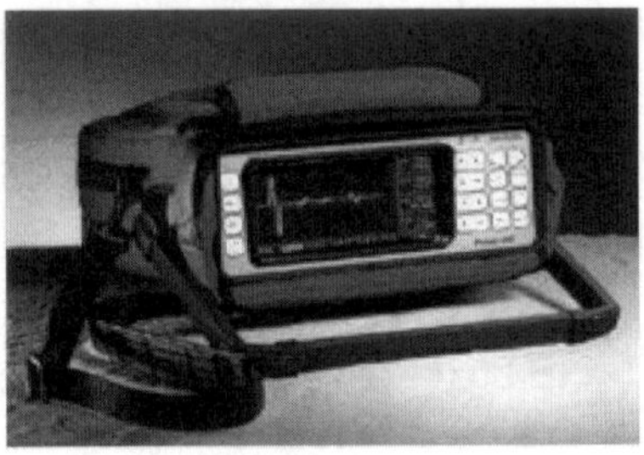

(b) 와류 탐상 시험기 형상

자. 음향 방출시험(AE, Acoustic Emission Testing)

하중을 받고 있는 물체(구조물이나 재료)가 균열 또는 국부적으로 파단될 때 큰 에너지를 방출하게 되는데 이 방출되는 응력파(stress wave emission)를 분석하여 소성 변형, 균열의 생성 및 진전 감시 등 동적 거동을 파악하고 결함부의 유무 판정 및 재료의 특성 평가에 이용하는 기법으로, 다른 비파괴 검사법이 신호를 발생시키고 그 응답을 분석하는 것과 다르게 피동적으로 신호를 수신하여 결함을 검출하는 비파괴 검사법이다.

이 시험의 장점은 국부 및 전체의 결함이나 상태를 추적할 수 있으며, 실시간으로 결함의 진원지와 상태를 추적할 수 있으며, 단점은 센서의 감도에 따라 결함 검출 결과가 달라질 수 있으며, 결함이 멈춘 것(안정된 결함)은 검출이 불가능하며, 복잡한 구조물의 경우 결함의 정확한 위치를 찾기 어렵고 초음파 탐상법을 병용해야 한다.

제3절 | 용접성 시험

용접성은 사용하는 강재의 종류, 적용 용접법 및 시공 조건 등에 따라 다르게 되기 때문에 용접성을 조사하는 시험에 관한 많은 시험 방법 중에서 그 목적에 따라 시공에 대한 요인의 영향을 명확하게 평가할 수 있는 방법을 선정하는 것이 중요하다.

용접성 종합 시험 방법을 대별하면 모재의 화학성분, 제성질을 파악하는 기초시험, 주요 용접성 시험, 이음부 시험, 사용 목적에 따른 특수 시험으로 구분할 수 있다.

1 용접 균열 시험

가. T형 필릿 균열 시험 및 겹침 용접 균열 시험

1) T형 필릿 균열 시험

연강 및 고장력강, 스테인리스강 용접봉의 고온 균열 시험에 쓰이는 방법이며 시험 방법은 수직판의 양끝을 밑판에 가용접한 후 한쪽에 필릿 용접하여 구속한 후 계속해서 반대편을 용접하면서 균열 상태를 관찰하는 시험법이다. [그림 4-23 참조]

그림 4-23 T형 필릿 균열 시험

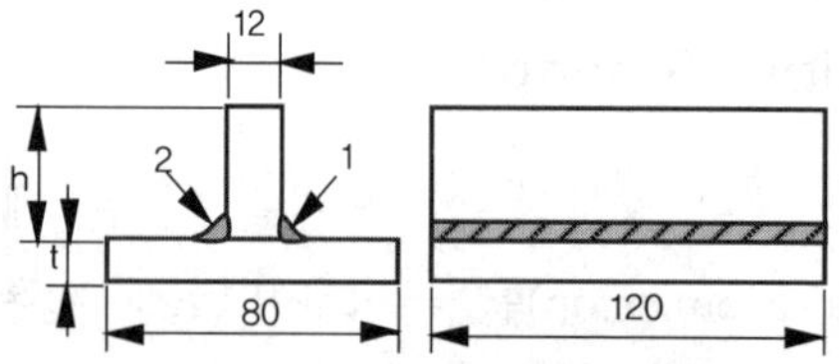

치수	1호	2호
t	12	45
h	50	100

그림 4-24 겹침 용접(CTS) 균열 시험

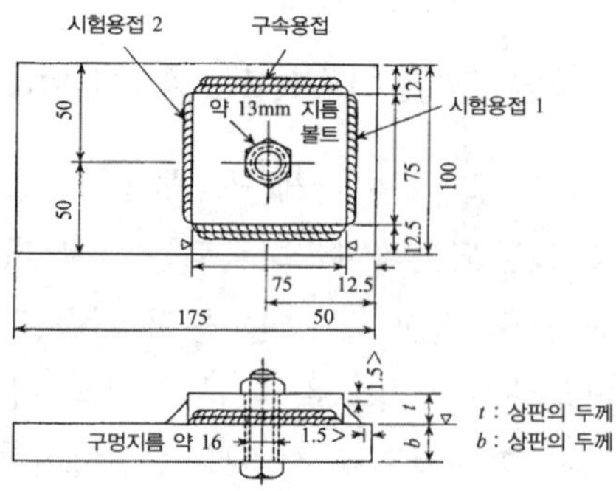

2) 겹침 용접 균열 시험

열적구속 균열 시험(CTS)이라고도 하며, 시험편을 겹쳐서 양측을 고정한 다음 좌우 양면에 필릿 시험 용접한 다음 24시간 경과 후 3개의 시험편을 만들어 판면 내의 균열(주로 비드 밑 터짐)을 조사한다. 맞대기 구속 터짐 시험에 비해 감도가 약간 떨어진다. 이것은 냉각 속도가 균열에 매우 민감하므로 열흐름수(TSN 수)로 표시한다.

나. 리하이 구속(Lehigh restraint) 균열 시험

주변에 가공하는 슬리트(slit)의 길이를 변경시킴으로써 시험 비드에 미치는 열적 조건(냉각 속도)을 같게 하면서 역학적 구속을 바꾸어 균열 시험을 한다.

슬리트 길이를 감소시켜 구속이 어떤 값 이상이 되면 균열이 발생하기 시작하는 임계 슬리트 길이가 있으며, 상당히 엄격한 시험으로 보통 루트부에서 비드의 중앙을 통해 고온 균열 또는 저온 구속 균열이 검출된다.

그림 4-25 리하이 구속 균열 시험

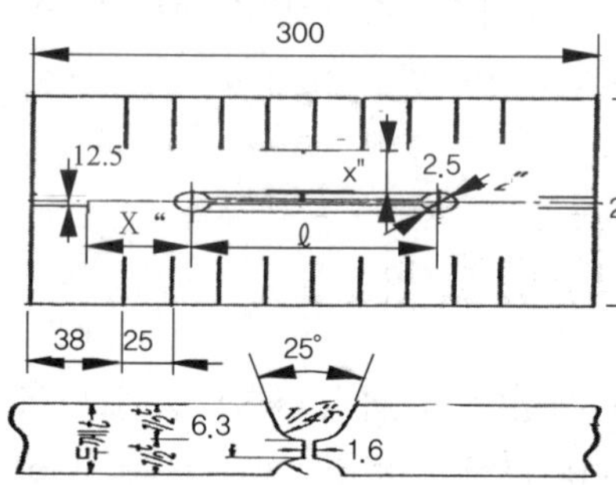

그림 4-26 바텔 비드 밑 균열 시험

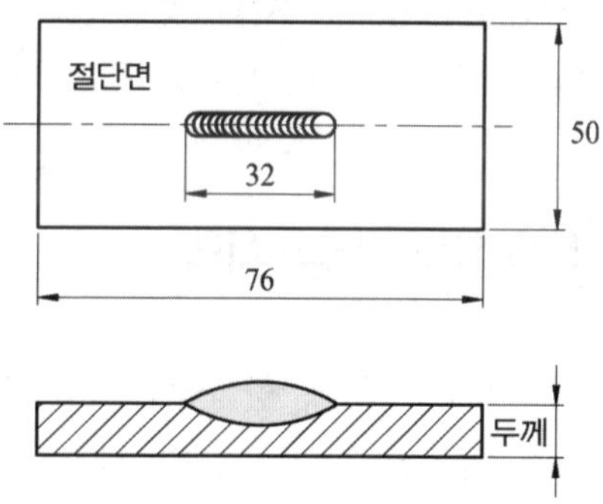

다. 바텔(Battelle) 비드 밑 균열 시험

저합금강의 비드 밑 균열 시험에 쓰이는 간단한 방법이며, 소형 시험편 표면에 소정의 조건으로 비드를 놓고 24시간 방치한 후 절단하여 비드의 길이에 대한 비(%)로 균열을 검사한다.

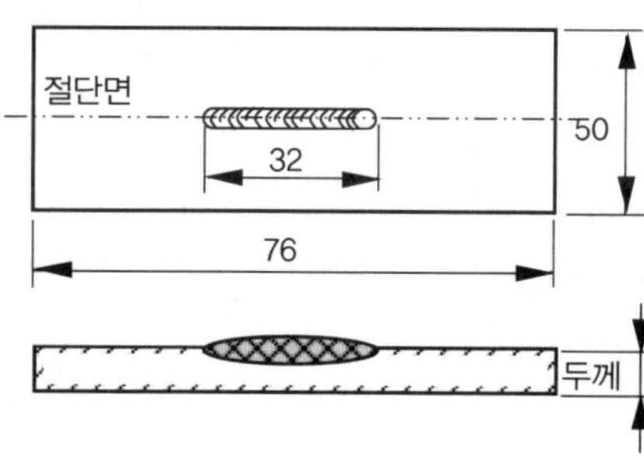

라. 휘스코(Fisco) 균열 시험

고온 균열 시험에 적합한 방법으로 재현성이 좋고 시험재를 절약할 수 있는 것이 특징이다. 방법은 지그에 맞대기 용접 시험편을 볼트로 단단히 붙인 다음 비드를 놓아 균열 여부를 조사하는 방법이다.

그림 4-27 휘스코 균열 시험

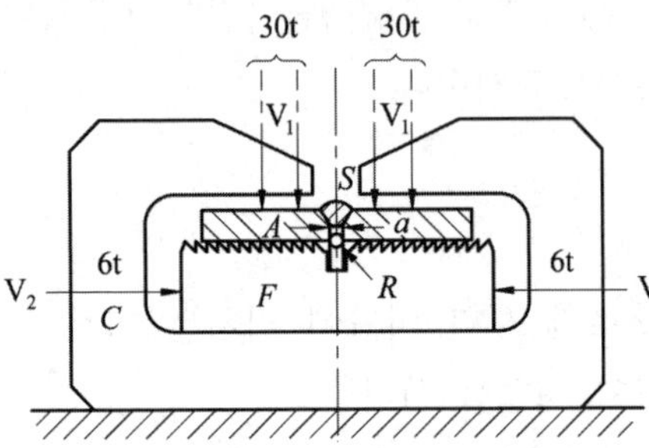

그림 4-28 분할형 원주 홈 균열 시험

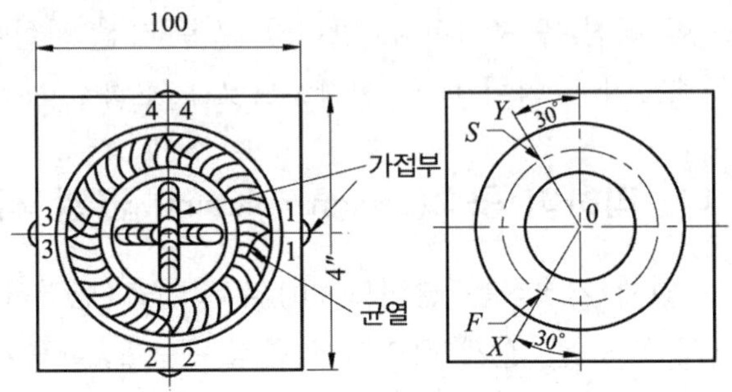

마. 분할형 원주 홈 균열 시험

오스테나이트계 스테인리스강 시험에 주로 적용하며, 시험 방법은 한변의 길이 50mm의 정사각형 시편 4개를 가접한 후 원주 홈을 파서 지름 4mm 용접봉으로 S점에서 F점까지 속도 150mm/min으로 시계 방향으로 비드를 붙인 후 냉각시켰다가 나머지 원주를 용접한 다음 분할편을 찢어서 비드 파면 내의 균열을 조사하는 시험이다. [그림 4-28 참조]

2 용접부 연성 시험

용접부 연성 시험에 형 굽힘 시험이 대표적인 연성 시험이다. 굽힘 시험 방법으로는 맞대기 용접 이음형 굽힘 시험법, 맞대기 용접 이음의 자유 굽힘 시험법, 맞대기 용접 이음의 형 굽힘 시험법이 있다.

가. 코머렐(Kommerell) 시험

KS B 0861-1971 용접 비드 굽힘 시험으로 규정하고 있는 세로 비드 굽힘 시험으로 매우 중요한 시험법이다. 시험 방법은 규정 시험편의 판 중앙 홈에 용접 비드를 붙인 후 매분 75mm 속도로 롤러 굽힘을 하며 이때 굽힘각에 비례하여 변형 발열하여 온도가 상승하며 용접 금속 또는 열영향부에 균열이 발생하게 된다. 발생한 균열은 굽힘 각도의 증가에 따라 증대하며 최대 하중에 도달하면 시험편이 파단된다.

그림 4-29 코머렐 시험

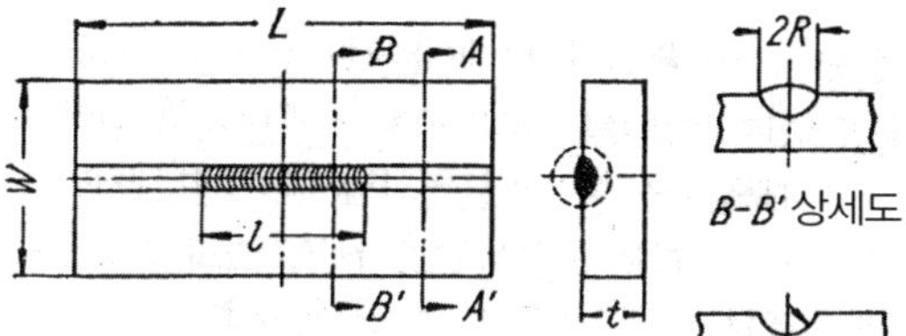

시험편 치수

단위 mm

판두께 t) \ 치수	L	W	R	l
19以上25以下	350	150	3	125
25 초과 30 〃	380	150	3	160
30 〃 35 〃	410	150	3	175
35 〃 40 〃	440	200	4	190
40 〃 45 〃	470	200	4	220
45 〃 50 〃	500	200	4	250

그림 4-30 킨젤 시험

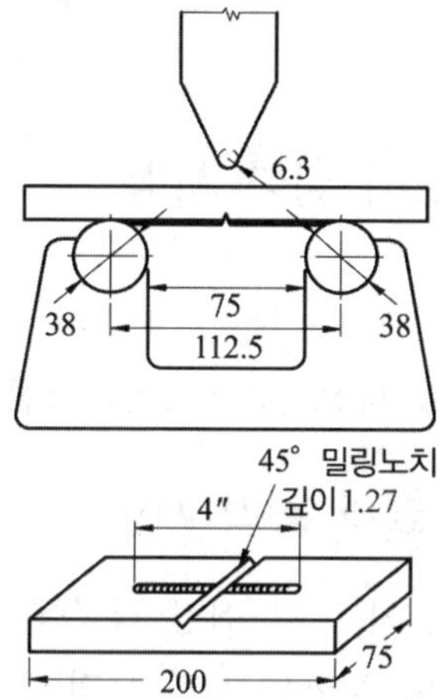

나. 킨젤(KinZel) 시험

이 시험 방법은 200 × 75 × 19mm의 표면에 세로 길이로 비드놓기를 하여 이에 직각으로 V 노치를 붙인 시험편을 굽혀 용접부의 연성이나 균열을 조사하는 시험이다. 시험편의 V 노치의 깊이는 1.27mm이며 그 아래에는 용접 금속, 열영향부 및 비영향 모재부가 병열로 있으므로 이중 가장 연성이 부족한 부분이 최초의 균열 발생점이 된다. 이 시험법은 세로 비드 노치 굽힘 시험법으로 KS B 0862에 규정되어 있는 것으로 용접하지 않은 모재도 시험할 수 있는 장점이 있다.

다. 재현 열영향부 시험

직경 7mm의 환봉 시험편에 대전류를 흐르게 하여 그 온도 변화가 아크용접 열영향부 본드의 가열 냉각열 사이클과 동일하게 되도록 용접열 사이클 재현 장치를 써서 재현 열영향부의 인장 시험을 하는 것으로, 저합금 고장력강 열영향부의 연성을 조사하는 방법이다.

라. 연속 냉각 변태 시험(CCT 시험)

저합금 고장력강 열영향부의 연성을 조사하는 방법으로 급속 가열한 환봉 시험편을 여러 가지 속도로 냉각하여 변태의 생성과 종료 온도를 구하고 실온에서 경도와 조직 시험 및 굽힘 충격 시험을 하는 것이다.

마. IIW 최고 경도 시험

국제용접학회에서 규정한 것이며, KS B 0893으로도 규정되고 있다. 시험방법은 강판 위에 용접 조건은 아크 전압 24V ± 4V, 아크 전류 170A ± 10A, 용접 속도 150 ± 10mm/min으로 비드 용접을 하고, 그 직각 단면 내의 본드와 최고 경도를 측정하는 방법이다.

3 노치 취성 시험

구조용강의 용접성을 판정하는데 노치 취성 시험이 많이 쓰이고 있으며, 샤르피 충격시험, 슈나트 시험, 카안 인열 시험 등이 있다.

가. 샤르피 충격 시험

구조용강의 노치 취성 시험에 V 노치(아이죠드 노치)가 세계 각국에서 공통적으로 쓰이고 있다. 이 시험은 시험 목적에 따라 노치의 형상과 시험 온도를 변경할 수 있고, 시험 결과에 의해 연성 파면이나 충격값을 구할 수 있다.

나. 슈나트(Schnadt) 시험

이는 샤르피 충격 시험편의 압축 측을 일부 제거하고 그 대신 경도가 높은 원주(텅스텐 카바이드)로 바꾼 것이며, 노치 선단의 반경을 여러 가지로 바꾸어 예리한 것과 둔탁한 것이 쓰인다.

다. 2중 인장 시험

일본에서 시작된 시험방법으로, 시험편 좌측을 잡아당겨서 취성 균열을 발생시키고 균열이 우측의 본체를 관통하는지를 조사하는 시험으로, 균열 발생에 충격력을 쓰지 않아도 되며, 실제의 취성 파괴의 발생 조건에 가까운 방법의 하나이다.

라. 카안 인열(Kahn tear) 시험

미해군 인열 시험이라고도 하며, 시험편을 판 구멍에 삽입한 핀으로 잡아당겨 파괴시켜서 파면 상황을 조사하는 것이다. 이것도 티퍼 시험과 같이 파면 천이 온도가 높게 나타나며, 대형 광폭 노치 시험편의 천이 온도와 거의 일치하는 것이 인정되고 있다.

마. 로버트슨(Robertson) 시험

시험 방법은 좌측 노치부를 액체 질소로 냉각하고 우측면을 가스열로 가열하여 거의 직선적으로 온도 구배를 주고 어떤 하중을 가한 상태에서 좌단 노치부에 충격을 가해서 취성 균열을 발생시켜서 우진하는 균열이 정지하는 위치를 조사하는 시험이다. 실제의 취성 파괴는 항복점보다 상당히 낮은 인장 하중에서 발생하고 전파하게 되는데 그 상태를 실험실 내에서 재현하는 시도로 시작된 시험이다.

그림 4-31 카안 인열 시험

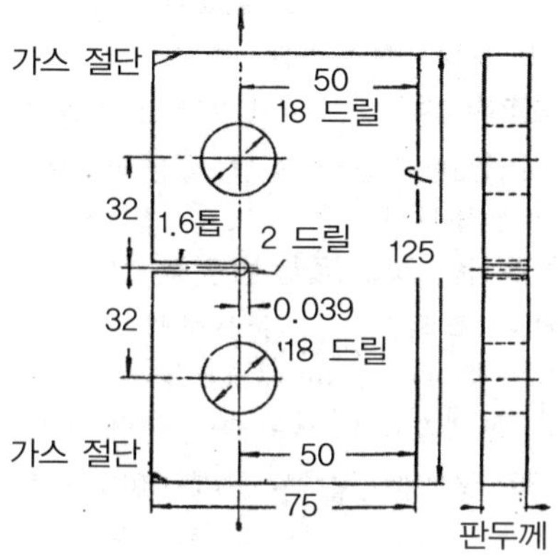

그림 4-32 로버트슨 시험

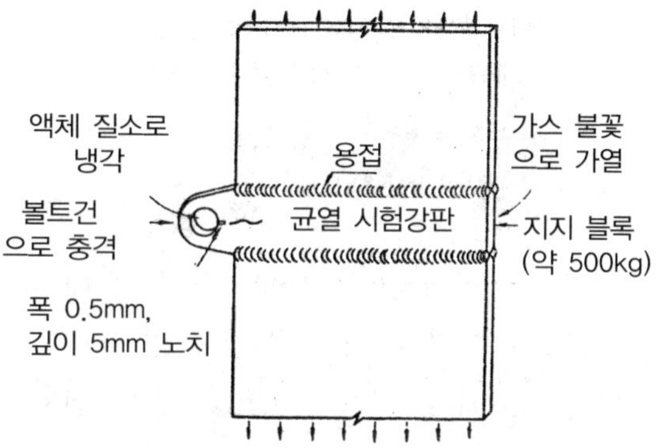

바. 반데어 비인(Van der Veen) 시험

유럽에서 시작된 노치 굽힘 시험으로 판의 측면에 프레스 노치를 붙여 굽힘 시험하고, 최대 하중시의 시험편 중앙의 처짐이 6mm가 되는 온도를 연성 천이 온도로 하고, 연성 파면의 깊이가 32mm(판 폭의 중앙)가 되는 온도를 파면 천이 온도로 하고 있다.

사. DWT(낙중) 시험

미해군에서 시작된 시험방법이며, 강판의 표면에 딱딱하고 부서지기 쉬운 덧붙이용 비드를 용접하고 이것에 예리한 노치를 붙여 반대측에서 무게 27kg의 중추를 1.83m 높이에서 낙하시켜 파단한다. 이때 뒷면에 스토퍼를 두어 굽힘각이 2°를 넘지 않도록 하여 그 범위 내에서 취성 파단이 일어나게 되는 한계 온도를 연성 천이 온도라고 부른다. [그림 4-27 참조]

그림 4-33 반데어 비인 시험

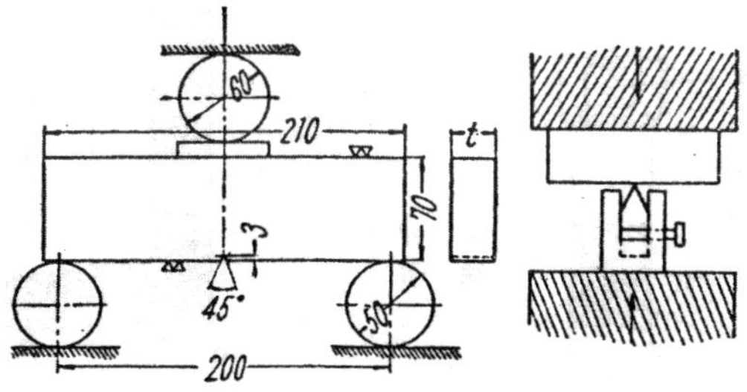

그림 4-34 DWT(낙중) 시험

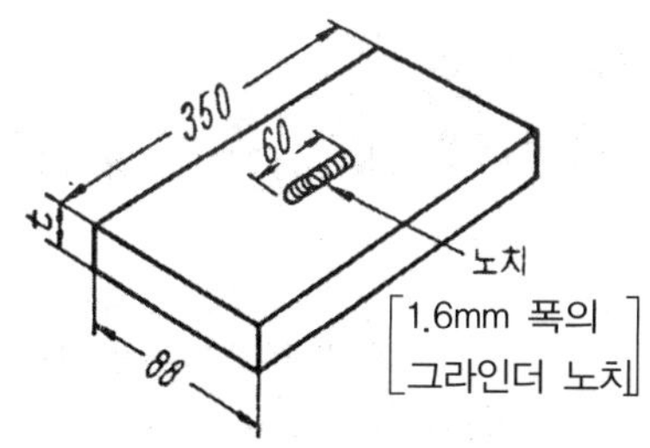

아. 균열 개구변위 시험(CTOD, Crack Tip Opening Displacement)

균열 개구 변위(COD) 기준을 이용해서 취성파괴에 관한 파괴 인성치(한계 COD)를 알아보는 시험법으로, 균열이 길게 성장하지 않는 응력 하에서 균열이 벌어질 수 있는 간격 δ를 측정한다.

$$(\frac{Kc}{\sigma_y})^2 = \frac{\delta_c}{\epsilon_y}$$

(Kc : 피괴인성, σ_y : 항복응력, δ_c : 균열 간격 mm, ϵ_y : 항복 변형률)

이 시험법은 입계 결함 크기를 결정하는데 유용하며, 간단한 칩 게이지를 사용하여 피괴인성을 직접 측정할 수 있는 이점이 있으나, 미리 시험편 내에 기계가공으로 노치 등의 균열을 만들어야 되며, 시간과 비용이 많이 들며, 정확한 균열 간격 δ_c값을 얻기 어려워 상당한 실험 오차가 생기게 된다.

단원 종합 문제 {제4장 ❙ 용접 검사와 시험}

01 용접 검사를 크게 2가지로 나누어 간단히 설명하시오.

02 작업 검사를 과정별로 3가지로 나누면 무엇 무엇이 있나요?

03 용접 전 검사 사항을 3가지 이상 나열하시오.

04 완성 검사란?

05 용접 결함 중 구조상 결함인 균열의 검사법으로 가장 적합한 방법은?

06 인장 시험으로 알수있는 기계적 성질을 3가지 이상 들어보시오.

07 인장 강도 계산식을 쓰시오.

08 굽힘 시험의 목적은 무엇인가?

09 굽힘 시험의 종류 3가지를 쓰시오.

10 금속의 경도 시험법과 기호를 연결하시오.

① 브리넬 경도 시험 ② 로크웰 B경도 시험
③ 비커스 경도 시험 ④ 쇼어 경도 시험

11 로크웰 B경도 시험의 압입자의 종류, C경도 시험의 압입자의 종류를 쓰시오

12 비커스 경도 시험의 압입자의 종류와 대면각은 얼마인가?

13 추의 반발 높이로 경도를 측정하는 시험기는?

14 충격 시험의 목적은 무엇인가?

15 충격 시험편을 단순보 상태로 놓고 충격 시험을 하는 시험기의 종류는?

16 피로 시험시 반복 회수는 일반적으로 얼마로 하는가?

17 설퍼 프린트법은 어떻게 하는 것이며 무엇을 알기 위한 것인가?

18 철강용 메크로 부식액은 어떤 것을 사용하는가?

19 구리용 메크로 부식액은 어떤 것을 사용하는가?

20 수소 시험법의 종류를 2가지만 쓰시오.

21 비파괴 시험법의 종류와 기호를 쓰시오.

① 육안 검사 ② 침투 탐상 시험
③ 방사선 탐상 시험 ④ 자분 탐상 시험

22 육안 검사의 장점, 단점을 각각 3가지씩 쓰시오.

23 침투 탐상 시험은 어떤 결함을 검사하는데 적합한가?

24 침투 탐상 시험의 시험 순서를 나타내어 보시오.

25 자분 탐상 시험의 장점과 단점을 3가지씩 쓰시오.

26 초음파 탐상 시험의 종류 3가지를 쓰시오.

27 방사선 탐상 시험에서 X선과 γ선 중 두꺼운 판의 검사에 적합한 것은?

28 용접성 시험법 중 균열 시험법의 종류를 3가지만 들고, 간단히 기술하시오.

29 용접 연성 시험의 종류를 3가지만 들고, 간단히 설명하시오.

30 카안 인열 시험, 반데어 비인 시험에 대하여 간단히 쓰시오.

제4장 용접 검사와 시험 문제 해설 [p.324~354]

1. P324 1 나. 용접 검사
2. 용접 전 검사, 용접 중 검사, 용접 후 검사
3. 용접 설비, 용접봉, 모재, 용접 준비, 용접 시공 등 검사.
4. 용접 검사를 의미하며, 작업이 끝난 후 용접부의 결함 여부, 용접부 성능, 용접 구조물 전체의 결함 유무의 검사를 의미한다.
5. 마이크로 조직 검사, 자기 검사(MT), 침투 검사(PT), 형광 검사, 굽힘 검사, 외관 검사
6. 항복점(내력), 인장 강도, 연신률, 단면 수축률 등을 측정
7. 인장 강도(σ) = $\dfrac{\text{인장최대하중}(P)}{\text{시험편의 최초단면적}(A)}$
8. 모재 및 용접부의 연성, 결함 등을 조사하기 위해
9. 표면 굽힘, 이면 굽힘, 측면 굽힘
10. 1) 브리넬 경도 시험 : HB 2) 로크웰 B경도 시험 : HRB
    3) 비커스 경도 시험 : HV 4) 쇼어 경도 시험 : HS
11. 1) 로크웰 B 경도시험의 압입자 : 지름이 1.5785mm(1/16")인 강구
    2) 로크웰 C 경도시험의 압입자 : 꼭지각이 120°인 원뿔형 다이아몬드 압입자
12. 다이아몬드 사각추, 136도
13. 쇼어 경도기
14. 재료의 인성의 정도를 알아보는 시험
15. 샤르피식 충격시험
16. 반복 회수는 일반적으로 $2\times10^6 \sim 2\times10^7$회 정도(백만번~천만번)
17. P332 2 라. 설퍼 프린트법
18. 철강에 주로 사용되는 부식액은 염산 : 물의 비율을 1 : 1로 한 액이나, 염산 3.8 : 황산 1.2 : 물 5.0의 액, 초산 1 : 물 3의 액 등을 사용함
19. 염화 제이철액, 염화 암모늄액, 과황산 암모늄액
20. 글리세린 치환법, 진공 가열법, 수은 치환법, GC법

21. 1) 육안 검사: VT 2) 침투 탐상 시험 : PT
3) 방사선 탐상 시험 : RT 4) 자분 탐상 시험 : MT

22. P335 [4] 가. 1) 장점, 2) 단점

23. 용접부의 표면 결함 검사에 사용되는 시험법

24. 순서 : 전처리(세척)-침투-잔여 액 제거-현상제 살포-건조-검사 순

25. P338 [4] 마. 1) 장점, 2) 단점

26. 투과법, 펄스 반사법, 공진법

27. r선

28. T형 필릿 균열 시험, 겹침 용접 균열 시험, 리하이 구속 균열 시험, 바텔 비드 밑 균열 시험, 휘스코(Fisco) 균열 시험, 분할형 원주 홈 균열 시험

29. 코머렐 시험, 킨젤 시험, 재현 열영향부 시험, IIW 최고 경도 시험

30. P352 [3] 라. P353 [3] 바. 참조

PART 3

용접 작업 안전

Chapter 01 일반 및 기계 안전
단원 종합 문제
Chapter 02 산업 안전
단원 종합 문제
Chapter 03 용접 안전
단원 종합 문제

핵심 용접공학

chapter 01 일반 및 기계 안전

제1절 | 작업 복장과 보호구

1 작업 복장

생산 현장에서의 작업 복장 및 보호구는 작업 중 언제나 사용하는 것(예 : 안전화, 안전모, 작업복 등), 작업 중 필요한 때에 사용하는 것(예 : 보안경, 방독 마스크, 장갑 등) 등으로 구분되고, 재해로부터 작업자의 신체를 보호할 수 있도록 사용 목적에 적합하여야 하며, 사용 방법은 간편하고 견고하며 무게가 가벼워야 한다. 또한 노동부(한국산업안전공단)에서 실시하는 성능 검정에 반드시 합격한 물품이라야 한다. [그림 1－1 참조]

그림 1-1 안전 보호구

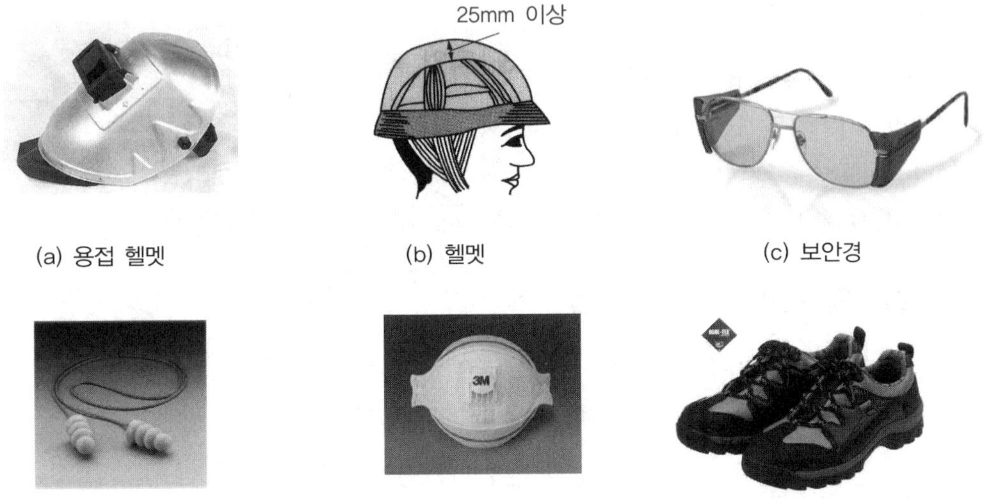

(a) 용접 헬멧 (b) 헬멧 (c) 보안경

(d) 귀마개 (e) 방진 마스크 (f) 안전화

가. 작업복

① 신체에 맞고 가벼운 것으로, 때에 따라서는 상의의 끝이나 바지 자락이 말려 들어가

지 않도록 잡아 맬 수 있는 것이 좋다.

② 실밥이 풀리거나 터진 것은 즉시 꿰매도록 한다.

③ 기름이 묻은 것은 불이 붙기 쉬우므로 항상 깨끗이 해야 한다.

④ 더운 계절이나 고열 작업에서도 작업복을 벗어서는 안된다.

⑤ 작업 장소나 작업 직종, 성별 등에 따라 적절한 형상을 선택한다.

나. 작업모

① 기계 주위에서 작업하는 경우는 반드시 모자를 쓰도록 한다.

② 여자 및 장발자의 경우는 모자나 수건으로 머리카락을 완전히 감싸도록 한다.

다. 신 발

① 작업 내용에 맞는 신발을 착용하며, 샌들 등을 착용하지 말며, 맨발은 절대 금지한다.

② 용도에 따라 가죽, 고무, 정전기 방지 안전화, 절연화, 발등 안정화 등을 사용한다.

2 보호구

가. 보호구의 구비 조건

① 구조(외양)와 끝마무리가 양호하며, 손질하기 쉬울 것

② 착용이 간편하며, 작업에 방해가 안될 것

③ 위험, 유해 요소에 대한 방호성이 충분할 것

④ 재료의 품질이 좋고, 사용 목적에 적합하며, 사용자에게 잘 맞을 것

나. 보호구의 올바른 보관 방법

보호구는 언제든지 사용할 수 있는 상태로 손질하여 놓아야 한다. 그러기 위해서는 다음과 같은 점에 주의해서 정기적으로 점검, 관리하여 보관한다.

① 적어도 한달에 한번 이상 책임있는 감독자가 점검을 할 것

② 세척한 후에는 완전히 건조시켜 청결하고 습기가 없는 장소에 보관할 것

③ 보호구 사용 후에는 손질하여 항상 깨끗이 보관할 것

다. 보호구 종류

작업에 적절한 보호구를 선정하고 올바르게 사용하도록 한다.

(1) 보안경 : 철분, 칩, 모래 등이 날리는 작업(연삭, 선삭, 목공 기계 가공)에 사용한다.

(2) 차광 보호 안경 : 용접 작업으로 불티나 유해 광선이 나오는 작업에 사용한다.

(3) 방진 마스크 : 먼지가 많은 장소나 해로운 가스(납, 비소 등)가 발생하는 작업에 사용한다. 또한 산소가 16% 이하로 결핍되었을 때는 산소 마스크를 사용한다.

그림 1-2 안전모

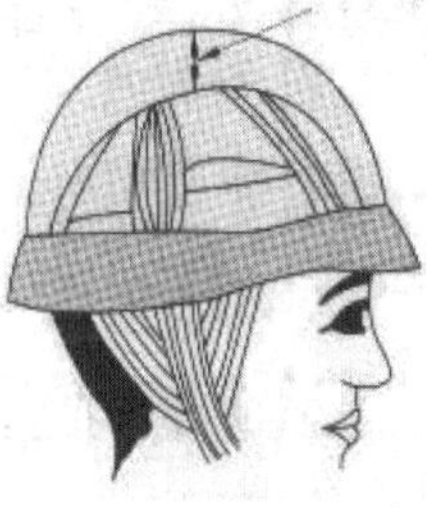

(4) 장갑 : 용접 작업에는 가죽 장갑 등 고열에 견딜 수 있는 것을 사용하며, 작업 내용에 따라 적당한 것을 사용한다. 그러나 선반 작업, 드릴, 목공 기계, 연삭, 해머 작업, 정밀 기계 작업 등에는 착용해서는 안된다.

(5) 안전모

① 높은 곳의 물건이 떨어지거나 추락, 충돌시 머리를 보호할 수 있는 안전모를 반드시 착용한다.
② 안전모의 내부 상단과 머리 상부 사이의 간격은 25mm 이상 유지해야 한다.
③ 안전모는 개인 전용으로 사용하며, 턱 조리개는 반드시 졸라매야 된다.

제2절 | 통행과 운반

1 통행시 안전

가. 통행시 안전 수칙

① 통행로 위의 높이 2m 이하에는 장애물이 없도록 하며, 작업장에서 뛰지 않는다.
② 기계와 다른 시설물 사이의 통행로 폭은 80cm 이상으로 한다.
③ 한눈을 팔거나 주머니에 손을 넣고 걷지 말며, 통로가 아닌 곳은 다니지 않는다.
④ 우측 통행 규칙을 지키고, 높은 작업장 밑을 통과할 때 조심한다.
⑤ 작업자나 운반자에게 통로를 양보한다.

나. 통행로에 계단 설치시 고려 사항

① 견고한 구조로 하며, 경사가 너무 심하지 않게 해야 한다.
② 각 계단의 간격과 나비는 동일하게 하며, 적어도 한쪽에는 손잡이를 설치한다.
③ 높이 3m를 초과할 때에는 높이 3m 마다 계단참을 설치한다.

2 운반 안전

가. 운반 안전 수칙

그림 1-3 통행시 안전

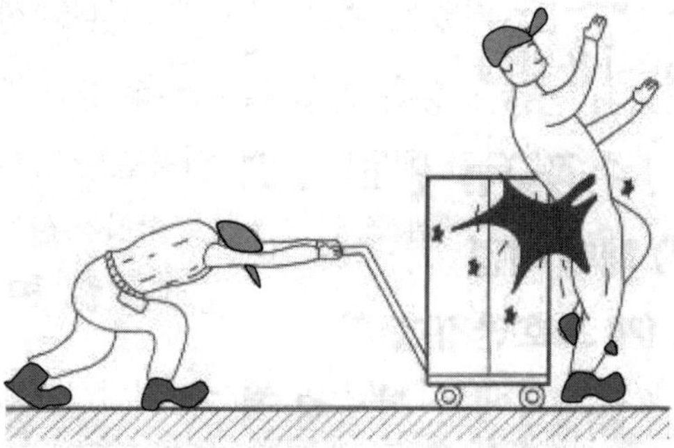

① 운반차는 규정 속도를 지키며, 승용석이 없는 운반차는 승차하지 않는다.
② 운반시 시야를 가리지 않게 쌓으며, 긴 물건에는 끝에 표지를 단 후 운반한다.
③ 빙판의 운반시 미끄럼에 주의한다.
④ 통행로와 운반차, 기타의 시설물에는 안전표지 색을 이용한 안전표지를 한다.
⑤ 운반차는 자격을 가진자만이 운전한다.
⑥ 운반 전 통로의 장애물은 사전에 제거한다.
⑦ 적재 제한, 속도 제한을 지키며, 한쪽으로 쏠리지 않도록 적재하여 운반한다.
⑧ 통로 횡단시는 일단 정지하며, 후퇴시는 후방의 보행자 유무를 확인한다.

나. 작업장에서 작업하기 전 점검 사항

① 기계, 공구의 기능이 정상적인지, 가스 사용시 누설이나 폭발 위험 여부를 점검한다.
② 전기 장치의 이상 유무, 작업장 조명 상태를 확인한다.
③ 주변의 위험 요소 제거, 정리 정돈 상태를 확인한다.

제3절 | 기계 작업 안전

1 일반 수칙

① 공구에 기름, 물 등이 묻은 것은 사용하지 않는다.
② 수공구는 용도 이외에는 사용하지 않는다.
③ 공구, 기계는 사용 후 정리 정돈을 하고, 주변을 깨끗이 한다.

2 수공구류의 안전 수칙

가. 해머 작업

① 보호 안경을 착용하고 작업한다.
② 장갑을 끼지 말며, 해머를 자루에 꼭 끼워 사용한다.
③ 대형 해머를 사용시 능력에 맞게 사용하며, 처음에는 서서히(가볍게) 친다.
④ 좁은 곳에서 사용하지 않는다.

나. 정 작업

① 기름이 묻은 것은 깨끗이 닦은 후에 사용하며, 머리가 벗겨진 것은 사용하지 않는다.
② 따내기 작업을 할 때는 보호 안경을 착용하며, 절단할 때 조각의 비산에 주의한다.
③ 정을 잡은 손의 힘을 빼며, 날 끝이 결손된 것이나 둥글어진 것은 사용하지 않는다.
④ 정 작업은 처음에는 가볍게 두들기고 목표가 정해진 후에는 차츰 세게 친다.
⑤ 담금질한 재료를 정으로 치지 않는다.
⑥ 절단면을 손가락으로 만지거나 절삭 칩을 손으로 제거하지 않는다.

다. 드라이버 작업

① 드라이버는 홈에 맞는 것을 쓰며, 작업 중 드라이버가 빠지지 않도록 한다.
② 드라이버의 이가 상한 것을 쓰지 않는다.
③ 전기 작업에는 절연된 것 또는 전기의 통전 점검시는 검전 드라이버를 사용한다.

라. 스패너, 랜치 작업

① 해머 대용으로 사용하지 말며, 사용시 조금씩 돌린다.
② 너트에 꼭 맞게 사용할 것이며, 작은 볼트에 너무 큰 것을 사용하지 않는다.
③ 벗겨져도 손을 다치거나 넘어지지 않는 자세를 취한다.
④ 스패너에 파이프를 끼우거나 해머로 두들겨서 돌리지 않는다.
⑤ 사용시 몸 앞으로 잡아당길 것이며, 스패너와 너트 사이에 물림쇠를 끼우지 않는다.

3 다듬질 작업 안전

가. 바이스 및 줄 작업

1) 바이스 작업

① 바이스는 이가 꼭 맞게 하며, 작업 중 바이스를 자주 조인다.
② 바이스에 재료, 공구 등을 올리지 말며, 조(jaw)의 기름을 잘 닦아낸다.
③ 죠의 중심에 공작물이 오도록 하며, 체결한 후에는 핸들이 아래로 향하게 한다.
④ 무거운 공작물, 불안정한 공작물 고정시는 공작물 밑에 나뭇조각 등을 받쳐서 작업 중에 공작물이 낙하하지 않도록 한다.

2) 줄 작업

① 줄 자루는 소정의 크기의 것으로 튼튼한 쇠고리가 끼어진 것을 선택하고, 자루를 확실하게 고정하여 사용한다.
② 칩을 입으로 불거나 맨손으로 털지 말고 반드시 브러시로 털어낸다.
③ 줄을 레버나 잭 핸들 또는 해머 대신으로 사용하지 않는다.
④ 오른 손에 힘을 주고 왼손은 균형을 잡도록 한다.

나. 쇠톱 작업

① 작업 중 쇠톱이 부러져서 상처를 입지 않도록 한다.
② 쇠톱 자루와 태의 선단을 잘 붙들고 좌우로 흔들리지 않도록 작업한다.
③ 절삭이 끝날 무렵에는 힘을 빼고 가볍게 사용한다.

제4절 | 주요 기계 작업 안전

1 공작 기계 일반 안전 수칙

① 기계 위에 공구나 재료를 올려놓지 말며, 기계의 회전을 손이나 공구로 멈추지 않는다.
② 이송 중에 기계를 정지시키지 말며, 가공물, 절삭 공구의 설치를 확실히 한다.
③ 절삭 공구는 짧게 설치하고, 절삭성이 나쁘면 바로 바꾼다.
④ 칩이 비산할 때는 보안경을 쓰며, 절삭 중 절삭면에 손이 닿지 않도록 한다.

⑤ 칩을 제거할 때는 브러시나 칩 클리너를 사용하고, 맨손으로 하지 않는다.
⑥ 절삭 중이나 회전 중에는 공작물을 측정하지 않는다.

2 선반, 밀링 작업 안전

가. 선반 작업 안전 수칙

① 가공물을 설치할 때는 전원 스위치를 끄고 설치하며, 바이트는 기계를 정지시킨 후 설치한다.
② 돌리개는 적당한 크기의 것을 선택하고 심압대 스핀들이 많이 나오지 않도록 한다.
③ 공작물의 설치가 끝나면 척, 랜치류는 곧 빼어 놓는다.
④ 편심된 가공물을 설치할 때는 균형 추를 부착한다.

나. 밀링 작업 안전 수칙

① 절삭 공구 설치시 시동 레버와 접촉하지 않도록 한다.
② 공작물 설치시 절삭 공구의 회전을 정지하며, 가공 중에 얼굴을 가까이 대지 않는다.
③ 절삭 공구에 절삭유를 줄 때는 커터 위에서부터 주유한다.
④ 칩이 비산하는 재료는 커터 부분에 커버를 하거나 보안경을 착용한다. [그림 1-4 참조]

그림 1-4 밀링 커터 방호 장치

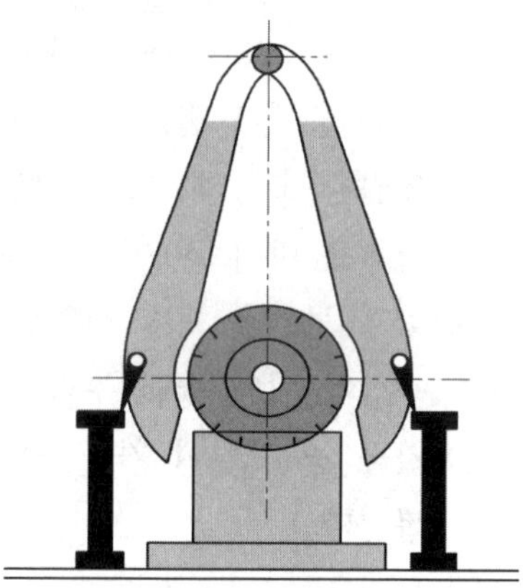

3 연삭, 드릴 작업 안전

가. 연삭 작업 안전 수칙

① 숫돌은 반드시 시운전에 지정된 사람이 설치한다.
② 숫돌을 설치하기 전에 균열 유무를 확인(나무 망치 등으로 때려 타진음 파악)한다.
③ 숫돌은 기계에 규정된 것을 사용하며, 숫돌 커버는 벗겨진 채 사용하지 않는다.
④ 숫돌차의 안지름은 축의 지름보다 0.05～0.15mm 정도 크며, 플랜지는 좌우 같은 것을 사용하고 숫돌 바깥 지름의 1/3 이상의 것을 사용한다.
⑤ 플랜지와 숫돌 사이에는 플랜지와 같은 크기의 패킹을 양쪽에 끼우고 너트를 너무 강하게 조이지 않는다.

⑥ 시운전시 숫돌은 3분 이상, 작업 개시 전에는 1분 이상 공회전한 후 사용한다.
⑦ 숫돌과 받침대의 간격은 항상 3mm(1.5mm 정도) 이하로 유지한다.
⑧ 공작물은 받침대로 확실하게 고정하며, 소형 숫돌은 측압이 약하므로 측면 사용을 피한다.(컵형 숫돌은 예외)
⑨ 공작물과 숫돌은 조용하게 접촉하고 무리한 압력으로 연삭하지 않는다.
⑩ 안전 차폐막을 갖추지 않은 연삭기를 사용할 때는 방진 안경을 착용한다.

그림 1-5 연삭 숫돌 안전

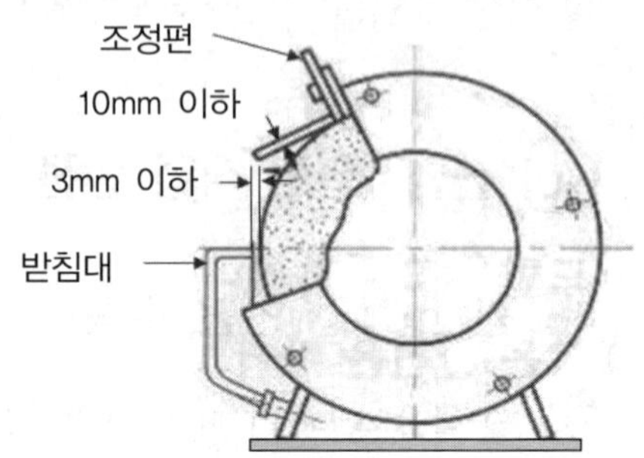

나. 드릴 작업 안전 수칙

① 회전하고 있는 주축이나 드릴에 손이나 걸레를 대거나 머리를 가까이 하지 않는다.
② 드릴은 양호한 것을 사용하고, 생크에 상처나 균열이 있는 것은 사용하지 않는다.
③ 가공 중에 드릴의 절삭성이 나빠지면 곧 드릴을 재연삭하여 사용한다.
④ 드릴을 고정하거나 풀 때는 주축이 완전히 멈춘 후에 한다.
⑤ 물건은 바이스나 고정구로 고정하고 직접 손으로 잡지 않는다.
⑥ 얇은 물건을 드릴 작업할 때는 밑에 나무 등을 놓고 구멍을 뚫는다.
⑦ 구멍이 거의 뚫릴 무렵에는 가공물이 회전하기 쉬우므로 이송을 느리게 한다.
⑧ 가공 중 드릴이 가공물에 박히면 곧 바로 기계를 정지시키고 손으로 돌려서 드릴을 뽑는다.
⑨ 드릴 및 척을 뽑을 때는 주축과 테이블의 간격을 좁히고 테이블 위에 나무 조각을 놓고 실시하며, 드릴, 소켓 등을 뽑을 때는 드릴 뽑게를 사용하며 해머 등으로 두들겨서 뽑지 않는다.

4 프레스(전단기) 작업 안전

가. 프레스 작업 안전 수칙

① 기계의 사용 방법을 완전히 익힐 때까지 함부로 기계에 손대지 않는다.
② 작업 전에 급유하고 몇 번 시운전을 하며 활동부의 움직임 및 작업 상태를 점검한다.
③ 형틀(die) 고정 후 시험 작업을 해보며, 안전 장치의 작동 상태를 점검한다.
④ 운전 중 램 밑에 손이 들어가지 않도록 하며, 작업이 끝난 후엔 반드시 스위치를 끈다.

⑤ 패달을 불필요하게 밟지 말며, 2명 이상이 작업할 때는 신호를 정확하게 하고 안전 상태를 확인한 후 패달을 밟는다.

⑥ 손질, 수리, 조정 및 급유시에는 기계를 멈춘 후 실시한다.

나. 프레스 안전 장치의 종류

프레스 종류 및 작업 내용에 가장 적절한 방호 장치를 사용한다. 2종류 이상의 방호 장치를 병행하여 사용한다. 방호 장치에는 광전자식과 양수조작식이 많이 쓰인다.

1) 광전자식

① 급정지 장치가 없는 구조의 프레스는 사용을 금한다.(예 : 슬라이딩핀 클러치, 로링키 클러치)

② 스트로크 적정 길이에 따라 광축수가 알맞아야 한다.

③ 프레스 정지 기능에 알맞는 안전 거리를 확보한다.

④ 안전울 또는 가이드를 병행하여 사용한다.

그림 1-6 프레스 안전 장치

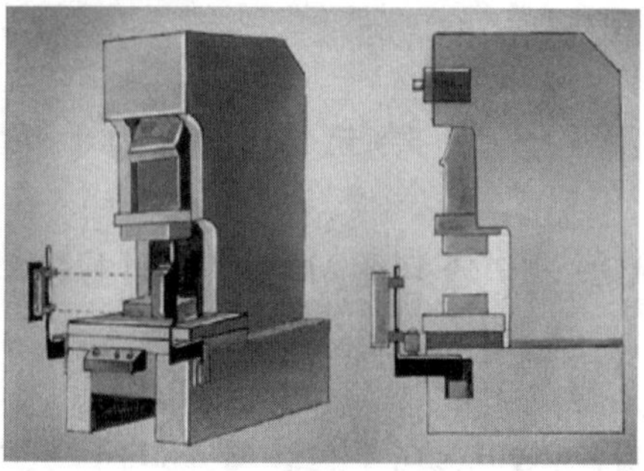

2) 양수 조작식

① 1행정 1정지 기능이 있는 프레스에 사용한다.

② 양수버튼의 거리는 300mm 이상으로 한다.

③ 양손으로 동시에 0.5초 이내 버튼을 눌렀을 때만 작동한다.

3) 기타

손 쳐내기식, 수인식 방호 장치가 있다.

PART 3 용접 작업 안전

단원 종합 문제 {제1장 ▮ 일반 및 기계 안전}

01 작업복의 선택 조건 3가지를 쓰시오.

02 다음 중 보호구의 구비 조건이 될 수 없는 것은?

① 구조(외양)와 끝마무리가 양호하며, 손질하기 쉬울 것
② 착용이 간편하며, 작업에 방해가 안될 것
③ 위험, 유해 요소에 대한 방호성이 나쁠 것
④ 재료의 품질이 좋고, 사용 목적에 적합하며, 사용자에게 잘 맞을 것

03 산소가 몇 %이상 결핍시 산소 마스크를 사용해야 하는가?

① 10% 이하　② 16% 이하　③ 20% 이하　④ 26% 이하

04 안전모의 상부와 머리 사이의 간격은 얼마 이상이 되어야 하는가?

① 10mm　② 15mm　③ 20mm　④ 25mm

05 통행시 통행로 위의 높이 얼마 이하에는 장애물이 있어서는 안되는가?

06 기계와 다른 시설물 사이의 통행로의 폭은 얼마 이상이 되어야 하는가?

① 60cm 이상　② 80cm 이상　③ 100cm 이상　④ 120cm 이상

07 높이 얼마 이상일 때 3m마다 계단을 설치해야 하는가?

① 1m　② 2m　③ 3m　④ 5m

08 해머 작업, 정작업의 안전 수칙을 3가지씩 쓰시오.

09 다음 중 줄 작업의 안전 수칙으로 적당하지 않은 것은?

① 줄 자루는 확실하게 고정하여 사용할 것
② 칩을 입으로 불거나 맨손으로 털지 말고 반드시 브러시로 털 것
③ 급할 경우 줄을 래버나 잭 핸들 또는 해머 대신으로 사용할 것
④ 바른 손에 힘을 주고 왼손은 균형을 잡도록 할 것

10 공작 기계의 일반 안전 수칙을 3가지만 쓰시오.

11 연삭 작업의 안전 수칙을 3가지만 쓰시오.

12 연삭 작업시 숫돌과 받침대의 간격은 얼마 이하로 유지해야 되는가?

13 다음 중 드릴 작업의 안전 수칙으로 부적합한 것은?

① 회전하고 있는 드릴에 손이나 걸레를 대지 말 것.
② 생크에 상처나 균열이 있는 것은 사용하지 말 것.
③ 가공 중에 드릴의 절삭성이 나빠지면 다음 작업시에 재연삭하여 사용할 것.
④ 드릴을 고정하거나 풀 때는 주축이 완전히 멈춘 후에 할 것.

14 프레스에서 양수 조작식 안전기의 두 버튼간 거리는 얼마 이상으로 해야 되는가?

① 100mm ② 200mm ③ 300mm ④ 500mm

15 양손으로 동시에 몇 초 이내 버튼을 눌렀을 때만 작동해야 되는가?

16 프레스의 안전 장치를 3가지만 쓰시오.

제1장 일반 및 기계 안전 문제 해설 [p.361~369]

1. P362 [1] 가. 작업복
2. ③ (유해 요소에 대한 방호성이 좋을 것)
3. ②
4. ④
5. 2m
6. ②
7. ③
8. P365 [2] 가. 해머 작업, 나. 정 작업
9. ③.(아무리 급해도 해머 대신 사용해서는 안된다)
10. P366 [1] 공작 기계 일반 안전 수칙
11. P367 [3] 가. 연삭 작업 안전 수칙
12. 3mm 이하
13. ③(즉시 연마하여 사용해야 된다.)
14. ③
15. 0.5초
16. 광전식, 양수 조작식, 손처내기식, 수인식

02 산업 안전

제1절 | 산업 재해

1 재해와 안전

가. 재 해

재해란 사고의 결과로 인해 인간이 입은 인명과 재산상의 손실을 말하며, 우리나라에서는 근로자가 업무 수행 중 그 업무로 말미암아 부상 또는 질병에 걸리거나 사망하는 것을 말한다.

여기서 근로자란 작업 종류와 관계없이 임금을 목적으로 사업장에 근로를 제공하는 자를 말한다.

나. 국제노동기구(ILO)의 정의

근로자가 물체와 물질 또는 타인과 접촉하여 또는 물체나 작업 조건 속에 몸을 두었기 때문에, 근로자의 작업 동작 때문에 사람에게 상해를 주는 것을 말한다.

다. 안 전

안전(安全)이란 직, 간접으로 인명 및 재산상의 손실을 가져오는 산업 재해를 사전에 막기 위한 여러 가지 활동을 말한다.

안전 관리란 재해로부터 인간의 생명과 재산을 보호하기 위한 활동을 말한다.

라. 중대 제해

"중대산업재해"란 「산업안전보건법」 상 산업재해 중 다음 각 목의 어느 하나에 해당하는 결과를 야기한 재해를 말한다.

① 사망자가 1명 이상 발생

② 동일한 사고로 6개월 이상 치료가 필요한 부상자가 2명 이상 발생

③ 동일한 유해요인으로 급성중독 등 대통령령으로 정하는 직업성 질병자가 1년 이내에 3명 이상 발생

마. 중대 시민재해

"중대시민재해"란 특정 원료 또는 제조물, 공중이용시설 또는 공중교통수단의 설계, 제조, 설치, 관리상의 결함을 원인으로 하여 발생한 재해로서 다음 각 목의 어느 하나에 해당하는 결과를 야기한 재해를 말한다. 다만, 중대산업재해에 해당하는 재해는 제외한다.

① 사망자가 1명 이상 발생
② 동일한 사고로 2개월 이상 치료가 필요한 부상자가 10명 이상 발생
③ 동일한 원인으로 3개월 이상 치료가 필요한 질병자가 10명 이상 발생

2 재해 원인과 상호 관계

가. 불안전한 행동(인적 사고의 원인)

불안전한 행동은 재해 발생의 중요한 인적 원인이며, 선천적 원인과 후천적 원인이 있는데 선천적 원인으로는 신체적 기능인 내장, 골격, 근육, 지속력, 운동력의 5관에 이상이 있어 안전하게 작업을 할 수 없는 경우와 정신적으로 지능, 성격, 판단력 등에 이상이 있는 경우를 들 수 있다.

또 후천적 원인으로는 기능적인 능력, 기량이 부족한 경우와 사전 지식이 충분하지 못하여 위험에 대한 방호 방법이나 통제 방법을 모르는 경우이다.

1) 선천적 원인

① **신체의 결함** : 부자유스러운 손이나 난청이 원인이 되어 일으키는 재해
② **체력의 부적응** : 체력의 한계를 넘어 작업시에 일으키는 재해
③ **질병** : 신체가 허약하여 병중이거 병후에 주의력이 부족하여 일으키는 재해

2) 후천적 원인

① **무지** : 기계의 취급 방법 및 성질 등을 알지 못하는 데서 일으키는 재해
② **과실** : 취급이나 조작 잘못 및 부주의에서 일으키는 재해
③ **미숙련** : 기능의 정도가 낮아 일으키는 재해
④ **난폭, 흥분** : 물건 취급시 난폭하거나, 매사에 흥분하고 서둘러서 일으키는 재해
⑤ **고의** : 경솔하게 작업 명령 및 안전 수칙을 지키지 않거나 일부러 위험한 줄 알면서

일으키는 재해

⑥ 음주 : 전날 술을 과음하고 덜 깬 상태에서 작업시 일으키는 재해

⑦ 수면 부족 : 수면이 부족하여 졸린 상태에서 작업시 일으키는 재해

⑧ 기타 : 사물을 판단하는 능력이나 주의하는 습관이 부족한 데서 기인하는 재해

나. 불안전한 상태(물적 사고 원인)

재해의 물적 원인에는 시설물의 불안전한 상태가 주원인이 되며, 이는 안전 기준 미흡, 안전 장치 불량, 안전 교육, 시설물 자체의 강도, 조직, 구조 또는 작업장의 협소 등이 불량한 관계로 발생하는 사고를 말한다.

① 건물 : 구조, 환기, 작업장 통로의 불량 등에 의해서 일으키는 재해

② 시설 : 불안전한 기계 및 시설, 안전 장치가 없거나 고장, 불량한 공구나 도구 등에 의해서 일으키는 재해

③ 취급품 : 불안전한 재료, 가공품, 제품 등에 의해서 일으키는 재해

④ 기타 : 정리 정돈의 불량, 작업 계획의 불량 등에 의해서 일으키는 재해

다. 산업 재해의 경향

① 재해의 계절 : 재해가 가장 많은 계절은 여름(7～8월), 재해가 가장 많이 일어나는 날은 휴일 다음 날이다.

② 작업 시간 : 하루 중 가장 사고가 많이 나는 시간은 오후 3시경으로, 피로가 많이 오는 시간이다.

③ 장치 : 재해가 가장 많은 작업은 운반 작업, 재해가 가장 많은 전동 장치는 벨트 등이다.

④ 재해와 숙련도 : 경험이 1년 미만인 근로자의 사고가 많다.

⑤ 위험 작업 : 제조업 분야가 가장 많고, 다음이 건설업이다.

⑥ 나이별 재해 경향 : 나이에 따라 재해 발생 경향은 50세 이상이 6.1%, 30～49세 사이가 49.5%(2.5%), 20～29세 사이가 33.3%(3.3%), 18～19세가 7.7%이다. 여기서 ( ) 안은 1년 단위로 환산한 %이다.

제2절 | 산업 재해율

1 재해율

재해 발생의 빈도 및 손실의 정도를 나타내는 비율을 말한다. 재해 사고 발생시 재해를 조사하기 위해서는 현장을 보존해야 되며, 재해사실과 목격자, 감독자, 피해자 등의 진술 등을 조사해야 된다. 재해율의 종류에는 다음과 같다.

① 재해 발생의 빈도 : 연천인률, 만인률, 도수율

② 재해 발생에 의한 손실 정도 : 강도율

2 재해 발생 빈도

산업재해의 지표로는 산업재해의 성격에 따라 여러 가지의 지표가 사용되고 있으며, 일반적으로 많이 사용되고 있는 것은 도수율(frequency rate), 강도율(severity rate), 천인율과 만인율 등이 있다.

가. 연천인률, 만인률

천인률은 근로자 1000명이 1년간 작업하는데 몇 사람의 비율로 산업 재해가 발생했는가, 근로자 1,000명당 재해자수의 비율을, 만인율은 산업재해를 당한 근로자의 수가 얼마나 되는지를 알아보는 척도이다. 출석률, 작업 시간은 고려하지 않은 상태이다.

$$\text{연천인률} = \frac{\text{재해 건수}}{\text{평균 근로자 수(재적 인원)}} \times 1000$$

예제 평균 근로자 수가 200명인 직장에서 8명의 재해자가 발생했다면 연천인률은?

풀이 ➡ $\text{연천인률} = \frac{8}{200} \times 1000 = 40$

즉, 근로자수 1000명당 40명의 재해자 발생한다는 의미이다.

나. 도수율(F.R)

ILO(국제노동기구)에서 국제 간 또는 국내 타 기업 간의 산업활동에서 차지하는 재해 건수, 산업 재해 빈도를 비교하는 척도로 채용하고 있다. 연 총근로 시간 100만(10^6) 시간당 산업 재해가 몇 건 일어났는가를 알아보는 척도이다.

$$\text{도수율} = \frac{\text{재해 발생 건수}}{\text{연 총근로 시간 수}} \times 10^6$$

예제 350명의 근로자가 있는 공장에서 연간 15건의 재해가 발생했다. 1일 8시간 연간 300일 근무한다면 도수율은 얼마인가?

풀이 ➡ 1) 연 근로 시간 수 = 350명 × 8시간 × 300일 = 840,000시간

2) 도수율 = $\frac{15}{840000} \times 1000000 = 17.86$

즉, 연 근로 시간 100만 시간 중에 18 발생했다는 의미이다.

다. 연천인률과 도수율과의 관계

$$연천인률 = 도수율 \times 2.4, \quad 도수율 = \frac{연천인률}{2.4}$$

3 재해 발생 손실 정도

가. 강도율

강도율은 총근로시간을 기준으로 재해로 인한 작업손실일수가 얼마나 되는가를 천단위로 계산한 것으로, 재해의 경중을 나타내며, 도수율과 더불어 ILO(국제노동기구) 회의에서 채택한 재해의 손실 정도를 나타낸 것이다. 즉 강도율 1.50이란 근로 시간 1000시간 중에 재해로 인해 1.5일의 손실이 있었다는 것을 의미한다.

$$강도율 = \frac{근로\ 손실일\ 수}{연\ 총근로\ 시간\ 수} \times 1000$$

제3절 | 안전 표지와 색채

1 안전 표지 부착

사업장의 유해, 위험한 시설과 장소에 대한 경고, 비상시 조치의 안내, 기타 안전 의지의 고취를 위하여 노동부령이 정하는 바에 의하여 안전·보건 표지를 설치하거나 부착해야 한다.

가. 녹십자 표지

녹십자 표지는 1964년 노동부 예규에 따라 산업 안전의 상징으로 쓰이게 되었으며, 산업 안전 관리에 대한 기업주의 각성을 촉구하고 근로자의 주의를 환기시키기 위한 표지이다.

나. 안전 표지의 부착

작업장 내에서 위험한 장소나 근로자의 출입이 빈번한 장소에 녹십자 표지 부착을 권장하며, 기타 안전 표지도 부착하도록 권장하고 있다. [그림 2-1 참조]

그림 2-2 여러 가지 안전 표지

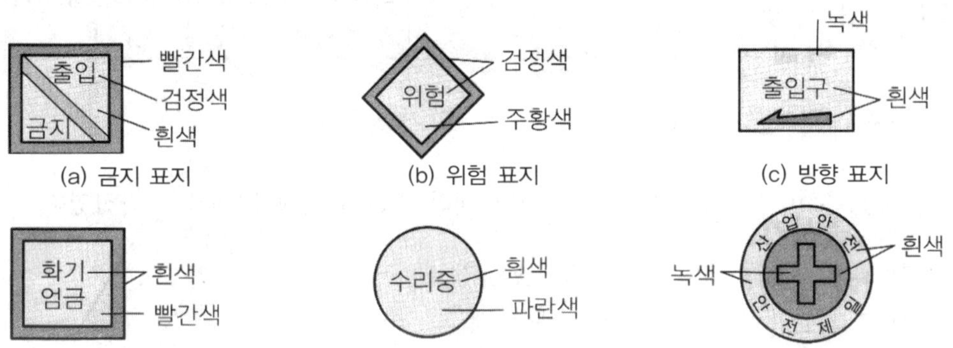

(a) 금지 표지 (b) 위험 표지 (c) 방향 표지 (d) 방화 표지 (e) 조심 표지 (f) 녹십자 표지

2 안전 표시와 색채 사용도

가. 안전 관리의 중요성(필요성)

① 생산의 감소를 가져오는 모든 손실을 방지한다.

② 근로자 : 재해로부터 인명과 재산을 보호하여 작업에 대한 불안을 제거해 주어 작업에 대한 열의와 애착을 갖도록 한다.

③ 기업가 : 생산 능률의 저해, 재산의 피해를 제거해줌으로써 보다 안정된 이윤을 보장한다.

나. 안전 표시와 색채 사용도

표 2-1 안전 · 보건 표지의 종류와 색채(2011. 3.3 개정)

분류	표지의 종류	관련 색채
금지표지	출입, 보행, 차량통행, 사용, 탑승금지, 금연,	1. 바탕 : 흰색, 기본모형 : 빨간색

	화기, 물체이동 금지	2. 관련 부호 및 그림 : 검은색
경고표지	1. 방사성, 고압전기, 낙하물체, 고온, 저온, 레이저광선, 위험장소, 몸균형 상실 2. 인화, 폭발, 부식, 급성·전신·생식독성, 발암·호흡과민성물질 경고	1. 바탕 : 노란색, 기본모형, 관련 부호, 그림 : 검은색 2. 바탕 : 무색, 기본모형 : 빨간색(검은색도 가능)
지시표지	보안경, 방독마스크, 방진마스크, 보안면, 안전모, 귀마개, 안전화, 안전장갑, 안전복착용	1. 바탕 : 파란색, 2. 관련 그림 : 흰색
안내표지	녹십자표지, 응급구호표지, 들것, 세안장치, 비상용기구, 비상구	1. 바탕 : 흰색, 기본모형, 부호 : 녹색, 3. 관련 부호 및 그림 : 흰색
출입금지 표지	금지유해물질, 허가대상 유해물질 취급, 석면취급 및 해체·제거	1. 글자 : 흰색바탕에 흑색 2. 적색 : (○○제조/사용/보관 중, 석면취급/해체중, 발암물질 취급중)

다. '안전제일' 표의 내용

'안전 제일'은 미국 철강회사(US steel)의 게리 (Gary) 사장에 의해 시작하였다.

① 제창 초기 : 품질 제1, 생산 제2, 안전 제3

② 개선 : 안전 제일(1), 품질 제2, 생산 제3

제4절 | 작업 환경과 조건

1 작업 환경

가. 채광과 조명

작업장의 채광과 조명은 근로자의 건강과 안전, 작업 효율에 매우 중요한 요소이다. 불충분한 채광이나 조명은 사고 위험과 눈 피로 증가, 생산성 저하 등 다양한 문제를 초래할 수 있다.

1) 채 광

① 자연 광선이 태양 광선(4500lx)에 의해서 조명을 얻는 경우를 채광이라고 한다.

② 창의 크기 : 바닥 면적의 1/5 이상 되야 효과가 있으며, 천정 창은 벽 창에 비하여 약

3배 이상 되어야 채광 효과를 갖는다.

③ 작업 환경 : 채광은 조도와 밀접한 관계가 있으며, 일반적으로 바닥 면적의 1/5 이상으로 하면 좋으며, 초정밀 작업시의 조도는 700∼1500Lx(룩스), 정밀 작업시는 300∼700Lx, 거친 작업에는 70∼150Lx가 적합하다.

2) 조 도

① 빛을 받는 면의 밝기를 조도라고 하며, 단위는 lux이다.
② 조도의 기준 : 적당한 밝기, 밝기의 고름, 눈부심이다.
③ 옥내의 최저 조도 : 30∼50lux 정도 유지해야 한다.

표 2-1 조도의 기준(KS A 3011 조도기준)

공 장		일반 공통	
장 소	조도(표준)(lx)	장 소	조도(표준)(lx)
초정밀 작업	1500~3000(2000)	계산, 포장, 진열대	600~1500(1000)
정밀 작업	600~1500(1000)	일반사무, 강의실	300~600(400)
보통 작업	300~600(400)	응접, 회의, 상담실	150~300(200)
거친 작업	60~150(100)	로비, 휴게실	50~150(100)

나. 환기, 환풍

① 작업장의 가장 바람직한 온도 : 여름 : 25∼27℃, 겨울 : 15∼23℃
② 바람직한 상대 습도 : 50∼60%
③ 온도와 재해 빈도 : 작업 환경에 있어서 온도가 17∼23℃ 정도일 때 재해 발생 빈도가 적고, 그보다 낮아져도 증가하게 되며, 그보다 온도가 높아지면 증가 빈도가 더욱 현저하다.

④ 감각 온도(ET) : 기온, 습도, 기류 3가지로 분류하며, 쾌적한 감각 온도는 다음과 같다.
　㉠ 정신적 작업 : 60∼65ET
　㉡ 가벼운 육체 작업 : 55∼65ET
　㉢ 육체적 작업 : 50∼62ET

⑤ 불쾌 지수
　㉠ 불쾌 지수란 기온과 습도의 상승 작용에 의해 인체가 느끼는 감각 정도를 측정하는 척도이다.

㉡ 불쾌 지수는 감각 온도를 변형한 것으로 다음과 같이 계산한다.

$$\text{불쾌 지수(EMR)} = \frac{\text{작업 소비 에너지} - \text{안정한 때의 소비 에너지}}{\text{기초 대사}}$$

㉢ 섭씨(℃)인 경우 불쾌 지수 = 0.72 × (ta + tw) + 40.6
여기서, ta : 건구 온도, tw : 습구 온도

㉣ 일반적으로 불쾌 지수가 70 이하인 때 쾌적하고, 70 이상이면 불쾌감을 느끼며, 75 이상이면 과반수 이상의 사람들이 불쾌감을 호소하며, 80 이상에서는 모든 사람들이 불쾌감을 느끼게 된다.

다. 소 음

1) 소음 허용한계 값

모든 소리가 소음은 아니며, 일반적으로 듣는 사람에게 불쾌감을 주는 소리가 소음이다. 높은 소음 수준시 청력 손실(장애)이나 대화 방해, 기분 나쁜 자극, 괴로움, 스트레스 등 유발, 혈액 순환에도 영향을 준다. 허용 한계값은 85~95dB로 정하고 있다.

2) 인체에 유해한 소음

85~90dB(A) 또는 그 이상으로 연속적으로 발생하는 소음은 청력에 손상을 주며, 이 소음 수준에서 하루에 5시간 이상 폭로가 지속되면 청력 장애를 초래할 위험이 있다. 또한, 폭발음에 의해 청력 손실이 유발될 수 있다.

2 작업 조건에 의한 병(직업병)

가. 소음에 의한 질병

① 난청 : 제관사, 조선 작업자, 증기 기관차 운전자 등
② 위장 장애 : 제관 작업자, 못질 목수 등

나. 분진에 의한 질병

① 규폐증 : 주물 작업자, 채석 작업자, 연마 작업자 등
② 피부염 또는 발열 : 철선 작업자 등
③ 납 중독 : 인쇄 작업자, 도장사, 축전지 취급 작업자 등

다. 유해 가스에 의한 질병

① 금속 증기열 : 용접사, 주물 작업자, 열처리 작업자 등
② 벤젠 중독 : 염료 제조사, 도장사 등
③ 일산화탄소 중독 : 자동차 운전자 및 정비사, 무연탄 사용자, 화부 및 제철 작업자 등

라. 방사선 및 광선에 의한 질병

생식 불능(X선 취급사 등), 안염(용접사 등)

마. 작업 불규칙에 의한 질병

불면증(야간 근로자 등), 위장병(야간 근로자, 무리한 작업자 등)

바. 이상 온도에 의한 질병

신경통(냉동 작업자 등), 심장병(화부, 제철 작업자, 단조 작업자 등), 열사병(제철 작업자, 조선 작업자, 화부, 토목 인부, 농부 등)

제5절 | 화재 및 폭발 재해

1 화재 및 폭발

가. 화 재

① 화재 또는 연소 : 어떤 물질이 산소와 결합하면서 열을 방출하는 산화 반응이다.
② 화재 발생 조건(구성 요소) : 가연성 물질, 산소, 점화원이 필수이며, 어느 하나라도 제거하면 화재는 발생하지 않는다.

나. 화재의 분류

(1) A급(일반) 화재 : 연소 후 재를 남기는 화재(종이, 목탄, 석탄 등), 화재시 분말 소화기나 CO_2 소화기가 좋으며 포말 소화기도 적합하다.(백색으로 표시)

(2) B급(유류) 화재 : 액체상 또는 기체상의 연료성 화재(휘발유, 벤젠 등), 화재시는

CO_2 소화기가 가장 좋고, 분말 소화기나 포말 소화기도 적합하다.(황색으로 표시)

(3) C급(전기) 화재 : 전기 에너지가 발화원이 되는 화재로 전기 시설의 화재, 분말 소화기가 가장 좋으나 포말 소화기는 부적합하다.(청색으로 표시)

(4) D급(금속) 화재 : 금속 칼륨, 금속 나트륨, 유황, 탄산 알루미늄 등의 화재(무색 표시)

(5) E급(가스) 화재 : 가연성 가스에 의해 발화원이 되는 화재(황색으로 표시)

표 2-2

국 내		미국방화협회(NFPA 10)		국제표준화기구(ISO7165)	
A	나무, 옷, 종이, 고무 등의 일반 가연물	A	나무, 옷, 종이, 고무 등의 일반 가연물	A	연소시 불꽃을 발생시키는 유기물질, 고체물질 화재
B	인화성액체, 가스 등의 유류화재	B	인화성액체, 가스 등의 유류화재	B	액체 또는 액화하는 고체로 인한 화재
C	통전중인 전기 등에서 발생한 화재	C	통전중인 전기 등에서 발생한 화재	C	가스로 인한 화재
D	미분류	D	Mg, Na, K 등의 금속성 화재	D	금속으로 인한 화재
K	미분류	K	가연성 튀김기름을 포함한 조리로 인한 화재	F	가연성 튀김기름을 포함한 조리로 인한 화재

다. 폭 발

(1) 석유 화학, 정유, 가스 관련 공장 등에서 고온, 고압으로 폭발, 화재나 가스 중독의 위험이 크며, 대형 사고로 이어질 수 있다.

(2) 방폭의 목적

① 1차 목적 : 산소와 혼합되어 화재나 폭발하게 하는 위험 물질의 생성과 확산을 방지 · 억제 · 제한하는 것

② 2차 목적 : 점화원이 되는 공장 설비 중에서 특별히 전기 설비에 의한 위험 정도의 활성화를 방지하는 것

③ 3차 목적 : 폭발이 일어난 후 그 폭발 규모가 산업 설비에 큰 위험을 주지 않을 정도의 조치를 취하는 것

(3) 폭발 한계

① 폭발 하한계 : 인화성 가스의 공기 중 농도가 폭발 한계 이상이면 점화원에 의해 폭발하게 되는데, 폭발이 일어날 수 있는 가장 낮은 공기 중 화학 물질의 농도

② 폭발 상한계 : 폭발이 일어날 수 있는 가장 높은 공기 중 농도

표 2-3 중요 가스의 공기 중 폭발 한계

가스의 종류	폭발 하한계(V%)	폭발 상한계(V%)
수 소	4.0	74.5
프 로 판 / 아세틸렌	2.1 / 2.5	9.5 / 81.0
암모니아 / 부 탄	15.0 / 1.8	28.0 / 8.4

2 화재 및 폭발 방지 대책

가. 화재 방지 대책

① 인화성 액체의 반응 또는 취급은 폭발 한계 범위 이외의 농도로 한다.
② 배관 또는 기기에서 가연성 증기의 누출 여부를 철저히 점검한다.
③ 필요한 곳에 화재를 진화하기 위한 방화 설비를 설치한다.
④ 대기 중에 가연성 가스를 누설 또는 방출시키지 않는다.
⑤ 아세틸렌이나 LP 가스 용접시에는 가연성 가스가 누설되지 않도록 한다.
⑥ 용접 작업 부근에 점화원을 두지 않도록 한다.

나. 가스 용기 취급상 주의 사항

① 가스 용기의 이동, 운반시 밸브를 확실히 잠그고 캡을 꼭 씌워 둔다.
② 가스 용기를 끌거나 넘어뜨리거나 충돌시키는 등의 난폭한 취급을 하지 않는다.
③ 가연성 가스는 세워서 보관하며, 용기의 온도를 40℃ 이하로 유지한다.
④ 화기 사용 장소, 환기가 불충분한 장소, 위험물이나 다량의 가연성 물질의 제조나 취급하는 장소 등을 피하여 사용 및 저장한다.

3 소화기의 종류 및 용도

가. 소화 대책

① 소화기의 배치는 눈에 잘 띄는 장소에 하고, 예상되는 발화 장소에서 이용하기 쉬운 위치를 선택한다.
② 실외에 설치할 때는 상자에 넣어 둔다.
③ 위험물이나 타기 쉬운 물질에 가까이 두지 않는다.

④ 소화기는 정기적으로 점검하고 언제나 유효하도록 유지한다.

나. 화재에 적합한 소화기의 종류

소화기는 화재의 성질에 따라 선정해야 되며, 소화시에 가연물의 종류에 따른 제거, 화점의 냉각(냉각하면 온도가 낮아짐), 공기의 차단 중 어느 것에 중점을 주느냐에 따라 적합한 소화기를 선택하여 배치해 두어야 된다.

표 2-3 화재에 따른 소화기의 종류

화 재 / 소화기 종류	A : 보통 화재	B : 기름 화재	C : 전기 화재
포말 소화기	적 합	적 합	부적합
분말 소화기	양 호	적 합	양 호
CO_2 소화기	양 호	양 호	적 합

제6절 | 응급 조치

1 현장에 비치해야 할 구급 용품

가. 응급 조치의 3요소

각종 안전 사고 발생시에 상해의 정도에 따른 적당한 응급 조치가 필요하며, 응급 상황시 상처 보호, 쇼크 방지, 기도 유지를 응급 조치의 3요소라 한다.

나. 현장에 비치할 구급 용품

① 삼각 수건 및 지혈봉, 부목
② 붕대 및 탈지면
③ 솜, 반창고 및 가재, 대일 밴드
④ 기본 의료 기구(가위, 핀셋 등)
⑤ 기본 의약품 : 알코올, 요드팅크, 암모니아수, 붕산수 등

2 구급 조치

가. 창상(절창, 열창, 찰과상)

절창이란 칼이나 유리등에 베인 상처를 말하며, 열창이란 피부가 찢어진 상처, 찰과상이란 무엇에 긁히거나 스쳐서 살갗이 벗겨진 상처를 말한다.

① 상처 주위를 깨끗이 소독한다.
② 상처를 자극하지 말고 노출시킨다.
③ 불결한 종이나 수건을 대지 않는다.
④ 먼지, 토사가 붙어 있을 때는 무리하게 떼어내지 않는다.
⑤ 요드팅크 액을 바른 후 붕대로 감는다.

나. 타박과 염좌(인대손상)

① 요드팅크를 바를 것
② 냉찜질을 한다.
③ 머리, 가슴, 배 부분은 의사의 치료를 받는다.

다. 출 혈

① **출혈** : 혈액은 체중의 약 3.3%로서, 30% 이상 흘리면 위험하며, 50% 이상을 흘리면 사망한다.
② **정맥 출혈(검붉은 색) 시** : 압박 붕대나 손에 거즈를 대고 누르면서 상처 부위를 높게 한다.
③ **동맥 출혈(진분홍 색) 시** : 응급 조치로 지혈대나 압박 붕대, 지압법, 긴급 지혈법 등으로 지혈하며, 빨리 의사의 조치를 받아야 한다.
④ **피하 출혈** : 냉습포를 한 뒤에 온습포를 한다.

라. 화 상

화상은 넓은 의미로 열에 의해 피부 세포가 파괴되거나 괴사되는 것을 말하며, 화상 부위가 전신의 30%에 달하면 1도 화상이라도 생명이 위험하다. 화상을 입었을 때는 먼저 흐르는 깨끗한 물(찬물)에 씻어낸 후 소독약을 바르는 방법도 있으나 소독약에 따라서 상처 부위를 자극하여 악화시킬 수 있으므로 주의해야 된다.

물집은 일부러 터트리지 말며, 터진 경우 상처를 소독하고 피부를 잘 눌러 붙게 하고, 항생제 연고 등을 바른다. 그러나 심한 경우 반드시 의사의 진찰을 받아야 된다.

1) 화상 발생 원인에 따른 종류

(1) 화염 화상 : 화재 사고나 프로판, LPG 가스의 폭발로 인하여 화상을 입는 경우를 말하며, 대개 상처가 깊고, 호흡기 손상이 동반될 수 있다.

(2) 열탕 화상 : 뜨거운 물이나 식용유, 수증기 등에 의하여 화상을 입는 경우로, 주로 2도 화상이 많다.

(3) 전기 화상 : 감전으로 인해 발생하는 화상으로, 일반 가정에서 사용하는 낮은 전압에서도 화상이 발생할 수 있습니다. 종종 심각한 후유증이 생긴다.

(4) 화학 화상 : 산, 알칼리(양잿물 등)나 일반 유기 용매제 접촉에 의하여 일어나는 화상입니다. 경우에 따라 심각한 장애가 초래될 수 있다.

(5) 접촉 화상 : 뜨거운 철판, 다리미, 전기장판 등에 피부가 장시간 노출되면서 발생하는 화상으로, 대부분의 3도 화상으로 진행하게 된다.

2) 화상 상태 정도에 따라

(1) 제1도 화상 : 피부가 붉고 쑥쑥 아픈 정도이며, 피부층 중의 가장 바깥 층인 표피의 손상만을 가져온 화상이다. 조치 방법은 냉찜질이나 붕산수에 찜질한다.

(2) 제2도 화상 : 표피와 진피 둘 다 영향을 미친 화상으로, 피부가 빨갛게 되고 통증과 부어오름이 생기고, 물집이 생길 정도이며, 1도 화상과 비슷하다.
물집을 터트리지 말고, 응급 처치 후 일반 외과, 피부과, 또는 전문의의 치료를 받는다.

(3) 제3도 화상 : 표피, 진피, 하피까지 영향을 미쳐 피부가 검게 되거나 반투명 백색이 되어 위험하다. 피하 조직의 생기력 상실시는 2도 화상의 응급 조치 후 즉시 전문의의 진료를 받아야 한다.

(4) 제4도 화상 : 피부의 전층과 함께 피하의 근육, 힘줄, 신경 또는 골조직까지 손상받은 경우이며, 제3도 화상과 같이 조치해야 된다.

단원 종합 문제 {제2장 | 산업 안전}

01 재해의 정의를 쓰시오.

02 재해의 원인 중 불안전한 행동은 인적 원인인가 물적 원인인가?

03 질병, 음주, 수면 부족 등은 어떤 재해의 원인인가?

04 재해가 가장 많이 일어나는 계절은?

05 하루 중 가장 사고가 많이 일어나는 시간은?

06 재해의 발생 빈도를 나타내는 것은?

07 연천인율, 도수율 계산식은 어떻게 되는가?

08 연천인율과 도수율의 관계는 어떻게 되는가?

09 재해 강도율 계산식은 어떻게 되는가?

10 안전 관리의 중요성(필요성)을 설명하시오.

11 안전 색채 중 빨강색, 청색, 녹색, 흰색의 용도는 무엇인가?

12 산업안전보건법 시행규칙에서 방사성, 고압전기, 낙하물체 등을 나타내는 바탕색은?

13 안전 제일을 최초 제창한 사람과 최초 제창시 순서는?

14 황삭, 정밀, 초정밀 작업시 적당한 조도는 어떻게 되는가?

15 작업장에 따라 작업 특성에 맞는 적당한 조명을 하여야 한다. 보통 작업시 조도 기준으로 적합한 것은?

① 750Lux 이상 ② 75Lux 이상 ③ 150Lux 이상 ④ 300Lux 이상

16 불쾌 지수가 얼마 이상이면 모든 작업자가 불쾌감을 느끼는가?

17 소음의 허용 한계값은 얼마인가?

18 소음에 의해 일어날 수 있는 질병은 무엇인가?

19 분진에 의한 질병의 종류는 무엇인가?

20 응급 처치의 3대 요소가 아닌 것은?

① 상처 보호 ② 쇼크 방지 ③ 기도 유지 ④ 응급 후송

21 화재의 발생 요소 3가지를 쓰시오.

22 화재의 종류를 4가지 쓰시오.

23 유류 화재에 적합한 소화기는 무엇인가?

24 프로판 가스의 폭발 상, 하한은 얼마인가?

25 전기 화재에 부적합한 소화기는 무엇인가?

26 출혈은 몇 % 이상 흘리면 위험한가?

27 제1도 화상이라도 전신의 얼마 이상이면 사망의 위험이 있는가?

28 제1도 화상, 제2도 화상, 제3도 화상에 대하여 설명하시오.

제2장 산업 안전 문제 해설 [p.372~386]

1. P372 [1] 가.
2. 인적 사고의 원인
3. 인적 원인 중 신체적 원인
4. 여름(7~8월)
5. 오후 3시경
6. 연천인율, 도수율

7. 연천인율 = 도수율×2.4, 도수율 = $\frac{\text{연천인율}}{2.4}$

8. 연천인율은 도수율의 2.4배이다.

9. 강도율 = $\frac{\text{근로 손실일 수}}{\text{연 근로 시간 수}} \times 1000$

10. P377 2 가. 안전 관리의 중요성(필요성)

11. P378 2 나. 안전 표시와 색채 사용도.

12. 노랑색

13. 미국 철강회사(US steel)의 게리(Gary) 사장

14. P379 표 2-1 조도의 기준

15. ②

16. 80

17. 허용 한계값은 85~95dB로 정하고 있다.

18. 1) 난청 : 제관공, 조선공, 증기 기관차 운전자 등
2) 위장 장애 : 제관공, 못질 목공 등

19. P380 2 나.

20. ④(응급 후송은 응급 처치 후의 동작으로 응급 처치와 거리가 멀다)

21. 가연성 물질, 산소, 점화원이 필수이며, 어느 것 하나라도 제거되면 화재가 없다.

22. A급(일반) 화재, B급(유류) 화재 , C급(전기) 화재, D급(금속) 화재 , I급(가스) 화재

23. CO_2 소화기이며, 분말 및 포말 소화기도 적당하다.

24. 상한 한계 : 9.5, 하한 한계 : 2.5

25. 포말 소화기

26. 혈액은 체중의 약 3.3%로서, 30% 이상 흘리면 위험, 50% 이상을 흘리면 사망한다.

27. 30%

28. P386 2 라. 화상

chapter

03 용접 안전

제1절 ▎아크용접 안전

1 아크 광선에 의한 재해

가. 전광성 안염

① 아크 광선에는 다량의 자외선과 소량의 적외선이 발생하므로 직·간접으로 눈에 들어오면 전광성 안염(전안염)의 눈병이 생긴다.
② 급성은 아크 빛을 받은지 4~8시간 후 발병하며, 24~29시간 만에 회복되나, 심하면 결막염을 일으키거나 실명할 수도 있다.

나. 피부 손상

아크는 강렬한 빛과 고온의 열 때문에 피부가 노출될 경우 피부가 붉게 되어 화상을 입게 되며, 벗겨지게 된다.

다. 안염, 피부 손상 방지 대책

① 반드시 용도에 맞는 작업복과 차광도가 적합한 차광 렌즈가 부착된 헬멧이나 핸드 실드를 사용해야 한다.
② 교류 아크용접시 차광 렌즈는 10~11번, CO_2, MIG 용접은 12~13번을 사용한다.
③ 눈이 약간 충혈된 경우 냉습포 등을 하며, 심한 경우 안과 전문의의 진료를 받아야 한다.

2 전격에 의한 재해

가. 전격(감전)의 재해 주요 원인

① 용접 중 홀더가 신체에 접촉될 때, 홀더에 용접봉을 물릴 때

② 1차측과 2차측의 케이블의 피복 손상부에 접촉된 경우
③ 비가 오거나 젖은 장갑, 작업복을 입고 용접하는 경우
④ 전원 스위치를 켜두고 용접기를 수리할 때
⑤ 물이 묻은 상태에서 스위치를 조작하는 경우

그림 3-1 감전의 위험

나. 전격 방지 대책

① 교류 아크용접기는 검정에서 합격한 자동 전격 방지기를 설치한다.
② 전원 공급 장치는 규정대로 설치하며, 파손된 용접 홀더는 신품으로 교체한다.
③ 감전 사고 발생시 응급 조치를 실시한다.
④ 용접 작업 중 용접봉 끝부분 등이 충전부에 접촉되지 않도록 특히 유의한다.
⑤ 피복이 손상된 용접 홀더선은 절연 테이프로 수리한 후 사용하고, 손상이 심할 경우에는 신품으로 교체한다.
⑥ 본체와의 연결부는 절연 테이프로 감아서 사용한다.
⑦ 용접기 내부에 손을 넣지 않는다.
⑧ 용접이 끝나거나 장시간 휴식시는 스위치를 차단한다.
⑨ TIG 용접기 조작시 스위치를 누르면서 신체에 접촉 시키지 않는다.(고주파 발생 장치 회로에 고압 3000~5000V 사용됨)

3 가스 중독에 의한 재해

그림 3-2 국소 배기 장치

가. 가스 중독의 재해 원인

1) 용접 흄(fume)

용접시 열에 의해 증발된 피복제(용제) 등의 물질이 냉각되어 생기는 미세한 소립자를 말한다.

2) 유해 가스의 종류

① 오존, 질소 산화물, 일산화탄소, 불화수소, 산화철, 규산, 산화 망간, 불소 화합물
② 산화 크롬, 납, 주석, 아연, 포스겐, 포스핀, 도료, 피막 성분의 열분해에 의한 생성물

나. 용접 흄, 유해 가스 제거를 위한 환기 대책

① 국소 배기 장치, 전체 환기 장치를 설치한다.
② 흄용 방진 마스크, 송기 마스크를 착용한다.

제2절 | 가스 용접 및 절단의 안전

1 가스 용접 및 절단의 안전

가. 가스 설비 취급 안전

① 산소 밸브는 기름이 묻지 않도록 한다.
② 가스 호스가 꼬이거나 손상되지 않도록 하며, 호스 연결시 호스클립, 호스밴드 등 전용 접속구만을 사용한다.
③ 검사받은 압력 조정기를 사용하고 안전 밸브 작동시에는 화재·폭발 등의 위험이 없도록 가스 용기를 연결시킨다.
④ 가스 호스의 길이는 최소 3m 이상 되어야 한다.
⑤ 토치와 호스 연결부 사이에 역화 방지를 위한 안전 장치가 설치된 것을 사용한다.
⑥ 가스 공급구의 밸브, 코크에는 여기에 접속된 가스 등의 호스를 사용하는 자의 명찰을 부착하는 등 오조작을 방지한다.

나. 가스 용접 작업장의 안전 조치

① 용접 작업장에는 분말 소화기와 같은 적절한 소화기를 비치한다.
② 아세틸렌 용접 장치에 대하여는 그 취관마다 안전기를 설치한다.
③ 가스 집합 장치는 화기를 사용하는 설비로부터 5m 이상 떨어진 장소에 설치한다.
④ 도관에는 아세틸렌 관과 산소 관과의 혼동을 방지하기 위한 표시를 한다.
⑤ 흄 또는 분진이 발산되는 옥내 작업장에 대하여는 국소배기 장치를 설치하는 등 필요한 조치를 한다.

다. 가스 용접 작업 안전

① 용접 작업 중 불꽃 등의 튀김 등에 의하여 화상을 입지 않도록 방화복이나 가죽 앞치

마, 가죽 장갑 등의 보호구를 착용한다.

② 시력 보호를 위한 적절한 보안경을 착용한다.

③ 작업을 중단하거나 작업장을 떠날 때에는 공급구의 밸브, 코크를 잠근다.

④ 작업을 하지 않을 때는 가스 호스를 해체하거나 환기가 충분한 장소로 이동시킨다.

⑤ 용접 작업시 발생하는 불꽃이나 불똥의 튀김을 고려하여 인화 물질과 충분한 이격 거리를 확보한다.

⑥ 탱크 내부 등 통풍이 불충분한 장소에서 용접 작업을 할 때에는 탱크 내부의 산소 농도를 측정하여 산소 농도가 18% 이상이 되도록 유지하거나, 공기 호흡기 등 호흡용 보호구를 착용한다.

라. 가스 절단 작업의 안전

① 호스가 꼬여있는지, 막혀 있는지 확인하며, 절단 중에 시선은 절단면을 떠나지 않는다.

② 가스 절단에 알맞은 보호구를 착용하며, 호스가 용융 금속이나 산화물에 손상되지 않도록 한다.

③ 절단 불꽃의 방향은 안전한 쪽을 향하게 하고 조심스럽게 취급한다.

2 가스 용접 관계 안전 관리 법규

① 안전 관리자의 자격, 직무 기타 필요한 사항은 대통령령으로 정한다.

② 수소, 산소 및 액화 석유 가스 등을 사용시는 산업자원부령이 정하는 바에 의하여 시장, 군수, 구청장에 신고해야 한다.

③ 아세틸렌 가스는 충전 후 24시간 저장한 뒤 15℃, 15.5kgf/cm^2(1.52MPa)가 되었을 때 운반 및 시판한다.

④ 고압 가스 충전 용기는 40℃ 이하의 온도에서 보관한다.

⑤ 매시간당 200m^3 이하에서는 안전 관리자 1인을 둔다.

⑥ 가연성 가스의 저장 용적 300m^3 이상은 고압 가스 단속법에 적용한다.

⑦ 용기 보관 장소에는 충전 용기와 빈 용기를 구분하여 놓는다.

⑧ 안전 밸브는 그 성능이 용기 내압 시험 압력의 80% 이하의 압력에서 작동할 수 있는 것을 사용한다.

⑨ 아세틸렌의 내압 시험 압력은 최고 충전 압력 수치의 3배로 한다.

⑩ 아세틸렌 용기의 다공질 물질 충전은 다공도가 75~92% 미만의 경우 합격으로 한다.

⑪ 산소 병의 시험 압력은 약 250kg$_f$/cm^2(24.5MPa)로 한다.

⑫ 압력 용기 성능 검사 유효 기간은 1년, 아세틸렌 장치의 성능 검사는 3년으로 한다.

그림 3-3 용기 취급 방법

(a) 용기에 캡을 씌운다.

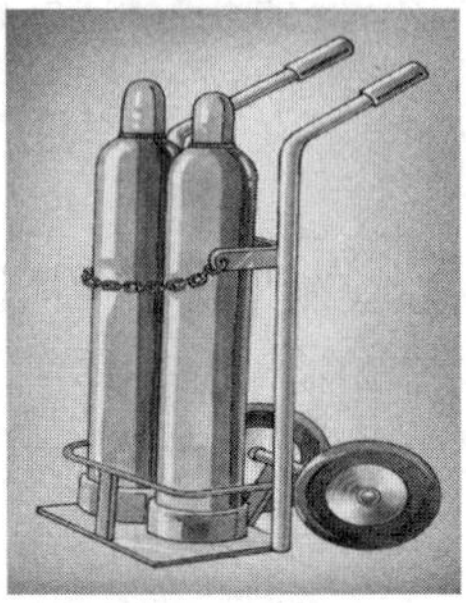

(b) 이동대차의 용기에 체인을 걸어 전도방지

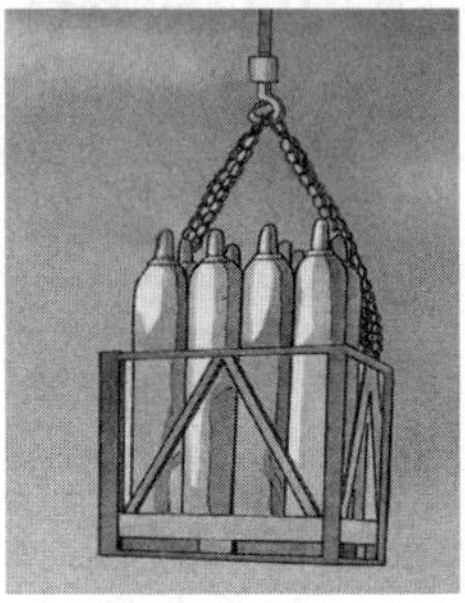

(c) 용기 운반 시 전용 운반구 사용

3 용접 중 화재, 폭발, 화상

가. 화재, 폭발 예방

① 용접 및 절단 작업은 화재 방지 설비가 되어 있으며, 부근에 가연물이 없는 안전한 장소를 택한다.
② 이동 작업이나 출장 작업은 화재나 폭발 위험이 많으므로 부근에 위험물이나 가연물이 없는지 살펴보고 작업을 착수한다.
③ 작업 중에는 반드시 가까운 장소에 소화기를 비치하다.
④ 가연성 가스 또는 인화성 액체가 들어 있는 용기, 탱크, 배관 장치 등은 증기, 열탕물로 완전히 청소 후 통풍 구멍을 개방하고 작업한다.

나. 용접 작업에 의한 화상

1) 아크용접 중 화상의 원인

아크용접 작업 중 스패터 비산, 용접 후 슬래그 제거 작업 중 뜨거운 슬래그 파편이 날아와 피부, 용접부 및 그 부근의 모재에 직접 접촉되는 경우, 가열된 타인의 작업물을 집게를 사용하지 않고 맨손으로 바로 잡은 경우, 적정 보호구를 사용하지 않아 피부가 적외선에 과다 노출되어 화상을 입은 경우 등이 있다.

2) 가스 용접 및 절단 작업 중 화상의 원인

① 팁에 불을 붙이는 순간 뻗치는 화염에 의한 화상
② 착화 취관의 조정 잘못으로 손이 흔들리거나 취관에서 새어 나오는 아세틸렌에 착화
③ 가열된 용접 모재나 용접봉을 맨손으로 잡은 경우
④ 절단 시점을 예열한 후 고압산소를 절단재 위에서 바로 분출시킨 경우
⑤ 고압산소의 분출 중 비산 산화물에 의해 본인 또는 타인이 화상을 입는 경우

3) 레이저 광선에 의한 피부의 장해

레이저 광선이 피부에 조사시 강한 에너지로 인한 피부 상해

4) 용접 작업 중 화상 방지 대책

용접 전에 반드시 앞치마, 팔커버, 발커버, 용접장갑 등의 보호구를 착용하고 작업해야 되며, 용접 작업장에서 모든 작업물은 집게를 사용하여 잡거나 작업물을 맨손으로 덥석 잡지 말고 가볍게 온도 감지를 한 후에 잡아야 된다.

가스 절단시에는 산화물이 비산할 수 있는 주위에 다른 근로자가 있는가 확인하고 안전한 경우 절단에 임해야 된다.

단원 종합 문제

{제3장 I 용접 안전}

01 아크 불빛에 의해 일어날 수 있는 안염은 무엇인가?

02 급성 전안염은 아크 빛을 받은지 몇시간 후면 발생하는가?

03 아크용접의 재해라 볼 수 없는 것은?

① 아크 광선에 의한 전안염
② 스패터 비산으로 인한 화상
③ 역화로 인한 폭발
④ 전격에 의한 감전

04 눈이 약간 충혈된 경우 적당한 조치가 아닌 것은?

① 냉습포를 한다.
② 심한 경우 안과 전문의의 진료를 받아야 한다.
③ 소금물로 씻는다.
④ 얼음 찜질을 한다.

05 교류 아크용접시 적당한 필터렌즈 번호는?

06 가스 설비 취급시 안전 조치 사항 3가지를 쓰시오.

07 가스 호스의 길이는 최소 몇 m 이상 되어야 하는가?

08 가스 집합 장치와 화기와의 거리는 최소 얼마 이상 되어야 하는가?

09 가스 설비의 안전 수칙으로 적당하지 않는 것은?

① 산소 밸브는 기름이 묻지 않도록 한다.
② 호스 연결시 호스클립, 호스밴드 등 전용 접속구만을 사용한다.
③ 검사받은 압력 조정기를 사용한다.
④ 가스 호스의 길이는 최소 7m 이상 되어야 한다.

10 가스 용접의 안전 수칙을 3가지 이상 쓰시오.

11 고압 가스 충전 용기는 몇 ℃ 이하로 보관하여야 되는가?

12 가연성 가스의 저장 용적이 얼마 이상이면 고압 가스 단속법에 적용되는가?

13 용해 아세틸렌은 다공도가 몇 % 미만이면 안되는가?

14 감전의 위험으로부터 용접 작업자를 보호하기 위해 교류 용접기에 설치하는 것은?

① 고주파 발생 장치
② 전격 방지 장치
③ 원격 제어 장치
④ 시간 제어 장치

15 고압 가스는 매시간당 몇 m^3 이하에서는 안전 관리자 1인을 두어야 하는가?

16 안전 밸브는 용기 내압 시험 압력의 몇 % 이하의 압력에서 작동할 수 있어야 하는가?

17 아세틸렌의 내압 시험 압력은 최고 충전 압력 수치의 몇배로 하는가?

18 산소 병의 시험 압력은 몇 kg_f/cm^2(MPa)로 하는가?

19 압력 용기 성능 검사의 유효 기간은 얼마인가?

20 아세틸렌 장치의 성능 검사는 몇 년 마다 해야 되는가?

제3장 용접 안전 문제 해설 [p.390~395]

1. 전광성 안염(전안염)
2. 4~8시간 후
3. ③(역화는 가스 용접 중의 재해임)
4. ③(소금물을 사용하면 더욱 더 쓰리게 된다)
5. 교류 아크용접시 차광 렌즈는 10~11번
6. P392 1 가. 가스 설비 취급 안전
7. 3m
8. 가스 집합 장치는 화기를 사용하는 설비로부터 5m 이상 떨어진 장소에 설치
9. ④(5m 이상임)
10. P392 1 다. 가스 용접 안전

11. 고압 가스 충전 용기는 40℃ 이하의 온도에서 보관
12. 가연성 가스의 저장 용적 300m^3 이상은 고압 가스 단속법에 적용
13. 다공도가 75% 미만이 되면 안된다.
14. ②
15. 매시간당 200m^3 이하에서는 안전 관리자 1인을 둔다.
16. 성능이 용기 내압 시험 압력의 80% 이하의 압력에서 작동할 수 있는 것을 사용한다.
17. 최고 충전 압력 수치의 3배로 한다.
18. 산소 병의 시험 압력은 약 250kgf/cm^2(24.5MPa)로 한다.
19. 압력 용기 성능 검사 유효 기간은 1년
20. 아세틸렌 장치의 성능 검사는 3년으로 한다.

PART 4 용접 야금(용접 재료)

Chapter 01 금속 재료 총론
단원 종합 문제
Chapter 02 철강 제조와 탄소강
단원 종합 문제
Chapter 03 특수(합금)강
단원 종합 문제
Chapter 04 열처리와 표면 경화
단원 종합 문제
Chapter 05 비철 금속 재료
단원 종합 문제
Chapter 06 각종 금속의 용접
단원 종합 문제
Chapter 07 금속 결합과 결함, 균열
단원 종합 문제

핵심 용접공학

chapter

01 금속 재료 총론

제1절 | 금속 재료의 개요

1 금 속

금속은 보통 단순한 결정구조를 갖는 고체로 존재하며, 그 역사는 기원전 5천년 이상 고대 이집트의 유물에서 금목걸이가 발견된 이후부터라고 보고 있다.

우주 간에 존재하는 물질 중에서 지금까지 알려진 화학원소의 약 3/4이 금속이며, 원자번호 93번 이상은 인공적으로 만들어진 것이므로 자연적인 원소는 약 92여종이 있다.

이 중에서 할로겐족 원소(F, Cl, L, Br)와 가스(O, S, N, H, C, Ar, Ne, Kr, Xe, Kn) 등을 제외하면 금속 원소는 약 68종이 된다.

금속이란 금속의 공통적 성질을 구비한 것을 말하며, 대부분의 금속은 상온에서 고체이지만, 수은(Hg, 융점 -38.4℃)은 액체이다.

가. 금속의 분류

1) 철강 재료

철을 주성분으로 하는 금속 재료이며, 순철, 탄소강, 특수강, 주철 등이 여기에 속한다.

2) 비철 재료

철을 제외한 금속으로, 망간, 코발트, 몰리브덴, 바나듐, 티탄, 알루미늄, 구리, 마그네슘, 백금, 금, 은 등이 여기에 속한다.

나. 준금속과 비금속, 신 금속

1) 준금속(準金屬, metalloid)

금속적 성질과 비금속적 성질을 갖는 것(금속적 성질을 불완전하게 구비한 것)으로 B(붕소), Si(규소) 등이 이에 속한다.

PART 4 용접 야금(용접 재료)

2) 비금속(nonmetal)

금속의 공통 성질인 경도, 전기 전도율 등의 성질을 전혀 구비하지 않은 금속으로, 액체 상태의 보롬을 제외하고 대부분은 기체, 고체이다.

탄소, 질소, 황, 셀렌, 염소 등 유기 재료와 무기 재료 등이 여기에 해당한다.

3) 신금속

신금속이란 매우 특징적인 성질을 갖는 금속으로, 형상 기억 합금, 열 발전 소자, 방진 합금, 수소차의 실용화를 위한 수소 흡장 합금 등이 있으며, 우주, 항공, 자동차 및 수송기기, 정보, 전자, 에너지, 의료 기기 등 첨단 산업 분야에서 획기적인 요소가 되는 재료이다.

4) 신소재(advanced materials)

신소재란 신금속을 포함하여 금속계, 무기계, 유기계의 소재를 단독 또는 2개 이상 조합하여 새로운 공정이나 기술로 생산하여 특수한 성능과 용도를 가지게 된 소재를 말하며, 다음과 같이 4가지로 구분한다.

① 고성능 기능성 신고분자 재료 : 고효율 분자막, 태양광발전 플라스틱 전지, 엔지니어링 플라스틱
② 비금속 무기재료 : 결정화유리, 파인 세라믹스, 광섬유
③ 복합재료 : 탄소섬유 강화플라스틱, 바이오센서, 섬유 강화금속, 복합재료
④ 신금속 재료 : 형상기억합금, 초전도 재료, 비결정형 재료

2 금속의 공통 성질(구비 조건)

① 수은(Hg)을 제외하고 상온에서 고체이며 결정체이다.
금속은 상온에서 대부분 고체상태에서 결정 구조를 가지나, 수은(Hg), 칼륨(K), 루비듐(Rb) 및 세슘(Cs) 등은 액체이다.
② 열과 전기의 양도체이다.(전기 부품에 활용)
금속은 전기가 잘 통하며, 전기가 잘 통하는 금속은 열도 잘 통한다. 이렇게 전기와 열을 잘 통하는 이유는 금속의 자유전자에 의한 전자 구름 때문이다.
③ 비중이 크고 경도 및 용융점이 높다.
④ 가공이 용이하고 전・연성이 크다.(소성 변형성이 있어 가공이 쉽다)
금속은 한쪽에서 힘을 가하면 이온이 이동하여 다음 이온으로 이동하며, 자유전자 구

름이 공유하므로 변형이 일어지만, 비금속(소금 등)의 경우 이온 결합이므로 한쪽에서 힘을 가하면 옆으로 이동하면서 같은 종류의 이온이 만나게 되며 같은 이온의 경우 서로 반발하게 되므로 분리하려는 힘이 작용하게 되며 이온의 결합이 파괴되어 균열이 생기게 된다.

㉠ 연성이 큰 순서 : Au > Ag > Al > Cu > Pt > Pb > Zn > Fe > Ni
㉡ 전성이 큰 순서 : Au > Ag > Pt > Al > Fe > Ni > Cu > Zn

⑤ 빛을 반사하고 고유의 광택이 있다.(금속적 광택을 갖는다)
⑥ 이온화하면 양(+)이온이 되므로 산화 방지를 위해 표면 처리나 도금이 가능하다.

3 경금속과 중금속

가. 경금속

편의상 비중 4.5(4.0) 이하의 가벼운 금속을 말하며, Mg(마그네슘 1.74), Be(베릴륨 1.83), Al(알루미늄 2.7), Ti(티타늄 4.5) 등이 있다.

나. 중금속

비중 4.5 이상의 무거운 금속을 중금속이라 하며, Cr(크롬 7.19), Fe(철 7.89), Ni(니켈 8.85), Cu(구리 8.96), W(텅스텐 19.3), Au(금 19.3), Pt(백금 21.4) 등이 있다.

4 합 금

순금속이란 이론적으로 100% 순도의 금속을 말하나 실재로는 거의 존재하지 않으며, 한 가지 금속에 한 가지 이상의 다른 금속 또는 비금속을 첨가하여 기계적, 물리적, 화학적 성질을 개선시킨 금속을 합금이라 한다.

일반적으로 순금속에 비해 합금이 되면 강도, 경도, 내마모성, 주조성, 내식성, 내열성, 내산성 등이 향상되나 용융점, 비중, 전기 및 열전도율, 연신률, 단면 수축률 등은 낮아진다.

합금은 성분 원소의 수에 따라 2원 합금, 3원 합금, 다원 합금으로 분류하며, 합금 원소란 모체 금속의 성질을 확실하게 변화시키고 기계적 성질, 화학적 성질 등의 개선 효과가 있을 경우를 말하며, 그렇지 않는 경우는 불순물이라 한다.

제2절 | 금속 재료의 특성

1 기계적 특성

가. 강도와 경도

1) 강도(strength)

강도란 재료에 외력이 작용하여 재료가 파단하려고 할 때 재료의 단면적에 대한 최대 저항력을 말하며, 정적 강도와 동적 강도가 있으나 일반적으로 정적 강도를 의미한다.

정적 강도는 외력의 작용 방법에 따라 인장 강도, 굽힘 강도, 전단 강도, 압축 강도, 비틀림 강도, 피로 강도, 크리프 한도 등으로 구분하며, 일반적으로 강도라 하면 인장 강도를 뜻하나 인장 강도가 크다 해서 압축 강도도 크다고 할 수는 없다. 예를 들면 주철은 압축 강도는 매우 크나 인장 강도는 매우 적다.

2) 경도(hardness)

경도란 재료의 국부 소성 변형에 대한 재료의 저항성을 나타내는 정도를 말하며, 금속의 경도를 측정하는 방법에는 브리넬 경도, 로크웰 경도, 비커스 경도, 쇼어 경도 시험법 등이 많이 쓰이고 있다.

일반적으로 공석강(0.85% C) 이하에서는 인장 강도와 브리넬 경도는 비례한다.

$$\text{탄소강의 브리넬 경도(HB)} = \text{인장 강도}(kg_f/mm^2) / 0.32 \sim 0.36$$

나. 인성과 피로, 크리프 한도

1) 인성(toughness)

충격에 대한 재료의 저항을 뜻하며, 소성구역에서 재료가 파괴할 때까지의 에너지를 흡수할 수 있는 능력이다.

연신률이 큰 재료가 일반적으로 충격 저항도 크다. 인성 시험은 일정한 시험편에 실제로 충격을 가하여 그 시편이 파괴하는데 필요한 에너지로부터 인성을 산출한다.

금속재료에 외력을 가했을 때 거의 소성변형이 일어나지 않고 파괴되는 성질을 취성(脆性, 여림, 메짐, brittleness)이라 하며, 이에 반대적인 용어로는 연성(延性, ductile), 인성(靭性, tough) 등이 있다.

2) 피로(fatigue)

피로 현상이란 작은 인장 또는 압축 응력에서도 오랜 시간에 걸쳐 연속적으로 되풀이하여 작용시키면 결국 파괴되는데 이 현상을 말한다. 이때 파괴되지 않고 충분한 내구력을 가질 수 있는 최대 한계를 피로 한도라고 한다. [그림 1-1 참조]

그림 1-1 S-N 곡선

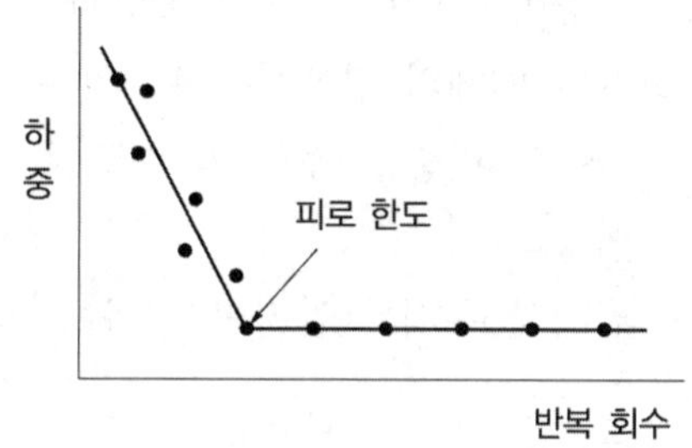

3) 크리프 한도(creep limit)

금속재료는 고온에서 많은 변화를 가져오게 되므로 열기관 등에 사용되는 재료의 경우 특히 이러한 점에 대한 조사가 필요하다.

크리프란 금속 재료를 탄성 한도 내의 하중을 걸어 장시간 경과하면 변형이 증가하는 현상이며, 변형이 증대될 때의 한계 응력 즉, 크리프율이 0이 되는 응력의 한도를 크리프 한도라 한다.

(1) 크리프 진행(파괴) 단계 = 크리프 변형곡선

① 초기 신장(변형) : 크리프 이전 단계, 하중을 가하는 순간의 탄성변형과 시간에 의존하지 않는 소성변형의 합으로 나타나는 순수 하중에 의한 신장이다.

② 제1차(기) 크리프 : 크리프 초기 부분이며, 감속 크리프, 천이 크리프 단계이다. 이 단계에서는 초기단계를 지나면서 소성변형에 따른 재료의 가공 경화 현상이 생긴다.

③ 제2차(기) 크리프 : 크리프 중간 부분으로 정상 크리프 단계이다. 재료의 가공 경화와 회복연화가 서로 균형을 이루어서 오랫동안 거의 일정한 연신속도를 유지하여 안정적 구조를 형성하는 단계이다.

④ 제3차(기) 크리프 : 가속 크리프 단계, 주로 높은 응력이나 높은 온도하의 일정 하중 실험에서 나타나며 변형 속도가 점차 증가하여 파단에 도달할 때까지의 구간으로 재료의 수축이나 내부 공동의 현상에 의해 유효 단면의 감소가 있을 때 일어난다.

(2) 크리프 변형에 영향을 주는 인자

온도, 응력, 반복하중이 증가할수록 속도는 증가하나, 응력은 온도의 영향보다 작으며, 하중이 가해지는 시간이 길수록 크리프 현상이 길며 어느 순간 크리프 속도가 갑자기 증가하며, 금속의 수명은 급격히 감소한다.

2 물리적 특성

가. 비중(Specific gravity)

비중이란 어떤 물질의 질량과 그것과 같은 체적의 표준 물질의 질량과의 비율을 말하며, 고체나 액체의 경우에는 4℃의 순수한 물을 기준으로 한다.

금속의 비중은 종류 및 순도에 따라 다르며, 단조나 압연 가공한 것이 주조한 것보다 비중이 크다.

금속의 무게를 알려면 체적에 비중을 곱하면 된다. [표 1-1 참조]

표 1-1 주요 금속의 비중

원소 기호	원소명	비중	원소 기호	원소명	비중	원소 기호	원소명	비중
Li	리튬	0.53	Mn	망간	7.3	Ag	은	10.5
Mg	마그네슘	1.74	Fe	철	7.89	Pb	납	11.34
Al	알루미늄	2.67	Cd	카드뮴	8.64	Hg	수은	13.5
Ti	티타늄	4.51	Ni	니켈	8.8	W	텅스텐	19.1
V	바나듐	5.6	Co	코발트	8.8	Au	금	19.3
Sb	안티몬	6.67	Cu	구리	8.9	Pt	백금	21.4
Zn	아연	7.13	Bi	비스무트	9.8	Ir	이리듐	22.5
Sn	주석	7.28	Mo	몰리브덴	10.2			

① 가장 가벼운 금속 : Li(리튬 0.53)

② 가장 무거운 금속 : Ir(이리듐 22.5)

$$비중 = \frac{제품의\ 무게}{제품과\ 같은\ 체적의\ 물\ 무게}$$

나. 비열(specific heat)

단위 물질 1g의 온도를 1℃ 올리는데 필요한 열량, 예) 물 1g을 1℃ 높이는데 필요한 열량은 1cal이다.(단위 : cal/g℃, kcal/kg℃) 예를 들어 물 1gf을 1℃ 높이는데 필요한 열량은 1cal이다.(단위 : cal/gf℃, kcal/kgf℃)

다. 용융점(용융 및 응고점 : melting point)

따라서 일반적으로 이물질(다른 원소)이 함유되면 용융점은 달라지며, 저하된다.

(1) 용융점 : 고체 금속 재료를 가열하면 어떤 온도에서 액체로 변하는 용융 현상이 생기며 냉각하면 응고 현상이 생기는 온도점이다. 용융점은 압력에 따라 변화하지만, 보통은 1기압 하에서의 온도를 가리킨다. 동일한 순수 물질인 경우에는 녹는점과 응고점이 동일하다.

(2) 용융점이 가장 낮은 금속 : 수은(Hg : −38.4℃)

(3) 용융점이 가장 높은 금속 : 텅스텐(W : 3400℃)

표 1-2 주요 금속의 용융점

원소 기호	원소명	용융점 ℃	원소 기호	원소명	용융점 ℃	원소 기호	원소명	용융점 ℃
Hg	수은	−38.4	Al	알루미늄	660	V	바나듐	1725
Li	리튬	180	Ag	은	961	Pt	백금	1769
Sn	주석	232	Au	금	1063	Cr	크롬	1875
Bi	비스무트	271	Cu	동(구리)	1083	Ir	이리듐	2464
Pb	납	327	Mn	망간	1245	Mo	몰리브덴	2610
Zn	아연	420	Ni	니켈	1453	W	텅스텐	3410
Sb	안티몬	630.5	Co	코발트	1495			
Mg	마그네슘	650	Fe	철	1538			

라. 용융 잠열(melting latent heat)

순수 금속을 가열하면 고체에서 액체로 될 때까지 온도가 변하지 않게 되는데 이때 소비되는 열을 용융 잠열(숨은 열)이라고 한다. 어떤 물질이 고체에서 액체로 또는 액체에서 기체로 상변화가 일어날 때 열을 흡수(흡열)하게 되며, 반대로 기체에서 액체로, 액체에서 고체로 변화할 때는 같은 열을 방출(발열)하게 되는데 이러한 열적 에너지를 용융 잠열(숨은 열)이라 한다.

예를 들면, 알루미늄을 가열하여 용융점에 이르러도 바로 용융되지 않고 660℃의 고체가 같은 온도의 액체 알루미늄이 될 때까지 온도가 올라가지 않는데 이때 소비되는 열량을 말한다.

마. 열전도율(heat conductivity)

1) 열전도율

길이 1cm에 대하여 1℃의 온도차가 있을 때 $1cm^2$의 단면적을 통하여 1초간에 전해지는 열량을 뜻하며, 단위는 cal/cm.sec.℃이다.

열전도도(율)는 전도체 내에서 인접한 분자와 전자들 사이의 에너지 교환과정과 밀접한 관계가 있다. 물체에서 그 열전도량은 물체의 단면적과 양끝 사이의 온도차에 비례하며 물체의 길이에 반비례한다. 즉 열전도량 H는 단면적 A와 물체의 길이 ℓ의 비율의 온도차 (T2-T1)와 -k(k는 열전도도)를 곱한 것과 같다.

2) 열전도율이 큰 금속의 순서

Ag(은) > Cu(구리) > Au(금) > Al > W(텅스텐) > Mg(마그네슘) > Mo(몰리브덴) > Zn(아연) > Ni(니켈) > Fe(철)

바. 전기 전도율

1) 전기 전도율

전기를 잘 통하느냐의 여부를 나타낸 것으로 일반적으로 열전도율이 좋은 금속이 전기 전도율도 좋다. 금속이 전기를 잘 통할 수 있는 것은 자유전자 구름이 양이온 사이를 자유롭게 이동할 수 있기 때문이다. 전기 전도도는 온도가 상승하면 낮아지게 된다.

2) 전기 전도율이 큰 순서

Ag(은) > Cu(구리) > Au(금) > V(바나듐) > Al(알루미늄) > Mg(마그네슘) > Mo (몰리브덴) > W(텅스텐) > Co(코발트) > Ni(니켈) > Fe(철)

사. 선(열)팽창 계수

① 금속은 일반적으로 온도가 올라가면 팽창하고, 내려가면 수축하는 성질이 있다. 이때 단위 길이의 봉을 1℃ 증가시킬 때 팽창한 길이와 원래 길이에 대한 비율을 말한다.

② 열팽창계수 = $\dfrac{\ell' - \ell}{\ell(t' - t)}$

(ℓ' : 늘어난 길이, ℓ : 처음 길이 t' : 가열된 온도, t : 처음 온도)

아. 색(Color)

금속에 따라 태양 광선의 각종 파장을 일정한 비율로 반사하므로 빛을 잘 반사하는 금속은 은백색(Al 등)을, 반사가 적은 금속은 회색(회주철)을 띠게 되며 각각의 고유의 색을 갖고 있다.

※ 탈색력이 큰 순서 : Sn(주석) > Ni > Al > Fe > Cu > Zn > Pt > Ag > Au

자. 자기적 특성(자성체)

(1) 상자성체 : 자장의 강도와 자화의 강도가 같은 방향으로 작용하는 것, Fe, Ni, Co, Sn, Pt, Mn, Al 등이 있다.

(2) 강자성체 : 자성체 중에서 자화의 강도가 큰 것을 말하며, Fe, Ni, Co 등이 있다.

(3) 비자성체 : Bi, Sb, Au, Hg, Cu 등 자성의 성질을 전혀 갖지 않은 금속을 말한다.

3 화학적 특성

가. 부식(corrosion)

부식이란 금속이 물 또는 대기 중에서, 또는 가스 중에서 그 표면이 비금속성 화합물로 변하는 것을 뜻한다.

자연계의 물질은 안정된 상태로 존재하며, 금속재료는 그 환경 속에서 가장 안정된 상태로 돌아가려는 성질을 갖고 있다. 따라서 대부분의 금속은 산소나 황 등과 결합해서 화합물의 형태, 예를 들면 철의 녹(녹슴)은 철이 물과 공기가 존재하는 환경 하에서 가장 안정된 상태를 취한 결과라고 할 수 있다. 이처럼 금속이 부식되는 반응은 금속과 환경과의 조합에 의해 정해지며, 진공 속에 있는 철은 부식되지(녹슬지) 않는다.

(1) 건부식 : 수분의 작용없이 고온의 증기, 가스 등에 반응하여 일어나는 부식으로 산화, 질화, 황화 등을 말한다.

(2) 습부식 : 전기 화학적 부식이며, 해수, 유기산, 무기산, 알칼리 등에 접촉되어 금속 표면에 국부 전지가 생기는 것을 말한다.

(3) 전면 부식 : 재료의 면 전체가 부식 환경에 놓였을 때 일어나는 부식을 말한다.

(4) 국부 부식 : 일부분의 부식으로, 공식(孔蝕, pitting), 틈 부식(crevice corrosion), 입계 부식, 응력 부식, 이종금속 접촉 부식, 피로 부식, 케비테이션, 마찰 부식 등이 있다.

제3절 | 금속 조직

1 금속의 응고

가. 순금속의 응고

금속 원자는 액체 상태에서 서로 접근하고 있으며 불규칙적으로 이동하고 있으나 용융상태의 순금속이 냉각되어 온도가 그 금속의 응고점보다 낮은 온도(과냉상태)가 되면 가장 온도가 낮은 부분부터 결정핵(nucleus)이 생기게 되며, 이 핵들이 성장하여 인접 성장된 결정들 사이에 액막이 존재하게 된다.

이러한 액막은 결정의 계속적인 성장으로 결정립간에 서로 부딪쳐서 액막이 파괴되면서 결정립계를 형성하며 성장이 멈추게 된다. 이렇게 금속이 용해 온도보다 높은 액체 상태로부터 냉각하여 응고점에 도달하면 고체화되는 현상을 응고라 한다.

이때 가열된 순금속이 냉각 중에 일정한 온도에서 응고하기 시작하여 전체가 응고할 때까지 일정한 온도로 유지하게 되는데 이 현상은 용융 잠열(숨은 열)의 영향이며 이점을 용융점이라고 한다.

나. 과냉(super cooling)

용융금속의 응고는 실질적으로는 응고 시작점 부분에서도 바로 결정핵이 생성되지 않고 용융점보다 낮은 온도에서 고상의 핵 생성이 급격히 일어나게 되며 용융잠열의 방출에 의해 다시 평형 온도까지 온도가 상승하게 된다. 이와같이 응고점보다 낮은 온도에서 핵 생성이 일어나는 이 현상을 과냉이라 한다.

일반적으로 금속의 과냉은 응고점보다 0.1~0.3℃ 이하에서 생기며, 과냉도가 클수록 결정 입자는 미세해진다. [그림 1-2]는 과냉도에 따른 핵생성과 성장 관계를 나타낸 것이다.

그림 1-2 과냉도와 핵생성-성장 관계

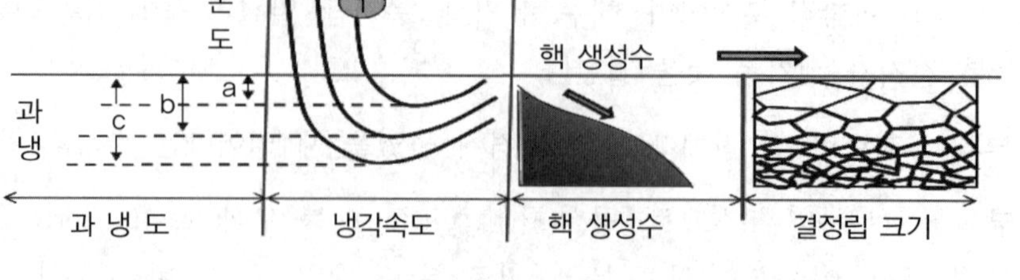

다. 조직과 냉각 곡선

1) 1차 조직(응고 조직)

용융 상태로부터 응고가 끝난 그대로의 금속 조직을 말한다.

2) 2차 조직

2차 조직은 응고 후 냉각하는 사이에 변태하거나 압연, 단조, 기타 기계적 가공에 의한 소성 변형에 의해 1차 조직을 변화 파괴한 조직, 또는 열처리에 의해 새로운 결정 조직으로 변화시킨 조직을 말한다.

3) 냉각 곡선(cooling curve)

냉각 곡선이란 금속을 용융 상태에서 냉각시킬 때 그 온도와 시간의 관계를 나타낸 곡선을 말하며, [그림 1－3 (a)]는 순금속의 냉각 곡선을 나타낸 것으로, 온도가 내려가 점 a에 도달하면 응고가 시작되며, 응고 잠열(latent heat of freezing)이 발생하면서 온도가 내려가지 않고 수평선을 유지하다가 점 b에 도달하면 응고가 완전히 끝나 고체 상태에서 온도가 내려가게 됨을 알 수 있다.

[그림 1－3 (b)]는 합금의 냉각 곡선으로 냉각시에 a점에서 응고하기 시작하여 b점에서 응고가 끝나므로 합금의 용점과 융점은 동일하지 않음을 알 수 있다.

그림 1-3 냉각 곡선

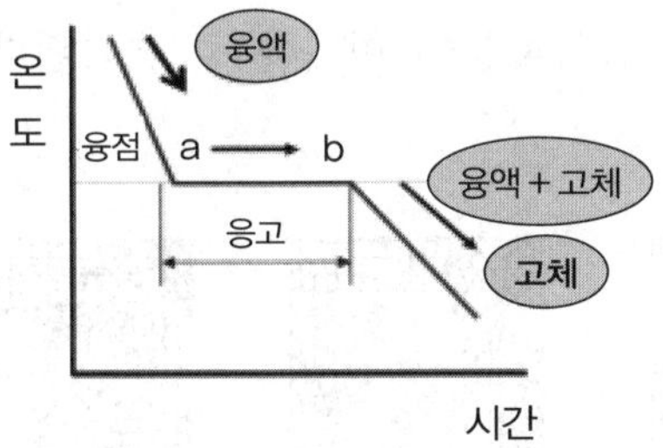

(a) 순금속의 냉각 곡선

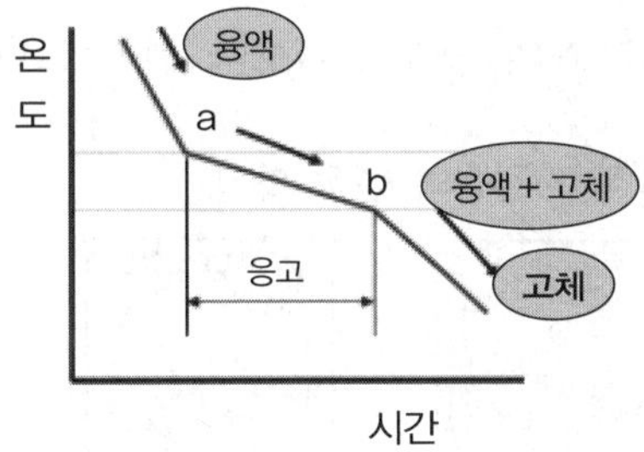

(b) 합금의 냉각 곡선

PART 4 용접 야금(용접 재료)

2 결정의 생성과 발달

가. 결정의 형성 과정

1) 결정의 형성

용융 금속이 응고할 때는 먼저 온도가 가장 낮은 부분에서부터 작은 결정핵(nucleus)이 생기고 이 핵을 중심으로 결정핵이 성장하며, 여러 개의 성장된 결정핵이 더 이상 성장할 수 없도록 고체화될 때 결정핵과 핵 사이에 결정 입계가 형성된다. [그림 1-4 참조]

이러한 결정 입계는 다른 부분보다 가장 늦게 응고하게 되며, 용융점이 낮은 불순물이 있을 때는 응고점이 낮아져 입계에 모이는 경우가 많다.

※ 결정의 순서 : 핵 발생 - 핵(결정립) 성장 - 결정 경계 형성

2) 결정립의 대소

① 용융 금속의 단위 체적 중에 생성한 결정핵의 수 즉 핵 발생 속도를 N, 결정 성장 속도를 G로 할 때 결정립의 크기 S와의 관계는 $S = f \cdot G / N$가 된다.

② 결정립의 대소 : 성장 속도 G에 비례하고 핵 발생 속도 N에 반비례한다.

③ 급랭하면 결정립이 미세화하고, 서랭하면 조대화된다.

④ G와 N의 관계

㉠ G가 N보다 빨리 증대할 때는 소수의 핵이 성장해서 응고가 끝나므로 결정립이 조대화된다.

㉡ N의 증대가 G보다 현저할 때는 핵 수가 많기 때문에 미세한 결정이 된다.

그림 1-4 결정의 성장 과정

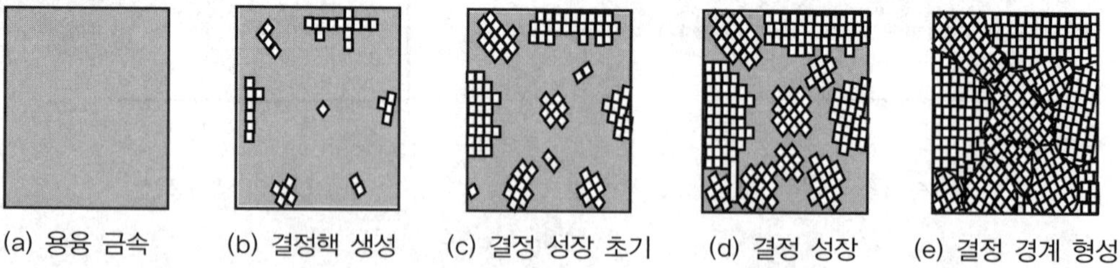

3) 단결정

결정의 핵이 1개로 크게 성장하면 수정과 같이 되는데 이렇게 단 하나의 결정립으로 된 결정을 단결정이라고 한다.

3 응고 조직

가. 주상 조직

용융 금속을 주형에 주입하여 냉각시킬 때 주형 벽면에서 급랭 조직이 많이 생성하게 되며 이 핵은 주형의 중심을 향하여 가늘고 긴 서릿발(막대) 모양으로 발달하게 되는데 이것을 주상 조직(columnar structure)이라고 한다. [그림 1-5 (a) 참조]

이러한 주상 조직은 서랭 조직이나 중심부에는 거의 생기지 않으며, 모서리 부분은 주상 조직의 결합력이 약하고 다른 부분보다 두께가 두꺼워 늦게 응고하기 때문에 불순물이 모일 수 있어 다른 부분보다 매우 취약하므로 주조할 때 라운딩이 필요하다. [그림 1-5 (b) 참조]

나. 수지상 조직

용융 금속이 응고할 때 최초에 생긴 핵으로부터 성장해가는 결정은 구형에 가까운 다면체의 형상으로 성장하여 나뭇가지 모양으로 발달하게 되는데 이러한 결정을 수지상 조직(dendrite)이라고 한다. [그림 1-5(c) 참조]

일반적으로 합금은 수지상 결정으로 성장하며, 성장하는 가지들은 전체가 완전히 고체가 될 때까지 진행하여 서로 맞부딪치게 된다. 수지상정이 생기는 이유는 핵에서 성장한 작은 결정립의 각진 돌출 부분은 다른 부분보다 열을 빨리 잃어버리기 때문에 그 부분의 응고가 빠르게 진행하게 됨에 따라 그 방향으로 성장이 발달하게 되는 것이다.

그림 1-5 주상 조직과 수지상 조직

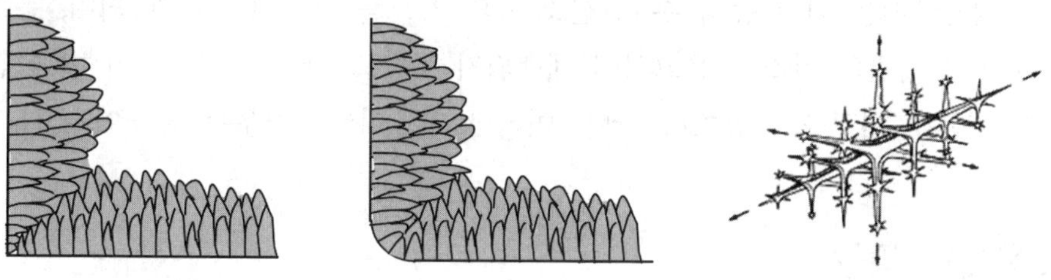

(a) 주상 결정 (b) 주상 결정(라운딩) (c) 수지상 결정

다. 편 석

융체가 응고할 때 비중의 차이에 의해 층상으로 나타나는 중력(수직) 편석, 원심력에 의해 생기는 원심력 편석, 용융점 차이에 의해 생기는 열흐름 편석 등이 있다.

편석 현상은 농도 차이에 의해 일어나며, 결정 편석의 크기는 냉각속도, 원소의 확산 속도, 응고 구간의 크기에 따라 좌우된다.

주괴 편석의 경우 큰 강괴(鋼塊) 등에서 용탕이 응고할 때 주형의 외곽에서부터 응고를 시작하여 차례로 중앙으로 응고가 진행하게 되며, 이때 불순물은 계속 밀려서 중앙 부분 등 가장 최후에 응고하는 부분에 많이 모이게 되는데 이것을 편석(偏析)이라고 한다.

이러한 편석 부분에는 인(P)이나 유황(S)의 양이 많으며, 이러한 불순물들이 띠 모양으로 형성된 경우가 있는데 이것을 고스트 라인(ghost line)이라고 한다.

용접할 때 편석 영역이 용접부에 포함될 경우 아무리 용접을 잘하였더라도 그 품질을 보증할 수 없다.

라. 수축공과 기공

1) 수축공

금속이 용융 상태에서는 체적이 커지게 되나 온도가 내려가 고체로 되면 수축이 생기게 된다. 예를 들면 용융금속이 실온으로 냉각할 때 주조 온도로부터 응고온도까지 지속적으로 수축하는 액상수축, 응고온도에서 액체금속과 고체와의 원자 충전밀도 차이에 의해 급격한 체적 차이를 나타내는 응고수축, 응고온도에서 실온까지 결정화되는 사이에 일어나는 고체수축이 생기게 되며, 응고수축 > 액상수축 > 고체수축 순으로 수축이 생기게 된다.

이때 최후에 응고하는 부분에서 응고할 때에 생기는 수축 부분을 보충할 용액이 부족하면 오목하게 빨려 들어가는 모양이 생기는데 이 현상을 말한다.

2) 기 공

용융 금속 상태에서는 대기 중의 수소, 산소 등의 가스를 다량 흡수하게 되며, 응고할 때는 배출하게 되나 다량의 가스가 응고시에 배출되지 못하고 한곳에 집중되어 빈 공간을 만드는 경우가 있는데 이것을 기공이라 한다. 이러한 기공이 큰 경우는 공공이라고도 한다.

4 고용체와 확산

가. 고용체(solid solution)

용체란 한 물질 중에 다른 물질이 용해하여 균일한 물질을 만드는 것을 말하며, 액체의 경우는 용액(solution)이라 하고, 고체인 경우는 고용체라고 한다.

즉, 2개 이상의 원소로 된 단일상의 고체에서 1개 원소의 결정이 다른 원소에 용해된 것을 말하며, A 금속에 B 금속을 첨가할 때 어느 정도까지는 A금속의 격자 중에 B 원자가 들어가도 격자 모양이 유지된다.

이때 순금속 A(용매)와 그 중에 들어간 B(용질)가 일정하게 분포되어 고용된 결정체로 한 성분 금속이 다른 금속과 혼합되어 용융 상태나 고체 상태에서도 기계적 방법으로는 각 성분 금속을 구분할 수 없는 것을 말한다. [그림 1-6 참조]

$$\text{고체 A} + \text{고체 B} \rightleftarrows \text{고체 C}$$

나. 고용체의 종류

1) 침입형 고용체

두 원자의 원자 반경이 현저하게 차이가 있을 때 녹아 들어가는 원자(용질)가 모체의 원자(용매)의 공간격자 사이에 들어가 형성된 고용체(예 : Fe-C)를 말하며, 원자의 반경의 차가 15% 이상 현저하게 클 때 침입형 고용체를 형성한다.

2) 치환형 고용체

철에 소량의 Ni을 가한 경우, 철의 원자 반지름은 1.23 Å, Ni은 1.22 Å이라는 대략 같은 값이므로, Ni 원자가 철의 원자가 있던 위치에 그대로 교대한 형상으로 들어가는데 그다지 곤란하지 않다. 이와 같이 용질 원자와 모체(용매) 원자의 위치가 바뀌는 것을 말한다.

3) 규칙 격자형 고용체

치환할 때 원자 배열이 규칙적으로 일어나는 경우를 규칙 격자라고 한다. 규칙 격자형 고용체를 만들려면 서랭하거나 한계 온도보다 약간 낮은 온도로 장시간 가열하여야 한다.

규칙 격자형 고용체의 대표적인 예로는 Cu_3Au, Ni_3Fe가 있다.

그림 1-6 고용체의 종류

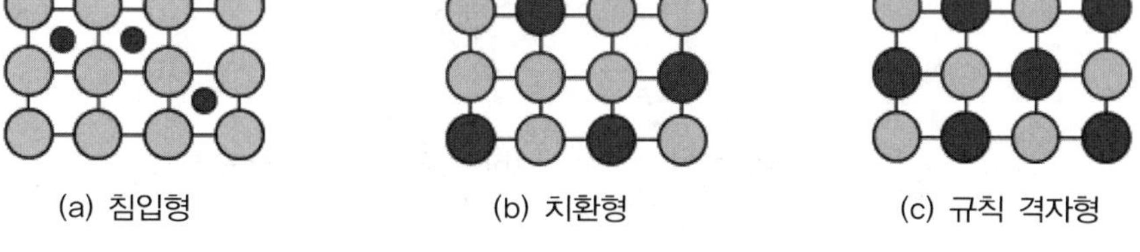

(a) 침입형 (b) 치환형 (c) 규칙 격자형

4) 한률 고용체와 전률 고용체 상태도

(1) 한률 고용체 상태도

원자 지름의 차가 15% 이상이 되면 변형이 크므로 전율 고용체가 되지 못하고 A금속의 격자가 존속할 수 없는 한계에 도달하게 되며 이 한계를 A금속에 대한 B금속 고용체의 용해 한도라 하며 이와 같은 고용체를 한율 고용체 또는 부분 고용체라 한다. 이러한 상태도를 만드는 합금계에는 Cu-Au, Al-Si, Ag-Si, Ag-Cu, Au-Ni, Cd-Sn, Pb-Sn 등이 있다.

(2) 전률 고용체 상태도

서로 다른 성분 금속 A와 B를 어떠한 조성으로 합금하든지 상관없이 액체 상태나 고체 상태에서 어떠한 비율로도 고용체를 만들 때 이를 전률 고용체(continuous solid solution)라고 한다.

이러한 전률 고용체를 만들 수 있는 조건은 A, B 두 성분이 같은 형의 결정격자를 가지고 있고, 성분 원자의 지름의 차이가 거의 없으며, 성분 원자의 상호 결합력이 크지 않아야 한다.

원자 지름의 차가 15% 이상 되면 변형이 크므로 전률 고용체를 만들지 못한다.

전률 고용체를 형성하는 합금의 상태도를 갖는 금속은 Cu−Ni, Ag−Au, Ag−Pb 등 그 종류는 무수히 많다.

[그림 1−7 (a)]는 각 점에 따른 열분석 곡선을 나타낸 것이며, (b) 그림은 순금속 구리(Cu)와 니켈(Ni)의 합금 조성에 따라 액상선과 고상선이 연속한 하나의 곡선을 구성하고 있는 전률 고용체 상태도를 나타낸 것이다.

그림 1-7 합금의 전률 고용체 상태도와 열분석 곡선

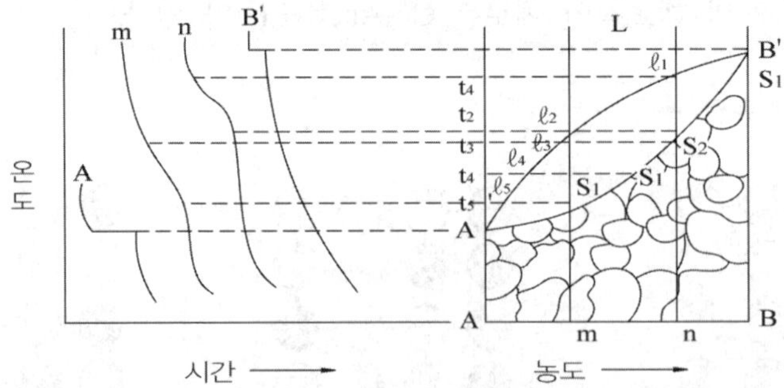

(a) 열분석　　(b) 전률 고용체 상태도와 조직

나. 확 산

1) 확산(擴散, diffusion)

확산이란 기체 분자나 원자, 고체/액체 상태를 구성하는 원자가 화학 전위의 차이에 의해 화학 전위가 높은 곳에서 낮은 곳으로 이동하는 현상을 말하며, 대부분의 경우 화학 전위는 농도에 비례한다. 즉, 대부분의 경우에는 농도가 높은 곳에서 낮은 곳으로 확산을 하게 된다.

일반적으로 액상이나 고상 내에서 어느 성분의 농도차가 존재하면 그 성분은 농후한 부분에서 희박한 부분으로 이동하게 되는데, 보통 금속의 열전도에는 원자의 열운동 외에 금속 내의 전도의 주역인 자유 전자의 열운동이 크게 기여하고 있다고 본다. 그리고 다른 금속을 밀착시키면 고온에서는 원자가 상대방의 금속 중에 확산한다. 이것을 화학 확산이라 한다.

이러한 확산은 용매 중에 용질(solute)이 녹아들어간 상태에서 국부적으로 농도차가 있을 때 시간의 경과에 따라 농도의 균일화가 일어나는 현상으로 열의 전도 이론에 따라서 확산을 지배하는 두 개의 법칙을 피크(Fick)의 법칙이라 한다.

2) 피크의 제1법칙

확산이 고농도에서 저농도로 물질이 이동하는 현상이기 때문에 확산 운동을 일으키는 힘은 농도차가 될 것이다. 따라서 단위 시간당 단위 단면적을 통과하는 물질의 양을 유동량이라 하는데 이 양은 이동 거리에 따른 농도 차에 비례하게 된다. 이때 비례계수 D를 확산 상수(확산 계수)라 하며, 이는 온도, 압력, 용매의 성질, 확산제의 화학적 성질에 따라 달라진다.

이 식에서 (−)기호는 확산할 때 농도가 높은 곳에서 낮은 곳으로 이동됨을 의미한다. 유동량 J는 농도 경사(차) $\frac{dC}{dx}$에 비례한다. 이때 1차원인 경우 제1법칙은 다음과 같이 나타낼 수 있다.

$$J = -SD\frac{dC}{dx}\text{cm}^2/\text{sec}$$

(J는 단위 시간당 단위 면적을 지나는 원자의 수를 나타내는 유동량, S는 농도, D는 원자의 확산 계수(cm^2/sec), C는 농도, x는 방향, $\frac{dC}{dx}$는 x방향으로의 농도 변화량)

이 식은 정상 상태의 경우에만 적용할 수 있다. 정상 상태란 시간에 따른 농도의 변화율

$dC/dt=0$인 상태를 말하며, 이 식으로부터 정상 상태에서 유동량은 일정하게 유지되고, 이때 확산은 농도 구배(농도차)가 클수록 잘 일어나며 농도가 높은 곳에서 낮은 곳으로 확산이 일어난다는 것을 알 수 있다.

3) 피크의 제2법칙

특정한 지점에서 시간에 따른 농도의 변화는 그 지점에서의 농도 경사의 변화에 비례한다. 어떤 지점에서 확산되는 물질의 시간에 따른 농도 변화는 그 지점으로 돌아온 물질의 양에서 그 지점에서 밖으로 나간 양을 뺀 값과 같다고 할 수 있다. 즉 농도차가 클수록 거리에 가까울수록 확산의 량은 증가한다.

제2법칙은 비정상 상태(시간에 따라 농도가 변화하는 경우 $\frac{dC}{dt}$ 값이 0이 아닌 경우)의 경우에 시간에 따른 농도 변화를 예측하는 법칙이다.

$$\frac{dC}{dt}=\frac{dJ}{dx}$$

J 값은 제1법칙과 같이 표현되는데, 확산 계수 D가 농도에 상관없이 일정한 경우 위식은 다음과 같이 표현할 수 있다.

$$\frac{dC}{dt}=\frac{dJ}{dx}=D\frac{d^2C}{dx^2}$$

이 식의 의미는 농도의 2차 미분항이 양(+)의 값을 갖는 경우에 그 위치에서는 시간에 따라 원자의 농도가 높아짐을 의미한다.(반대로 음(−)의 값을 갖는 경우는 시간에 따라 감소). 즉, 위치에 따른 농도를 그래프로 나타냈을 때, 위로 볼록한 부분(2차 미분값이 0보다 작다)은 시간이 지남에 따라 농도가 감소하고, 아래로 볼록한 부분(2차 미분값이 0보다 크다)은 시간이 지남에 따라 농도가 증가하여 전체적으로 농도가 일정하게 됨을 알 수 있다.

4) 확산 기구(mechanisms of diffusion)

(1) 침입형 기구

침입형 기구란 침입형 자리에 위치하는 침입형 원자가 용매 원자들의 위치는 변화시키지 않고 최인접 침입형 자리로 이동하는 기구를 말한다.

[그림 1-8 (a)]는 면심 입방 격자의 (100) 면에 침입형 원자 1이 침입형 자리 2로 이동하기 위해서는 용매 원자인 3과 4가 약간씩 바깥쪽으로 이동해야 된다. 이와 같은 장애물이 극복되는 속도가 결국 침입형 원자의 확산 속도를 결정해주는 것이다.

따라서 이 침입형 기구에 의해서 확산하려고 하는 원자는 용매 원자에 비해서 크기가 작아야만 된다. 실제로 탄소(C)나 질소(N)와 같이 비교적 크기가 작은 탄소의 이동은 침입형 확산이라 할 수 있고, 이 침입형 기구에 의한 확산은 공공 기구에 의한 확산보다 비교적 쉽게 일어난다.

그림 1-8 확산 기구

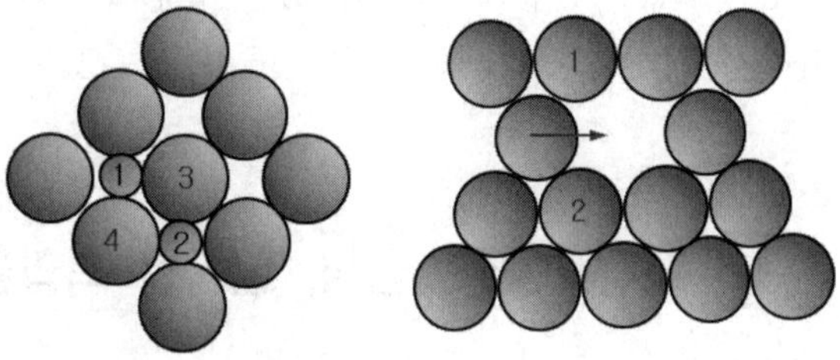

(a) 침입형 확산 (b) 공공형 확산

(2) 공공 기구

금속 결정은 절대 온도 0°K(−273℃)에서 완전 결정(결정격자에 완전히 원자가 배열된 상태) 구조로 되어 있다.

그러나 온도가 상승하면 원자가 격자점으로부터 방출되어 비어있는 격자점이 생기게 된다. 이와 같이 원자가 방출되어 비어 있는 격자점을 공공(空孔, vacancy)이라고 한다.

이 공공에 인접한 어떤 원자가 공공으로 점프하여 이동할 때 공공 기구에 의해서 확산하고 있다고 말한다.

[그림 1−8 (b)]는 면심 입방 격자(FCC) 격자에서 공공에 인접한 원자가 공공으로 점프하여 이동하는 과정을 보여주는 것이다. 원자 직경을 0.52라 할 때 1번 원자와 2번 원자 사이의 간격은 0.73이므로 주어진 원자가 그림의 화살표와 같이 인접한 공공으로 이동할 때 요구되는 1번 원자와 2번 원자의 변위는 그다지 크지 않다.

그럼에도 불구하고 공공 기구에 의해서 확산하는 철 원자가 침입형 기구에 의해서 확산하는 탄소 원자에 비해서 훨씬 느리게 확산하는 이유는 탄소 원자 주위에는 침입형 자리가 항상 존재하지만 철원자 주위에 공공이 존재할 확률은 희박하기 때문이다.

5) 확산의 이용

강의 열처리는 상변태를 일으키는 조작 방법이고, 또한 강의 상변태는 마텐사(자)이트 변태와 같은 무확산 변태(無擴散 變態)를 제외하고는 다른 확산을 동반하는 확산 변태이므로 매우 중요한 현상이다.

특히 침탄(浸炭)이나 질화(窒化) 처리는 확산 현상을 직접 이용하는 방법이므로 그 중요성은 매우 크다. 이외에도 결정립 성장, 석출(시효), 확산 풀림(균질화 풀림) 등도 확산과 직접적으로 관련되는 현상이다.

6) 확산에 영향을 주는 인자

원자의 확산에는 많은 에너지가 필요하다. 이 에너지에 영향을 미치는 인자는 다양하나 특히 온도와 밀접하다.

온도가 높아짐에 따라 원자의 움직임이 활발해지므로 확산 속도가 빠르게 되고, 또 가공 변형이 있는 경우에 확산은 용이하게 일어난다. 특히 조직이나 첨가 원소의 종류나 양에 따라서 확산 속도가 변화된다.

5 포정, 공정, 공석, 금속간 화합물

가. 포정(peritectic)

용융 상태에서 냉각하면 일정한 온도에서 정출된 α 고용체와 함께 이와 공존된 용액 E가 서로 반응을 일으켜 새로운 β 고용체를 만드는 반응을 포정 반응이라 한다. 포정 반응만을 포함한 2성분계 합금의 상태도는 존재하지 않지만 복잡한 상태도의 일부분에 포정을 포함하는 것은 매우 많다.

$$\text{E(용액)} + \text{G}(\alpha\ \text{고용체}) \leftrightarrows \text{F}(\beta\ \text{고용체})$$

나. 공정(eutectic)

서로 다른 성분 금속 2개가 어떠한 조성으로 합금할 때 액체(용해된 상태)에서는 균일한 용액으로 되나 서서히 냉각하여 일정 온도에 도달하면 액체 상태에서 두 개의 서로 다른 고용체(α 고용체와 β 고용체)가 동시에 정출되어 2개의 성분 금속이 기계적으로 혼합된 조직으로 되는 현상을 공정이라고 하며, 이때의 조직을 공정 조직(eutectic structure), 이때의 온도를 공정점이라고 한다.

또한 일정한 온도에서 용융액으로부터 동시에 두개의 다른 고용체가 정출되는 반응을 공정 반응이라고 하며, 이러한 현상을 그림으로 나타낸 것을 공정형 상태도라고 한다. [그림 1-9 참조] 공정 반응은 다음과 같다.

$$\text{공정 반응 : 용액 L} \underset{\text{가열}}{\overset{\text{냉각}}{\rightleftarrows}} \alpha\ \text{고용체} + \beta\ \text{고용체}$$

그림 1-9 공정형 상태도 및 냉각 곡선

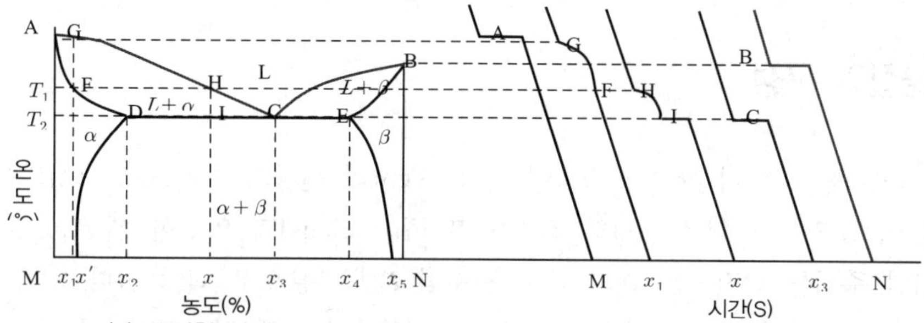

(a) 공정형 상태도 (b) 열분석 곡선

다. 공 석

고체 상태에서 2개의 고상 조직이 석출하는 현상을 공석이라고 하며, 이때 얻어진 조직을 공석 조직이라 한다. 철강의 공석점은 0.8(0.85)%C, 723℃ 부분에서 일어나며, 공석 조직은 펄라이트(페라이트와 시멘타이트의 층상 조직)이다.

라. 금속간 화합물(intermetallic compounds)

금속간 화합물이란 성분 금속간에 친화력이 클 때 두 가지 금속 원소가 간단한 원자비로 화학적으로 결합되어 성분 금속과는 전혀 다른 성질을 가지는 독립된 화합물을 형성한 조직을 말한다.

금속간 화합물의 특징은 비금속성 성질을 가지며 경취(취약하고, 견고)하고, 보통은 융점이 비교적 높으나, 성분의 융점보다도 낮은 온도에서 분해하는 불안정한 것도 있다.

[그림 1-10]은 금속간 화합물형 상태도를 나타낸 것이며, 이 그림에서 점 C는 화합물 MmNn을 1개의 성분으로 보면 MmNn을 경계로 2개의 상태도로 나눌 때 왼쪽은 M-MmNn계, 오른쪽은 MmNn-N계로 된 순금속의 공정 상태도로 생각할 수 있다.

그림 1-10 금속간 화합물 상태도

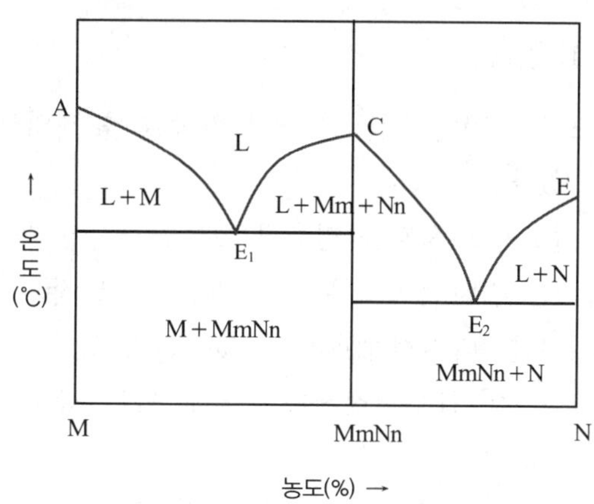

금속간 화합물에는 Fe_3C, Ni_3Al 등이 있는데 Fe_3C는 Fe와 C의 원자 비가 3 : 1로 구성되어 있으며, 성분 금속인 Fe과 C와는 전혀 다른 성질을 나타내고 있다.

제4절 | 금속의 결정

1 물질의 구성

물질의 종류는 매우 다양하며, 지름이 약 10^{-8}cm의 원자와 이온으로 구성되어 있다. 이 원자는 작고, 조밀하고 더욱 (+)의 전기를 띤 핵(nucleus)과 일정한 셀(shell)로 구성되어 있으며 핵의 주위를 회전하는 핵외 궤도 전자의 2개 부분으로 되어 있다.

원소의 화학적 성질은 핵의 주위를 돌고 있는 전자의 수에 지배된다. 이 핵외 전자는 가장 내측에서 외측으로 K, I. M. N. O. P 및 Q 등이라는 궤도 위에 분포하여 있고, 주 양자수 n+1, 2, 3 … 등에 의해서 특징지어진다.

질량은 중성자(neutron)와 양자(proton)로 되어 있으며, 중성자는 전하가 없고 양자는 전자의 전하와 같은 양, 또한 반대 부호의 전하를 가지고 있다.

물질은 단일 원소 또는 다양한 원소의 집합으로 구성되어 있으며, 어떤 원소가 많으냐에 따라 그 물질의 특성도 달라진다. 가장 간단한 물질은 수소이다.

2 금속의 결정체

가. 결정체

1) 결 정

모든 금속은 특별한 경우(비정질)를 제외하고는 고체 상태에서 규칙적인 원자 배열을 하고 있다.

결정이란 원자가 입체적으로 규칙적인 배열을 하고 있는 것으로, 응고 중에 형성되는데, 금속은 일반적으로 무수히 많은 크고 작은 결정이 모여서 집합체를 이루고 있으며, 이들 집합체를 다결정체(polycrystaline)라고 한다.

결정 입자란 결정체를 이루고 있는 작은 입자이며, 이들 결정 입자와의 경계를 결정 입계라 한다.

금속의 결정은 매우 미시적인 것이므로 육안으로는 볼 수 없고 X-선으로 조사해야만 확인할 수 있다.

2) 단위포(단위격자)

결정격자 중 소수의 원자를 택하여 간단한 기하학적 형태를 만들어 낸 것으로 가장 기본

격자의 형태를 단위포 또는 단위격자라 한다. [그림 1－11 참조]

3) 결정격자

금속은 다양한 크기의 결정입자가 무질서한 상태로 결합되어 있지만, 개개의 결정을 보면 원자들이 어떤 규칙을 이루면서 배열되어 있다.

이 같은 배열을 결정격자, 공간격자라고도 하며, 결정체를 이루고 있는 작은 입자를 결정입자(crystal grain) 또는 입자라 하고, 결정입자와의 경계를 결정 경계, 결정립 내에 원자가 규칙적으로 배열된 격자를 결정격자라 한다.

그림 1-11 공간격자와 단위격자

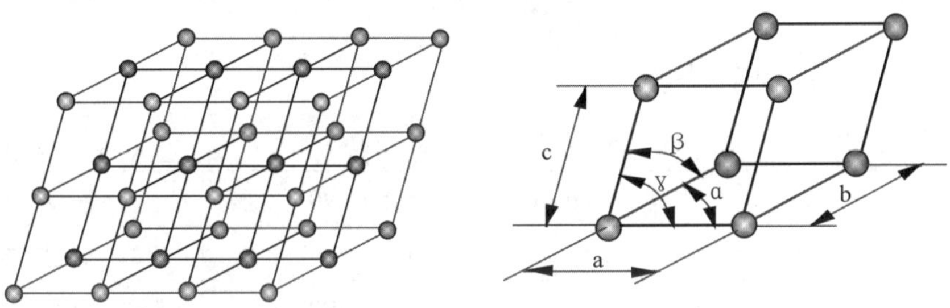

(a) 공간격자 (b) 단위격자

4) 격자 상수와 배위수

단위포의 한 모서리의 길이나 단위포의 3축 방향의 길이를 격자 상수라 하며, 그 크기는 수 Å(옹그스트롱) 정도이다.

※ 1Å = 10^{-8}cm(1/1억 cm)(금속의 격자 상수 : 2.5～3.3Å)

배위수란 1개의 원자를 중심으로 생각할 때 그 원자의 주위에 있는 최근접 원자의 수를 말한다.

최근접 원자는 서로 근접하고 있기 때문에 원자의 직경이 근접 원자간 거리가 되는 것이며, 결정의 격자상수를 알면 구할 수 있다.

3 순금속의 결정 구조

가. 브라베 격자

단위격자에 몇 개의 격자점을 가하여도 단위격자의 대칭성을 유지하게 되는데, 이렇게 격자점을 갖는 단위격자를 각각 체심격자, 저심격자, 면심격자라고 부른다. 이러한 결정격자의 원자 배열은 금속의 종류와 온도 및 대칭선에 따라 다르며 성질도 다르다.

광물학에서 7 결정계로 나누고 이를 다시 14 결정격자형으로 세분한 브라베 격자로 구분하고 있다.

금속에서의 대표적인 결정 구조는 체심 입방 격자, 면심 입방 격자, 그리고 조밀 육방 격자가 있다. 7 결정계 14종의 브라베 결정격자는 [표 1-3]과 같다.

표 1-3 결정계의 축 길이와 축각

7 결정계	축 길이	축 각	14 Bravis 격자
입방정계(cubic system)	a=b=c	$\alpha=\beta=\gamma=90°$	단순, 체심, 면심
정방정계(tetragonal system)	a=b≠c	$\alpha=\beta=\gamma=90°$	단순, 체심,
사방정계(orthorhombic system)	a≠b≠c	$\alpha=\beta=\gamma=90°$	단순, 체심, 저심, 면심
삼방정계(trigonal system)	a=b=c	$\alpha=\beta=\gamma\neq 90°$	단순 사방 6면체
육방정계(hexagonal system)	a=b≠c	$\alpha=\beta=90°,\ \gamma=120°$	단순
단사정계(monoclinic system)	a≠b≠c	$\alpha=\beta=90°,\ \gamma\neq 120°$	단순, 저심
삼사정계(triclinic system)	a≠b≠c	$\alpha\neq\beta\neq\gamma\neq 90°$	단순

나. 금속의 결정격자

1) 체심 입방 격자(BCC : body centered cubic lattice)

단위격자의 모양은 정육면체의 각 모서리에 철의 원자 8개가 존재하고 중심에 1개가 존재하며, 가로, 세로, 높이가 동일하며 3 축각이 90°인 결정 구조를 갖는 격자이다.

① 배위수는 8, 격자 내의 총원자수가 2개{(격자점의 원자 1/8×8)+(체심에 있는 원자 1)}, 원자 충진률은 68%이다.

② 특성 : 전연성이 적고 용융점이 높으며, 강도가 크다.

③ 금속의 종류 : Mo, W, Cr, V, α철, δ철, Na, Li

2) 면심 입방 격자(FCC : face centered cubic lattice)

면심 입방 격자의 모양은 정육면체의 각 모서리에 8개의 원자와 각 면의 중심에 1개의 원자가 위치하며, 3 축각이 90°인 결정 구조를 갖는 격자이다.

① 배위수는 12, 격자 내의 총원자수가 4개{(격자점의 원자 1/8 × 8)+(면심에 있는 원자 1/2 × 6)}, 원자 충진률은 74%이다.

② 특성 : 전연성과 전기 전도도가 크며 소성 가공성이 우수하다.

③ 금속의 종류 : Ni, Cu, Al, Ag, Au, Pb, γ철, Pt

3) 조밀 육방 격자(HCP : Hexagonal Close Packed lattice)

조밀 육방 격자는 6각형 모양의 6각 모서리에 6개의 원자와 그 중심에 1개의 형상을 갖은 면이 상·하 같은 구조로 되어 있으며 그 중심에 3각형 모양의 원자 3개가 구성된 결정 구조의 격자이다.

① 배위수는 12, 귀속 원자 수는 2개, 원자 충진률은 74%이다.

② 특성 : 전연성이 불량하여 소성 가공성이 좋지 않고, 접착성도 적다.

③ 금속의 종류 : Mg, Zn, Ti, Cd, Be, Hg

그림 1-12 결정격자의 종류

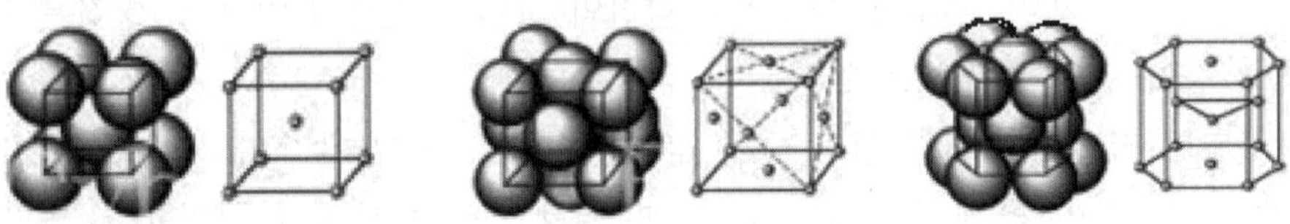

(a) 체심 입방 격자　(b) 면심 입방 격자　(c) 조밀 육방 격자

제5절 | 금속 가공

1 금속의 변형

가. 탄성과 소성

1) 탄 성

금속에 외력을 가할 때 어느 한계까지는 변형이 생기다가 외력을 제거하면 원 상태로 돌

아가게 되는데 이 성질을 탄성이라 말하며, 이 한계점을 탄성 한계라 한다.

2) 소 성

탄성 한계를 넘어서 외력이 증가되면 변형이 진행되어 외력을 제거해도 원상태로 돌아가지 못하고 영구 변형이 남아 있게 되는데 이 성질을 소성이라 한다.

나. 소성 변형

1) 슬립(slip)

금속의 규칙적인 결정과 결정이 탄성 한도 이상의 외력에 의해 결정면을 따라 미끄럼을 갖는 변형을 말하며, 이때 수많은 결정격자면 중 가장 미끄럼이 생기기 쉬운 면과 방향을 슬립 면 및 슬립 방향이라고 한다.

2) 쌍정(twin)

특정의 결정면을 경계로 처음의 결정과 경(거울)면적 대칭의 관계에 있는 원자 배열을 갖는 결정 부분으로, 그 경계가 되는 면을 쌍정면, 전단이 일어나는 방향을 쌍정방향이라 한다.

쌍정 형성은 원자의 집단적인 이동에 의하여 형성되는 것이 특징이며, 슬립의 경우 일으킨 부분과 일으키지 않은 부분의 양측에서 결정의 방위는 변하지 않으나, 쌍정은 쌍정면의 양측에서 결정의 방위가 변하고 있다.

슬립과의 차이점은 슬립면의 경우 슬립 후 결정면의 변화가 없으나, 쌍정은 쌍정 양쪽의 결정 방향이 달라지며, 원자의 이동 거리가 한 원자 거리 이내에서 이동하나, 슬립은 원자 간격의 배수로 일어나며, 비교적 넓은 면에서 일어난다.

쌍정은 Sn, Sb, Bi, 오스테나이트계 스테인리스강, 구리, 아연, 마그네슘 등 비철 금속에 많이 형성된다.

그림 1-3 슬립과 쌍정에 의한 소성 변형

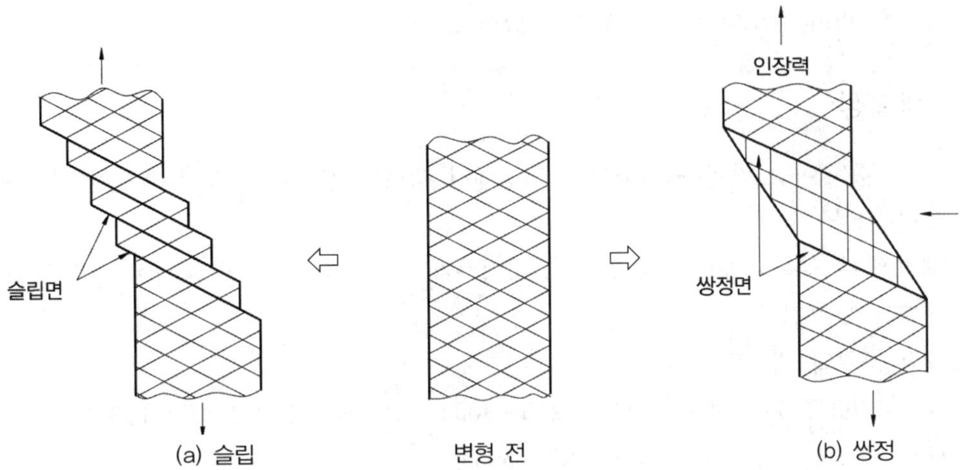

3) 전 위

전위는 결정 원자의 1차원적인 격자 결함으로 결정격자 내에서 선을 중심으로 하여 그 주위에 격자의 뒤틀림을 일으키는 선 결함을 말한다.

1cm²의 금속 속에는 적어도 수천만개에서 수억개(10^{-7}~10^{-8}개)의 전위가 존재하며, 대부분의 전위는 원래부터 존재하고 있거나, 공공이나 결정의 경계면에서 생긴다.

실제 재료에서 모든 결정체에서 발생하는 전위는 원자들의 규칙 배열을 부분적으로 혼란시키는 여러 형태로 점, 선, 면 또는 체적 결함으로 구성되어 있으며, 전위들은 서로 연동되어 영향을 끼치거나, 독립적으로 기여하기도 한다.

2 회복 및 재결정

가. 풀림(annealing)

상온 가공한 금속을 어떤 온도 이상으로 가열하면 가공 경화됐던 것이 연화되어 전연성이 증가되며 가공성을 회복하게 되는데 이와 같이 가열에 의하여 정상적인 성질로 회복시키는 열적 조작을 말한다.

그림 1-14 회복, 재결정 및 결정립의 성장

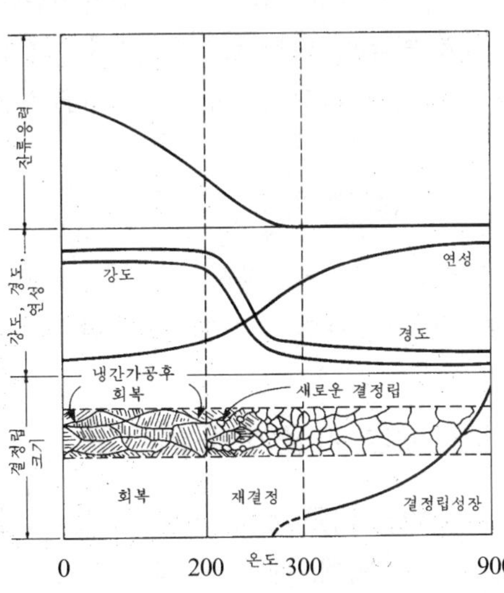

나. 회복(recovery)

상온 가공에 의해 내부 응력(변형)을 일으킨 결정 입자가 가열에 의해 그 모양은 변하지 않고 내부 응력이 감소되어 가는 과정을 말한다.

다. 재결정

① 회복 구간 이상 가열하면 파괴된 결정에서 새로운 결정이 생성되는데 이것을 재결정이라 한다.

② 재결정 온도는 가공도가 클수록, 결정입자가 미세할수록, 가열 시간이 길수록 재결정 온도는 낮아진다.

③ 각종 금속의 재결정 온도
W : 1200℃, Fe : 450℃, Cu : 200~300℃, 은, 금 : 200℃ Al : 150℃,
Pb : − 3℃, Sn : −7~25℃, Ni : 600℃

3 소성 가공

가. 고온 가공과 냉간 가공

1) 고온(열간) 가공

재결정 온도(A_1 변태점) 이상에서 가공하는 것이며, 탄소량에 따라 1050~1200℃에서 시작하여 850~900℃에서 완성한다.

고온 가공의 특징은 적은 동력으로 높은 가공도를 얻으며, 조직의 균일화와 미세화, 짧은 가공시간에 대량생산이 가능하나, 산화에 의한 표면상태가 불량하다.

가공 온도가 너무 높으면 페라이트와 펄라이트 조직의 조대화가 발생하며, 너무 낮으면 표면 미려와 치수 정도는 좋아지나 가공 경화로 내부 변형 발생이 우려된다.

2) 냉간(상온) 가공

재결정 온도 이하에서 가공하는 것이며, 조직의 미세화, 강도, 경도가 증가되고, 치수 정도가 좋으며 표면이 매끄러워진다.

나. 소성 가공의 종류

(1) 압연 가공(rolling) : 재료를 회전하는 롤러 사이에 통과시켜 성형하는 방법으로, 판, 봉, 형재, 레일 등 제조한다.

(2) 인발(drawing) : 다이(die)의 구멍을 통하여 재료를 축방향으로 당기어 바깥 지름을

감소시키는 가공법으로 봉, 관, 선 등의 제조에 적용된다.

(3) **압출 가공**(extrusion) : 금속을 실린더 모양의 컨테이너에 넣고 한쪽에 있는 램에 압력을 가하여 밀어내어 가공(전방 압출)과 컨테이너 안의 금속이 램 주위로 밀려 앞으로 돌출되는 가공(후방 압출) 등을 말하며, 봉, 관, 형재 제조에 적용한다.

(4) **프레스 가공** : 판재를 프레스의 펀치와 다이 사이에서 압축하여 성형하는 방법으로, 전단 가공, 굽힘, 압축, 디프 드로잉(deep drawing) 등으로 분류한다.

(5) **단조 가공**(forging) : 잉고트(ingot)의 소재를 단조 기계나 해머로 두들겨서 성형하는 가공이며, 자유 단조와 형 단조로 구분한다.

(6) **전조 가공**(roll forming) : 압연과 비슷하며 전조 공구를 이용하여 나사나 기어 등을 성형하는 가공법이다.

그림 1-15 소성 가공의 예

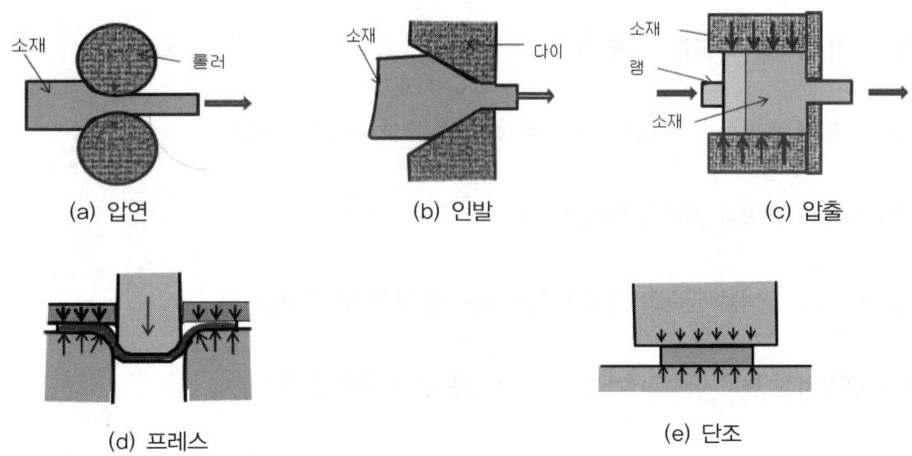

단원 종합 문제 {제1장 | 금속 재료 총론}

01 금속에서 금속과 비금속의 차이점은 무엇인가?

02 다음 중 금속의 공통적인 성질(구비 조건)을 설명한 것으로 틀린 것은?

① 비중과 경도가 크다.
② 열과 전기 전도율이 좋다.
③ 모든 금속은 상온에서 결정체이며 고체이다.
④ 금속 특유의 광택을 갖고 있다.

03 경금속과 중금속의 구분은 무엇으로 하며, 구분 점은 얼마인가?

① 비중 4.5　② 용융점 232℃　③ 비중 7.0　④ 용융점 150℃

04 경금속의 종류를 3가지만 기술하시오.

05 합금이 되면 증가하는 성질과 낮아지는 성질을 3가지 이상 쓰시오.

06 피로 한도의 의미를 간단히 쓰시오.

07 비중이 가장 가벼운 금속과 가장 무거운 금속은 무엇 무엇인가?

08 용융점이 가장 높은 금속과 가장 낮은 금속은 무엇 무엇인가?

09 열전도율이 높은 것부터 순서적으로 5가지를 들어 보세요.

10 전기 전도율이 높은 것부터 순서적으로 5가지를 쓰시오.

11 탈색력이 가장 큰 것부터 순서적으로 5가지를 쓰시오.

12 다음 중 강자성체의 금속이 아닌 것은?

① Fe　② Ni　③ Co　④ Mo

13 2차 조직이란 무엇을 뜻하는가?

14 결정의 생성 순서를 쓰시오.

15 냉각 속도가 빠르면 결정 입자는 커지는가 작아지는가?

16 핵 생성 속도를 N, 핵 성장 속도를 G라 할 때 결정립의 대소 관계는?

① N이 G보다 크면 결정입자는 조대해진다.
② N이 G보다 크면 결정입자는 미세해진다.
③ N과 G의 관계와 결정입자의 크기와는 관계가 없다.
④ N이 G보다 크면 결정입자는 조대해졌다가 미세해진다.

17 주상 조직과 수지상 조직에 대해 설명하시오.

18 결정의 모양이 나무 가지의 모양으로 성장한 조직을 무엇이라고 하는가?

① 주상 결정　② 수지상 결정　③ 공정 결정　④ 편정 결정

19 고용체의 종류를 2가지만 쓰시오.

20 주철의 공정 조직명은 무엇이며, 공정점의 탄소 함유량은 얼마인가?

21 다음 중 공정 주철의 설명으로 틀린 것은?

① 아공정 주철 : 4.3%C 이하　② 과공정 주철 : 4.3%C 이상
③ 공정 주철 : 4.3%C　④ 아공석 주철 : 0.8%C 이하

22 공정 반응에 대하여 간단히 쓰시오.

23 공석강의 C%와 공석점의 온도는 어떻게 되는가?

① 2.01%C, 210℃　② 0.85%C, 723℃　③ 0.21%C, 910℃　④ 0.02%C, 1410℃

24 결정체에서 격자 상수는 무엇을 말하는가?

25 순금속의 대표적인 결정 구조의 종류 3가지를 들고 각각 해당되는 금속을 3가지씩 쓰시오.

26 다음 중 체심 입방 격자의 종류가 아닌 것은?

① Mo　② Ni　③ W　④ Cr

27 쌍정의 의미와 쌍정이 잘 일어나는 금속의 종류를 2가지만 들어보시오.

28 철, 구리, 알루미늄의 재결정 온도는 얼마인가?

29 재결정의 생성 순서를 나타낸 것으로 맞는 것은?

① 핵 성장 – 핵 발생 – 결정 경계 형성
② 핵 발생 – 결정 경계 형성 – 핵 성장
③ 핵 발생 – 핵 성장 – 결정 경계 형성
④ 결정 경계 형성 – 핵 성장 – 핵 발생

30 냉간 가공과 열간 가공은 무엇으로 구분하는가?

① 용융점 ② 재결정 온도
③ 비중 ④ 열팽창계수

31 냉간 가공이 열간 가공보다 우수한 점이 아닌 것은?

① 한꺼번에 다량의 가공을 할 수 있다. ② 결정 입자가 미세하다.
③ 표면이 매끄럽다. ④ 치수 정도가 좋다.

32 소성 가공의 종류 3가지를 이상 들고 간단히 설명하시오.

33 압연, 인발 가공에 대하여 간단히 설명하시오.

34 재료를 회전하는 롤러 사이에 통과시켜 성형하는 방법으로, 판, 봉, 형재, 레일 등 제조에 적합한 가공법은 어느 것인가?

① 압연 ② 압출 ③ 인발 ④ 전조

제1장 금속재료 총론 문제 해설 [p.401~429]

1. 비금속 : 금속의 공통 성질을 전혀 구비하지 않은 금속으로, 유기 재료와 무기 재료 등이 여기에 해당한다.
2. ③ 수은(Hg : 융점 -38.4℃로 상온에서 액체임)
3. ① (책에 따라 5.0으로 된 것도 있음)
4. Mg(마그네슘 1.74), Be(베릴륨 1.83), Al(알루미늄 2.7), Ti(티타늄 4.5) 등
5. 1) 증가하는 성질 : 강도, 경도, 내마모성, 주조성, 내열성, 내식성, 전기 저항 등

2) 낮아지는 성질 : 연신률, 단면 수축률, 용융점, 비중, 전기 및 열전도율 등

6. 작은 인장 또는 압축 응력 등 반복하중을 작용시켜도 파괴되지 않고 충분한 내구력을 가질 수 있는 최대 한계

7. 가장 가벼운 금속 : Li(리튬, 비중 0.5), 가장 무거운 금속 : Ir(이리듐, 비중 22.5)

8. 1) 용융점이 가장 낮은 금속 : 수은(Hg : -38.4℃)
   2) 용융점이 가장 높은 금속 : 텅스텐(W : 3400℃)

9. Ag(은) > Cu(구리) > Au(금) > Al > W(텅스텐) > Mg(마그네슘) > Mo > Zn(아연) > Ni(니켈) > Fe(철)

10. Ag(은) > Cu(구리) > Au(금) > V(바나듐) > Al(알루미늄) > Mg(마그네슘) > Mo > W > Co > Ni(니켈) > Fe(철)

11. 탈색력이 큰 순서 : Sn(주석) > Ni > Al > Fe > Cu > Zn > Pt > Ag > Au

12. ④

13. P411 1 다. 2)

14. 핵 발생 - 성장 - 결정 경계 형성

15. 미세해진다.

16. ②

17. P413 3 가. 주상 조직 나. 수지상 조직

18. ②

19. 침입형 고용체, 치환형 고용체, 규칙 격자형 고용체

20. 조직 : 레데브라이트(오스테나이트+시멘타이트 혼합 조직), 탄소량 : 4.3%

21. ④

22. P420 5 나. 참조

23. ②

24. 단위포의 한 모서리의 길이나 단위포의 3축 방향의 길이

25. 1) 체심 입방 격자 : Mo, W, Cr, V, α 철, δ 철, Na, Li
    2) 면심 입방 격자 : Ni, Cu, Al, Ag, Au, Pb, γ철, Pt,
    3) 조밀 육방 격자 : Mg, Zn, Ti, Cd, Be, Hg,

26. ②(면심 입방 격자임)

27. P426 1 나. 2) 참조

28. Fe : 450℃, Cu : 200~300 ℃, Al : 150℃

29. ③

30. ②

31. ①

32. P428 3 나. 소성 가공의 종류

33. P428 3 나. 1) 압연 가공, 2) 인발

34. ①

chapter

02 철강 제조와 탄소강

제1절 | 철강의 제조법

1 제철법

가. 제철과 제강

제철이란 철광석을 용광로에 녹여서 선철을 얻는 방법으로, 융점이 낮고 유동성이 좋아서 주조성은 양호하나 탄소 함유량이 많고 불순물도 많이 함유되어 있어 용도에 한계가 있다.

따라서 선철을 다시 정련하여 불순물을 산화 제거하고 성분을 조정하여 가단성을 부여하는 방법을 제강이라고 한다.

나. 선철의 제조법

1) 제선 재료

(1) 철광석

철(Fe)은 땅 표면에 약 4.5% 점유하며, Al, Si 다음으로 많이 존재한다. 제련용 철광석은 철의 성분이 40~60% 이상 함유되어 있어야 경제성이 있다.

철광석의 종류에는 적철광, 자철광, 갈철광, 능철광, 사철 등이 있다.

(2) 연 료

용광로에 의한 제철에는 고체 연료인 코크스(coke)가 가장 많이 사용되며, 유황분과 회분이 적고 강도가 커야 된다. 요즘은 신공법인 파이넥스법에서는 유연탄을 그대로 성형하여 만든 성형탄이 사용되며, 비용 절감 및 환경 오염 물질 배출 감소 효과 매우 높다.

(3) 용 제

제철 과정에서 용제의 역할은 다양하지만 대체로 철광석에서 불순물 등을 제거하고, 탈산 정련 작용을 돕기 위해 사용되는 것으로 석회석(CaC), 형석 등이 주로 쓰인다.

표 2-1 용광로기법과 파이넥스기법의 특성 비교(%)

방 식	투자비	쇳물제조 원가	황산화물	질산화물	비산 먼지
용광로기법(300만t 1기)	100	100	100	100	100
파이넥스기법(150만t 2기)	80	85	3	1	28

2) 선철의 제조 기법

(1) 용광로기법

용광로는 철광석을 녹여 선철을 얻는 로를 말하며, 독일에서는 고로라고도 한다. 용광로법은 소결한 괴상 철광석과 코크스 연료, 석회석 등을 장입시킨 후 용해 환원시켜 선철을 제조하는 방법이다. 이 과정에서 석회석은 900℃ 정도에서 분해하여 생긴 산화칼슘이 철광석의 불순물이나 코크스의 산화규소와 화합하여 슬래그로 되어 용선 위에 떠있게 되며 슬래그 출구로 배출되기도 한다. [그림 2-1 참조] 용광로의 크기는 1일(24시간) 동안에 산출된 선철의 무게를 Ton(톤)으로 표시(T/day)한다.

그림 2-1 용광로의 구조

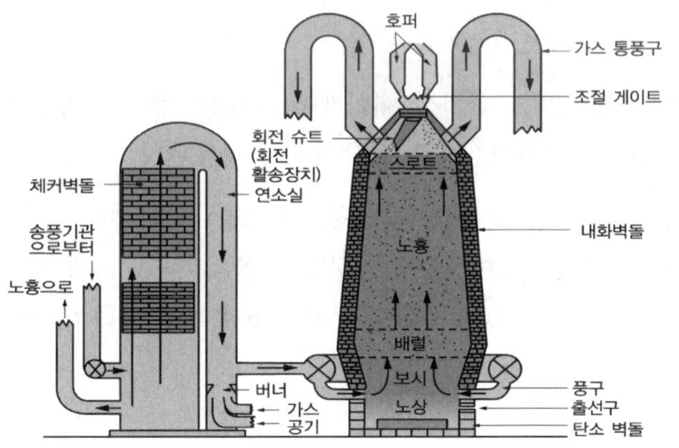

(2) 파이넥스(FINEX) 기법

유연탄을 그대로 성형하여 만든 성형탄과 분광석을 환원 유동로를 통해서 분광석에 있는 산화물을 제거하여 성형철로 만들어서 용융로에 장입하여 불순물을 제거하며 용해하는 방법으로 비용 절감 및 환경 오염 물질 배출의 감소 효과가 매우 높아 최근에 많이 채용하는 공법이다.

(3) **선철의 종류** : 파단면에 따라 회선철, 반선철, 백선철로 구분한다.

(4) **선철의 용도** : 90% 이상이 강 제조에, 10%는 주철 제조에 쓰인다.

2 제강법

가. 제강법의 종류

1) 전로 제강법

원료 용선 중에 공기(또는 산소)를 불어 넣어 불순물을 짧은 시간에 신속하게 산화시켜 산화열을 이용하여 외부의 열원없이 정련하는 제강법이다.

특성은 연료가 불필요하여 값싸게 대량 생산할 수 있으나 N, P, O 등이 많아서 강질이 나쁘고 고철을 이용할 수 없는 결점이 있어 특수한 경우에만 이용된다.

(1) 종류와 특성

① 산성 전로법(베서머법) : 로에 산성(규소) 내화물을 사용하며, 개발자의 이름을 따서 베서머법이라고도 한다. 이 방법은 인이나 황의 제거가 안되므로 고규소 저인 저황 선철을 사용하며, 연소는 Si, Mn, C 순으로 연소한다. 고급 철강 제조에 사용된다.

② 염기성 전로법(토마스법) : 염기성 내화재를 사용한 로에서 제강하며, 저규소 고인 고황 선철의 제강에 적합하다. 저급 철강재료에 사용된다.

③ L/D법 : 염기성법에서 공기 대신 산소를 상, 또는 하부에서 불어넣어 제강하는 방법으로 강 중에 N, O, P 등이 적어 양질의 강을 값싸고 능률적으로 생산할 수 있다. L/D 전로법은 평로법에 비하여 제강 능률이 6~8배에 달하며, 품질도 평로강과 동등하거나 그 이상의 것을 얻을 수 있다.

(2) 크기 표시

1회에 용해할 수 있는 선철의 무게를 톤으로 표시(T/회)한다.

2) 평로(반사로) 제강법

축열식 반사로를 사용하여 가스나 중유로 용해, 정련하는 제강법으로 시멘스 마틴법이라고도 한다.

① 로의 특성 : 장시간이 소요되지만 성분을 조절할 수 있고 고철도 사용할 수 있어 대

량 생산이 가능하므로 제강량 전체의 80%를 평로에서 용해된다.

② 크기 표시 : 1회에 용해할 수 있는 선철의 무게를 톤으로 표시(T/회)한다.

그림 2-2 제강로의 종류

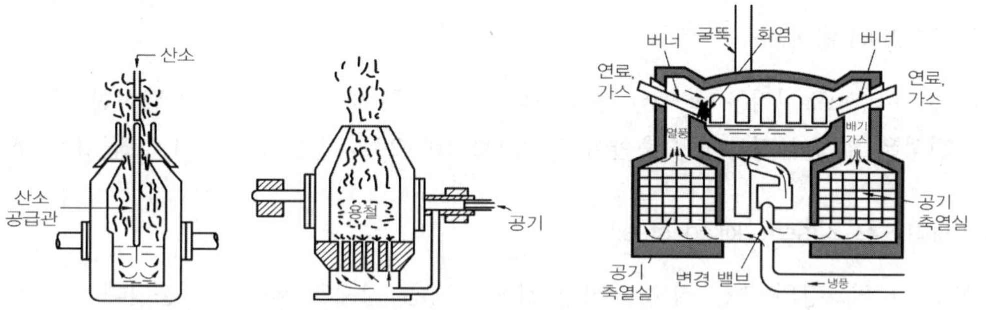

(a) 순산소 공급 전로 (b) 바닥에서 송풍하는 전로
[전로 제강법]

[평로 제강법]

3) 전기로 제강법

전기 열을 이용하는 방법으로 저항열을 이용하는 저항로, 유도열을 이용하는 유도로, 아크열을 이용하는 아크로 등이 있으며, 에루식 아크로가 많이 사용된다.

(1) 특 성

고온을 얻을 수 있고, 용강의 산화가 적으며, 온도 조절이 용이하여 성분 조절을 정확히 할 수 있어 공구강, 특수강의 제조에 적합하나, 전기 소모와 탄소 전극 소모가 많은 것이 단점이다.

(2) 크기 표시 : 1회에 용해할 수 있는 선철의 무게를 톤으로 표시(T/회)한다.

4) 도가니로

흑연 도가니, 주철 도가니가 있으며, 크기는 1회에 용해할 수 있는 구리의 무게(kg)를 번호로 표시한다.(예 : 500번로 : 1회에 500kg의 구리를 용해할 수 있는 로)

5) 주조로(용선로 : 큐폴라)

주철 용해에 사용되며, 크기는 1시간에 용해할 수 있는 선철의 무게를 Ton으로 표시한다.(T/h)

나. 강괴의 종류

제강로에서 얻어진 용강을 금속 주형이나 사형 주형에 주입하여 덩어리로 만든 것으로, 그 모양은 4각, 6각, 8각 등의 기둥과 같으며, 탈산 정도에 따라 다음과 같다.

1) 킬드강(killed steel)

로 내에서 페로 실리콘(Fe-Si), 알루미늄 등의 강한 탈산제로 충분히 탈산한 강으로, 기포나 편석은 없으나 상부에 수축관이 생기므로 10~20% 손실이 생긴다. 고급강에 쓰인다.

2) 세미 킬드강(semi killed steel)

킬드강과 림드강의 중간 정도 탈산한 강으로 중급 강재의 제조에 사용된다.

3) 림드강(rimmed steel)

제강 중 Fe-Mn으로 탈산을 불충분하게 했거나 거의 탈산 처리를 하지 않은 강으로, 0.3% 이하 탄소강, 일반 강재, 용접봉의 제조에 쓰인다.

4) 캡드강

페로 망간(Fe-Mn)을 첨가하여 가볍게 탈산한 용강을 주형에 주입한 후 다시 탈산제를 투입하거나 주형의 덮개를 덮고 비등 교반 운동을 하여 조용히 응고시킨 것으로, 내부 결함은 적으나 표면 결함이 많아 박판, 스트립, 주석 철판 및 형강 등에 사용된다.

그림 2-3 강괴의 종류

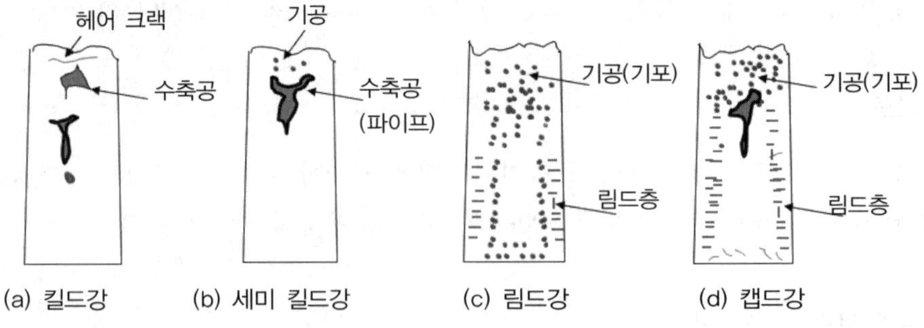

제2절 | 철강의 분류와 변태

1 철강의 분류

가. 순철(pure iron)

1) 순철의 성질

(1) 기계적 성질

순철은 상온에서 0.012% 이하의 탄소를 함유한 철이며, 상온에서 전연성이 풍부하고 단접성, 용접성이 좋다. 인장 강도 176.4~245MPa(18~25kg/mm^2), 브리넬 경도(HB) 60~65, 연신률 40~50% 정도로 강도가 낮아서 기계 재료에는 부적당하나, 투자율이 높아 변압기 철심, 발전기용 박철판, 전ㆍ자기 재료에 쓰이며, 열처리가 안된다.

(2) 물리적 성질

비중 7.89, 용융점 1538℃, 강자성체이나 768℃(A_2 변태점)에서 자기 변태한다. 순철은 전기 전도도가 좋으며, 전기 저항은 낮으나 순도에 따라 전기전도도나 열전도도에 영향이 크다.

(3) 화학적 성질

고온에서 산화 작용이 심하며, 해수, 산, 화학 약품에 약하나 알칼리에는 영향이 적다.

2) 순철의 종류

순철의 종류에는 카보닐철, 전해철, 암코철 등이 있다. 카보닐철은 240℃에서 철과 일산화철로 분해하여 제조한 것이며, 전해철은 염화철, 유산철을 전기분해하여, 암코철은 염기성 평로로 제조한 공업용 순철의 상품명이다. 순철의 동소체는 α철(ferrite, 체심 입방 격자, BCC), γ철(austenite, 면심 입방 격자, FCC), δ철(ferrite, 체심 입방 격자, BCC)이 있다.

나. 탄소강

철에 탄소가 0.02~2.01% 함유된 것을 강(steel)이라 하며 탄소가 함유됨에 따라 경도가 상승하므로 다음과 같이 분류하고 있다.

1) 경 · 연에 따른 탄소강의 분류

C%에 따라	경, 연	탄소 %	용 도
저탄소강	극연강	0.12%C 이하	아연판, 함석판, 리벳, 강관
	연 강	0.20%C 이하	일반 구조용, 보통 강재, 리벳, 철골
	반연강	0.30%C 이하	고력 축, 못, 강판, 보일러 배관재
중탄소강	반경강	0.40%C 이하	차축, 볼트, 스프링, 기계 재료
	경 강	0.50%C 이하	축류, 실린더, 철도레일, 스프링
고탄소강	최경강	0.5～0.8%C	외륜, 침, 스프링, 나사
탄소 공구강	탄소 공구강	1.6%C 이하	공구재료, 스프링, 줄, 게이지, 칼

2) 탄소 함유량에 따른 분류

(1) 저탄소강 : 0.3%C 이하 함유한 것으로, 용접 구조용강이라고도 하며, 탄소량이 적어 특별한 경우를 제외하고는 예열이나 후열을 하지 않고 용접할 수 있어 용접성이 양호하나, 열처리가 불량하다. 용접 구조용에 주로 사용된다.

(2) 중탄소강 : 0.3～0.5%C의 강으로, 기계 구조용으로 사용하며, 열처리 가능하다.

(3) 고탄소강 : 0.5～0.8%C의 강으로, 기계 구조용으로 사용된다.

(4) 탄소 공구강 : 0.8～1.6%C 함유한 강으로, 줄, 칼 등의 제조에 사용한다.
[그림 2-4]는 탄소량에 의한 조직의 변화를 나타낸 것이다.

그림 2-4 탄소량에 의한 표준 조직의 변화

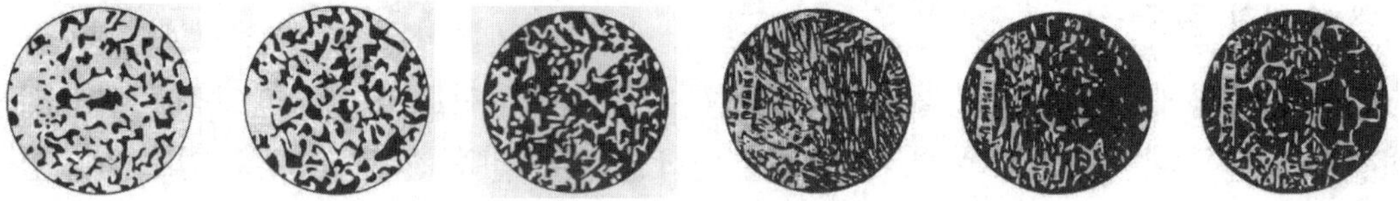

(a) 0.22%C (b) 0.29%C (c) 0.4%C (d) 0.8%C (e) 1.12%C (f) 1.32%C

다. 합금(특수)강

1) 구조용 합금강

기계 구조물이나 부품 제조에 사용되며, 강인강, 침탄강, 질화강, 스프링강 등이 있다.

2) 공구용 합금강

공작 기계의 공구 등에 사용되며, 합금 공구강, 고속도강, 소결 합금, 스텔라이트, 세라믹 등이 있다.

3) 특수 목적(용도)용 합금강

특수한 용도에 사용되는 것으로 베어링강, 자석강, 스테인리스강, 내열강, 규소강, 쾌삭강 등이 있다.

라. 주철(cast iron)

2.01～6.67%C의 철이며, 보통 4.5%C 이하의 것이 쓰이고 있다. 종류는 보통 주철, 고급 주철, 합금 주철, 특수 주철 등이 있으며, 공정 조직에 따라 4.3%C 이하인 아공정 주철, 4.3%C의 공정 주철, 4.3%C 이상의 과공정 주철이 있다.

2 금속의 상률과 변태

가. 상률과 변태

1) 상률(相律)

① 기체, 액체, 고체는 하나의 상태이며, 기체는 몇 개의 물질이 존재해도 거의 균일하게 분산되어 있으므로 1상으로 취급하며, 용액도 균일하면 1상이다.
② 상과 성분과의 관계 : 예를 들면 얼음, 물, 수증기가 공존하면 성분은 물(H_2O) 1성분이지만 상은 3상이 된다.

2) 자유도

① 불균일계의 평형 상태를 결정하는 상태량은 압력, 온도, 성분의 농도이며, 불균일계의 상태가 안정한 상태에 있을 때 서로 다른 상들이 평형 상태도에 있다고 한다.
② 상률이란 계 중에 상이 평형을 유지하기 위한 자유도를 규정하는 법칙이다.

자유도 $F = n - P + 2$, 응고계의 자유도(압력 무시되므로) $F = n - P + 1$

(성분수 : n, 상의 수 : P, 자유도의 변수 : 온도, 압력, 성분 조성(농도) 3개)

나. 금속의 변태

1) 변태

물이 기체, 액체, 고체로 변하는 것과 같이 금속이 온도에 따라 결정격자의 모양이나, 조직, 성질이 변하는 상태를 말한다.

2) 동소 변태(격자 변태)

같은 원소가 고체 상태에서의 원자 배열의 변화, 즉 고체 상태에서 서로 다른 공간격자 구조를 갖는 변태이다.

동소 변태는 결정 구조의 변화를 일으키므로, 변태할 때 급격히 팽창 또는 수축을 한다. 즉 가열하여 A_3 변태점에서는 α철에서 γ철이 될 때 체심 입방 격자에서 면심 입방 격자로 되면서 크게 수축하고, 또 A_4 변태점에서는 γ철에서 δ철이 되며 팽창한다. 반대로 냉각하면 위의 과정이 반대의 변화가 일어난다.

3) 순철의 동소(격자) 변태

① A_3 변태 : 순철의 동소 변태점은 910℃이며, 이 변태점을 경계로 α철 $\rightleftarrows$ γ철로 변하는 변태이다.

② A_4 변태 : 변태점은 1410℃이며, 이 변태점을 경계로 γ철 $\rightleftarrows$ δ철로 변하는 변태이다.

4) 자기 변태

① 순철의 자기 변태점 : 자기 변태란 원자의 배열이나, 격자의 배열의 변화는 없고 자기적 성질만 변화를 가져오는 변태를 말한다.
순철의 자기 변태점은 768℃(A_2)이며, 큐리 포인트(Curie point)라고도 한다.

② 강자성체 금속의 자기 변태점 : Fe(768℃), Ni(358℃), Co(1160℃)

5) 변태점 측정법

(1) 변태점 측정법의 종류

① 열분석법 : 금속에 적당한 온도계를 꽂고 일정 속도로 가열 또는 냉각하면서 온도-시간 관계를 측정하여 곡선으로 만들었을 때 곡선 상에 이상이 나타나는 점을 찾는 방법으로, 변태점 측정, 시료의 전이 온도 측정, 질량 측정, 엔탈피 측정, 물질의 광학적 거동 측정, 점탄성 측정 등에 적용한다.

② **시차 열분석법** : 시료를 일정한 속도로 가열 혹은 냉각시켰을 때 그 온도 범위 안에서 열적특성의 변화가 없는 기준 물질과 시료와의 온도차를 온도의 함수로 기록하는 것이다. 온도차가 생기는 것은 시료에 발열 혹은 흡열 변성이 있었거나 시료에 상 변화, 용융, 결정화, 비등, 승화, 기화, 탈수, 해리, 분해, 산화, 환원, 결정격자의 파괴 등의 화학 반응이 일어났다는 것을 뜻한다.

기타 비열법, 전기 저항법, 열 팽창법, 자기 분석법, X-선 분석법 등이 있다.

(2) 열전대의 종류와 최고 사용 온도

① **B형 열전대(백금-로듐 : Pt·30%, Rh/Pt·6%Rh)** : 측정 범위가 0~1700℃, 로듐 함량이 높아 용융점 및 강도가 높아 1600℃까지의 산화 및 중성 분위기에서 장시간 사용할 수 있고, 정밀 측정 및 고온 하에 내구성을 요하는 장소에 적합하다.

② **R형 열전대(백금 로듐-백금 : Pt·13%, Rh/Pt)** : 측정 범위가 0~1600℃, 1400℃까지. 간헐적으로 1600℃까지 산화 및 비활성 분위기에서 연속 사용할 수 있으나, 진공, 환원 또는 금속 증기 분위기 내에서는 사용할 수 없다.

③ **S형 열전대(백금 로듐-백금 : Pt·10%, Rh/Pt)** : 측정 범위 0~1600℃, IPTS(국제 실용 온도 눈금)에 의해 정의된 630.74℃의 안티몬으로부터 1064.43℃의 금(Au) 범위까지 표준 열전대로 널리 사용된다.

④ **K(구 : CA)형 열전대(크로멜 : 알루멜)** : 1260℃까지 산화 및 비활성 분위기 내에서 사용할 수 있으며, 환원, 산화와 환원이 교차, 황화 또는 "Green-rot" 부식성 분위기에서는 사용할 수 없다.

⑤ **E(구 : CRC)형 열전대(크로멜 : 콘스탄탄)** : -200~900℃까지 측정 가능하며, 산업용 열전대 중 기전력 특성이 가장 높아 대단위 화력 및 원자력 발전소에서 폭넓게 사용되고 있다. 750℃까지 지속적으로 사용할 수 있다.

⑥ **J(구: IC)형 열전대(철 : 콘스탄탄)** : 0~750℃ 범위까지 측정, E형 열전대 다음으로 기전력 특성이 높고, 750℃까지의 환원, 비활성, 산화, 또는 진공 분위기에 적합하며, 가격이 저렴하여 다양한 곳에서 사용되고 있다.

⑦ **T(구: CC)형 열전대(구리 : 콘스탄탄)** : -200~350℃까지 측정, 습한 분위기에서 부식에 강하며, 중간이 0℃인 온도 측정에 적합하며, 400℃까지 진공 및 산화, 환원 또는 비활성 분위기에서 사용할 수 있다.

⑧ **N형 열전대(니크로실)** : 1250℃의 높은 온도 범위에서 사용할 때 K형 열전대 보다 장시간 안정되고 산화에 저항력이 크며, K형과 비교하여 기전력 표류의 비율이 1000℃ 이상의 온도 범위에서 절반 또는 1/3로 낮으므로 1000℃에서 1200℃의 지속적인 산화 분위기에서 사용하는데 적합하다.

3 Fe-C계 평형 상태도

철과 탄소가 온도와 성분에 따라 일어나는 변화 관계를 그림으로 나타낸 것이 상태도 이며, 철강의 종류와 특성을 이해하는데 매우 중요한 자료이다.

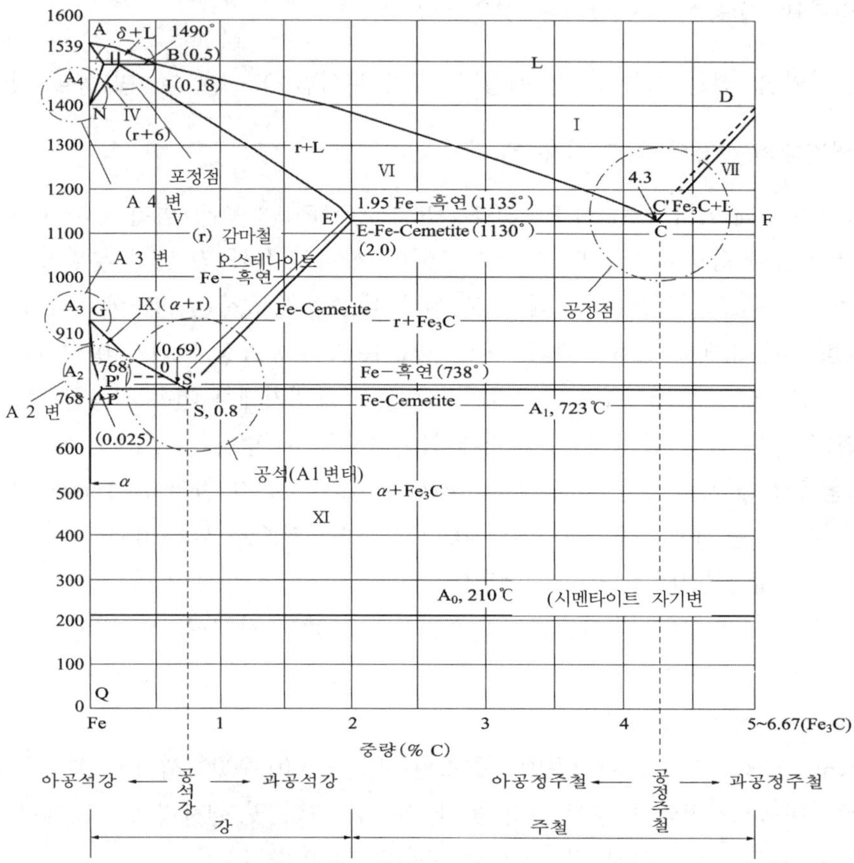

A	순철의 응고점(1539℃)	C	Fe-C계의 공정점 탄소량 (1130℃, 4.3%C)	M	순철의 A_2 변태점
AB	δ 고용체에 대한 액상선	ECF	공정선(C가%~6.67%)	MO	강의 A_2 변태선(768℃)
AH	δ 고용체에 대한 고상선	ES ~ Fe_3C	Fe_3C의 초석선(Acm선) r고용체에서 Fe_3C가 석출하는 온도	S	공석점(723℃ 약0.8%C)pearlite공석점 ([α]⇄[r] + [Fe_3C])
BC	r 고용체에 대한 고상선	Fe_3C	6.67%C를 함유하는 백색침상의 금속간 화합물	E	r 고용체의 C의 포화량(2.0%)
HJB	포정선(1490℃)	G	순철의 A_3변태점(910℃ [α]⇄[r])	PSK	A_1변태선(공석선)
N	순철의 A_4 변태점(1400℃)	GOS	α 고용체의 초석선	PQ	α 고용체의 탄소용해도 곡선
P	α 고용체의 탄소포화점(0.02%C)	GP	C0.025% 이하의 순철에서 α 고용체로부터 석출하는 온도		

가. 공정 주철

(1) 공정 주철이란 상태도 상에서 탄소 함유량 4.3%, 온도 1130℃에서 용융 금속이 γ 철(오스테나이트)과 시멘타이트(Fe_3C)로 정출(레데브라이트 조직)된 주철을 말한다.

(2) 공정 주철의 종류 : 아공정 주철(4.3%C 이하), 공정 주철(4.3%C), 과공정 주철(4.3%C 이상)로 구분한다.

나. 공석강

(1) 공석강이란 상태도 상에서 탄소 함유량 0.8(0.85)%, 온도 723℃에서 고체 금속에서 α 철(페라이트)과 시멘타이트(Fe_3C)로 석출(펄라이트 조직)된 강을 말한다.

(2) 공석강의 종류

① 아공석강 : 아공석강은 철에 0.85% C 이하를 함유한 강으로, 페라이트 조직이 펄라이트보다 많다. 즉 아공석강에서는 탄소(C) 함유량이 증가할수록 초석 페라이트양은 감소한다. 아공석강에서 백색 조직은 초석 페라이트, 흑색 조직은 펄라이트이다. 페라이트는 매우 인성과 연성이 풍부하다.

② 공석강 : 공석강은 철에 0.85% C를 함유한 강으로 펄라이트(페라이트와 시멘타이트의 층상 조직) 조직이며, 강인한 조직의 강이다.

③ 과공석강 : 과공석강은 철에 0.85%C 이상 함유한 강으로, C 함유량이 증가할수록 초석 시멘타이트양이 증가하게 되어 경도가 높고 여리(취성)게 된다. 공석 조성(0.8%C) 이상에서 항복점, 인장 강도의 저하가 나타나는 것은 결정 입계에 시멘타이트가 망눈 모양으로 석출하여 입계 파단이 일어나기 때문이다.

제3절 | 탄소강

1 탄소강의 특성과 조직

가. 탄소강의 특성

① 대량 생산이 가능하고, 가격이 저렴하며, 기계적 성질이 우수하다.
② 상온 및 고온에서 가공성이 우수하여 소성 가공이 용이하다.

③ 탄소 함유량에 의해 현저한 성질 변화가 있으며 열처리가 용이하다.

나. 탄소강의 기본 조직

1) 오스테나이트(austenite)

오스테나이트는 A_1점(723℃) 이상에서 안정된 조직으로 탄소강의 경우 상온에서는 거의 생성이 안되며, 이 조직은 비자성체이며 전기 저항이 크다.

철의 경우 γ철에 탄소가 1148℃에서 최대 2.01%C까지 고용되어 있는 고용체 조직으로 면심 입방 격자이며, 723℃에서 0.85%C로 페라이트보다 탄소 고용도가 매우 크다.

오스테나이트 조직의 침입형 자리의 최대 반경은 0.51Å로서 탄소 원자 반경(0.77Å)보다 작으므로 격자 변형은 일으키지만 그 정도는 페라이트보다 작다. 이것이 페라이트보다 탄소 고용도가 크게 되는 이유이다.

2) α 페라이트(ferrite)

지철이라고도 하며, α철에 탄소를 미량(0.012%) 함유한 α고용체로, 거의 순철에 가까운 체심 입방 격자의 백색 조직이며, 인장 강도가 30~35, 294~343MPa(kg_f/mm^2), 연신률 40%, 브리넬 경도(HB) 80~90 정도로 매우 연하며, 강자성체이다.

페라이트의 최대 탄소 고용도는 723℃에서 0.02%로 매우 적으며, 0℃에서 약 0.008% 정도이다.

페라이트의 침입형 자리의 최대 반경(0.35Å)이 탄소의 원자 반경(0.77Å)보다 매우 적어서 탄소가 들어가게 되면 각변형을 일으키게 된다.

3) δ페라이트

δ철에 탄소가 고용된 고용체로 α철과 같은 결정 구조이나 격자 상수가 다르며, 1495℃에서 0.1% 탄소를 고용한다.

4) 펄라이트(pearlite)

(1) 펄라이트

이 조직은 공석점(723℃, 0.85%C)에서 오스테나이트가 페라이트와 시멘타이트의 층상으로 변태한 것으로, 현미경 상에 검게 보이나 더욱 확대해보면 펄라이트 결정 경계에 흰색의 침상 조직인 시멘타이트가 석출되어 있다. 이 조직은 경도(HB 80~200)와 인장 강도가 페라이트보다 높고, 인성과 연성이 풍부한 강인한 조직이다.

그림 2-5 펄라이트의 핵 생성과 성장 과정

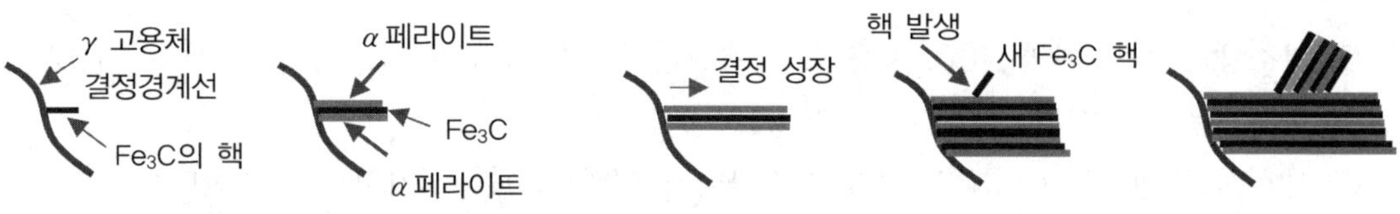

(2) 펄라이트 생성 과정

① γ고용체 결정 경계에서 시멘타이트 핵이 생긴다.
② 시멘타이트 핵이 성장한다.
③ 이 시멘타이트 핵 주위에 α고용체가 생성한다.
④ α고용체가 생긴 입자에 시멘타이트가 생긴다.

5) 시멘타이트(cementite)

Fe_3C로 나타내며 6.67%의 C와 Fe의 금속간 화합물로서 백색의 침상 조직이며, 매우 경취한(메진) 조직이다.

인장 강도 34MPa(3.5kg$_f$/mm^2) 이하, 연신률 0, 브리넬 경도가 800으로 매우 높아 조직으로는 실용할 수 없다. 210℃(A_0 변태점) 이하에서 강자성체이다.

[표 2-2]는 강의 표준 조직의 기계적 성질을 나타낼 것이다.

표 2-2 강의 표준 조직의 기계적 성질

기계적 성질 / 조직 종류	인장 강도 MPa(kg$_f$/mm^2)	연신률 (%)	브리넬 경도 (HB)	특 성
페라이트 (ferrite)	294~343 (30~35)	40	80~90	순철의 α고용체(체심 입방 격자) 조직, 매우 연하며, 강자성체이다.
펄라이트 (pearlite)	882~980 (90~100)	10~15	200	매우 강인한 조직, 공석강의 조직, 검게 보이나 펄라이트 결정 경계에 흰색의 침상 조직인 시멘타이트가 석출되어 있다.
시멘타이트 (cementite)	34이하 (3.5 이하)	0	800	백색의 침상 조직이며, 매우 경취한 조직, 210℃ 이하에서 강자성체 금속간 화합물(Fe_3C)이다.

2 탄소강의 성질

가. 물리, 화학적 성질

① 탄소량 증가에 따라 비중, 용융점, 열팽창계수, 열전도도는 감소하나, 비열, 전기 저항, 항자력은 증가한다.

② 내식성은 탄소량이 증가할수록 감소하나, 소량의 Cu를 첨가하면 급증한다.

나. 기계적 성질

1) 상온에서의 기계적 성질

인장 강도, 경도, 항복점은 탄소량 증가에 따라 증가하며, 공석강에서 인장 강도가 최대이며, 연신률, 단면 수축률, 충격치는 감소한다.

2) 온도 변화에 따른 기계적 성질

(1) 저온 취성(메짐) : 강의 온도가 실온보다 낮아지면 인장 강도, 탄성 계수, 항복점 등은 증가하나 연신률, 단면 수축률, 충격치 등은 감소하고 취성이 커지며 어떤 한계의 온도(천이온도)에서는 급격히 감소하여 −70℃ 부근에서 충격치가 0에 가깝게 된다.

(2) 청열 취성(메짐) : 탄소강 등에서 온도의 상승에 따라 탄성 계수, 탄성 한계, 항복점 등은 감소하나 인장 강도는 상승하여 200~300℃에서 최대가 되고 연신률과 단면 수축률은 감소하며 인장 강도가 최대가 되는 점에서 충격치가 최저값을 나타내며 취약해지게 된다. 이때 철강이 200~300℃에서 푸른색을 띄게 되므로 청열 취성이라 한다.

(3) 적열(고온) 취성(메짐) : 강 중에 황은 Mn과 결합하여 MnS를 만드나 과다 함유시 FeS의 형성 등 철과 공정을 만들며 입계에 망상으로 분포된 상태의 유황은 0.02% 만 있어도 인장력, 연신률, 충격치가 급감하며 또한 FeS는 용점이 낮으므로(1,193℃) 고온(980℃ 이상)에서 약하고 가공할 때 파괴의 원인이 되는 현상이다.

3) 인장 강도 계산(0.85% C 이하의 아공석강에 적용됨)

① $\sigma_b = 20 + 100 \times$ C(탄소량) [kg/mm²]

② 브리넬경도(HB) = $2.8 \times \sigma_b$

예제 0.2%C 탄소강의 인장 강도, 브리넬 경도는?

풀이 ➡ $\sigma_b = 20 + 100 \times 0.2 = 40[kg/mm^2]$, HB = 2.8 × 40 = 112

그림 2-6 탄소강의 기계적 성질

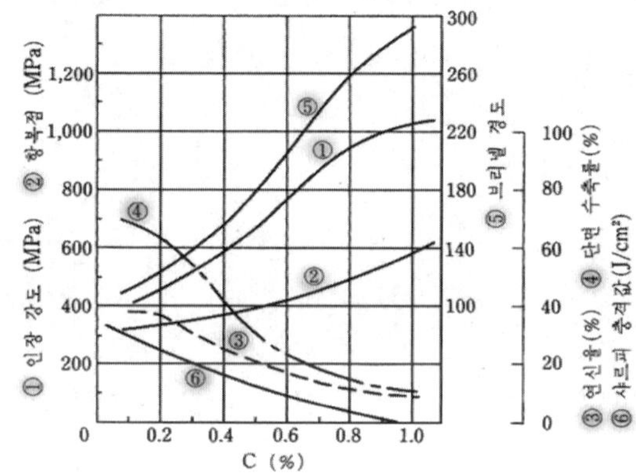

그림 2-7 과공석강 현미경 조직

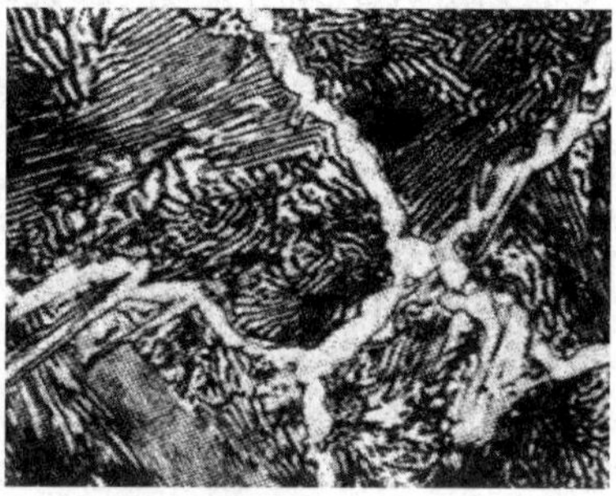

과공석강(1.4% C)
희고 가는 경계 : 시멘타이트
바탕 조직 : 펄라이트

다. 각종 원소가 미치는 영향

(1) 탄소(C)

철에 탄소가 증가하면 경도, 강도, 항복점, 인장강도, 전기저항은 증가하고, 연신률, 단면 수축률, 연성, 충격치, 비중, 용융점, 전기 및 열전도도는 저하한다. 더욱 많아지면 경취해진다.

(2) 망간(Mn)

탄소 다음으로 중요한 원소, 탈산제로 작용하며, 강도, 경도, 인성, 점성, 담금질성을 증가시키며, 연성 감소, 황과 MnS로 결합되어 슬래그화로 고온 메짐을 방지하며, 주조성을 좋게 하고, 높은 온도에서 결정의 성장을 감소시킨다.

(3) 규소(Si)

경도, 강도, 고온 강도 향상, 내열성, 내산성. 주조성(유동성), 전자기적 성질은 증가하며, 연신률, 충격치 감소, 결정립 조대화로 냉간 가공성이 나빠지며, 용접성도 저하한다.

(4) **인(P)** : 보통 0.05% 이하로 제한한다. 인은 강도, 경도 증가, 연신률 감소, 결정립을 거칠게 하고, 편석을 발생한다. 상온 이하에서 충격치의 급격한 저하로 저온 취성의 원

인(냉간 가공성 저하)이 되며, Fe_3P, MnS, MnO_2 등과 집합하여 띠모양 조직(고스트 라인)이 형성될 수 있다.

5) **유황(S)** : 보통 0.05% 이하로 제한한다. 강도, 경도, 인성, 절삭성 증가, 연신률, 충격치, 용접성을 저하시키며, 적열(고온) 취성의 원인으로 고온 가공(압연, 단조, 용접, 열처리 등)성이 저하된다.

(6) **수소(H_2)** : 강을 여리게 하고, 산, 알칼리에 약하며, 헤어 크랙, 은점, 수소 취성(수소병)의 원인이 된다.

3 탄소강의 종류와 특성

가. 구조용 탄소강

① 0.05~0.6%C 범위로 현재 공업용의 대부분을 차지한다. 주로 전로, 평로 제강에 의한 림드강이 많이 쓰인다.

② 용도 : 건축, 교량, 선박, 철도, 차량, 기타 구조물에 쓰이는 판, 봉, 관, 형강 등

나. 판용강

(1) **두께에 따른 분류** : 판용강은 두께에 따라 박판(1mm 이하), 중판(1~6mm), 후판(6mm 두께 이상)으로 분류한다.

(2) **종류**

① 흑강판 : 열간 압연에 의해 제조되며, 아연 도금판(함석판), 주석(Sn) 도금한 주석 도금판(양철판)이 있다.

② 마강판 : 냉간 압연하여 제조되며, 자동차 차체, 전기 부품, 건축 가구 등에 쓰인다.

다. 선재강

(1) **연강선재** : 0.06~0.25%C, 인장 강도가 343~392MPa(35~40kgf/mm2) 정도의 연성이 좋은 강으로, 전신선, 리벳, 못, 나사류에 쓰인다.

(2) **경강선재** : 0.25~0.8%C 함유한 강으로, 나사, 와이어 로프, 스프링 등의 제조에 쓰인다.

(3) **피아노선재** : 0.55~0.95%C 정도의 매우 강인한 강선으로, 인발 중에 열처리(Patenting 처리)하여 소르바이트 조직으로 만든 것이다. 파텐팅이란 강을 A1 변태

점 이상 가열하여 400～550℃에서 열욕 또는 수증기 중에 담금질하는 처리이다.

라. 쾌삭강

강에 P, S, Pb, Se 등을 첨가시켜 절삭(쾌삭)성을 향상시킨 강으로, 고온 가공이나 열처리, 용접 등을 하지 않는 부분에 쓰인다.

마. 스프링강

0.5~0.7%C의 탄소강을 담금질처리 후 유냉하여 제조한 것으로, 탄성 한계가 높고 충격 및 피로에 대한 저항성이 크며 급격한 진동을 완화하고 에너지 축적을 위해 사용한다.

사용 중에 영구 변형이 일어나지 않아야 하므로 소르바이트 조직이 좋다.

바. 탄소 공구강(STC)

0.6～1.5%C의 0.5~0.7%C의 탄소강을 담금질처리 후 유냉하여 제조한 것으로, 200℃ 이상에서 경도 저하가 크다. 줄강, 다이스, 톱강 등 일반 공구에 쓰인다.

공구강의 구비 조건은 다음과 같다.

① 경도, 강도가 크고, 고온에서도 경도가 유지될 것

② 내마멸성, 강인성이 있으며, 열처리가 쉬울 것

③ 가공이 용이하고 가격이 저렴할 것

사. 표면 경화용강

1) 침탄용 강

0.2%C 이하의 강재를 침탄 열처리하여 표면에 탄소를 침투시킨 후 담금질-뜨임 열처리한 강으로 표면의 내마모성과 내부의 유연성을 얻을 수 있는 강이다.

Ni, Cr, Mo 원소를 함유한 강이 침탄이 잘 된다.

2) 질화용 강

강재 표면에 NH_3(암모니아)를 사용하거나 질소를 사용하여 질화시켜 표면 경도를 높인 강으로, Ni, Cr, Al 원소가 들어있는 강이 적당하다.

단원 종합 문제 {제2장 | 철강 제조와 탄소강}

01 철광석은 철의 성분이 몇% 이상일 때 경제성이 있는가?

① 20～40%　② 40～60%　③ 60～80%　④ 80～100%

02 용광로 제조법에 주로 쓰이는 연료는 무엇인가?

03 용광로법과 파이넥스법의 특성 비교에서 질산화물이나 비산 먼지 등의 비율 차이는?

04 용광로의 크기 표시는 어떻게 하는가?

① T/day　② T/회　③ T/h　④ kgf/회

05 다음 중 선철을 파면의 색에 따라 구분한 것이 아닌 것은?

① 회선철　② 회주철　③ 반선철　④ 백선철

06 제강로 중에서 전로, 평로, 전기로의 크기 표시는 어떻게 하는가?

07 제강 생산량의 80%를 차지하는 제강로는 어느 것인가?

08 전기 열을 이용하는 로를 이용 열에 따라 3가지로 분류하시오.

09 도가니로의 크기 표시는 어떻게 하는가?

① 1일 생산되는 선철의 무게를 Ton으로 표시한다.
② 1회에 생산되는 강의 무게를 Ton으로 표시한다.
③ 1회에 용해할 수 있는 구리의 무게 kgf를 번호로 표시한다.
④ 1시간에 용해할 수 있는 주철의 무게를 Ton으로 표시한다.

10 용선로(큐폴라)의 크기 표시는 어떻게 하는가?

11 강괴의 종류를 탈산 정도에 따라 구분하여 나타낸 것이 아닌 것은?

① 킬드 강　② 림드 강　③ 세미 킬드강　④ 세미 림드강

12 강괴 중에서 완전 탈산 처리하여 제조한 강괴를 무엇이라고 하는가?

13 킬드강의 강괴는 상부의 수축관 때문에 몇% 정도의 손실이 생기는가?

14 순철의 탄소 함유량과 인장 강도, 용도를 쓰시오.

15 순철의 동소체 3가지와 결정격자의 모양을 쓰시오.

16 탄소강을 탄소 함유량에 따라 구분하여 쓰시오.

17 연강의 탄소 함유량과 용도를 쓰시오.

18 자유도 계산식을 쓰시오.

19 순철의 동소 변태의 종류와 온도, 자기 변태의 온도를 쓰시오.

20 다음 중 순철의 동소 변태에 대한 설명으로 틀린 것은?

① A_3 변태점을 경계로 알파 철과 감마 철이 된다.
② 동소 변태점은 A_2 변태점, A_3 변태점과 A_4 변태점이 있다.
③ A_4 변태점을 경계로 감마 철과 델타 철이 된다.
④ 순철의 동소체는 알파 철, 감마 철, 델타 철이 있다.

21 열전대 중에서 1600℃까지 측정이 가능한 열전대는?

① 백금-백금 로듐 ② 알루멜-크로멜
③ 철-콘스탄탄 ④ 구리-콘스탄탄

22 공석강의 공석 조직은 무엇인가?

① 페라이트 ② 오스테나이트 ③ 펄라이트 ④ 시멘타이트

23 공석강의 종류와 탄소 함유량의 범위를 쓰시오.

24 철강에서 강과 주철의 구분 탄소 함유량 범위는 얼마인가?

25 탄소강의 물리적 성질 3가지만 쓰시오.

26 탄소강의 기본 조직 중 가장 연한 조직은?

① 페라이트 ② 펄라이트 ③ 시멘타이트 ④ 오스테나이트

27 연신률이 0에 가까우며 인장 강도가 $35kg_f/mm^2$ 정도인 조직의 명칭은?

28 저온 취성, 청열 취성, 고온 취성에 대하여 간단히 설명하시오.

29 청열 취성은 몇도 부근에서 일어나는가?

① 200~300℃ ② 300~400℃ ③ 400~500℃ ④ 900~980℃

30 탄소강에서 인장 강도가 $40kg_f/mm^2$일 때 브리넬 경도값은 얼마 정도 되는가?

31 아공석강 범위에서 브리넬 경도가 120일 때 인장 강도는 얼마인가?

① $23kg_f/mm^2$ ② $33kg_f/mm^2$ ③ $43kg_f/mm^2$ ④ $53kg_f/mm^2$

32 탄소, 망간이 강에 미치는 영향은?

33 탄소강에 인, 유황이 미치는 영향은?

34 판용강을 두께에 따라 구분하고 두께 범위를 쓰시오.

35 다음 중 중판의 두께는 얼마인가?

① 1~3mm ② 3~6mm ③ 6~9mm ④ 9~12mm

36 피아노 선재의 조직은 무엇인가?

37 다음 중 탄소 공구강의 구비 조건이 아닌 것은?

① 경도, 강도가 클 것
② 내마멸성, 강인성이 있으며, 열처리가 쉬울 것
③ 가공이 용이하고 가격이 쌀 것
④ 고온에서는 경도가 저하될 것

38 침탄강에 적합한 합금 원소 3가지를 쓰시오.

39 강재 표면에 NH_3(암모니아)나 질소를 침투시켜 표면 경도를 높인 강은 무엇인가?

① 침탄강 ② 질화강 ③ 쾌삭강 ④ 스프링강

40 침탄강에 적합한 합금 원소가 아닌 것은?

① Cr ② Ni ③ Mo ④ Al

제2장 철강 제조와 탄소강 문제 해설 [p.434~451]

1. ②
2. 코크스
3. P434 표 2-1 참조
4. ① (24시간(1일)에 선철을 생산하는 량을 톤으로 표시)
5. ② (주철과 선철은 다른 종류이다)
6. T/회
7. 평로(반사로)
8. 아크로, 저항로, 유도로
9. ③
10. T/h(1시간에 주철을 생산하는 량을 톤으로 표시)
11. ④ (세미 림드강은 없다)
12. 킬드(killed)강
13. 10~20%
14. 상온에서 0.012% 이하의 인장 강도 18~25kg/mm^2, 변압기 철심, 발전기용 박철판, 전·자기 재료에 쓰인다.
15. 순철의 동소체는 α 철(ferrite, 체심 입방 격자, BCC), γ철(austenite, 면심 입방 격자, FCC), δ 철(ferrite, 체심 입방 격자, BCC)이 있다.
16. P440 1 나. 2) 탄소 함유량에 따른 분류 ①~④
17. 0.2%C, 일반 구조 용, 보통 강재, 리벳, 철골,
18. 성분수를 n, 수를 P, 자유도를 F라 하면 F는 F = n + 2 - P
19. P442 2 나. 3) 순철의 동소(격자) 변태, 4) 자기 변태
20. ② (A_2 변태점은 자기 변태점이다)
21. ①, ②는 1200℃, ③는 750℃, ④는 350℃
22. ③
23. P445 3 나.

24. 2.01%C(책에 따라 1.7%C로 표시된 것도 있음)

25. P448 [1] 가. 탄소강의 물리, 화학적 성질

26. ①

27. 시멘타이트

28. P448 [2] 나. 2) 온도 변화에 따른 기계적 성질

29. ①

30. 브리넬경도(HB) = $2.8\times\sigma_B = 2.8\times40 = 112$

31. ③ $\sigma_B = 120/2.8 = 43$

32. P449 [2] 다. 1) 탄소(C), 2) 망간(Mn)

33. P450 [2] 다. 4) 인(P), 5) 유황(S)

34. 박판(1mm 이하), 중판(1~6mm), 후판(6mm 두께 이상)

35. ②

36. 소르바이트

37. ④

38. Ni, Cr, Mo

39. ②

40. ④

chapter

03 특수(합금)강

제1절 ┃특수강의 개요

특수강(special steels)은 탄소강에서 부족한 인성과 연성, 저온 충격 저항성과 내식성 등 탄소강의 한계를 극복하기 위해 탄소강에 합금 원소를 첨가하여 탄소강에서 얻을 수 없는 특수한 성질을 부여한 것으로, 일명 합금강(alloy steel)이라고도 불려진다.

특수강은 탄소강에 특수 원소인 Ni, Cr, Mn, Si, Co, V 등의 원소를 하나 이상 첨가하여 강의 기계적 성질이나 물리, 화학적 성질 등 특정 성질을 개선시킨 강이다.

1 특수강의 분류

가. 합금 원소 함유량에 따른 분류

(1) 저합금강 : 탄소강에 합금 원소의 첨가량이 10% 미만인 것으로 강도를 크게 요하지 않는 기계 부품, 표면 경화재 등에 사용한다.

(2) 고합금강 : 합금 원소의 첨가량이 10% 이상인 것으로 내식, 내마모 등 특수 목적 재료로 사용한다.

나. 용도에 따른 합금강의 분류

분 류	종 류	용 도
구조용 특수강	강 인 강	기계 부품, 캠, 단조품, 기어, 볼트, 너트, 키, 커넥팅 로드 등
	표면경화강	축, 기어, 핀, 피스톤, 크랭크축, 스프라인 축 등
공구용 특수강	합금공구강	드릴, 절삭 공구, 게이지, 프레스 금형, 줄, 정, 띠톱, 펀치 등
	고속도 강	고속 절삭 공구, 드릴, 강력 바이트 및 절삭용 각종 공구 등
	다이스 강	프레스 금형, 다이케스팅 금형, 게이지, 다이스, 펀치 등
특수 목적용 특수강	게이지 강	블록 게이지, 와이어 게이지, 정밀 기계 등
	내 식 강	의료 기구, 항공기 부품, 파이프, 밸브, 칼, 식기, 펌프 등
	내 열 강	내연기관의 밸브, 가열로 부품, 터빈 날개, 고온 고압 용기 등
	베어링 강	볼 베어링, 롤러 베어링의 보올, 내륜, 외륜 등
	스프링 강	겹판 스프링, 코일 스프링, 스파이럴 스프링 등
	쾌 삭/내마멸강	정밀나사, 볼트, 너트, 기어, 축 등 / 점화 장치, 전력 계기, 자석 등
	불 변 강	라이너, 크로스 레일, 임펠러 플레이트, 시계 추 등
	규 소 강	발전기, 전동기의 철심, 변압기의 철심 등

2 특수 원소가 강에 미치는 영향

특수강은 탄소 이외의 합금 원소의 종류와 합금 원소의 첨가량에 따라 탄소강에서 얻을 수 없는 특수한 성질을 얻을 수 있다.

① Ni(니켈) : 강도, 인성, 저온 충격 저항성 증가, 내열성 향상, Cr과 합금될 때 내열, 내식성이 향상된다.
② Cr(크롬) : Ni와 비슷하다. 내식성, 내열성, 내마모성을 향상시킨다.
③ W(텅스텐) : 고온에서 강도, 경도가 증가되며, 내열성, 내마멸성이 향상된다.
④ Mo(몰리브덴), V(바나듐) : 고온에서 강도, 경도의 증가, 뜨임 취성 방지, 내황산성을 증가시킨다.
⑤ Si(규소) : 전자기 특성과 내열성이 증가한다.
⑥ Al, Ti : 결정립의 미세화, 인성 향상, 표면 경화(질화)에 효과가 크다.
⑦ B(붕소) : 미량 첨가로도 담금질(소입)성을 현저하게 향상시킨다.
※ 특수 원소 대부분은 담금질 효과가 커서 자경성(스스로 경화 되려는 성질)이 있다.

제2절 | 구조용 특수강

구조용 특수강은 구조용 탄소강보다 기계적 성질이 우수하고 큰 강도가 요구되는 주요 기계 부품이나 단조품, 기어 볼트, 너트, 키 등 각종 구조물을 제작하는데 사용되는 강재로서, 인장 강도와 탄성 한도, 연신률, 충격값, 피로 한도 등 기계적 성질이 우수하다.

1 강인강

탄소강에서 얻기 어려운 강인성을 갖기 위해 탄소강에 Ni, Cr, Mo, W, V 등을 적당량 첨가한 것으로, 기계 부품, 기계 구조용으로 많이 쓰인다.

가. 니켈(Ni)강

Ni강은 탄소강에 니켈(Ni)을 첨가하여 열처리성, 내마멸성, 내식성을 향상시킨 강으로, 적절하게 열처리하면 인성이 탄소강의 5~6배 증가되며 내식성, 내마멸성도 개선된다.

Ni강은 주로 자동차용, 교량용으로 이용되며, 침탄한 것은 기어, 차축, 크랭크축, 강력 볼트, 터빈 날개 등에 이용된다.

나. Ni－Cr강(SNC)

Ni강에 경도, 강도 및 인성을 높이기 위해 Cr을 첨가하여 만든 것으로 강인성이 우수하고 연신률 및 단면 수축률을 크게 감소시키지 않으면서 강도가 큰 특성이 있으며, 내마멸성과 내식성이 우수하고, 고온에서 장시간 가열하여도 결정립이 조대하지 않으나, 열전도성이 나쁘기 때문에 서서히 가열해야 한다.

뜨임할 때는 550～650℃에서 급랭하여야 되며, 서랭하면 뜨임 메짐이 나타나게 된다.

다. 크롬(Cr)강

Fe_3C 중에 Cr이 녹아 들어가 $(Fe+Cr)_3C$를 형성함으로서 결정립의 미세화로 인장 강도, 항복점이 향상되고, 공랭해도 자경성이 있어 경도를 증가시켜 내마멸성을 증가시킨 강이다.

저탄소강에 Cr을 12% 이상 첨가하면 내열성, 내식성이 크게 증가하고 담금질 효과도 좋으므로 내연 기관의 실린더 라이너용, 기어, 축, 기계 부품 등에 널리 이용된다.

라. Ni－Cr－Mo강(SNCM)

Ni－Cr－Mo0.3%의 강으로, 강인성이 크고, 질량 효과를 감소시켜 담금질성이 좋아지며, 뜨임 메짐을 방지할 수 있는 강이다. Mo은 고온 점성이 좋으므로 단조, 압연이 쉽고 스케일 분리가 잘 되므로 표면이 매끈해진다.

이 강은 고급 내연 기관의 크랭크 축, 강력 볼트, 기어 등의 중요 기계 부품에 사용된다.

마. Cr－Mo강(SCM)

Ni－Cr강에서 Ni 대신에 소량의 Mo를 첨가하여 인장 강도, 충격 저항이 큰 펄라이트강을 얻은 것으로, Ni－Cr강 대용품으로 사용된다. 이것은 Ni－Cr강과 열처리 효과나 기계적 성질에 큰 차이가 없으며, 경화능이 크고 뜨임 메짐도 적으며, 용접성도 우수하므로 각종 축류, 기어, 강력 볼트, 암(arm), 레버 등에 사용된다.

바. Mn－Cr강

Ni－Cr강의 Ni 대신 Mn으로 치환시킨 것으로 Ni－Cr강에 비하여 질량 효과가 크며, 인성이 크고, 강도는 다소 감소되지만 가격이 저렴하여 많이 이용된다.

사. 마르에이징강(maraging steel)

마텐사이트와 시효 경화(age hardening)의 조합으로 이루어진 강이다. 즉 탄소 함유량이 낮아 담금질을 할 수 없으나, 850℃에서 1시간 유지하여 용체화한 후 수냉 또는 공랭시킨 후 480℃ 부근에서 3시간 정도 시효 처리하면 시효 경화에 의하여 강도와 경도가 급격하게 상승하게 된다. 항복 강도에 따라 200, 250, 300kg_f : mm^2의 초고장력 구조용강으로 간주하고 있다.

이 강은 인장강도가 높으면서도 충격인성이 매우 우수하고 또한 용체화처리 후 시효처리하기 전에 약 50% 냉간가공하면 경도가 더욱 높아지므로 스프링, 베어링, 금형용 펀치와 다이 등에 사용된다.

아. 초강인강

Ni－Cr－Mo계에 Mn, Si, V 등을 첨가하여 인장 강도를 150～200kg_f/mm^2(1470～1960MPa)로 높인 강으로, 중량이 가볍고 인성이 매우 커서 로켓, 미사일 등의 제조에 사용되는 강이다.

자. 망간(Mn)강

1) 저망간 강(고장력강)

1～2% Mn을 함유한 것으로, 일명 하이텐(high tensile steel : HT), 듀콜강, 펄라이트 망간강이라고도 부른다. Mn계 강이 널리 사용되며, Mn－V－Ti계, Ni－Cr－Mo계도 쓰이며, 주로 철탑, 기중기, 고압용기 등의 구조재로 쓰인다.

(1) 고장력강의 필요성

일반 탄소강에서는 강도, 경도를 높이기 위해 탄소량을 높이게 되나 너무 높으면 인성이 저하되어 선박, 교량, 건축물 등을 용접할 때 열영향부가 현저히 경취하여 제작이 어렵게 되므로 미량의 합금 원소 첨가와 열처리로 양호한 용접성과 내력 및 인장 강도를 높인 강이다.

(2) 고장력강의 특성

① 화학 조성이 알맞아야 하며, 일반적으로 항복 강도 294MPa(30kg_f/mm^2), 인장 강도 490MPa(50kg_f/mm^2) 이상, 연신률 20% 이상 되어야 한다.
② 용접성, 저온 인성, 내후성, 내식성, 가공성이 우수하다.

③ 탄소강에 비해 내력이 높고 항복비가 크다.
④ 열처리 하지 않아도 사용할 수 있어야 한다.

(3) 고장력강의 분류

① 50kgf급 HT : Si-Mn계 Al 킬드강으로, 압연 그대로 사용한다.
② 60kgf급 HT : 조질강, Si-Mn계에 소량의 Ni, Cr, V 등을 첨가한 것으로, 주로 교량, 압력 용기, 고층 구조물에 사용한다.
③ 80kgf급 HT : 0.1%C 이하의 강으로, 특수 원소를 소량 첨가한 강으로, 원통형 탱크, 도시 가스 구형 등에 사용한다.
④ 100kgf급 HT : Ni, Cr이 약간 많으나 뜨임 온도를 낮추어 강도를 높인 강이다.

2) 고망간 강

탄소강에 2.0%Mn 이상으로 하면 취성이 커지나, 망간을 12% 이상으로 증가하고 탄소량이 1.1% 정도로 하면 오스테나이트 영역에서 급랭해도 상온에서 오스테나이트로 존재하게 되는 성질을 이용하여 10~14% Mn을 함유한 것으로, 일명 오스테나이트 망간강, 하드필드강, 수인강이라고도 부른다.

내마멸성이 커서 기차 레일 교차점, 광산 기계, 칠 롤러 제작 등에 쓰인다.

2 표면 경화용강

금속 재료 내부의 강인성과 표면에 경도가 큰 재료가 요구될 때 저탄소강에 Cr, Ni, Mo, W, V 및 Mn 등을 첨가하여 침탄, 질화 및 고주파 경화 등의 열처리에 의해 표면을 경화시킬 때 사용하는 강을 말한다.

가. 침탄강

침탄강은 0.2%C 이하의 저탄소강에 기계적 성질을 향상시키기 위해 Ni, Cr, Mo, W, V 등을 첨가한 침탄용 강재의 표면에 탄소를 침투시켜 열처리한 강으로 표면의 내마모성과 내부의 유연성을 얻을 수 있는 강이다. Ni을 첨가하면 고온에서 장시간 가열하여도 결정립의 조대화가 적기 때문에 조직 개선을 위한 1차 담금질을 생략할 수 있다.

나. 질화강

질화강은 Al, Ni, Cr, Ti, V 등의 원소 중에서 2가지 이상의 성분을 함유한 강재의 표면에 NH_3(암모니아)를 사용하거나 질소를 사용하여 질화시켜 표면 경도를 높인 강이다.

질화에 의한 강의 경화는 침탄 경화와 달리 질화 전에 담금질과 뜨임을 하고 질화 후에는 열처리하지 않는다. 첨가 원소 중 Al은 질화층의 경도를 높여주고, Cr은 질화층을 두껍게 하며, Mo, W 및 V 등은 기계적 성질을 개선시켜 준다.

질화강은 침탄 경화와 달리 저온의 영역에서 실시함으로 열처리에 따른 변형이 극히 적고, 모재의 결정립 성장이 없으며, 경도가 높고 내마멸성, 내식성이 우수하며, 뜨임에 대해서도 강한 저항성을 나타내는 특징을 가지고 있으나, 질화 처리 온도가 낮아 경화층을 얻는데 많은 시간이 소요된다.

다. 고주파 경화용 강

고주파 경화용 강은 탄소가 0.3~0.5% 함유된 탄소강에 Cr, Mo 등을 첨가한 강으로, 고주파 열에 의한 열처리로 표면을 경화한 강으로, 경화 시간이 짧고 탄화물을 고용시키기 쉬우나, 열전도가 나쁜 강의 경우 급열 급랭에 따른 균열과 잔류 응력이 많이 발생하므로 주의해야 한다.

고주파 경화용 강에서 내부의 인성과 높은 강도가 요구될 때에는 저합금강이 사용되며, 단순히 경도만을 높일 경우는 탄소강이 적당하다.

제3절 | 공구용 특수강

공구용 특수강은 탄소 공구강보다 절삭성, 내마멸성, 내충격성 및 내산성과 고온 경도가 크고 가공이 쉬우며 열처리에 의한 변형이 적어야 한다.

따라서 이러한 성질을 개선하기 위하여 탄소 공구강에 Cr, Ni, Mo, W, V, Co, Mn 등을 첨가하거나, 금속 탄화물, Al_2O_3의 산화물 등을 소결시켜 만든 특수강이다.

1 합금 공구강(STS)

가. 절삭용 및 내충격용

1) 절삭용 합금강

경도를 크게 하고 절삭성을 좋게 하기 위하여 탄소량을 많이 하고 여기에 Mn, Cr, Ni, W, Co, V 등을 첨가한 강으로, Cr강, W강, W－Cr강 등이 있으며, 바이트, 탭, 드릴, 절단기, 줄(STS 2, 11, 51) 등에 사용된다.

2) 내충격용 합금강(STS 41, 43)

정, 펀치, 스냅 등과 같이 내충격성과 인성이 필요한 강으로, 절삭용에 비해 탄소량을 다소 낮추고 Cr, W, V 등을 첨가할 것이다.

내충격용 합금 공구강으로 이용되는 STS 41, STS 43 등은 C－W－Cr강 또는 C－V강으로 담금질에 의해 표면만 경화시키고 내부의 인성을 높여 충격에 대해 강하게 한 것이다.

나. 내마모 불변강 및 열간 가공용

1) 내마모 불변강

게이지 등 정밀 측정 공구와 같이 경도와 내마모성이 크며 열처리 변형이나 경년 변형이 매우 적은 강이다.

2) 열간 가공용강(STD 61 등)

고온 강도와 내마모성이 요구되는 강으로, Cr, W, Mo, V계가 사용된다.

2 고속도강(SKH)

가. 고속도강의 특징

고속도 공구강(high speed tool steel)은 탄소 공구강에 Mo, Cr, W, V 등을 첨가한 강을 담금질－뜨임하여 인성을 높인 강으로, 일명 하이스(H.S.S.)라고도 한다.

이것은 고속 절삭 작업이 가능하여 600℃까지 가열되어도 경도가 유지되며, 탄소 공구강에 비해 2배 이상의 절삭 속도를 낼 수 있는 것이 특징이다.

나. 고속도강의 종류와 용도

① 종류 : W계, Co계, Mo계 등이 있으며, 표준형은 18W－4Cr－1V 강이 있다.

② 열처리 : 담금질 온도 : 1250～1350℃, 뜨임 온도 : 550～580℃

③ 용도 : 드릴, 엔드밀 등 비교적 고속 절삭에 사용한다.

3 주조 경질 합금, 초경 합금(소결 경질 합금)

가. 주조 경질 합금

주조 경질 합금(casted hard metal)은 Co(코발트)를 주성분으로 한 Co－Cr－W－C의 합금으로, 스텔라이트가 대표적이다. 단조나 절삭이 안되며, 주조 후 연마나 성형해서 사용한다. 절삭 속도는 고속도강의 2배, 상온에서는 고속도강보다 연하나 600℃ 이상에서는 더 경하며, 800℃에서도 경도가 유지되나, 인성은 적다.(열처리 불필요)

나. 초경 합금

1) 특성

WC, TiC, TaC 등의 금속 탄화물 분말에 Co를 첨가하여 용융점 이하로 소결 성형한 합금으로, 경도가 크고, 내열성, 내마모성이다.

열처리가 불필요하며, 주철, 강철 등에서 고속도강에 비해 절삭 속도가 2배 이상 크다.

2) 제조 과정

분말을 금형에서 성형하여 압축(예비 소결 : 800～1000℃)한 후 수소 분위기에서 소결(2차 소결 : 1400～1450℃)하여 제조한 것이다.

3) 종류와 용도

① 종류 : S종(강 절삭용), D종(다이소용), G종(주철 절삭용)이 있으며, 상품명으로는 카블로이(미국), 미디아(영국), 당갈로이(일본)가 있다.

② 용도 : 고속도강으로 가공이 곤란한 고Mn강, 칠드 주철, 경질 유리 절삭 등에 쓰인다.

4 기 타

가. 세라믹

① Al_2O_3(알루미나)가 주성분으로 하여 1600℃에서 소결 성형한 합금으로, 무기질 고온 소결재의 총칭이다.

② 내열성, 고온 경도, 내마모성이 크며, 비자성체이다. 충격에 약하다.

③ 용도는 고온 절삭, 고속 정밀 가공용, 강자성 재료의 가공용으로 쓰인다.

나. 5-4-8 합금

① 시효 경화 합금의 일종. 뜨임시효에 의하여 경도를 크게 증가시킨 합금이다.
② Fe-W-Co계 합금. SKH보다 수명이 길다.

제4절 | 특수 용도(목적)용 특수강

특수 목적용 특수강은 특수한 용도나 특수성을 목적으로 이용되는 구조물이나 기계 요소 부품 및 기기 등에 이용하기 적합하도록 만든 특수강을 말하며, 내식강, 내열강, 베어링강, 스프링강, 쾌삭강, 전자기강 및 불변강 등이 있다.

1 스테인리스강(stainless steel)

일반적으로 탄소강에 Cr 함유량을 12% 이상 함유시킨 강을 스테인리스강, Cr이 12% 이하인 강을 내식강이라 한다.

스테인리스강(stainless steel)은 철에 Cr 및 Ni을 다량 첨가하여 강한 보호 피막을 형성시켜 산화 작용이나 수용액 작용에 의하여 녹이 발생하지 않도록 내식성을 크게 향상시킨 것으로, 녹이 슬지 않는다고 하여 불수강이라고도 한다.

스테인리스강은 Fe-Cr계와 Fe-Cr-Ni계로 크게 분류하며, 조직에 따라 페라이트계, 마텐사이트계, 오스테나이트계, 석출 경화계, Cr-Mn계가 있다. [표 3-1 참조]

가. 스테인리스강의 종류별 특성

1) 페라이트계 스테인리스강

0.1%C 이하, 12~17%Cr의 크롬강으로 STS 430이 대표적이다. 이 강은 열처리하여도 경화하지 않지만 미량의 탄화물이 존재하면 내식성이 저하되므로 경우에 따라서는 1000±50℃로 가열하여 탄화물을 고용화시킨 후 유냉한 후 800℃ 이하에서 뜨임하여 사용하며, 마텐사이트계에 비해 내식성이 크고, 강자성체이며, 용접 구조용으로도 가능하다.

일반용품, 건축용, 장식용, 식품공업, 기계 부품 등에 주로 사용된다.

2) 마텐사이트계 스테인리스강

13% Cr계로, STS 410이 대표적이다. 이것은 열처리에 의해 경화하고 담금질성을 가지며, 강자성체이다. 일반용품, 칼, 기계 부품, 의료용 기기, 밸브 등에 주로 사용된다.

표 3-1 스테인리스강의 분류와 특성

조직상 분류	주성분	탄소 함유량	담금질 경화성	내식성	굴곡성	용접성
페라이트계	Cr 12～18%	0.2% 이하	전혀 없음	보통	보통	보통
마텐사이트계	Cr 12～14%	0.15% 이상	있음	나쁨	나쁨	불가
오스테나이트계	Cr 17～20% Ni 7～10%	0.2% 이하	없음	좋음	좋음	좋음

3) 오스테나이트계 스테인리스강

① 18Cr～8Ni 강(STS 304)이 대표적이며, 비자성체이고 내산 및 내식성이 우수하다.
② 인성과 전연성이 좋아 가공이 용이하며, 용접성이 좋으나 담금질이 안된다.
③ 열팽창계수가 탄소강의 1.5배, 열전도율은 약 60%로 열가공시 변형과 잔류 응력이 문제된다.
④ 염산, 묽은 황산, 염소 가스, 황산염 용액에 대한 내산성이 약하다.
⑤ 탄화물이 결정 입계에 석출하기 쉽다.
⑥ 용도 : 일반용품, 화학 공업, 항공기, 원자력 발전, 차량, 주방 기구, 식기, 의료용, 장식용, 건축용, 식품용, 기계 부품

4) 석출 경화형(Precipitation Hardening) 스테인리스강

① 오스테나이트계는 우수한 내열성, 내식성은 있으나 강도가 부족하고, 마텐사이트계는 경화능은 있으나 내식성 및 가공성이 좋지 못한 점을 충족시키고, 좋은 특성을 살리기 위해 석출 경화 현상을 이용한 것이다.
② 현재 규격화된 것은 KS에 3종, AISI 규격에 7종, JIS 규격에 2종이 있다. 이중에 대표적인 것은 STS 630과 STS 631이 있다.
③ 이 합금은 보통 10～30%Cr과 Ni, Mo도 다양한 비율로 함유되어 있다. Cu, Al, Ti 및 Cb을 첨가하여 석출 경화상을 만든다.
㉠ 17－4 PH강(STS 630) : 17%Cr－4%Ni－3～5%Cu－Nb－Ta 합금으로 Ms 변태점이 상온 위에 있기 때문에 고용화 열처리를 하면 마텐사이트(Cu가 과포화된)

조직으로 되며, 우수한 내식성과 높은 강도, 경도를 갖게 한 강이다.

㉡ 17－7 PH강(STS 631) : 17%Cr－7%Ni－0.75～1.5%Al 합금으로 변태점이 상온 이하에 있으므로 중간 열처리로 변태점을 상온 이상으로 끌어 올려 오스테나이트 상태에서 마텐사이트(Martensite)로 변태시킨 다음에 석출 경화 열처리한다.

나. 18－8강의 입계 부식

1) 입계 부식의 원인

입계 부식(grain boundary corrosion)이란 고온으로부터 급랭한 것을 재가열하면 고용되었던 탄소가 오스테나이트의 결정 입계로 이동하여 탄화물(Cr_4C)이 석출해서 결정 입계 부근의 Cr량이 감소하게 되며 이로 인해 결정 입계가 쉽게 부식하게 되는 현상이다.

0.02%C 이하의 오스테나이트계 스테인리스강에서는 별 문제가 없으나 그 이상의 경우는 480～800℃의 온도 영역에서 장시간 유지하거나, 서랭 또는 급랭시켰을 때 탄소가 오스테나이트 결정립계에 이동하여 Cr_4C의 석출로 Cr량이 감소되어 내식성을 잃게 되거나 저하되고, 결정립계가 부식 또는 부스러지는 성질이며, 용접 쇄약(weld decay)이라고도 한다.

이것은 오스테나이트 조직 중에 고용한 탄소가 크롬 탄화물로 되어 결정립계에 망상으로 석출하여 입계의 양쪽에 크롬 희박층이 생겨서 그 부분의 내식성이 저하되고, 부식 환경에 달하면 결정 입계부가 선택적으로 부식되는 것이며, 탄화물의 입계 석출로 석출물과 오스테나이트 기지 사이의 전해 부식 작용에 의해서도 입계 부식이 촉진된다.

특히 650℃ 부근에서 제일 입계 부식을 받기 쉬우며 오스테나이트계 스테인리스강의 용접 열영향부 부근이 이와 같은 것에 해당한다.

2) 입계 부식 방지법

① 입계부식이 없는 재료를 선택한다. : 극저탄소(C:0.03% 이하) 스테인리스강, 또는 안정화 원소(Ti, Ta, Nb)가 첨가된 스테인리스강을 사용한다.

② 고용화 열처리한다. : 용접 등에서 크롬 탄화물의 생성 위험이 있는 경우는 탄화물 분해 온도인 1050～1100℃의 고온으로 적당한 시간 가열하여 석출 탄화물을 완전히 오스테나이트 재고용시킨 후 이를 급랭시켰을 때 가장 좋은 연성과 내식성을 갖게 된다.

③ 합금원소를 첨가한다. : 페라이트 조직을 만드는 원소를 첨가(Mo, Si, V 등)한다.

2 불변강(invariable steel)

가. 인바(invar)

Ni 35~36% 함유한 Fe-Ni 합금으로, 열팽창계수가 매우 적어 (1.2×10^{-6})온도에 따라 길이가 불변하며, 내식성이 대단히 좋다. 줄자, 시계추, 정밀부품, 바이메탈에 쓰인다.

나. 초인바(super invar)

Ni 29~40%. Co5% 이하 함유한 합금으로, 인바보다 더 열팽창계수(0.1×10^{-6})가 적다.

다. 엘린바(elinvar)

Ni 36%, Cr12% 함유한 것으로. 탄성이 매우 적으며 열팽창계수(8.0×10^{-6})도 적다. 시계 바늘, 태엽, 스프링, 지진계 등에 쓰인다.

라. 코엘린바(coelinvar)

10~15.5% Ni, 10~11% Cr, 26~58% Co가 함유된 철 합금으로, 온도 변화에 따른 탄성률이 극히 적고 공기나 물에 부식이 안되는 특성이 있어 주로 특수용 스프링, 태엽, 기상 관측용 기구 등에 쓰인다.

마. 폴레티나이트(platinite)

Fe에 44~47.5% Ni을 함유한 합금으로 열팽창계수가 9×10^{-6} 정도로 유리나 Pt 등에 가까우므로 전등 등의 봉입선, 진공관용 도선에 이용된다.

이 종류의 합금선에 Cu를 피복하고 표면을 산화 처리 또는 붕사 처리한 듀멧(dumet)선은 전자관, 전구, 방전 램프, 반도체 디바이스 등의 연질 유리에 들어가는 선으로 이용된다.

바. 퍼멀로이(permalloy)

조성은 70~90% Ni, 10~30% Fe, 0.5% Co를 함유한 합금으로 투자율이 높고 약한 자기장 내에서의 초투자율도 높다. 이것은 전선의 장하 코일 등 전기 통신 재료에 이용된다.

3 기 타

1) 쾌삭강(free cutting steel)

S, Pb, 흑연 등을 첨가하여 절삭성을 향상시킨 강이다.

2) 게이지강(gauge steel)

게이지강은 내마모성이 크고 경도가 높으며, 담금질 변형이 적으며, 경년 변형이 없어야 된다. C 0.85~1.2%, W, Cr, Mn 등이 함유된 강이 사용된다.

3) 베어링강(bearing steel)

탄성 한도와 피로 한도가 높은 것이 요구되며, 고탄소 크롬강이 많이 쓰인다. 고급 베어링용에는 V 0.40%, Mo 0.5%를 첨가한 것이 사용된다.

4) 초내열강(super heatresisting alloy)

Fe, Cr, Ni, Co를 모체로 한 합금으로, 19－9DL(815℃), 팀켄16－25－6(815℃), N－155(980℃), 인코넬X(980℃), 하인스 합금21(980℃) 등이 있다.

5) 서멧(cermet)

초내열강은 900℃ 이상의 고온에서는 장시간 견딜 수 없어 이를 개선한 것으로, 경질 및 고융점의 비금속 내화재(세라믹)와 소결시킨 복합체이다. 즉, 2000~3500℃ 부근의 고융점을 가진 산화물(Al_2O_3), 탄화물(TaC, WC), 붕화물(TaB_2, CrB) 등과 Co, Ni 분말과의 복합체이다.

6) 규소강(silicon steel)

Si강은 0.08% C의 저탄소강에 0.5~4.5% Si를 첨가함으로서 잔류 자속 밀도가 작고, 히스테리시스 손실(hysteresis loss)이 적게 하는 등 자기적 성질을 향상시킨 강이다.

저탄소강에 4.5% 이하의 Si를 첨가한 Si 강판은 잔류 자기가 감소하여 전기 저항이 증가하므로 발전기 또는 변압기 등의 철심 재료에 적합하다.

7) 자석강(magnet steel)

자석강은 잔류 자기와 항자력이 크고, 온도 변화나 기계적 진동 등에 자장이 안정되야 한다. 강한 영구 자석 재료는 결정입자가 극히 미세하고 결정입계가 많은 것이 좋다.

종류에는 KS 자석강(Fe-Cr-Co-W계), OP 자석강(Fe-Ni-Al계), 큐니프(Fe-Ni-Co계), 비칼로이(Fe-Co-V계) 등이 있다.

8) 클래드강(Clad steel)

(1) 클래드강

클래드강이란 일반적으로 연강 후판을 모재로 하여 한면 또는 양면에 Ni, Ni 합금, 스테인리스강, 황동, 고탄소강, Al, Zn 합금 등 다른 종류의 강이나 금속을 단접이나 압접, 열간 압연 등에 의해 압착한 것으로, 이종 금속 접합 강판이라고도 한다.

스테인리스강이나 고탄소강을 압착한 것이 가장 많으며, 모재에 대한 클래드재의 조합 비율은 보통 10-20%(실치수로 1~5mm), 완성품의 두께는 1~2mm부터 100mm 이상까지, 원자로용으로는 특히 두꺼운 것이 요구된다.

(2) 클래드 방법

클래딩은 다양한 접합 기술 중의 한 분야이며, 모재(코어) 금속에 접합할 금속을 기계적, 물리적으로 접합시키는 방법으로 폭발 압접, 전자기적 반발력을 이용한 압접, 열간 정수압 가공, 그리고 가장 경제적이며 널리 응용되는 압연, 압출과 같은 기계적 접합이 있다.

또한 서브머지드 아크용접법에 의하여 모재에 클래딩할 넓은 띠강판 와이어를 육성 용접하는 방법도 사용되고 있다.

제5절 | 주강과 주철

1 주 강

가. 주강의 개요

용강을 주조 방법에 의해 주형에 주조하여 만든 제품을 주강품 또는 강주물이라 하며, 그 재질을 주강(cast steel)이라고 한다. 주강은 크기나 모양이 복잡하여 단조 가공이 곤란하나 주철에 비하여 용접성이 우수하며 보수가 용이하고, 단강품이나 압연품에 비하여 가공 공정을 감소시킬 수 있어 많이 사용되고 있다.

주강은 일반적으로 주조한 상태로는 조직이 거칠고 인성이 낮으므로 주조 후에는 불림이나, 풀림 열처리하여 조직을 미세화하고, 주조할 때 생긴 주조 응력을 제거하여 사용하며, 열처리 방법은 탄소강과 같다. 또한 주강은 기포나 편석이 생기기 쉬우므로 주조시 Mn, Si 등 강한 탈산제를 사용하여 충분히 탈산하여 제조하여야 한다.

나. 주강의 특성

① 주철로 강도 부족시나, 단조강보다 가공 공정을 감소시킬 필요가 있을 때 사용한다.
② 수축률(20/1000～25/1000)이 주철의 2배 정도이며, 주철에 비하여 용융점 높아 주조성이 나쁘므로 주조 후 반드시 풀림 처리가 필요하다.

다. 주강의 종류

주강은 일반적으로 보통(탄소) 주강, 합금 주강으로 분류하며, 탄소 함유량에 따라 저탄소 주강, 중탄소 주강, 고탄소 주강이 있다.

1) 보통 주강

탄소강 주강을 말하며 주강 제품의 대부분을 차지한다. 이것은 C% 함량에 따라 0.20%C 이하의 저탄소 주강과 0.2～05%C의 중탄소 주강, 0.5%C 이상의 고탄소 주강으로 분류한다.

보통 주강은 C, Si, Mn, 및 미량의 Al 등이 첨가되어 있으며, 철도, 조선, 광산기계, 구조용 재료 또는 기계 부품 중에서 단조할 수 없고 주철로는 강도가 부족할 때 사용하며, 주철에 비해 용해, 주입 온도가 400℃ 가량 높은 관계로 응고 수축이 크고 가스 방출이 많아 주철보다 고도의 기술을 요한다.

2) 합금 주강

특수 주강이라고도 하며 보통 주강에 Ni, Cr, Mn, Mo, 및 V 등의 특수 원소를 다량 또는 2가지 이상 첨가하여 특수한 성질이나 목적을 얻도록 한 주강을 말하며, 강도, 경도, 내식성, 내마멸성 등을 향상시킨 것으로 저합금 주강, 내열 주강, 내마멸 주강, 스테인리스 주강, Ni 주강, Cr 주강, Ni－Cr 주강, Mn 주강 등이 있다.

라. 용 도

① 저탄소 주강 : 전동기, 발전기의 하우징 등에 사용한다.
② 고탄소 주강 : 주강은 내마멸성이 강한 기어, 실린더, 피스톤, 롤러, 베어링 케이스 및 각종 프레임에 이용된다.

2 주 철

가. 주철의 개요

주철(cast iron)은 2.01～6.67%C 함유한 철 합금으로, 선철과 고철을 용선로에서 용해한 철이다. 많이 사용되는 주철의 탄소량은 2.5～4.5%C이며, 탄소는 주철 중에 유리 탄소(흑연)나 화합 탄소로 펄라이트 또는 시멘타이트(Fe_3C)로 존재하며, 주철에 함유하는 탄소량은 전탄소량(total carbon)으로 나타낸다.

전탄소량 = 흑연(유리 탄소) + 화합 탄소

나. 주철의 특성

1) 주철의 장점

① 용융점이 낮고 유동성이 좋아 주조성이 우수하다.(복잡한 형상도 쉽게 주조할 수 있다.)
② 단위 무게당 가격이 싸다.
③ 마찰 저항이 좋고 절삭가공이 쉽다.
④ 주물의 표면은 단단하고 녹이 잘 슬지 않으며 도색도 잘 된다.
⑤ 압축 강도가 크다.(인장 강도의 3～4배)
⑥ 흡진성이 있어 진동이 많은 곳(공작물 베드 등)에 적합하다.

2) 주철의 단점

① 인장 강도는 강에 비해 작고, 취성(메짐)이 크다.
② 연신률이 작고, 고온에서도 소성 변형이 안된다.

다. 주철의 성질

① 응력 제거 : 담금질, 뜨임이 안되나 주조 응력 제거를 목적으로 풀림 처리는 가능하다.(주조 응력 제거 풀림 온도는 500～600℃로 6～10시간 풀림)
② 자연 시효 : 주조 후 장시간(1년 이상) 방치하면 주조 응력이 제거되는 현상이다.
③ 탄소 당량 : 보통주철의 성질은 C, Si, 인(P)의 영향이 크므로 다음과 같이 계산한다.

탄소 당량 Ceq = C%+1(Si%+P%)/3

라. 주철의 성장

1) 성 장

고온(650~950℃)에서 가열과 냉각을 반복하면 부피가 증가하여 변형이나, 균열이 발생하는 현상을 말한다.

2) 성장 원인

① Fe_3C의 흑연화에 의한 팽창
② A_1 변태에서 체적 변화에 따른 팽창
③ 불균일한 가열로 인한 팽창, 페라이트 중 고용 원소인 Si의 산화에 의한 팽창
④ 흡수되어 있는 가스의 팽창에 의해 재료가 항복되어 생기는 팽창

3) 성장 방지법

흑연의 미세화(조직 치밀화), 흑연화 방지제 첨가, 탄화물 안정제 첨가(Mn, Cr, Mo, V 등 첨가로 Fe_3C의 분해 방지), Si 대신 내산화성이 큰 Ni 첨가, Si의 함유량 줄임

마. 파단면에 따른 주철의 종류

1) 회주철(gray cast iron)

Mn량이 적고 규소량이 많을 때 파면이 회색으로 나타나며, 냉각 속도가 느릴 때도 생긴다. 주조성이 우수하고 절삭성도 좋아 각종 구조재로 공작 기계 베드, 내연 기관 실린더, 피스톤, 주철관, 가정용품 등에 사용된다.

2) 반주철(mottled cast iron)

회주철과 백주철의 혼합된 조직의 주철이다.

3) 백주철(white cast iron)

파면이 흰색으로, Si량이 적고 냉각 속도가 빠를 때 생기기 쉬우며 경도와 내마모성이 좋아 압연 롤러, 기차 바퀴 등에 쓰인다.

바. 마우러(Maurer's diagram) 조직도

① 주철에서 탄소와 규소 성분 %에 따라 주철의 조직 변화 관계를 나타낸 조직도이다.

② 규소는 흑연의 정출, 석출에 큰 영향을 준다. 규소량이 많으면 흑연량이 많아진다.

③ 마우러 조직도 설명

㉠ Ⅰ구역
백(극경) 주철
(Pearlite + Fe_3C)

㉡ Ⅱa구역
반(경질) 주철(Pearlite + Fe_3C + 흑연)

㉢ Ⅱ구역 : 펄라이트(회, 강력) 주철(Pearlite + 흑연)

㉣ Ⅱb구역 : 회(보통) 주철(Pearlite + Ferrite + 흑연)

㉤ Ⅲ구역 : 페라이트(연질) 주철(Ferrite + 흑연)

그림 2-7 마우러 주철 조직도

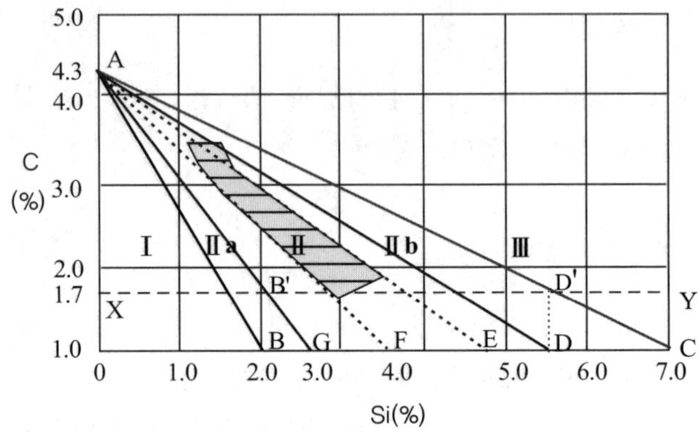

사. 주철의 기본 조직

주철의 조직은 바탕 조직(펄라이트, 시멘타이트, 페라이트)과 흑연의 혼합 조직으로 되어 있으며, 주철 중에 탄소는 주로 흑연 상태로 존재한다.

1) 유리 탄소(free carbon)

회주철과 같이 주철 속에 규소가 많고 냉각 속도가 느릴 때 탄소가 흑연 상태로 존재한 탄소를 말한다.

2) 화합 탄소(combined carbon)

백주철과 같이 주철 속에 망간 함유량이 많고 규소가 적으며 냉각 속도가 빠를 때 Fe_3C 상태로 존재하는 탄소를 말한다.

3) 흑연화

화합 탄소 Fe_3C가 안정한 상태인 3Fe와 C(탄소)로 분리되는 현상을 흑연화라 한다. 흑연은 용융점을 낮게 하며, 강도가 작아진다. 흑연화 촉진 원소는 Si, Al, Ti, Ni이며, 흑연화 방해 원소는 Mn, Cr, Mo. V, S 등이 있다.

3 주철의 종류와 특성

가. 보통 주철(회주철 : GC 1～3종)

회주철이라고도 하며, 탄소를 3～3.5% 정도 함유하였으며, 불순물이나 강도를 규정하지 않은 표준 주철이다. 인장 강도는 98～196MPa(10～20kg/mm^2)로, 일반 가정용품, 공작 기계 베드 등에 쓰인다.

주철 속에 각종 성분의 영향은 다음과 같다.

1) 탄소(C)

시멘타이트와 흑연으로 존재하며, 냉각 속도, 화학 성분(Si, Mn)에 따라 달라지며, 냉각 속도가 늦을수록, Si량은 많을수록 Mn량은 적을수록 흑연량이 많아진다.

2) 규소(Si)

흑연화 촉진 원소이며, 얇은 주물에는 규소량을 다량 첨가하여 시멘타이트 생성을 저지해야 한다.

3) 망간(Mn)

망간은 흑연화 방해 원소이며, 황과 MnS화해서 황의 해를 제거하며, 탈산 작용과 주철의 질을 강하고 단단하게 하여 절삭성을 나쁘게 하며 수축률이 크게 된다.

4) 인(P)

용융점 저하로 주조성이 좋아져 얇은 주물 제조시 많이 사용하나, 일부 스테다이트(페라이트+Fe_3C+Fe_3P)로 존재하여 여리게 한다.

5) 황(S)

FeS, MnS로 존재하며, MnS는 결정입 안에 거친 결정을 만든다. FeS는 결정 입자의 경계에 미립으로 분포하며, 유동성 저하, 수축률과 주조 응력을 크게 하며, 고온 취성의 원인이 된다.

나. 고급 주철

1) 고급 주철(회주철 : GC 4 ~ 6종)

탄소 함유량이 2.5～3.2% 정도이고 펄라이트와 미세한 흑연으로 된 인장 강도 25kg/mm^2 (245MPa) 이상인 강인 주철이다.

흑연은 국화상이며, C, Si(단, 1 < Si < 3) 양이 $\frac{(C+Si)}{1.5}=4.2\sim4.4\%$가 되면 고급 주철이 된다.

고급 주철의 물리적 성질은 보통 주철과 거의 같으나, 기계적 성질이 우수하여 강인하고 충격에 대한 저항이 크며, 주조성이 양호하므로 대형 주물 제작에 적합하다.

2) 미하나이트 주철

① 고급 주철의 일종으로, 저탄소 저규소 선철과 다량의 강 스크랩을 배합 용해하여 Fe－Si, Ca－Si를 접종시켜 제조하여 흑연의 형상을 미세하고 균일하게 한 미세 펄라이트 조직으로 개량 접종 처리한 주철이다.

② 인장 강도는 35～45kg/mm^2(343～441MPa) 정도이며, 담금질이 가능하고, 강력 구조용, 내마모용, 내부식용, 내열 기관용 등에 쓰인다.

3) 고급 주철 제조법

(1) 란쯔(Lanz process)법 : 선철과 다량의 강 스크랩을 배합하여 탄소와 규소의 양(C＋Si의 양을 3.8～4.2)을 적게 하고 용탕의 응고를 비교적 빨리 하여 흑연을 미세하게 분산하는 제조법으로 작은 주물에 적용하고 있는 방법이다.

(2) 에멜(Emmel process)법 : 저탄소 주철이라고도 하며, C, Si가 비교적 많은 신선철과 강 스크랩을 50% 이상 배합하여 제조하는 법으로, 강성 주물을 만드는데 적용된다.

(3) 코살리(Corsalli process)법 : 용선의 C량을 2.0% 이하로 하기 때문에 전량을 강 스크랩을 배합하여 제조하는 법이다.

(4) 피보아르스키(Piwowarsky process)법 : 저탄소 고규소 선철을 사용하여 흑연을 미세화하는 제조하는 법이다.

(5) 미아한(Meehan process)법 : 미하나이트 주철을 제조하는 법(나항 2) 참조)

다. 합금 주철

1) 특성

① 보통 주철에 합금 원소(Ni, Cr, Mo, Mg, 또는 Si, Mn, P 등)를 첨가하여 보통 주철에서 얻을 수 없는 제성질(내식성, 내마모성, 내열성, 고자성 등)을 얻을 수 있게 한 주철이다.

② 흑연화 경향 : Si를 1로 했을 때 Al은 0.5, Ni 0.3～0.4, Cu 0.35 정도의 흑연화 경향이 있다.

2) 합금 원소의 영향

(1) Ni(니켈) : 흑연화를 촉진하며, 0.1～10%만 첨가해도 흑연이나 펄라이트 조직이 미세화하여 강도를 크게 하며, 두꺼운 부분의 억셈과 얇은 부분의 칠(chill)의 발생을 방지한다. 내열, 내산화, 내알칼리성을 갖게 하며 비자성인 오스테나이트 주철을 만들 수 있다.(14～38% 첨가)

(2) Cr(크롬) : 흑연화 방지 원소이며, 주철의 성장 방지, 탄화물을 안정시키고 칠층을 깊게 한다. 1.5～2% 첨가로 펄라이트 조직의 미세화와 경도 증가, 내열성, 내부식성이 향상된다.

(3) Mo(몰리브덴) : 다소 흑연화를 방지하며, 0.25～1.25% 첨가시 흑연이 미세화되며, 강도, 경도, 내마모성을 증가시키며, 두꺼운 주물 조직을 균일화한다.

(4) Ti(티타늄) : 강한 탈산제며 흑연화 촉진제이나 너무 다량 첨가시는 오히려 흑연화를 방해한다. 고탄소 고규소 주철에 첨가시 흑연의 미세화와 경도가 증가된다.

(5) V(바나듐) : 강한 흑연화 방지 원소이다. 0.1～0.5% 첨가시 흑연의 미세화와 경도를 증가시킨다.

(6) Cu(구리) : 0.25～2.5% 첨가시 강도가 증가되고 내마모성이 개선되며, 내식성이 좋아진다. 염산, 황산, 질산에 내식성이 상당히 좋다.

(7) Mn(망간) : 비자성화 능력이 Ni의 2배이나 조직을 단단하게 하여 피절삭성을 나쁘게 한다.

3) 합금 주철의 종류

(1) 기계 구조용 주철 : Ni 주철이 쓰이며, Cr, Mo을 첨가하여 강도를 향상시킨 것으로,

자동차용 엔진의 크랭크, 캠축 등에 쓰인다.

(2) 내마모용 주철 : 보통 주철에 적당량의 Ni, Cr 등을 첨가하면 마텐사이트 주철로 되어 내마모성이 향상된다.

(3) 내열 및 내산 주철 : 내산성이 있으면서 내열성도 좋다. 페라이트계와 오스테나이트계로 구별된다.

① 페라이트계 주철 : Si 및 Cr을 다량으로 함유하는 주철로 대단히 단단하다.

② 오스테나이트계 주철 : Ni을 20% 이상 함유한 주철로, 내산, 내알칼리, 내열성 등이 높고 비자성체이며, 전기 저항이 크고 연성, 인성이 있다. 주로 석유 화학, 기타 화학공업에 많이 사용된다.

③ 고규소 주철 : 규소를 14% 이상 함유한 주철로, 진한 황산과 초산에는 사용 가능하나 진한 열염산에는 약하다. 내산 주철이며, 절삭 가공이 안되고 취성이 크다.

(4) 고크롬 주철 : Cr을 15～30% 함유한 주철이며, 산, 유황 가스 등에 강하며 고온에서도 성장성이 적으며, 아주 단단하여 절삭이 불가능하므로 연삭 가공한다. 풀림 상자나 로 재료로 사용된다.

라. 칠드 주철(chilled casting)

1) 특 성

(1) 냉경 주철이라고도 하며, 용융 상태에서 금형 등에 주입하여 급랭시켜 접촉면을 백선화(펄라이트와 유리 시멘타이트)로 만들어 표면은 경도가 높아 단단하고 내부는 강인한 성질을 갖게 한 주철로 내마모성이 크다.

(2) 흑연화로 칠층을 얇게 하는 원소 : C, Si, Al, Ti, Ni, P, Cu, Co 등

(3) 흑연화 방지로 칠층을 깊게 하는 원소 : S, V, Cr, Mn, Sn, W 등

2) **용도** : 압연 롤러나 기차 바퀴 등의 제조에 쓰인다.

마. 구상 흑연 주철

구상 흑연 주철은 용해 후 용탕 처리에 의해 구상 흑연을 정출시킨 주철로서 그 조직 형태에 따라 페라이트형, 펄라이트형, 시멘타이트형 3종류로 분류하고 있다.

1) 특 성

(1) 연성 주철(ductile cast iron : 미국), 구상 흑연 주철(spheroidal graphite cast iron : 영국), 노듈러 주철(nodular cast iron : 일본)이라고도 한다.

(2) 회주철의 경우 편상 흑연 조직으로 외력이 작용되면 편상 흑연을 따라 균열이 발생되기 쉬워 취성이 크고 강도가 작은 결점이 있는데, 흑연을 구상화시킴으로서 균열 발생이 어렵고 강도와 연성이 크게 된다.

(3) 펄라이트와 페라이트로 된 조직으로 황소 눈 같다 해서 불스 아이 조직이라고도 하며, 강도와 연성이 매우 좋다.(인장 강도 : 50～70kg/mm^2)

그림 2-8 구상흑연 주철 현미경 조직

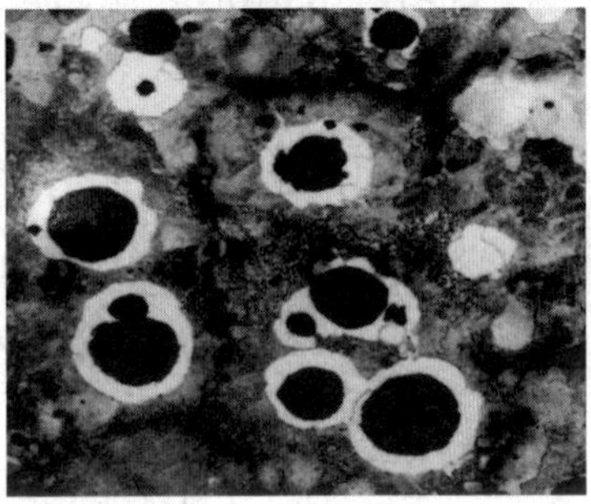

2) 구상화 방법

S이 적은 선철을 용해하고 여기에 Mg(마그네슘), Ce(세슘) 등을 첨가해서 접종시켜 편상 흑연을 구상화시킨다. [그림 2-8 참조]

바. 가단 주철

1) 가단 주철

백주철을 장시간 풀림 처리하여 시멘타이트 조직을 분해하거나 소실시켜 탈탄과 Fe_3C의 흑연화에 의해 연성(가단성)을 크게 하여 주강의 중간 정도의 특성을 갖게 한 주철이다.

가단 주철의 흑연은 불규칙한 괴상 흑연 형태이며, 강도, 연성 및 내식성 등이 우수하며, 열처리 방법에 따라 표면의 탈탄과 내부의 흑연으로 파면이 검게 보이는 흑심 가단 주철, 파단면이 백색인 백심 가단 주철, 입상 흑연과 입상 펄라이트 조직으로 된 펄라이트 가단 주철 등이 있다.

2) 가단 주철의 종류

(1) 백심 가단 주철(WMC) : 백주철을 철광석, 밀 스케일 등과 함께 풀림 상자에 넣고 950～1000℃로 70～100시간 정도 가열, 풀림 처리하여 표면을 탈탄시킨 후 서랭시킨 주철이다. 강도는 흑심 가단 주철보다 다소 높으나 연신률은 낮다.

(2) 흑심 가단 주철(BMC) : Fe_3C의 흑연화가 목적이므로 저탄소, 저규소 백주철을 풀림하여 흑연화시킨 주철이다.

백주철을 900~950℃로 가열하여 20~30시간 유지하면 Fe_3C가 분해되어 흑연과 오스테나이트가 되며(제1단계 흑연화) 냉각시 오스테나이트의 일부가 펄라이트로 변태한다. [그림 2-9]는 흑심 가단 주철의 흑심 상태를 나타낸 것이다.

그림 2-9 흑심 가단 주철 현미경 조직

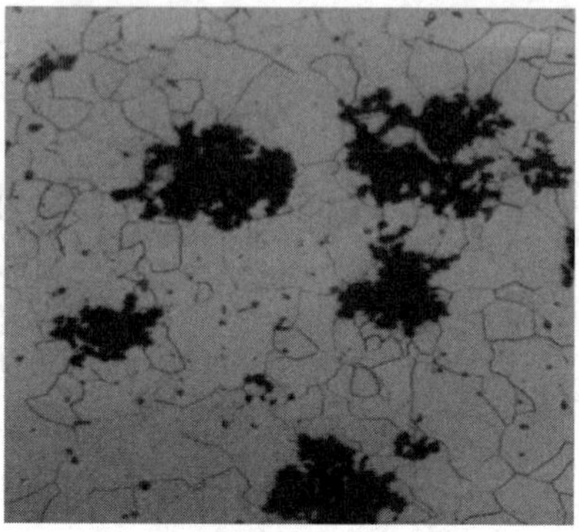

(3) 펄라이트 가단 주철(PMC) : 입상 및 층상의 펄라이트 조직의 주철로서 인장강도, 항복점, 내마모성을 향상시킨 것으로 주조성이 좋아서 복잡한 주물도 쉽고 구상흑연주철과 비슷한 점이 많다.

제조방법은 흑심 가단주철의 흑연화를 완전히 하지 않고 제1단 흑연화가 끝난 후에 800℃ 정도에서 일정시간 유지하고 급냉시키면 펄라이트 조직이 된다. 또한 2단 흑연화 처리를 중간에서 중지하고 냉각하면 펄라이트 조직이 적당히 존재하는 주철이 되며, 2.0~2.6%C, 1~1.5%Si 이며 연신률 2~6%, 인장강도 45~70kg_f/mm^2이다.

단원 종합 문제 {제3장 | 특수(합금)강}

01 저합금강과 고합금강의 구분은 합금 원소의 첨가량이 얼마를 기준으로 하는가?

① 5% ② 10% ③ 15% ④ 20%

02 함금 원소 중 Ni, Cr, Mo의 대표적인 특징을 간단히 기술하시오.

03 탄소강에 Ni을 첨가하면 탄소강의 몇 배 정도 인성이 증가되는가?

04 자경성이란?

05 Ni강, Cr강, Cr－Mo강, Ni－Cr－Mo강 중에서 가장 인성이 크고 점성이 좋은 것은?

06 마르에이징강은 무슨 방법과의 조합에 의해 얻어지는가?

07 초강인강의 인장 강도는 얼마인가?

08 저망간강은 Mn이 몇% 정도 함유한 것이며, 다른 이름은 무엇인가?

① 1～2%, 듀콜강 ② 5～6%, 듀콜강
③ 10～14%, 수인강 ④ 10～14%, 하드 필드강

09 고망간강의 다른 이름 2가지를 쓰시오.

10 고장력강은 인장 강도와 연신률이 얼마 이상 되어야 하는가?

11 고장력강의 특성을 3가지만 쓰시오.

12 고장력강에서 60HT의 인장 강도는 얼마 정도인가?

13 침탄강에 적합한 합금 원소 3가지를 쓰시오.

14 침탄강에 사용되는 강의 탄소 함유량은 얼마 이하가 좋은가?

15 질화강에 적합한 합금 원소 3가지를 쓰시오.

16 질화강의 질화층을 형성하기 위해 사용되는 것은?

17 질화강에서 Al의 역할과 Cr의 역할을 무엇인가?

18 침탄강과 질화강의 특성을 간단히 비교하시오.

19 고주파 경화강에 적합한 탄소 함유량은 얼마 정도인가?

20 고속도강의 다른 이름은 무엇이라 하는가?

21 표준형 고속도강의 성분은 무엇인가?

① W18% − Cr4% − V1%
② W1% − Cr4% − V18%
③ Cr18% − Mo4% − V1%
④ V18% − Mo4% − Ni 1%

22 고속도강의 담금질 온도와 뜨임 온도는 얼마인가?

23 고속도강은 탄소 공구강에 비해 몇 배 정도의 절삭 속도를 얻을 수 있는가?

24 고속도강, 초경 합금, 스텔라이트 등은 몇℃까지도 경도가 유지되는가?

25 주조 경질 합금의 다른 이름은?

26 초경 합금의 주요 성분은?

27 초경 합금의 종류와 상품명의 종류를 쓰시오.

28 세라믹의 주요 성분은 무엇인가?

① 규소
② 알루미나
③ 크롬
④ 텅스텐

29 5−4−8 합금이란?

30 철에 Cr을 몇% 이상 첨가하면 스테인리스강이 되는가?

31 철에 Cr−Ni를 첨가한 스테인리스강의 조직은 무엇인가?

① 페라이트 ② 마텐사이트 ③ 펄라이트 ④ 오스테나이트

32 페라이트계 및 마텐사이트계 스테인리스강의 주요 용도는 무엇인가?

33 오스테나이트계 스테인리스강의 특성을 3가지 이상 쓰시오.

34 오스테나이트계 스테인리스강의 주요 용도는 무엇인가?

35 석출 경화계 스테인리스강 중에서 17−4PH강의 주성분은 무엇인가?

36 18−8강의 입계 부식의 원인과 방지법은 무엇인가?

37 스테인리스강을 조직에 따라 구분하면 무엇 무엇이 있는가?

38 인바, 코엘린바, 플레티나이트의 주요 용도는 무엇인가?

39 온도에 따라 길이 불변하여 시계추, 정밀부품, 바이메탈에 쓰이는 것은?

① 인바 ② 코엘린바 ③ 플레티나이트 ④ 퍼멀로이

40 서멧의 주요 성분은 무엇인가?

41 규소강의 주요 용도는 무엇인가?

42 주강의 제조시 다량의 탈산제를 사용하는 이유는?

43 주조 상태의 주강은 반드시 풀림이나 불림 처리를 하여 사용해야 되는 이유는?

44 주강의 수축률은 주철의 몇배 정도 되는가?

45 주철보다 좋은 점이 있어 주강을 사용하게 된다. 그 이유는 무엇인가?

46 탄소 당량이란?

47 주철의 주조 응력을 제거하기 위한 풀림 온도는 얼마 정도인가?

48 주철의 성장 원인과 방지법에 대하여 아는데로 쓰시오.

49 주철을 파면의 색에 따라 나누어 그 종류를 쓰시오.

50 주철에서 전탄소량이란?

51 주철의 마우러 조직도는 무엇과 무엇에 따른 조직을 나타낸 것인가?

52 보통 주철, 고급 주철의 인장 강도는 얼마 범위인가?

53 주철에서 흑연화 촉진 원소와 방해 원소를 3가지씩 쓰시오.

54 마하나이트 주철의 제조시에 첨가하는 접종제의 원소는 무엇인가?

55 고규소 주철은 규소 함유량이 몇% 이상인가?

56 주철을 금형 등에 주입하여 표면을 급랭시켜 백선화한 주철의 이름은 무엇인가?

57 주철에서 흑연화 방해 원소를 첨가하면 칠층의 두께는 어떻게 되는가?

58 다음 중 종류가 다른 이름은 어느 것인가?

① 닥타일 주철　　② 연성 주철
③ 구상 흑연 주철　　④ 칠드 주철

59 구상 흑연 주철 제조시에 접종제로 사용되는 원소는 무엇인가?

① Mg　　② Cr　　③ W　　④ S

60 백심 및 흑심 가단 주철은 백주철을 어떻게 처리하여 만든 것인가?

제3장 특수(합금)강 문제 해설 [p.457~480]

1. ②

2. P458　2　①, ②, ④ 참조

3. Ni강은 적절하게 열처리하면 인성이 탄소강의 5~6배 증가
4. 금속 스스로 경화하여 경도가 상승하는 성질
5. Ni-Cr-Mo강
6. P460 1 사. 마르에이징강
7. 150~200kgf/mm²
8. ①
9. 오스테나이트 망간강, 하드 필드강, 수인강
10. 인장 강도 490MPa(50kgf/㎟) 이상, 연신률 20% 이상
11. P460 1 자. (2) 고장력강의 특성
12. 60kgf/mm²
13. Ni, Cr, Mo
14. 0.2%C 이하의 저탄소강
15. Ni, Cr, Al, Ti, V
16. NH_3(암모니아)
17. Al은 질화층의 경도를 높여주고, Cr은 질화층을 두껍게 한다.
18. 질화강은 침탄강에 비해 표면 경도는 크며, 처리 후 담금질이 불필요하다. 그러나 침탄은 잘못된 경우 수정이 가능하나 질화강은 수정이 불가능하다.
19. 0.45%C
20. 하이스(HSS)
21. ①
22. 담금질 온도 : 1250~1350℃, 뜨임 온도 : 550~580℃
23. 2배 이상
24. 고속도강 : 600℃, 초경합금 : 600℃, 스텔라이트 : 800℃
25. 스텔라이트
26. W, Ti, Ta, Co
27. 1) 종류 : S종(강 절삭용), D종(다이소용), G종(주철 절삭용)
    2) 상품명 : 카블로이(미국), 미디아(영국), 당갈로이(일본)
28. ②
29. 시효 경화 합금의 일종. 뜨임시효에 의하여 경도를 크게 증가시킨 합금이다.
30. 12%
31. ④
32. 1) 페라이트계 스테인리스강 : 일반용품, 건축용, 장식용, 식품공업, 기계 부품 등에 사용
    2) 마텐사이트계 스테인리스강 : 일반용품, 칼, 기계 부품, 의료용 기기, 밸브 등에 사용
33. P466 1 가. 3) 오스테나이트계 스테인리스강
34. 일반용품, 화학 공업, 항공기, 원자력 발전, 차량, 주방 기구, 식기, 의료용, 장식

용, 건축용, 식품용, 기계 부품

35. 17%Cr-4%Ni-3~5%Cu-Nb-Ta 합금

36. P467 1 나. 1) 입계 부식 원인, 2) 입계 부식 방지법

37. 페라이트계, 마텐사이트계, 오스테나이트계

38. P468 1 가. 라. 마. 참조 39. ①

40. 산화물(Al_2O_3), 탄화물(TaC, WC), 붕화물(TaB_2, CrB) 등과 Co, Ni 분말과의 복합체

41. 발전기 또는 변압기 등의 철심 재료에 적합

42. 기포나 편석이 생기기 쉬우므로 주조시 Mn, Si 등 강한 탈산제를 사용하여 충분히 탈산하여 제조

43. 조직이 거칠고 인성이 낮으므로

44. 수축률(20/1000~25/1000)이 주철의 2배 정도

45. 주철로 강도 부족시나, 단조강보다 가공 공정을 감소시킬 필요가 있을 때 사용한다.

46. 탄소 이외의 원소를 탄소 함유량으로 환산한 것

47. 500~600℃로 6~10시간

48. P473 2 라. 2) 성장 원인 3) 성장 방지법

49. 회주철, 백주철, 반주철

50. 전탄소량 = 유리 탄소 + 화합 탄소

51. 탄소와 규소 성분 %에 따라 주철의 조직 변화 관계를 나타낸 조직도

52. 보통 주철의 인장 강도는 10~20kg/mm^2, 고급 주철의 인장 강도는 25kg/mm^2(250MPa) 이상

53. 1) 흑연화로 칠층을 얇게 하는 원소 : C, Si, Al, Ti, Ni, P, Cu, Co 등
2) 흑연화 방지로 칠층을 깊게 하는 원소 : S, V, Cr, Mn, Sn, W 등

54. Fe-Si, Ca-Si를 접종 55. 규소를 14% 이상 함유한 주철

56. 칠드(냉경) 주철 57. 두꺼워진다.

58. ④ 냉경 주철 59. ①

60. P479 3 바. 1) 2)

chapter

04 열처리와 표면 경화

제1절 ┃ 열처리의 개요

1 일반 열처리

가. 열처리

열처리 기술은 금속 재료, 기계 부품, 금형 공구에 요구하는 기계적, 물리적 성질을 부여하기 위해 가열과 냉각을 반복함으로써 특별히 유용한 성질(내마모성, 내충격성, 사용 수명 연장 등)을 부여하는 열적 조작 기술로서 제조 공정의 중간 또는 최종 단계에서 이루어지고 있으며, 금속 또는 합금의 재결정, 원자의 확산, 상변태(相變態)를 이용하는 것이다.

나. 열처리의 목적

열처리의 주요 목적은 재료를 단단하게 만들어 기계적, 물리적 성능을 향상시키는 기술과 재료를 무르게 하여 가공성을 개선시키는 기술로 대변할 수 있으며, 기계 부품 및 공구류 재료에 인장 강도 및 경도의 개선, 가공 경화된 재료의 연화, 조직의 안정화, 주조, 단조, 용접 후의 잔류 응력 제거 및 변형 방지, 표면 경화 등 기계적 성질을 개선하기 위함이다.

① 일반적으로 조직을 미세화하고 기계적 특성을 향상시킨다.
② 강을 연화시킨다.(풀림)
③ 내부 응력과 변화를 감소시킨다.(불림)
④ 표면을 경화시키고 성질을 변화시킨다.(표면 경화)
⑤ 강의 전자기적 성질을 향상시킨다.
⑥ 기계적 성질(강도, 연성, 내마모성, 내피로성, 내충격성 등)을 향상시킨다.

다. 열처리의 분류

① 일반 열처리의 종류 : 담금질(Quenching), 풀림(Annealing), 불림, 뜨임 등이 있다.
② 항온 열처리 : 오스에닐링, 오스템퍼링, 마템퍼링, 마퀜칭 등이 있다.

③ 계단 열처리
④ 연속 냉각 열처리
⑤ 표면 경화 열처리 : 침탄법, 질화법, 시안화법, 화염 경화법, 고주파 경화법 등이 있다.

2 일반 열처리의 종류

그림 4-1 불림, 담금질, 완전 풀림 온도 곡선

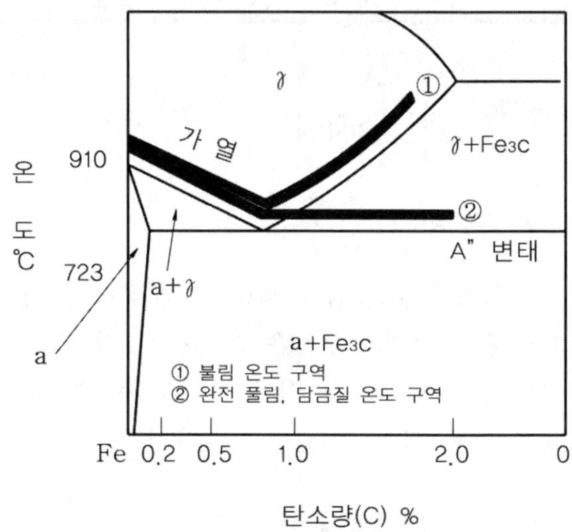

가. 불림(소준 : normalizing)

1) 방 법

고온에서 장시간 유지된 주강이나 압연재, 단조품 등은 오스테나이트 입자가 크게 성장하여 조직이 거칠고 불균일하며, 기계적 성질이 좋지 못하다. 이러한 것을 아공석강은 A_{C3} 이상, 과공석강은 A_{Cm}선 이상 30~50℃의 온도로 일정한 시간 가열해서 미세하고 균일한 오스테나이트 조직으로 만든 후 공기 중에서 서랭시키면 미세한 α 고용체와 Fe_3C로 조직이 변화하여 기계적 성질이 향상하게 되는데 이러한 열처리 조작을 불림이라 한다.

불림에서 유의할 점은 국부적인 가열이나 서서히 가열하는 것을 피하고, 강재의 크기에 따라 적당한 시간 유지할 것이며, 필요 이상의 고온으로 가열을 피해야 한다.

2) 불림의 목적

주조 및 단조시 발생한 내부 응력을 제거하거나, 결정립의 미세화와 균일화, 강도와 인성 확보, 표준 조직화에 있다.

나. 담금질(소입 : Quenching)

1) 방 법

담금질이란 아공석강은 Ac_3 변태점 이상 30~50℃, 과공석강은 Ac_1 변태점 이상 30~50℃(탄소 함유량이 많을수록 낮아짐)로 가열하여 그 온도에서 탄화물을 고용시켜 균일한 오스테나이트가 되도록 충분한 시간 유지한 후 강종에 따라 알맞은 방법으로 급랭하여 마텐사이트 조직으로 변태시켜 경화하는 작업이다.

2) 목적

강화, 경화가 목적이며, 담금질한 상태 그대로 보다는 뜨임하여 사용한다.

3) 담금질 조직

냉각 속도에 따라 오스테나이트 조직 상태에서 Ms점 이하로 매우 급랭하면 마텐사이트가 생성되며, 다음으로 투르스타이트, 소르바이트 순으로 나타난다.

(1) 오스테나이트(austenite)

일반 탄소강에서는 오스테나이트 상태로는 나타나지 않지만, 특수강에서는 나타날 수 있으며, 일반적으로 불안정하기 때문에 열 또는 과냉에 의해 마텐사이트로 변태한다.

(2) 마텐사이트(martensite)

보통 강을 수중 냉각했을 때 나타나는 침상 조직으로, 부식 저항, 경도(HB 600~700), 인장 강도가 매우 크나 여린 성질이 있어 뜨임이 필요할 경우가 많다. 강자성체이며, 탄소를 과포화 상태로 고용하고 있어 대단히 단단하고 변태할 때 체적 팽창을 수반하여 균열이 발생될 우려가 있다.

(3) 투르스타이트(troostite)

오스테나이트화한 강을 유냉하여 냉각 속도가 수냉보다 느릴 때 400℃ 부근에서 나타나는 담금질 조직으로, 시멘타이트와 페라이트의 미세한 혼합물의 구상 조직이며, 부식이 잘 되며, 경도가 마텐사이트보다 작으나 인성은 크다.

(4) 소르바이트(sorbite)

큰 강재를 유냉했을 때 600℃ 부근에서 얻어지며, 시멘타이트가 페라이트에 혼입되어 있고 투르스타이트보다 연하나 펄라이트보다 경도 및 강도가 큰 강인한 조직이다.

4) 경화능

경화능(담금질성, hardenability)이란 강을 담금질할 때 경화하기 쉬운 정도, 즉 마텐사이트 조직을 얻기 쉬운 성질이며, C%에 의해 좌우된다. 즉, 열처리에 의해 경화된 깊이와 경도의 분포를 지배하는 것을 말하며, 경화능은 일반적으로 경화된 깊이의 대소로 비교하는 경화능 시험 방법[KS D 0206 강의 경화능 시험 방법(한쪽 끝 담금질 방법)]을 쓰면 편리하다.

탄소강은 0.6%C까지는 탄소량에 따라서 경도는 증가하지만 그 이상은 탄소량이 증가되어도 경도는 그다지 증가되지 않으며, 동일한 탄소량일지라도 마텐사이트 조직이 미세 펄라이트나 구상화 조직에 비해 훨씬 경도가 높기 때문에 담금질을 통해서 마텐사이트로 변태시키는 것이다.

① 담금질 최고 경도 : HRC = 30 + 50 × %C
② 담금질 임계 경도 : HRC = 24 + 40 × %C

5) 질량 효과

동일한 강종을 동일한 조건하에서 담금질하여도 제품의 크기(질량)에 따라 냉각 속도에 차가 있어 경화 깊이가 달라진다. 지름이 큰 것은 작은 것에 비하여 냉각 효과가 적으며, 동일 물체 내부의 냉각 효과는 외부에 비하여 더욱 낮고, 내외부의 차는 지름이 작을수록 줄어든다. 이와 같이 질량의 영향을 받는 것을 질량 효과라 한다.

일반적으로 탄소강은 질량 효과가 크나, Ni, Cr, Mo, Mn 등을 함유한 합금강은 질량 효과가 작다. 그러나 합금강은 제품의 크기가 클지라도 경화시키기가 용이하다. 따라서 담금질할 때에는 강재의 경화능과 질량 효과를 고려해서 냉각제의 선택 및 담금질 방법의 검토가 필요하다.

다. 뜨임(소려 : tempering)

1) 뜨임

강을 담금질한 후 장시간 방치하면 저절로 자연(시효) 균열이 생기는 일이 있으며, 이것은 담금질 후 잔류 오스테나이트가 마텐사이트화 하여 팽창과 잔류 응력의 균형이 파괴되기 때문이다. 이렇게 담금질한 상태의 강은 불안정하므로 담금질한 물품을 손으로 만질 수 있을 정도, 즉 40~60℃로 냉각하면 바로 뜨임해서 안정화시키는 것이 좋다. 그러나 사정으로 즉시 뜨임을 할 수 없는 경우는 적어도 100℃의 온탕에 담가 두는 것만으로도 안정화에 효과가 있다고 한다.

이렇게 담금질한 상태로는 조직적으로나 내부 응력적으로 불안정하며 경취하기 때문에 항복점과 탄성 한계도 그다지 크지 않다. 따라서 이 조직을 안정화하고 기계적 성질을 더욱 향상시키고자 하는 열처리가 뜨임이다.

2) 뜨임의 목적

담금질한 강은 다음의 이유 때문에 뜨임을 해야 된다.

① 마텐사이트화에 의해 발생한 내부응력 그대로 다듬질 가공하면 응력 불균형에 의한 변형 또는 균열을 일으키게 되며, 그대로 사용하면 사용 중에 응력 완화에 의한 변형이 생기게 된다.

② 과포화로 고용된 탄소의 탄화물 석출로 체적 수축과 잔류 오스테나이트의 상변화 등 조직의 불안전성을 제거할 수 있다.

3) 뜨임의 종류

담금질에 의하여 경화된 강을 변태가 일어나지 않는 A_1점 이하에서 가열한 후 서랭 또는 급랭하는 열처리이며, 종류에는 저온 뜨임(100~250℃에서 급랭)과, 고온 뜨임(450~680℃)이 있다.

(1) 저온 뜨임

가열 온도 100~250℃, 유지 시간은 1~3시간 정도의 범위에서 선택하며, 내부 응력을 완화하고 메짐성을 경감하는 것이 목적이며 경도가 요구되는 경우에 적용된다.

(2) 고온 뜨임

450~680℃에서 뜨임하며, 인장 강도와 인성을 동시에 요구하는 경우에 하게 된다. 마텐사이트가 분해하여 미립 탄화물을 석출하여 경도가 크게 떨어지고 충격값, 연신률이 증가한다. 고온 뜨임할 때 뜨임 취성이 일어나기 쉬우므로 반드시 급랭해야 된다.

5) 뜨임 취성

(1) 저온 뜨임 취성 : 뜨임 온도가 200℃까지는 충격값이 증가하나 300~360℃ 정도에서 충격값이 저하하는 현상으로 0.3%C 정도의 구조용강에서 흔히 볼 수 있다.

(2) 뜨임 시효 취성 : 500℃ 부근에서 뜨임 후 시간이 경과함에 따라 충격값이 저하되는 현상으로 이를 방지하기 위해 Mo를 첨가한다.

(3) 뜨임 서랭 취성 : 550~650℃ 부근에서 뜨임 후 서랭한 것이 유냉 또는 수냉한 것보다 취성이 크게 나타나는 현상으로 저망간강, Ni-Cr강 등에서 많이 나타난다.

6) 뜨임 조직

뜨임할 때 400℃ 부근에서 투르스타이트(HV 약 400), 500~600℃에서 소르바이트(HV 약 280 : 조질) 조직이 얻어진다. 뜨임 조직 중에서 400℃로 뜨임한 것은 가장 부식되기 쉬운데 이 조직을 특히 오스몬타이트라고 하며, 투르스타이트의 일종이다.

마텐사이트 $\xrightarrow{400℃}$ 투르스타이트 $\xrightarrow{600℃}$ 소르바이트 $\xrightarrow{700℃}$ 입상 펄라이트

표 4-1 뜨임 온도에 따른 조직의 변화

온 도	조직의 변화	온 도	조직의 변화
150~300℃	오스테나이트 - 마텐사이트	560~650℃	투르스타이트 - 소르바이트
300~350℃	마텐사이트 - 투르스타이트	700℃	소르바이트 - 펄라이트

라. 풀림(소둔 : annealing)

1) 방 법

A_{C3}선 또는 A_1 변태점 이상 20~30(30~50)℃로 가열하여 일정 시간 유지한 후 가열된 로 내에서 서랭하는 열처리를 말한다.

2) 풀림의 목적

잔류 응력 제거, 성분의 균일화, 요구 성질 부여, 연화, 구상화를 위해 실시하는 열처리이며, 응력 제거 풀림이 필요한 제품에는 주조품, 기계 가공품, 담금질 경화품, 용접물 등이 있다.

3) 풀림의 종류

풀림 목적에 따라 완전 풀림, 항온 풀림, 확산 풀림, 구상화 풀림, 연화 풀림, 응력 제거 풀림, 저온 풀림, 중간 풀림 등이 있다.

4) 고온 풀림

(1) 완전 풀림 : A_3 변태점 이상 20~30(30~50)℃ 정도의 높은 온도에서 가열한 후 서랭한다.

(2) 확산 풀림 : 주괴의 유화물에 의한 편석을 제거하기 위해 1050~1300℃로 가열한 후 서랭한다.

(3) 항온 풀림 : S곡선의 코보다 높은 온도에서 항온 처리한다.

5) 저온 풀림

(1) **응력 제거 풀림** : A_1 이하의 온도(500~600℃)에서 잔류 응력 제거 처리를 하는 열처리이다.

(2) **프로세스 풀림(중간 풀림)** : 냉간 가공에 의해 경화된 재료를 A_3보다 낮은 온도에서 일정 시간 유지하며 풀림하는 열처리이다.

(3) **재결정 풀림** : 재결정 온도보다 약간 높은 600℃에서 일정 시간 유지하여 풀림하는 열처리이다.

(4) **구상화 풀림** : 강재 속의 망상 시멘타이트(탄화물)를 구상화시키기 위하여 A_1 변태점 부근에서 일정 시간 유지한 다음 서랭시키는 풀림을 말한다.
구상화 풀림 방법은 다음과 같다.

① 냉간 가공한 강의 구상화나 담금질한 재료에 대하여 A_1 변태선 아래 650~750℃로 가열, 유지한 후 서랭한다. [그림 4-2 (a) 참조]

② A_1 변태선을 중심으로 상하로 가열과 냉각을 반복하는 방법이다. 아공석강과 공석강은 3회, 과공석강은 2회 정도 가열한 후 냉각한다. 아공석강이나 작은 공구강의 구상화에 적합하다. [그림 4-2 (b) 참조]

③ 아공석강은 A_1 변태선, 공석강과 과공석강은 Acm선 보다 높은 온도로 가열하여 모든 시멘타이트가 오스테나이트로 완전 고용한 후 급랭하여 오스테나이트 속의 탄소가 망상 시멘타이트의 석출을 방지한 후 다시 가열하여 위의 (a), (b) 방법으로 한다. [그림 4-2 (c) 참조]

④ 변태선 바로 위 또는 A_1과 Acm선 사이의 온도로 가열한 후 대단히 천천히 냉각하거나 A_1 변태선 바로 아래의 온도에서 장시간 유지한다. [그림 4.2 (d) 참조]

그림 4-2 구상 풀림 열처리 곡선

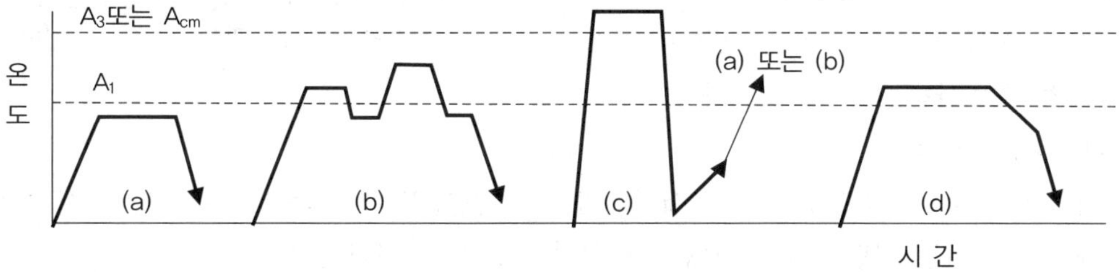

PART 4 용접 야금(용접 재료)

제2절 | 항온 열처리 및 심랭 처리

1 개 요

가. 항온 열처리 개요

강을 오스테나이트 상태에서 냉각도중 어떤 온도에서 냉각을 중지하고 항온 유지시켜 변형이 적고 경도와 인성을 크게 하는 열처리이다.

나. 항온 열처리(냉각 변태) 곡선

항온(등온) 열처리에서 가열 및 냉각시 열처리의 목적에 따라 온도(temperature)와 시간(time) 및 변태(transformation)의 관계를 파악하여 나타낸 것이 항온 변태 선도이며, TTT 곡선, C 곡선, 또는 S 곡선이라고 불리어진다.

[그림 4-3]과 같이 항온 변태 곡선은 공석강(0.85%C강)의 항온(등온) 변태 곡선으로 2개의 C자 형상을 가진 곡선으로 구성되어 있다.

여기서 왼쪽 곡선은 변태 개시선을 오른쪽 곡선은 변태 종료선을 나타낸 것이고, 550℃ 부근의 온도에서 곡선이 왼쪽으로 돌출되어 있는데, 이것은 변태가 이 온도에서 가장 먼저 시작된다는 것을 의미하는 것으로서 이 곡선의 코(nose)라고 부른다.

그림 4-3 항온 변태 선도
(Bain의 S곡선, C 곡선 또는 TTT 곡선)

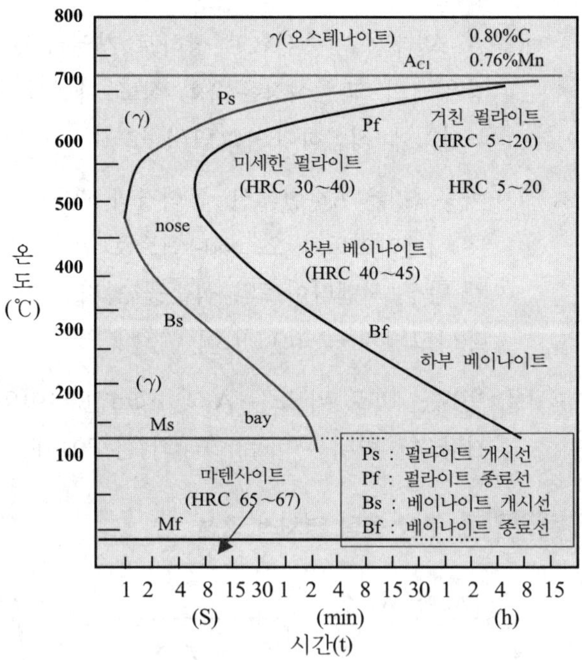

여기서 P_s와 P_f는 펄라이트 변태 개시선과 종료선을, B_s와 B_f는 베이나이트 개시선과 종료선을 M_s와 M_f는 마텐사이트 변태 개시선과 종료선을 나타낸다.

2 항온 열처리의 종류

가. 항온(등온) 풀림(ausannealing)

1) 방 법

S곡선의 코 혹은 그 이상의 온도(600～700℃)에서 짧은 시간에 실시하는 항온(恒溫) 처리이며, 일반 풀림에 비해 항온 변태 시킨 후 공랭 또는 수냉으로 30분~1시간 정도면 충분하므로 처리 시간이 단축된다.

2) 목적 및 적용

연화를 목적으로, 공구강, 특수강, 자경성이 있는 강의 풀림에 적합하다.

나. 오스템퍼링(austempering)

1) 방 법

일명 하부 베이나이트 담금질 이라고 부르며, Ms점 상부의 과냉 오스테나이트에서 계속 변태 완료하기까지 항온을 유지하고 공랭하는 열처리이다.

그림 4-4 항온 풀림, 오스템퍼링

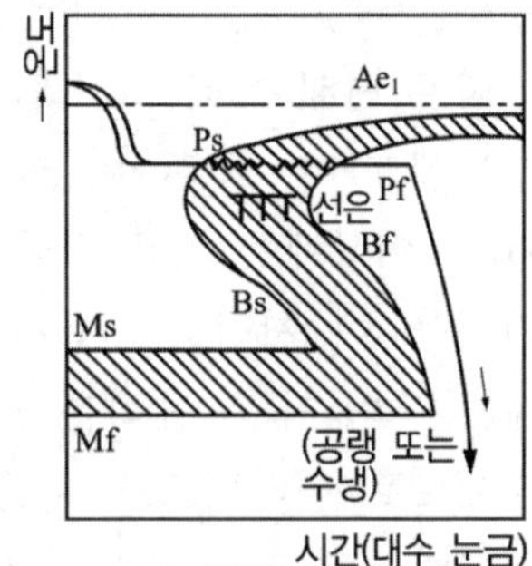

[항온 풀림]

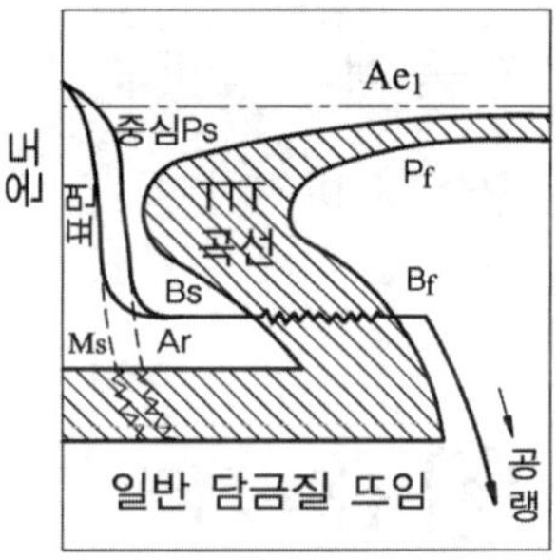

시간

[오스템퍼링]

MS－마텐사이트 변태 개시점
Mf－마텐사이트 변태 종료점

2) 목적 및 적용

강인성이 크고 변형, 균열이 방지되는 베이나이트 조직을 얻을 수 있다. 뜨임이 불필요하며, 담금질 균열이 적으나 큰 제품, 후판 강재는 곤란하다.

다. 마퀜칭(marquenching)

일반 담금질의 경우 Ms점 이하로 급랭하면 담금질 균열이 발생하기 쉽다. 이 온도를 담금질 균열 위험 온도라 부르며 담금질 균열을 방지할 목적으로 Ms점 이하를 서랭시키는 열처리, 즉 우선 Ms점 직상의 열욕에서 담금질한 후 재료의 내외부가 동일한 온도로 될 때까지 항온 유지한 후 공랭하여 Ar″변태를 일으키게 하는 방법이다. 이 방법은 Ms 점에서 냉각을 일단 중지하기 때문에 마텐사이트는 서서히 진행하여 담금질 균열이나 열의 왜곡이 생기지 않고 마텐사이트 조직을 얻을 수 있으며, 담금질 후 뜨임해야 한다.

라. 마템퍼링(martempering)

1) 방 법

항온 변태 처리, 오스템퍼링 및 마템퍼링 등은 항온의 높고 낮음에 따라 구별하며 마템퍼는 Ar″점 부근, 즉 Ms점 이하 Mf점 이상에서 열욕 담금질하여 항온 변태 후 공랭하는 열처리이다. 이 처리로 마텐사이트는 뜨임처리한 경우와 같은 상태가 되어 내부 응력은 제거되고 잔류 오스테나이트는 베이나이트로 변태되므로 같은 경도로 담금질-뜨임한 강에 비해 현저히 충격값이 높아 강인성이 큰 장점이 있다.

2) 목 적

균열을 방지하며, 강도 유지를 목적으로 하며, 강인성이 크다.

그림 4-5 마퀜칭, 마템퍼링

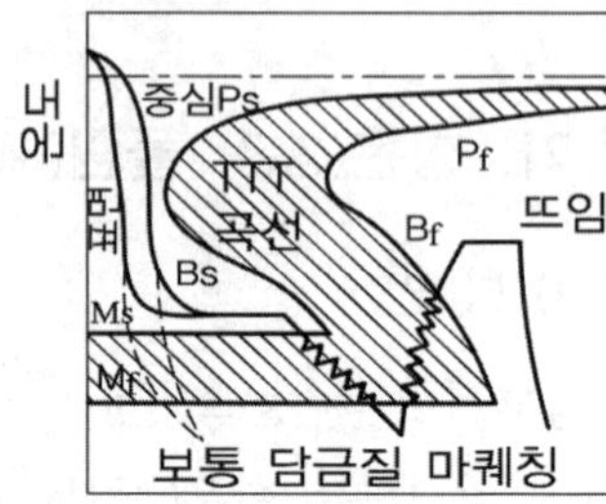

[마퀜칭]

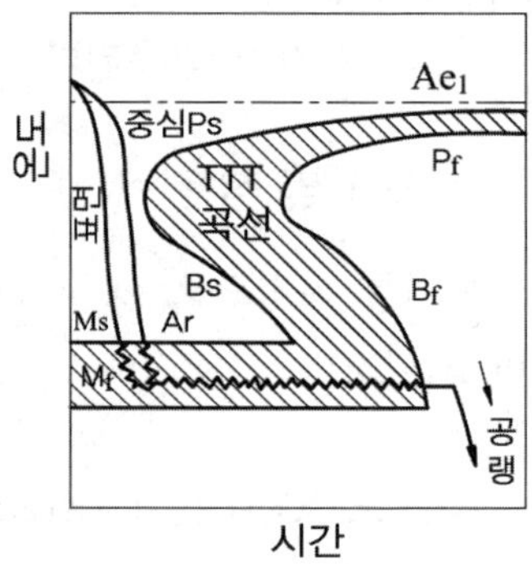

[마템퍼링]

MS－마텐사이트 변태 개시점
Mf－마텐사이트 변태 종료점

3 심랭 처리

강은 탄소량이 증가함에 따라 Ms점과 Mf점이 저하하게 되는데, Mf점이 상온 이하인 경우에는 담금질할 때 잔류 오스테나이트가 존재하게 되며 그 양은 고탄소강일수록, 즉 Ms점이 저하될수록 증가된다.

담금질시 냉각 속도도 잔류 오스테나이트 량에 영향을 미치는데, 동일한 강재라도 유냉하는 쪽이 수냉하는 것보다 잔류 오스테나이트 량이 많아진다.

이 잔류 오스테나이트는 상온에서 매우 불안정한 상이므로 시간이 경과함에 따라 안정한 조직으로 변하게 되며, 치수 변화나 연마 균열 등을 일으키게 되고, 담금질 후 바로 뜨임을 했다 해도 위와 유사한 문제점이 생기게 된다.

따라서 잔류 오스테나이트가 100% 마텐사이트 조직으로 되려면 Mf점 이하로 냉각이 필요하며 －45℃의 액체 또는 그 이하의 액체에 냉각시켜야 된다.

이와 같이 0℃ 이하에서 냉각하는 방법을 심랭 처리(深冷 處理) 또는 서브 제로(sub－zero) 처리라고 한다.

심랭 처리시 사용되는 냉매로는 아세톤, 에테르, 알코올 등의 유기 용제나 탄산가스(-13℃), 드라이 아이스(-78℃), 액체 질소(-196℃) 등이 있다.

액체 산소는 -183℃이지만 위험하므로 사용하지 않는다.

드라이 아이스는 -100℃ 이하에서만 처리할 수 있기 때문에 보통 심랭처리라고 하며, 액체 질소를 사용하는 경우를 초심랭 처리라 한다.

제3절 | 강의 표면 경화법

1 표면 경화법의 개요

강 제품의 표면층을 경화시켜 내마멸성을 갖게 하고, 내부는 강인성이 유지되며, 내피로성을 동시에 필요한 기어나 크랭크 축, 클러치, 캠, 스핀들 등의 기계 부품은 표면은 경도가 크고, 내부는 인성이 큰 것이 요구되는 경우가 많다.

이와 같은 두 가지 요구를 동시에 만족시키기 위하여 표면 경화(surface hardening)를 적용한다. 강의 표면 경화법은 다음과 같다.

① 화학적 표면 경화법 : 침탄법, 질화법, 침탄 질화법, 금속 침투법 등
② 물리적 표면 경화법 : 화염 경화법, 고주파 경화법, 쇼트 피닝법, 하드 페이싱법 등
③ 기타 표면 경화법 : CVD(화학 증착법), PVD(물리 증착법), 플라즈마 용사법

2 화학적 표면 경화법

가. 침탄법(carburizing)

1) 침 탄

저탄소강(0.2% C 이하)이나 저탄소 합금강을 침탄제 속에 넣고 가열하여 그 표면에 탄소(C)를 침입 고용시켜 표면을 고탄소강으로 만들어 담금질하면 고탄소강이 된 표면은 담금질에 의해 경화되고 내부는 연강 그대로이기 때문에 연한 상태로 되는데, 이러한 열처리를 말한다.

침탄 방지를 위해 Cu(구리)도금하면 침탄이 안되며, 침탄 깊이는 침탄제의 종류, 강재 종류, 침탄 온도, 시간에 따라 결정된다.

2) 침탄법의 종류

(1) 고체 침탄법

침탄 상자 내에 침탄 부품과 목탄이나 코크스 등을 넣고 900~950℃에서 3~4시간 가열하여 0.5~2mm 정도의 침탄층이 생기게 하는 열처리이며, 고체 침탄 촉진제로 탄산바륨 등이 쓰인다.

침탄은 온도가 높을수록 속도가 빠르고 깊게 침탄되나, 1000℃ 이상에서는 재질이 불량하게 된다. 침탄 시간은 길수록 깊게 침탄된다.

(2) 액체 침탄법(청화법 = 시안화법)

시안화칼륨(KCN), 시안화나트륨(NaCN) 등의 침탄제와 침탄 촉진제를 혼합한 용탕 속에 침탄할 부품을 넣고 790~850℃로 일정 시간 가열하여 침탄하는 처리이다.

(3) 가스 침탄법

천연 가스나 석탄 가스 등의 분위기 속에서 가열하여 침탄층을 얻는 열처리이며, 작은 부품 열처리에 적당하다.

나. 질화법(nitriding)

1) 질 화

강철의 표면에 내마모성을 얻기 위해 500~550℃의 암모니아(NH3) 기류 중에서 50~100시간 가열하면 질소가 침투되어 FeN 등 질화물을 발생하여 0.4~0.8mm 정도의 질화층이 형성되는데 이것을 질화라 한다.

① 질화층이 얇고 경도는 침탄한 것보다 크며, 마모 및 부식 저항이 크다.
② 담금질할 필요가 없고 변형도 적다.
③ 600℃ 이하의 온도에서는 경도가 감소되지 않으며 산화도 잘 안된다.
④ Cr, Al, Mo 등을 함유한 질화강철에만 이용되고 적용 강종에 상당히 제한을 받는다.
⑤ 처리 시간이 길다.

2) 질화법의 종류

(1) 가스 질화법(Gas nitriding)

암모니아 가스(NH_3) 중에서 질화강(SACM 등)을 500~550℃로 약 2시간 정도 가열하는 방법으로 암모니아가 질화 온도에서 분해하여 질소(N)가 침투된다. 질화를 크게 하는 원소는 Al 또는 Cr, Mo 등이 있다.

침탄 후에는 수정이 가능하나 질화의 경우는 수정이 불가능하다. 질화를 방지할 부분은 주석 도금을 하면 된다.

(2) 액체 침질법(Liquid nitriding)

55~65% NaCN+45~35% KCN의 액체 침질용 혼합염을 사용하여 500~600℃에서 가열 질화처리하고 800~900℃에서 침탄하는 방법으로 주로 질화만을 위한 것으로 침질 시간이 가스 질화보다 짧아 30분~1시간이면 충분하다. 보통 탄소강으로도 충분하며 질화층이 얇은 것에 이용된다.

(3) 연 질화법(HNTT : Tufftriding)

액체 침질의 일종으로 연질화용 염을 530~570℃로 용융시켜 공기를 약 30% 계속 송입하고 20~30분간 가열한 후 냉각한다. 염용해용 포트는 Ti 도금의 철상자를 사용하고 소재는 미리 550~600℃에서 조질 처리한 후 연질화하면 표면 경도가 HV 500 전. 후로 되며, 내마모성과 내피로성이 향상되므로 자동차 부품의 축이나 기어 등에 응용된다.

표 4-2 침탄과 질화 비교

구 분	침 탄	질 화	구 분	침 탄	질 화
처리 후 담금질	필 요	불필요	처리 후 변형	생 김	적 음
처리 온도	600~950℃	500℃	처리 후 수정	가 능	불가능
경 도	낮 음	높 음	메짐 여부	적 음	여 림
경화층	깊 음	낮 음			

다. 금속 침투법(Metallic cementation)

부품을 가열하여 그 표면에 다른 금속을 피복시켜 합금층 및 금속 피막을 형성하는 법으로, 목적은 방식성, 내식성, 내고온 산화성 등을 향상시키고, 경도 및 내마모성을 증가시키기 위함이다.

1) 세라다이징(sheradizing)

내식성을 목적으로 철강 표면에 300 메시(mesh) 정도의 Zn 분말(청분) 속에 제품을 넣고 300~420℃로 1~5시간 가열하여 Zn을 확산 침투시켜 0.015mm의 내식층을 얻는 방법이다.

2) 실리코나이징(Sillconizing)

내열성, 내식성을 목적으로 규소 분말 중에 제품을 넣어 환원성 분위기에서 1000℃로 2시간 정도 가열하여 0.7mm 정도 규소를 침투시키는 방법이다.

3) 칼로라이징(calorizing)

내식성, 고온 산화성, 내마모성을 목적으로 철강 표면에 Al 분말을 소량의 염화 암모늄과 혼합하여 넣고 환원성 또는 중성 분위기 중에서 850~950℃로 4~6시간 가열하고 다시 900~1050℃로 확산 풀림하여 Al을 확산 침투시키는 방법이다.

4) 크로마이징(chromizing)

내식성, 내열성, 내마모성을 목적으로 Cr 침투력을 위해서 0.2% C 이하의 연강 표면에 Cr 분말(20~25% Al_2O_3 포함)에 넣고 환원성 또는 중성 분위기 중에서 1000~1400℃로 가열하여 Cr을 확산 침투시키는 방법이다.

5) 보론나이징(Boronizing)

강재에 보통 용융 전해에 의해 900℃에서 붕소(B)를 침투 확산시켜 0.15mm 정도의 붕소(boron) 화합층을 만들어 HV 1400 이상 경도를 얻는 방법이며, 인발, 디프 드로잉(deep drawing)용 금형의 표면 처리에 이용된다.

6) 갈바나이징(galvanizing)

갈바나이징 강판은 방청 강판의 일종으로 철강의 내식성을 향상시키기 위해 용융 아연욕에 담가 표면을 아연으로 도금하는 것을 말하며, 볼트, 너트 등의 소형 부품에 이용된다

표 4-3 금속 침투법의 종류와 특성

종 류	침투제	침투 방법	침투 목적
세라다이징	Zn(아연) 침투	용융 도금, 아연 용사	대기 중에서 부식 방지
실리코나이징	Si(규소) 침투	Si, Fe-Si와 플럭스 속에서 가열	질산, 황산, 염산에 대한 내식성이 우수함
칼로라이징	Al(알루미늄) 침투	Al 용사, Fe-Al과 플럭스 속에서 가열	고온 산화 방지, 고온 내식성이 강함
크로마이징	Cr(크롬) 침투	용사법, Cr, Fe-Cr과 플럭스 분위기 속에서 가열	내식성이 우수, 경화
보론나이징	B(붕소) 침투	B, Fe-B 분말 속에서 가열	경질 피복

3 물리적 표면 경화법

가. 화염 경화법

강재 표면의 내마모성 향상과 내부의 연성을 가질 수 있도록 하는 열처리 방법으로 0.4%C 이상의 중탄소강재의 표면을 중성 불꽃으로 가열한 후 물로 급랭하는 방법이다. 가열 중에 용융되지 않도록 주의하며 화염 담금질 후 150~200℃로 저온 뜨임한다.

표면 경화의 깊이는 화염의 온도, 가열 시간, 화염의 이동 속도에 따라 다르므로, 가열 시간이 길고 이동 속도가 느리면 가열 깊이가 깊어지므로 경화층의 깊이도 깊어지게 된다.

화염 경화 깊이는 1.5~6mm까지 가능하며, 크랭크, 축, 캠, 선반 베드 등의 국부 경화에 이용된다.

화염 경화법의 장점은 부품의 크기나 형상에 제한이 없으며 국부 담금질이 가능하고, 일반 담금질법에 비해 변형이 적으며 설비비가 적게 드는 장점이 있으나 가열 온도의 조절이 어렵다. 경화층의 깊이는 불꽃의 온도, 가열 시간, 불꽃 이동 속도로 조절한다.

나. 고주파 경화법

0.4%C 이상의 중탄소강 강재의 내부나 외부에 코일을 설치하고 고주파 전류를 통과시키면 표피 효과에 의해 극히 얇은 표면에 맴돌이 전류(eddy current)가 유도되어 표피만 가열되며, 가열 후 수냉하여 담금질하는 열처리이다.

고주파 열처리는 주파수가 높을수록 가열 깊이(경화층)가 얕아진다.

열처리 방법은 경화시킬 강을 6000~15000A의 전류로 가열하여 즉시 급랭하면 표면만 경화되고 중심부는 거의 변화가 없으며, 냉각 방법은 분사 냉각, 지체 냉각, 낙하 투입 냉각, 중단 냉각 등이 있으며 보통 분사 냉각을 가장 많이 사용하고 있다.

경화층 깊이는 유효 경화층 깊이와 전 경화층 깊이가 있으며 유효 경화층 깊이는 50% 마텐사이트 조직에 해당하고 다음 식으로 계산한다.

$$\text{임계 경도(HRC)} = 24 + 40 \times C\%$$

① 가열 시간이 수초 정도로 짧아 산화 및 탈탄, 결정 입자의 조대화 등이 거의 없다.
② 응력을 최소한 억제할 수 있고 복잡한 형상에도 이용된다.
③ 값이 저렴하여 경제적이다.
④ 급열 급랭으로 인한 변형과 마텐사이트 생성에 의한 체적 변화 때문에 내부 응력이 발생하여 담금질 균열의 우려가 있으므로 열처리 전에 불림 처리를 하여야 한다.

다. 방전 경화법

방전 현상을 이용한 경화법으로 흑연봉을 양극으로 하고 WC, TiC 등의 초경 합금을 음극으로 하여 공구 표면에 방전을 일으켜 WC나 TiC를 용착시키고 동시에 그 열로 주위를 경화시키는 방법이다.

즉 초경합금을 (+)극으로 하고, 부품을 (-)극 전원에 접촉시켜 전극에 전자적 진동을 주면 방전을 일으켜 전극 초경합금이 부품 표면으로 확산하여 WC나 TiC가 용착되어 경화층을 형성시킨다. 이때 120V의 전압으로 50～70μmm 두께의 경화층을 얻을 수 있으며, 이 경화층의 표면 경도가 HV1400～1600 정도로 내마모성이 증가된다.

4 기타 표면 경화법

가. 쇼트 피닝(shot peening)

쇼트 피닝은 직경 0.4～1.2mm의 수많은 강구를 원심력을 이용하여 초속 수십 m/sec의 고속도로 강재의 표면에 충격적으로 분사하는 작업이다. 이로 인하여 표면으로부터 0.2～0.3mm 정도의 깊이까지 생성되는 가공 경화와 압축 잔류 응력으로 강재 등의 내피로성이 2배에서 10배까지 증가하는 효과가 있으며, 산화 스케일의 제거와 탈탄층의 변화 및 표면 흠의 제거 효과가 추가되므로 내피로성이 대단히 향상된다.

나. 화학 증착법(CVD : chemical vapor deposition)

화학 증착법(CVD법)은 비교적 고온에서 금속이나 탄화물, 질화물, 황화물 및 산화물 등을 가스 반응에 의해 금속 표면에 피복하는 방법이다.

반응 물질로는 주로 염화물 등의 할로겐화물이 사용되며, 반응 가스로는 수소 또는 질소, 탄화수소 등의 혼합 가스가 사용되고 있다. 이 반응 물질은 처리조에서 고온으로 가열된 기판의 표면에서 반응하여 5~15㎛ 정도의 피복 물질이 석출하여 코팅층이 형성된다.

다. 물리 증착법(PVD : physical vapor deposition)

물리 증착법은 비교적 저온 처리에 의해 간단히 피막을 형성할 수 있기 때문에 많이 활용되고 있다. 이 방법은 이온을 이용하지 않는 진공 증착, 이온을 이용하는 스퍼터링, 이온 플레이팅, 이온 주입, 이온빔믹싱 등으로 분류된다.

단원 종합 문제 {제4장 | 열처리와 표면 경화}

01 열처리란?

02 열처리의 일반적인 목적을 3가지만 쓰시오.

03 다음 중 일반 열처리의 종류가 아닌 것은?

① 불림(normalizing)　② 담금질(quenching)
③ 풀림(annealing)　④ 침탄(carburizing)

04 다음 중 풀림의 목적으로 맞지 않은 것은?

① 경도 증가　② 연화
③ 잔류 응력 제거　④ 구상화

05 담금질의 방법과 목적을 간단히 쓰시오.

06 담금질 조직을 3가지만 쓰시오.

07 담금질 조직 중 가장 경도가 높은 조직은 무엇인가?

① 투르스타이트　② 마텐사이트
③ 펄라이트　④ 소르바이트

08 담금질 최고 경도(HRC)의 계산식을 쓰시오.

09 질량 효과의 뜻을 간단하게 쓰시오.

10 질량 효과가 크면 담금질성은 어떻게 되는가?

① 담금질이 잘 된다.　② 담금질이 잘 안된다.
③ 알 수 없다.　④ 내부까지 경도가 높아진다.

11 탄소강과 합금강 중에서 질량 효과가 큰 것은 어느 것인가?

12 탄소강과 합금강 중에서 경화능이 큰 것은 어느 것인가?

13 뜨임의 방법과 목적을 간단히 쓰시오.

14 저온 뜨임과 고온 뜨임의 방법을 간단히 쓰시오.

15 저온 뜨임의 목적은 무엇인가?

① 담금질한 강의 경도를 안정화시키고 내부 열처리 응력을 제거한다.
② 경도는 좀 낮추고 인성을 향상시킨다.
③ 연화 및 잔류 응력을 제거한다.
④ 경도를 높여 내마모성을 좋게 한다.

16 저온 뜨임 취성은 몇 ℃에서 일어나는가?

17 담금질 강재의 연화를 목적으로 A1점 이상 20 ~ 30℃로 가열한 후 서랭하는 열처리는?

① 불림 ② 풀림 ③ 뜨임 ④ 질화

18 풀림의 종류를 3가지만 들고 간단히 설명하시오.

19 풀림 방법 중 항온 풀림을 하는 이유는 무엇인가?

20 응력 제거 풀림을 하는 목적은 무엇인가?

21 구상화 풀림 방법을 3가지만 그림으로 그려 나타내고 간단히 설명하시오.

22 항온 열처리 곡선을 다른 이름으로 2가지만 쓰시오.

23 오스템퍼링의 방법을 간단히 그림으로 나태내고 설명하시오.

24 심랭 처리를 하는 이유는 무엇인가?

① 잔류 마텐사이트를 오스테나이트화시키기 위해
② 잔류 오스테나이트를 마텐사이트화하기 위해
③ 잔류 오스테나이트를 펄라이트화하기 위해
④ 잔류 펄라이트를 마텐사이트화하기 위해

25 화학적 표면 경화법의 종류를 2가지만 쓰시오.

26 침탄법의 종류 3가지를 쓰시오.

27 침탄강의 침탄에 효과적인 원소가 아닌 것은?

① Ni ② Cr ③ Mo ④ Al

28 침탄 방지를 위해서 무엇을 해야 되는가?

① Cu 도금 ② Cr 도금 ③ Mo 도금 ④ Ni 도금

29 침탄, 질화의 특징 중 처리 후 담금질 여부, 경도의 높낮이, 경화층 깊이 등에 대하여 간단히 쓰시오.

30 금속 침투법의 종류를 3가지만 쓰시오.

31 금속 침투법 중에서 세라다이징, 칼로라이징은 무엇을 침투시키는 방법인가?

32 브론나이징, 크로마이징은 무엇을 침투시키는 방법인가?

33 강재의 표면에 크롬을 침투시켜 내식성, 내열성, 내마모성을 높이는 방법은?

① 크로마이징 ② 칼로라이징 ③ 세라다이징 ④ 브론나이징

34 다음 중 서로 연결이 잘못된 것은?

① 세라다이징 – Zn 침투 ② 칼로라이징 – Cr 침투
③ 브론나이징 – B 침투 ④ 실리코나이징 – Si 침투

35 고주파 경화법은 탄소량이 얼마 이상의 강에 적용하는가?

36 방전 경화법에 의해 얻어지는 경도는 얼마 정도 되는가?

① HV140~160 ② HV400~600
③ HV1000~1200 ④ HV1400~1600

37 쇼트 피닝의 방법과 피닝을 하는 목적을 간단히 쓰시오.

38 직경 0.4~1.2mm의 수많은 강구를 원심력을 이용하여 초속 수십 m/sec의 고속도로 강재의 표면에 충격적으로 분사하는 작업을 무엇이라고 하는가?

① 쇼트 피닝 ② 마템퍼링
③ 오스에닐링 ④ 오스포밍

제4장 열처리와 표면 경화 문제 해설 [p.488~503]

1. P487 1 가. 열처리
2. P487 1 나. 열처리의 목적
3. ④
4. ①
5. P488~489 2 나. 1) 방법, 2) 목적
6. 마텐사이트, 투르스타이트, 소르바이트
7. ②
8. 담금질 최고 경도 : HRC = 30+50×%C
9. P490 2 나. 5) 질량 효과
10. ②
11. 탄소강
12. 합금강
13. P490 2 다. 1) 뜨임 방법, 2) 뜨임의 목적
14. P491 2 다. (1) 저온 뜨임, (2) 고온 뜨임
15. ①
16. 300~360℃ 정도
17. ②
18. P492 2 라. 4) 고온 풀림, 5) 저온 풀림
19. 연화
20. 가공 경화된 재료의 잔류 응력 제거
21. P493 2 라. 5) 저온 풀림 ④ 구상화 풀림, 그림 4-2
22. TTT 곡선, C 곡선, 또는 S 곡선
23. P495 2 가. 그림 4-4 하단 (오스템퍼링), 나. 오스템퍼링 참조
24. ②
25. 침탄법, 질화법
26. 가스 침탄법, 액체 침탄법, 고체 침탄법
27. ④
28. ①
29. P499 2 나 표 4-2 참조
30. 세라다이징, 크로마이징, 칼로라이징, 보로나이징, 실리코나이징
31. 1) 세라다이징 : Zn 침투, 2) 칼로라이징 : Al 침투
32. 1) 보론나이징 : B(붕소) 침투, 2) 크로마이징 : Cr 침투
33. ①
34. ②
35. 0.4%C 이상
36. ④
37. P502 4 가. 참조
38. ①

chapter

05 비철 금속 재료

제1절 | 구리와 그 합금

1 구리의 성질

가. 물리적 성질

구리는 비중이 8.96, 용융점은 1083℃이며, 변태점이 없다. 아름다운 광택과 귀금속적 성질을 가지고 있으며, 본래의 색은 담적색이나 공기 중에서 산화되어 암적색을 띠고 있다.

그리고 전기 전도율이 은 다음으로 좋으며, 열전도도는 보통 금속 중에서 가장 높으나, 순도에 따라 다르며, 비자성체이다.

전기 전도도에 가장 해로운 불순물로는 P, As, Al, Sb, Fe, Sn 등이 있다.

나. 화학적 성질

구리는 공기 중에서 부식이 잘 안되며, 암모늄 이외에는 거의 침식되지 않으나, 해수에는 부식(부식율 0.05mm/년)되며, Zn, Sn, Ni과 합금이 쉽다. 수증기가 팽창하여 헤어 크랙이 발생되며, 수소 취성(수소병), 환원 취성이 발생될 수 있다.

다. 기계적 성질

전연성이 좋아 가공성이 풍부하며, 인장 강도는 가공도 70%에서 최대이다. 경도는 가공 경화로 증가한다.(O : 연질, 1/2H : 1/2경도, H : 경질)

2 순 구리(동)의 종류

가. 거친 구리(조동)

적동광, 황동광 등을 고로에서 용해시켜 20~40%의 Cu를 함유하는 황화 구리(CuS)와 황화철의 혼합물을 만든 후, 다시 전로에서 산화, 정련하여 얻은 순도 98~99.5%의 구리이다.

나. 전기 구리(electric copper)

전해 구리(동), 음극구리(동)라고도 불려지며, 거친 구리를 전기 분해하면 음극에서 얻어지는 것으로, 순도가 99.95~99.99%로 높으나 메짐성이 있어 가공이 곤란하므로 다시 정련하여 사용하고 있다.

다. 정련 구리(tough pitch copper)

전기 구리를 산화 및 환원 용해시켜 불순물을 제거하고 산소량을 0.02~0.04% 이하로 줄인 것으로, 전연성과 내식성이 우수하나 수소 취성의 우려가 있어 용접에 부적당하다. 강도가 있어 전기 공업 재료로 사용된다.

라. 탈산 구리(인탈산동)

정련 구리를 용해할 때 산소와 친화력이 강한 물질(P, Si, Mn, Li 등)을 첨가하여 산소량을 0.01% 이하로 저하시킨 것으로, 고온의 환원성 기류 중에서도 수소 메짐성이 없고, 고온에서 산소를 흡수하지 않으며, 연화 온도도 약간 높으나 전도율이 떨어진다.

연화 온도가 높아 용접용, 가스관, 열교환기, 증기관 등으로 이용된다.

마. 무산소 구리(OFHC)

고순도 전기 구리를 불활성 가스나 진공 중, CO 등의 환원성 분위기에서 용해하여 산소량을 0.001~0.002% 이하로 감소한 것으로, 수소 메짐성을 완전 방지한 구리이다.

전기 전도율이 가장 좋으며 용접성, 내식성, 전연성이 뛰어나고, 내피로성과 유리와의 밀착성도 좋아 유리 봉입선, 진공관, 전자기기 재료에 사용된다.

3 황동의 종류, 특성과 용도

가. 황동(brass : Cu-Zn계)

1) 황동의 성질

(1) 황동의 물리적 성질

① 구리와 아연의 합금으로 아연 함유량에 따라 전기 전도도가 저하한다.

② 아연의 함유량에 따라 색이 변한다. 실용 합금으로 45% Zn 이하가 쓰인다.

(2) 기계적 성질

① Zn 30% 부근에서 연신률 최대, β 상에 가까워질수록 급격히 저하하며, 인장 강도는 45% Zn 부근에서 최대, 그 이상에는 급감한다.

② 6 : 4 황동은 고온 가공성이 좋으나 7 : 3 황동은 고온 가공이 부적합하다.

③ 저온 풀림 경화 : 황동을 재결정 온도 이하의 저온에서 풀림하면 가공 상태보다 오히려 경화되는 현상이다.

④ 경년 변화 : 황동 가공재를 상온에서 방치할 경우 시간의 경과에 따라 여러 성질이 약화되는 현상이며, 가공에 의한 불균일한 변형이 균일화하는데 기인한다.

(3) 화학적 성질

① 탈아연 부식 : 불순물, 부식성 물질이 녹아있는 수용액의 작용에 의해 아연이 용해되는 현상으로, 이를 방지하려면 아연 조각을 연결하거나, 30% Zn 이하 황동을 사용하며, 전류에 의한 방식이 필요하다. [그림 5-1 참조

② 고온 탈아연 : 황동이 고온에서 아연의 증발에 의해 표면으로부터 아연이 탈출하는 현상이며, 표면이 깨끗할수록 심하며, 산화가 없는 분위기에서도 아연 증발이 심하다. 방지법으로는 표면에 산화물 피막을 형성시키면 효과가 있다.

③ 응력 부식 균열(stress corrosion cracking) : 자연 균열(season cracking)이라고도 하며, 황동은 공기 중에 암모니아(NH_3) 가스나 염소, CO_2, 습기 등에 의해 입계 부식을 일으켜 자연히 균열이 생기는 수가 있는데 이 현상을 말한다. [그림 5-2 참조]

그 원인은 가공에 의해 생긴 내부 응력 때문이다. 이것을 방지하기 위해서는 도금을 하는 방법, 도장을 하는 방법, 가공재를 180~260℃에서 응력 제거 풀림을 행하여 내부 응력을 제거하여야 한다.

또, $\alpha + \beta$ 황동 및 β 황동에는 Sn 또는 1~15% Si를 첨가하면 효과가 있다.

그림 5-1 황동의 탈아연 현상

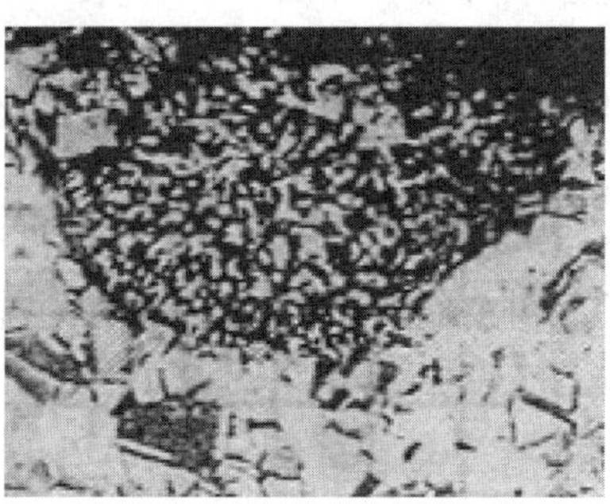

그림 5-2 7 : 3황동의 입계 부식 균열

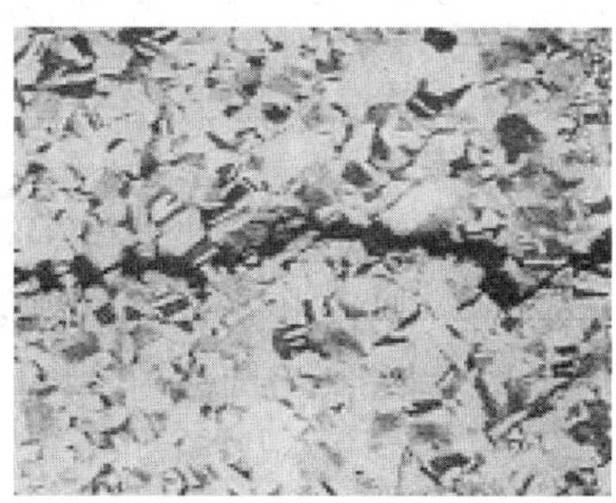

④ 수소병 : 산화 구리를 환원성 분위기에서 가열할 때 수소가 동(Cu) 중에 확산 침투되어 균열이 발생하는 현상이며, 수소 메짐이라고도 한다.

2) 실용 황동의 종류

(1) 톰백(tombac) : 구리에 5~20%의 아연을 첨가한 합금으로, 색이 아름답고 연성이 커서 장식품, 금박 대용으로 쓰인다.

① Cu－5% Zn 합금(gilding metal) : 순동과 같이 연하고 압인 가공이 쉬워 화폐, 메달 등에 사용한다.

② Cu－10% Zn 합금(commercial bronze) : 단련동의 대표적인 것으로, 디프 드로잉용, 메달이나, 색깔이 청동과 비슷하여 청동 대용품으로 사용한다.

③ Cu－15% Zn 합금(red brass) : 연하고 내식성이 좋으므로 건축용 소켓, 체결구로 사용한다.

④ Cu－20% Zn 합금(low brass) : 전열성이 좋고 색이 아름다워 장식용 악기 등에 사용한다.

(2) 7 : 3 황동(cartridge brass) : Cu70－Zn30 합금으로 α고용체이다. 연신률이 최대이며, 가공용 황동의 대표적인 것이다.
고온 메짐 현상이 있으며, 판, 봉, 관으로 제조하여 자동차용 열교환기 부품, 소켓, 각종 열용품, 탄피, 장식품 등에 사용된다.

(3) Cu－35% Zn 합금(yellow brass) : α 단상 합금으로 7 : 3 황동과 비슷하다.

(4) 6 : 4 황동(Muntz metal) : 조직이 $(\alpha+\beta)$이므로 상온에서 전연성이 낮으나 강도는 크다. 아연 함유량이 많아 가격이 가장 싸며, 고온 가공하여 상온에서 완성한다.
내식성이 적고 탈아연 부식력이 크나 강력하기 때문에 기계 부품으로 용도가 넓고, 복수기용판, 열간 단조품, 볼트, 너트, 대포 탄피 등에 쓰인다.

3) 특수 황동

(1) 아연 당량 : 구리에 아연 이외의 제3원소를 가한 것이 아연량을 증감한 효과를 가지며, 그 의미에서 합금원소의 1량이 아연의 X량에 해당할 때 그 X를 말한다.
아연 당량은 상온에서 40% 이하, 그 외는 45% 이상 넘어선 안된다.

$$B' = \frac{B + t \cdot q}{A + B + t \cdot q} \times 100$$

(B' : 아연 함유량, A : 구리 %, B : 아연 %, q : 첨가 원소 %, t : 아연 당량)

(2) 주석 황동(tin brass)

① 에드미럴티 황동(admiralty brass) : 7:3 황동에 주석을 1% 첨가한 것으로, 내식성, 내해수성, 전연성이 좋아 열교환기, 증발기 등의 관에 사용한다.

② 네이벌 황동(naval brass) : 6:4 황동에 주석을 1% 첨가한 것으로. 내식성이 목적이다. 용접봉, 파이프, 선박 기계에 사용한다.

(3) 연립 황동(leaded brass) : 황동에 납을 첨가한 것으로, 쾌삭 황동, 또는 하드 브레스라 하여 정밀 절삭 가공을 요하는 기어, 나사 등에 이용된다.

(4) 알루미늄 황동 : 황동에 Al을 첨가하면 결정입자가 미세하고 내식성이 커지므로 고온가공으로 관을 만들어 열교환기 관, 증류기 관 등의 제조에 쓰인다. 알브락(Cu－22% Zn－1.5～2% Al)이라고도 한다.

(5) 규소 황동(silicon bronze) : 10～16% 아연 황동에 4～5% 규소를 넣은 것으로 주조하기 쉽고 내해수성과 강도가 크며 우수하고 가격이 싸므로 선박 부품 주물에 사용한다.

(6) 고강도 황동 : 6 : 4 황동에 Fe, Mn, Ni 등을 첨가하여 취약하지 않고 강력하며 내식성, 내해수성을 증가시킨 것이다.

① 망간 청동 : 망간을 넣으면 β 상이 증가하여 강도는 크나 경취해진다.

② 델타메탈 : 6 : 4 황동에 Fe을 1～2%첨가하여 결정립을 미세화하고, 연신률 저하없이 강도를 증가시킨 것이다. 철 황동 이라고도 하며, 강도가 크고 내식성이 좋아 광산 기계, 선박 기계에 쓰인다.

③ 듀리나 메탈 : 7:3 황동에 2% Fe와 소량의 Sn, Al을 첨가한 것으로, 주조재, 가공재로 쓰인다.

④ NM 청동 : 6:4 황동에 Ni를 약 10% 첨가한 것으로, 고아연 합금에 Ni를 많이 첨가하면 β 상이 많지 않으나, 높은 경도를 얻을 수 있다. 강성을 요하는 선박용 프로펠라재로 사용한다.

(7) 양은(백동) : 7 : 3 황동에 Ni 15～20%를 함유한 합금으로, 양백이라고도 한다. 이

것은 대용품으로 쓰이며, 전기 저항성 재료, 장식품, 식기, 내열성 전기 접점, 바이메탈, 스프링 재료 등에 사용된다.

4 청동(tin bronze)의 종류, 특성과 용도

가. 청동의 조직과 성질

① 포금이라고도 하며, 주조성, 내식성이 양호하며, 강도와 내마멸성이 크다.
② 연신률은 주석 4%에서 최대, 인장 강도는 Sn량이 증가하면 크게 되며, 17～20% Sn에서 최대가 된다. 경도는 Sn 30%에서 최대이다.
③ 가공성 : 황동에 비해 불량하다. 15%Sn 이상이면 취성이 있어 상온 가공이 곤란하며, 550℃ 이상에서 가공할 수 있다.
④ 주조성 : 유동성이 좋고 수축률이 적다.
⑤ 대기 중에서 내식성이 좋으며 바닷물 중에서도 우수한 저항력을 가져 선박용 부품에 사용된다. 산화성 산에는 부식율이 높다.

나. 청동의 종류

1) 포 금

Cu－8～12%, Sn－1～2% Zn을 넣은 것을 말하며, 옛날 대포 포신용(현재는 Ni－Cr강 사용)으로 사용했으며, 내해수성이 좋고 주물의 경우 수압, 증기압에도 견디므로 선박 등에 널리 사용한다.

2) 화폐용 청동

Cu－2～8%, Sn－1～2% Zn 함유한 청동은 단조성이 좋아 프레스 작업이 쉽고 단단하고 강인하며 마모 부식에 잘 견디므로 화폐, 메달 등에 사용한다.

3) 알루미늄 청동

① Cu－약 12% Al 첨가한 청동으로, 황동 또는 청동에 비하여 강도, 경도, 인성, 내마모성, 내피로성 등이 우수하고 내열성, 내식성이 좋아 화학 공업용 기기, 선박, 항공기, 자동차 부품에 사용한다.
② 자생 보호 피막인 Al 산화물에 의해 내마모성, 내피로성, 내식성이 매우 우수하다.

4) 특수 청동

(1) 인청동 : 청동에 탈산제로 인을 첨가한 것으로, 베어링, 밸브 시트용으로 쓰이며, 내마멸성이 크다.

(2) 연청동 : 주석 청동에 납을 3.0~26% 첨가한 것으로, 윤활성이 좋아 베어링, 패킹 등에 널리 이용된다.

(3) 규소 청동 : 상온에서 구리에 규소가 4.7%까지 고용한 것으로, 인장 강도를 증가시키고 내식성과 내열성을 좋게 하며, 전기 전도율이 좋다.

① 에버듀르 : Cu-Si 3~4%, Mn 1~1.2%의 합금이다.

② 실진 청동 : Cu-Si 3.2~5%, Zn 9~16%의 합금으로 내식성과 주조성이 좋아 터빈 날개, 선박 기계 부품 등에 쓰인다.

③ 허큘로이 : Cu-Si 0.78~3.5%, Fe 1.6%이하, Sn 9~16%, Zn 1.5%의 합금으로 강력하고 내식성이 우수하여 화학 공업용으로 쓰인다.

(4) 켈밋 : 구리에 30~40% Pb(납)을 첨가한 것으로 베어링 합금으로 사용된다.

(5) 오일리스 베어링 : 구리·주석·흑연 분말을 가압 성형한 후 소결시켜 만든 후 기름(30%)을 흡수시킨 합금으로, 주유가 곤란한 곳에 사용한다.

(6) 콘스탄탄 : Cu + Ni 45% 합금으로 열전대용으로 사용되며, 전기 저항성이 우수하다.

(7) 베릴륨 청동 : Cu + Be 2~3% 첨가한 것으로 뜨임 시효 경화성이 크다. 인장 강도가 1303MPa(133kg/mm^2) 정도이며, 내식성, 내열성, 피로 한도가 매우 우수하므로 베어링, 고급 스프링 등에 사용하나 산화하기 쉽고 비싼 것이 단점이다.

제2절 | 알루미늄과 그 합금

1 알루미늄의 성질

가. 순 알루미늄의 성질

① 비중은 2.7, 용융점은 660℃, 전기 및 열의 양도체이며, 면심 입방 격자이다.

② 전연성이 좋고 주조가 용이하며, 다른 금속과 합금성이 좋다. 400~500℃에서 연신률이 최대이다.
③ 대기 중에서 내식성이 좋고 탄산염, 초산염 등에는 내식성이 있으나 염화물, 황산 염산에는 침식된다.

나. 알루미늄 합금의 성질

1) 용체화 처리

Al은 변태점이 없어 성질 개선에 이용할 수 없다. Al－4% Cu를 500℃로 가열하면 α 고용체가 되며 이 온도에서 담금질하면 θ가 석출할 시간이 없이 상온에서도 α 고용체가 되는데 이것을 과포화 고용체라고 하며 이 조직을 얻는 조작을 용체화처리라고 한다.

2) 시 효

과포화 고용체를 상온 또는 고온에 유지함으로써 시간의 경과에 따라 성질이 변하는 것을 시효라 하며, 시효 경화란 시효 현상에 의하여 경화되는 현상을 말한다.

① 자연 시효 : 실온에 방치하여 일어나는 시효
② 인공 시효 : 실온보다 높은 온도(100~160℃)에서 하는 시효

2 주물용 Al 합금

Al 합금 중 주조용은 주로 비시효형 합금을 사용하나 같은 계 합금이라해도 용질 원소의 종류에 따라 가공용 또는 주조용으로 사용될 수 있다.

가. Al－Cu 합금

담금질과 시효에 의하여 강도가 증가하며 내열성이 좋으나 고온 취성이 있으며 주조할 때 수축 균열이 발생한다.

대표적인 것으로 알코아(Al－4~8% Cu 합금)가 있으며, 내연 기관의 크랭크 케이스, 브레이크 슈, 자동차 부품, 다이캐스팅 등에 이용된다.

나. Al－Si 합금

Al-Si계 합금은 11.6%Si, 577℃에서 공정점을 가지나 Al에 대한 Si 용해도가 너무 적으

므로 열처리에 의해 강도 향상을 기대할 수 없으며, 공정 조직은 결정립이 조대하여 기계적 성질이 좋지 못하므로 여기에 금속 나트륨(Na)을 첨가하여 주조하면 결정립이 현저히 미세화되어 기계적 성질이 개선된다.

이와 같이 Na로 개량처리한 합금의 대표적인 것이 실루민(Silumin) 또는 알팩스(Alpax, 미국)라 부르며, 내열성이 크므로 피스톤 등에 사용된다.

다. Al-Cu-Si 합금

Al-Cu-Si계의 대표적인 합금으로 라우탈이 있으며, 실루민의 결점인 가공 표면의 거침을 없앤 것으로 주조성이 양호하다. 압출재, 단조재, 주조재 등에 사용된다.

라. 내열용 Al 합금

1) Y 합금

Al-Cu 4%-Ni 2%-Mg 1.5% 합금으로, 고온 강도가 크고 내열성이 있어 내연 기관의 피스톤, 실린더 헤드에 사용된다.

2) 로엑스(Lo-Ex)

특수 실루민으로, Na 처리한 내열 합금이며, 피스톤 재료로 쓰인다.

3) 코비탈륨

Y 합금의 일종으로, Y 합금에 Ti, Cu를 약간 첨가한 것이며, 피스톤 재료로 쓰인다.

마. 다이케스팅 Al 합금

다이케스팅 재료는 유동성이 좋고 열간 취성이 없으며, 응고 수축에 대한 용탕 보급성이 좋고, 금형에 점착하지 않은 것이 좋다.

Mg 함유시 유동성을 해치며, Fe은 점착성, 내식성, 절삭성 등을 해치는 불순물로 최고 1%까지 허용된다.

바. 하이드로 날륨

Al-Mg계 대표적인 합금으로 마그날륨이라고도 한다. 두랄루민의 내식성을 향상시키기 위해 Al에 6% Mg 이하를 첨가한 Al-Mg계 합금으로 내식성, 고온 강도, 절삭성, 연신률이 우수하고 비중이 작다.

사. 두랄루민의 종류

1) 두랄루민

Al－4% Cu－0.5% Mg－0.5% Mn계로 시효 경화의 대표적인 합금으로, 대기 중에서는 내식성이 우수하나 해수에는 약하고 부식 균열이 생기기 쉽다.

비중이 작아 자동차나 항공기 부품에 이용된다. 대표적인 것으로 2017 합금계가 있다.

2) 초두랄루민(SD, Super Duralumin)

보통 두랄루민에 Mg을 0.5～1.5% 증가하고, Si를 감소시켜 시효 경화시킨 합금으로, 2024계(알코아 245)가 있다.

인장 강도가 490MPa(50kg_f/mm^2) 이상으로 항공기의 구조재와 리벳, 일반 구조물 등에 이용된다.

3) 초강두랄루민(ESD, Extra Super Duralumin)

두랄루민에 Zn을 8～10%, Cu를 2% 정도 함유시키고, 응력 부식에 의한 자연 균열 방지를 위해 Mn, Cr을 첨가시킨 것이다.

인장 강도가 529MPa(54kg_f/mm^2) 이상인 Al－Zn－Mg계 합금으로 강도는 매우 크나, 내식성이 나빠서 바닷물에 대한 내식성은 순 Al의 1/3 정도이다.

3 가공용 Al 합금

가. 가공용 Al 규격

1) A 1000계 : 순수 Al(99.00% 이상)

가공성, 내식성, 표면 처리성 등이 좋지만 낮은 강도 때문에 구조용으로는 부적합하므로 가정용품, 일용품, 전기 기구에 많이 이용된다.

1060, 1070은 전기 전도성, 열전도성이 우수하므로 송배전용 재료, 방열 재료로 많이 사용된다.

2) A 2000계 : Al－Cu계 합금

두랄루민, 초두랄루민인 2017, 2024가 대표적인 것으로 철강재에 필적하는 강도가 있으나 비교적 구리를 많이 함유하고 있어 내식성이 낮으므로 부식 환경에 노출된 경우에는 충분한 방식 처리가 필요하다.

3) A 3000계 : Al－Mn계 합금

3003이 대표적이며, Mn의 첨가에 의해 순Al의 가공성, 내식성의 저하없이 강도를 증가시킨 것으로 기물, 건축재 용기 등 광범위한 용도로 쓰인다.

4) A 4000계 : Al－Si계 합금

Al에 Si를 첨가하여 열팽창율을 억제하고 내마모성을 개선한 것으로 미량의 Cu, Ni, Mg 등을 더 첨가하면 내열성이 향상되어 단조 피스톤 재료로 사용된다.

4043은 용융 온도가 낮아 용접 와이어, 브레이징 납재로 사용되며, Si 입자의 분산에 의해 양극 산화 피막이 회색이 되기 때문에 빌딩 건축의 외장용 패널로도 사용된다.

5) A 5000계 : Al－Mg계 합금

Mg 첨가량 증가에 따른 인장강도 증가와 변형 저항성이 증가되나 가공성 저하되며, 5%Mg 이상되면 응력부식이 발생할 우려가 있으므로 Cr, Mn 등을 첨가하여 방지한다.

Mg 첨가량이 적은 합금으로 장식용재, 고급 기물로 사용되는 5N01과, 차량용 내장 천장재, 건축재, 기물재로 이용되는 5005가 대표적이며, 중간 정도의 Mg을 함유한 것으로는 5052가 대표적이며, Mg 첨가량이 많은 것은 구조재로도 사용된다.

5083은 Mg의 함유량이 많은 비열처리형 합금으로 강도와 용접성도 양호하기 때문에 용접 구조재로 선박, 차량, 화학 플랜트, 저온액화 가스설비, 가드레일 등에 사용되고 있다.

6) A 6000계 : Al－Mg－Si계 합금

성형 가공성과, 강도, 내식성이 양호해 대표적인 구조재이지만, 용접한 그 상태로는 이음효율이 낮아 피스, 리벳, 볼트 접합에 의해 철탑, 크레인 등의 구조에 이용된다.

6061은 차량, 건축 등의 구조재료, 6N01은 대형 용접으로 철도차량, 선박용으로, 6063은 뛰어난 압출성이 있어 건축용 샷시, 구조재로 사용된다.

7) A 7000계 : Al－Zn계 합금

Zn이 주성분이며, 소량 Mg가 첨가된 시효경화 합금으로, 인장강도는 300MPa(30.6kg_f/mm^2)이며, 용접성이 우수하다. 상온에서 시효성이 우수하여 용접에 의해 연화된 경우라 해도 용접 후 시간이 경과됨에 따라 본래의 상태로 복귀하는 특징이 있다.

7075(Al - Zn - Mg - Cu)는 초두랄루민계로 항공기 등에 사용되며, T6 열처리(용체화 후

인공시효 경화처리)하면 Al 합금 중 최고의 인장강도(500MPa)를 갖게 되나 균열 감수성이 높아 주의가 필요하다.

8) A 8000계 : 기타

제3절 | 기타 비철 금속 재료

1 니켈과 그 합금

가. 니켈의 성질

① 백색의 인성이 충분한 금속으로, 면심 입방 격자이며, 용융점 1455℃, 비중 8.9이다.
② 상온에서 강자성체이나 360℃에서 자기 변태로 자성을 잃는다.
③ 냉간 및 열간 가공(1000～1200℃)이 잘 되고 내식성, 내열성이 크다.
④ 용도는 화폐, 식품 공업용, 진공관, 도금 등에 사용된다.

나. 니켈 합금

1) Ni－Cu계 합금

(1) 모넬메탈 : Ni 65～70%－20~25%Cu－Fe 1～3% 합금으로, 강도와 내식성이 크다. 인장 강도가 784MPa(80kgf/mm^2) 정도로 높으며, 내연 기관 밸브, 밸브 시트에 사용된다. 개량형으로 K모넬, H모넬, S모넬, R모넬 등이 있다.

(2) 콘스탄탄 : Ni 40～45%－Cu 합금으로 온도 측정용 열전쌍, 표준 전기 저항선용으로 사용된다.

(3) 어드벤스 : Ni 44%, Mn 1%, Cu 합금으로 전기 저항선용으로 쓰인다.

2) Ni－Fe계 합금

(1) 인바(invar) : Ni 36%, Mn 0.4% 합금으로, 온도에 따라 길이가 불변하여 표준자, 바이메탈용으로 쓰인다.

(2) 초인바(super invar) : Ni 30～32%, Co 4～6% 합금으로, 측정용으로 사용된다. 팽

창 계수가 20℃에서 0이다.

(3) 플래티나이트 : Ni 42~48%의 합금으로, 열팽창계수가 작다. 전구, 진공관 도선용으로 사용된다.

(4) 니칼로이 : Ni 50%, Fe 50%의 합금으로, 통신용 소형 변압기용으로 쓰인다.

(5) 퍼멀로이 : Ni 70~90% 함유한 것으로 투자율이 높다. 자심 재료, 장하 코일용으로 쓰인다.

3) 내식, 내열용 합금

(1) 히스텔로이 : Ni-Mo계 합금으로, 내식, 내열용에 쓰인다.

(2) 인코넬 : Ni에 Cr 12-21%, Fe 6.5% 첨가한 것으로, 내식, 내열용에 쓰인다.

(3) 니크롬 : Ni-Cr합금으로 79% 이하 Ni에 Cr을 첨가한 것이다. 내열성이 우수하여 전열선에 쓰인다.

(4) 알루멜 : Ni에 3% Al을 첨가한 것으로, 고온 측정용 열전대 재료에 쓰이며, 1200℃까지 측정이 가능하다.

(5) 크로멜 : Ni에 10% Cr을 첨가한 합금으로, 고온 측정용 열전대 재료에 쓰인다. 최고 1200℃까지 사용한다.

2 마그네슘과 그 합금

가. 마그네슘의 성질

Mg은 열 및 전기 전도율이 Cu, Al보다 낮고 강도도 작으나 절삭성은 좋다. 산이나 염류에는 침식되나 대기 중이나 알칼리에는 내식성이 있으며, 불순물 중 Fe, Cu, Ni은 내식성을 해친다.

① 실용 금속 중 가장 가벼워서 비중이 1.74, 용융점은 650℃이다.
② 조밀 육방 격자이며, 고온에서 발화하기 쉽다.
③ 냉간 가공성이 좋지 않아 350~450℃에서 열간 가공을 해야 한다.
④ 열팽창계수가 Fe의 2배 이상으로 대단히 크다.
⑤ 비강도가 Al보다 우수하므로 항공기나 자동차 부품, 전기 기기 등에 이용된다.

⑥ 바닷물에 약하고 내식성이 나쁘나 내알칼리성은 강하다.

나. 주조용 마그네슘 합금

1) Mg–Al계 합금

인장 강도는 6% Al에서 최대, 연신률과 단면 수축률은 4% Al에서 최대가 되며, 경도는 성분 함량의 증가에 따라 비례적으로 증가한다.

Al은 주조 조직의 미세화로 기계적 성질을 향상시키고, Mn은 내식성을 좋게 하며, Fe, Ni, Cu 등의 불순물을 적게 함유해야 된다. 대표적인 것은 Mg에 4~6% Al을 첨가한 다우메탈(dow metal)이 있다.

2) Mg–Zn계 합금

Mg–Al계 합금보다 강력한 합금으로 강도, 비중비는 금속 재료 중에 최대이다. 자동차의 피스톤, 크랭크 케이스 및 제트 기관의 구조에 사용된다.

3) Mg–Al–Zn계 합금

주조용과 가공용이 있으며, 대표적인 것은 Mg에 3~7%, Al 2~4%, Zn을 함유한 엘렉트론(elektron)이 있다. Al이 많으면 고온 내식성이 향상되고, Al+Zn이 많으면 주조성이 좋으며, Zn, Mn, Cd 등을 첨가하여 경도, 강도를 증가시킨 것으로, 내열성이 크므로 항공기, 내연 기관, 자동차 내장 부품 등에 이용된다.

다. 가공용 Mg 합금

1) Mg–Mn계 합금

Mg에 Mn을 1.2% 이상 함유하여 내식성을 향상시킨 것으로, 용접성이 비교적 좋아 판재, 봉 재료로 널리 이용되고 있다.

2) Mg–Zn–Zr계 합금

Mg–Zn계 합금에 Zr을 첨가하여 결정 입자의 미세화와 열처리 효과의 향상으로 압출재로서 우수한 성질이 있어 항공기 재료로 개발하고 있다.

3 티타늄(Ti)과 그 합금

가. 티타늄의 성질

1) 물리적 성질

티타늄은 고융점(1800±25℃)이며, 비중은 4.5이다. 열팽창계수 및 탄성 계수 등이 작고 전기 저항이 크다. 고온에서 O_2, N_2, C와 반응하기 쉬우므로 용해 주조가 어렵고 용접성도 나쁘다. 실온에서는 조밀육방격자이지만 변태점(822℃) 이상에서는 체심입방격자(β)로 변한다.

2) 기계적 성질

순티타늄은 철의 1/2 무게로서 철과 유사한 인장강도(490MPa 정도)를 얻을 수 있으며, 주로 산소의 함량에 따라 결정되는데. 산소, 수소, 질소 등 불순물 함량이 증가함에 따라 강도는 증가하나 연신률이 감소하며, 전연성, 비강도 등 기계적 성질이 우수하다.

영율(young's rate)이 강의 1/2 정도이며, 온도에 따른 강도 및 Creep 특성이 300℃까지 안정되나 온도 증가에 따라 급격히 강도가 저하한다.

비강도(比强度 ; 강도/비중)는 보통강철의 약 2배, Al의 약 6배나 되며, 인장강도, 내력이 200~300℃ 정도까지는 급증하나, 그 이상 400℃까지는 별로 변화가 없고, 더 고온이 되면 급격하게 저하하며, 내력/인장강도 비가 상온에서 약 70~80%로 높으며, 고온에서도 스테인리스강보다 높다. (탄소강 풀림재는 58~65%, 스테인리스강은 약 40%)

3) 화학적 성질

염산, 황산에는 침식되나 질산, 강알칼리에는 강하며, 고온 강도와 내식성이 우수하여 바닷물 및 500℃의 고온에서도 스테인리스강보다 우수하며, 산화성이 강한 질산(HNO_3)에는 어떠한 농도나 고온에서도 내식성이 우수하지만 황산(H_2SO_4) 등 비산화성산에는 내식성이 저하된다.

나. 티타늄 합금의 종류

1) Ti-Mn계 합금

Ti에 6.5~9.0% Mn, 0.15% C 이하, 0.5% Fe 이하의 합금으로, 약 300℃까지 사용이 가능하며, 판재, 구조재로 사용된다. C-110M은 인장 강도 1039MPa(106kg_f/mm^2), 항복점

980MPa(100kg$_f$/mm^2) 및 연신률 14% 정도이다.

2) Ti－Al계 합금

Ti－Al에 Sn, Fe, V 등을 첨가하여 사용한다. 내열성이 좋아 300℃ 이상의 크리프 강도가 개선되지만 가공성은 나쁘므로 단조재로 이용한다.

3) Ti－Al－Sn계 합금

Ti에 5% Al, 2.5% Sn 합금으로 비중이 4.44로서 순금속보다 가볍고 항복점이 커서 686～882MPa(70～90kg$_f$/mm^2)이며, 짧은 시간이면 600℃까지 견디므로 가스 터빈의 구조재로 사용된다.

4) Ti－Al－V계 합금

Ti－6% Al－4% V이며, Al에 의하여 강도를 얻고 V에 의하여 인성을 개선한 것으로, 420℃까지 고온 크리프 저항이 크므로 가스 터빈의 날개 및 디스크에 사용된다.

4 주석 및 기타 합금

가. 주석 및 그 합금

1) 주석의 성질

비중 7.3, 용융점 232℃이며, 13℃에서 동소 변태한다. Sn은 Pb 다음으로 연한 금속이므로 전연성이 좋으나, 너무 연하기 때문에 선으로 인발하기는 어렵다.

백색을 띠며, 내식성이 우수하나, 무기산류, 알칼리에는 서서히 침식되며, 재결정 온도가 상온으로 가공 경화가 일어나지 않아 소성 가공이 용이하다. Sn은 저용점 금속으로 독성이 없어 의약품, 식품 등의 포장용 튜브, 주석박, 식기, 장식기 등에 사용된다.

2) 주석 합금

① Sn－Pb계 합금 : 연납으로 40～50% Sn이 가장 많이 사용된다. 불순물로서 Fe, Zn, Al, As 등은 유해하다.

② Sn－Sb－Cu계 합금 : Sn에 4～7% Sb, 1～3% Cu를 함유하는 Sn 합금을 퓨터(pewter), 또는 브리타니아 메탈(britania metal)이라 하여 장식용품에 사용된다.

나. 아연 및 그 합금

1) 아연의 성질

비중 7.14, 용융점 419℃이며 청백색을 띠고, 조밀 육방 격자이다. 아연 도금, 건전지, 인쇄판, 다이캐스팅용 아연, 황동 및 기타 합금으로 사용된다.

2) 아연 합금

① 다이캐스팅 합금 : Zn－Al－Cu계, Zn－Al－Cu－Mg계, Zn－Al계, Zn－Cu계 등이 있다. Cu, Al 등을 첨가하면 내식성 및 가공성이 나빠지나 강도는 증가한다.
Zn에 4% Al을 함유한 것을 자마크(Zamak : 미국), 마자크(mazak : 영국), 일본에서는 ZAC, MAC 등으로 불려진다.

② 가공용 Zn 합금 : Zn－Cu계, Zn－Cu－Mg계, Zn－Cu－Ti계 등이 있으며, 봉재, 선재, 판재와 함께 건축용, 탱크용, 전기기기 부품, 자동차 부품, 일상용품 등에 널리 사용된다.

다. 저용점 합금

1) 특성 및 용도

가용 합금(fusible alloy)이라고도 하며, 일반적으로 Sn의 용융점(232℃)보다 낮은 융점을 가진 합금을 총칭한다.

화재 경보기, 압축 공기용 안전 밸브, 베어링용, 활자 금속, 다이케스팅용 금속, 땜납, 보일러 안전 밸브 및 전기용 퓨즈(fuse) 등에 사용된다.

2) 종 류

우드 메탈(융점 68℃), 리포워츠 합금(융점 68℃), 뉴턴 합금(융점 94℃), 비스머스 땜납(융점 113℃), 로즈 합금(융점 100℃) 등이 있다.

라. 베어링 합금

1) 특 성

경도와 인성, 항압력이 필요하고 마찰 계수가 작으며, 하중에 잘 견딜 수 있어야 한다. 또 열전도율이 크고 주조성과 내식성이 우수하며, 소착에 대한 저항력이 커야 하며, 압축강도, 피로강도, 내마모성 등이 좋아야 한다.

2) 종 류

(1) 주석계 화이트 메탈

배빗 메탈(babbit metal)이라고 하며, 조성은 75~90% Sn, 3~15% Sb, 3~10% Cu 등이며, Pb계 보다 경도가 크고, 큰 하중에 견디며, 인성이 있어 충격과 진동에도 잘 견딘다.

열전도도가 크므로 고속도, 고하중의 기계용에 적합하다. 유동성과 주조성이 좋으므로 큰 베어링을 만들기 쉽다.

(2) 납계 화이트 메탈

Pb-Sb-Sn계 합금으로, Sb, Sn%가 높을수록 항압력이 커지나, Sb가 너무 많으면 경취해진다. 납계가 피로 강도는 약간 나쁘지만 값이 저렴하여 많이 사용되고 있다.

(3) Cu계 베어링 합금

Cu-Pb계 합금인 켈밋(kelmet)이 있으며, Pb 함유량이 많을수록 피로 강도는 낮으나 마모 효과는 커진다.

내소착성이 좋고, 화이트 메탈보다 내하중성이 크므로 고하중용 베어링으로 적합하여 자동차, 항공기 등의 주 베어링으로 쓰인다.

(4) 카드뮴계, 아연계 합금

Cd은 고가이므로 별로 사용하지 않으나 Cd에 Ni, Ag, Cu 등을 넣어 경화한 합금은 고온 경도와 피로 강도가 화이트 메탈보다 우수하여 하중이 큰 고속 베어링에 사용된다.

Zn계는 인청동과 비슷한 특성을 가지고 있으며, 화이트 메탈보다 경도가 크므로 전차용 베어링 등에 사용된다.

(5) 함유 베어링(oilless bearing)

① 소결 함유 베어링 : 5~100μm의 Cu, 주석, 흑연 분말과 윤활제를 혼합한 후 가압 성형하여 환원 기류 중에서 400℃로 예비 소결 후 800℃로 본 소결해서 만든 만든 것으로 10~40%의 용적비로 윤활유를 함유하게 되므로 항시 급유할 필요가 없다.
이 베어링은 다공질이므로 강도와 강인성이 낮으므로 저속 저하중에 사용된다.

② 주철 함유 베어링 : 주철에 가열과 냉각을 반복시키면 내부에 미세한 균열이 형성되어 다공질화되고 흑연상이 크게 발달하며, 기름을 함유시키면 좋은 베어링이 되므로 고속 고하중에 잘 견디고 내열성이 있으므로 대형 베어링으로 제조가 가능하다.

(6) Cu계 베어링 합금

보강재 없이 그대로 또는 탄소강의 보강재에 Cu를 주입 또는 소결하여 사용한다. 주조재에는 주로 주석 청동, 알루미늄 청동, 납(연)청동 및 Cu-Pb 합금 등이 있다.

(7) Al계 베어링 합금

이 합금은 우수한 열전도도와 내식성이 좋으며, 긁힘(scoring)에 대한 저항성이 좋으며, Al-4%Si - 0.5%cd 합금은 긁힘에 대한 가장 우수한 저항성을 가지고 있다.

Sn-Al 합금은 유럽 등지에서 자동차용 베어링 합금으로 사용되고 있으며, Pb-Al 합금은 미국에서 개발한 것으로 매우 뛰어난 긁힘에 대한 저항성과 우수한 포용성과 피로강도, 내식성을 갖고 있다.

단원 종합 문제 {제5장 | 비철 금속 재료}

01 구리의 비중과 용융점은 얼마인가?

02 순동(구리)의 종류 중 조동은 무엇인가?

03 구리의 인장 강도는 가공도 몇 %에서 최대가 되는가?

04 황동에서 아연(Zn)이 30%일 때 연신률은 어떻게 되는가?

05 6 : 4 황동과 7 : 3 황동 중 고온 가공성이 좋은 것은?

06 경년 변화란?

07 황동에서 탈아연 부식의 원인과 방지 대책은 무엇인가?

08 구리에서 수소병(취성)이란?

09 고온 탈아연 현상이 일어나는 이유와 방지 대책은?

10 6 : 4 황동의 특성을 3가지만 쓰시오.

11 아연 당량이란 무엇을 말하는가?

12 에드미럴티 황동과 네이벌 황동에서 성분상 다른 점은 무엇인가?

13 델타메탈은 황동에 무엇을 첨가한 것인가?

14 청동에서 연신률은 구리에 주석이 몇 %일 때 최대가 되는가?

15 청동에서 경도는 구리에 주석이 몇 % 함유될 때 최대가 되는가?

16 7 : 3 황동에 Ni를 15 ~ 20% 첨가한 것으로 은 대용품으로 쓰이는 것은?

17 켈밋의 주요 성분은 무엇인가?

18 베릴륨 청동의 인장 강도는 얼마 정도인가?

19 순 Al의 비중과 용융점은 어떻게 되는가?

20 순 알루미늄의 특성을 3가지만 쓰시오.

21 Al－Cu－Si 합금의 대표적인 것으로 압연재, 주조재, 단조재 등에 쓰이는 것은?

① 라우탈 ② 실루민 ③ 델타 메탈 ④ 네이벌 황동

22 Y 합금의 주요 성분명을 쓰시오.

23 가공용 Al 합금의 규격명을 성분에 따라 쓰시오.

24 니켈의 자기 변태점은 얼마인가?

25 Mg의 비중과 용융점은 얼마인가?

26 Mg－Al－Zn계 합금의 대표적인 합금명을 쓰시오.

27 티탄의 비중과 용융점을 쓰시오.

28 주석의 용융점은 얼마인가?

29 저용점 합금은 무슨 금속의 용융점 이하의 용융점을 갖는 것을 말하는가?

30 주석계 화이트 메탈의 다른 이름은 무엇인가?

① 배빗 메탈 ② 켈밋
③ 오일라이트 ④ 문쯔 메탈

31 함유 베어링을 사용하는 이유는?

32 소결 함유 베어링의 제조법은 어떻게 되는가?

제5장 비철 금속 재료 문제 해설 [p.507~525]

1. 비중 8.96, 용융점 1089℃
2. P507 2 가. 거친 구리 참조
3. 가공도 70%에서 최대
4. 연신률 최대
5. 6:4 황동
6. 동 가공재를 상온에서 방치할 경우 시간의 경과에 따라 여러 성질이 약화되는 현상
7. P509 3 가. 1) (3) ①
8. 산화 구리를 환원성 분위기에서 가열할 때 수소가 동 중에 확산 침투되어 균열이 발생하는 현상이며, 수소 메짐이라고도 한다.
9. P509 3 가. 1) (3) ② 참조
10. P510 3 가. 2) ④ 참조
11. 제3원소를 가한 것이 아연량을 증감한 효과를 가지며, 그 의미에서 합금원소의 1량이 아연의 X량에 해당할 때 그 X를 말한다.
12. 에드미럴티 황동은 7:3 황동에, 네이벌 황동은 6:4 황동에 아연 대신 주석을 1~2% 합금시킨 것이다.
13. 6:4 황동에 Fe을 1~2%첨가한 합금
14. 주석 4%에서 최대
15. Sn 30%에서 최대
16. 양은(백동)
17. 구리에 30~40% Pb(납)을 첨가한 것
18. 133kg/mm^2 정도
19. 비중은 2.7, 용융점은 660℃
20. P513 1 가. 순 알루미늄의 성질
21. ①
22. Al, Cu, Ni, Mg
23. P516~517 3 가. 1)~8)
24. 360℃
25. 비중이 1.74, 용융점은 650℃
26. 엘렉트론(elektron)
27. 비중은 4.5, 용융점은 1800±25℃
28. 232℃
29. 주석(Sn)
30. ①
31. 베어링으로서 주유가 곤란한 부분에 사용
32. 5~100㎛의 Cu, 주석, 흑연 분말과 윤활제를 혼합한 후 가압 성형하여 환원 기류 중에서 400℃로 예비 소결 후 800℃로 본 소결해서 제조한다.

chapter

06 각종 금속의 용접

제1절 | 철강의 용접

1 순철의 용접

순철은 탄소 함유량이 극히 적기 때문에 용접 열영향부가 경화되지 않는 특징을 가지고 있어 피복 아크용접, 저항 용접 등 일반 용접법으로 쉽게 용접할 수 있다. 용접 조건은 연강과 같이 하면 되나 용융점이 연강보다 높기 때문에 용접 속도를 약간 늦추어 주는 것이 필요하다. 사용하는 용가재는 가급적 동일 성분의 것이 좋다.

2 저탄소강의 용접

가. 저탄소강의 용접성

저탄소강은 0.3%C 이하의 강으로 연강이라고도 부르며, 일반 구조용강으로 널리 사용되고 있으며, 어떠한 용접법으로도 용접이 가능하지만 노치 취성과 용접 터짐이 문제이다. 탄소량이 다소 많으므로 후판(t25～100mm)에서는 그에 상당한 강도를 얻기 위해 탄소량이 상당히 많은 것이 쓰인다. 따라서 용접 전에 예열을 하거나 용접봉 선택에 주의해야 한다. 또한 용접에 의한 열적 경화의 우려가 있으므로 보일러용 후판은 용접 후 응력 제거 풀림을 해야 한다.

연강판재의 종류에는 SS330, SS400, SM20C, SM25C 등이 많이 쓰인다. SS재의 용접성은 양호하다 할 수 없으나 SM재는 Mn 함유량을 탄소 함유량보다 2.5배 정도 높이고 P, S 함유량을 낮춘 저탄소세미킬드강이 사용되고 있다.

나. 피복 아크용접

일반적으로 일미나이트계나 고산화티탄계 용접봉이 쓰이나, 구속이 큰 부분의 경우는 저수소계(E4316) 용접봉을 사용한다. 일미나이트계는 판두께 25mm까지는 문제되지 않으나

30~47mm 이상일 때는 80~140℃ 정도로 예열하여 균열을 방지해야 된다.

다. 탄산 가스 아크용접

탄산 가스의 가격이 저렴하므로 저탄소강 용접에 많이 이용되고 있으며, 형상이 복잡하면 용접할 수 없는 서브머지드 아크용접의 결점을 보완할 목적으로 사용된다.

라. 서브머지드 아크용접

자동화에 의한 능률 향상을 위하여 널리 쓰이고 있으며, 용융 속도가 매우 빠르나 용착 금속의 노치 인성이 낮아지는 경향이 있어 용착 금속의 충격치는 모재에 비하여 뒤지며, 기계적 성질이나 비드 외관에 파열 감수성과 기공 생성에 심한 영향을 미치므로 주의가 필요하다.

3 중·고탄소강의 용접

가. 중·고탄소강의 용접성

중·고탄소강은 저탄소강에 비하여 강도와 경도가 높기 때문에 열영향부의 경화가 심해서 비드 밑 터짐 현상이 많아 용접봉 선택에 특히 주의해야 된다. 고탄소강은 탄소 함유량의 증가와 더불어 급랭에 의해 용접부의 경화가 현저하여 균열 발생 위험이 높으며, 고탄소강일수록, 또한 용접 속도가 빠를수록 생기기 쉬우므로 이를 방지하려면 전류를 낮추고 용접 속도를 느리게 하여야 된다. 또한 280℃ 이상의 예열과 650℃ 이상의 후열 처리가 필요하다.

나. 중·고탄소강의 용접

중·고탄소강은 용접성이 나쁘고 용접 균열이 심하기 때문에 예열해야 되며, 용접봉은 가급적 저수소계를 사용하여 예열 온도를 낮추어야 한다. 특히 강도를 요하는 구조물에서는 고장력강 용접봉을 사용해야 한다.

고탄소강의 용접봉으로는 저수소계 연강봉, 오스테나이트계 스테인리스강봉, 특수강 용접봉 등이 쓰인다.

용접 후에는 후열처리를 하여 급랭에 의한 용접 균열을 방지해야 되며 후열의 온도는 600~650℃가 알맞으나 용접부의 성능 약화가 일어나지 않도록 설정해야 된다.

표 6-1 탄소강 용접시 예열 온도

탄소량%	0.2% 이하	0.2～0.30	0.3～0.45	0.45～0.80
예열 온도 ℃	90℃ 이하	90～150	150～260	260～420

4 고장력강의 용접

가. 일반 고장력강 용접

HT50～60급 고장력강은 연강과 거의 같은 조건으로 용접이 가능하나 합금 성분이 함유되어 있어 담금질 경화성이 크고 열영향부의 연성 저하로 용접 균열을 일으킬 염려가 있어 주의가 필요하다.

나. 조질 고장력강의 용접

(1) HT60급 고장력강의 용접은 열영향부의 취화가 별로 문제 되지 않으므로 예열이 필요치 않고 연강과 같은 조건으로 용접하면 되나 열영향부의 연성 저하에 주의한다.

(2) HT70급 이상의 고장력강은 열영향부의 취성과 용접 균열을 막기 위해 용접 입열을 최대한 피하는 것이 좋으며, 다층 용접에서는 150～200℃ 정도의 예열을 하는 것이 좋다. 얇은 판은 저항 용접도 가능하며, 저항 용접의 경우 용접 후 열영향부에 2차 경화가 일어나지 않을 정도로 전류를 통해 주며, 용접 후 후열처리를 하는 것이 좋다.

다. 고장력강 용접시 주의 사항

① 잘 건조된 저수소계 용접봉을 사용하여 아크 길이를 짧게 하여 용접해야 한다.

② 위빙 폭을 크게 하지 말 것(심선 지름의 3배 이하)

③ 엔드탭을 사용하거나 시작점 20～30mm 앞에서 아크를 발생하여 예열하며 시작점으로 후퇴하여 시작점부터 용접한다.

5 주강의 용접

주강은 탄소강과 비슷하지만 연강에 비하면 용접성이 다소 나쁘다. 주강 제품의 특징은 두꺼운 제품이 많으므로 용접 후의 냉각이 그만큼 빨라 철저한 예열과 후열처리가 필요하다. 따라서 열량이 적은 용접법은 사용하기 곤란하다. 용접봉은 모재와 비슷한 화학 조성을 갖은 것이 좋다.

제2절 | 주철의 용접

1 주철의 용접 개요

주철은 탄소 함유량이 2.5~4.5% C의 합금으로 용융점(1150℃)이 낮고 연성과 가단성이 거의 없어 주로 보수 용접에 사용된다.

주철 용접법 중 열간 용접은 500~600℃로 가열한 후에 행하는 방법이며, 냉간 용접은 상온 또는 저온(200~400℃)에서 행하는 용접이다.

2 회주철의 용접

가. 회주철의 용접성

1) 주철 용접이 곤란한 이유

① 회주철은 연강에 비하여 여리고, 급랭에 의한 백선화로 기계 가공이 곤란하며 수축이 많아 균열이 생기기 쉽다. 따라서 용접시 응력 발생이 최소화될 수 있는 방법을 쓰고 용접 후에는 풀림을 해야 된다.

② 일산화탄소 가스가 발생하여 용착 금속에 기공이 생기기 쉽다.

③ 장시간 가열로 흑연이 조대화된 경우, 주철 속에 기름, 흙, 모래 등이 있는 경우에 용착 불량이나 모재의 친화력이 나쁘다.

나. 가스 용접

주철의 가스 용접에는 용제의 사용이 중요하다. 용제는 산화물 제거, 용융 금속의 보호와 유동성 부여 등이 있다. 가스 용접시 주철봉을 사용하며 예열 및 후열은 대략 500~550℃가 적당하며, 가스 불꽃은 약간 환원성인 것이 좋다.

용접봉은 백선화를 막고 흑연화를 촉진시키기 위해 Si, Al을 알맞게 함유한 것이 좋고, 강도를 요하는 경우는 Ni을 2~2.5% 함유한 용접봉이 좋다. 용제의 종류는 다음과 같다.

① 붕사 15%, 탄산소다 15%, 중탄산소다 70%

② 가성소다 50%, 중탄산소다 50% - 물

③ 이산화망간 50%, 청산칼리 4~6%, 규소 1.0%, 알루미늄 0.3%

④ 규산소다 34%

다. 피복 아크용접

1) 열간 용접

주철은 탄소 함유량이 많기 때문에 극히 국부적인 수축에도 견디지 못하고 터짐 현상이 생기기 때문에 용접하기 곤란하다. 이를 방지하기 위해서는 충분한 예열(540~560℃)을 한 후에 주철 용접봉을 사용하여 용접을 해야 된다. 이때 주의해야 할 것은 용접 중, 또는 용접 후에도 가능한 한 고온으로 유지시키면서 후열처리를 해야 된다는 것이다.

2) 냉간 용접

주로 아크용접이 쓰이며 가스 용접도 가능하다. 예열하지 않으나 200~400℃ 정도의 저온 예열 상태에서 용접하는 것이 좋다. 이 방법은 가열에 의한 뒤틀림, 균열 발생은 적지만 용접부가 급랭되어 백선화 경향이 심하므로 가는 용접봉으로 전류를 낮게 하여 위빙하지 말고 짧게 단속 용접하는 것이 좋다.

용접봉은 심선의 종류에 따라 순니켈봉, 니켈-철 합금봉, 모넬 메탈봉, 연강봉, 주철봉 등이 있으며, 니켈은 흑연화를 돕기 때문에 예열하지 않아도 균열이 발생하지 않으나, 연속적인 비드를 놓을 경우에는 용착 금속에 균열이 생기거나 융합부의 파열이 생길 경우가 있으므로 적당한 예열(약 150℃)을 하고 가급적 직선 비드로 용접하며, 용접 후 피닝(peening)을 한다. 피닝은 각 비드마다 용접 후 즉시 행한다.

모넬메탈은 65~70%Ni-35~30%Co의 합금으로 니켈봉에 의한 용접과 같이하면 되나 산소 흡수가 쉽고 다층쌓기시 기공이나 균열을 일으키기 쉬우며, 가격은 니켈봉보다 저렴하지만 수밀을 요하는 부분에는 적합하지 않다.

3 고급 주철, 기타 주철의 용접

고급 주철의 용접은 회주철에 비해 탄소나 규소가 적고 용접 후 백주철이 되기 쉬우므로 급랭에 주의해야 한다.

가. 구상 흑연 주철의 용접

구상 흑연 주철은 그 자체가 연성이 높고 내마모성, 내열성이 우수하므로 강도가 필요한 경우 용접 전에 충분한 예열을 하고 가스 용접에 의해 동일 재질의 용접봉으로 용접하면 모재의 70~80%의 강도를 얻을 수 있다.

예열 온도는 550~650℃가 적당하며, 주철 표면을 한꺼풀 벗기고 용접하면 더욱 좋다. 용접은 낮은 전류로 짧은 비드 쌓기를 하여 단열재로 덮어서 서랭하는 것이 좋으며, 후열은 450℃에서 4시간, 540℃에서는 2시간 정도 해주면 좋다.

나. 가단 주철의 용접

가단 주철은 백선 조직이므로 열처리를 하지 않으면 용접이 거의 불가능하며, 열처리 후에도 용해되면 백선화가 되기 쉬워 용접이 어렵다. 용접법은 백선화를 막기 위해 산화제를 써서 용융철의 탈탄을 촉진시키거나 가능한 모재를 녹이지 않고 용접하는 것이 필요하며, 경납땜이 적합하다.

용접법은 토빈 청동을 쓰는 경납땜(브레이징) 용접과 니켈봉을 사용하는 아크용접이 사용되고 있다.

4 주철의 보수 용접

가. 주철의 용접시 주의 사항

(1) 주철의 보수 용접시 주의 사항

① 균열의 연장 방지를 위해 균열의 끝에 작은 구멍(stop hole)을 뚫는다.

② 모재의 본 바닥이 나타날 때까지 파낸 후 보수 용접을 한다.

③ 용접 전류는 필요 이상 높이지 말고, 직선 비드를 배치하며, 지나치게 용입을 깊게 하지 않는다.

④ 용접봉은 될 수 있는 대로 가는 지름의 것을 사용한다.

⑤ 비드의 배치는 짧게 해서 여러번의 조작으로 완료한다.

⑤ 가열되어 있을 때 피닝(peening) 작업을 하여 변형을 줄이는 것이 좋다.

⑦ 큰 물건이나 두께가 다른 것, 모양이 복잡한 형상의 용접에는 반드시 예열과 후열 후 서랭 작업을 행한다.

(2) 가스 용접에 사용되는 불꽃은 중성 또는 약한 탄화 불꽃을 사용하며, 용제를 충분히 사용하고 용접부를 필요 이상 크게 하지 않는다.

(3) 가스 납땜의 경우 과열을 피하기 위하여 토치와 모재 사이의 각도를 작게 하며, 모재 표면의 흑연을 제거하기 위하여 산화 불꽃으로 약 900℃로 가열한다.

나. 주철의 보수 용접법

주철의 용접은 대체적으로 보수 용접에 많이 쓰인다. 회주철의 보수 용접에는 로 내에서 예열과 후열을 해야 되며, 주철의 보수 용접법은 [그림 6-1]과 같은 방법이 있다.

1) 스터드 법

용접 경계부의 바로 밑부분의 모재가 갈라지는 약점을 보강하기 위해 직경 6~9mm 정도의 스터드 볼트(연강이나 고장력강 볼트)를 박은 다음 이것과 함께 용접하는 방법이다. 스터드의 단면적은 용접 표면적의 25~30% 정도가 적당하다. 용접법은 균열부를 완전히 제거하고 볼트를 심은 다음 볼트 주위를 비드로 둘러쌓고 볼트와 모재를 충분히 녹여 짧은 비드로 드문 드문 쌓으면서 곧 피닝하며 용접한다. 용접 홈은 X형이 바람직하다.

2) 비녀장 법

균열의 수리와 같이 가늘고 긴 용접을 할 때 균열 부분을 홈을 파고 꺽쇠를 넣을 곳도 균열과 직각 방향으로 판 후 6~10mm 정도의 꺽쇠 모양의 강봉을 넣고 용접하는 방법이다.

3) 버터링 법

빵에 버터를 바르듯 모재와 융합이 잘되는 용접봉(주로 연강봉)으로 적당한 두께까지 용착시킨 후 고장력강 봉이나 모넬 메탈 봉으로 용접하는 방법이다. 단점은 모재와 용접 금속과 접합면이 약하다.

4) 로킹 법

스터드법의 볼트 대신 용접부 바닥을 둥근 고랑을 파고 이 부분이 힘을 받도록 용접하는 방법이다.

그림 6-1 주철의 보수 용접의 종류

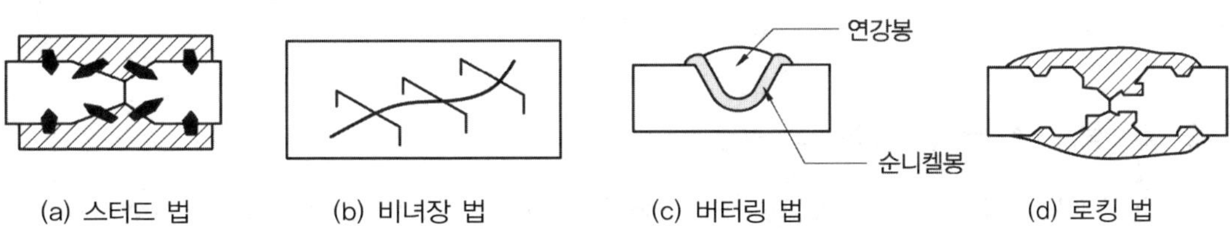

제3절 | 스테인리스강의 용접

1 스테인리스강의 용접성

스테인리스강의 용접에는 대부분의 용접이 가능하다. 문제는 용입량을 최소화하고 입열량이 적은 용접부의 설계와 용접법을 적용하는 것이 중요하다. 따라서 용접시 산화 크롬의 생성을 피해야 하므로 불활성 가스나 비산화성 가스로 용접부를 보호해야 된다. 스테인리스강은 탄소강에 비해 팽창 계수가 크므로 용접 변형이 심하며 다른 재료와 용접시 열팽창 계수의 차에 의해 균열의 발생이 크므로 주의해야 된다.

2 스테인리스강의 용접법

가. 피복 아크용접

스테인리스강은 피복 아크용접이 많이 사용되며 직류의 경우 역극성이 사용된다. 용접 전류는 탄소강의 경우보다 10~20% 정도 낮게 사용하는데 전류가 낮으면 용입 불량이 생기기 쉬우므로 용접 홈 가공, 치수, 가접 등에 주의해야 하며, 판두께 1mm 이하는 용락의 위험성이 크므로 주의해야 한다. 최근에는 용접봉의 발달로 0.8mm 두께의 판 용접에도 이용되고 있다.

나. 불활성 가스 아크용접

1) 불활성 가스 텅스텐 아크(TIG) 용접

스테인리스강의 용접에 광범위하게 사용되며, TIG 용접은 0.4~8mm 정도의 얇은 판의 용접에 사용되고 있다. 용접 전에 기름, 먼지, 녹 등을 완전 제거해야만 되며, 용접 전류는 직류 정극성이 좋고, 전극은 토륨(Th)이 들어있는 텅스텐 전극봉이 좋다. 전극의 끝부분은 뾰쪽하게 하는 것이 전류가 안정되고 열 집중성이 좋다.

2) 불활성 가스 금속 아크(MIG) 용접

MIG 용접법은 TIG 용접법에 비하여 두꺼운 판의 용접에 이용되며, 심선은 0.9~1.6mm 정도이며, 직류 역극성으로 시공한다. 이는 아크 집중성이 좋다. 순수 아르곤을 사용할 경우 스패터가 비교적 많이 발생하며 아크가 약간 불안정하므로 2~5%의 산소를 혼합하여 사용하고 있다.

다. 가스 용접 및 저항 용접

가스 용접도 가능하나 용접 작업시 불순물의 혼입, 탄소 함유량의 증대, 화학적 성질, 기계적 성질 등이 좋지 않으므로 거의 쓰이지 않는다.

저항 용접은 널리 쓰이고 있으며 연강보다도 낮은 전류에 가압력을 높게 하여 용접한다.

3 스테인리스강의 종류별 용접법

가. 페라이트계 스테인리스강의 용접

① 페라이트계 스테인리스강은 철에 크롬을 16% 이상 함유한 고크롬강으로 페라이트 조직을 형성하고 있으나 자경성은 없으며, 주로 18 Cr강 및 25 Cr강이 쓰인다.

② 오스테나이트계에 비해 내식성, 내열성이 약하며 용접성은 약간 있으나 담금질성은 없어 열처리가 안된다.

③ 열영향부의 조대화로 취성이 생길 우려가 있으므로 가는 봉의 사용과 저전류로 용접하며, 예열 온도는 200℃ 정도, 층간 온도는 80% 정도로 한다.

④ 용접 후에는 후열 처리를 하면서 서랭해야 한다.

나. 마텐사이트계 스테인리스강의 용접

마텐사이트계는 용접이 곤란한 재료의 하나이다. 즉 용접을 하면 균열이 생기기 쉽다. 특히 탄소 함유량이 높을수록 경화가 심하고 잔류 응력이 커지며, 급랭 후에 균열이 생기므로 예열과 후열이 필요하다.

① 철에 크롬을 12～13% 함유한 저탄소(0.08～0.15%) 합금으로 공랭 자경성이 있고 자성을 띤다. 증기 및 가스 터빈 등의 내마모성이 필요한 곳에 사용되며, 성형성은 좋으나 용접성은 불량하다.

② 용접에 의해 급열, 급랭할 때 마텐사이트를 생성하여 균열 우려가 있으며, 탄소량이 많을수록 잔류 응력이 커져 용접성이 나빠진다.

③ 용접봉은 알루미늄이 소량 첨가된 비자경성인 12 Cr강을 사용하며, 200～400℃의 예열과 층간 온도를 유지한다.

④ 용접 직후 냉각되기 전에 700～800℃로 가열 유지한 후 공랭하며, 후열 처리가 불가능할 때는 18% Cr－12% Ni－Mo 함유봉을 사용한다.

다. 오스테나이트계 스테인리스강의 용접

① 철에 크롬과 니켈을 함유한 것으로 대표적인 것에 18% Cr－8% Ni인 18－8 스테인리스강이 있다.
② 내식성이 가장 좋으나 담금질성이 없으며, 천이 온도가 낮고 강인성, 가공성, 용접성이 우수하다.
③ 예열을 하지 않으며, 용접 중 층간 온도가 320℃ 이상을 넘어서는 안된다.
④ 용접봉은 모재의 재질과 같은 것, 가능한 한 가는 것을 사용하고 낮은 전류로 용접하여 용접 입열을 낮춘다.
⑤ 짧은 아크 길이를 유지하며 용접하고, 아크를 중단하기 전에 크레이터를 채운다.

라. 18 － 8 강 용접시 주의 사항

① 열팽창계수가 크고 용접성 변동이 심하며 변형도 크다.(연강보다 50% 크다)
② 연강보다 낮은 전류로 작업하는 것이 좋다.
③ 용접 후 480～680℃ 범위로 서랭되면 크롬 탄화물이 결정 입계에 석출되어 내식성을 떨어뜨린다.
④ 용접 중에 고온 균열이 발생하기 쉬우므로, 두꺼운 판을 제외하고는 예열을 실시하지 않는다.
⑤ 산소 아세틸렌 용접은 기계적 성질을 나쁘게 하므로 좋지 않다.
⑥ 용접봉은 가능한 한 지름이 가는 것을 사용하고 짧은 아크로 용접한다. 아크 길이가 길면 탄화 크롬 석출로 부식 저항이 저하된다.
⑦ 반드시 크레이터를 채우도록 하며, 용접봉 성분은 모재와 맞는 것, 또는 극저탄소 함유 용접봉을 사용한다.

그림 6-2 스테인리스강의 열영향부

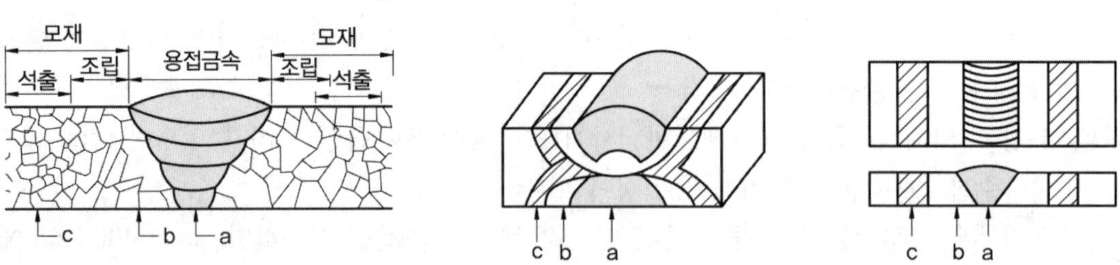

제4절 | 구리와 그 합금의 용접

1 구리 및 구리 합금의 용접성

① 용접성에 영향을 주는 것은 열전도도, 열팽창계수, 용융 온도, 재결정 온도 등이다.
② 순구리의 열전도도는 연강의 8배 이상이므로 국부적 가열이 어렵기 때문에 충분한 용입을 얻으려면 예열을 해야 한다.
③ 구리의 열팽창계수는 연강보다 50% 이상 크기 때문에 용접 후 응고 수축시 변형이 생기기 쉽다.
④ 구리 합금의 경우 과열에 의한 아연 증발로 용접사가 중독을 일으키기 쉽다.
⑤ 가스 용접시 수소 분위기에서 가열을 하면 산화물이 환원되어 수분이 생기며, 이것이 구리에 다량 혼입되면 모재가 취화하여 스펀지 모양의 구리가 되므로 더욱 강도를 약화시킨다.
⑥ 순구리의 경우 납이 불순물로 혼입되면 균열 등이 발생하기 쉽다.
⑦ 구리 중에 산소가 있으면 산화동을 형성하며 풀림 취성의 원인이 되며, 내식성을 저하시킨다.(용접시 가급적 산소 함유량을 0.008% 이하로 제한)

2 구리 및 그 합금의 용접

가. 가스 용접법

열원은 산소-아세틸렌 가스가 가장 많이 사용되며, 용접 전에 예열 작업이 선행되어야 하며, 용접 중에 발생한 기공은 피닝 작업으로 없애야 된다.

황동 용접에는 산화 불꽃을, 순동의 경우는 중성 불꽃으로 용접하며, 용제는 붕사 또는 붕산, 플루오르화나트륨, 규산나트륨 등이 사용된다.

나. 피복 아크용접법

① 슬래그 섞임과 기공의 발생이 많아지며, 예열이 없이는 작업이 불가능하기 때문에 예열을 충분히 행할 수 있는 단순한 구조물의 경우에 쓰이고 있다.
② 직류, 교류가 모두 사용되며, 직류의 경우 직류 역극성이 좋으며, 예열 온도는 250℃, 층간 온도는 450~550℃ 정도가 필요하다.

③ 인청동의 아크용접은 인청동봉, 알루미늄 청동봉이 쓰이며, 용접봉은 모재 재질과 같은 재질을 쓰는 것이 좋다.
④ 인청동의 용접은 빠른 속도로 용접한 뒤 열간 피닝 작업을 하여 결정 조직을 미세화시켜 인장 강도와 연성을 증가시키는 것이 좋다.
⑤ 알루미늄 청동의 경우는 직류 역극성 또는 교류로 하며, 같은 재질의 용접봉을 사용하는 것이 좋다.

다. 불활성 가스 아크용접법

1) TIG 용접

① 판두께 6mm 이하에 많이 사용되며, 전극은 토륨 함유 텅스텐 전극봉을 사용한다.
② 아르곤 가스는 99.8% 이상의 순도가 높은 것이 좋다.
③ 용접 전에 500℃ 정도 예열이 필요하며, 직류 정극성을 사용하고, 용가제는 탈산된 구리봉을 사용한다.

2) MIG 용접

① 판두께 6mm 이상에서 효과가 있으며, 용접 전 300~500℃로 예열하는 것이 좋다.
② 구리, 규소 청동, 알루미늄 청동 등의 용접에 가장 적합하다.

라. 구리 합금의 용접 조건

① 구리에 비해 예열 온도가 낮아도 되며, 토치나 가열로 등을 사용한다.
② 비교적 루트 간격과 홈각도를 크게 취하고 용가재는 모재와 같은 성분의 재료를 사용한다.
③ 가접은 되도록 많이 하며, 용접봉은 토빈 청동봉, 규소 청동봉, 인청동봉, 에버듀르 등을 주로 사용한다.
④ 용제 중 붕사는 황동, 알루미늄 청동, 규소 청동 용접에 많이 사용된다.
⑤ TIG 용접 중이나 예열 중에도 산화 방지를 위해 적당한 용제를 용가제나 용접부에 바른다.

제5절 | 알루미늄과 그 합금의 용접

1 알루미늄 용접이 곤란한 이유

① 온도 확산율(열전도도/비열×비중)이 대단히 크기 때문에(강의 약 10배), 저융점인데도 불구하고 국부 가열이 곤란하며, 용융 잠열이 크므로 단시간에 용접 온도를 높이는데 높은 온도의 열원이 필요하다.

② 용융점이 비교적 낮고, 색채에 따라 가열 온도의 판정이 곤란하여 지나친 융해가 되기 쉽다.

③ 산화 Al은 순Al의 용융점보다 높아서(약 2050℃) 용융되지 않은 채로 유동성을 해치고, Al 표면을 덮어 금속 사이의 융합을 방해한다.

④ 산화 Al의 비중은 4.0으로 보통 Al의 2.67보다 크므로, 용융 금속 표면에 떠오르기 어렵고, 용착 금속 속에 남는다.

⑤ 강에 비해 팽창 계수가 약 2배, 응고 수축이 1.5배 크므로, 용접 변형이 클 뿐 아니라, 합금에 따라서는 응고 균열이 생기기 쉽다.

⑥ 용융 응고할 때 수소 가스를 흡수하여 기공이 발생되기 쉽다.

2 알루미늄 및 그 합금의 용접

가. 불활성가스 아크용접

① 용접시 청정 작용이 있으며, 용제를 사용하지 않으므로 슬래그 제거가 필요없다.

② MIG 용접시는 Al 와이어를 사용하며, 직류 역극성으로 대전류를 사용하고, TIG 용접은 고주파 교류 전원을 사용한다.

③ 아크를 발생할 때 텅스텐과 모재의 접촉을 피하기 위해 고주파 전류를 사용한다.

④ 텅스텐 전극의 오염을 방지해야 하며 오염되면 용접부가 나빠지며 전극 소모가 크다.

⑤ 가스 용접보다 열 집중성이 좋고 능률적이므로 예열은 필요하지 않을 때가 많다.

나. 가스 용접법

① 탄화 불꽃을 사용하며, 200～400℃로 예열을 한다.

② 얇은 판의 용접에서는 변형을 막기 위하여 스킵법과 같은 용접 순서로 용접한다.

다. 저항(점) 용접법

① 산화 피막을 제거하고 청소를 깨끗이 한다. 저항 용접 중 알루미늄은 점 용접이 가장 많이 쓰인다.

② 짧은 시간에 대전류를 사용해야 한다.

제6절 | 티타늄과 그 합금의 용접

1 티타늄 용접의 개요

티타늄은 용접시에 대기 가스에 대한 고용도가 매우 크기 때문에 산화나 용접 금속 내부에 발생하는 기공(Porosity)이 큰 문제가 된다. 이러한 용접부의 기공의 발생 원인은 용입이 불충분해서 생기는 것으로써 입열량을 증가시키면 해결할 수 있으나 응고 수축에 의한 기공, 확산성 수소, 아르곤, 질소에 의한 용접 금속의 오염 및 산화 등으로 인해 발생된다. 따라서 티타늄 용접은 토치로 부터의 가스 유량, 용접 속도, 아크의 길이, 백 가스(back gas), 절단 및 개선 가공 방법 등을 잘 고려해야 한다.

2 용접 비드 표면

티타늄은 대기 중에서 고온으로 가열하게 되면 표면이 대기로부터 오염되어 여러 가지 색으로 변하게 된다. 300℃ 정도까지는 대기의 영향을 거의 받지 않으며 상온에서와 똑같이 은백색으로 나타나지만, 그 이상의 온도가 되면 가열 온도의 상승과 동시에 금색, 주홍색, 청색 등의 순서로 변함을 알 수 있다. 그리고 더 고온으로 가열되면 회색 또는 황백색 등으로 변하며, 금속 광택이 없어지게 된다.

고순도 티타늄의 경우 850℃ 이하 까지는 대기에 의한 산화가 그다지 크지 않으나 850～900℃ 범위에서는 산화 속도가 급격히 증가되고 그 이상의 온도가 되면 국부적으로 입상의 산화 피막을 형성하게 되어 티타늄의 내식성이나 기계적 성질에 크게 손상을 주게 된다.

3 티타늄 용접

티타늄은 대기 중의 산소, 질소, 수소 등의 대기 가스와 반응하기가 매우 쉽고 고온에서 다른 산화물과 기름, 수분, 금속(Fe 등) 등의 물질과 반응해서 취약한 화합물을 만들어서 용접부가 취화되며, 내식성이 저하된다. 그러나, 갈색이나 청색 정도까지는 내식성이나 기계적 성질에 크게 영향을 주지 않기 때문에 용접시 스테인리스강 브러시 등으로 산화 피막을 완전히 벗긴 다음에 다시 용접을 해야 한다.

표 6-2 티타늄 용접부의 색깔

용접 금속 색깔	용접부 품질	용접 방법
은색	매우 양호	
연 청색	양 호	표면의 변색 부분을 스테인리스강 브러시 등으로 완전히 제거한 후에 다음 용접 시행
청색, 보라색	불 량	변색된 용접 금속과 인접한 모재를 완전히 제거하고, 가스 보호를 철저히 하면서 재 용접 실시
회색, 황색(황백색)	매우 불량	변색된 용접 금속과 열영향부를 완전히 제거하고 재 용접 실시

가. 용접부 특성

티타늄은 수소에는 강도 및 경도의 변화는 별로 없으나, 충격치에 큰 영향이 미치며, 산소, 질소, 탄소와 Fe 등의 불순물의 양에 따라 현저하게 경도가 증가한다. 그 이유는 티타늄 내의 가스의 용해도는 9~14.5% 정도이지만 0.5% 정도만 있어도 연성이 95%나 감소된다.

나. 용접부 보호

티타늄을 대기로부터 보호하기 위한 방법으로는 진공이나 아르곤 가스 등의 불활성 분위기하의 용기 속에서 용접하는 것이다.

보호 가스는 대기에 의한 용접 금속의 오염 방지와 용착부와 열영향부가 상온까지 냉각되는 동안에 대기로부터 차단시키는 역할을 한다.

다. 용접부 뒷면 보호

토치 반대쪽의 용융 금속부를 보호해야 된다. 파이프 용접시에는 파이프 내부에 불활성 가스를 불어 넣어서 퍼징해야 한다. 이때 파이프 내부의 압력이 너무 높으면 이면 비드부의 외관이 좋지 않게 된다. 용접 중에 계속 퍼징을 하며, 퍼지 가스가 나오는 유량을 감지해 압력을 조절해야 한다.

라. 티타늄 용접봉

티타늄(합금)의 TIG 수동 용접봉, TIG 자동용접, MIG 용접의 용접 와이어는 용접부에 인성이 요구되는 경우 순티타늄(Gr3), 3%Al-Ti 합금 등 모재에 대해 합금 성분이 적거나 또는 인성이 있는 티타늄 합금 용접심선을 이용하는 경우가 있다.

용접봉은 판의 일부를 전단기로 2mm, 3mm로 절단한 것을 절단시 본래의 것은 놔두고, 유기용제(아세톤)로 세척하여 사용하거나 또는 2~3mm경의 인발선재를 이용한다.

인장선은 초불산(硝弗酸) 용액으로 완전히 탈 스케일(scale)한 후 아세톤으로 탈지하여 표면에 흠이 없는 매끄러운 것을 사용한다.

마. 모재 청정

용접을 위한 기계가공이나 관소재의 슬릿팅 가공에 즈음해서는 절삭유 등을 가능한 한 사용하지 않고, 또 사용해도 제거작업이 용이한 것을 사용하는 것이 필요하다.

절삭면 부근의 부착물은 아세톤 등의 유기용제를 사용해서 세정하는데 더욱 폭넓게 용접 작용에 의해 가열을 받는 부분도 청정하게 하는 것이 필요하다.

산화물이나 표면에 엷게 생성되어 있는 산화층이 있으면 스테인리스제 와이어 브러시를 사용해서 제거하는 것이 좋으며, 그라인더에 의한 연삭은 숫돌 분말이 연삭면에 파고들어가 남아 있게 되며, 이 분말은 일반 산화물이므로 산소 오염이나 기공 발생 등의 결함의 원인이 되기 때문에 주의가 필요하다.

부득이하게 그라인더 가공한 경우에는 깨끗이 줄작업을 하고. 스크레이퍼 등으로 마무리 다듬질을 실시하는 것이 좋다.

바. 용접 작업

다른 재료보다 활성이 크기 때문에 이음 형상에 맞게 용접 홈 선정, 가공, 차폐방법, 비드의 표면상황에 세심한 주의가 필요하다.

TIG용접은 텅스텐 전극을 이용한 용접법으로 t2mm 정도 이하의 것은 용접봉 없이 아크 열만으로 재살 용접을 한다.

용접부에 불순 가스의 오염이 적은 것이 요구될 경우에는 진공 배기장치에 의해 일단 진공(10^{-4} mmHg 정도)하여 아르곤 가스를 보내어 보통 압력보다 30~40 mmHg 높여 봉입하는 것으로 대기 중에서의 아르곤 가스 보호용접보다 산소, 질소 등에 의한 오염이 현저히 적은 양호한 용접부를 얻을 수 있다.

아크 발생은 고주파 발생장치가 부착된 용접기를 이용하여 전극이 모재에 접촉되지 않게 헤야 하며, 아크를 끊을 때는 스위치를 이용하여 끊으며, torch를 옆 방향으로 끌면서 끊을 경우 용접종료 후에도 분화구 부근은 고온이기 때문에 고온부를 보호할 수 없다.

전진법으로 용접하며, 용접봉은 토치의 아르곤 가스 기류 내의 범위에서 촘촘히 운봉하며, 용접봉 선단의 산화나 텅스텐 용접부에의 혼입을 막기 위하여 주의를 하여야 한다.

티타늄은 고온(400℃ 이상)에서 대기와의 친화력이 강하기 때문에 위빙(weaving)은 좋지 않고, 직선 비드를 놓는 것이 좋다.

용접부를 완전히 대기로부터 차단하여 용접한 표면은 은백색의 금속광택을 낸다. 차폐 순서가 잘못되면 청색-남색-광택이 있는 회색이 되며 차폐되지 않으면 전면에 황백색의 가루가 붙고, 그 아래는 흑회색으로 된다.

단원 종합 문제 {제6장 I 각종 금속의 용접}

01 순철의 용접성과 탄소강의 용접성 중 어느 것이 더 좋은가?

02 저탄소강에서 두께 30 ~ 50mm 정도일 때 예열 온도는 얼마가 적당한가?

① 20~50℃ ② 50~80℃ ③ 80~140℃ ④ 200~250℃

03 중·고탄소강의 용접 중 적당한 예열 온도는?

04 고탄소강의 용접에 적당한 용접봉의 종류는?

05 고장력강 HT70의 용접시 예열 온도는 얼마 정도가 좋은가?

06 고장력강 용접시 주의 사항 2가지를 쓰시오.

07 주철의 용접이 어려운 이유를 3가지만 쓰시오.

08 주철의 열간 용접시 예열 온도는 얼마가 적당한가?

① 350~450℃ ② 540~560℃ ③ 650~700℃ ④ 750~800℃

09 주철의 용접에 적합한 용접봉의 종류를 3가지만 쓰시오.

10 주철 용접시 비드놓기할 때 위빙 비드가 좋은가 좁은 비드가 좋은가?

11 구상 흑연 주철의 예열 온도는 얼마가 적당한가?

12 주철의 용접시 봉 굵기는 가는 것이 좋은가 굵은 것이 좋은가?

13 주철의 납땜시 적합한 불꽃의 종류는?

14 주철의 보수 용접법의 종류 3가지를 쓰시오.

15 스터드 용접법에 대하여 간단히 설명하시오.

16 스테인리스강은 탄소강에 비해 변형이 어떠한가?

17 스테인리스강의 불활성 가스 텅스텐 아크용접시 용접 가능한 두께는?

18 스테인리스강을 불활성 가스 텅스텐 아크용접시 적당한 극성은?

① DCSP ② DCRP ③ ACHF ④ DCHF

19 스테인리스강의 불활성 가스 금속 아크용접시 적당한 극성은 어느 것인가?

20 스테인리스강의 저항 용접시 전류는 연강보다 높아야 하는가 낮아야 되는가?

21 18－8강 용접시 주의 사항을 3가지만 쓰시오.

22 18－8강 용접시 아크 길이가 길어지면 일어나는 현상은?

23 구리의 용접성에 영향을 주는 요소 3가지를 쓰시오.

24 순구리는 연강보다 열전도도가 얼마나 되는가?

25 구리의 열팽창계수는 연강보다 얼마나 되는가?

26 황동의 가스 용접시 적합한 불꽃의 종류는?

27 구리 합금의 용접시 가접부는 연강보다 많게 해야 되는가 적게 해야 되는가?

28 청동, 알루미늄 청동 가스 용접시 사용하는 용제의 종류는?

29 Al을 가스 용접할 때 사용하는 불꽃의 종류는?

30 Al의 저항 용접시 짧은 시간에 대전류가 좋은가 긴시간에 낮은 전류가 좋은가?

제6장 각종 금속의 용접 문제 해설 [p.529~545]

1. 순철
2. ③
3. 280℃ 이상
4. 저수소계 연강봉, 오스테나이트계 스테인리스강봉, 특수강 용접봉
5. 150~200℃ 정도의 예열
6. P531 4 다. 고장력강 용접시 주의 사항
7. P532 2 가. 1) 주철 용접이 곤란한 이유
8. ②
9. 니켈봉, 니켈-철 합금봉, 모넬 메탈봉, 연강봉, 주철봉 등
10. 좁은 비드
11. 550~650℃
12. 가는 봉
13. 중성 또는 약한 탄화 불꽃을 사용
14. 버터링법, 스터드법, 로킹법, 비녀장법
15. P535 4 나. 1) 참조
16. 팽창 계수가 크므로 변형이 심하다.
17. 0.4~8mm 정도
18. ①
19. 직류 역극성
20. 연강보다도 낮은 전류에 가압력을 높게 하여 용접
21. P538 다. 오스테나이트계 스테인리스강의 용접 ⑥ 18-8강 용접시 주의 사항
22. 아크 길이가 길면 탄화 크롬 석출로 부식 저항이 저하된다.
23. 열전도도, 열팽창계수, 용융 온도, 재결정 온도 등
24. 연강의 8배 이상
25. 연강보다 50% 이상 크다
26. 산화불꽃
27. 많이 해야 된다.
28. 붕사
29. 탄화불꽃
30. 짧은 시간에 대전류를 사용해야 한다.

chapter

07 금속 결합과 결함, 균열

제1절 | 금속의 결합

1 원자의 구조

원자는 핵을 중심으로 전자들이 회전하고 있으며 핵은 양자(+ 전하)와 전기적으로 중성인 중성자로 되어 있다. 전자는 - 전하를 가지고 있으며, 양자 1개가 가지고 있는 전기량(+)과 전자 1개가 가지고 있는 전기량(-)은 같다. 그리고 1개의 원자 속에 양자의 수와 전자의 수가 같으므로 모든 양자의 전기량과 전자 전기량은 같다.

예를 들면 염소(Cl, 원자 번호 17)는 양자 17개와 전자 17개가 존재하므로 전기적으로 중성이다. [그림 7-1 참조]

[그림 7-1]에서 가장 바깥 궤도를 도는 전자를 최외곽 전자라고 하며, 물질의 물리, 화학적 성질에 큰 영향을 미친다.

그림 7-1 염소의 원자 구조

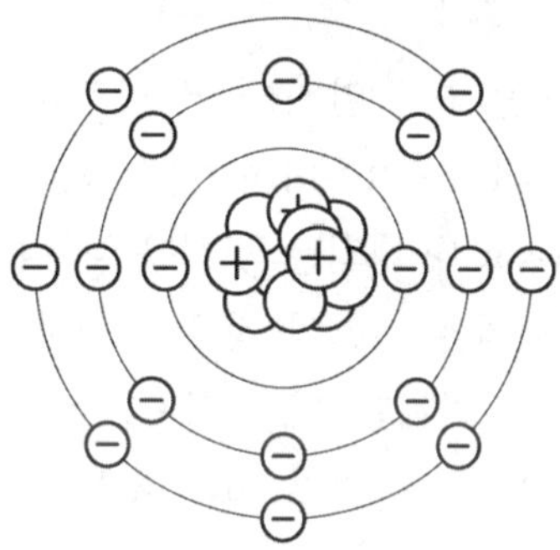

2 금속(원자) 결합

금속이 금속 특유의 성질을 나타내는 것은 결정이며, 금속 이외에도 결정을 이루는 것은 많다. 금속은 소성 변형능이 크거나 금속 광택을 나타내는 근본적인 원인은 원자간의 결합 방식에 있다. 일반적으로 원자끼리 결합하는 힘을 대별하면 이온 결합, 공유 결합, 금속 결합, 반 데어 발스 힘에 의한 결합이 있다.

3 금속 결합의 종류

가. 이온 결합

Fe나 Na와 같은 금속의 원자는 일반적으로 최외곽 전자의 수가 3개 이하이나, 준금속의 최외곽 전자의 수는 이보다 많다. 그리고 최외곽 전자의 수가 적을수록 핵이 이 전자들을 당기는 힘이 약하다. 따라서 금속과 준금속 원자가 접근하면 금속의 최외곽 전자가 준금속 원자의 최외곽 전자로 이동하여 금속은 중성에서 양이온으로 변하고 준금속은 전자 수가 늘어나 음이온이 되어 서로 끌어당기는 힘이 생겨 결합하게 된다.

그림 7-2 이온 결합 과정

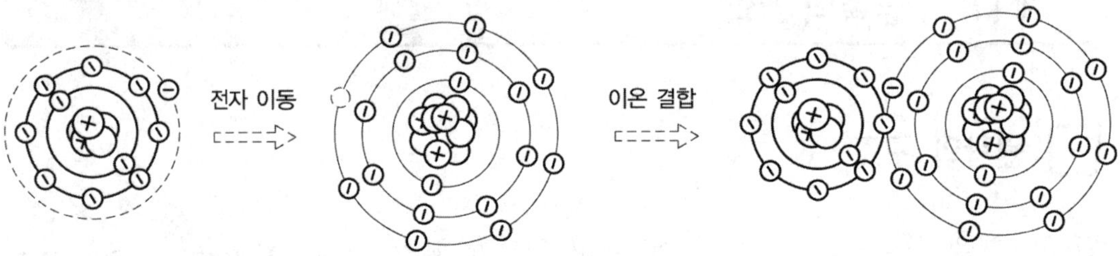

(a) 최외곽 전자의 이동(Na – Cl)　　(b) 이온 결합(NaCl)

예를 들면 금속인 나트륨(Na)과 준금속인 염소(Cl)가 접근하면 나트륨의 최외곽 전자가 염소로 이동하며 나트륨은 양이온, 염소는 음이온이 되어 서로 끌어 당겨지므로 소금(NaCl)이 되는 결합을 이온(이극) 결합이라고 한다. [그림 7-2 참조]

이온 결합의 경우는 전자가 2개의 이온 사이에 고정되므로 금속과 같은 전기 전도는 불가능하지만 이온 전도는 약하게 일어난다. 또한 외력을 가하면 금속의 경우 늘어나면서 소성 변형하지만 이온 결합의 경우는 일정한 원자면을 따라 취성 파괴가 일어난다.

나. 공유 결합

2개의 원자 각각의 최외곽에 있는 전자가 이 2개의 원자만에 공통인 전자 궤도를 움직이며 서로 연결되어 그 힘으로 2개의 원자를 결합한 상태의 경우로서 대표적인 예가 다이아몬드이다.

이는 서로 똑같은 종류의 원자(C)간에 힘이 작용하여 결합한 것으로 전자는 어느 쪽의 원자에 속한다고 말할 수 없는 2개의 원자에 공유한 형태이므로 공유 결합 또는 동극 결합이라고 한다.

다이아몬드는 강한 방향성 외에 원자간의 결합력이 강하므로 경도가 크고 결정 내부 전체를 돌아 움직일 수 있는 전자가 없으므로 전기 부도체이며 빛에 대해 투명하다.

다. 금속 결합(metallic bond)

1) 금속 결합의 원리

금속 물질의 원자들이 서로 잡아당겨 금속 결정을 이루는 화학 결합으로, 전자 구름

(electron cloud)이라 불리는 전자들의 비편재화된 공유 결합을 말한다.

공유 결합과 다른 점은 튀어나온 전자가 특정한 2개 원자 사이에만 공유하지 않고 금속 결정을 구성하고 있는 원자 전체에 공유된다는 것이다. 따라서 자유 전자의 무리(전자 구름) 속에서는 전자가 결정 전체를 자유롭게 이동할 수 있으므로 전기 및 열을 잘 전달한다.

또한 금속 원자는 모두 등가이고 외부로부터 응력을 가하면 어느 장소에서 이들 결합이 파괴되고 미끄러져도 쉽게 다시 결합될 수 있으므로 소성 변형이 가능하며, 가시 광선이 금속에 닿으면 전자 구름에서 산란되어 금속 광택을 나타낸다.

이런 (+) 전하의 금속 주위를 (−) 전하의 전자 구름이 돌고 있으므로 (+) 전하의 A금속은 (−) 전하의 전자 구름과 결합하고, B금속도 (−) 전하의 전자 구름과 같은 방법으로 결합하게 된다. 이와 같은 방법으로 원자들이 결합하는 방법을 금속 결합이라고 한다.

2) 금속 결합을 갖는 물질의 특성

① 금속은 이러한 전자 구름에 의해 전기 전도도가 높다.

② 금속 결합이란 전자의 공유를 의미하며 비방향성이며, 배위수가 비교적 높다.

③ 금속에 있어서의 결합 에너지는 수은(68kJ/mol)과 같이 낮은 것부터 텅스텐(850kJ/mol)에 이르기까지 다양하다.

라. 반 데어 발스(Van der Waals) 힘에 의한 결합

네온(Ne), 아르곤(Ar)과 같은 원자는 다른 원자와 화합하는 힘을 거의 갖고 있지 않지만 이와 같은 원자사이에도 전기적으로 중성인 원자들이 접근하면 그들 원자 내부에서 각 순간 순간에 ⊕와 ⊖의 각 전하의 중심이 분리, 즉 분극이 일어나며 그 결과 인접 원자 사이에는 극저온에서만 원자의 열진동보다 우세하여 원자끼리 결합할 수 있다.

따라서 이러한 힘에 의해 결합한 것은 매우 낮은 온도에서 풀어진다. 예로 Ar 고체는 −190℃에서 용해하며, −186℃에서는 기체로 된다.

제2절 | 금속의 결함

1 금속의 결함(격자 결함)

원자나 분자가 규칙적으로 배열하여 조금도 결함이 없는 이상적인 결정을 완전 결정(perfect crystal)이라고 한다. 그러나 실존 결정의 경우는 여러 가지 원인에 의해 많은 결함을 포함하고 있으며 고체의 어떤 성질, 즉 기계적 강도, 반도체의 전기 전도도 등은 이러한 결함에 의하여 현저히 영향을 받는다.

2 결함의 종류

가. 점 결함(Point defect)

완전 결정에서 원자 하나를 움직여서 생길 수 있는 결함을 말하며, 이런 경우 어떤 종류의 점결함이 존재하든지 점결함 주위의 결정 구조가 왜곡된다.

(1) 원자 공공(vacaney) : 완전 결정에서 원자 하나를 빼내면 원자가 있던 곳은 공간으로 남게 되는데 이 부분을 말한다.

(2) 침입형 원자 : 원자와 원자 사이의 침입형 자리(틈새)에 탄소, 질소, 산소 등 본래 원자보다 매우 작은 원자가 침입하여 생긴 결함을 말한다.

(3) 치환형(격자간) 원자 : 본래의 원자의 크기와 비슷한 원자에서 서로 자리를 바꾸는 결함을 말한다.

나. 선 결함(Line defect)

실제 모든 결정체는 원자들의 규칙 배열을 부분적으로 혼란시키는 여러 형태로 점, 선, 면 또는 체적 결함을 갖고 있다. 이 결함의 존재는 고체 결정체의 성질을 바꿀 수 있게 된다. 원자 결정 중에 원자들의 줄이 하나 더 생겼거나 빠졌거나 삐뚤어져서 비정상적으로 배열된 결함을 선 결함이라 하며, 선 결함은 크게 칼날 전위, 나사 전위, 혼합 전위로 나눌 수 있다.

다. 면 결함(Plane defect)

어떤 경계면의 양측에 있어서의 원자의 겹침의 변화에서 생긴다. 결정립계(결정 경계)는 다결정체로 향방이 다른 결정을 나누고 있는 계면 결함인데 서로 경(거울) 상의 관계에 있는 두 방향의 부분을 나누고 있는 계면 결함은 쌍정 경계(twin boundary)라고 한다.

라. 체적(부피) 결함(Volume defect)

수축공, 기공 등의 주조 결함처럼 일정한 체적을 가지는 결함을 말한다.

제3절 | 용접 균열

1 용접 균열의 개요

용접 균열은 용접부에 생기는 결함 중에 가장 치명적인 것으로 용접부의 수축과 팽창에 의해 발생한 응력이 커서 그 부분의 소성 변형이 용접 응력에 견디지 못하여 생긴다. 이러한 균열은 아무리 작은 균열이라 해도 하중이 작용하면 응력집중에 의해 매우 빠른 속도로 진전되어 파괴될 수 있으므로 반드시 그 부분을 파내고 보수용접 규정에 따라 용접하여야 된다. 균열은 발생 시기에 따라 고온 균열과 저온 균열로 나눈다. 고온 균열은 용접부가 고온으로 있을 때 발생하는 균열이며, 갈라진 면에 산화가 심하다. 이에 비해 용접 후에 발생하는 저온 균열은 발생하는 곳에 따라서 비드 밑 균열, 토우 균열 등으로 크게 나눈다.

2 고온 균열

고온 균열은 용융 온도 이상에서 용접부 중앙이나 주상(柱狀) 조직 사이에서 발생하는 균열이며, 주요 발생 원인은 응고 조직의 조대화, 산화물, 유화철 등의 불순물 및 용접부의 형태, 잔류 응력 등이 원인이 되어 용접 중 또는 용접 직·후의 고온에서 용접부의 수축 및 외부 변형 등에 의하여 일어나며, 응고 온도 바로 아래에서 발생하는 응고 균열이 대부분이고, 응고 직후 또 연성이 부족한 용접 금속이 수축 응력에 인장되어서 결정립계가 갈라지는 것이다.

대개 1000℃ 이상의 고온에서 강의 결정립계의 저융점의 불순물이 녹아서 입계의 결합력이 제로(0)로 되어 파단하기 쉬우므로 압연이나 단조 중에 균열이 발생하는 경우가 있으며, 필릿 용접이나 크레이터에 가장 많이 나타나기 쉽다.

가. 고온 균열의 종류

1) 가로(횡) 균열

용접부의 세로 방향의 수축 응력에 기인하여 용접 방향에 수직으로 발생하는 균열이며, 용접 금속의 인성이 극히 낮을 때 및 경화 육성 용접시 발생할 우려가 있다.

2) 세로(종) 균열

가로 방향의 수축 응력에 기인하는 균열이며, 용접 방향과 같거나, 평행하게 발생하는 균열을 말한다.

3) 크레이터 균열

크레이터 부분의 급랭에 의해 발생하는 고온 균열의 일종이며 크레이터 처리를 하지 않았거나 불량한 처리시에 발생하며, 고장력강이나 합금 원소가 많은 강종에서 많이 발생한다.

균열 종류에는 별모양, 가로방향, 세로방향 형태로 나타나며, 발생 형태는 용접 방법이나 합금 원소의 종류와 량에 따라 다르지만 아크 중단 점을 중심으로 수직응력의 영향에 의해 발생하므로 아크 끊는 법과 크레이터 처리법을 확실하게 적용해야 된다.

그림 7-3 가로(횡) 균열

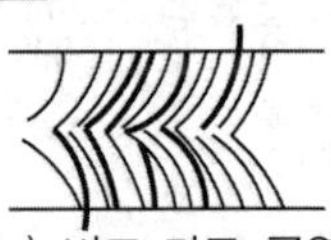

(a) 비드 가로 균열

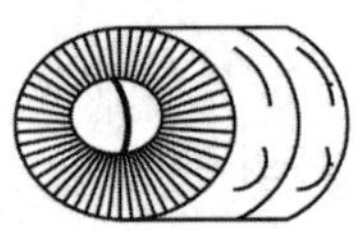

(b) 크레이터 가로 균열

그림 7-4 세로(종) 균열

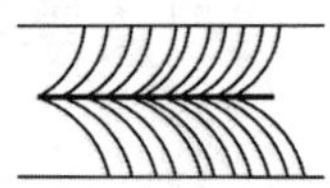

(a) 비드 세로 균열

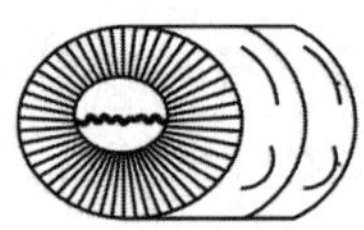

(b) 크레이터 세로 균열

그림 7-5 별모양 균열

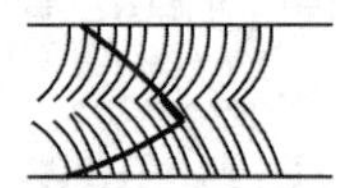

(a) 비드 별모양 균열

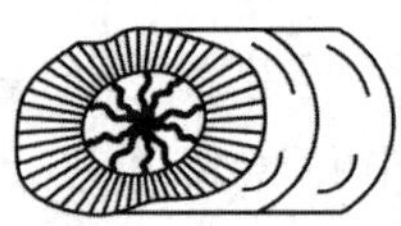

(b) 크레이터 별모양 균열

4) 황 균열(sulfur crack)

설퍼 크랙이라고도 하며, 강 중에 황이 층상으로 많이 존재하는 모재를 서브머지드 아크용접하는 경우에 발생하는 고온 균열이며. 황의 함유량이 낮은 강재의 사용과 망간의 첨가, 저수소계 용접봉이나 플럭스 사용으로 방지가 가능하다.

그림 7-6 황(설퍼) 균열

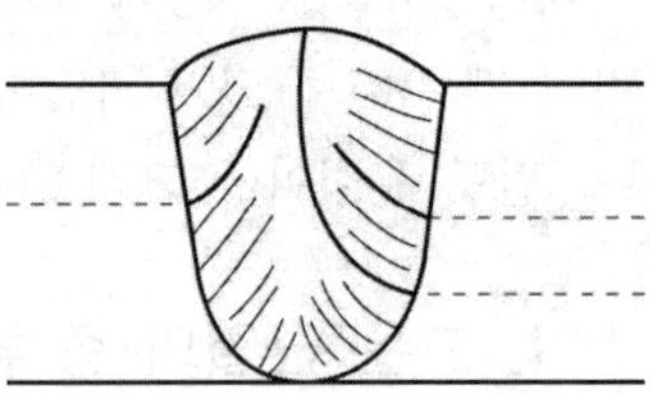

나. 고온 균열 발생 원인

고온 균열은 크게 나누어 고상선 온도 이상과 이하에서 일어난다. 전자는 주로 고상선 주변의 온도에서 결정 입계에 잔류하는 액체의 거동에 원인이 있으며, 후자는 입계에서 고상의 석출물, 성분 편석 및 전위 등의 거동에 원인이 있는 것으로 판단되며, 고온(적열) 메짐이 원인이다.

① 수소에 의한 균열, 크레이터 미처리에 의한 균열

② 사용 중 외부의 힘과 용접 후 방치 중에 갈라지는 균열

③ 열 응력 등 내적인 힘에 의한 균열, 노치 끝 부분의 응력 집중에 의한 균열
④ 용접부의 가열과 냉각에 의한 체적 변화 등 변태 응력에 기인한 균열
⑤ 황(S)의 편석, 인(P)의 영향 등 용착 금속의 화학 성분에 의한 균열
⑥ 모재의 응고온도와 액막의 응고온도 차에 의한 균열
⑦ 모재에 C, S, P, N_2 등의 함량 과다에 의한 편석 균열

다. 고온 균열의 특징

① 일반적으로 균열은 결정 입계 균열이다. 응고 균열은 수지(Dendrite)상 결정의 입계이며, 연성 저하 균열은 응고 후에 입계 이동이나 재결정에 의하여 새롭게 형성된 결정 입계에 발생하며 파면은 입계 파면을 나타낸다.
② 균열의 선단은 일반적으로 날카롭지 않으며 약간 둥근 모양을 띈 경우가 많다.
③ 균열이 표면에 도달한 부분은 대기에 의해 산화되어 착색하는 경우가 많으나 표면에 도달되지 않는 부분은 산화되지 않고 은백색을 나타낸다.
④ 고온 균열은 파면이 산화되고 육안으로도 쉽게 알아볼 수 있을 정도로 벌어져 있는 것이 보통이며, 균열의 폭은 약 0.05~0.5mm까지로 저온 균열의 크기(0.001 ~ 0.01mm)보다 수십배 크고 끝단은 둥그렇다.

라. 고온 균열 방지 대책(설계 및 재료적인 측면)

불순물로서 유해한 유화철, 산화물 등을 최대한 억제하고, 예열 및 후열처리, 피닝, 입열 감소, 용착 금속 내에 수소의 함량이 적게 내포되도록 저수소계 용접봉을 사용하거나, 용접할 때 국부적으로 가열, 냉각하여 팽창, 수축이 불균일하게 일어나지 않게 할 것, 용착 금속 내에 황(S)과 인(P)이 적게 함유하도록 하고, 용접부에 예리한 각도를 갖는 노치(notch)가 발생하지 않도록 할 것 등이 있다.

3 저온 균열

강의 저온 균열은 용접 후 2~3시간 안에 발생하는 경우가 보통이나 며칠 경과 후 발생하는 경우도 많다. 이러한 원인은 잔류 오스테나이트의 분해와 수소의 확산에 의한 지연 균열이다.

지연 균열은 구속에 의한 응력이 크게 관계되며, 수소량의 과다, 열영향부의 연성 부족, 열영향부의 조립부의 급랭에 의한 경화에 기인하여 발생하는 균열이며, 용접 금속부에 생

기는 경우는 매우 드물다.

일반적으로 담금질하면 경화하기 쉬운 고장력강이나 저합금강 등에서 비드 밑 균열이나 토우 균열이 생기기 쉬우며, 용접 입열이 적을수록, 판두께가 클수록, 이음 형상이 복잡할수록 급랭 속도는 증가하고, 경화하여 균열이 생기기 쉽다.

가. 비드 밑 균열(under bead crack)

저합금 고장력강에 생기는 미소한 균열이며, 용접 후 수시간 후에 비드의 바로 아래에 생긴 균열이다. 이 균열은 일반적으로 본드에 접하는 조립부 내에 생긴다.

1) 비드 밑 균열 발생 원인

발생 원인은 용접 중에 열영향부에 흡수된 수소가 냉각 중에 과포화로 되고 마텐사이트 변태를 한 조직의 취성화로 인해 용착강 및 열영향부의 수축 응력, 오스테나이트에서 마텐사이트로 변태시의 체적 팽창에 의한 변태 응력, 미시적인 공공 중에 석출한 수소와 정역학적인 응력 등에 의해서 유기되는 것이다.

비드 밑 균열의 발생 기구는 다음과 같다.

① 수소가 다량 발생하는 용접봉으로 용접할 때 아크 분위기를 통과한 금속 입자가 수소를 흡수하므로, 용접 금속은 수소를 다량 함유하게 된다.
② 용접 금속이 응고할 때 급랭에 수반하여 용착강 자신은 수소 흡수 능력이 점차 감소하므로 일부는 가스로 되어 표면에서 대기 중으로 빠져나가지만, 일부는 근접하는 열영향부 내로 확산을 계속하여 열영향부의 수소량은 더욱 증가하게 된다.
③ 잔류 오스테나이트는 수소로 과포화되어 있기 때문에 마텐사이트로 변할 때 새로 생긴 조직 중에 미세한 균열이 생기는 일이 있다.

2) 방지 대책

① 마텐사이트 생성이나 수소의 생성 원인을 차단한다.
② 냉각 속도를 느리게 하여 마텐사이트 변태를 피하고, 과도한 수소 흡습을 방지한다.
③ 마텐사이트의 생성을 감소시키기 위하여 100~150℃로 예열하거나(서랭을 위하여) 저수소계(페라이트)의 용접봉을 사용(열영향부로의 수소 흡수 감소)한다.

나. 토우 균열(toe crack)

비드 표면과 모재의 경계부에 발생하며, 언더컷에 의한 응력 집중이 큰 것이 원인이므로 언더컷이 생기지 않게 해야 되며, 용접 중에 무리하게 구속하거나, 용접 후 곧바로 각변형을 줄 경우 발생할 수 있으므로 예열, 또는 강도가 낮은 용접봉 사용으로 방지가 가능하다.

다. 힐 크랙(hill crack)

필릿 용접부의 루트 부분에 생기는 저온 균열이며, 열팽창 수축에 의한 비틀림이 주요 원인이다. 수소량 감소와 예열이 효과적이며, 용접 입열을 적게 해야 된다.

라. 루트 균열

저온 균열의 일종으로 용착 금속이 냉각되어 수축할 때 모재는 좌우로 인장된다. 용착 금속이 아직 고온이고 연성이 충분할 때는 자신이 늘어남으로 균열이 생기지 않으나, 100℃ 부근이 되면 강도는 증가하지만 연성이 저하하여 루트의 노치부가 응력 집중에 의하여 국부적으로 소성 변형한다. 따라서 그 부분이 가공 경화와 변형 시효를 받아 취약하게 된다. 용접 후 수시간이 지난 후에도 일어나게 되며 비드가 작을수록 일어나기 쉽고, 첫층 용접의 루트 부근의 열영향부에 발생하며, 열영향부의 조직, 용접부에 함유된 수소량, 작용하고 있는 응력 등이 주 원인이다. 방지 대책으로는 예열, 후열 등이 효과적이다.

마. 라미네이션(층상 균열)

모재의 재질 결함으로 강괴의 기포가 압연되어 생기는 층상의 내부 노치이다.

1) 특 징

① 흔히 용접 이음 내부에 매몰된 균열(buried tear)로 존재하기 때문에 초음파 탐상을 제외하고는 그 탐지가 곤란하다.
② 용접 구조물에서 직접 원인이 되어 발생한 사고는 드물지만, 구조물 내부에 존재하고 있는 매몰된 균열이 다른 균열의 성장 및 전파에 기여하고 있다.
③ 해상 구조물, 다리, 압력 용기, 배관 라인, 원자력 발전소 구조물 등에 발생되고 있다.
④ 구속력을 수발하기 쉬운 용접 이음 설계(joint design) 즉, 십자형(cruciform), T형상, 모서리 이음 등에 관련되어 발생한다.
⑤ 탄소강, Cr-Mn강, 고장력 저합금(HSLA)강 등에 발생하고, 또 불림강, 압연강, 담금질 및 뜨임강 등에서도 발생하고 있다.

2) 발생 원인

MnS계 개재물은 압연에 의해 편평하게 늘어지기 쉽고, 모재 속에서 이와 같이 늘려진 개재물은 모재가 용접열에 의한 외부 인장 구속 응력을 받을 때 쉽게 모재 내부를 분리시키는 역할을 한다. 이렇게 여러 곳에서 분리된 부분들은 서로 연결되어 압연 방향과 평행인 층상의 거시적인 균일 형태로 발전된다.

이러한 라멜라 균열의 주요한 요인으로 작용하는 MnS계 개재물은 초음파를 투과하기 쉽기 때문에 상당히 큰 개재물이라도 초음파 탐상으로 검출하기 어려워서 초음파 탐상같은 비파괴 시험만으로는 라멜라 균열이 발생되지 않도록 보장하기 어렵다.

① 발생의 주된 인자는 재료, 이음 설계 및 용접 변수 등 세가지이다.
② 재료의 두께 방향의 낮은 연성과 이 방향으로 용접에 의해 부과되는 높은 변형에 의하여 발생된다.
③ 두께 방향의 낮은 연성은 비금속 개재물, 모재의 성질 및 취성 기구 등에 기인하고 이 방향에 부과되는 변형은 용접 이음의 구속력, 용접에 의한 열적 변형과 금속의 상변태에 따른 변형 때문이다.
④ 라멜라 균열이 발생되는 재료상의 이유는 용접에 의하여 발생된 변형이 그 재료의 연성을 능가하기 때문이다.

3) 방지 대책

① 내라멜라 균열성 강재를 이용하여 용접 시공을 할 때 압연 판재의 두께 방향으로 큰 구속이나 부하가 걸리지 않도록 구조물을 가능한 한 간단히 하고 각 이음부의 거리를 넓게 함이 필요하다.
② 용접 이음부의 형식으로는 T형, 편측 필릿 이음부, 코너 이음, 관통 이음매를 피하여 가능한 한 맞대기 이음을 한다. 또한 같은 이음부 형식이라도 용접홈 형상, 적층법 등에 의해 구속도의 종류, 정도, 국부적인 용접 변형, 잔류 응력 분포 등이 변화하므로 주의가 필요하다.
③ 용접 시공시는 저수소계 용접봉 및 용접 재료를 선택하고 적절한 예열과 후열처리를 실시한다.
④ 저강도의 용접 금속을 사용한다.(두께 방향의 변형을 줄여주기 때문)
⑤ 100℃ 정도로 예열하여 수소의 영향을 감소시켜 균열에 대한 재료의 저항을 향상시킨다.
⑥ 대입열 용접 방법(서브머지드 아크용접 등)을 사용함으로서 큰 열영향부를 얻게 되고

변형 구배가 용접부에서 점차적으로 분포되어 있기 때문에 라멜라 균열 발생을 줄일 수 있다.

그림 7-7 용접 균열의 종류

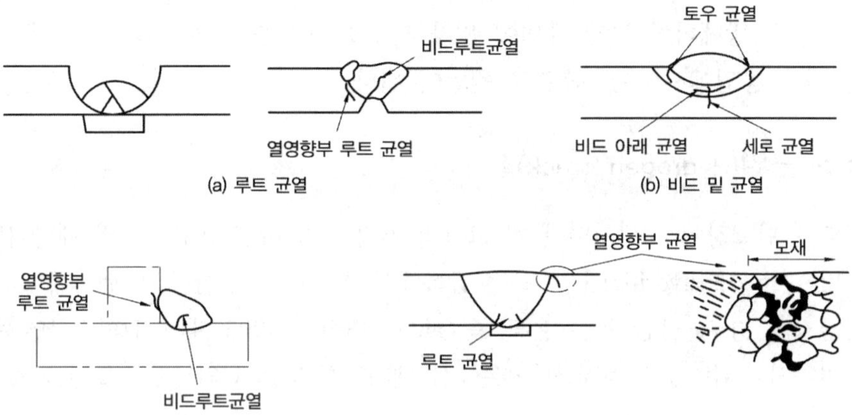

제4절 | 수소 취화

1 철강에서의 수소 취화

가. 수소 취성

수소 취성은 음극 전해 탈지, 산세, 전기 도금 등에 의해서 생긴 수소가 철강 제품에 침투함으로써 메짐성을 가지는 현상으로, 강의 경우 항복 강도가 낮은 강철일 때 흡수된 수소가 강의 MnS, Al_2O_3, SiO_2 등의 개재물(介在物) 속에 모여서 이들 수소 분자의 압력으로 균열의 원인이 될 수 있다.

수소 취성은 전위를 고정시켜 소성 변형을 곤란하게 하는 원자상 수소에 의해 생기는 금속의 취성으로, 재료의 강도가 클수록 극미량의 수소에 의해서도 취성이 생기며, 공식 부위를 기점으로 하여 발생하기 쉽다.

재료 내부에 공동(空洞, cavity)이 있으면 그 표면에서 접촉 반응에 의해 분자상 수소를 발생시켜 고압의 기포를 형성하게 된다.

수소 취화된 강에 어느 임계값 이상의 인장 응력이 가해지면 수소 균열이 발생한다. 이러한 임계 응력은 수소 함유량이 증가함에 따라 저하하며 때로는 필요한 인장 응력이 수소

자체에 의해 생기고 수소 균열은 외부 부하에 관계없이 생긴다.

원자상 수소는 금속 자체의 부식 또는 보다 열약한 금속과의 접촉에 의해 생긴다. 또한 수소는 산세(酸洗), 음극 청정, 전기 도금과 같은 공업적 공정에서 금속 중으로 녹아 들어간다.

강의 수소 취성은 Bi, Pb, S, Te, Se, As와 같은 원소가 존재하면 이들 원소들이 $H + H = H_2$의 반응을 방해하여 강재 표면에 원자상 수소 농도를 높게 하기 때문이다. 황화 수소(H_2S)는 석유 공업에서 부식 균열의 원인이 된다.

나. 수소 균열(Hydrogen crack)

수소 균열은 탄소강에서 생기며 특히 고장력 저합금강, 마텐사이트계 및 페라이트계 스테인리스강 및 수소화물(hydride)을 만드는 금속에서 현저히 발생한다. 마텐사이트 구조인 고장력 저합금강의 경우, 약간 높은 온도 즉 250℃ 대신에 400℃에서 템퍼링하면 수소 취성 감수성을 저하시킬 수 있다. 비교적 고온에서 템퍼링하면 Fe_3C와 같은 조성을 갖게 된다.

다. 수소 침식(Hydrogen attack)

수소 취성에 의한 균열은 응력 부식 균열에 비해 잔가지(branch)가 거의 없으며, 매우 큰 취성 벽개 파면(입내 파면)이나 입계 파면을 나타낸다.

200℃ 이상의 고온에서 수소가 탄화물과 반응하여 탈탄 구조와 메탄 가스를 형성하며, 크기가 크기 때문에 쉽게 확산되어 밖으로 나가지 못하고 입계에서 틈을 만들어 파괴가 일어나는 현상이다.

2 수소 취성의 발생 기구

수소의 원자 반경은 1.06Å로 다른 원자보다 매우 작아서 금속 격자(2～3Å) 사이를 쉽게 원자 상태로 뚫고 들어갈 수 있게 된다.

수소 취성에 대한 학설은 확실치 않으나, 수소를 함유하는 강을 저온 냉각시키면 취성이 나타나지 않고, 온도를 높여도 수소가 확산되어서 외부로 방출되기 때문에 취성이 나타나지 않는다. 또 하중을 가하는 속도가 대단히 빠를 때에도 취성이 나타나지 않는 것 등으로 보아서 수소 확산의 지연으로 인한 것으로 규정하고 있다.

가. 전위설

원자상의 수소는 전위(轉位) 등의 격자 결함(格子缺陷)의 주위에 집결하는 경향이 있으며, 전위가 이동함에 따라서 수소가 침입하여 국부적, 일시적으로 과포화 상태가 되어 압력이 증가하여 틈새의 주변에 취화를 일으킨다고 한다.

나. 표면 흡착설

수소가 균열 선단에 흡착되어 균열 성장에 필요한 표면 에너지를 감소시켜 균열이 쉽게 일어나게 한다는 설이다.

다. 압력설

격자 내로 확산한 원자 상 수소가 결정격자나 기공 등에서 수소 분자를 형성하고 축척되어 가스가 된 다음 가스 압력이 매우 높아져서 그 힘에 의해 균열이 전파된다는 설이다.

라. 결합력 저하설

소수가 금속 원자 상호간의 결합력을 약화시킴으로써 수소 취성이 일어난다는 설이다.

마. 국부 소성 증가설

수소로 인해 국부적으로 소성이 증가된 부분이 변형되지 않고 주위 물질로부터 소성 구속을 받아 소성 변형이 억제되어 계속적으로 변형하지 못하고 크랙이 성장한다는 설이며, 인장 시험시 목 부분에 크랙이 발생하여 성장하는 것과 같다.

PART 4 용접 야금(용접 재료)

3 철강에서 수소 취성 방지 대책

가. 발생 전 수소 취성 방지 방법

① 전해 탈지시 철강의 경우 양극 탈지를 택한다.

② 산세를 할 경우 가능한 짧은 시간에 하며 산 억제제나 부식 억제제 등을 첨가한다. 일반적으로 부식 억제제를 첨가함으로써 수소 발생 속도를 감소시킨다.

③ 고탄소강 등 수소 취성이 많이 생기는 것은 산처리 대신 쇼트 블라스팅 등 기계적 전처리(녹제거 등)나 특수 알칼리 탈청 방법을 선택한다.

④ 산성 아연 도금이나 특히 매커니컬(mechanical) 도금을 한다.

⑤ 수소가 발생되는 환경을 바꾼다.
수소 취성에 매우 민감한 재료의 경우 음극 방식 방법들을 바꾸거나 발생된 수소에 분자 상태로 쉽게 변환되지 못하고 금속 격자 내부로 들어가는 것을 촉진하는 이온들

을 제거한다.

⑥ 합금을 바꾼다.
일반적으로 인장 강도가 큰 재료일수록 수소 취성이 잘 일어나므로 강도가 낮은 합금으로 대체한다. 황화합물이 없는 환경에서 인장 강도가 690MPa(70kgf/mm^2) 이하인 강에서는 수소 취성이 잘 일어나지 않는다.

나. 발생 후 수소 취성 방지 방법

① 산세 후 가열된 알칼리 용액에 넣어서 침입한 수소를 전부 제거한다.

② 적절한 열처리로 내부에 존재하는 수소를 제거한다.
200℃ 정도에서 4시간 정도 수소 제거 열처리(baking)를 한다. 이 열처리는 금속의 종류, 피막 상태, 도금의 종류, 소재의 두께 등에 따라서 다르다. 예를 들어 아연 도금층은 수소가 통과하기 힘들고 같은 아연이라도 광택 도금은 수소의 방출이 힘들기 때문에 열처리 시간이 길어야 한다.

③ 부식 후 가열된 알칼리용액에 넣어서 침입한 수소를 도금하기 전에 제거한다.

4 용접부의 수소 취화

수소 취화(Hydrogen Brittleness)란 강재 중에 수소가 용해하여 있으면 파괴 강도가 저하하는 현상이다. 일반 강재에 비해서 용접 금속은 10^3~10^4배 수소량을 갖는다.

가. 수소 취화의 성질

① 약 −150~150℃ 사이에서 일어나며, 실온보다 약간 낮은 온도에서 취화의 정도가 제일 현저하다.

② 고온 및 저온에서는 거의 일어나지 않는다.

③ 견고하고 강한 것일수록 취화의 정도가 현저하다.

④ 잠복 기간을 거쳐 용접 균열이 일어난다. 즉 용접 금속 중의 수소는 시간이 경과함에 따라 농도가 낮은 모재 쪽으로 확산하여 간다. 용융선상의 최고 경화부가 제일 현저하게 수소 취화를 일으키므로 파단 강도는 저하하고 용접부에 가해지는 인장 잔류 응력에 따라 어느 정도의 잠복 기간을 거쳐 균열이 일어난다.

나. 수소 취화 파괴 특성

① 미세한 공공 중에 존재하는 분자상 수소가 갖는 정역학적 압력 등으로 파괴가 일어나

며, 주로 비드 밑 터짐이 일어나고 있다.

㉠ 수소를 발생하기 쉬운 용접봉으로 용접하면 아크 분위기를 통과한 금속 입자가 봉으로부터 수소를 흡수하므로, 용접 금속은 수소를 다량으로 함유하게 된다.

㉡ 용접 금속이 응고할 때, 수소는 용융 금속으로부터 이탈되지만, 그 일부는 용착 금속 중에 잔류하며, 일부는 가열에 의하여 오스테나이트로 된 열영향부에 확산된다. 이것은 오스테나이트가 특히 수소를 다량으로 흡수하는 능력을 갖기 때문이다.

㉢ 열영향부가 냉각됨에 따라, 오스테나이트 상태로부터 변태함에 따라 수소의 흡수 능력이 감소한다.

㉣ 탄소강의 경우 오스테나이트 상태에서 급격히 냉각하면 실온 부근에서 마텐사이트로 변태할 때 오스테나이트가 어느 정도 잔류한다.

㉤ 수소가 과포화된 잔류 오스테나이트는 마텐사이트로 변태할 때에 새로 생긴 조직 중에 미세한 균열이 생긴다.

② 마텐사이트 격자 중의 수소로 인한 취약화가 일어난다.

다. 용접부의 수소 흡수 방지 대책

① 300~350℃로 1~2시간 잘 건조된 저수소계 용접봉을 사용하거나, 스테인리스강의 경우 오스테나이트 Cr-Ni강 용접봉을 사용한다.

② 마텐사이트 조직의 생성을 감소하기 위해 100~150℃로 예열한다.

③ 예열과 후열, 서랭에 의해 수소 방출을 촉진시킨다.

④ 모재를 청정하게 하여 녹이나 이물질, 수분 등이 없는 상태에서 용접한다.

그림 7-8 수소 균열 발생 기구

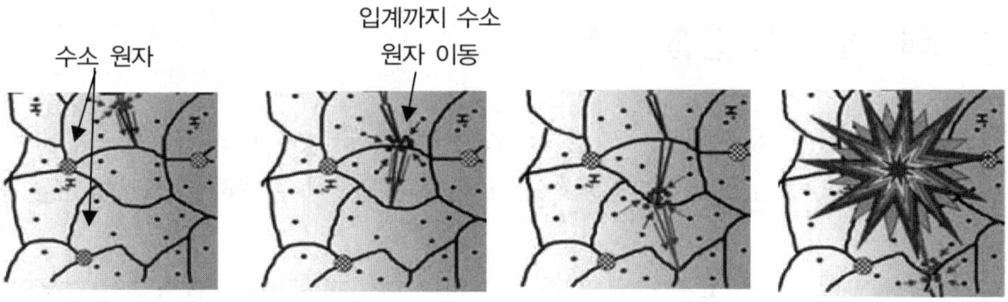

(a) 수소 원자 모임 (b) 수소 원자 이동 (c) 입계간 갈라짐 (d) 입계 파괴

제5절 | 각종 금속의 균열

1 탄소강 및 저합금강의 용접 균열

철에 합금 원소가 들어가면 액상-고상선 사이의 응고 온도 분포 폭에 변화가 생긴다. 이 온도 폭이 커지면 균열 발생이 일어나기 쉬워진다. 이 온도 폭을 급격히 증대시키는 원소는 S, B, C, P 등이 있으며, S 및 P가 FeS(1190℃), Fe_3P(1166℃) 등의 화합물을 형성하면 융점이 저하하며, Fe와 공정(FeS · Fe)이 되면 988℃ 정도, Fe_3P · Fe로 되면 1050℃로 융점이 저하한다.

또한 Ni_3P-Ni 공정에서는 880℃, NiS-Ni 공정에서는 645℃로 융점이 매우 낮아지게 되며, 이러한 저융점의 액상이 응고의 최종 단계에서 결정 입계에 편석하면 액상의 존재 기간이 그만큼 길어지게 되어 균열의 위험이 많아지게 된다.

고온 균열에서는 초정의 δ상이 많은 경우는 균열 감수성이 낮아지고, γ상이 많아지면 균열 감수성이 높아진다. 즉 δ상에서의 P의 용해도는 2.8%, S의 용해도는 0.18%이며, γ상에서의 P의 용해도는 25%, S의 용해도는 0~0.05% 정도이다. 따라서 다른 조건이 같을 때 γ상 안정화 원소인 C, Ni, Mn, Cu 등을 첨가하면 균열이 증가하며, δ상의 안정화 원소인 Al, Cr, Si, Ti, Mo, V, W, Zr 등을 첨가하면 균열이 감소된다.

이러한 측면에서 탄소강이나 저합금강에는 S나 P의 함유량을 최대한 제한해야 하며, 단순히 고온 균열 방지를 위해 Mn만을 첨가하였으나 최근에는 Ti, Zr 등을 첨가하여 고융점의 유화물을 형성시키는 것이 연구되고 있다.

2 스테인리스강의 용접 균열

γ계 스테인리스강의 용접에서는 일반적으로 완전 오스테나이트 용접 금속에서는 고온 균열이 생기기 쉽고, 용접 금속에 약 5%(실온) 이상의 σ상이 존재하는 조건에서는 균열이 잘 생기지 않는다.

S는 γ계 스테인리스강의 고온 균열의 주 원인의 하나이며, 작용은 탄소강의 경우와 비슷하다. 따라서 Mn으로 S의 해를 제거할 수 있으나 근본적으로 S의 함량을 가능한 0.01% 이하로 낮추는 것이 좋다.

그리고 Si가 높으면 결정입계에 silicate의 막을 형성하여 균열이 생기기 쉬우나 이 경우에 C를 증가시키면 균열을 방지할 수 있다. 그러나 C는 γ상의 안정화 원소이기 때문에

C의 증가에 따라서 δ상이 감소하므로 오히려 균열이 증가될 위험도 크다.

Nb는 함유량이 많을 때는 δ상을 안정하게 하므로 균열 방지에 유익하지만 실제로는 오스테나이트를 안정시키는 원소이므로 다량 첨가하면 오히려 균열 강도를 높이는 경향이 있다.

Mo은 일반적으로 균열 강도를 저하시키는 원소이나 Nb와 공존하여 결합하면 오히려 균열이 발생하기 쉬워진다.

3 내열 합금의 용접 균열

내열 합금의 용접 균열에는 응고 직후에 발생하는 고온 균열 외에 용접 후의 냉각 중이나 용접 후의 열처리 중에서 발생하는 균열이 있으며, 이러한 균열을 변형 시효 균열 또는 용접 구속 균열이라 한다.

변형 시효 균열은 용접에 의한 잔류 응력이나 용접 열사이클로서 결정입계에 석출한 탄화물 등이 입계 강도를 저하시키고 결정입내에 석출한 γ상 등이 기지 연성을 저하시키기 때문이다.

일반적으로 고온 균열은 결정입계 균열이며, 결정입계에 저융점 물질이 필름상으로 형성되는 것이 원인이다.

4 Al 합금의 용접 균열

일반적으로 취성 범위가 넓을수록 응고시의 수축 변형이 증가하므로 균열이 생기는 경향이 강해진다. 이 취성 범위는 평행 상태도의 액상－고상선 사이의 응고 온도 폭에 비례하여 증가한다.

Al 합금의 균열의 주 원인은 각 합금에서 생성하는 저융점 공정이라고 할 수 있다. 용접에서 용접 비드나 크레이터 등의 용접면 위 또는 본드 부근의 열영향부의 균열 외에 다층 용접 금속부의 내부나 열영향부에 형성하는 공정 용해나 미소 균열이 있다.

이들은 저융점의 공정 조직이 편석하고 있는 결정입계가 용접열에 의하여 국부적으로 용융하고 그것이 재응고할 때 생기는 것이다.

일반적으로 용접부의 결정립이 미세할수록 용접 균열은 잘 생기지 않는다. 이유는 응고 중에서 발생하는 주상정의 간섭성이 세립에서 보다는 저온쪽에서 많이 발생하기 때문이다.

5 구리(동) 합금의 용접 균열

가. 순 구리의 용접 균열과 기공

1) 순 구리의 용접 균열

순구리는 용접 균열의 발생이 적으나 후판에서 구속력이 크고 불순물이 존재하는 경우에는 균열이 발생한다. 즉, 용접 금속의 액상과 고상의 응고 온도 영역을 크게 하는 원소(Pb, Si, P, As) 등이 존재하면 결정입계의 석출물이 용융하며 필름막 단계에서 존재 기간이 길어져서 고온 균열의 감수성이 커진다. 특히 Pb, Bi는 구리에 거의 고용하지 않고 저융점 공정물을 형성하기 때문에 0.05% 정도의 미량에서도 균열이 생길 수 있다.

정련 구리와 같이 용접 금속 중의 산소 함유량이 높은 것은 용접 분위기 중에서 다량의 수소를 흡수하면 산화물의 수소 환원에 의하여 생긴 수증기에도 균열이 발생할 수 있다.

2) 순 구리 용접시 기공 발생

용접 금속에 발생하는 기공은 가스 용해도의 감소에 의해 생기는 경우와 가스 화합물로서 생기는 경우가 대부분이다. 가스로서는 H_2O, SO_2, CO 등이 있다. H_2O는 고상의 구리에는 전혀 고용하지 않고 확산 속도도 대단히 적어 강 중에 농축된 것과 같은 형상으로 되어 기공이 되며, 금속이 응고시 미쳐 방출되지 않고 기지에 부착되어 있거나 표면 가까이 머물고 있는 것이 기공이 되는 것이다.

순 구리의 기공 방지에는 Mn, Si, Ti 등의 탈산제를 포함한 용접봉을 사용하거나 고온으로 예열을 하여 냉각 속도를 느리게 하고 탈가스하는 것이 좋다.

또한 최근에는 용접 토치에 전자 진동 장치를 설치하여 용융지에 전자 진동을 줌으로서 용융지의 기포 생성을 촉진하고 생성된 기포의 확산 속도를 크게 하여 기공을 줄이는 방법이 사용되고 있다.

나. 구리 합금의 용접 균열

Cu−Al계 합금의 경우 α 단상 용착 금속은 조립화가 쉬워 균열 감도가 높으며 다층 용접에서는 앞층 비드에 균열이 나타나는 경우가 많다. 이것은 α 상에는 고온 취성화역이 존재하기 때문이며, 재가열 등을 받으면 그 영향이 현저하다.

이 고온 취성은 크롬 등의 불순물을 가능한 적게 하고 질소 함유량을 극히 제한함으로서 개선될 수 있으며, 큰 입열에 의한 용접을 피해야 되며, 용접 와이어에 Ti을 첨가하는 것이 효과적이다.

6 용접 균열의 방지 요점

용접 균열은 다양한 인자가 영향을 미치며, 이들 인자들은 서로 상호 관계가 있다. 따라서 용접 균열을 방지하려면 이 요인 하나 하나에 대한 인자뿐만 아니라 종합적으로 판단이 필요하다.

① 고온 균열의 방지에는 재료 조성 관련은 말할 것도 없지만 수축 응력이나 노치의 영향을 피하고 응력의 발생을 방지하는 이음 형식([표 7-1 참조])을 채용하는 것이다.

표 7-1 응력 발생 방지의 이음 형식의 예

좋 음	불량함	좋 음	불량함
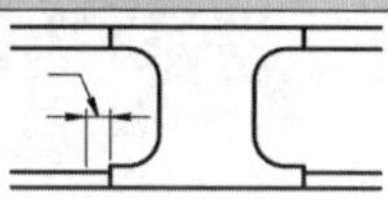	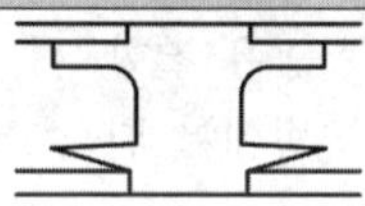	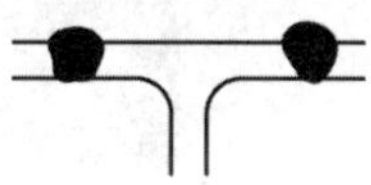	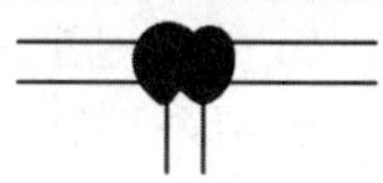
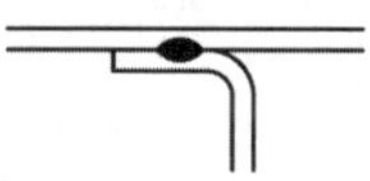	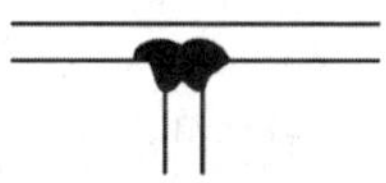	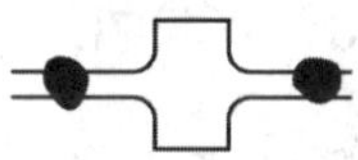	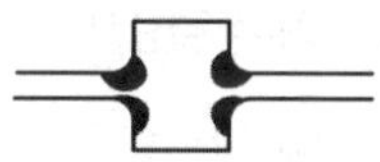
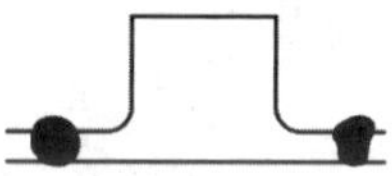	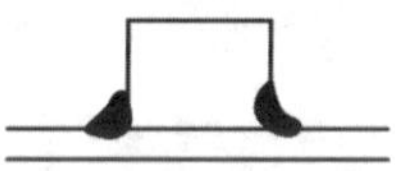	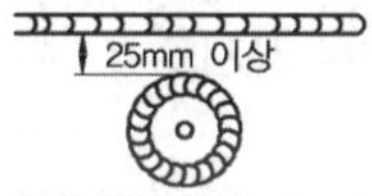	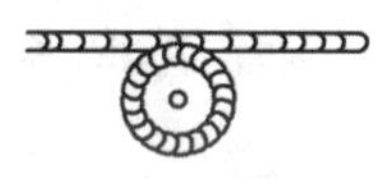

② 용접 입열의 최소화를 위해 전류, 홈, 용접 속도 등의 용접 조건 또는 후퇴법 등 용접 순서의 선정이 필요하다.

③ 용접 시공시 이음면의 완전 청소, 완전 보호, 직선 비드놓기, 예열과 후열에 의한 응력 완화와 응력 제거가 필요하다.

④ 저합금강이나 고탄소강 등 경화하기 쉬운 재료에는 완전 건조된 저수소계 용접봉을 사용하고, 100~350℃ 정도의 예열을 하며 150~300℃의 후열로 뜨임 효과와 용접부의 인성 회복, 수소 방출에 도움이 된다.

단원 종합 문제 {제7장 | 용접 야금}

01 다음 중 원자 결함의 종류가 아닌 것은?

① 공공 ② 선 결함 ③ 체적 결함 ④ 노치 결함

02 일반적으로 금속 원자의 최외곽 전자의 수는 몇 개인가?

① 3개 이하 ② 5개 이하 ③ 7개 이하 ④ 9개 이하

03 2개의 원자가 2개의 원자만에 공통인 전자 괘도를 움직이며 연결한 결합은 무엇인가?

① 이온 결합 ② 공유 결합
③ 금속 결합 ④ 반데어 빌스 결합

04 공유 결합의 대표적인 것은 무엇인가?

① 다이아몬드 ② 철 ③ 알루미늄 ④ 나트륨

05 금속 결함의 종류 3가지를 쓰시오.

06 완전 결정에서 원자 하나가 빠져 생긴 결함을 무엇이라고 하는가?

① 공공 ② 침입형 원자 ③ 면 결함 ④ 선 결함

07 원자 결함 중 수축공, 기공 등은 무슨 결함인가?

① 면 결함 ② 체적 결함 ③ 선 결함 ④ 공공

08 다음 중 저온 균열의 종류에 속하는 것은?

① 가로 균열 ② 별 균열
③ 비드 밑 균열 ④ 황 균열

09 균열 중 응고 조직의 조대화, 산화물, 잔류 응력 등에 의해 용접 직후에 발생하는 것은?

① 고온 균열 ② 저온 균열 ③ 토우 균열 ④ 비드 밑 균열

10 고온 균열의 종류 3가지를 쓰시오.

11 다음 중 고온 균열의 종류가 아닌 것은?

① 황 균열 ② 토우 균열 ③ 별 균열 ④ 가로 균열

12 고온 균열이 발생하는 원인이 아닌 것은?

① 질소에 의한 균열　② 열응력 등 내적 힘에 의한 균열
③ 응력 집중에 의한 균열　④ 황의 편석에 의한 균열

13 균열의 폭이 0.05～0.5mm 정도이며 파면이 산화되고 균열 끝면이 둥그런 균열은?

14 고온 균열의 방지 대책을 3가지만 쓰시오.

15 수소의 과다, 열영향부의 연성 부족 등에 기인한 균열은?

① 저온 균열　② 가로 균열　③ 황 균열　④ 루트 균열

16 비드 표면과 모재 경계부에 발생하는 균열의 종류는 무엇인가?

① 루트 균열　② 토우 균열　③ 황 균열　④ 비드 밑 균열

17 초음파 검사나 X선 검사로 검출이 어려운 결함은?

① 라미네이션　② 기공　③ 토우 균열　④ 비드 밑 균열

18 수소 취성이란?

19 강재 중에 수소가 용해하여 있으면 파괴 강도가 저하하는 현상을 무엇이라 하는가?

① 수소 취화　② 저온 균열　③ 라미네이션　④ 수소 균열

20 강에 수소 취성이 일어나게 하는 원인을 3가지만 쓰시오.

21 용접부의 수소 흡수 방지 대책으로 틀린 것은?

① 저수소계 용접봉을 사용한다.
② 스테인리스강의 경우 오스테나이트 Cr-Ni강 용접봉을 사용한다.
③ 마텐사이트 조직의 생성을 감소하기 위해 100～150℃로 예열한다.
④ γ상 생성 원소를 첨가한다.

22 철강의 고온 균열에서는 초정의 δ 상이 많은 경우 균열 감수성은 어떻게 되는가?

① 낮아진다.　② 높아진다.
③ 알 수 없다.　④ 높아졌다가 낮아진다.

23 강에서 수소 취성 발생 전의 방지 대책으로 적당하지 않은 것은?

① 전해 탈지시 철강의 경우 양극 탈지를 택한다.
② 산세를 할 경우 가능한 짧은 시간에 하며 산 억제제나 부식 억제제 등을 첨가한다.
③ 고탄소강 등 수소 취성이 많이 생기는 것은 블라스팅 등 기계적 전처리를 한다.

④ 알칼리 아연 도금이나 용융 도금을 한다.

24 일반 강재에 비해 용착 금속은 몇 배의 수소를 함유하는가?

① 102～103배 ② 103～104배 ③ 104～105배 ④ 106～107배

25 S가 Fe와 화합물을 만들면 공정의 융점은 얼마 정도 되는가?

① 768℃ ② 988℃ ③ 1085℃ ④ 1250℃

26 NiS－Ni의 공정의 융점은 몇℃ 정도 되는가?

① 645℃ ② 745℃ ③ 845℃ ④ 945℃

27 용접부의 수소 흡수 방지 대책을 3가지만 쓰시오.

28 완전 오스테나이트계 용접 금속에 몇 % 이상의 σ상이 존재할 경우 균열 발생이 적은가?

① 약 3% ② 약 5% ③ 약 7% ④ 약 9%

29 내열 합금의 용접 균열 중 용접 후의 냉각 중이나 용접 후의 열처리 중에서 발생하는 균열은 무엇인가?

① 변형 시효 균열 ② 응력 집중 균열
③ 응력 부식 균열 ④ 비드 밑 터짐 균열

30 일반적으로 용접부의 결정립이 미세할수록 용접 균열은 어떻게 되는가?

① 잘 생기지 않는다. ② 잘 생긴다.
③ 경우에 따라 다르다. ④ 전혀 생기지 않는다.

31 구리에서 저융점 공정물의 형성 때문에 0.05% 정도에서도 균열이 생길 수 있는 것은?

① Pb, Bi ② Cr, V ③ Ni, Mn ④ Mo, W

32 저합금강이나 고탄소강 등 경화하기 쉬운 재료의 균열 방지법으로 적합하지 않은 것은?

① 건조된 저수소계 용접봉을 사용한다.
② 100～350℃ 정도의 예열을 한다.
③ 150～300℃ 정도의 후열을 한다.
④ 용접부의 수소 방출을 최소화한다.

제7장 금속 결합과 결함, 균열 문제 해설 [p.568~570]

1. ④
2. ①
3. ③
4. ①
5. 점결함, 선결함, 면결함, 체적결함
6. ①
7. ②
8. ③
9. ①
10. 가로(횡) 균열, 세로(종) 균열, 크레이터 균열, 황 균열
11. ②
12. ①
13. 고온 균열
14. P556 2 라.
15. ①
16. ②
17. ①
18. 양극 전해 탈지, 산세, 전기 도금 등에 의해서 생긴 수소가 철강 제품에 침투함으로써 메짐성을 가지는 현상
19. ①
20. 음극 전해 탈지, 산세, 전기 도금시 생긴 수소가 철강에 침투함으로서 메지게 된다. Bi, Pb, S, Te, Se, As와 같은 원소가 존재할수록 더 잘 일어나게 된다.
21. ④
22. ①
23. ④(산성 아연 도금을 한다)
24. ②
25. ②
26. ①
27. P564 4 다.
28. ②
29. ①(용접 구속 균열)
30. ①
31. ①
32. ④

memo

PART 5 용접 실기

Chapter 01 피복 아크용접 및 가스 절단

Chapter 02 특수 용접(CO_2 용접, TIG 용접)

핵심 용접공학

chapter

01 피복 아크용접 및 가스 절단

제1절 ▌비드놓기 피복 아크용접

1 용접 준비

가. 용접 공구 및 일반 준비

용접은 고열과 강한 아크 불빛, 연기와 흄을 다량 발생하기 때문에 그에 대한 보호구를 준비하고 작업에 필요한 공구를 준비해야 한다.

용접 보호구에는 가죽 앞치마, 가죽 장갑, 발커버, 팔커버, 용접 헬멧(또는 핸드 실드), 방진 마스크 등이 있으며, 필요한 공구로는 전류계(암페어메터), 치핑 해머(슬래그 해머), 집게, 와이어 브러시, 석필(마카펜), 강철자 등이 있다.

용접 헬멧에는 차광도가 적합한(10~11번)를 끼우고 차광 유리 앞에 맨유리를 끼운다.

나. 용접기 점검

용접기는 정기 점검과 수시 점검을 통해 언제든지 사용할 수 있도록 해야 된다. 특히 실습 전에는 케이블의 단선 및 노출 여부, 접지 케이블 접속 여부, 이상 발생음 여부 등을 점검한다.

다. 보호구 착용

용접 중 강렬한 아크 불빛이나 스패터, 금속 흄 등으로 부터 작업자 보호를 위해 용접 전에 용접 앞치마, 팔커버(또는 조끼), 발커버, 용접용 가죽 장갑과 방진 마스크 등을 착용해야 한다. 그리고 헬멧(또는 핸드 실드)을 작업대 위에 정리해 두어야 한다.

2 아래보기 자세 비드놓(쌓)기

가. 비드놓기

피복 아크(전기) 용접에서 비드(bead) 놓기란 모재(연강판)에 용접봉을 용융시켜 일정한 폭과 높이로 용융지를 형성하는 작업이다. 이때 아크 길이(용접봉 끝 부분과 모재와의 높이)는 심선 지름의 1배 이하(보통 2~3mm)를 유지해야 된다.

용접시 피복 아크용접봉의 길이가 한정되어 있기 때문에(E4316, ϕ 3.2 봉은 350mm, (ϕ 4.0 봉은 400mm), 용접봉이 소모되면 용접이 끝나는 부분에서 비드 잇는 부분이 발생되며, 시작 부분과 끝 부분에 대한 용착도 양호하게 해야 된다.

또한 용접은 모재가 적당한 깊이로 용융(용입)되어야 하므로 모재의 재질과 형상, 용접부의 위치, 봉의 굵기 등에 따라 적당한 전류를 조절해야 된다.

나. 아래보기 자세 좁은 비드놓기 연습

비드놓기는 실제로 두 물체를 용접하는 것이 아니고 판 위에 용융지를 일정하게 형성하는 방법으로, 제품을 양호하게 용접하기 위한 가장 중요한 연습법이다.

비드는 좁은 폭으로 놓는 방법과 넓은 폭으로 놓는 방법이 있다.

좁은 비드놓기법은 아크를 발생하여 작업각과 진행각을 유지하며 진행 방향으로만 일정한 속도로 진행하여 얻어진 비드이다.

비드를 놓을 때 용접봉 끝의 아크 불빛을 보지 말고 용접봉 뒤에 형성된 용융지를 관찰하여 일정한 폭이 연결되는지를 확인하고 용접봉 앞쪽의 용접하고자 하는 용접선을 관찰하며 진행하고 비드가 끝나는 부분에서는 크레이터 처리를 하여 마무리한다.

1) 전류 조절

교류 아크용접기의 전류 조절 핸들을 움직여 ϕ 3.2 용접봉은 100~140A, ϕ 4.0 용접봉은 120~160A로 조절한다.

전류 조절 핸들은 일반적으로 오른쪽 방향으로 돌리면 전류가 높아지며, 왼쪽으로 돌리면 낮아진다.

직류(DC) 아크용접기의 경우는 정극성으로 결선하고 볼륨 스위치를 사용하여 전류를 조절하면 된다.

2) 모재 고정

모재의 한쪽 끝에서 약 5mm 정도 띄워서 모재 끝선과 평행하게 석필 등으로 금긋기(직선 연습을 위해 필요함)를 하여 작업대 위에 용접선이 좌우가 되게 작업자와 평행하게 작업대 앞쪽에 놓는다.

그림 1-1 좁은 비드놓기

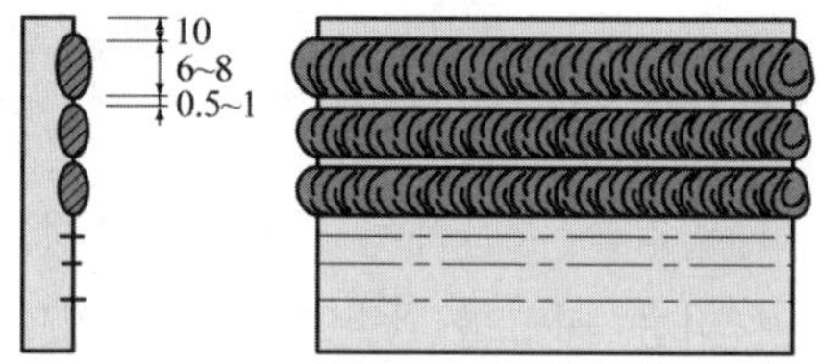

3) 좁은 비드놓기

작업대 앞에 편하게 앉아 용접봉을 용접 홀더에 직각으로 물린 후 자세를 바로 잡고 용접 시작부를 확인한 후 헬멧을 착용하고 모재의 왼쪽 끝 금긋기한 선 부근에서 아크를 발생하여 불빛으로 금긋기한 선을 빨리 확인하고 시작점으로 이동한다. [그림 1-1 참조]

이때 작업각(진행 방향에 수직한 각)은 90°, 진행각을 75~85°로 유지하며 아크 길이가 심선 지름의 1배 이하(보통 2~3mm)가 되도록 일정한 속도로 우진한다. 우진(오른손잡이)할 때 이전 비드의 폭을 확인하고 진행 방향을 확인하면서 진행해야 된다. [그림 1-2 참조]

그림 1-2 용접봉 각도

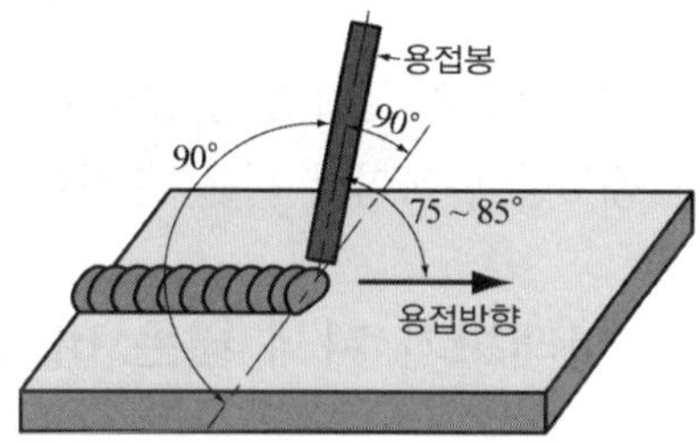

4) 비드 잇기 및 크레이터 처리

진행 중 아크가 끊어졌거나 용접봉이 다 소모되어 비드를 연결해야 할 경우 잇는 부분이 층이 생기지 않게 해야 되며, 비드 끝 부분에서 모서리가 녹기 직전에 아크를 잠시 끊은 후 다시 아크를 일으켜 2~3회 정도 크레이터 처리를 한다. [그림 1-3 참조]

그림 1-3 비드 잇는 법

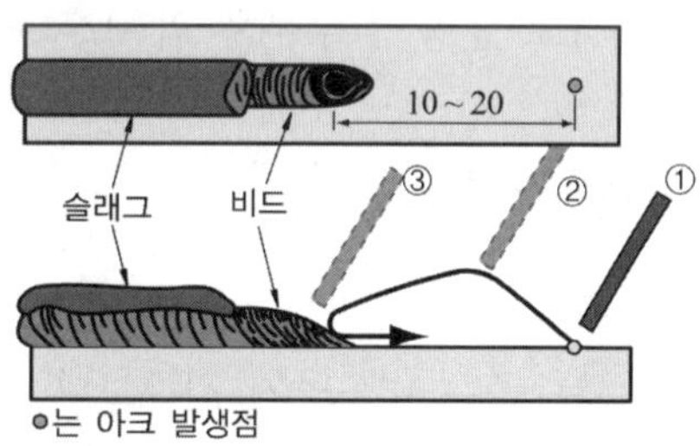

5) 용접부 청소와 검사

1줄의 비드놓기가 끝나면 슬래그(slag)와 스패터를 제거하고 깨끗하게 청소한 후 용접부를 검

그림 1-4 비드놓기 양·부

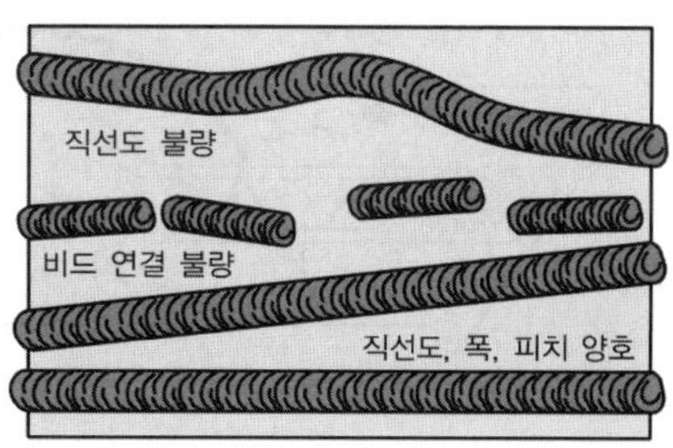

사한다. 비드의 외관을 관찰하여 비드의 파형, 폭, 높이 등의 양·부, 언더컷, 오버랩, 시점과 종점(크레이터) 처리의 양·부 등을 파악한다. [그림 1-4 참조]

6) 반복 실습

모든 기술은 반복에 의한 숙련 정도에 달려 있다. 검사에서 잘못된 점을 고치려고 노력하며 다음 비드를 놓는다. 다음 비드는 이전 비드와 모재의 경계선에 용접봉의 1/3～1/2 정도 위치하도록 하며 이전 작업 1)～5)를 잘 할 수 있을 때까지 반복 실습한다.

7) 정리 정돈

작업이 완전히 끝나면 용접기와 메인 스위치를 끄고 홀더선 등을 정리하며, 사용했던 공구를 공구함에 정리한 다음 주위를 깨끗이 청소한다.

나. 아래보기 자세 넓은 비드놓기 연습

넓은 비드놓기는 용접 진행 방향에 대하여 직각 방향으로 용접봉 지름의 2～3배 정도 넓게, 비드 피치는 3～4mm 정도 되게 움직이며 우진하는 방법이다.

위빙 폭은 약 10～14mm 정도(비드 폭은 12～16mm)가 적당하며, 운봉 중심부는 좀 빠른 듯 하고 운봉 끝부분은 약 0.5～1초 정도 멈추는 듯하면서 진행한다. [그림 1-5 참조]

1) 전류 조절

전류를 ϕ 3.2 용접봉은 90～130A, ϕ 4.0 용접봉은 110～150A로 조절한다. 위빙 비드놓기 전류는 좁은 비드놓기 전류보다 약 10A 정도 낮게 하는 것이 좋다. 왜냐하면 위빙 폭이 넓기 때문에 모재에 가열되는 입열량이 많아 언더컷이 생길 우려가 있기 때문이다.

그림 1-5 넓은 비드 피치와 비드 폭

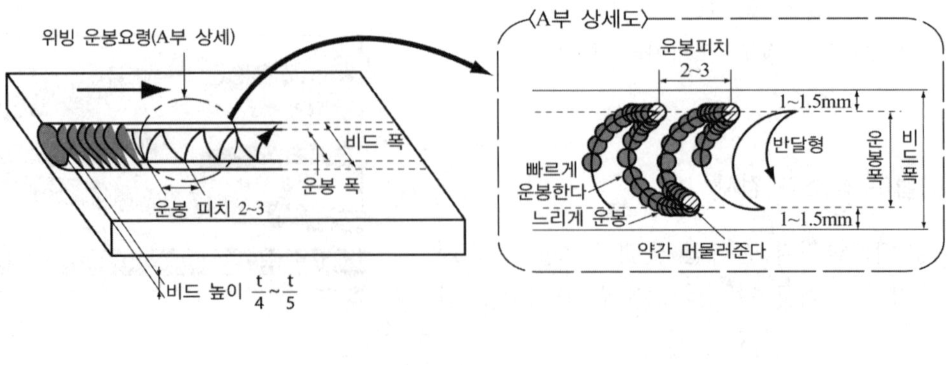

2) 모재 고정

모재의 한쪽 끝에서 약 5mm 정도 띄워서 모재 끝선과 평행하게 석필 등으로 폭이 약 10~12mm 정도 되게 2줄을 긋는다. 금긋기한 모재를 좁은 비드놓기와 동일한 방법으로 모재의 용접선이 작업자와 평행이 되게 놓는다.

3) 넓은 비드놓기

용접봉을 홀더에 직각으로 물린 후 자세를 바로 잡고 헬멧을 착용한 다음 모재의 왼쪽 끝 금긋기한 선 부근에서 아크를 발생하여 금긋기한 선을 빨리 확인하고 시작점으로 이동한다.

작업각과 진행각은 좁은 비드와 같이 하고 금긋기한 두 선을 확인하며 일정한 운봉 폭과 피치를 유지하며 위빙하면서 일정한 속도로 우진한다.

위빙 방법은 [그림 1-5]와 같이 용접 피치와 폭이 일정하며, 위빙의 양끝에서 0.5~1초 정도 멈추는 듯 하며 우진한다.

4) 비드 잇기 및 크레이터 처리

용접 중 어떤 원인으로 아크가 끊어졌거나 용접봉이 전부 소모된 경우 비드 끝 부분을 깨끗이 청소한 후 크레이터 부분을 충분히 용융시키며 이전 비드와 폭과 높이가 동일하도록 맞춘 후 위빙하여 진행한다. 크레이터 부분은 크레이터 폭과 넓이보다 약간 좁게 타원으로 좁히며 용적을 2~3회 채운다.

5) 용접부 청소와 검사, 반복 실습

위빙 비드놓기는 직선(좁은) 비드놓기보다 많은 시간을 가지고 충분하게 숙련해야 되므로 각 비드마다 깨끗이 청소하여 잘못된 점을 파악하고 그 잘못된 점을 고치려고 노력하며 반복 연습을 한다. [그림 1-6 참조]

그림 1-6 넓은 비드의 양·부

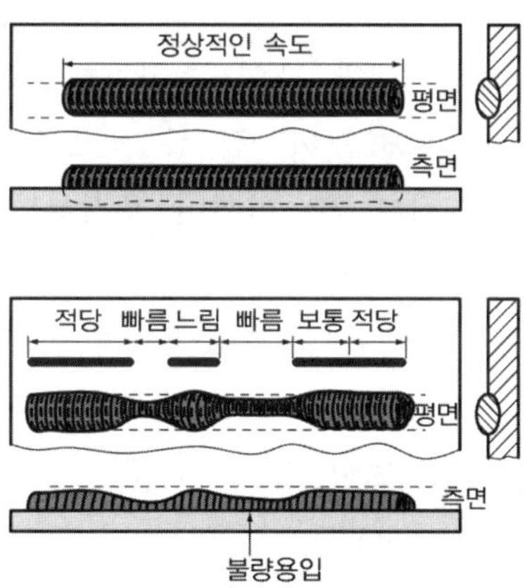

6) 정리 정돈

모든 작업이 끝나면 용접기와 사용했던 공구 등을 정리하고, 주위를 깨끗이 청소하는 습관을 가져야 된다.

3 수평 자세 비드놓(쌓)기

수평 비드놓기는 모재를 수직이며, 용접선이 수평이 된 상태에서 일반적으로 좌에서 우측으로 우진하며 좁은 비드를 놓는 방법이다. 수평 비드놓기는 특별한 경우를 제외하고는 거의 겹치기 좁은 비드놓기를 한다. 수평 비드놓기가 아래보기 비드나 수직 놓기와 다른 점은 모재가 세워져 있고 모재의 용접선이 수평이며, 직선(좁은) 비드놓기를 한다는 것이다.

가. 전류 조절

수평 자세 전류는 아래보기 자세와 같이 해도 충분하다. ϕ 3.2 용접봉은 100～140A, ϕ 4.0 용접봉은 130～160A로 조절한다.

나. 모재 고정

수평 자세는 모재가 수직이고 용접선이 수평이 되어야 하므로 적당한 지그가 필요하다.

모재에 비드놓기할 부분에 금긋기를 한 후 용접 지그에 모재의 금긋기한 용접선이 좌우로 수평이 되며, 모재의 맨 위가 가슴 정도 높이가 되게 작업하기 편한 높이로 고정한다.

이때 모재가 작업자의 몸중심보다 약간 좌측에 위치하는 것이 좋다.

그림 1-7 수평 자세 시선 위치

다. 수평 비드놓기

작업대 앞에 몸의 중심보다 작업물이 약간 좌측이 되게 앉아 홀더를 잡고 헬멧을 쓴 후 용접 시점(좌측 끝) 가까이 용접봉 끝을 이동하여 아크를 발생한다.

아크가 안정되면 작업각(진행 방향에 수직한 각)과 진행각을 75～85°로 유지하며 비드 파형과 폭이 일정하도록 직선으로 우진한다. [그림 1－8 참조]

그림 1-8 수평 자세 용접봉 각도

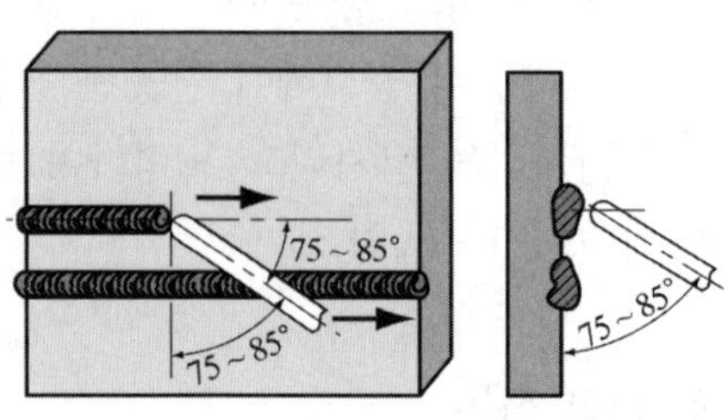

비드는 아래쪽에서 위로 쌓이도록 겹치기 비드를 놓아야 된다. [그림 1－9 참조]

라. 비드 잇기 및 크레이터 처리

비드 잇기나 크레이터 처리는 많은 반복 연습이 필요하다.

시점이나 잇는 부분, 크레이터 부분이 용입 불량이나 기공, 슬래그 섞임 등 결함이 많이 발생하므로 주의해야 된다.

그림 1-9 수평 자세 겹치기 비드놓기시 작업각

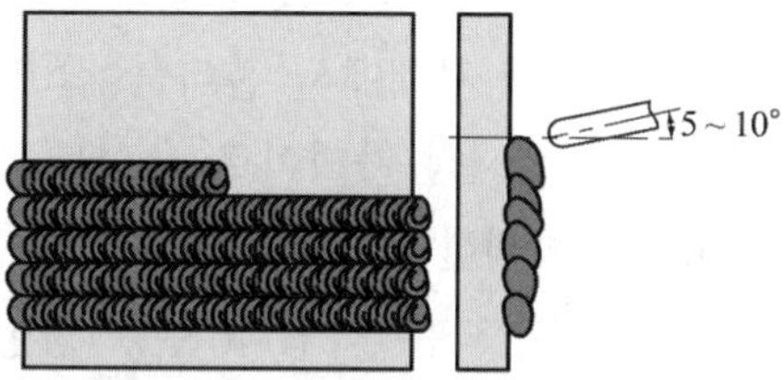

마. 검사 및 반복 실습

비드를 깨끗이 청소한 후 비드 폭과 비드 겹침의 균일도, 언더컷, 오버랩, 기공, 슬래그 섞임 등의 유무를 점검한 후 결함의 발생 원인을 파악하여 고치려고 노력하며 반복 실습한다.

용접부 청소가 끝나면 홀더를 잡고 용접봉의 피복제 하단 부분이 비드의 상부와 모재와의 경계선에 위치하도록 하여 직선으로 진행한다.

4 수직 자세 비드놓(쌓)기

수직 비드놓기는 모재를 수직으로 세우고 용접선이 수직이 된 상태에서 아래에서 위로 상진하며 비드를 놓는 방법이며, 일반적으로 위빙 비드를 놓는다. 필요에 따라서 위에서 아래로 내려오며 비드를 놓는 하진법이 있으나 아주 얇은 판을 사용하거나 하진용 용접봉을 사용할 경우에 적용한다.

수직 비드놓기가 아래보기 비드놓기와 다른 점은 모재가 수직으로 세워진 상태이므로 아크 길이가 길다거나 운봉 중 한곳에 멈춤이 일어나면 용융 금속은 바로 처지는 현상이 생기므로 비드 폭과 피치가 일정하도록 상진해야 된다.

가. 전류 조절

수직 자세 전류는 아래보기 자세보다 10~20A 낮게 하는 것이 좋다. ϕ 3.2 용접봉은 80~120A, ϕ 4.0 용접봉은 120~140A로 조절한다.

나. 모재 고정

수직 자세는 모재의 용접선이 수직이 되어야 하므로 적당한 지그가 필요하다. 용접 지그에 모재의 용접선의 맨 위가 가슴 정도 높이가 되게 작업하기 편한 높이로 고정한다. 이때 모재가 지그의 끝부분에 놓이게 되면 지그가 조금이라도 흔들리면 끝부분은 더 많이 움직이므로 지그 지주에 가까이 위치하도록 고정한다.

그림 1-10 홀더에 용접봉 물림 각도

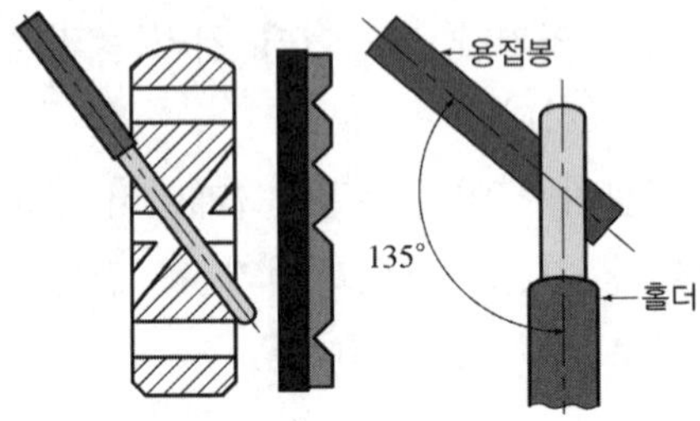

다. 수직 비드놓기

작업대 앞에 편하게 앉아 몸을 우측으로 약 15~30° 회전한 자세에서 홀더를 잡고 헬멧을 쓴 후 하단 용접 시점 가까이로 용접봉 끝을 이동하여 아크를 발생한다.

아크가 안정되면 작업각(진행 방향에 수직한 각)은 90°, 진행 반대각을 75~85°로 유지하며 피치와 폭이 일정하도록 위빙하며 상진한다.

이때 비드 폭이나 피치는 아래보기 자세 넓은 비드놓기와 동일하게 하면 되며, 비드의 양 끝에 머무름을 확실하게 하여 언더컷이 발생하지 않도록 한다.

라. 비드 잇기 및 크레이터 처리

비드 잇기나 크레이터 처리는 많은 반복 연습이 필요하다.

시점이나 잇는 부분, 크레이터 부분이 용입 불량이나 기공, 슬래그 섞임 등 결함이 많이 발생하므로 주의해야 된다. [그림 1-11 참조]

그림 1-11 수직 자세 비드 잇는 법

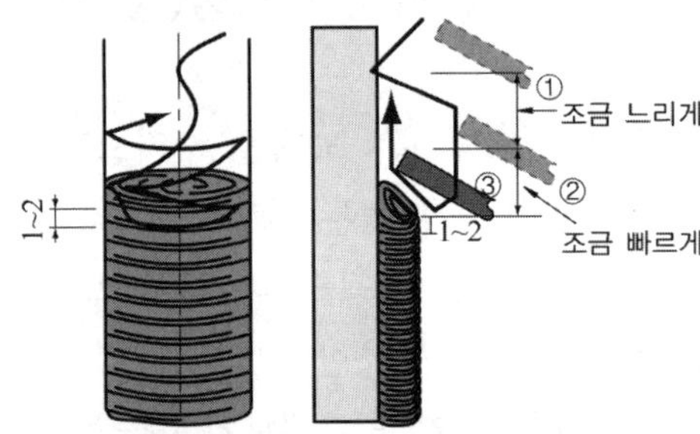

마. 검사 및 반복 실습

모든 기술은 반복 실습에 의해 숙련되는 것이므로 비드를 깨끗이 청소한 후 비드 폭과, 피치, 파형의 균일도 등의 유무를 점검한 후 결함의 발생 원인을 파악하여 고치려고 노력하며 반복 실습한다.

비드는 이전 비드와 약 1/4~1/3 정도 겹치도록 겹침 비드를 놓는다.

이전 비드와 모재와의 경계선에서 약 12mm 폭으로 선을 긋고 용접봉 끝의 중심이 비드의 경계선과 금긋기 선에 오도록 위빙(weaving)하면 일정한 겹침 비드가 된다. [그림 1-11 참조]

그림 1-11 수직 겹치기 비드 놓기

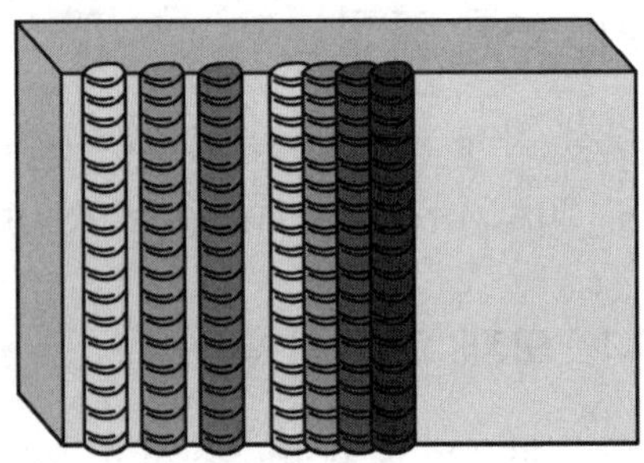

5 위보기 자세 비드놓(쌓)기

위보기 자세 비드놓기는 모재의 용접선이 작업자보다 위로 향해진 상태에서 용접봉 끝이 위로 들려지도록 용접하는 방법이며, 일반적으로 넓은 비드놓기를 한다.

위보기 자세는 눈을 위로 향해야 하므로 머리가 뒤로 굽혀지고 스패터와 용적이 낙하하는 등 많은 어려움이 있고, 다른 자세보다 난이도가 매우 높아 많은 반복 실습이 필요하다.

가. 전류 조절

위보기 자세 전류는 수직 자세 전류 정도로 조절하면 된다. E4316, ϕ 3.2 용접봉은 80~120A, ϕ 4.0 용접봉은 120~140A로 조절한다.

나. 모재 고정

모재를 지그의 상부에 수평이 되며, 용접선이 모재의 하단 전・후(또는 좌・우, 여기서는 전・후)가 되게 작업자의 머리보다 약 10~15cm 높게 단단하게 고정한다. 모재의 높이나 용접선의 방향은 용접하기 편한 자세가 되도록 고정하는 것이 좋다.

다. 위보기 자세 비드놓기

용접봉을 홀더의 끝 부분에 홀더 손잡이와 일직선이 되게 물린다.

작업대 앞에 편하게 앉아 홀더를 잡고 용접봉 끝을 시점 가까이 옮긴 후 헬멧을 쓰고 아크를 발생하여 아크 불빛으로 시점까지 빨리 이동한 후 아크가 안정되면 작업각(진행 방향에 수직한 각)은 90°, 진행각을 75~85°로 유지하며 피치와 폭이 일정하도록 위빙하며 진행한다. [그림 1-13 참조]

이때 비드 폭이나 피치가 일정하게 운봉하며, 운봉의 중심은 빠르게, 비드의 양 끝은 머무름을 확실하게 하여 언더컷이 발생하지 않도록 한다.

용융지가 보이도록 시선을 최대한 용접부를 주시하며 아크 길이를 짧게 하고, 한 곳에 멈추지 않게 위빙하여 진행하여야 된다.

그림 1-13 위보기 자세 진행각

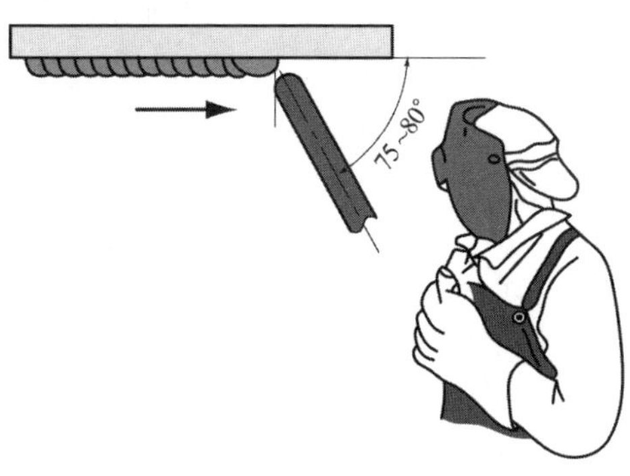

라. 비드 잇기 및 크레이터 처리

비드 잇기나 크레이터 처리는 많은 반복 연

습이 필요하다. 시점이나 잇는 부분, 크레이터 부분이 용입 불량이나 기공, 슬래그 섞임 등 결함이 많이 발생하므로 주의해야 되며, 시작부분이나 잇는 부분, 크레이터 부분에 용락이 생기지 않도록 주의한다.

마. 검사 및 반복 실습

한줄의 비드놓기가 끝나면 비드를 깨끗이 청소한 후 비드 폭과, 피치, 파형의 균일도, 언더컷, 오버랩, 기공, 슬래그 섞임 등의 유무를 점검한 후 결함의 발생 원인을 파악하여 고치려고 노력하며 수직 자세의 마항과 같은 방법으로 반복 실습한다. [그림 1-14 참조]

그림 1-14 위보기 자세 비드놓기

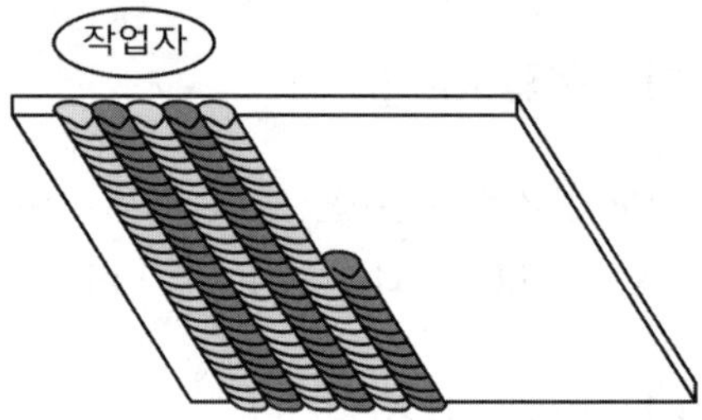

바. 안전 실습

위보기 자세는 용접부가 작업자 머리보다 위에 있으므로 작업 중에 스패터와 용융 방울, 슬래그 등이 수없이 낙하하므로 용접 전에 보호구를 잘 착용하고 노출부나 틈새가 없도록 가린 후 실습을 해야 된다. 또한 상부에 고정된 모재가 떨어지는 일이 있으므로 단단하게 고정하여야 하며, 반드시 안전화를 착용하고 실습해야 된다.

제2절 | T형 필릿 피복 아크용접하기

필릿 용접은 두 판을 겹치거나 T자형, 또는 +자형으로 놓고 용접하는 방법으로 용접부의 형상이 삼각형을 이루고 있는 용접을 말한다.

이때 직각진 비드의 루트부에서 비드 끝까지의 길이를 목 길이(각장)이라 하며, 루트부에서 비드 표면까지의 거리를 목 두께라 한다. 목 길이는 이론상 목 길이와 실제 목두 께로 구분하며, 목 두께도 이론상과 실제 목 두께가 있다. [그림 1-15 참조]

그림 1-15 필릿 용접의 목 길이(각장)와 목 두께

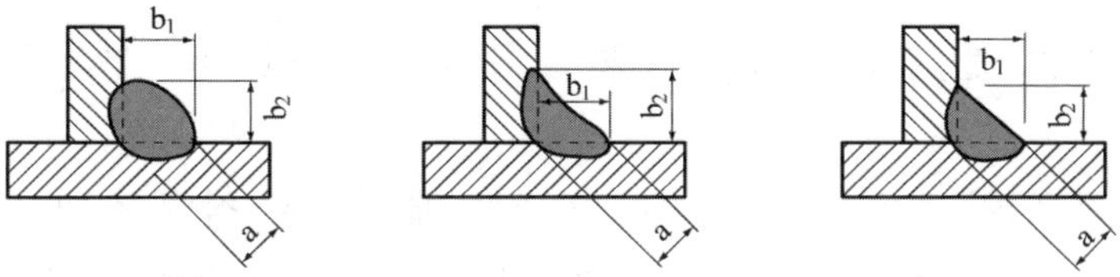

(a) 볼록 비드 (b) 오목 비드 (c) 평 비드

• a : 목 두께
• b : 목 길이(각장)
• (a), (b), (c) 모두 $b_1=b_2$

1 절단 준비

가스 절단을 위한 기본 공구와 라이터, 보안경, 직각자 등을 준비하고, 앞치마와 장갑, 보안경 등을 착용한 후 가스 절단 장치나 토치, 호스 연결부 등의 누설 여부를 점검한 후, 산소의 압력을 3~5kg_f/cm^2, 프로판 가스(또는 아세틸렌 가스)의 압력을 조절한다.

2 모재 가스 절단 및 가공

가. 모재에 금긋기와 모재 고정

시험 모재(연강판, t 9 × 150 × 250)의 길이 방향(250mm)의 중심에 길이 방향과 직각으로 금긋기 한다. [그림 1-16 참조] 그리고 가스 절단대 위에 가로 방향으로 20mm 정도 벌어지도록 내화 벽돌 2개를 나란히 놓고 그 위에 모재의 금긋기 선(절단할 선)이 2개의 내화 벽돌 사이의 홈 부분에 평행하게 놓는다.

그림 1-16 가스 절단 도면

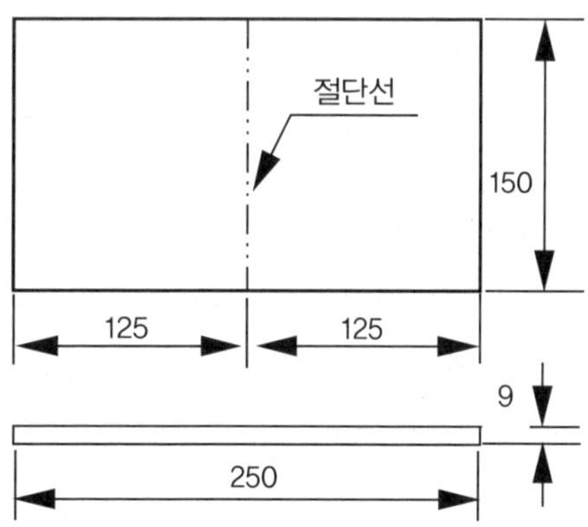

나. 가스 절단

토치를 바르게 잡고 가스 절단 토치에 점화하여 적당한 세기의 중성 불꽃으로 조절한 다음 고압 산소 밸브를 열어 고압 산소의 분출 상태를 확인한다. 절단선 위에 토치를 서서히 움직여 예열한다.

모재가 적당하게 예열되면 모재 우측 끝 표면에서 팁 끝을 1.5~2mm 정도 띄워 900℃

(노랑색) 정도로 예열한 후 고압 산소 밸브를 열어 절단이 개시되면 금긋기 선을 따라 좌측으로 진행하여 절단한다.

절단이 끝나면 고압 산소 밸브를 잠그고, 산소 밸브를 잠그고 프로판 가스 밸브를 잠가 소화한다.

소화 후 다시 토치 밸브를 열어 호스 내부의 잔류 가스를 배출한 후 작업 전의 상태로 정리 정돈한 후 절단된 상태를 확인을 받는다. 이때 절단면을 줄이나 그라인더 가공을 해서는 안된다.

절단할 때 사용했던 장비나 공구를 정리하고 주위를 깨끗이 청소한다.

3 아래보기 자세 T형 필릿 피복 아크용접

가. 전류 조절

아래보기 자세 필릿 용접할 수 있는 전류를 조절한다. E4316, ϕ 3.2 용접봉을 용접 홀더에 물리고 전류를 120～150A로 조절한다.

나. 모재에 금긋기 및 가접

도면을 보고 절단된 반대편의 매끈한 면끼리 2개의 모재를 맞대어 놓고 [그림 1－17]과 같이 석필이나 백색 마카펜으로 금긋기한다.

금긋기가 완료된 모재를 도면에 따라 금긋한 쪽이 우측으로 가게 놓는다.

또 하나의 모재의 금긋기한 쪽이 아래로 가게 하여 수평판의 금긋기 선의 왼쪽이 되게 수직으로 세운다.(우측 끝에서 12mm 떨어지게 세움)

이때 마그네틱 베이스를 수직판 안쪽에 받친 다음(베이스가 없는 경우는 보조대 등을 사용하여 세운다) 양끝에서 약 30mm 안쪽(양쪽 끝의 비드가 놓이지 않는 부분이 아닌 곳)에 용접부 길이 5mm 정도가 되게 가접한다. [그림 1－18 참조]

이때 양끝에 가접하거나 수직판 안쪽에 가접해선 절대 안되며, 가접부를 깨끗이 청소한다. 청소 중 금긋기 선이 지워진 경우 다시 긋는다.

그림 1-17 필릿 용접부 금긋기

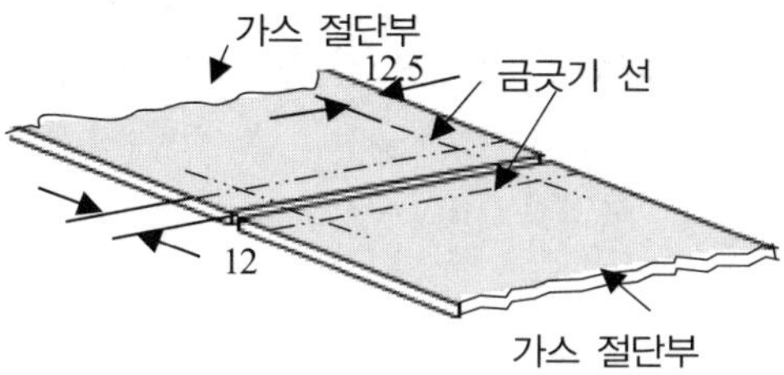

그림 1-18 필릿 용접부 가접하기

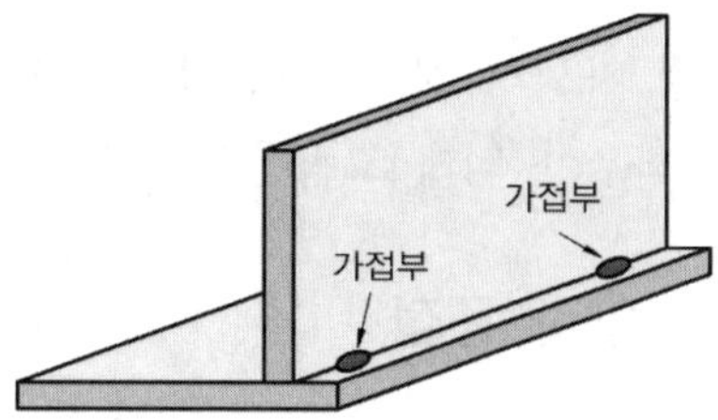

다. 필릿 용접

가접한 모재의 용접할 부분이 아래로 가며 용접선이 좌우가 되게 작업대 위에 [그림 1-19]와 같이 놓고 용접해야 할 부분을 확실하게 확인하여 주어진 목 길이(다리 길이, 각장)을 맞추어 작은 위빙을 하여 필릿 용접한다.

필릿 각장은 6mm로 해야 되며, 각장의 -20~50%를 초과하지 않게 해야 된다. 특히 비드의 양끝 비용접부가 용접되지 않도록 해야 되며, 수직판 안쪽에 가접이나 용접부가 형성되어서는 안된다.

그림 1-19 아래보기 자세 필릿 용접

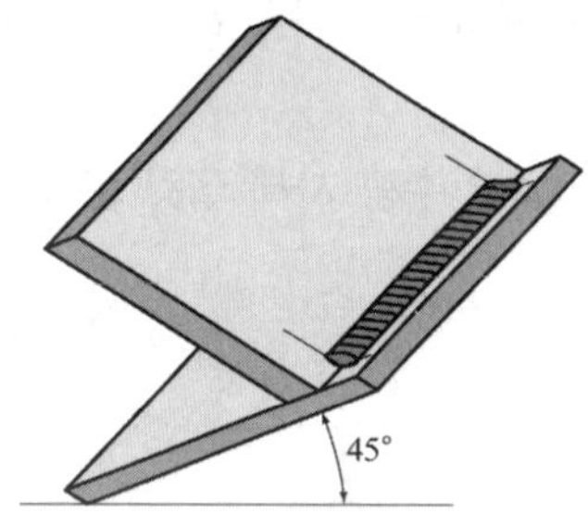

그림 1-20 수평 필릿 용접부 형상

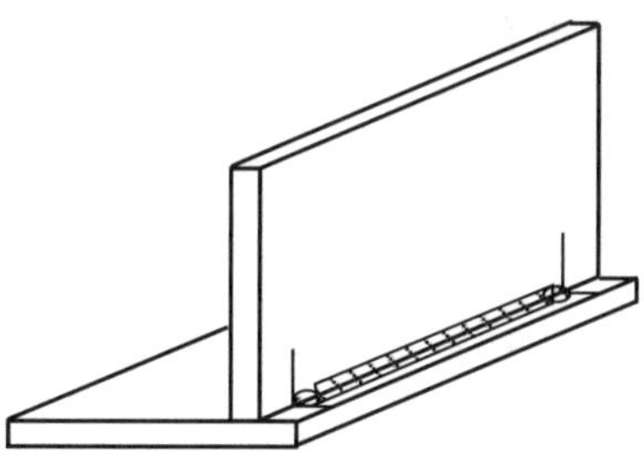

그림 1-21 수평 필릿 작업각과 진행각

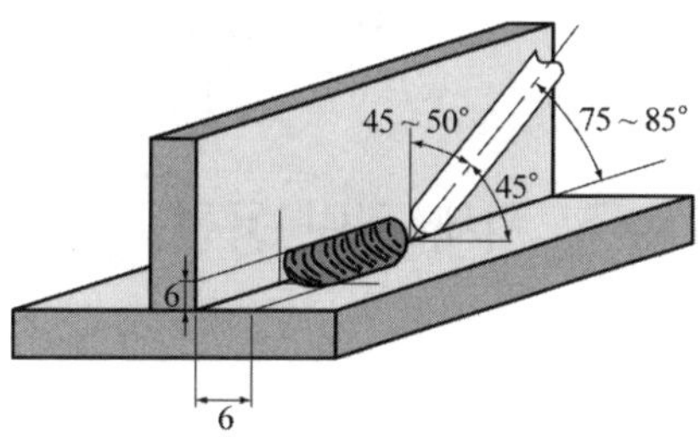

4 수평 자세 T형 필릿 피복 아크용접

가. 전류 조절

수평 자세 필릿 용접할 수 있는 전류를 조절한다. E4316, ϕ 3.2 용접봉을 용접 홀더에 물리고 전류를 120~150A로 조절한다.

나. 모재 고정

수평 자세의 경우 [그림 1-20]의 형상 그대로 작업대 위에 용접선이 작업자와 평행이 되며 좌우가 되게 고정한다.

다. 필릿 용접

작업하기 편한 자세로 앉아 홀더를 잡고 필릿 용접부를 확인하여 용접봉 끝을 좌측 용접 시점 가까이 위치한 후 헬멧을 쓰고 아크를 발생한다.

이때 작업각은 45°, 진행각은 75~85°를 유지하며[그림 1-21 참조], 1패스로 할 경우 가벼운 위빙으로 각장을 맞추어 용접한다. [그림 1-22 (a) 참조]

3패스로 완성할 경우 1층은 아주 좁은 비드로 완성한 후 2층 2~3패스는 겹치기 좁은 비드로 완성한다. [그림 1-22 (b) 참조]

그림 1-22 수평 자세 필릿 용접

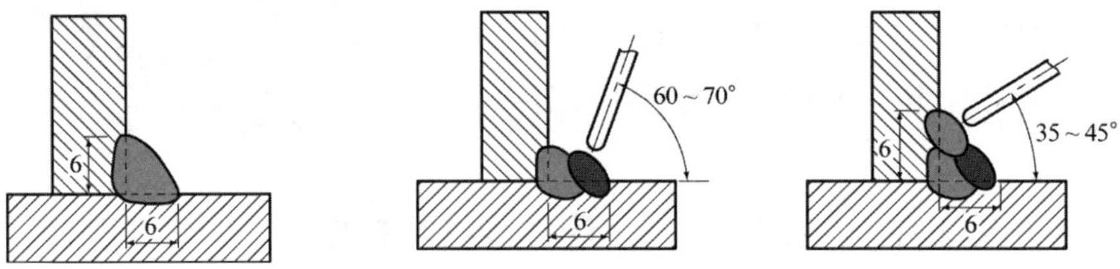

(a) 1층으로 완성 (b) 2층으로 완성

5 수직 자세 필릿 용접

가. 전류 조절

수직 자세 필릿 용접할 수 있는 전류를 조절한다. 전류는 아래보기 자세보다 10~20A 낮게 조절한다. E4316, ϕ 3.2 용접봉을 용접 홀더에 물리고 전류를 110~140A로 조절한다.

나. 모재 고정

가접한 모재의 용접선이 수직이 되게 지그에 단단히 고정하여 작업하기 편한 높이로 조절한다.

다. 필릿 용접

작업하기 편한 자세로 앉아 홀더를 잡고 필릿 용접부를 확인하여 용접봉 끝을 하단의 용접 시점 가까이 위치한 후 헬멧을 쓰고 아크를 발생한다.

작은 반달형 위빙이나, 경사 밤형 또는 경사 삼각형법의 위빙으로 각장을 맞추어 용접한다.

필릿 용접시 양끝의 비용접부나 안쪽에 가접이나 용접부가 형성되지 않도록 주의한다.

그림 1-23 수직 자세 필릿 용접

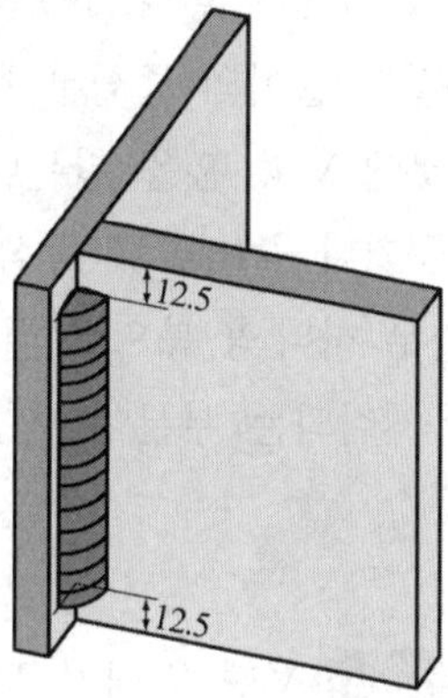

제3절 | 아래보기 자세 V형 맞대기 피복 아크용접

1 용접 준비

가. 공구 준비

용접 작업에 필요한 공구를 준비한다. 작업에 필요한 공구는 보호구, 헬멧(핸드 실드), 집게, 가죽 장갑, 앞치마, 팔커버(또는 조끼), 발커버, 와이어 브러시(브러시), 줄, 30cm 자, 석필 등이다. 그 외에 가접대, 보안경 등도 있으면 좋다.

나. 작업 준비

용접에 임하기 전에 보호구를 착용하고 용접기의 이상 유무, 작동 상태를 점검한다. 그리고 도면을 보고 모재 준비(연강판 t6.0(9.0)×125×150, 2장)와 작업 내용을 확인한다.

2 모재 가공

가. 루트면 가공

35°로 베벨 가공된 모재의 루트면을 두께 1.5~2.5mm 정도 되도록 가공한다.(작업자에

따라 다를 수 있으며, 6mm 판은 두껍게 가공하는 것이 좋음) 이때 두 모재의 루트면의 두께가 동일해야 한다. [그림 1-24 (b) 참조]

용접부 길이의 중심부에 석필이나 마카펜으로 선명하게 표시하거나, 줄(file)로 두 모재의 중심부에 V형 홈을 만든다.

금긋기나 줄(file)로 중심부를 표시하는 이유는 E4316, ϕ 3.2 용접봉으로 이면 비드를 놓을 경우 하나의 봉으로 끝까지 갈 수 없으며, 연결부는 결함이 발생하기 쉽기 때문에 시험편이 채취되는 부분이 연결부가 되면 절대 안되므로 중심부에서 아크를 끊고 다시 이어야 된다.

그림 1-24 V형 맞대기 모재 가공

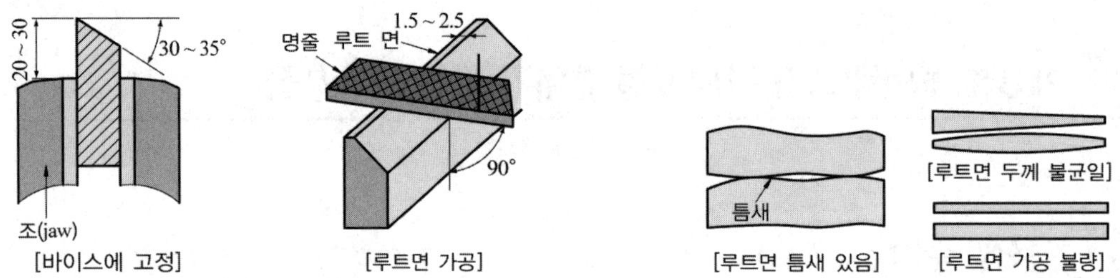

(a) 루트면 가공 방법 (b) 루트면의 가공 상태 양·부

3 모재 가접 및 역변형 주기

가. 가접 하기

1) 가접 전류 조절

가접 전류를 110~140A 정도로 맞춘다.

2) 루트 간격 조절하기

가접대 위에 모재의 개선면이 아래로 향하게 수평으로 놓고 한쪽은 2.5~3mm, 다른쪽은 3~3.5mm 정도로 맞추고 두 모재가 엇갈림이 없이 수평이 되게 고정한다.(루트 간격은 작업자마다 다를 수 있음)

이때 조절된 루트 간격이 가접 중에 움직이지 않도록 무거운 것으로 눌러 주면 좋다.

3) 가 접

그림 1-25 V형 맞대기 용접전 가접

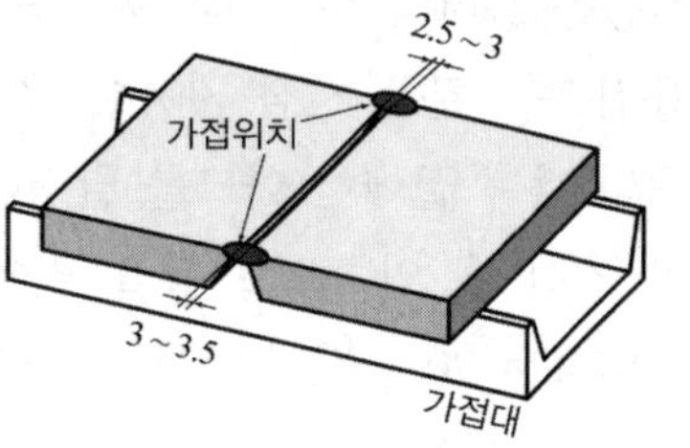

가접할 때 용접봉은 길이 100~150mm 정도의 짧은 것이 좋으며, 두 모재의 양 끝을 단단하게 가접한다[그림 1-25 참조]

한쪽의 가접이 끝나면 반대편 끝의 루트 간격을 확인하여 조정한 후 가접한 다음 가접부의 슬래그, 스패터, 이물질 등을 깨끗이 제거한다.

(맞대기나 구조물 용접시 가접의 위치는 양끝이나 모서리 부분을 피하는 것이 원칙이나 굽힘시험 등을 위한 시험편 용접의 경우는 양 끝에 실시하며, 일반적으로 뒷면에 하는 것이 원칙이나 필요에 따라 홈 부분에서 가접하기도 한다.)

나. 역변형 주기

그림 1-26 역변형 각도

가접된 모재를 용접 방향 반대편으로 약 2~3° 정도 굽힌다. [그림 1-26 참조]

이때 판두께와 용접 패스 수의 다소에 따라 얇은 판은 적게, 두꺼운 판은 크게 한다.

역변형을 주는 이유는 용접을 하게 되면 용접 방향으로 수축 변형이 생기므로 미리 이 변형을 용접 반대 방향으로 굽혀주면 용접 후에 두 모재가 수평 상태가 될 수 있다.

4 t6.0 연강판 아래보기 V형 맞대기 피복 아크용접

가. 모재 고정

가접된 모재의 용접선이 좌우로 수평이 되며, 개선 홈 부분이 위로 향하게 수평 작업대 위나 지그에 고정한다.

이때 루트 간격이 좁은 쪽이 왼쪽이 되게 하며 모재가 몸의 중심보다 왼쪽에 놓는 것이 좋다.(오른손잡이 기준)

나. 1층(이면, back) 비드놓기

용접기를 조작하여 전류를 80~95A 정도(ϕ 3.2 용접봉 사용 시)로 조절한 다음 모재 앞에 작업하기 편한 자세로 모재와의 평행이 되게 앉아서 용접봉을 홀더의 손잡이와 90° 되게 물린다.

용접봉을 왼쪽 시점 가까이 옮기고 헬멧을 쓴 후 모재의 좌측 끝에서 아크를 발생하여 아크를 안정시키며 개선 홈 안쪽으로 봉을 밀어 넣는다.

작업각은 90°, 진행각은 75~85°를 유지하며, [그림 1-27 참조] 용접봉을 좌우로 움직이지 말고 아크 안정에 최선을 다한다.

그림 1-27 1층(이면, back) 비드놓기 작업각과 진행각

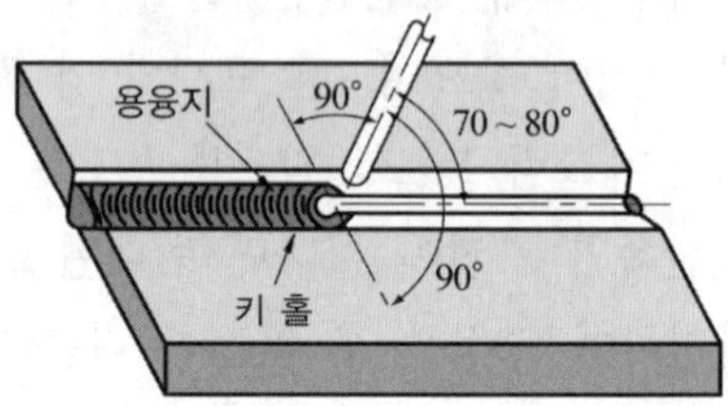

시작부가 가열되면 약 5mm 정도는 위빙하지 말고 매우 천천히 우진하다가 키홀(key hole)이 형성되면 바로 루트면과 루트면 사이를 이전 용융지와 약 1/3 정도 겹치면서 키홀이 일정하도록 위빙하며 중심 표시 부분까지 우진한 후 아크를 끊는다.

이면 비드놓기는 [그림 1-28]과 같이 일반적으로 3가지 방법이 있다. 휘핑법은 박판의 이면 비드 놓기시에 적용되며, 직선법은 루트 간격 없이 두 모재를 맞대어 놓고 직선으로 전진하는 방법이다.

그림 1-28 이면 비드 운봉법의 종류

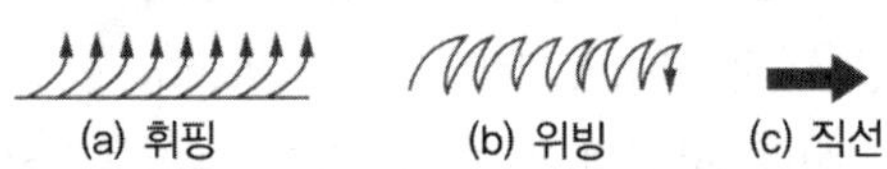

다. 비드 잇기

비드놓기가 끝난 부분을 깨끗이 청소한 후, 새 용접봉을 홀더에 물리고 이음부 주위에서 아크를 발생하여 아크 길이를 좀 길게 하면서 이음부의 위치를 확인하고 빨리 이음부 상단으로 옮긴다.

이때 봉을 좌우로 움직이지 말고 홈 안으로 서서히 밀어 넣으며 아크를 안정시킨 후 약 5mm 정도는 좌우로 움직이지 말고 느린 속도로 우진하며 키홀을 형성시킨다.

그림 1-29 이면 비드 잇는 법

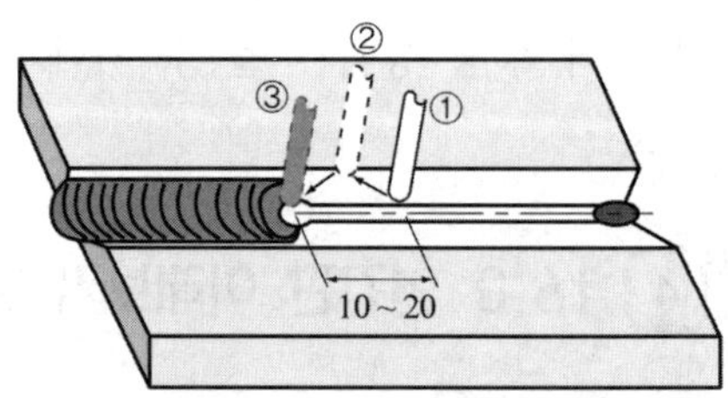

키홀이 형성되면 키홀의 크기를 일정하게 유지하며 위빙 방법에 의해 끝까지 우진하며 모재 표면보다 0.5~1mm 정도 낮게 1층 비드를 놓는다.

모재 끝의 1~2mm 부분에서 아크를 끊은 후 크레이터 처리를 한 다음 용접부의 슬래그 및 스패터 등을 깨끗이 제거한다.

혹 용입이 안되어 슬래그가 혼입한 경우 가는 송곳이나 좁은 정 같은 것으로 완전 제거해야 된다.

라. 표면 비드놓기

1) 2층(표면) 비드놓기

1층(백) 비드가 청소된 모재를 1층 비드놓기와 동일게 모재를 고정하고 표면 비드 용접 전류를 110~130A(ϕ 3.2를 사용할 경우)로 조절한다.

자세를 잡고 새 용접봉을 홀더에 물린 후 이면 비드 좌측 개선면 위의 한쪽 모서리에서 아크를 발생한다.

아크를 안정시키며 다음 모서리까지 약간 천천히 위빙한다. [그림 1-30 참조]

아크가 안정되면 작업각과 진행각을 일정하게 유지하고 정상 속도로 위빙하며 우진한다.

위빙 폭은 개선면 상부 모서리와 모서리에 용접봉 끝의 1/3~1/2 정도가 오도록 하며, 위빙할 때 비드의 양 끝에 약 0.5~1초 정도 멈추는 듯 하여 언더컷이 생기지 않게 한다.

용접부 길이의 1/2 부분에서 아크를 끊은 후(ϕ 3.2 용접봉으로 끝까지 채울 수 없기 때문에 중심부에서 끊어야 됨) 용접부를 깨끗이 청소한다.

2) 비드 잇기

청소한 모재를 다시 처음 상태로 고정한 후 새 용접봉으로 아크를 발생하여 비드 잇는 방법과 같이 비드를 잇는다.

용접부 끝까지 위빙하여 진행한 후 끝 부분에서 크레이터 처리를 한다.

표면 비드는 모재 표면보다 약 2mm 정도 높게 쌓는다. 용접이 끝나면 용접부를 깨끗이 청소한다.

그림 1-30 표면 비드 놓는 법

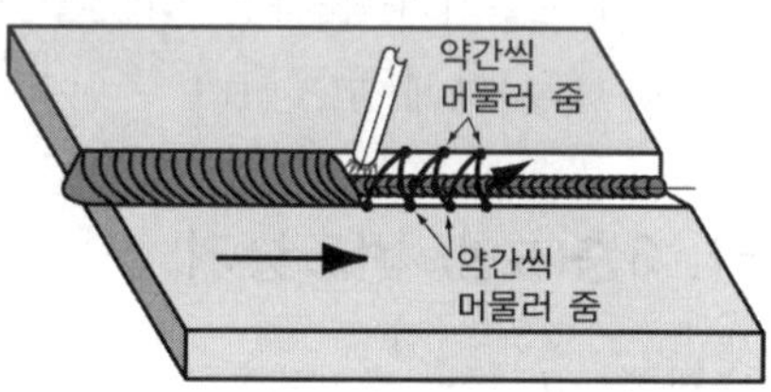

PART 5 용접 실기

5 t9.0 연강판 아래보기 V형 맞대기 피복 아크용접 하기

가. 모재 고정

판두께 t6의 모재와 같은 방법으로 고정한다.

나. 1층(이면, back) 비드놓기

t9의 모재는 t6보다 3mm 정도 두껍고 폭도 50mm 정도 더 크므로 t6 모재보다 10~15A

정도 전류를 높게 해야 된다.

ϕ 3.2 용접봉을 사용할 경우 전류를 90~105A 정도로 조절한다. 전류 조절이 끝나면 t6 모재의 용접시와 동일하게 이면 비드를 놓는다.

이때 모재 두께의 1/2 정도 높이로 채워지게 하는 것이 좋다.

이면 비드의 전체 길이를 t6의 용접과 같이 중심부를 기준으로 2번으로 완성한 후 슬래그와 스패터를 깨끗이 청소한다.

그림 1-31 2층 비드 놓는 법

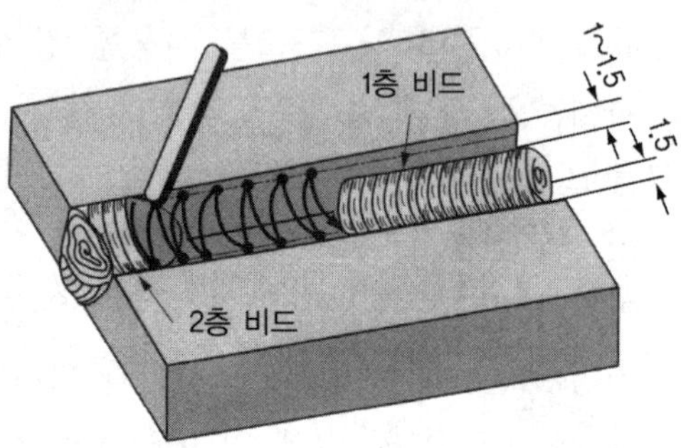

다. 2층 비드놓기

자세를 편안하게 잡고 전류를 110~140A(ϕ 3.2를 사용할 경우)로 조절한 후 모재의 좌측 끝에서 아크를 발생하여 위빙하며 우진 한다.

이때 2층 비드가 모재 표면보다 0.5~1mm 정도 낮게 채워지게 하며, 개선면의 상부 모서리가 녹지 않게 하는 것이 좋다. [그림 1-31 참조]

2층 비드놓기도 중심을 기준으로 2번으로 완성하며, 비드놓기가 끝나면 비드를 깨끗이 청소한 후 다시 지그에 고정한다.

그림 1-32 표면 비드 운봉법 양·부

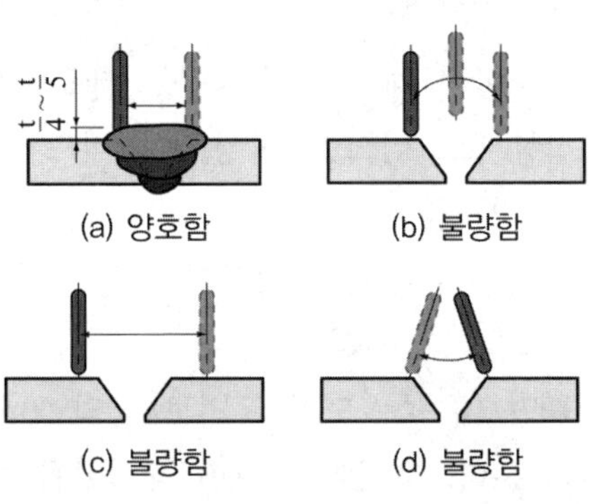

라. 3층(표면) 비드놓기

모재를 고정한 후 전류를 2층 비드놓기보다 10A 정도 낮게 100~130A(ϕ 3.2를 사용할 경우)로 조절한다.

자세를 바르게 잡고 t6과 같은 방법으로 개선면 끝 모서리에서 모서리까지 비드를 놓는다. [그림 1-32 참조]

이때 표면 비드는 모재 표면보다 약 2mm 정도 높게 쌓은 후 아크를 끊고, 용접부를 깨끗이 청소한다.

그림 1-33 표면 비드의 결함의 종류

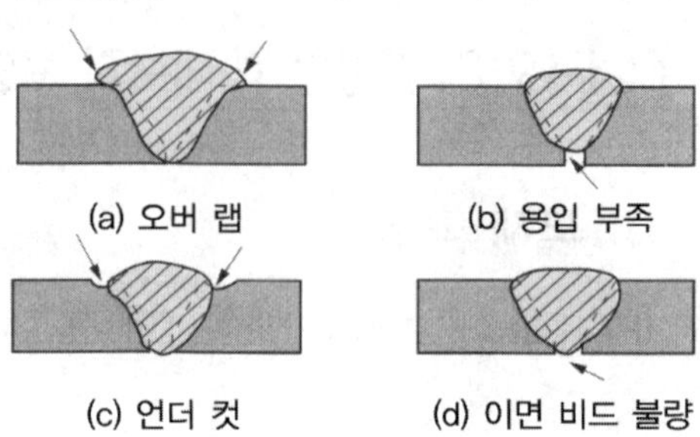

마. 청소 및 검사

완성된 제품을 깨끗이 청소한 후 용접 상태를 검사하고 주위를 잘 정리 정돈한다.

제4절 | 수평 자세 V형 맞대기 피복 아크용접

1 용접 준비와 모재 가공

공구나 작업 준비, 그리고 모재 가공법은 아래보기 자세와 동일하게 하면 된다.

2 모재 가접(tack welding) 및 역변형 주기

가접법이나 역변형을 주는 방법도 아래보기 자세와 동일하게 하면 된다.

3 t6.0 연강판 수평 V형 맞대기 피복 아크용접 하기

가. 모재 고정

가접된 모재를 용접 지그에 모재가 수직이며 용접선이 수평이 되게 작업하기 편한 높이로 고정한다. 이때 루트 간격이 좁은 쪽이 왼쪽이 되게 하며 용접선의 높이가 가슴 정도가 적당하다. 모재를 단단하게 고정하여 작업 중 움직이거나 떨어지지 않도록 해야 된다.

나. 1층(이면, back) 비드놓기

용접을 하려면 우선 전류를 맞추어야 된다. 이면 비드 전류를 아래보기 자세 전류와 같이 하면 된다. 적정 전류는 모재의 홈각도, 루트면의 두께, 루트 간격, 그리고 아크 길이, 용접 속도 등에 따라 다르므로 적정 전류를 정하기 어려우나 일반적으로 80~95A(ϕ 3.2 용접봉 사용시) 정도로 조절하면 무난하다.

모재에 대하여 몸의 각도를 30~40° 정도 우측으로 틀어 작업하기 편한 자세로 앉아 홀더를 잡는다.

용접봉 끝을 모재의 좌측 끝으로 옮긴 후 헬멧을 쓰고 아크를 발생하여 아크를 안정시키며 개선 홈 안쪽으로 봉을 밀어 넣는다.

작업각과 진행각은 75~85°를 유지하며 키홀이 생길 때까지 천천히 우진하다가 키홀(key hole)이 형성되면 바로 상하 루트면과 루트면 사이를 이전 용착부와 약 1/3 정도 겹치면서 키홀이 일정하도록 위빙하며 중심 표시 부분까지 우진한 후 중심부에서 아크를 끊는다.

그림 1-34 수평 자세 작업각과 진행각

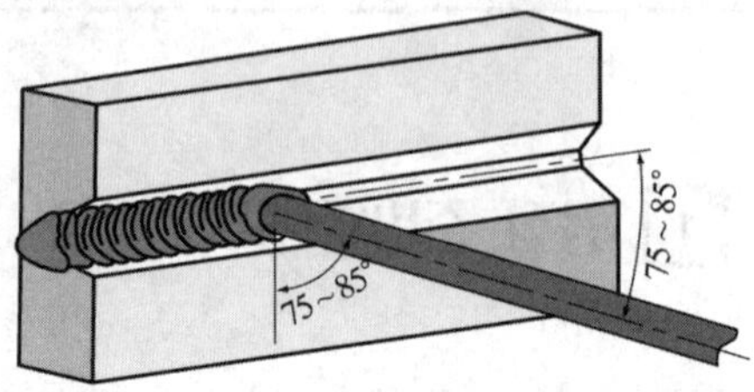

다. 이면 비드 잇기

아크가 끝난 부분을 깨끗이 청소하고 새 용접봉을 홀더에 물리고 이음부의 주위에서 아크를 발생하여 아크 길이를 좀 길게 하면서 이음부의 위치를 확인하고 빨리 이음부로 옮긴다. 용접봉을 홈 안으로 서서히 밀어 넣으며 아크를 안정시키며 약 5~10mm 정도는 위빙없이 좀 느린 속도로 우진하여 키홀이 형성되면 정상적으로 위빙하면서 키홀의 크기를 일정하게 유지하며 용접부 끝까지 우진한다.

1층(백) 비드는 모재 표면보다 0.5~1mm 정도 낮게 놓은 후 용접선 끝의 1~2mm 부분에서 크레이터 처리를 한다. 용접이 끝나면 용접부의 슬래그 및 스패터 등을 깨끗이 제거한다.

그림 1-35 수평 자세 키홀 양·부

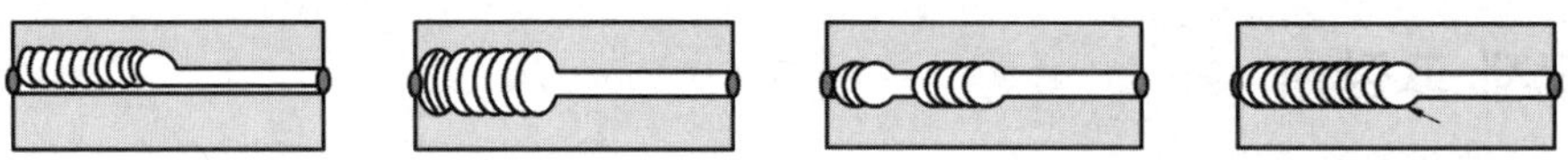

(a) 한쪽만 형성됨 (b) 과대하게 형성됨 (c) 일부만 형성됨 (d) 적당히 형성됨

라. 2층(표면) 비드놓기

1) 2층 1패스 놓기

35수평 자세 표면 비드는 겹치기 좁은 비드로 2패스로 완성한다. 전류는 1층보다 다소 높게 120~140A(ϕ 3.2를 사용할 경우)로 조절한다.

자세를 바로 잡고 하단 모재의 왼쪽 끝 모서리와 1층 비드의 경계선에서 아크를 발생하여 아크를 안정시킨 후 위빙없이 좁은 비드로 용접선 끝까지 진행한다. 이때 작업각과 진행각을 일정하게 유지하며 하단 모재의 개선 모서리 선에 용접봉의 하단~1/4 정도가 겹치도록 하며 진행한다. 용접이 끝나면 깨끗이 청소한다.

그림 1-36 표면 비드놓기 양·부

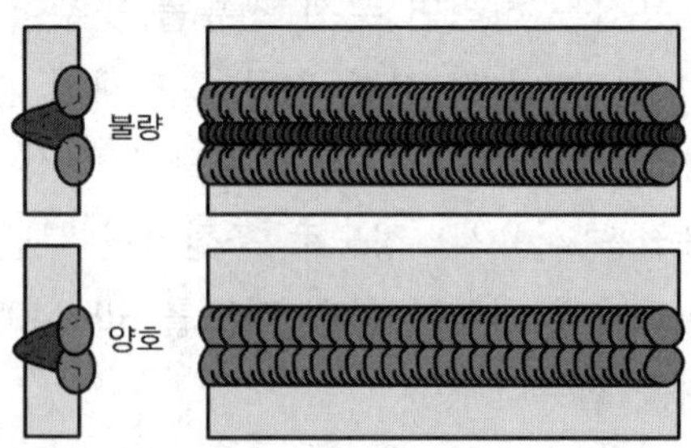

2) 2층 2패스 놓기

상단 모재의 왼쪽 끝 모서리에서 아크를 발생하여 아크를 안정시킨 후 상단 모재의 개선 모서리 선에 용접봉 중심의 1/2 정도가 겹치도록 하며 용접선 끝까지 진행하고 우측 끝부분에서 크레이터 처리를 한다.

표면 비드는 모재 표면보다 약 2mm 정도 높게 쌓아야 되며, 용접 후 용접부를 깨끗이 청소한다.

4 t9.0 연강판 수평 V형 맞대기 피복 아크용접 하기

가. 1층(이면, back) 비드놓기

t9 모재의 이면 비드 놓는 법은 t6 모재와 동일하게 실시하면 된다. 다만 판두께가 3mm 정도 더 두껍기 때문에 t6의 모재는 2층으로 완성했지만 t9 모재는 3층으로 완성하는 것이 일반적이다. 따라서 1층(백) 비드는 모재 두께의 약 1/2 정도 높이로 쌓는 것이 적당하다.

나. 2층 비드놓기

2층 비드는 모재 표면보다 0.5~1mm 정도 낮게 채워지게 쌓는 것이 중요하다. 이때 전류는 표면 비드보다 다소 높게 조절하는 것이 일반적이다.

1) 2층 1 패스 비드놓기

모재의 왼쪽 끝 시작점에서 아크를 발생하여 용접봉 끝의 중심을 1층 비드의 하단 개선면과의 경계선에 맞춘다. 이때 작업각은 수직선에 대하여 95~110° 정도 되게 진행각은 75~85°로 유지한다. [그림 1-37 (a) 참조]

직선(좁은) 비드로 모재 끝까지 진행하며, 모재 표면보다 0.5~1mm 정도 낮게 채워지게 한다. 개선면의 상부 모서리가 녹지 않게 하는 것이 좋다.

비드를 깨끗이 청소한 후 지그에 고정한다.

그림 1-37 2층 비드놓기 작업각

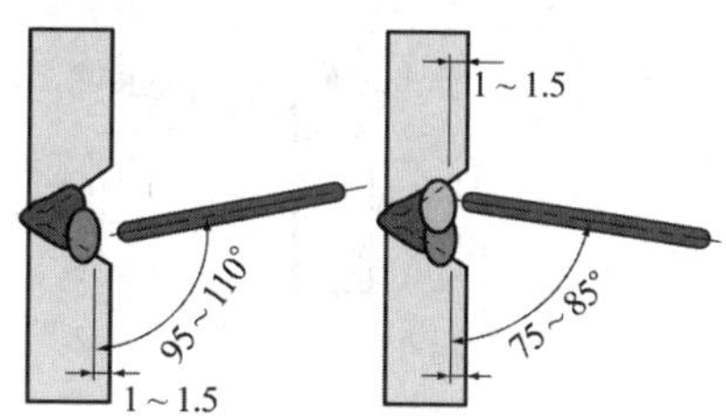

(a) 2층 1패스 (b) 2층 2패스

2) 2층 2패스 비드놓기

모재 왼쪽 끝에서 아크를 발생하여 용접봉 끝의 하단을 1층 비드의 상단 개선면과의 경계선에 맞춘다. 이때 작업각은 수직선에 대하여 75~85° 정도 되게, 진행각은 용접선에 대하여 75~85°로 유지한다.

직선(좁은) 비드로 모재 끝까지 진행한다. 이때 모재 표면보다 0.5~1mm 정도 낮게 채워지게 한다. 개선면의 상부 모서리가 녹지 않게 하는 것이 좋다.

비드를 깨끗이 청소한 후 지그에 고정한다.

다. 3층(표면) 비드놓기

1) 3층 1패스 비드놓기

t9의 모재의 수평 표면 비드는 좁은 비드 겹치기 3패스로 완성한다. 전류는 2층보다 다소 낮추는 것이 좋다. 특히 맨 위의 패스는 모재를 식히거나 전류를 낮추어서 비드를 놓아 언더컷을 방지해야 된다.

하단 모재의 왼쪽 끝에서 아크를 발생하여 아크를 안정시킨 후 하단 모재의 개선 모서리선에 용접봉의 하단이 1/4 정도 겹치도록 하며 일직선으로 우측 끝까지 진행한다. 이때 작업각은 수직선에 대하여 95~110°, 진행각은 75~85°를 유지하며 진행한다. [그림 1-38(a) 참조] 우측 끝부분에서 크레이터 처리를 한 다음 깨끗이 청소한다.

그림 1-38 3층 비드놓기 작업각

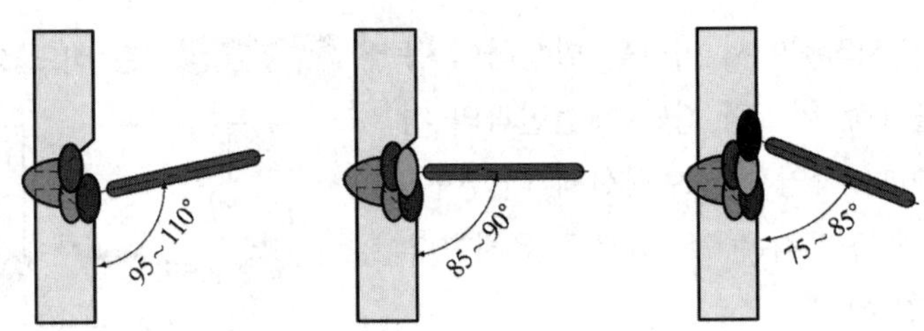

2) 3층 2패스 비드놓기

모재의 왼쪽 끝에서 아크를 발생하여 표면 1패스 비드와 2층 비드의 경계선에 용접봉 하단이 오도록 하여 작업각은 수직선에 대하여 85~90°, 진행각은 75~85°를 유지하며 진행한다.

우측 끝부분에서 크레이터 처리를 한다음 깨끗이 청소한다.

3) 3층 3패스 비드놓기

상단 모재의 왼쪽 끝에서 아크를 발생하여 상단 모재의 개선 모서리 선에 용접봉 중심의 1/3 정도가 겹치도록 하며 진행한다. 이때 작업각과 진행각은 75~85°를 유지한다.

표면 비드는 모재 표면보다 약 2mm 정도 높게 쌓는다. 용접이 끝날 때 마다 용접부를 깨끗이 청소한다.

제5절 | 수직 자세 V형 맞대기 피복 아크용접

1 용접 준비와 모재 가공

공구나 작업 준비, 그리고 모재 가공법은 아래보기 자세와 동일하게 하면 된다.

2 모재 가접(tack welding) 및 역변형 주기

가접법이나 역변형을 주는 방법도 아래보기 자세와 동일하게 하면 된다.

3 t6.0 연강판 수직 V형 맞대기 피복 아크용접 하기

가. 모재 고정

가접된 모재를 용접 지그에 용접선이 수직이 되게 작업하기 편한 높이로 고정한다. 이때 루트 간격이 좁은 쪽이 아래가 되게 하며 상부의 높이가 가슴 정도가 적당하다. 모재를 단단하게 고정하여 작업 중 움직이거나 떨어지지 않도록 해야 된다.

나. 1층(이면, back) 비드를 놓기

1) 1층 1/2 비드놓기

이면 비드놓기는 맞대기 용접 중 가장 중요한 용접이며, 고난도의 기술을 요한다. 적당한 전류와 정교한 위빙으로 키홀을 형성하며 모재 표면보다 0.5~1mm 정도 낮게 쌓는 것이 중요하다.

용접을 하려면 우선 전류를 맞추어야 된다. 이면 비드 전류를 아래보기 자세보다 다소 낮게, 80~95A 정도(ϕ 3.2 용접봉 사용시)로 조절한 다음 용접봉을 홀더의 손잡이와 120° 되게 물린다.

모재 앞에 작업하기 편한 자세로 앉는다. 이때 몸과 모재와의 각도는 30~40° 정도 우측으로 틀어 앉아 홀더를 잡는다.

용접봉 끝을 모재의 하단 끝으로 옮긴 후 헬멧을 쓰고 아크를 발생하여 아크를 안정시키며 개선 홈 안쪽으로 봉을 밀어 넣는다.

작업각은 90°, 진행 반대각은 75~85°를 유지하며[그림 1-34 참조] 키홀이 생길 때까지 천천히 상진하다가 키홀(key hole)이 형성되면 바로 루트면과 루트면 사이를 이전 용착부와 약 1/3 정도 겹치면서 키홀이 일정하도록 위빙하며 중심 표시 부분까지 상진한 후 중심부에서 아크를 끊는다.

2) 이면 비드 잇기

아크가 끝난 부분을 깨끗이 청소하고 홀더에 새 용접봉을 물려 이음부의 주위에서 아크를 발생하여 아크 길이를 좀 길게 하면서 이음부의 위치를 확인하고 빨리 이음부 상단으로 옮긴다.

용접봉을 홈 안으로 서서히 밀어 넣으며 아크를 안정시킨 후 약 5~10mm 정도는 좌우로 움직이지 말고 좀 느린 속도로 상진하여 키홀이 형성되면 키홀의 크기를 일정하게 유지하며 위빙 방법에 의해 끝까지 상진한다.

그림 1-39 수직 자세 작업각과 진행 반대각

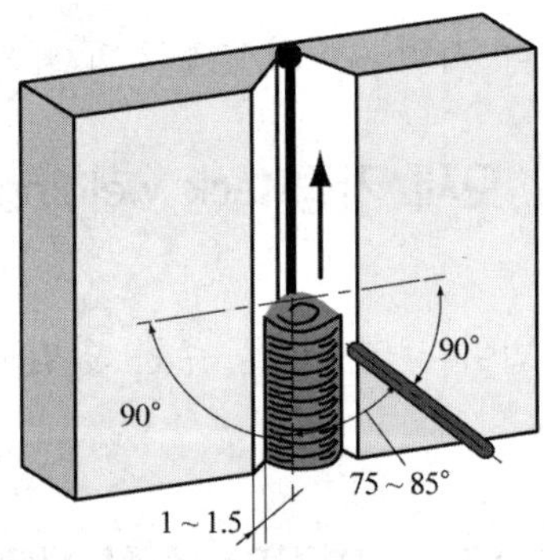

1층 이면 비드는 모재 표면보다 1~1.5mm 정도 낮게 놓은 후 용접선 끝의 1~2mm 부분에서 아크를 잠시 끊었다 다시 발생하였다 하면서 2~3회 크레이터 처리를 한다.

용접이 끝나면 용접부의 슬래그 및 스패터 등을 깨끗이 제거한다.

다. 표면(2층) 비드놓기

1) 표면 1/2 비드놓기

표면 비드는 외관이므로 외관의 비드 모양을 보고 참 양·부를 판단하는 중요한 부분이다. 그리고 언더컷이나 처짐, 오버랩 등이 쉽게 발생될 수 있어 위빙 끝 부분의 약간 멈춤과 일정한 위빙 폭과 피치로 위빙하는 것이 필요하다.

우선 모재를 작업하기 편한 높이로 고정한 후 전류를 110~130A(ϕ 3.2를 사용할 경우)로 조절한다.

자세를 바로 잡고 용접봉을 1층 비드의 하단 왼쪽 부근으로 옮긴 후 헬멧을 쓰고 아크를 발생하여 불빛으로 모재 하단의 모서리 부분으로 옮겨 아크를 안정시킨다.

아크가 안정되면 다음 모서리까지 약간 천천히 움직여 충분하게 용융되었을 때 위빙하며 상진한다. 위빙 폭은 개선면 상부 좌우 모서리에 용접봉 끝의 1/3~1/2 정도가 오도록 실시한다.

위빙할 때 비드의 양 끝에서 약 0.5~1초 정도 멈추는 듯 하여 언더컷이 생기지 않게 한다. 용접이 끝나면 용접부 끝부분을 깨끗이 청소한다.

2) 표면 비드 잇기

용접봉 1개로 용접부 전체를 다 용착시킬 수 없을 때는 용접부 전체 길이의 중심에서 아크를 끊는다. 왜냐 하면 중심부에서 좌우로 10mm 정도는 제거되고 그 다음부터 약 38mm 부분은 굴곡 시험편이 되므로 그 부분에서는 아크가 끊어지거나 비드 잇는 부분이 되어서는 안되기 때문이다.

비드를 이을 때 홀더에 새 용접봉을 물린 후 잇는 부근에서 아크를 발생하여 아크를 안정시킨 후 용접부 끝까지 위빙하여 진행한 후 끝 부분에서 크레이터 처리를 한다.

표면 비드 높이는 모재 표면보다 약 2mm 정도 높게 쌓는다.

용접이 끝나면 용접부를 깨끗이 청소한다.

그림 1-40 수직 비드 잇는 법

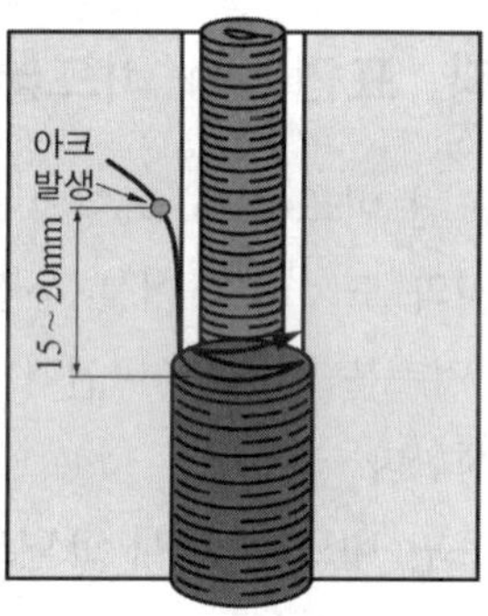

4 t9.0 연강판 수직 V형 맞대기 피복 아크용접 하기

가. 1층(이면, back) 비드놓기

t9 모재의 이면 비드 놓는 법은 t6 모재와 동일하게 실시하면 된다. 다만 판두께가 3mm 정도 더 두껍기 때문에 전류를 약간 높여주거나 루트면을 얇게 해줄 필요가 있으며, t6의 모재는 2층으로 완성했지만 t9 모재는 3층으로 완성하는 것이 일반적이다. 따라서 1층(백) 비드는 모재 두께의 약 1/2 정도 높이로 쌓는 것이 적당하다.

PART 5 용접실기

나. 2층 비드놓기

2층 비드는 모재 표면보다 0.5~1.0mm 정도 낮게 채워지게 쌓는 것이 중요하다. 이때 전류는 표면 비드보다 다소 높게 조절하여 쌓으면 1층과 용착도 잘 되지만 1층에 잔류할 수 있는 불순물이나 슬래그 등을 떠오르게 하는 데 효과가 있다.

그림 1-41 수직 비드 2층 비드 높이

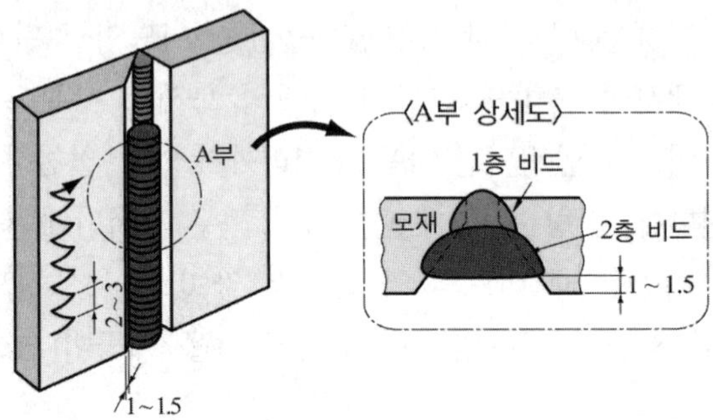

2층 비드도 중심부에서 아크를 끊은 후 새 용접봉으로 비드를 잇기하여 2회로 완성한다. 이때 개선면의 상부 모서리가 녹지 않게 하는 것이 좋다. 용접이 끝나면 다음 층의 비드를 놓기 전에 비드를 깨끗이 청소해야 된다.

다. 표면(3층) 비드놓기

표면 비드는 t6 모재의 표면 비드놓기와 같은 방법으로 쌓는다. 따라서 개선면 상부의 모서리와 모서리 사이를 용접봉의 1/4~1/3 정도가 겹치도록 운봉하며, 운봉 끝부분에서 약간씩 멈춤을 실시하여 언더컷 등이 발생하지 않게 하여야 된다. 표면 비드도 2회로 나누어서 완성한다.

표면 비드는 모재 표면보다 약 2mm 정도 높게 쌓고, 크레이터 처리를 한 후 아크를 끊은 후 용접부를 깨끗이 청소한다.

제6절 | 위보기 자세 V형 맞대기 피복 아크용접

1 용접 준비와 모재 가공

공구나 작업 준비, 그리고 [그림 1-42]와 같은 도면을 보고 모재를 준비하여 아래보기 자세와 동일하게 모재 가공을 한다.

2 모재 가접(tack welding) 및 역변형 주기

위보기 맞대기 용접을 위한 가접할 때 특히 주의해야 할 것은 가접 부위가 홈쪽으로 돌출되지 않도록 해야 된다.

가접 부위가 홈쪽으로 돌출되거나 스패터가 부착되어 있으면 이면 비드를 놓기 위해 아크를 안정시키기가 매우 어렵다.

역변형을 주는 방법은 아래보기 자세와 동일하게 하면 된다.

그림 1-42 V형 맞대기 용접 도면

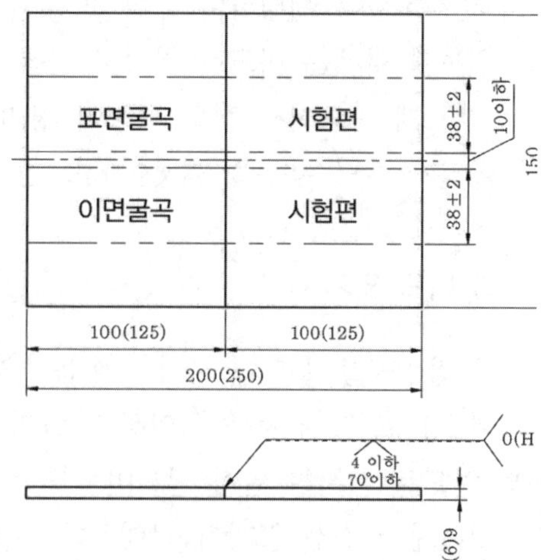

3 t6.0 연강판 위보기 V형 맞대기 피복 아크용접 하기

가. 모재 고정

가접된 모재의 홈 부분이 아래가 되며 용접선이 전·후(또는 좌·우)가 되게 작업하기 편한 높이로 단단하게 고정한다.

보통 머리보다 10cm 정도 높게 하는 것이 좋다. 이때 루트 간격이 좁은 쪽이 용접 시작 부분이 되게 한다.

나. 1층(이면, back) 비드놓기

1) 1층 1/2 비드놓기

전류를 수직 자세와 비슷하게 80~95A(ϕ 3.2 용접봉 사용시) 정도로 조절한다. 용접봉은 홀더의 앞부분에 홀더와 일직선이 되게 물린다.

모재 앞에 작업하기 편한 자세로 앉아 용접봉을 시작점 가까이 옮긴 후 헬멧을 쓰고 모재의 시작점 부근에서 아크를 발생하여 아크를 안정시키며 개선 홈 안쪽으로 봉을 밀어 넣는다. 이때 바로 용접봉을 좌우로 움직이면 달라붙을 염려가 있으므로 위빙없이 천천히 진행하여 아크 안정에 최선을 다한다.

작업각은 90°, 진행각은 용접선에 대하여 75~85° 정도로 유지하여 진행하며 키홀(key

hole)이 형성되면 바로 루트면과 루트면 사이를 이전 용착부와 약 1/3 정도 겹치면서 키홀이 일정하도록 위빙하며 중심 표시 부분까지 진행한 후 중심부에서 아크를 끊는다.

위보기 자세는 비드가 처져서 볼록 비드가 되기 쉬우므로 위빙의 양끝은 느리게 중심부는 빠르게 움직여서 비드 모양이 평면 또는 약간 볼록형이 되도록 위빙하여야 된다.

아크가 끝난 부분을 깨끗이 청소한 후 다시 모재에 고정한다.

2) 비드 잇기

새 용접봉을 홀더에 물리고 이음부의 주위에서 아크를 발생하여 아크 길이를 좀 길게 하면서 이음부의 위치를 확인하고 빨리 이음부 쪽으로 옮긴다. 봉을 좌우로 움직이지 말고 홈 안으로 서서히 밀어 넣으며 아크를 안정시킨다. 아크가 안정되면 이전 비드 놓는 법과 동일하게 용접선 끝까지 진행한다. 이때 모재 표면보다 1~1.5mm 정도 낮게 1층 비드를 놓는다.

모재 끝의 1~2mm 부분에서 크레이터 처리를 한 후 용접부의 슬래그 및 스패터 등을 깨끗이 제거한다. 혹시 용입이 안되어 슬래그가 찬 경우 가는 송곳이나 좁은 정 같은 것으로 완전 제거하고 높낮이가 큰 경우 전류를 높게 하여 평탄 작업을 한 후에 2층 비드를 놓아야 된다.

다. 2층(표면) 비드놓기

1) 2층 1/2 비드놓기

전류를 110~130A(ϕ 3.2를 사용할 경우)로 조절하고 용접봉을 홀더의 앞부분에 홀더와 일직선이 되게 물린다.

시작 부분의 개선면 위의 한쪽 모서리에서 아크를 발생하여 아크를 안정시키며 다음 모서리까지 약간 천천히 움직인다.

아크가 안정되면 개선면 상부 모서리에서 모서리까지 위빙하며 진행한다. 이때 용접봉 끝의 1/3~1/4 정도가 개선면 모서리에 위치하도록 한다.

위빙할 때 비드의 양 끝에서 약 0.5~1초 정도 멈추는 듯 하여 언더컷이 생기지 않게 한다. 용접 전체 길이의 중심 부분에서 아크를 끊고 비드 끝부분을 깨끗이 청소한다.

2) 2층 비드 잇기

홀더에 새 용접봉을 물린 후 이음부 주위에서 아크를 발생하여 비드 잇는 방법과 같이 비드를 놓아 용접부 끝까지 위빙하여 진행한 후 끝 부분에서 크레이터 처리를 한다.

표면 비드는 모재 표면보다 약 2mm 정도 높게 쌓는다. 용접이 끝나면 용접부를 깨끗이 청소한다.

4 t9.0 연강판 위보기 V형 맞대기 피복 아크용접 하기

가. 1층(이면, back) 비드놓기

t9 모재의 이면 비드 놓는 법은 t6 모재와 동일하게 실시하면 된다. 다만 판두께가 3mm 정도 더 두껍기 때문에 전류를 약간 높여주거나 루트면을 얇게 해줄 필요가 있으며, t6의 모재는 2층으로 완성했지만 t9 모재는 3층으로 완성하는 것이 일반적이다. 따라서 1층(백) 비드는 모재 두께의 약 1/2 정도 높이로 쌓는 것이 적당하다.

나. 2층 비드놓기

2층 비드놓기의 운봉각은 [그림 1－43]과 같이 유지하며 모재 표면보다 1～1.5mm 정도 낮게 채워지게 쌓는다.

이때 전류는 표면 비드보다 다소 높게 조절하여 쌓으면 1층과 용착도 잘 되지만 1층에 잔류할 수 있는 불순물이나 슬래그 등을 떠오르게 하는데 효과가 있다.

그림 1-43 1층 비드놓기 운봉각

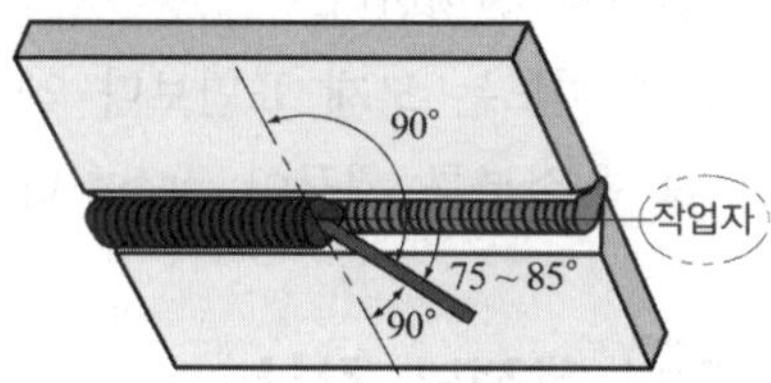

비드가 쳐지지 않도록 운봉을 잘해야 되며 2층 비드가 모재 표면보다 높아지거나 2층 비드놓기 중 개선면의 모서리가 용융되지 않도록 해야 된다. 필요에 따라 방사선(X선 또는 γ선) 검사를 할 수 있다.

2층 비드도 중심부에서 아크를 끊은 후 새 용접봉으로 비드를 잇기하여 2회로 완성한다. 용접이 끝나면 다음 층의 비드를 놓기 전에 비드를 깨끗이 청소해야 된다.

라. 3층(표면) 비드놓기

1) 3층 1/2 비드놓기

표면 비드는 t6 모재의 표면 비드놓기와 같은 방법으로 쌓는다. 따라서 개선면 상부의 모서리와 모서리 사이를 용접봉의 1/4～1/3 정도가 겹치며, 진행각과 작업각이 일정하도록 운봉하며, 운봉 끝 부분에서 약간씩 멈춤을 실시하여 언더컷 등이 발생하지 않게 하여야 된다. [그림 1－44, 1－45 참조]

용접부 중심부에서 아크를 끊고 이음부를 깨끗이 청소한다.

그림 1-44 표면 비드 운봉각

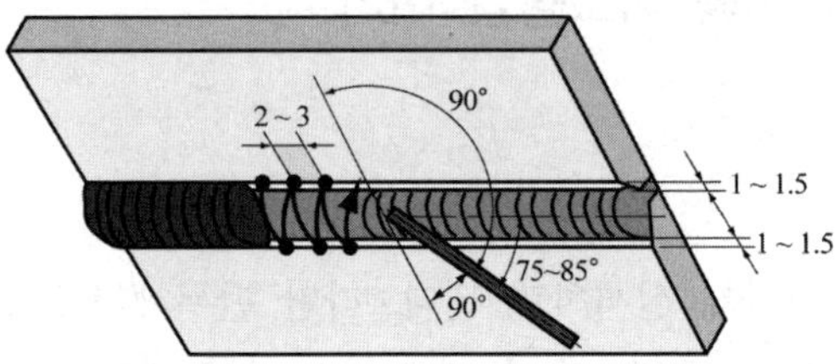

그림 1-45 표면 비드 운봉법의 양·부

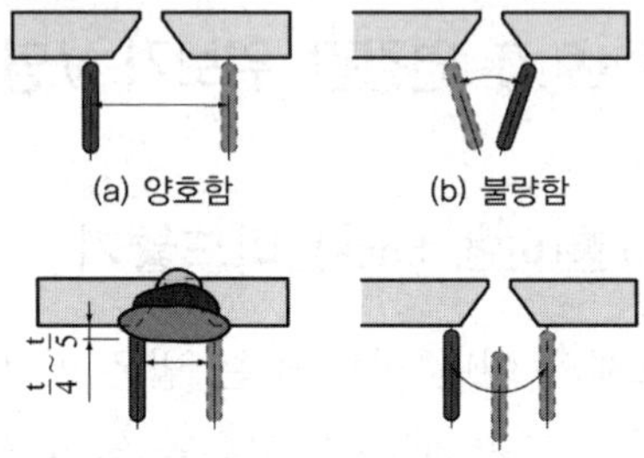

2) 3층 비드 잇기

새 용접봉을 갈아 끼우고 비드 이음부 근처에 용접봉 끝을 이동시킨 후 헬멧을 쓰고 아크를 발생하여 이음부로 옮겨 아크를 안정시킨 다음 모재 표면에 밀착하듯 위빙하여 용접선 끝까지 진행한다.

표면 비드는 모재 표면보다 약 2mm 정도 높게 쌓고, 크레이터 처리를 한 후 아크를 끊은 후 용접부를 깨끗이 청소한다.

5 용접부 검사

가. 외관 검사

피복 아크용접, CO_2 용접, TIG 용접, 그리고 각 자세별, 형상별 용접이 끝나면 외관 검사를 한다.

외관 검사 내용은 맞대기 용접과 필릿 용접 모두 표면 비드의 폭, 파형, 높이의 균일 정도와 단락 일정 여부, 균열 유무 등을 검사하며, 이면 비드는 비드 폭, 파형의 균일 정도, 용입의 완전 여부, 비드 이음 부분의 양호 여부를 검사한다.

나. 굴곡 시험

1) 시험편 절단

맞대기 용접의 경우 용접부의 연성이나 용착 상태를 검사하기 위해 굴곡(굽힘) 시험을 한다.

굴곡 시험 방법은 외관 검사가 끝난 용접 제품의 용접선의 중심부를 약 10mm 정도 제거하고, 그 좌, 우측으로 약 38~40mm 크기로 2개 절단한다. 절단 방법은 가스 절단이나, 플라즈마 절단, 프레스 절단 등으로 한다.

그림 1-46 굴곡 시험

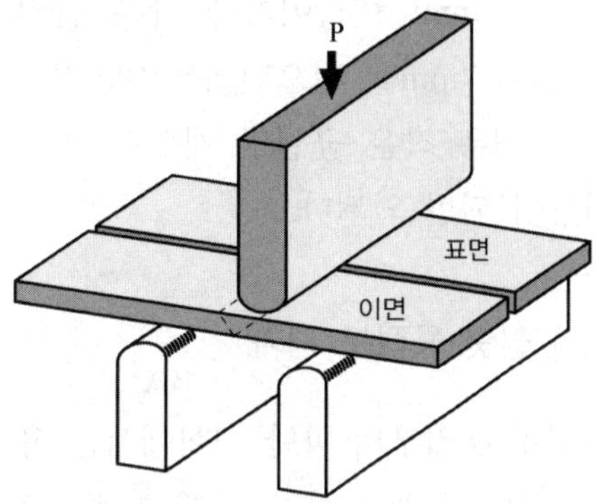

2) 덧붙이 가공

맞대기 용접부의 덧붙이 비드를 모재 표면까지만 그라인더로 다듬질 작업하여 제거하고 용접부 주위 모서리 부분을 R1.5(t6.0의 경우 R1.0)로 라운딩 가공을 한다.

이때 시험편은 필요에 따라 덧붙이를 먼저 가공한 후 절단하기도 한다.

그림 1-47 파면 시험 방법

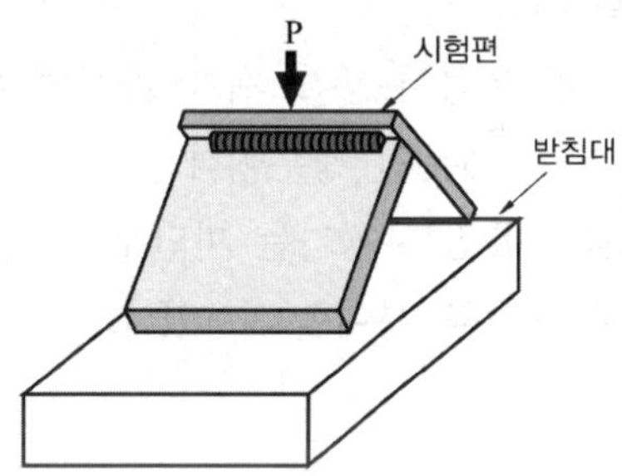

3) 굴곡(굽힘)

KS에 규정된 굴곡 시험 지그를 사용하여 굴곡 시험한다. 시험시 자세별로 시험편의 하나는 이면 비드가 아래로 향하게 하며, 다른 하나는 표면이 아래로 가게 하여 형틀의 중앙에 정확히 놓은 후 완전히 U자가 되도록 굴곡한다.

다. 필릿 용접 파면 검사

굴곡 시험기 위에 평판을 놓고 필릿 용접 작품의 용접부가 위로 향하도록 ∧자 모양으로 놓은 후 시험기로 ⊏⊐모양이 되도록 파단한다.

파단한 필릿 용접 작품의 용접부 파면을 보고 용입 불량, 용입 깊이, 슬래그 섞임 상태, 융합 부족, 모재의 박리, 기공, 피트 등의 유무를 기준에 의해 평가한다.

라. 평 가

1) 맞대기 용접부 평가

굴곡된 시험편의 외곽 용접부에 균열이나 기포(기공)의 크기 정도를 평가 기준에 맞추어 평가한다. [그림 1-48 참조]

맞대기 용접 굽힘 시험편의 외관에 균열이 3mm 이상이거나 작은 균열의 합이 7mm를 넘으면 안되며, 기공이나 매우 작은 균열의 개수가 10개 이상이 되면 안된다.

그림 1-48 굴곡된 시험편 형상

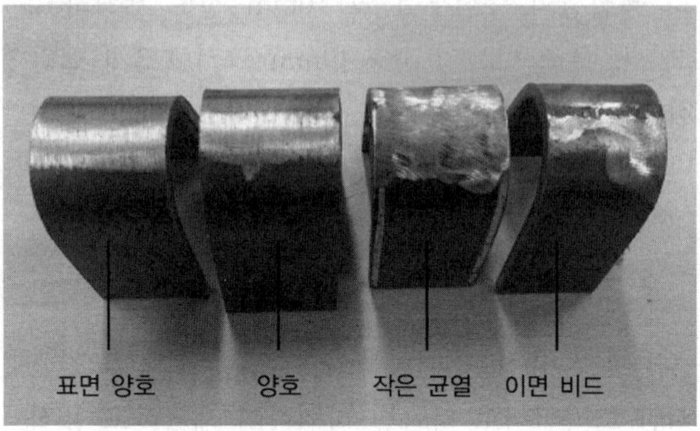

2) 필릿 용접부 평가

필릿 용접부의 파단 시험에서는 용입 불량, 슬래그 섞임, 융합 부족, 모재의 박리, 기공이나 피트 등이 많이 있으면 안되며 전혀 없으면 매우 양호한 용접부라고 판단한다.

필릿 용접시 두 모재가 완전히 분리되는 경우를 박리라고 하는데 이것은 전적으로 전류가 낮기 때문인 경우이다.

필릿 용접부 평가는 파단부 용입 상태에 따라 매우 양호, 양호, 보통, 불량, 매우 불량 등으로 점수를 부여할 수 있다.

제7절 | 구조물(용기) 제작 피복 아크용접

1 용접 준비

가. 공구 및 작업 준비

도면[그림 1-49 참조]을 보고 작업에 필요한 보호구, 헬멧(핸드 실드), 집게, 가죽 장갑, 앞치마, 팔커버(또는 조끼), 발커버, 와이어 브러시(브러시), 줄, 30cm 자, 석필, 그라인더, 휠 브러시 등을 준비한다. 그 외에 가접대, 보안경 등도 있으면 좋다.

나. 작업 준비

용접에 임하기 전에 보호구를 착용하고 용접기의 이상 유무, 작동 상태를 점검한다. 그리고 도면을 보고 구조물 제작 부품의 수량과 작업 내용을 확인한다.

2 모재 가공

구조물 제작 부품의 맞대기 이음부, 필릿 용접부, 모서리 용접부 등을 평탄하게 가공한다. 구조물 중에 맞대기 용접부가 있는 경우 루트면 가공도 실시한다.확인한다.

3 구조물 조립(도면 작품)

가. 수평(밑) 판 맞대기 용접

맞대기 용접판(t9 × 110 × 200) 2매를 교류 아크용접기를 사용하여 ϕ 3.2, ϕ 4.0 저수소계 용접봉(E7016)을 사용하여 3층으로 아래보기 자세 맞대기 용접한다.

나. 수평 판에 수직판 겹칠 부분 금긋기

그림 1-49 피복 아크용접 구조물 용접 도면

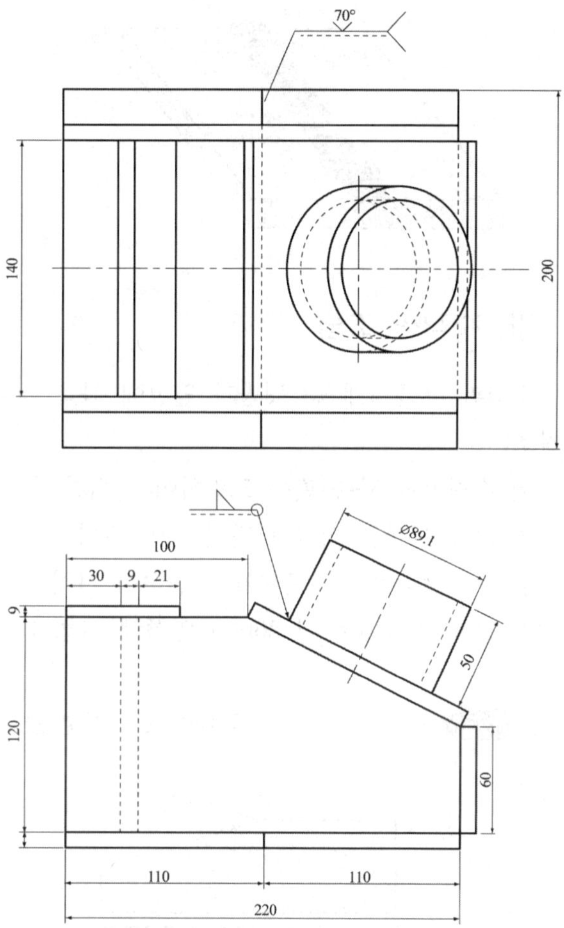

도면을 보고 도면에 맞게 맞대기 용접한 모재의 표면 위에(또는 이면 위에) 수직판이 세워질 부분을 금긋기한다. [그림 1－50 참조]

다. 수직판 조립 부분 덧살 제거

수평판의 금긋기 선을 기준으로 안과 밖 약 13～15mm 부분(수직판 모재 두께 9mm + 전·후 여유 가공치 약 2～3mm)을 핸드 그라인더로 연삭한다. [그림 1－51 참조]

그림 1-50 수직 판 설치부 금긋기

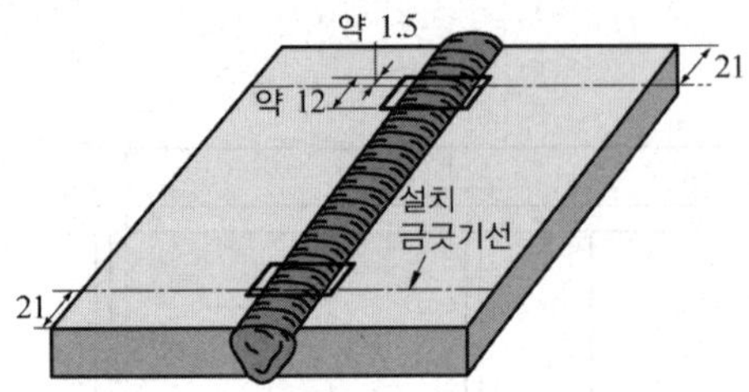

그림 1-51 수직 판 설치부 덧살 제거

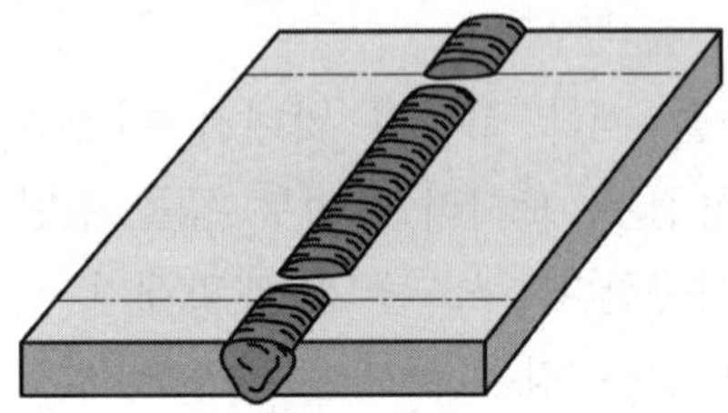

라. 수직판 조립

수직판 부품 4개 중 뒷판과 앞판에 좌측 판이 조립될 부분을 금긋기한다. [그림 1-52 참조]

뒤 수직판과 좌측 판을 조립하여 가접한 후 앞 수직판과 가접한다. 이때 수직판과 좌측 판의 교차 부분은 직각이 되게 해야 된다.

앞·뒤 수직판에 우측판을 조립하여 가접한다. 이때 가접 부위는 모서리나 용접 끝선이 되지 않게 양끝에서 약 20mm 안쪽에 가접을 한다. [그림 1-53 참조]

그림 1-52 전·후 수직판에 우측판 조립 부분 금긋기

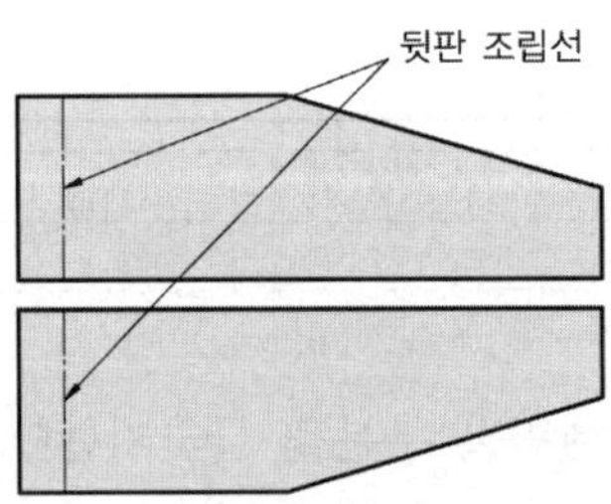

그림 1-53 수직판 조립

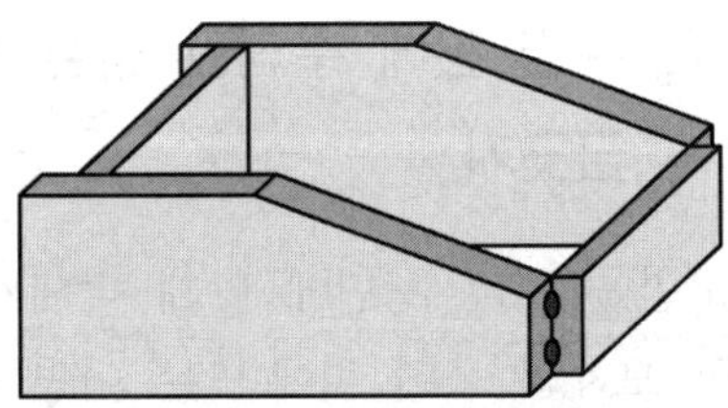

마. 수평판과 수직판 조립

수평판을 놓고 조립한 수직판을 수평판의 금긋기 선에 맞추어 조립한 후 치수 등을 확인한다.

치수에 이상이 없으면 가접한다. 이때 가접을 수직판의 안쪽에 해서는 안된다.

바. 상판 조립

좌측 상판을 도면에 맞추어 조립하여 가접한다. 우측 경사 상판을 도면에 맞추어 조립하

고 가접한다. [그림 1-54 참조]

그림 1-54 수평판과 수직판 조립

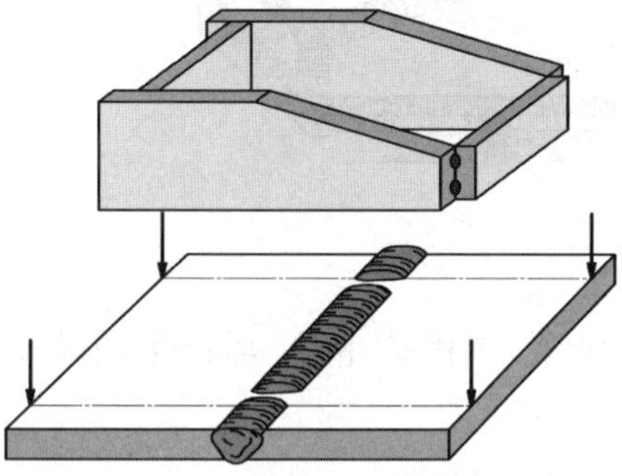

그림 1-55 경사 상판과 파이프 조립

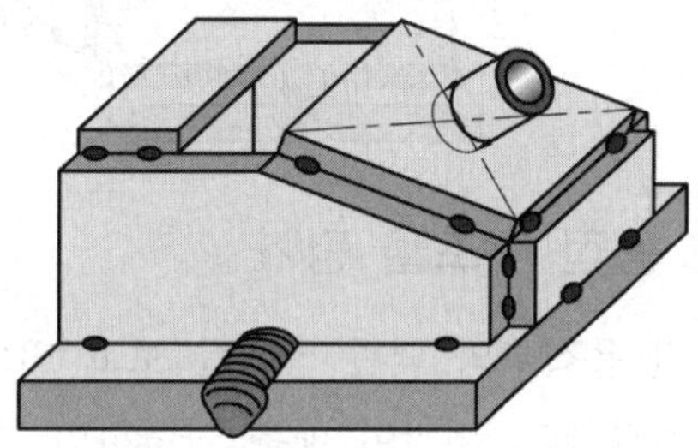

사. 경사 상판에 파이프 조립

우측 경사 상판에 대각선을 그어 중심부를 표시한 후 파이프 외경으로 원을 그린다. [그림 1-55 참조] 원 위에 파이프를 놓고 치수를 확인한 후 3~4군데 가접한다.

4 구조물 용접

조립된 구조물의 각부를 도면의 요구대로 조립되었는지, 용접에 문제가 없는지 확인한다. 수평판이 놓여진 상태대로 용접 자세를 정하여 용접 우선 순위를 정하여 용접한다.

1) 먼저 수직 모서리와 좌측 판 수직 필릿 부분을 대칭이 되도록 용접한다.
2) 하단 수평 필릿 부분을 전둘레 용접한다. 용접부가 겹치는 모서리 부분은 비드를 약 5mm 이상 더 돌려 용접한다. [그림 1-56 참조]
3) 수직판과 상판의 모서리 용접부를 대칭이 되게 용접한다.
4) 파이프 조립 부분을 전둘레 수평 필릿 용접한다. 용접시 필릿 부분은 전류를 120~140A, 모서리 용접 부위는 100~120A 정도 맞춘다.

그림 1-56 겹침 부분의 용접법

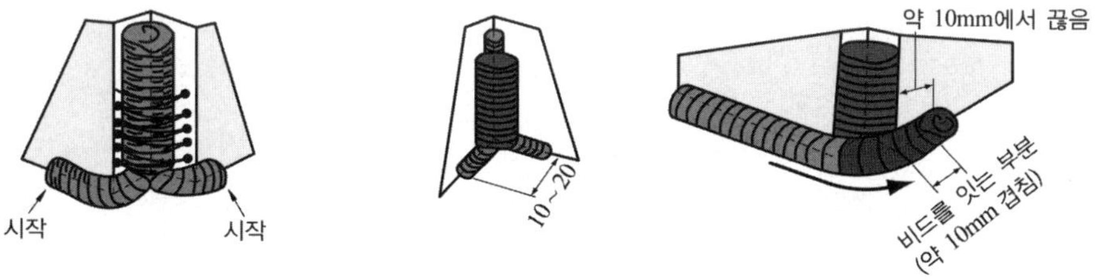

그림 1-57 구조물 용접법

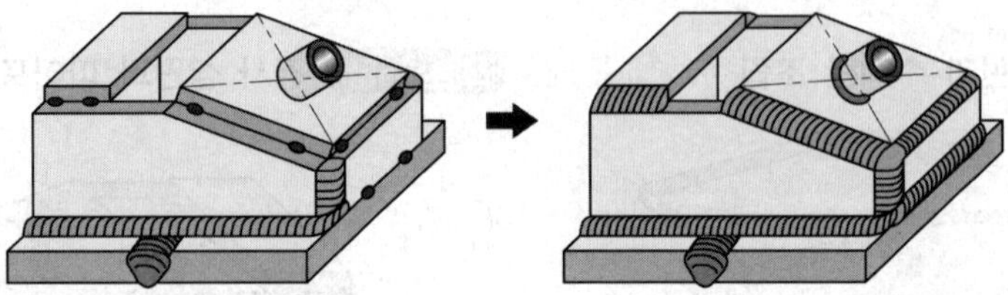

다. 용접 구조물 평가

1) 전 용접부의 외관 상태를 보고 비드 파형, 언더컷, 오버랩 유무, 외관의 미려도 등을 점검한다. 외관이 매우 불량하면 평가 제외로 한다.
2) 도면과 상이한 부분이 없나, 치수 정도는 맞는가 확인한다.
3) 용기에 물을 부은 후 외부의 물기를 제거하고 약 10분 후 누수 검사를 하여 1곳이라도 누수가 있으면 안되며 필요에 따라 수압 시험도 할 수 있다.

chapter 제5편 ▌용접 실기

02 특수 용접(CO_2 용접, TIG 용접)

제1절 ▌T형 필릿 CO_2 용접

1 아래보기 자세 T형 필릿 CO_2 용접

가. 모재 가공 및 용접부 금긋기

도면을 보고 2개의 모재를 [그림 2－1]과 같이 맞대고 석필이나 백색 마카펜으로 금긋기 한다.

그림 2-1 필릿 용접부 금긋기

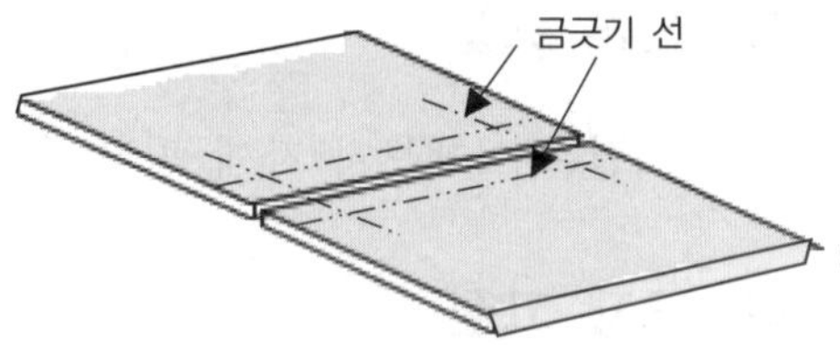

나. 가 접

전류를 120～140, 전압은 20～22V로 맞추고, 토치 끝의 와이어 돌출 길이를 10～15mm 정도로 맞춘다.

평판의 금긋기 선을 우측으로 향하게 놓은 후 수직판의 금긋기 선이 아래로 향하게 하여 수평판 금긋기 선에 맞춘 후 토치를 잡고 모재의 양 끝에서 20～30mm 안쪽에 가접한다. [그림 2－5 참조]

이때 양끝 12.5mm 부분에는 가접부나 용접부가 형성되어서는 안된다.

그림 2-2 필릿 용접부 가접하기

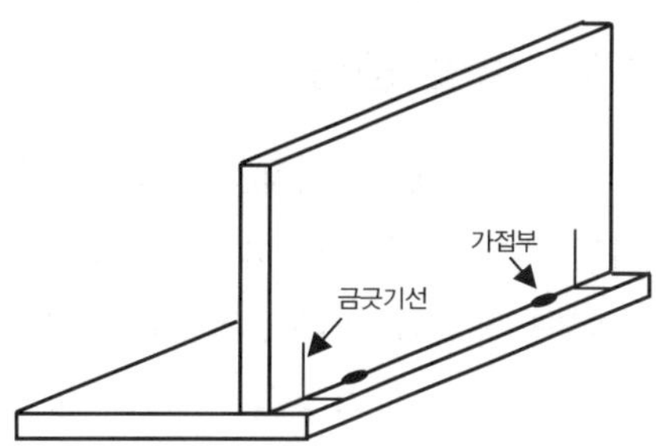

다. 모재 고정

가접한 모재의 필릿 용접할 부분이 위로 향하며 용접선이 좌우가 되게 [그림 2－3]와 같이 고정한다.

PART 5 용접 실기

라. 필릿 용접

그림 2-3 아래보기 자세 필릿 용접

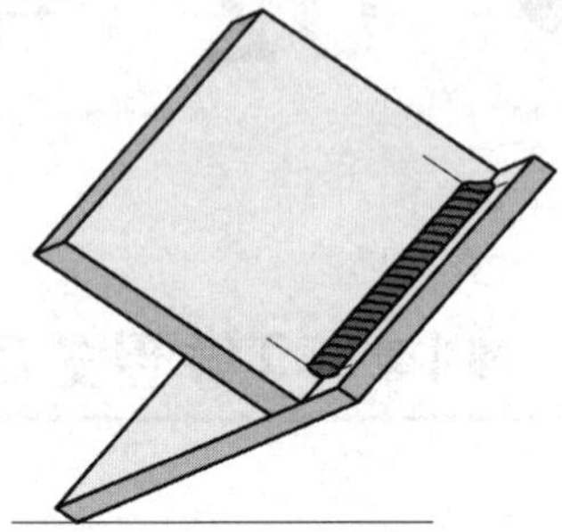

가접한 모재의 용접할 부분이 아래로 가며 용접선이 좌우가 되게 작업대 위에 놓고 용접해야 할 부분을 확실하게 확인하여 주어진 목 길이(다리 길이, 각장)을 맞추어 작은 위빙을 하여 필릿 용접한다.

필릿 각장은 6mm로 해야 되며, 각장의 −20～50%를 초과하지 않게 해야 된다.

특히 비드의 양끝 비용접부가 용접되지 않도록 해야 되며, 수직판 안쪽에 가접이나 용접부가 형성되어서는 안된다.

2 수평 자세 T형 필릿 CO_2 용접

가. 전류 조절

용접 조건은 아래보기 자세 필릿 용접과 동일하게 하면 된다.

나. 모재 고정

수평 자세의 경우 [그림 2−2]의 형상 그대로 작업대 위에 용접선이 작업자와 평행이 되며 좌우가 되게 고정한다.

다. 필릿 용접

작업하기 편한 자세로 앉아 토치를 잡고 필릿 용접부를 확인하여 와이어 끝을 좌측 용접 시점 가까이 위치한 후 헬멧을 쓰고 아크를 발생한다.

이때 작업각은 45°, 진행각은 75～85°를 유지하며 [그림 2−4 참조], 1패스로 할 경우 가벼운 위빙으로 각장을 맞추어 용접한다. [그림 2−5 참조]

3패스로 완성할 경우 1패스는 아주 좁은 비드로 완성한 후 2층 2～3패스는 겹치기 좁은 비드로 완성한다. [그림 1−22 참조]

그림 2-4 수평 필릿 작업각과 진행각

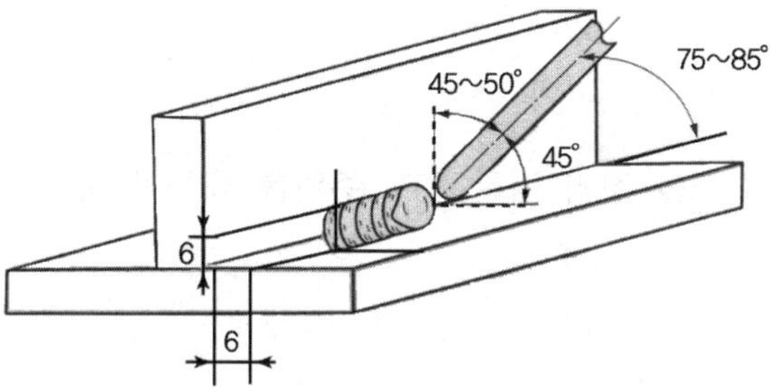

그림 2-14 수평 필릿 용접부 형상

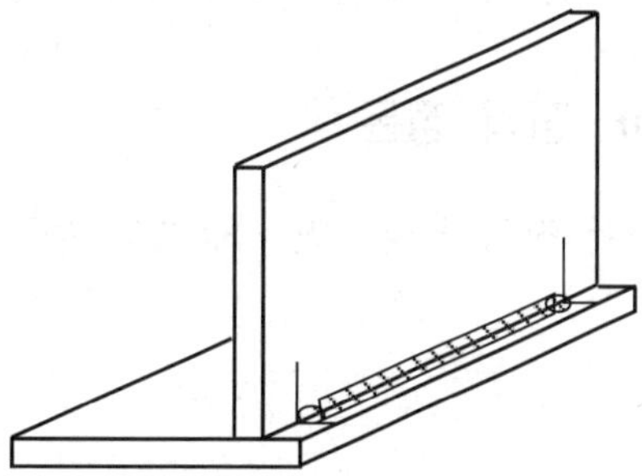

3 수직 자세 필릿 용접

가. 전류 조절

수직 자세 필릿 용접할 수 있는 전류는 아래보기 자세보다 10∼20A 낮게 조절한다.

나. 모재 고정

가접한 모재의 용접선이 수직이 되며, 용접부 현상이 좌우 대칭이 되게 지그에 단단히 고정하여 작업하기 편한 높이로 조절한다. [그림 2-6 참조]

다. 필릿 용접

작업하기 편한 자세로 앉아 토치를 잡고 필릿 용접부를 확인하여 와이어 끝을 하단의 용접 시점 가까이 위치한 후 헬멧을 쓰고 아크를 발생한다.

작은 반달형 위빙이나, 경사 밤형 또는 경사 삼각형법의 위빙으로 각장을 맞추어 용접한다.

필릿 용접시 양끝의 비용접부나 안쪽에 가접이나 용접부가 형성되지 않도록 주의한다.

그림 2-6 수직 자세 필릿 용접

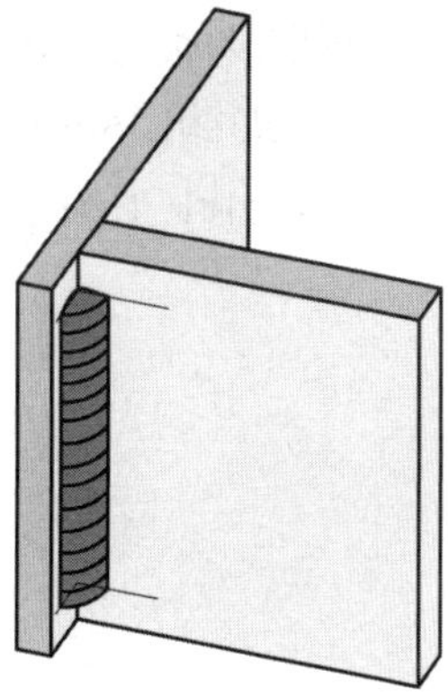

라. 검사 및 반복 실습

각 비드놓기 때마다 용접이 끝나면 용접부의 스패터, 슬래그, 그을음 등을 청소하고 도면과 비교하여 각장, 비드 파형, 비드 형상, 언더컷, 기타 각종 결함 유무 등 잘못된 점이 무엇인지 검사한다.

잘못된 점을 고치려고 노력하며 반복 실습한다.

마. 정리 정돈

모든 작업이 끝나면 사용했던 용접기와 공구를 정리 정돈하고, 주위를 깨끗이 청소한다.

제2절 | 수평 자세 V형 맞대기 CO_2 용접

1 공구 및 용접 작업 준비

용접 작업에 임하기 전에 필요한 공구를 준비한다. 작업에 필요한 공구는 보호구, 헬멧(핸드 실드), 집게, 가죽 장갑, 앞치마, 팔커버(또는 조끼), 발커버, 방진 마스크, 와이어 브러시(브러시), 줄, 30cm 자, 석필 등이다. 그 외에 가접대, 보안경 등도 있으면 좋다.

보호구를 착용하고 용접기의 이상 유무, 작동 상태를 점검한다. 그리고 도면을 보고 모재와 작업 내용을 확인한다.

2 모재 가공

가. 루트면 가공

35°로 베벨 가공된 모재의 루트면을 두께 1～1.5mm 정도 되도록 가공한다.(작업자에 따라 다를 수 있으며, 6mm 판은 두껍게 가공하는 것이 좋음) 이때 두 모재의 루트면의 두께가 동일해야 한다. [제1장 제1절 그림 1－22 참조]

3 모재 가접 및 역변형 주기

가. 용접기 조작

용접기의 전원 스위치를 넣고, 와이어 지름 전환 스위치 '0.9/1.2'를 와이어 지름에 맞추고, 크레이터 '유/무' 스위치를 '무 또는 유'에 놓는다.

'용접/점검(가스 체크)' 스위치를 점검에 놓고 유량을 15(12~18) ℓ/min으로 맞춘 후 전류, 전압을 조절한다. [표 2-1 참조]

표 2-1 수평 V형 맞대기 용접 조건(t6.0)

층 수	용접 전류	아크 전압(V)	와이어 돌출 길이	가스 유량
1층(백) 비드	120~150A	20~22V	12~17mm	12~18 ℓ/min
2층(표면 비드)	140~170A	21~23V	10~15mm	12~18 ℓ/min

나. 가점 및 역변형 주기

1) 가 접

가접대 위에 모재의 개선면이 아래로 향하게 수평으로 놓고 한쪽은 2.0~2.5mm, 한쪽은 2.5~3.0mm 정도로 맞추고 두 모재가 엇갈림이 없이 수평이 되게 놓는다.(루트 간격은 작업자마다 다를 수 있음)

토치를 잡고 토치의 와이어 끝을 한쪽 모서리에 겨누고 아크를 발생하여 빠른 속도로 양쪽 모서리를 왕복하면서 가접을 튼튼히 한다. [그림 2-7 참조]

그림 2-7 V형 맞대기 용접전 가접

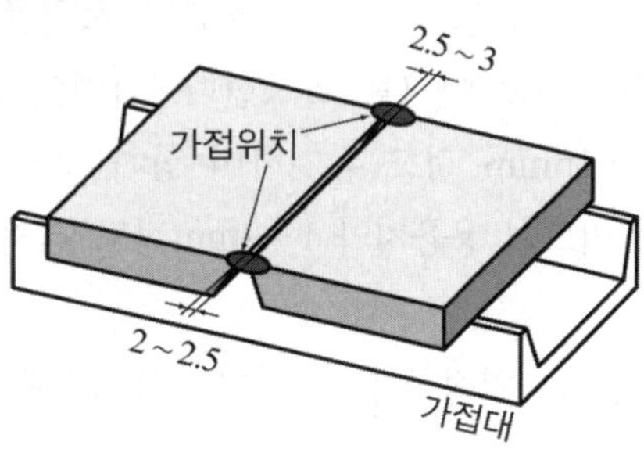

이때 가접 부위가 개선 홈쪽으로 돌출되지 않고 평탄한 모양이 되어야 한다. 가접이 끝나면 가접부의 슬래그나 스패터, 이물질 등을 깨끗이 제거한다.

2) 역변형 주기

가접된 모재를 용접 방향 반대편으로 약 2~3° 정도 굽힌다. [그림 2-8 참조] 이때 판두께와 용접 패스 수의 다소에 따라 얇은 판은 적게, 두꺼운 판은 크게 한다.

역변형을 주는 이유는 용접을 하면 용접 방향으로 굽힘 변형이 생기므로 미리 이 변형을 용접 반대 방향으로 굽혀주면 용접 후에 두 모재가 수평 상태가 될 수 있기 때문이다.

그림 2-8 맞대기 모재 역변형 주기

다. 모재 고정

모재의 용접부가 작업자 앞이 되며 수직이 된 상태에서 용접선이 수평이 되게 작업자의 가슴 높이로 단단하게 고정한다.

이때 가접 홈이 좁은 쪽이 왼쪽이 되며, 토치를 겨누어 편한 자세가 되어야 하며 모재가 작업자의 중심보다 약간 좌측에 있는 것이 좋다.

4 V형 맞대기 용접

가. t6.0 V형 맞대기

1) 1층(백) 비드놓기

용접 토치의 작업각을 80~85°, 진행각은 75~85°로 유지하고 좌측 가접부에 토치를 겨눈 후 헬멧을 쓰고 아크를 발생한다. 와이어 돌출 길이를 약 15mm 정도 유지하며 상하 루트면 사이를 이전 비드의 용융지와 1~2mm정도 겹치면서 운봉한다.

키홀을 일정하게 유지하면서 모재 표면보다 0.5~1mm정도 낮게 쌓는다.

그림 2-9 1층 작업각과 진행각

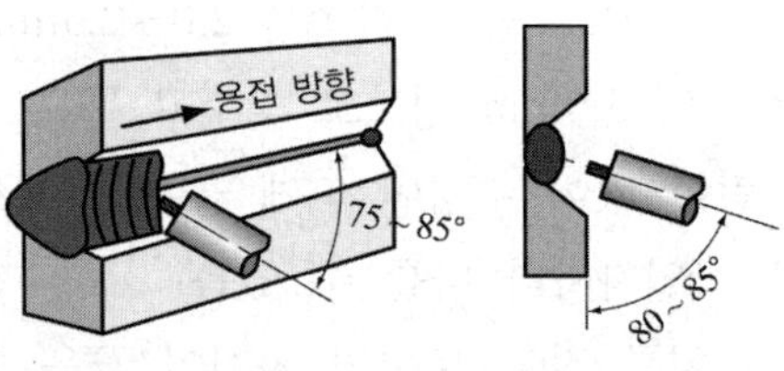

2) 2층(표면) 1패스 비드놓기

1층 비드를 깨끗이 청소한 후 전류, 전압을 [표 2-1]과 같이 조절하여 하단 모재의 개선면과 1층 비드와의 경계선에 와이어를 대고 좁은 비드로 2층 1패스를 놓는다. 이때 표면 비드의 높이는 약 2mm 정도 높게 놓으면 된다.

3) 2층(표면) 2패스 비드놓기

1패스와 같은 조건으로 상2층 1패스 비드 상부와 상부 모재의 모서리 사이에 토치를 겨누어 2층 2패스를 놓아 표면 비드를 완성한다. 표면 비드의 높이는 모재 표면보다 2mm 정도 높은 것이 적당하다. 용접이 끝나면 깨끗이 청소한다.

그림 2-10 수평 자세 이면 비드 운봉법

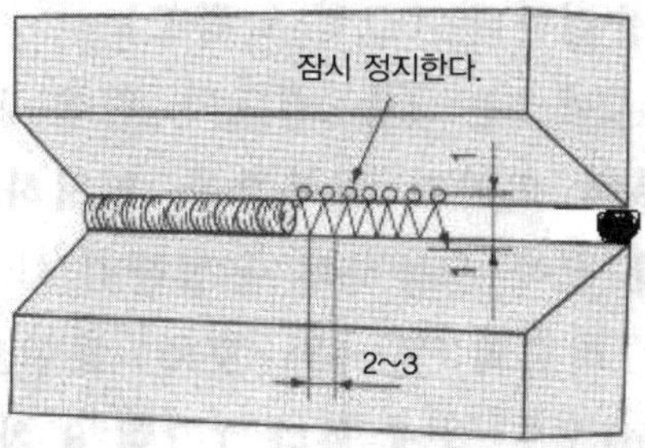

[t6.0 V형 맞대기 용접 순서의 예]

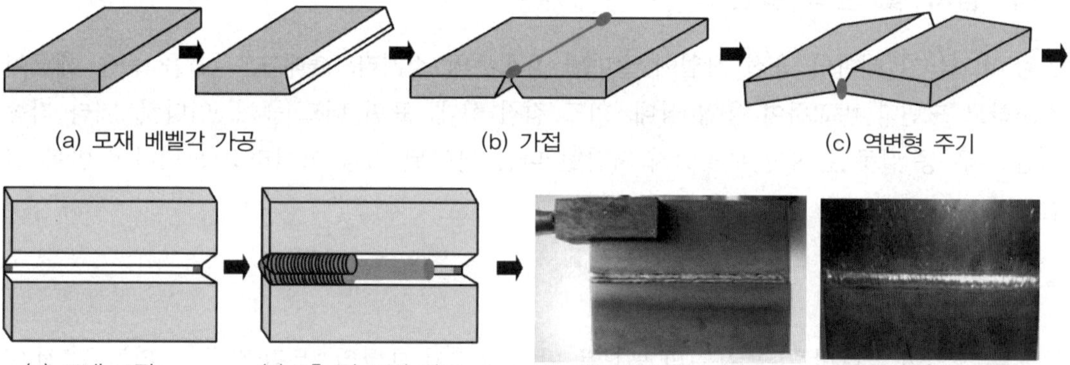

(a) 모재 베벨각 가공 (b) 가접 (c) 역변형 주기

(d) 모재 고정 (e) 1층 및 표면 비드 (f) 표면 비드 실물 (g) 이면 비드 실물

나. t9.0 V형 맞대기

1) 1층(백) 비드놓기

1층 비드놓기는 t6과 같은 방법으로 하면 된다.

그림 2-11 수평 자세 2층 2 패스 비드 작업각

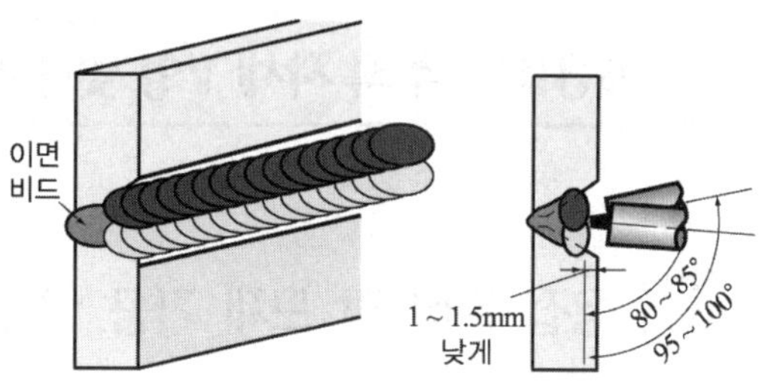

2) 2층 비드놓기

2층 비드는 t6 모재와 같은 방법으로 하되 비드 높이가 모재 표면보다 1~1.5mm 낮게 쌓이도록 하면 된다. [그림 2-11 참조] 만약 1층의 높이가 높게 쌓여서 3층으로 완성하면 표면의 높이가 너무 높아질 경우는 2층 3패스로 완성해도 된다.

3) 3층(표면) 비드놓기

용접 조건이나 운봉각은 2층과 동일하게 해도 되며, 좁은 비드로 3줄 겹치기 비드를 놓아 모재 표면보다 2mm 정도 높게 쌓이도록 놓는다. 이때 언더컷이나 오버랩, 비드 처짐 현상이 없으며 비드 겹침이 일정하도록 놓는다. [그림 2-12 참조]

그림 2-12 수평 3층 비드 완성

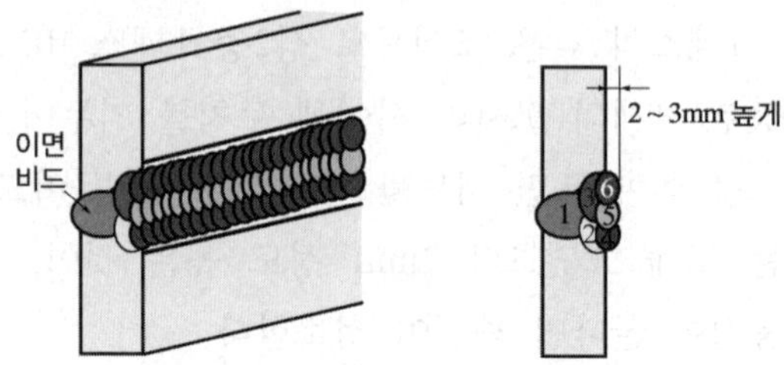

다. 검사 및 반복 실습

각 비드놓기 때마다 용접 작업이 끝나면 용접부의 스패터, 슬래그, 그을음 등을 깨끗이 청소하고 도면과 비교하여 용입 상태, 비드 겹침 상태, 표면 비드 높이, 언더컷, 기타 각종 결함 유무 등 잘못된 점이 무엇인지 파악한 다음 잘못된 점을 고치려고 노력하며 반복 실습한다.

라. 정리 정돈

모든 작업이 끝나면 가스 용기의 밸브를 닫고 용접기 패널의 '용접/점검' 스위치를 '점검'에 맞춘 후 토치 내의 잔여가스를 제거한다.

용접기의 전원 스위치, 벽의 전원 스위치를 차단하고 사용했던 용접기의 토치 케이블을 정돈한다.

공구를 정리 정돈하고, 주위를 깨끗이 청소한다.

제3절 | 수직 자세 V형 맞대기 CO_2 용접

1 용접 준비 및 모재 가공, 가접, 역변형

용접 준비나 모재 가공, 가접법, 역변형법, 용접기 조작은 수평 자세와 동일하게 하면 된다.

2 용접 조건 설정

용접 조건은 [표 2-2]와 같이 설정한다.

표 2-2 수직 자세 V형 맞대기 용접 조건

층 수	용접 전류	아크 전압(V)	와이어 돌출 길이	가스 유량
1층(백) 비드	110～140A	20～22V	12～17mm	12～18 ℓ/min
2～3층 비드	130～160A	21～23V	10～15mm	12～18 ℓ/min

3 모재 고정

모재의 용접부가 작업자 앞이 되며 수직이 된 상태에서 용접선이 수직이 되게 작업자의 가슴 높이로 단단하게 고정한다.

이때 가접 홈이 좁은 쪽이 아래 쪽이 되며, 토치를 겨누어 편한 자세가 되어야 되며 모재가 작업자의 중심보다 약간 우측에 있는 것이 좋다.

그림 2-13 수직 1층 작업각과 진행각

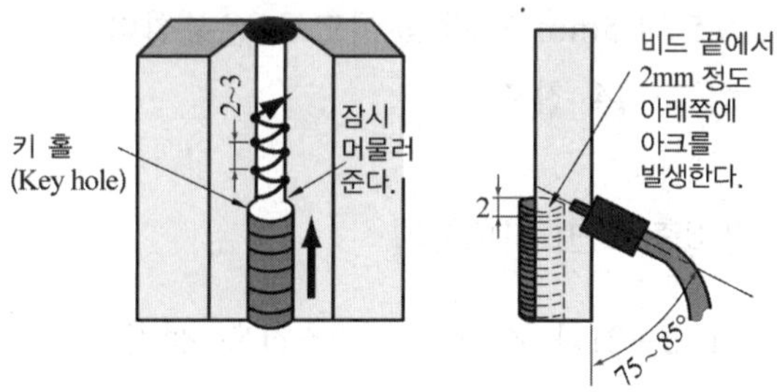

4 V형 맞대기 용접

가. t6.0 V형 맞대기 용접

1) 1층(백) 비드놓기

용접 토치의 작업각을 90°, 진행 반대각은 85～90°로 유지하고 하단 가접부에 토치를 겨눈 후 헬멧을 쓰고 아크를 발생한다.

와이어 돌출 길이를 약 15mm 정도 유지하며 좌우 루트면 사이를 이전 비드의 용융지와 1～2mm 겹치면서 운봉한다.

키홀을 일정하게 유지하면서 모재 표면보다 0.5～1.5mm 정도 낮게 쌓는다.

2) 2층(표면) 비드놓기

[표 2-2]와 같이 용접 조건을 설정하여 작업각 90°, 진행 반대각 75~85°를 유지하며 좌우 판의 모서리에서 모서리까지 위빙하며, 모재 표면보다 약 2mm 정도 높게 쌓는다.

이때 비드의 양끝에 언더컷이나 비드 처짐이 없도록 해야 된다.

나. t9.0 V형 맞대기 용접

1) 1층(이면, back) 비드놓기

1층 이면 비드놓기는 t6.0과 같은 방법으로 놓으면 된다. 이때 와이어 끝은 이전 비드의 용융지를 1~1.5mm 정도 겹쳐 운봉하여 와이어가 홈 사이로 빠지지 않도록 해야 된다.

비드 높이는 모재 두께의 1/2 정도 쌓이는 정도가 적당하나, 1층 비드 높이가 높아 3층으로 완성하기 어려울 경우는 1층 비드 높이가 모재 표면보다 1.5mm 정도 깊게 쌓이도록 운봉해야 된다.

2) 2층 비드놓기

[표 2-2]와 같이 용접 조건을 설정하여 작업각 90°, 진행각 75~85°를 유지하며 모재 표면보다 0.5~1.5mm 낮게 쌓이도록 운봉한다.
[그림 2-14 참조]

그림 2-14 수직 2층 비드놓기

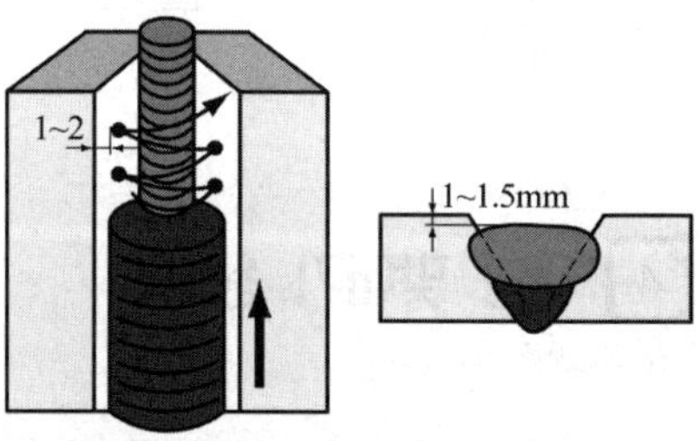

3) 3층(표면) 비드놓기

[표 2-2]와 같이 용접 조건을 설정하여 2층 비드놓기와 같은 방법으로 운봉하되, 좌우 모재의 개선면 모서리에서 모서리까지 운봉하여 용입 불량이나 언더컷, 오버랩, 비드 처짐 등이 없도록 운봉한다.

표면 비드의 높이는 모재 표면보다 2mm 정도 높게 쌓이도록 하면 적당하다. [그림 2-15 참조]

그림 2-15 3층(표면) 비드놓기

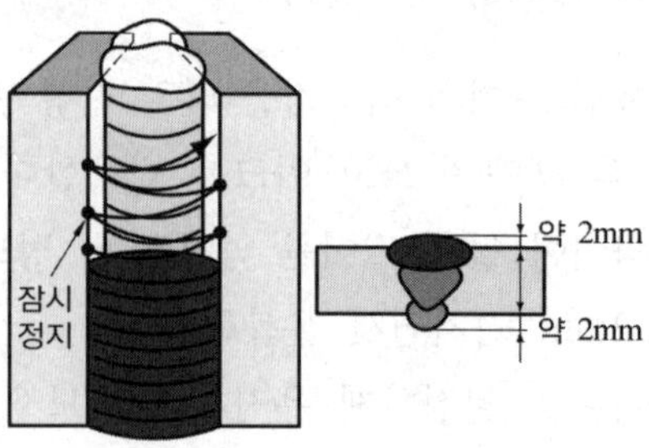

다. 검사 및 반복 실습

각 비드놓기 때마다 용접 작업이 끝나면 용접부의 스패터, 슬래그, 그을음 등을 깨끗이 청소하고 도면과 비교하여 용입 상태, 비드 겹침 상태, 표면 비드 높이, 언더컷, 기타 각종 결함 유무 등 잘못된 점이 무엇인지 파악한 다음 잘못된 점을 고치려고 노력하며 반복 실습한다.

라. 정리 정돈

모든 작업이 끝나면 '제2절 4 라.' 항과 같이 사용했던 용접기와 공구를 정리 정돈하고, 주위를 깨끗이 청소한다.

제4절 | V형 맞대기 TIG 용접

1 아래보기 자세 V형 맞대기 TIG 용접

가. 작업준비

V형 맞대기 TIG 용접에 필요한 공구, 보호구, 용접 공구를 준비한다. 모재는 스테인리스 강판 STS 304 t3.0(또는 t4.0)을 75×150 크기로 2매 준비한다.

텅스텐 전극은 적색(토륨 2% 함유, ϕ2.4) 전극을 선택하여 전극 끝을 경사각 30° 정도로 뾰쪽하게 가공한 후(직류 정극성 사용시) 토치에 조립하여 노즐 끝에서 전극이 3~4mm 정도 돌출되게 맞춘다.

은박지나 세라믹 백판을 준비한다. 가접대, 바이스 클램프 등도 준비하면 좋다.(연강판의 경우는 세라믹 판이나 은박지를 사용하지 않아도 됨)

나. 모재 가공

모재 가공이나 가접은 1층(백) 비드놓기 방법을 어떻게 하느냐에 따라 달라진다. 1층 용접법에는 제살 용접법과 루트 간격을 유지하여 1층(이면 비드)을 용접하는 경우로 구분할 수 있다.

맞대기 용접은 원칙적으로 루트 간격을 유지하여 이면 비드가 형성되게 하는 것이 원칙이나, 박판이나 중요하지 않은 부분의 경우는 제살용접법도 사용할 수 있다. 모재의 베벨각을 35°로 가공한 후 루트면을 0.5~1mm 정도 되게, 2개의 모재가 동일하게 가공한다. [그림 2-16

PART 5 용접 실기

참조]

2개의 모재가 베벨각이 다르거나 루트면이 다르면 작업각을 잘 맞추었다 해도 루트면이 얇은 쪽으로 아크가 쏠리게 된다.

그림 2-16 모재 루트면 가공

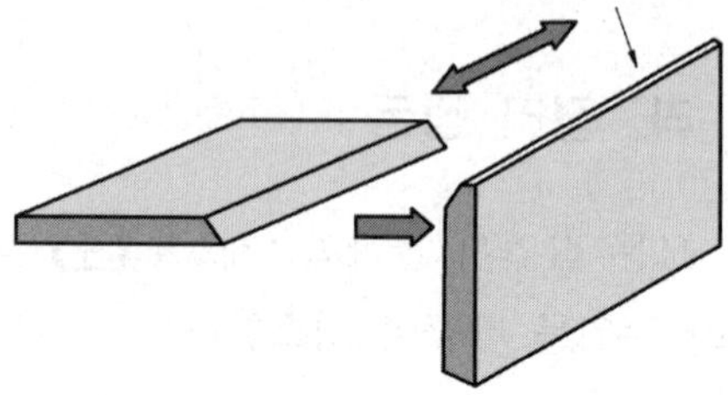

다. 용접기 조작

1) 가스 유량 조절

'용접/점검' 스위치를 '점검'에 놓고 아르곤 가스 유량계를 8 ~ 12ℓ/min로 조절한 후 다시 '용접'으로 전환한다.

2) 크레이터 '유/무' 선택

크레이터 '무/1회/반복' 전환 스위치는 평소 선택했던 대로 전환하는 것이 좋으나 보통 용접부 길이가 짧은 경우는 '무'를 선택한다.

크레이터 '무'를 선택한 경우는 토치 스위치를 'ON'하면 용접 전류에 의해 아크가 발생되며 스위치를 'OFF'하면 꺼진다.

크레이터 '일회'를 선택한 경우 최초 토치 스위치를 'ON'하면 초기 전류로 아크가 발생되며, 스위치를 'OFF'하면 용접 전류로 아크가 발생된다. 다시 스위치를 'ON'하면 크레이터 전류로 아크가 발생되다가 스위치를 'OFF'하면 꺼진다.

크레이터 '반복'을 선택하면 '일회'의 기능이 계속 반복하게 되며 아크를 끊으려면 토치를 모재에서 떼어야 된다.

3) 극성 선택

극성을 연강판이나 스테인리스강은 직류 정극성을, Al 합금 등은 고주파 중첩 교류에 스위치를 맞춘다.

4) 기타 조절

휴류 가스 조절 스위치는 약 5초 정도, 펄스 기능은 '무'로, 초기 전류에서 용접 전류로 전환시키는 'UP SLOP' 기능은 '0 ~ 2초'로, 용접 전류에서 크레이터 전류로 전환하는 'DOWN SLOP' 기능도 '0 ~ 2초'로 맞춘다.

라. 가접 및 역변형 주기

1) 자용용접의 경우

전류를 80 ~ 100A로 조절한 후 V형 맞대기용접할 모재의 개선 홈이 위로 향하게 하여 엇갈리지 않도록 나란히 맞대어 놓고 움직이지 않도록 고정한다.

자용(제살) 용접에 의해 이면 비드를 놓을 경우는 개선 가공된 두 모재의 루트면을 틈이 없도록 맞댄 후 한쪽 끝을 약 5mm 정도 가접한다. [그림 2－17 참조]

그림 2-17 스테인리스강판 TIG 맞대기 용접 가접

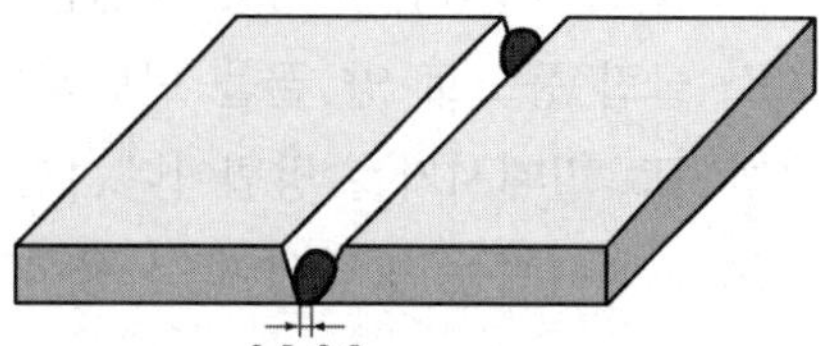

한쪽 가접이 끝나면 엇갈림이 없나 확인한 후 다른 편도 동일한 방법으로 가접한다. 이때 가접된 비드가 뒤로 튀어나오면 세라믹 판 부착시 판이 들리게 되므로 연삭하여 평평하게 해야 된다. 가접 후 용접방향 반대쪽으로 약 1 ~ 2° 역변형을 준다.

만약 용접봉을 공급하여 이면 비드를 낼 경우는 약 1mm 정도의 루트면 가공을 한 모재를 루트 간격 2.4 ~ 3.5mm로 맞추어서 가접해야 된다.

2) 루트 간격을 유지하여 용접하는 경우

스테인리스강은 연강판보다 열팽창력이 커서 변형되기 쉬우므로 중심부도 가접하는 것이 좋다.

마. 뒷댐판 부착

오스테나이트계(300계열) 스테인리스강은 철에 크롬과 니켈을 함유한 비자성체이며, 용접성이 우수하고 내식성이 좋지만 고온으로부터 급냉한 것을 재가열하면 고용되었던 탄소가 오스테나이트의 결정입계로 이동하여 탄화물(Cr_4C)이 석출해서 결정입계 부근의 크롬량을 감소시켜 이로 인해 결정입계가 쉽게 부식하게 되는 입계부식을 일으킬 우려가 있다.

따라서 용접시 고온으로부터 공기와의 접촉을 막기 위해 보호가 필요하며, 가장 좋은 방법은 뒷면에 불활성 가스를 분출시켜 퍼지를 하는 것이 좋으나 이러한 퍼지가 어려운 경우 공기와의 접촉을 피하기 위한 임시방편으로 동(강)판 뒷댐판 사용, 세라믹 뒷댐판 사용, 은박지 테이프를 부착하는 방법이 사용되고 있다.

1) 동판(강판) 뒷댐판 사용

[그림 2-18 (a)]나 (b)와 같은 형상을 V형 맞대기 용접부 뒷면에 부착하는 방법이다. 뒷댐판의 재질은 동(Cu)이 좋으나 구하기 힘들면 강판으로 제작해도 된다. 이때 홈의 깊이가 깊으면 효과가 적으므로 홈의 깊이나 폭이 너무 크지 않아야 된다.

[그림 2-18 (a)]의 사용 방법은 가접된 모재의 용접선을 뒷댐판의 홈 사이에 맞춘 후 바이스 클립 등으로 양 끝을 단단하게 밀착시킨 후 용접 모재와 뒷댐판 사이에 틈이 없도록 은박지로 밀폐시키는 방법이다. [그림 2-18 (b)]의 경우 바이스 클립이 없이 너비 너트 등으로 고정시키는 방법이며, 사용하기 편하나 제작이 어렵다.

그림 2-18 동(강)판 뒷댐판의 형상

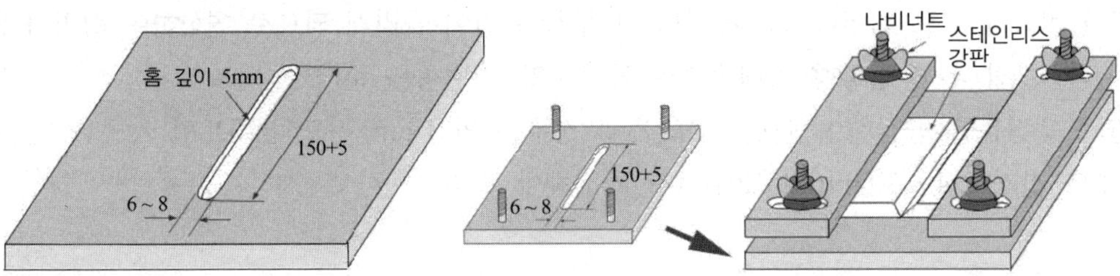

2) 세라믹 뒷댐판 사용

세라믹 뒷댐판은 열전도가 매우 나빠서 사용을 권장하지는 않으나, 공기 중에 노출되는 것보다는 좋기 때문에 사용되고 있다. 세라믹 뒷댐판은 시판되고 있으며, 1개의 마디가 25mm이므로 필요한 길이로 절단하여 사용하며, 자세에 따라 적합한 것을 사용하면 된다. 플럭스 코드 아크용접 등 CO_2 용접에서 사용하는 것을 사용해도 된다.

3) 은박지 테이프 사용

은박지 테이프는 얇기 때문에 1겹으로는 약하므로 2겹 이상 사용하는 것이 좋다. 사용 방법에서 제살 이면 비드놓기 방법을 채택한 경우는 가접된 모재의 뒷면을 위로 향하게 바닥에 놓고 용접부 길이보다 10~20mm 길게 절단하여 종이를 제거하고 용접선을 제외하고 폭의 양 끝부터 용접선 쪽으로 완전하게 밀착되도록 접착시킨다. 이런

그림 2-19 은박지 테이프 뒷댐판 사용

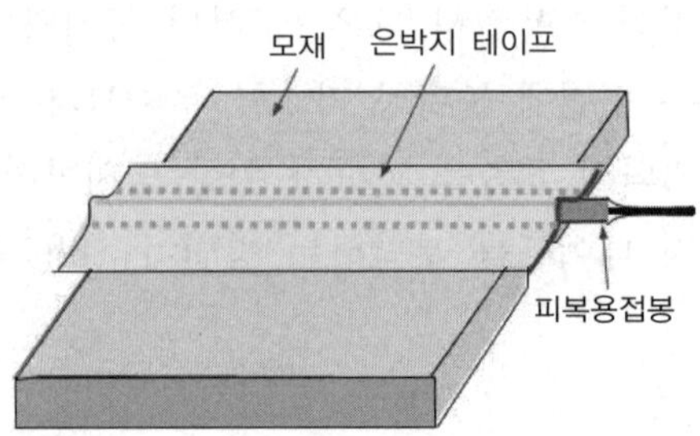

방법으로 2겹 이상을 사용하는 것이 좋으며 양쪽 홈 부분의 옆부분도 막아주는 것이 좋다.

루트 간격을 유지하여 이면 비드놓기를 채택할 경우는 가접된 모재의 뒷면을 위로 향하게 바닥에 놓은 후 피복 아크용접봉에 물을 묻혀서 용접선에 맞춘 후 은박지 중심이 용접봉에 살짝 접촉하게 한 후 은박지의 양 옆을 가볍게 밀착시키는 방법으로 2겹으로 붙인 후 용접봉을 가볍게 흔들어 제거한 후 용접봉이 끼워진 홈 부분을 그대로 유지하면서 양 옆부분을 단단히 밀착시키고, 용접선의 양 옆을 막는 방법을 사용하면 된다. [그림 2-19 참조]

바. 1층(이면, back) 비드놓기

1) 자융(제살) 이면 비드놓기

그림 2-20 아래보기 자세 운봉각

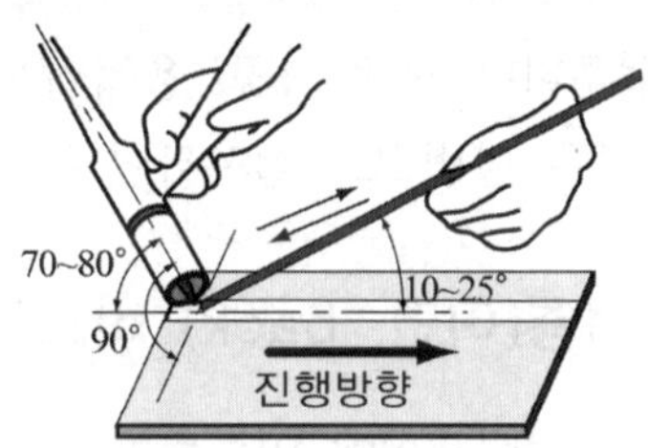

가접된 모재의 뒷면에 산화를 방지하기 위해 세라믹 판이나 은박지를 부착시킨 후 모재의 용접선이 위로 향하도록 수평판에 용접선이 좌우가 되게 아래보기 자세가 되도록 고정한다.

이면 비드 전류는 70 ~ 100A 정도로 조절한다. 이때 제살 용접은 좀 높게, 용접봉을 공급하여 백을 내는 경우는 낮게 놓는다.

우측 끝에서 아크를 발생하여 두 모재가 맞닿은 루트부를 집중 가열하며 작업각 90°, 진행 반대각은 70 ~ 80°를 유지하며 용융 상태를 확인하면서 일정한 속도로 진행한다. [그림 2-20 참조] 이때 용접봉의 공급은 하지 않으나 만약 구멍이 날 경우는 빨리 봉을 조금 공급하여 구멍의 커짐을 방지해야 된다.

2) 키홀 형성 이면 비드놓기

키홀을 형성하여 이면 비드를 놓을 경우는 가접시 루트 간격을 2.5 ~ 3.5mm 정도 유지하여 가접한 후 뒷면에 세라믹이나 은박지를 부착한 후 모재를 아래보기 자세로 고정하여 자세를 잡고 작은 키홀을 형성하면서 용접봉을 공급하며 이면 비드를 놓는다. 이때 키홀의 크기가 일정하도록 용접봉의 공급을 잘해야 되며, 용접 중 뒷면에도 아르곤 가스를 공급해주면서 키홀을 형성하여 용접봉을 공급하면 가장 좋으나, 시험장에서는 은박지나 세라믹 판, 동 뒷댐판만 부착한 후 이면 비드를 형성할 수 밖에 없다.

사. 2층(표면) 비드놓기

2층 이상 비드를 놓을 때 용접부가 312℃ 이하(층간 온도)가 되도록 냉각시킨 후 다음

층 비드를 놓아야 된다.

또한 2층 비드를 놓을 때도 뒷면에 새 은박지(세라믹 판)를 부착시켜야 산화가 일어나지 않는다. 전류를 이면 비드 전류(제살용접 이면 비드 전류)보다 약 10A 정도 낮춘 후 노즐의 한쪽을 가볍게 모재에 접촉시키고 두 모재의 개선 모서리 사이를 반달형 또는 8자형으로 움직여 용융지를 형성하고 용접봉은 용융지 끝부분에 유지시키면 2층 비드가 형성된다. 표면 비드의 높이는 모재 표면에서 약 1 ~ 1.5mm 정도면 적당하다.

2 수평자세 V형 맞대기 TIG 용접

가. 작업준비, 모재 가공, 용접기 조작, 가접

작업준비나 모재 가공, 용접기 조작, 가접법, 은박지나 세라믹 판 부착법은 아래보기 자세와 같은 방법으로 실시하면 된다.

나. 1층(이면, back) 비드놓기

1) 1층 제살 이면 비드놓기

자융용접을 위해 루트면을 밀착시켜 가접한 모재가 수직이며 용접선이 수평이 되도록 지그에 고정하여 작업하기 편한 높이로 조절한다. 용접 전류를 70 ~ 100A 정도로 맞춘 후 작업하기 편한 자세로 앉아서 토치와 용접봉을 잡고 우측 끝 가접부에 전극을 가까이 위치한 후 스위치를 눌러 아크를 발생한다.

아크가 안정되면 두 모재의 루트부를 집중 가열 용융하며 작업각 75 ~ 85°, 진행각 70 ~ 80°로 유지하면서 용융지가 일정하게 형성되도록 진행한다.(제살 용접의 경우) 이때 루트부에 구멍이 생길 경우 빨리 용접봉을 약간 공급하여 구멍을 채워야 된다.

2) 키홀 형성 이면 비드놓기

키홀을 형성하며 이면 비드를 놓는 방법을 적용할 경우의 모재 가공 및 가접법은 아래보기 자세와 같이 하면 된다.

토치와 용접봉을 잡고 용접선 우측 끝 가접부에서 아크를 발생하여 키홀을 형성시킨 후 용접봉을 키홀의 용융지에 접촉시키면서 작은 반달 우빙을 하여 모재의 루트면과 용접봉을 용융시켜 이면 비드를 형성하며 좌진한다. 이때 용접봉의 각도는 용접선에 대하여 10 ~ 30° 정도로 유지하며 키홀이 생기는 부분의 위쪽 모재의 개선면에 위치하여 용접봉이 공급되도록 하는 것이 좋다. [그림 2-21 참조] 이때 백 가스의 공급이 없으면 산화될 우려가 있으므로 주의가 필요하다.

그림 2-21 수평자세 운봉각

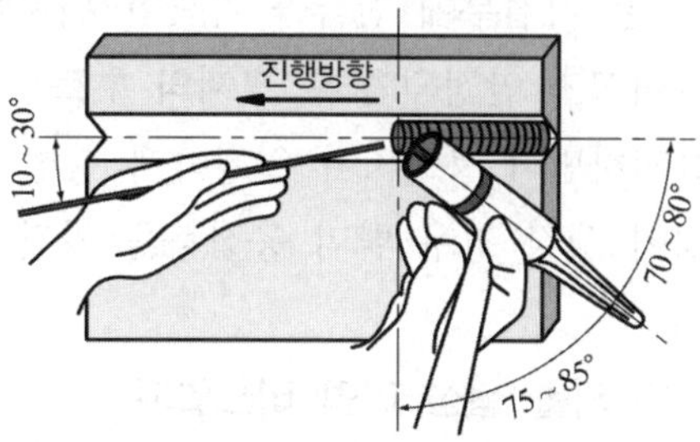

다. 2층(표면) 비드놓기

스테인리스강의 경우 고온에서 장시간 유지될 경우 입계 부식의 우려가 있기 때문에 1층 용접이 끝나면 용접부의 온도가 312℃ 이하가 되도록 냉각시킨다.(층간 온도 유지)

2층 비드를 놓을 때도 뒷면에 새 은박지를 부착시켜야 산화가 일어나지 않는다.

작업각과 진행 반대각, 용접봉의 각도는 1층 비드놓기와 같이 하면 되며, 수평자세의 2층 비드도 1패스로 완성하는 방법과 2패스로 완성하는 방법이 있다. 홈 간격이 클 경우 비드의 처짐 현상이 생길 수 있으므로 위빙시 위쪽에 머무는 시간을 더 주고 용접봉 공급도 용융지 끝 상단에 하는 것이 좋다. 홈 간격이 클 경우에는 겹치기 2패스 비드로 완성하는 것이 좋다. [그림 2-22 참조]

그림 2-22 수평자세 V형 맞대기 층별 비드놓기

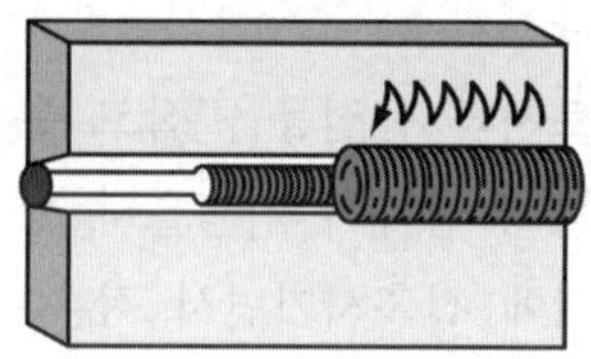

3 수직자세 V형 맞대기 TIG 용접

가. 작업준비, 모재 가공, 용접기 조작, 가접

작업준비나 모재 가공, 용접기 조작, 가접법, 은박지나 세라믹 부착법은 아래보기 자세와 같은 방법으로 실시하면 된다.

나. 1층(이면, back) 비드놓기

1) 자융(제살) 이면 비드놓기

모재와 모재의 루트면을 완전 밀착시켜 가접한 모재를 토치의 전극으로 아크를 발생하여 용접봉의 공급없이 모재의 루트면을 용융시켜 루트부가 용착되도록 하는 이면 비드놓기법이다.

우선 모재와 용접선이 수직이 되도록 지그에 고정하여 작업하기 편한 높이로 조절한다.

용접 전류를 70~100A로 맞춘 후 작업하기 편한 자세로 앉아서 토치와 용접봉을 잡고 하단 끝 가접부에 전극을 가까이 위치한 후 스위치를 눌러 아크를 발생한다.

아크가 안정되면 두 모재의 루트부를 집중 가열 용융하며 작업각 90°, 진행각 70~80°를 유지하면서 용융지가 일정하게 형성시키며 상진한다.(제살 용접의 경우) 이때 루트부에 구멍이 생길 경우 빨리 용접봉을 약간 공급하여 구멍을 채워야 된다.

2) 키홀 형성 이면 비드놓기

키홀을 형성하며 이면 비드를 놓는 방법을 적용할 경우의 모재 가공 및 가접법은 아래보기 자세와 같이 하면 된다.

토치와 용접봉을 잡고 용접선 하단 끝 가접부에서 아크를 발생하여 키홀을 형성시킨 후 용접봉을 키홀의 용융지에 접촉시키면서 작은 반달 우빙을 하여 모재의 루트면과 용접봉을 용융시켜 이면 비드를 형성하며 상진한다. 이때 용접봉의 각도는 용접선에 대하여 10~30° 정도로 유지하며 키홀이 생기는 부분의 위쪽 모재의 개선면에 위치하여 용접봉이 공급되도록 하는 것이 좋다. [그림 2-23 참조] 이때 백 가스의 공급이 없으면 산화될 우려가 있으므로 주의가 필요하다.

그림 2-23 수직자세 V형 맞대기 토치 및 용접봉각

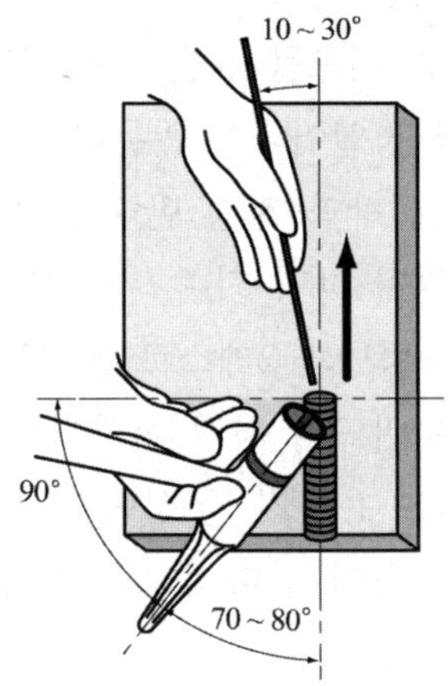

다. 2층(표면) 비드놓기

층간 온도 이하로 냉각시킨 후 다시 뒷면에 새 은박지를 부착시켜 산화가 일어나지 않게 한다. 작업각과 진행 반대각, 용접봉의 각도는 1층 비드놓기와 같이 하면 되며, 비드의 처짐 현상이 생길 수 있으므로 주의가 필요하다.

4 위보기 자세 V형 맞대기 TIG 용접

가. 작업준비, 모재 가공, 용접기 조작, 가접

작업준비나 모재 가공, 용접기 조작, 가접법, 은박지나 세라믹 판 부착법은 아래보기 자세와 같은 방법으로 실시하면 된다.

나. 1층(백) 비드놓기

1) 자융(제살) 이면 비드놓기

그림 2-24 위보기 자세 운봉각

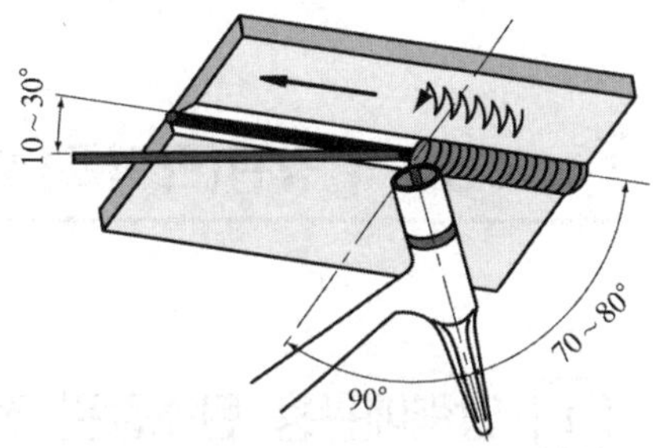

모재와 모재의 루트면을 완전 밀착시켜 가접한 모재에 토치의 전극으로 아크를 발생하여 용접봉의 공급없이 모재의 루트면을 용융시켜 루트부가 용착되도록 하는 이면 비드놓기법이다.

모재가 수평이며 용접선이 좌우가 되며 용접부가 위에서 아래로 향하도록 지그에 고정하여 작업하기 편한 높이로 조절한다.

용접 전류를 75 ~ 95A로 맞춘 후 작업하기 편한 자세로 앉아서 토치와 용접봉을 잡고 우측 끝 가접부에 전극을 가까이 위치한 후 스위치를 눌러 아크를 발생한다.

아크가 안정되면 두 모재의 루트부를 집중 가열 용융하며 작업각 90°, 진행각 70 ~ 80°를 유지하면서[그림 2-24 참조] 용융지를 일정하게 형성시키며 위빙없이 전진한다.

이때 루트부에 구멍이 생길 경우 빨리 용접봉을 약간 공급하여 구멍을 채워야 된다.

2) 키홀 형성 이면 비드놓기

키홀을 형성하며 이면 비드를 놓는 방법을 적용할 경우의 모재 가공 및 가접법은 아래보기 자세의 루트 간격을 2.5 ~ 3.5mm 정도 띄워 가접한 모재와 같이 하면 되며, 반드시 뒷댐판을 사용해야 된다.

방법은 토치와 용접봉을 잡고 용접선 우측 끝 가접부에서 아크를 발생하여 아크를 안정시키면서 키홀을 형성시킨 후 용접봉을 키홀의 용융지에 접촉시키면서 작은 반달 위빙을 하여 모재의 루트면과 용접봉을 용융시켜 이면 비드를 형성하며 좌진한다.

이때 용접봉의 각도는 용접선에 대하여 10 ~ 30° 정도로 유지하며 키홀이 생기는 부분의 위쪽 모재의 개선면에 위치하여 용접봉이 공급되도록 하는 것이 좋다. 이때 백 가스의 공급이 없으면 산화될 우려가 있으므로 주의가 필요하다.

다. 2층(표면) 비드놓기

층간 온도 이하로 냉각시킨 후 2층 비드놓기를 해야 되며, 다시 뒷면에 새 은박지를 부착시켜야 산화가 일어나지 않는다.

작업각과 진행 반대각, 용접봉의 각도는 1층 비드놓기와 같이 하면 되며, 두 모재의 모서리와 모서리 사이를 위빙하여 모서리가 1 ~ 1.5mm 정도 용융되어 용착되도록 하며 모재 표면보다 1.5 ~ 2mm 정도 높게 쌓이도록 비드를 놓는다.

이때 비드의 처짐 현상이 생길 수 있으므로 주의가 필요하다.

제5절 | 강관(파이프) V형 맞대기 TIG 용접

1 압력배관용 탄소강관 전자세(5G) V형 맞대기 TIG 용접

가. 작업준비

1) 공구 및 재료 준비

도면이나 WPS를 보고 필요한 공구와 재료를 준비한다. 탄소강관(ϕ162.5×70×t11.0 개선각 35°) 2개, TIG용 연강봉(ϕ2.6-1000)을 준비하고, 스테인리스강용 울이나 샌드페이퍼로 모재나 용접봉의 표면을 깨끗이 닦아준다.

용접봉은 한쪽 끝 약 20mm 정도를 구부려 용접 중 타인에게 상처를 주지 않도록 한다.

세라믹 노즐은 6 ~ 8번을 준비하여 토치에 조립하고 텅스텐 전극봉(토륨 1 ~ 2% 함유, YWTh ϕ2.4)을 준비하여 전극봉 전용 가공기나 연삭기로 전극봉의 끝각이 30° 정도 되게 가공한 후 토치에 끼우고, 노즐 끝에서 4 ~ 5mm 정도 돌출되게 맞추어 고정한다.

2) 모재 가공

강관의 한쪽 끝을 개선각 35°가 되게 파이프 가스절단기나 선반으로 절단하여 루트면을 1 ~ 1.5mm 정도 되게 하며, 두 강관의 루트면을 밀착시켰을 때 틈이 없도록 정교하게 가공한다.

3) 용접기 조작

일반적인 조작은 아래보기 비드놓기와 같은 방법으로 실시한다. 용접 전류는 모재의 두께나 형상, 용접 속도, 작업자의 성향에 따라 다르며, 층에 따라서도 다르게 적용하는 것이 일반적이다.

4) 유량 조절

아르곤가스 유량은 8 ~ 12 ℓ/min 정도로 맞춘다.

나. 가접(tack welding) 및 가접부 가공

1) 가 접

가접은 강관의 크기에 따라 2 ~ 4곳을 가접한다. 준비된 강관 하나의 루트면 부분에 90° 마다 석필이나 마카펜으로 선을 그어 가접부의 표시를 한 후 앵글 등 V자 모양의 가접 지그에 루트면이 맞닿도록 놓고 루트 간격을 2.5 ~ 3.5mm 정도 되게(ϕ2.4 또는 2.6를 V자 형상으로 구부려 두 강관 사이에 끼우는 법도 있음) 띄어서 금긋기로 표시된 부분마다 약 5 ~ 10mm 정도 되게 가접한다.

이때 1개의 가접을 한 후 2개의 강관이 평행인지를 점검하여 교정한 후 대칭 부분을 가접한다. 이와 같은 방법으로 다른 2곳도 가접한다.

2) 가접부 가공

가접부는 용접 중에 완전 용착을 시키지 않으면 불량이 발생할 수 있으며 양 끝이 도톰하면 이면 비드를 놓을 때 용입 불량이 생길 수 있으므로 이면 비드놓기 전에 가접부의 양 끝을 홈쪽으로 경사지게 가공한다.

다. 강관 고정

가접된 강관의 용접선이 좌우가 되며, 가접부가 큰 바늘로 20분 부분과 40분 부분이 되게 고정한 후 작업자의 머리보다 10 ~ 15cm 높이가 되게 단단하게 고정한다. [그림 2-25 참조]

그림 2-25 모재 고정

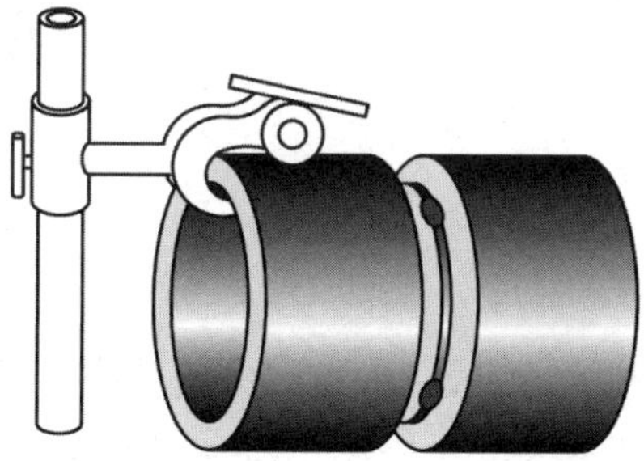

라. 강관 전자세 1층(이면, back) 비드놓기

1) 위보기 자세 1층 비드놓기

용접자세는 고정된 원주면을 따라 강관 하단은 위보기 자세, 양 측면은 수직자세, 위 부분은 아래보기 자세로 구분할 수 있으나[그림 2-26 참조] 각 자세마다 용접을 중단할 필요는 없으며, 원형의 각 위치에 따른 접선에 따라 진행 반대각과 용접봉의 각도가 일정하게 유지되어야 된다.

이면 비드놓기 방법은 고정된 강관의 앞에 편하게 앉아 적정 작업 조건으로 맞춘 후 토치와 용접봉(ϕ2.4~2.6)을 잡고 토치의 전극 끝을 25~30분(35~30분) 부근을 집중 가열하여 루트부를 용융시켜 키홀을 형성시키고 이 키홀의 용융지에 용접봉을 공급하며 35~20분(25~40분) 사이까지 일정한 키홀의 형성과 용접봉을 공급하며 진행한다. 이때 토치의 작업각은 90°, 진행 반대각은 원에 대한 접선에 대하여 70~80°를 유지하며 전진하고, 용접봉은 원의 접선에 대하여 20~30°를 유지하며 된다. [그림 2-27 참조]

이면 비드놓기 전류가 너무 세거나 용접봉의 공급이 늦어지면 키홀이 너무 커져서 진행이 안되거나 용락, 언더컷이 매우 심하므로 진행 속도와 용접봉 공급 속도를 일정하게 유지해야 된다.

그림 2-26 용접 자세와 순서

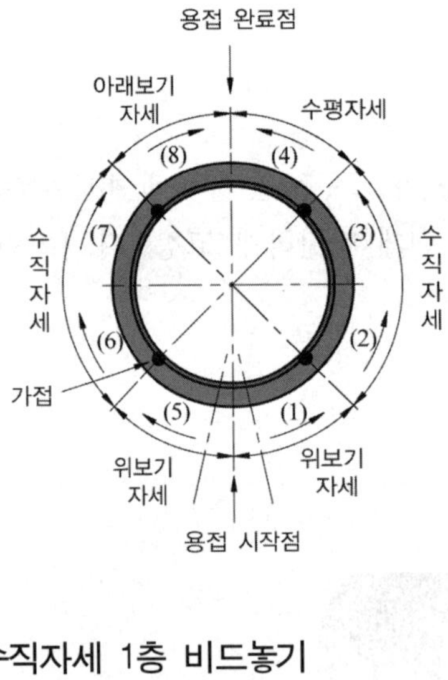

그림 2-27 자세별 토치와 용접봉 각도

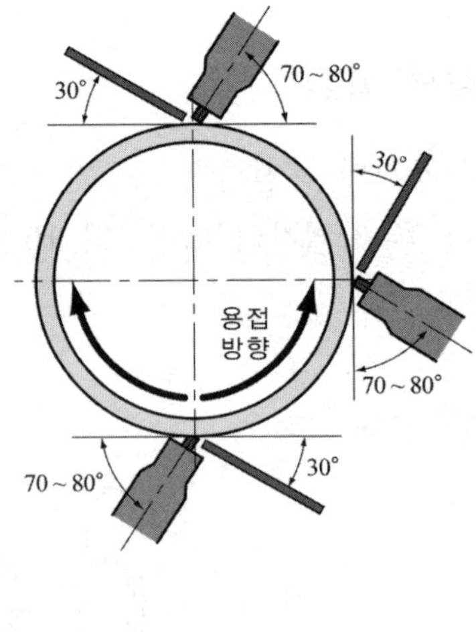

2) 수직자세 1층 비드놓기

전자세 강관 용접에서는 자세를 구분할 필요가 없이 작업이 가능한 범위까지 진행하는 것이 좋으므로 긴 용접봉(1000mm)을 사용하여 가급적 잇는 부분이 적게 되도록 하는 것이 필요하다.

따라서 꼭 구분을 한다면 10 ~ 20분, 40 ~ 50분 사이를 수직자세로 보면 된다. [그림 2-26 참조] 수직자세는 위보기 자세보다 작업하기 편하며, 키홀이 잘 보여 일정한 키홀을 유지하기도 쉬워 이면 비드를 양호하게 용착시킬 수 있다. 그러나 키홀이 너무 커질 우려가 많으므로 용접봉 공급이나 토치의 진행 속도를 잘 맞추어 진행하여야 된다.

3) 아래보기 자세 1층 비드놓기

아래보기 자세는 수직자세를 제외한 상부 부분을 말한다. 아래보기는 다른 자세보다 작업하기 편하지만 강관이라서 전체가 동그랗기 때문에 평판 V형 맞대기를 하는 것과는 좀 더 어려운 부분이다.

강관 전자세 비드놓기나 맞대기 용접시 중요한 것은 원형이기 때문에 토치나 용접봉을 진행 중에 항상 원의 접선에 대한 진행각(진행 반대각)을 계속 조절하여 일정한 각도를 유지해야 된다.

4) 반대편 전자세 1층(이면) 비드놓기

강관에 비드놓기나 맞대기용접의 경우 한곳에서 전체를 빙 둘러 용접할 수 없으므로 이전 1층 이면 비드놓기의 반대 방향으로 위의 작업 '1) ~ 3)'의 방법과 같은 방법으로 실시하면 된다.

이때 이면 비드가 이어지는 부분은 비드 잇기법과 같이 이전 비드의 5 ~ 7mm 뒤에서 아크를 발생하여 용융지를 만들며 루트 간격 사이로 진행하다가 비드 끝 부분이 용융되어 키홀이 형성되면 용접봉을 공급하며 진행하여야 된다.

5) 1층 비드 잇기

1층(백) 비드를 이을 때는 이전 비드 끝에서 이전 비드 약 5 ~ 7mm 부분부터 가열하여 용융지를 형성하면서 비드 끝 부분으로 진행하여 끝 부분의 루트부에 키홀이 형성되면 용접봉을 공급하면서 이전 1층(이면, back) 비드와 같은 방법으로 진행하며, 비드의 폭이나 높이가 일정하도록 진행한다.

마. 2 ~ n층 비드놓기

1층(백) 비드놓기가 끝나면 전류를 10 ~ 30A 높여서 2층 이상의 비드를 놓으며, 개선면의 모서리가 용융되지 않도록 해야 되며, 표면 비드 이전의 비드 높이는 강관 표면보다 0.5 ~ 1.0mm 낮게 쌓아야 된다.

바. 표면 비드놓기

이전 비드를 강철 와이어 브러시로 깨끗이 청소하고 연강용 ϕ3.2 용접봉을 잡고 토치의 전극을 35 ~ 30분(또는 25 ~ 30분) 부근을 집중 가열하여 두 모재의 개선 모서리를 1 ~ 1.5mm 정도 포함한 두 모서리 사이를 용융지를 만들고 이 용융지에 용접봉을 공급하며 일정한 폭과 높이가 되도록 반달형 또는 원형 위빙을 하며 위보기 자세, 수직자세, 아래보기 자세로 진행한다. 이때 토치의 작업각은 90°, 진행 반대각은 원의 접선에 대하여 70 ~ 80°를 유지하며 전진하고, 용접봉은 원의 접선에 대하여 20 ~ 30°를 유지하면 된다.

[그림 2 - 28]는 강관 V형 맞대기 용접이 완성된 형상을 나타낸 것이다.

비드놓기 중 전류가 너무 높거나 용접봉의 공급이 늦어지면 용락이나 언더컷이 매우 심하므로 진행 속도와 용접봉 공급 속도를 일정하게 유지해야 된다.

전자세 표면 비드놓기가 최초 비드에 도달하면 최초 비드를 5 ~ 7mm 정도 겹쳐 비드를 놓아 이음부를 충분히 용융시켜야 된다. [그림 2 - 29 참조]

그림 2-28 전자세 V형 맞대기 용접

(a) 1층 이면 비드　　(b) 2층 비드

그림 2-29 비드 끝단의 보강

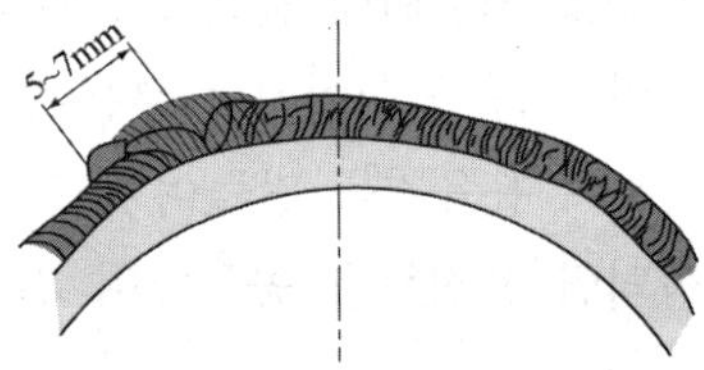

사. 검사 및 반복 실습

용접이 끝나면 용접부 전체를 깨끗이 청소한 후 각종 용접 결함의 여부와 용접 외관 전체를 점검하여[그림 2 - 30 참조] 잘못된 점을 시정하려고 노력하며 위의 '가 ~ 바'를 반복 실습한다.

모든 기술은 숙련에 달려 있다. 모든 작업이 잘 되었더라도 여러 번 반복 실습하여 언제 실시해도 동일하게 양호한 용접부가 얻어질 때까지 해야 된다.

그림 2-30 용접부 결함 검사

아. 굽힘 시험 또는 방사선(X선) 탐상 검사

1) 굽힘 시험

용접사의 기량 정도를 평가하는 시험에서는 규정에서 정한 시간 내에 시험편을 용접하게 한 후 제출된 용접 시험편을 보고 용접부의 외관, 결함 유무 등을 점검하는 외관 검사를 한다.

그리고 외관 검사에 합격한 시험편에 대해 굽힘 시험이나 방사선 검사를 실시하여 용접부의 연성 정도나 내부의 결함 유무를 파악하여 규정에서 정한 기준에 합격하면 기량을 인정하게 된다.

시험 방법의 적용은 각종 코드에서 정한 기준에 따라 굽힘 시험만 하거나, 방사선 검사만 하는 경우, 이 두 가지 방법을 다 적용하는 경우 등이 있다.

그림 2-31 강관 V형 맞대기 용접 굽힘 시험편 채취 부분

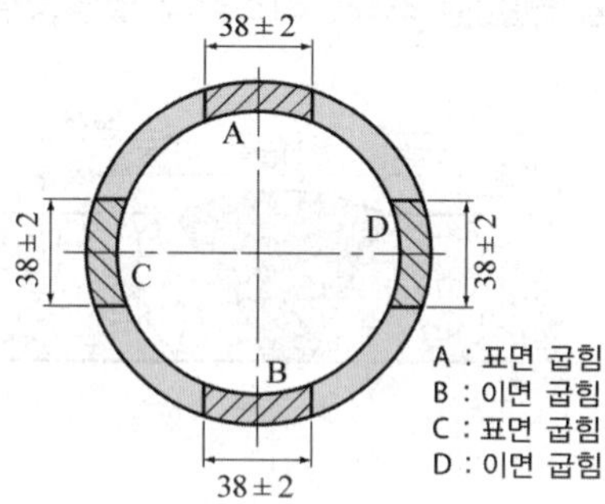

굽힘 시험은 용접된 강관을 [그림 2-31]의 빗금친 부분과 같이 38±2로 4개를 가스절단이나 플라즈마 절단하여 강관 표면 높이보다 높은 덧살을 연삭 등으로 제거한 후 2개는 용접부 표면이 밖이 되게 하고, 2개는 용접부 백이 밖이 되도록 굽힘 시험기로 U자형으로 굽힌다.

굽혀진 시험편의 외부를 보고 1개라도 균열이 3mm 이상이거나, 작은 균열을 합하여 7mm 이상인 경우, 또는 기공 등이 10개 이상인 경우 불합격으로 판정한다.

2) 방사선 탐상 검사

방사선 탐상 시험은 검사 자격을 갖춘 자격자가 실시하여야 되며, 용접부의 사용 용도나 적용 코드에 따라 정한 기준 이내가 되어야 합격하게 된다.

방사선 탐상 검사 기준이나 방법은 P309 '사. 방사선 투과 검사'에서 상세히 설명되었으므로 참고하면 된다.

2 스테인리스강관 전자세(5G) V형 맞대기 TIG 용접

가. 스테인리스강의 용접성

스테인리스강은 대부분의 용접이 가능하다. 문제는 용입량을 최소화하고 입열량이 적은

용접부의 설계와 용접법을 적용하는 것이 중요하다. 따라서 용접시 탄화 크롬의 생성을 피해야 하므로 불활성 가스나 비산화성 가스로 용접부를 보호해야 된다. 스테인리스강은 탄소강에 비해 팽창 계수가 50% 이상 크므로 용접 변형이 심하며 다른 재료와 용접시 열팽창계수의 차에 의해 균열의 발생이 크므로 주의해야 된다. [그림 2-32 참조]

그림 2-32 스테인리스강의 열영향부

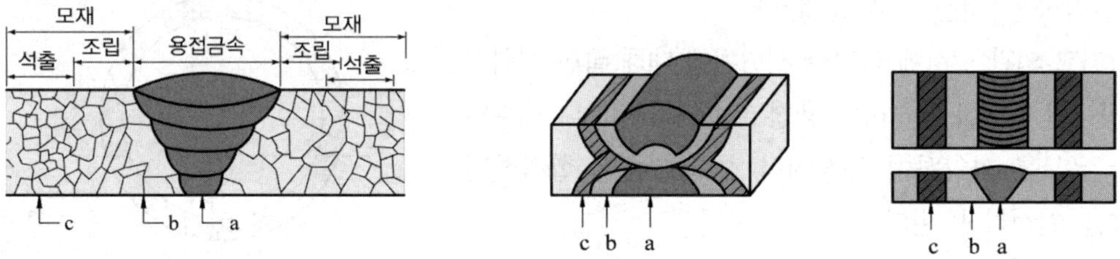

나. 스테인리스강의 용접법

1) 피복 아크용접

스테인리스강은 피복 아크용접이 많이 사용되며 직류의 경우 역극성이 사용된다. 용접 전류는 탄소강의 경우보다 10 ~ 20% 정도 낮게 사용하는데 전류가 낮으면 용입 불량이 생기기 쉬우므로 용접 홈 가공, 치수, 가접 등에 주의해야 하며, 판두께 1mm 이하는 용락의 위험성이 크므로 주의해야 한다. 최근에는 용접봉의 발달로 0.8mm 두께의 판 용접에도 이용되고 있다.

2) 불활성 가스 텅스텐 아크(TIG) 용접

스테인리스강의 용접에 광범위하게 사용되며, TIG 용접은 0.4 ~ 8mm 정도의 얇은 판의 용접에 사용되고 있다. 용접 전에 기름, 먼지, 녹 등을 완전 제거해야만 되며, 용접 전류는 직류 정극성이 좋고, 전극은 토륨(Th)이 들어있는 텅스텐 전극봉이 좋다. 전극의 끝부분은 뾰쪽하게 하는 것이 전류가 안정되고 열 집중성이 좋다.

3) 불활성 가스 금속 아크(MIG) 용접

MIG 용접법은 TIG 용접법에 비하여 두꺼운 판의 용접에 이용되며, 심선은 0.9 ~ 1.6mm 정도이며, 직류 역극성으로 시공한다. 이는 아크 집중성이 좋다. 순수 아르곤을 사용할 경우 스패터가 비교적 많이 발생하며 아크가 약간 불안정하므로 2 ~ 5%의 산소를 혼합하여 사용하고 있다.

다. 스테인리스강의 종류별 용접법

1) 페라이트계 스테인리스강의 용접

① 페라이트계 스테인리스강은 철에 크롬을 16% 이상 함유한 고크롬강으로 페라이트 조직을 형성하고 있으나 자경성은 없으며, 주로 18 Cr강 및 25 Cr강이 쓰인다.
② 오스테나이트계에 비해 내식성, 내열성이 약하며 용접성은 약간 있으나 담금질성은 없어 열처리가 안된다.
③ 열영향부의 조대화로 취성이 생길 우려가 있으므로 가는 봉의 사용과 저전류로 용접하며, 예열 온도는 200℃ 정도, 층간 온도는 80% 정도로 한다.
④ 용접 후에는 후열처리를 하면서 서냉해야 한다.

2) 마텐사이트계 스테인리스강의 용접

마텐사이트계는 용접이 곤란한 재료의 하나이다. 즉 용접을 하면 균열이 생기기 쉽다. 특히 탄소 함유량이 높을수록 경화가 심하고 전류 응력이 커지며, 급냉 후에 균열이 생기므로 예열과 후열이 필요하다.

① 철에 크롬을 12~13% 함유한 저탄소(0.08~0.15%) 합금으로 공냉 자경성이 있고 자성을 띤다. 증기 및 가스 터빈 등의 내마모성이 필요한 곳에 사용되며, 성형성은 좋으나 용접성은 불량하다.
② 용접에 의해 급열, 급냉할 때 마텐사이트를 생성하여 균열 우려가 있으며, 탄소량이 많을수록 잔류 응력이 커져 용접성이 나빠진다.
③ 용접봉은 알루미늄이 소량 첨가된 비자경성인 12 Cr강을 사용하며, 200~400℃의 예열과 층간 온도를 유지한다.
④ 용접 직후 냉각되기 전에 700~800℃로 가열 유지한 후 공냉하며, 후열 처리가 불가능할 때는 18% Cr-12% Ni-Mo 함유봉을 사용한다.

3) 오스테나이트계 스테인리스강의 용접

① 철에 크롬과 니켈을 함유한 것으로 대표적인 것에 18 Cr-8 Ni인 18-8 스테인리스강이 있다.
② 내식성이 가장 좋으나 담금질성이 없으며, 천이 온도가 낮고 강인성, 가공성, 용접성이 우수하다.
③ 예열을 하지 않으며, 용접 중 층간 온도가 320℃ 이상을 넘어서는 안된다.

④ 용접봉은 모재의 재질과 같은 것, 될수록 가는 것을 사용하고 낮은 전류로 용접하여 용접 입열을 낮춘다.

⑤ 짧은 아크 길이를 유지하며 용접하고, 아크를 중단하기 전에 크레이터를 채운다.

⑥ 18－8 강 용접시 주의 사항

㉠ 열팽창계수가 크고 용접성 변동이 심하며 변형도 크다.(연강보다 50% 크다)

㉡ 연강보다 낮은 전류로 작업하는 것이 좋다.

㉢ 용접 후 680～480℃ 범위로 서냉되면 크롬 탄화물이 결정 입계에 석출되어 내식성을 떨어뜨린다.

㉣ 용접 중에 고온 균열이 발생하기 쉬우므로, 두꺼운 판을 제외하고는 예열을 실시하지 않는다.

㉤ 산소 아세틸렌 용접은 기계적 성질을 나쁘게 하므로 좋지 않다.

㉥ 용접봉은 될수록 지름이 가는 것을 사용하고 짧은 아크로 용접한다. 아크 길이가 길면 탄화 크롬 석출로 부식 저항이 저하된다.

㉦ 반드시 크레이터를 채우도록 하며, 용접봉 성분은 모재와 맞는 것, 또는 극저탄소 함유 용접봉을 쓴다.

라. 스테인리스강관 전자세 V형 맞대기

스테인리스강관 전자세 V형 맞대기 용접법도 '압력배관용 탄소강관 전자세 V형 맞대기 용접'법과 거의 유사하다. 다만 스테인리스강은 모재의 청정과 아르곤 가스의 순도, 그리고 강관 내부의 퍼지 가스의 사용[그림 2－33 참조], 용접 가능한 범위에서 가급적 낮은 전류 사용, 층간 온도 유지 등에 더 신경을 써야 된다.

그림 2-33 관 이면 비드 보호 가스 공급 지그의 예

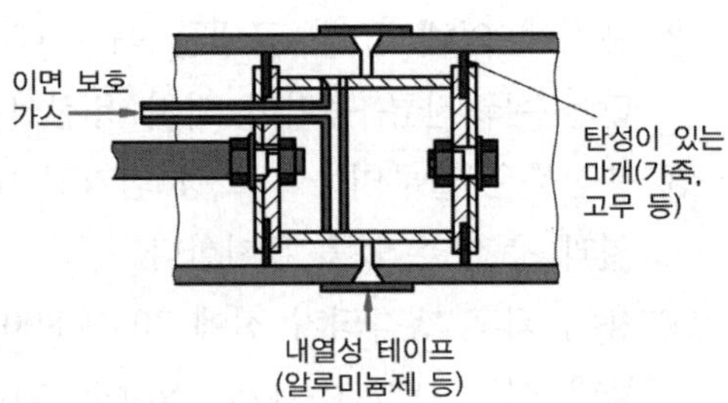

1) 공구 및 재료 준비

일반적인 공구나 보호구는 탄소강관 V형 맞대기 용접법과 같이 준비한다. 스테인리스강용 연삭 숫돌, 스테인리스강관(ϕ150×70×t5.0 개선각 35°) 2개, TIG 용접봉(Y308 ϕ 2.6-1000)을 준비한다.

2) 가 접

탄소강관의 V형 맞대기 용접과 같은 방법으로 실시한다. 다만 가접부를 확실하게 용착시키고, 가접 후 전·후면을 깨끗하게 청소해야 된다.

3) 퍼지 지그 설치 및 모재 고정

스테인리스강관 V형 맞대기 용접은 백(파이프 내부)이 고온에 의해 부식될 수 있으므로 내부에 아르곤 가스나 질소 가스를 집어넣어서 공기와의 접촉을 막아야 되므로 [그림 6-11]과 같은 퍼지 지그나 세라믹 판 또는 간이법으로 은박지 등을 부착시킨 후 용접에 임해야 된다.

퍼지 지그 설치나 아르곤 가스를 용접부 백에 분출시킬 수 있는 준비를 한 후 전자세로 용접하기 편한 높이로 관이 수평이며, 용접선이 수직이 되게 고정한다.

4) 1층 이면 비드놓기

전류는 용접이 가능한 한 범위에서 낮은 전류로 맞추고, 퍼지 가스를 분출시킨 후 탄소강관 V형 맞대기 1층 비드놓기와 같은 방법으로 30~35분(또는 25~30분) 부분에서 아크를 발생하여 위보기 자세에서 수직자세로, 아래보기 자세로 진행 위치에 따라 토치와 용접봉 각도를 일정하게 유지하며 키홀을 형성하고 용접봉을 공급하여 이면 비드를 놓는다.

가능하면 비드 잇는 부분이 적은 것이 좋으나, 비드를 이어야 될 경우는 이전 비드의 끝에서 20mm 정도를 깨끗이 청소한 후 이전 비드의 10~20mm 부분에서 아크를 발생하여 충분하게 가열하여 비드 끝으로 이동한 후 끝부분에서 키홀을 형성하여 이전 방법과 같이 진행한다.

5) 2층 이상, 표면 비드놓기

2층 비드 이상 비드놓기도 탄소강관 V형 맞대기 용접과 같이 하면 된다. 다만 층간 온도를 유지하면서 비드를 놓아야 된다. 1층 용접 후 충분하게 식혀서 312℃ 이하가 되었을 때 2층 이상의 비드를 놓는다.

표면 비드는 개선면 끝 모서리를 1~1.5mm 정도 용융되어 비드가 덮히도록 비드를 놓는다. 된다.

3 스테인리스강관 45°경사 전자세(6G) V형 맞대기 TIG 용접

가. 45° 경사 전자세 용접

강관 45° 경사 V형 맞대기 용접을 ASME 코드나 AWS 규정에 의한 용접 자세 기호로는 6G라고 부른다. [그림 2-34 참조] 이 용접 자세에서 1층 비드를 놓을 때 주의할 점은 경사진 용접선을 따라 키홀을 정확히 유지할 수 있어야 된다.

따라서 경사진 루트 간격을 따라 토치의 운봉각과 용접 속도를 잘 맞추어 운봉하며, 아래쪽에 비드 처짐이 생기지 않도록 한다.

2층(표면 비드 포함) 비드 용접시 운봉 속도와 비드 양 끝에 머무는 시간이 맞지 않으면 위쪽에 언더컷, 아래쪽에 오버랩이나 처짐이 생길 우려가 있으므로 주의해야 한다.

그림 2-34 강관 45° 경사 전자세 V형 맞대기 용접

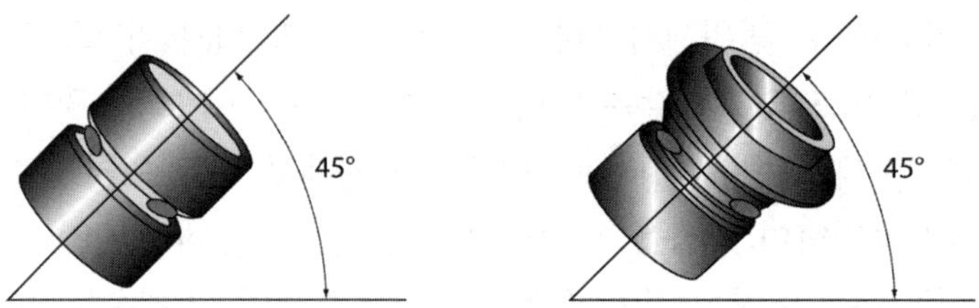

(a) 강관 45° 경사(6G)　　(b) 강관 장애물 45° 경사(6GR)

나. 강관 45° 경사 V형 맞대기 TIG 용접 준비

강관 45° 경사 V형 맞대기 TIG 용접 준비도 스테인리스강관 전자세(5G) V형 맞대기 TIG 용접법과 동일하게 하면 된다.

다. 강관 베벨 가공

강관 45° 경사 V형 맞대기 TIG 용접 강관 가공도 스테인리스강관 전자세(5G) V형 맞대기 TIG 용접법과 동일하게 하면 된다.

라. TIG 용접기 점검 및 조작 및 유량 조절

강관 45° 경사 V형 맞대기 TIG 용접기 점검 및 조작도 스테인리스강관 전자세(5G) V형 맞대기 TIG 용접법과 동일하게 하면 된다.

마. 스테인리스강관 45° 경사 고정

가접된 강관을 지그에 용접선이 45° 경사 수직이 되며 가접부가 30분 위치가 되도록 고정한다. [그림 2-35 참조] 작업자가 허리를 굽혀서 위보기 자세를 할 수 있으며, 허리를 세워서 아래보기 자세 운봉을 할 수 있을 정도의 높이로 높이를 조절한다.

그림 2-35 강관 45° 경사 고정

바. 1층(이면) 비드놓기

토치와 용접봉을 잡고 허리를 굽혀 토치를 용접 시작점(보통 강관의 하단 가접부 : 강관의 32 ~ 33분 또는 27 ~ 28분) 부근으로 옮겨 노즐을 가볍게 접촉시키고 용접봉은 접선에 대하여 10 ~ 30°를 유지하여 노즐 가까이 놓은 후 헬멧을 쓰고 토치의 스위치를 눌러 아크를 발생하여 아크를 안정시킨다.

아크가 안정되면 토치의 작업각은 90°, 진행 반대각을 접선에 대해 70 ~ 80°로 유지하면서 스위치를 놓아 용접 전류로 직각 또는 약간 경사진 작은 ∞형, 대파형, 부채꼴형 등의 운봉을 하여 가접부를 충분히 용융시키며 진행하다가 루트부에 키홀이 형성되면 전극 바로 앞의 키홀 용융지의 끝에 용접봉을 일정하게 공급하며 위보기 자세에서 수직자세로, 수직자세에서 아래보기 자세로 토치의 각도를 원의 접선에 따라 일정하게 유지하며 진행하여 1층(이면) 비드를 놓는다. [그림 2-36 참조]

이때 전극은 루트 간격보다 1 ~ 1.5mm 넓으며, 작업대 면과 수평이 되도록 운봉한다.

그림 2-36 강관 45° 경사 1층 비드 운봉

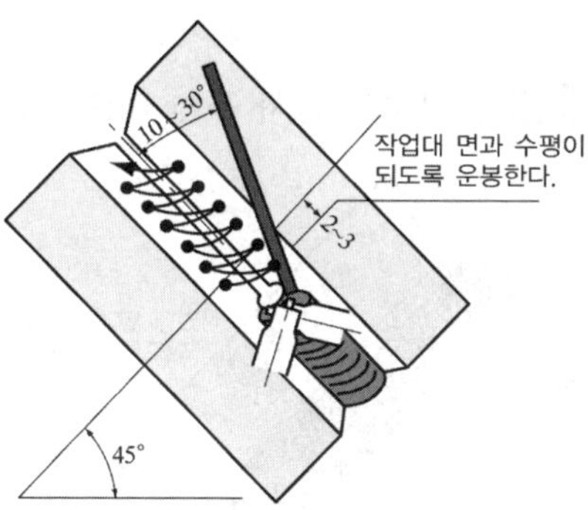

그림 2-37 1층 비드의 형상

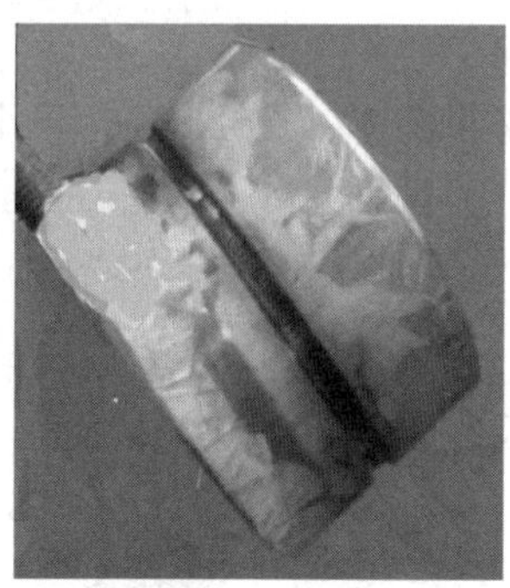

PART 5 용접 실기

사. 비드 잇기

한 층의 비드놓기가 완료될 때까지 가능한 한 비드놓기가 중단되지 않도록 비드를 놓아야 되지만 어떤 원인이든 일단 아크가 중단되면 비드가 끝났던 부분을 스테인리스강용 와이어 브러시나 휠 브러시, 또는 연삭 숫돌로 깨끗하게 닦아준다. 비드가 끝난 부분은 홈쪽으로 경사지게 가공한 후 이전 비드 끝에서 약 10mm 이상 부분에 토치의 노즐을 가볍게 대고 아크를 발생하여 천천히 비드 끝까지 진행하다가 끝부분에 키홀이 형성되면 용접봉을 공급하며 위의 비드놓는 방법과 동일하게 진행하여 비드놓기를 완성한다.

아. 2층 비드놓기

1층 비드놓기가 완료되면 용접부를 스테인리스강 브러시 등으로 깨끗하게 청소한 후 층간 온도(312℃) 이하가 될 때까지 모재를 냉각시킨 후 2층 비드를 놓아야 된다.

작업 방법은 1층 비드놓기와 동일하게 강관 중심선에 대하여 15° 정도 경사 운봉하거나, 평행 운봉하면 되며, 용접 전류를 10～20A 높게 조절하고 1층 비드와 충분히 융합되도록 한다.

자. 표면 비드놓기

판두께에 따라 2층, 또는 3층, 그 이상으로 비드를 놓아 표면 비드를 완성할 수 있으나 표면 비드놓기 이전의 비드 높이가 모재 표면보다 1～1.5mm 1층 비드가 높게 쌓인 경우 표면 비드를 놓아야 된다. [그림 2－38 참조]

용접 조건이나 운봉 방법은 2층 이상의 방법과 거의 같으나 완성된 표면의 비드 높이는 모재 표면에서 1.5～2mm, 폭은 모서리에서 모서리 사이보다 2～3mm 크게, 이면 비드의 높이는 1.5～2mm가 되게 한다. [그림 2－39 참조]

그림 2-38 강관 45° 경사 2층 비드 운봉

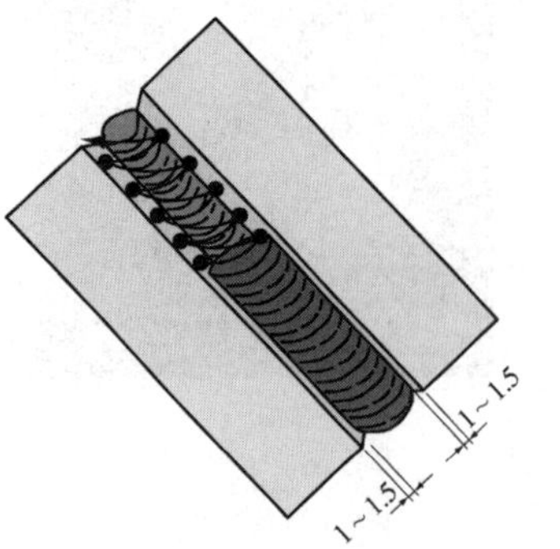

그림 2-39 강관 45° 경사 표면 비드 운봉

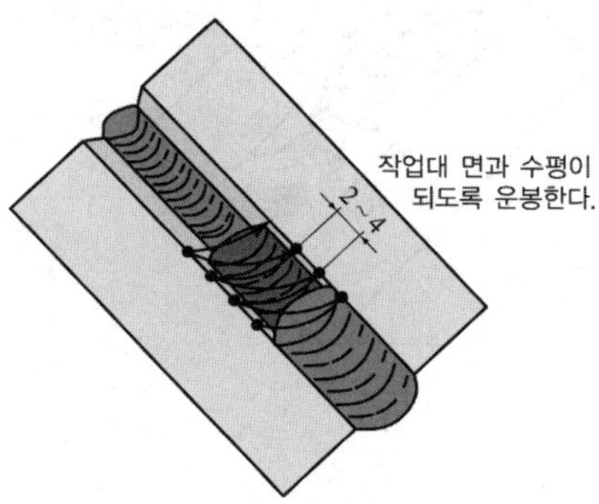

차. 검사 및 반복 실습

용접이 완료되면 용접부를 깨끗이 청소한 후 용접부의 외관과 결함의 유무를 검사하고, 필요하면 X선 투과 검사를 하여 내부의 결함 유무를 점검하여 용접부를 검증한다. 검증된 결과를 토대로 잘못된 점을 고치려고 노력하며 숙련이 될 때까지 반복 실습한다.

카. 정리 정돈 및 주위 청소

실습이 끝나면 아르곤 가스 용기의 밸브를 잠근 후 용접기 전면 판넬에서 '용접/점검' 전환 스위치를 '점검(가스체크)'으로 전환하여 호스 내의 잔여 가스를 제거한 후 용접기의 전원을 차단하고, 벽 스위치, 메인 스위치 순으로 차단한다.

사용했던 기계와 공구를 정리 정돈하고 주위를 깨끗이 청소한다.

찾아보기

(ㄱ)
공표 / 275
가단 주철 / 479
가동 철심형 / 25
가동 코일형 / 26
가로(횡) 균열 / 553
가변압식 / 73, 74
가스 가우징 / 108
가스 납땜 / 88
가스 노즐 / 137
가스 발생식 / 38
가스 발생제 / 36
가스 방전형 레이저 / 163
가스 압접 / 170
가스 용접법 / 60
가스 용접봉 / 78
가스 절단 / 95
가스 질화법 / 498
가스 침탄법 / 498
가스 호스 / 74
가스(산소) 절단 / 94
가스절단 효율 / 99
가압력 / 182
가연성 가스 / 61
가용접 / 279
가우징 토치 / 111
가우징봉 / 112
가융 합금 / 523
가포화 리액터형 / 26
각 변형 / 300
각장 / 210
갈바나이징 / 500
감각 온도 / 379
감각 제어 로봇 / 316
강괴의 종류 / 438
강도 / 404
강도율 / 376
강인강 / 458
강자성체 / 409
개선 깊이 / 207
거친 구리 / 507
건(고온) 부식 시험 / 333
건부식 / 409
검사 / 324
겉불꽃 / 66
게이지강 / 469
격자 결함 / 551
격자 상수 / 423
결정 / 422
결정 입자 / 422
결정 풀림 / 493
결정격자 / 423
결정립의 대소 / 412
결정의 형성 / 412
겹침 용접 균열 시험 / 349
경강선재 / 450
경고표지 / 378
경금속 / 403
경납땜 / 82
경납재 / 85
경년 변화 / 509
경도 / 404
경도 시험 / 327
경사 필릿 용접 / 204
경화능 / 489
계조계 / 344
고강도 황동 / 511
고규소 주철 / 478
고급 주철 / 476
고망간 강 / 461
고산화티탄계 / 39
고셀룰로오스계 / 39
고속도강 / 463, 464
고스트 라인 / 414
고압식 토치 / 72
고온 균열 / 553
고온 뜨임 / 491
고온 탈아연 / 509
고온 풀림 / 492
고온(열간) 가공 / 428
고용체 / 414
고용체형 접착 / 83
고장력강 / 41, 460
고장력강의 특성 / 460
고주파 경화법 / 501
고주파 교류 / 132
고주파 발생 장치 / 29
고주파 용접 / 171
고주파 유도 용접 / 171
고주파 저항 용접 / 172
고착제 / 36
고체 금속형 레이저 / 163
고체 침탄법 / 497
고체수축 / 414
고크롬 주철 / 478
고탄소강 / 440
고합금강 / 457
공공 / 414
공공 기구 / 419
공석 / 421
공석 조직 / 421
공석강 / 445
공유 결합 / 550
공작 기계 일반 안전 수칙 / 366
공정 / 420
공정 계획 / 274
공정 조직 / 420
공정 주철 / 445
공정점 / 420
공정표 / 274
공정형 상태도 / 420
공정형 접착 / 83
공진법 / 341
과공석강 / 445
과냉 / 410
광전식 가스 절단기 / 102

광전자식 / 369
교류 / 17
교류 아크용접기 / 24
교호법 / 283, 303
구급 조치 / 385
구리 / 507
구상 흑연 주철 / 478, 479
구상화 풀림 / 493
구속(억제)법 / 302
구조 설계 / 200
구조상 결함 / 51
국부 부식 / 409
국부 풀림법 / 296
굴곡 시험 / 606
굽힘 시험 / 329
굽힘 시험 형틀 / 329
권수비 / 25
규소 청동 / 513
규소 황동 / 511
규소강 / 469
규칙 격자형 고용체 / 415
균열 개구변위 시험 / 354
균열 보수 / 307
극 좌표계 로봇 / 315
극 좌표형 로봇 / 316
극성 효과 / 132
근접 효과 / 171
글로뷸러형 / 18
글리세린 치환법 / 334
금속 / 401
금속 결합 / 549, 550
금속 아크 절단 / 109
금속 침투법 / 499
금속간 화합물 / 421
금속의 결함 / 551
금속의 공통 성질 / 402
금속의 변태 / 442
금지표지 / 377
기계 구조용 주철 / 477
기계적 응력 완화법 / 296
기계적 접합법 / 5
기공 / 414
기공의 보수 / 306
기체 산소 / 63

(ㄴ)
납계 화이트 메탈 / 524
납땜 / 82
납땜용 용제 / 86
납접 / 7
내계 계측 센서 / 319
내마모용 주철 / 478
내산 주철 / 478
내용적 / 68
내충격용 합금강 / 463
냉각 곡선 / 411
냉간 압접 / 172
냉간(상온) 가공 / 428
냉경 주철 / 478
너깃 / 183
넓은 비드놓기 / 579
네로우 갭 용접 / 127
네이벌 황동 / 511
노내 납땜 / 88
노내 풀림법 / 295
노듈러 주철 / 479
노치 취성 시험 / 352
녹십자 표지 / 377
누설 검사 / 335
니칼로이 / 519
니켈 / 518
니켈(Ni)강 / 458
니크롬 / 519

(ㄷ)
다결정체 / 422
다관절 로봇 / 315
다듬질 작업 안전 / 366
다우 메탈 / 520
다이버젼트 노즐 / 99
다이케스팅 재료 / 515
다전극 방식 / 119
단결정 / 412
단락 옮김 아크용접 / 169
단락 이행 / 18
단색성 / 164
단속 필릿 용접 / 204
단위격자 / 423
단위포 / 422
단조 / 429
담금 납땜 / 88
담금질 / 488
담금질 조직 / 489
당갈로이 / 464
대상 전극 / 127
대칭법 / 283, 303
더블 푸시-풀 방식 / 146
덧살 올림 용접 / 205
덧살올림법) / 283
데버(Dever) / 130
도가니로 / 437
도수율 / 375
도시 가스 / 65
돌기 / 188
동맥 출혈 / 385
동소 변태 / 442
동심형 / 101
두랄루민 / 516
뒷댐재 / 154
뒷받침 / 123
듀리나 메탈 / 511
듀콜강 / 460
드래그 / 100
드래그 길이 / 100
드래그 라인 / 100
드릴 작업 안전 수칙 / 368
뜨임 / 490
뜨임 서랭 취성 / 491
뜨임 취성 / 491

(ㄹ)
라미네이션 / 557
라임티타니아계 / 39
러그 / 32
레이저 / 162
레이저 비전 시스템 / 321
레이저 용접 / 162
레이저 절단 / 113

로버트슨(Robertson) 시험 / 352
로봇 / 312
로봇 좌표계 / 317
로봇의 구성 / 313
로봇의 종류 / 314
로엑스 / 515
로크웰 경도 시험 / 327
로킹 법 / 535
루트 간격 / 207
루트 균열 / 557
루트 면 / 207
루트 반지름 / 207
리하이 구속(Lehigh restraint) 균열 시험 / 349
림드강 / 438
링컨 용접 / 117

(ㅁ)

마마강판 / 450
마그네슘 / 519
마르에이징강 / 460
마르텐사이트 / 489
마르텐사이트계 스테인리스강 / 466
마우러 조직도 / 474
마이크로 와이어 / 169
마자크 / 523
마퀜칭 / 495
마텐사이트 / 489
마템퍼링 / 496
망간 납 / 85
망간 청동 / 511
맞대기 심 용접 / 188
맞대기 용접 / 203
매시 심 용접 / 188
매크로(macro) 조직 시험 / 332
메니폴드 / 68
메인 플레이트 / 278
메탄 가스 / 65
면 결함 / 552
면내 변형 / 298
면심 입방 격자 / 425
면외 변형 / 298
모넬메탈 / 518
모세관 현상 / 83
목 길이 / 210
목 두께 / 210
무산소 구리 / 508
물리 증착법 / 502
물리적 표면 경화법 / 497
물적 사고 원인 / 374
미아한법 / 476
미하나이트 주철 / 476

(ㅂ)

바텔(Battelle) 비드 밑 균열
박판 / 450
반가스 발생식 / 38
반데어 비인(Van der Veen) 시험 / 353
반도체형 레이저 / 163
반자동 가스 절단기 / 102
반자동 용접 / 312
반주철 / 473
발열량 / 180
방독 마스크 / 33
방사선 투과 검사 / 342
방전 경화법 / 502
방폭의 목적 / 382
배빗 메탈 / 524
배위수 / 423
백 가우징 / 112
백심 / 65
백심 가단 주철 / 479
백주철 / 473
버터링 법 / 535
베릴륨 청동 / 513
베벨각 / 207
베서머법 / 436
베어링강 / 469
변압기 / 24
변압비 / 25
변태 / 442
변태점 측정법 / 442
변형의 종류 / 298
보론나이징 / 500
보수 용접 / 307
보통 주강 / 471
보통 주철 / 475
보호 가스 / 14, 135, 147
보호 가스 비용 / 221
보호 유리 / 33
보호구 / 362, 363
복합 와이어 / 153
본드 / 292
부식 / 409
부저항 특성 / 15
부착형 접착 / 83
부특성 / 15
분말 절단 / 106
분무 이행 / 18
분진에 의한 질병 / 380
분할형 원주 홈 균열 시험 / 350
불가시 용접 / 117
불꽃시험 / 332
불꽃심 / 65
불림 / 488
불변강 / 468
불변압식 / 72, 74
불안전한 상태 / 374
불안전한 행동 / 373
불쾌 지수 / 379
불화물 / 87
불활성 가스 텅스텐 아크용접 / 131
불활성가스 금속 아크용접 / 142
붕사 / 87
브라베 격자 / 424
브레이징 용접성 / 84
브리넬 경도 시험 / 327
브리타니아 메탈(britania metal) / 522
비금속 / 402
비녀장 법 / 535
비드 밑 균열 / 556

비드놓기 / 576
비석법 / 283, 303
비소모식 / 7
비열 / 406
비용 절감 요소 / 219
비용극식 / 7
비자성체 / 409
비전 센서 / 320
비접촉식 센서 / 320
비중 / 406
비철 재료 / 401
비커스 경도 시험 / 328
비파괴 시험 / 334
빌드업법 / 283

(ㅅ)

사각 탐상법 / 342
사용성능 / 43
산성 전로법(베서머법) / 436
산소 / 61
산소 과잉 불꽃 / 68
산소 아크 절단 / 110
산소 용기 / 68
산소 용접 / 60
산소병 / 68
산소의 제조법 / 62
산소창 절단 / 107
산소-수소 불꽃 / 65
산업용 로봇 / 312, 315
산적표 / 274
산화 불꽃 / 68
살수법 / 304
상각비 / 222
상률 / 441
상승 특성 / 22
상자성체 / 409
샤르피 충격 시험 / 352
샤르피식 / 330
서멧(cermet) / 469
서브 제로(sub-zero) 처리 / 496
서브머지드 아크 용접법 / 117
석면포 사용법 / 304
석출 경화형 / 466
선 결함 / 552
선(열)팽창 계수 / 408
선천적 원인 / 373
선철의 종류 / 436
선행 측정법 / 320
설계의 원칙 / 199
설비 사용 계획 / 273
설비 준비 / 276
설퍼 크랙 / 554
설퍼 프린트법 / 332
성질상 결함 / 51
세라다이징 / 499
세라믹 / 464
세로(종) 균열 / 553
세미 킬드강 / 438
센서 / 318
소결 경질 합금 / 464
소결 함유 베어링 / 524
소결형 용제 / 122
소르바이트 / 489
소모식(용극식) / 7
소성 / 426
소성 가공 / 428
소성 변형 / 426
소음 / 380
소음 허용한계 / 380, 386
소음에 의한 질병 / 380
소화기의 종류 / 382, 384
속불꽃 / 66
솔리드 와이어 / 153
솔리드 와이어 방식 / 150
송급 롤러 / 147
송급장치 / 147
쇼어 경도 시험 / 328
쇼트 피닝 / 502
수공구류의 안전 수칙 / 365
수냉 동판법 / 304
수동 용접 / 311
수소 가스 / 65
수소 균열 / 560
수소 시험 / 334
수소 취성 / 559
수소 취화 / 562
수소 침식 / 560
수소병 / 510
수압 검사 / 336
수인강 / 461
수중 절단 / 107
수지상 조직 / 413
수직 비드놓기 / 581
수직 자세 / 8
수직 전용 용접 / 160
수직 탐상법 / 341
수축공 / 414
수평 비드놓기 / 580
수평 자세 / 8
수하 특성 / 21
순금속 / 403
순금속의 응고 / 410
순철 / 439
순철의 동소체 / 439
순철의 종류 / 439
순텅스텐 전극 / 137
슈나트 시험 / 352
스카핑 / 108
스캘럽 / 202
스킵법 / 283
스터드 법 / 535
스테인리스강 / 465
스텔라이트 / 464
스톱 홀 / 307
스프레이형 / 18
스프링강 / 451
슬래그 / 14
슬래그 생성식 / 38
슬래그 생성제 / 36
슬래그 섞임 / 52
슬롯 용접 / 205
슬립 / 426
습부식 / 409
습부식 시험 / 333
습윤성 / 82
시공 관리 / 276
시공 도면 / 200
시그마 용접법 / 143

시멘타이트 / 447
시차 열분석법 / 443
시효 경화 / 514
신금속 / 402
실루민 / 515
실리코나이징 / 499
실제 목 두께 / 210
실진 청동 / 513
심 용접 / 187
심기 용접 / 168
심랭 처리 / 496
심선 / 35
쌍정 / 426
쌍정 경계 / 55

(ㅇ)

아공석강 / 445
아르고노트 용접법 / 143
아르곤 / 135
아르곤 아크용접 / 131
아세틸렌 / 63
아세틸렌 제조법 / 63
아연 당량 / 510
아이죠드식 / 330
아코스 아크법 / 149
아크 / 13, 15
아크 길이 / 47
아크 발생법 / 46, 141
아크 브스터 / 30
아크 센서 / 320
아크 스터드 용접 / 168
아크 쏠림 / 48
아크 안정제 / 36
아크 에어 가우징 / 111
아크 전류 밀도 / 46
아크 절단 / 94
아크 점 용접 / 170
아크 타임 / 218
아크길이 자기제어 / 22, 23
안내표지 / 378
안전 / 372
안전 관리 / 372
안전 관리 법규 / 393
안전 표시 / 377
안전 표지 / 377
안전률 / 217
안전모 / 363
알루미늄 / 513
알루미늄 납 / 86
알루미늄 용접봉 / 139
알루미늄 청동 / 512
압력 조정기 / 74
압력설 / 561
압연 / 428
압접 / 6
압축 공기 / 111
압출 / 429
액상수축 / 414
액체 산소 / 63
액체 침질법 / 498
액체 침탄법 / 498
액화 석유 가스 / 104
앤드탭 / 124
야금학적 접합법 / 5
양수 조작식 / 369
양은 납 / 86
양은(백동) / 511
어드벤스 / 518
업셋 용접 / 190
에너지 집중과 고휘도성 / 164
에드미럴티 황동 / 511
에버듀르 / 513
에어 코메틱 용접법 / 143
엔진 구동형 / 23
엘렉트론 / 520
엘린바(elinvar) / 468
역류 / 81
역률 / 28
역변형법 / 301
역화 / 81
연 질화법 / 499
연강선재 / 450
연납땜 / 82
연납재 / 84
연립 황동 / 511
연삭 작업 안전 수칙 / 367
연성 주철 / 479
연속 냉각 변태 시험 / 351
연속 필릿 용접 / 204
연천인률 / 375
연청동 / 513
열 사이클 / 284
열 영향부 / 291
열간 가공용강 / 463
열분석법 / 442
열의 확산 / 285
열전대의 종류 / 443
열전도율 / 408
열처리 / 487
열효율 / 19
염기성 전로법(토마스법) / 436
염료 침투 탐상 검사법 / 338
염화 아연 / 86
염화물 / 87
염화암모늄 / 87
영상처리 센서 / 320
예열 / 287
예열 불꽃 / 98
예열 온도 / 288
예열용 가스 / 98
예열의 목적 / 288
오버랩 보수 / 306
오스테나이트 / 446, 489
오스테나이트계 스테인리스강 / 466
오스테나이트계 주철 / 478
오스템퍼링 / 495
오일리스 베어링 / 513
옴의 법칙(Ohm’s law) / 15
옹그스트롱(Å) / 3
와류 탐상(맴돌이) 검사 / 346
와이어 돌출 길이 / 155
와이어 컷 / 127
완성 검사 / 325
완전 풀림 / 492
외계 계측 센서 / 319
용가재 / 34
용광로 / 435
용광로의 크기 / 435

용극식 / 7
용기의 각인 / 71
용사 / 174
용선로 / 437
용융 속도 / 18
용융 잠열 / 407
용융점 / 407
용융지 / 13
용융형 용제 / 121
용입 / 13
용입불량 보수 / 306
용적 / 13
용적 이행 / 18
용접 / 3
용접 검사 / 324
용접 결함 / 51
용접 균열 / 553
용접 균열 시험 / 348
용접 기본 기호 / 226
용접 기호 / 224
용접 변형 교정 / 304
용접 보조 기호 / 228
용접 설계 / 199
용접 속도 / 47
용접 쇄약 / 467
용접 시공 / 273
용접 시공 순서 / 281
용접 열영향부 / 284
용접 열원 / 9
용접 이음 효율 / 214
용접 입열 / 19
용접 자세 / 7
용접 전 검사 / 325
용접 절차 검정 기록서 / 201
용접 절차 사양서 / 201
용접 중 검사 / 325
용접 지그 / 277
용접 토치 / 136
용접 헤드 / 118
용접 헬멧 / 33
용접 홀더 / 31
용접 홈 / 206
용접 홈 형상 / 206
용접 후 검사 / 325
용접 흄 / 391
용접봉 각도 / 47
용접봉 건조 / 44
용접봉 산출 / 220
용접부 검사 / 244, 606
용접부 연성 시험 / 350
용접성 / 43, 348
용접절차 사양서 / 239
용접절차 인정 기록서 / 240
용제 / 79, 434
용제 절단 / 106
용제의 입도 / 121
용착 / 13
용착 금속 / 14
용착 금속부 / 291
용착 효율 / 220
용착법 / 282
용체화 처리 / 514
용해 아세틸렌 / 64
우수한 간섭성 / 164
운반 안전 수칙 / 364
운봉 속도 / 47
워터 제트 절단 / 107
원격 제어 장치 / 30
원자 / 422, 549
원자 공공 / 552
원자 수소 아크 용접 / 167
원질부 / 292
원통 좌표계 로봇 / 315
위보기 자세 / 8
위보기 자세 비드놓기 / 583
위빙 비드 / 50
위빙 운봉 폭 / 50
유니언 멜트 용접 / 117
유니언 아크법 / 150
유도 가열 납땜 / 88
유리 탄소 / 474
유압 구동 로봇 / 314
유해 가스에 의한 질병 / 381
육안(외관) 검사 / 335
융접 / 6
음향 시험 / 347
응고 / 410
응고수축 / 414
응급 조치의 3요소 / 384
응력 부식 균열 / 509
응력 부식 시험 / 333
응력 제거 풀림 / 493
응력 집중 / 211
이론 목 두께 / 210
이산화탄산 가스 / 153
이심형 / 101
이온 결합 / 549
인공 시효 / 514
인동 납 / 85
인두 납땜 / 88
인바(invar / 518, 519
인바(invar) / 468
인발 / 428
인성 / 404
인장 강도 / 215
인장 시험 / 327
인적 사고의 원인 / 373
인청동 / 513
인화 / 81
일렉트로 가스 용접 / 160
일렉트로 슬래그 용접 / 158
일미나이트계 / 39
입계 부식 / 467
입상 이행 / 18

(ㅈ)

자기 변태 / 442
자기 쏠림 / 48
자동 가스 절단기 / 102
자동 용접 / 312
자동화 목적 / 311
자마크 / 523
자분 탐상 검사 / 338
자석강 / 469
자연 시효 / 472, 514
자유도 / 441
작업 검사 / 324
작업 계수 / 219
작업각 / 47

작업복 / 361
작업성 / 43
잔류 응력 경감법 / 295
잠호 용접 / 117
재결정 / 428
재결정 온도 / 428
재료 계산(적산) / 200
재료 관리 / 275
재해 / 372
재해율 / 374
재현 열영향부 시험 / 351
저수소계 / 40
저압식 토치 / 72, 101
저온 균열 / 555
저온 뜨임 / 491
저온 뜨임 취성 / 491
저온 응력 완화법 / 296
저온 취성 / 448
저온 풀림 / 493
저온 풀림 경화 / 509
저융점 땜납 / 85
저융점 합금 / 523
저탄소강 / 440
저합금강 / 457
저항 납땜 / 88
저항 용접의 3요소 / 181
적열(고온) 취성 / 448
전(좌)진법 / 80
전격 방지 대책 / 391
전격 방지 장치 / 30
전광성 안염 / 390
전극 돌출 길이 / 142
전극봉 / 34
전극봉 가공 / 138
전기 구동 로봇 / 314
전기 구리 / 508
전기 저항 용접 / 180
전기 전도율 / 408
전기로 제강법 / 437
전단 시험 / 329
전동 발전형 / 23
전로 제강법 / 436
전률 고용체 / 416
전면 부식 / 409
전면 필릿 용접 / 204
전원 용량 계산 / 273
전위 / 427
전위설 / 560
전자 빔 용접 / 165
전자빔 발생기 / 165
전자세 / 8
전조 / 429
전진 블록법 / 283
전진법 / 155, 283
전탄소량 / 472
절단 / 94
절단 속도 / 99
절단용 산소 / 97
절삭용 합금강 / 462
절연 회복 특성 / 15
점 결함 / 552
점 수축법 / 305
점 용접 / 182
접지 클램프 / 31
접촉식 센서 / 319
접합성 / 43
정격 사용률 / 27
정련 구리 / 508
정류 작용 / 133
정류기형 / 23
정맥 출혈 / 385
정전류 특성 / 21
정전압 특성 / 22
젖음성 / 84
제1도 화상 / 386
제1종 결함 / 344
제1차(기) 크리프 / 405
제2도 화상 / 386
제2종 결함 / 344
제2차(기) 크리프 / 405
제3도 화상 / 386
제3종 결함 / 346
제3차(기) 크리프 / 405
제강 / 434
제강법 / 436
제외 / 222
제철 / 434
조도 / 379
조도의 기준 / 379
조밀 육방 격자 / 425
좁은 비드놓기 / 577
좁은 홈 용접 / 127
종(세로) 수축 / 299
좌굴 변형 / 301
주강 / 470
주괴 편석 / 414
주상 조직 / 413
주석 / 522
주석 황동 / 511
주조 경질 합금 / 464
주철 / 472
주철 함유 베어링 / 524
주철의 성장 / 473
준금속 / 401
준비비 / 223
중금속 / 403
중성 불꽃 / 67
중성자 / 422
중압식 토치 / 72, 101
중탄소강 / 440
중판 / 450
지그의 종류 / 277
지능 로봇 / 315
지르코늄 텅스텐 전극 / 137
지시표지 / 378
지연 균열 / 555
지향성 / 164
직각 좌표계 로봇 / 314
직류 역극성 / 17, 132
직류 정극성 / 17, 132
직선 비드 / 50
직선 수축법 / 305
직후열 / 290
진행각 / 47
질량 효과 / 490
질화강 / 462
질화법 / 498
질화용 강 / 451

(ㅊ)

차광 유리 / 33
차광도 / 33
차광막 / 32
창상 / 385
채광 / 378
천연 가스 / 65
철강 재료 / 401
철광석 / 434
철분 산화철계 / 40
철분 산화티탄계 / 40
철분 저수소계 / 40
철분 절단 / 106
청동 / 512
청열 취성 / 448
청정 작용 / 17, 134
체심 입방 격자 / 424
체적(부피) 결함 / 552
초강두랄루민 / 516
초강인강 / 460
초경 합금 / 464
초기 신장 / 405
초내열강 / 469
초두랄루민 / 516
초심랭 처리 / 496
초음파 검사 / 339
초음파 용접 / 170
초인바(super invar) / 468, 518
최대 패스간 온도 / 251
출입금지 / 378
출혈 / 385
충격 시험 / 329
충돌 용접 / 191
측면 필릿 용접 / 204
층상 균열 / 557
치수상 결함 / 50
치환형 고용체 / 415
치환형 원자 / 552
칠드 주철 / 478
침입형 고용체 / 415
침입형 기구 / 418
침입형 원자 / 552
침탄 방지 / 497
침탄강 / 461
침탄법 / 497
침탄용 강 / 451
침투 탐상 검사 / 336

(ㅋ)

카바이드의 성질 / 63
카안 인열(Kahn tear) 시험 / 352
칼로라이징 / 500
캡드강 / 438
커브형 / 147
케스 케이드법 / 283
케이블 커넥터 / 32
켈밋 / 513
코머렐(Kommerell) 시험 / 350
코비탈륨 / 515
코엘린바(coelinvar) / 468
코일의 무게 / 120
콘스탄탄 / 513, 518
콘택트 튜브 / 152
쾌삭강 / 451, 469
큐리 포인트 / 442
큐폴라 / 437
크레이터 / 49
크레이터 균열 / 554
크로마이징 / 500
크롬(Cr)강 / 459
크리프 / 405
크리프 한도 / 405
클래드강 / 470
킨젤 시험 / 351
킬드강 / 438

(ㅌ)

탄산가스 아크 용접(CO_2 용접) / 148
탄성 / 425, 426
탄소 공구강 / 440, 451
탄소 당량 / 472
탄소 당량(Ceq) / 289
탄소 아크 절단 / 109
탄소강 / 439
탄화 불꽃 / 66
탈산 구리 / 508
탈산제 / 36
탈아연 부식 / 509
탭 전환형 / 26
텅스텐 전극봉 / 137
테르밋 반응 / 168
테르밋 용접 / 168
테르밋제 / 168
테이프 전극법 / 128
텐덤식 / 119
토륨 텅스텐 전극 / 137, 138
토마스법 / 436
토우 균열 / 556
톰백 / 510
통전 시간 / 182
통전 전류 / 181
투과도계 / 343
투과법 / 340
투르스타이트 / 489
특수강 / 457
티타늄 / 521
티타늄 용접봉 / 544
팁 클리너 / 77
팁의 능력 / 74

(ㅍ)

파면 시험 / 331
파이넥스(FINEX) 기법 / 435
파텐팅 / 450
퍼멀로이 / 519
퍼멀로이(permalloy) / 468
퍼커션 용접 / 191
펄라이트 / 446

펄라이트 가단 주철 / 480
펄스(pulse) 반사법 / 341
페라이트 / 446
페라이트계 스테인리스강 / 465
편석 / 414
편석 현상 / 414
편심 / 43
편심률 / 43
평로(반사로) 제강법 / 436
포갬(겹치기) 절단 / 107
포금 / 512
포일 심 용접 / 188
포정 / 420
포정 반응 / 420
폭발 압접 / 173
폭발 한계 / 382
폴레티나이트(platinite) / 468
표면 경화법 / 497
표면 경화용강 / 451
표면 흡착설 / 561
표준 불꽃 / 67
표피 효과 / 171
푸시 방식 / 146
푸시-풀 방식 / 146
풀 방식 / 146
풀림 / 492
풀림의 종류 / 492
퓨즈 아크법 / 150
프레스 / 429
프레스 작업 안전 / 368
프로세스 풀림 / 493
프로젝션 용접 / 188
프로판 가스 / 105
플라스마 / 156
플라스마 아크용접 / 156
플라스마 제트 절단 / 110
플래시 버트 용접 / 191
플래티나이트 / 519
플러그 용접 / 205
플럭스 비 / 221
플럭스 코드 와이어 방식 / 150
플레어 용접 / 205
피닝법 / 296
피로 / 405
피로 시험 / 330
피로 파괴 / 330
피로 한도 / 330
피복 아크 용접 / 13
피복 아크용접 회로 / 14
피복 아크용접봉 / 34
피복제 / 35
피스톨형 / 147
피아노선재 / 450
피크의 제1법칙 / 417
피크의 제2법칙 / 418
피하 출혈 / 385
핀치 효과 / 19
필러 아크용접법 / 143
필릿 용접 / 204, 584
필릿 용접 파면 검사 / 607

(ㅎ)

하모닉 드라이브 / 317
하이드로 날륨 / 515
하이브리드 용접 / 165
하이스 / 463
한률 고용체 / 416
함유 베어링 / 524
합금 / 403
합금 주강 / 471
합금(특수)강 / 440
합금강 / 457
핫 스타트 장치 / 30
핫 와이어 / 127
항온 변태 선도 / 494
항온 열처리 / 494
항온 풀림 / 492
항온(등온) 풀림 / 495
핸드 실드 / 33
허용 사용률 / 28
허용 응력 / 217
허쿨로이 / 513
헬륨 / 135
현장 용접 / 231
형 자동 가스 절단기 / 102
형광 침투 탐상 검사법 / 337
호버트(Hobart) / 130
호스의 내압 시험 / 74
혼성형 용제 / 123
혼합 가스 / 154
홈 각도 / 207
화상 / 385
화염 경화법 / 501
화이트 메탈 / 524
화재 발생 조건 / 381
화재의 분류 / 381
화학 분석 시험 / 333
화학 증착법 / 502
화학 확산 / 417
화학적 표면 경화법 / 497
화합 탄소 / 474
확산 / 417
확산 풀림 / 492
환기 장치 / 33
환기 헬멧 / 34
환산 용접 길이 / 223
황 균열 / 554
황동 / 508
황동 납 / 85
회전 변형 / 299
회전 테이블 / 277
회주철 / 473, 475
회주철의 용접성 / 532
횡 수축 / 298
횡병렬식 / 119
횡직렬식 / 119
효율 / 28
후(우)진법 / 80
후열처리 / 290
후진(퇴)법 / 283
후진법 / 155
후처리비 / 223
후천적 원인 / 373
후퇴법 / 303
후판 / 450
휘스코(Fisco) 균열 시험 / 349
흑강판 / 450

흑심 가단 주철 / 479
흑연화 / 474
힐 크랙 / 557

17－4 PH강 / 466
17－7 PH강 / 467
18－8강 / 467
1차 조직(응고 조직) / 411
2중 인장 시험 / 352
2차 조직 / 411
5－4－8 합금 / 465
6:4 황동 / 510
6G / 8
6GR / 8
7:3 황동 / 510

(A)
A 1000계 / 516
A 1100 / 139
A 2000계 / 516
A 3000계 / 517
A 4000계 / 517
A 4043 / 139
A 5000계 / 517
A 5183 / 140
A 5356 / 140
A 5654 / 139
A 6000계 / 517
A 7000계 / 517
ACHF) / 132
alloy steel / 457
annealing / 492
arc / 13
austenite / 446, 489
A급(일반) 화재 / 381

(B)
built up welding / 205
B급(유류) 화재 / 381
B형 열전대 / 443

(C)
C 곡선 / 494
cast steel / 470
CCT 시험 / 351
cementite / 447
Ceq / 290
cleaning action / 134
CO_2 가스 / 153
commercial bronze / 510
CP 특성 / 22
Crack Tip Opening Displacement / 354
Cr－Mo강 / 459
Curie point / 442
Cu계 베어링 합금 / 524
CVD법 / 502
C급(전기) 화재 / 382
C형 팁 / 185

(D)
DCRP / 17
DCSP / 17
DWT(낙중) 시험 / 353
D급(금속) 화재 / 382

(E)
E(구 : CRC)형 열전대 / 443
E4301 / 39
E4303 / 39
E4311 / 39
E4313 / 39
E4316 / 40
E4324 / 40
E4327 / 40
E7016 / 40
Eddy current test / 346
E형 팁 / 185

(F)
FAB / 128
ferrite / 446
Fe－C계 평형 상태도 / 444
flux cord wire / 153
F형 팁 / 185

(G)
gilding metal / 510
Gr-No. / 250
GTAW / 131

(H)
hardness / 404
HAZ / 291
hill crack / 557
Horizontal position / 8
H형 홈 / 208

(I)
I(평)형 홈 / 207
I2R법 / 127
IIW 최고 경도 시험 / 351
I급(가스) 화재 / 382

(J)
J(구: IC)형 열전대 / 443

(K)
K(구 : CA)형 열전대 / 443
killed steel / 438
KK-X법 / 127
K형 홈 / 208

(L)
L/D법 / 436
LASER / 162
Leak test / 335
Leg length / 210
LNG / 65
low brass / 510
LPG / 104

(M)
Magnetic test / 338
martensite / 489
MIG 절단 / 110
Muntz metal / 510

(N)
NAP 용접 / 127
NCG법 / 150
NDI / 335
NDT / 335
negget / 183
Ni−Cr강 / 459
Ni−Cr−Mo강 / 459
NM 청동 / 511
normalizing / 488
NSR / 78
N형 열전대 / 443

(O)
Overhead positio / 8

(P)
P-No. / 250
pearlite / 446
Penetrant test / 336
PQ 시험 절차 / 245
PQR / 201, 240
projection / 188
pull type / 146
Push type / 146
push-pull type / 146
P형 팁 / 185

(Q)
Quenching / 488

(R)
radiographic test / 342
red brass / 510
rimmed steel / 438
robot / 312
r선 투과 검사 / 343
R형 열전대 / 443
R형 팁 / 185

(S)
S 곡선 / 494
scallop / 202
SCM / 459
semi killed steel / 438
Silumin / 515
SKH / 463
slip / 426
SMAW / 13
SNCM / 459
solid wire / 153
sorbite / 489
SR / 78
STC / 451
strength / 404
STS / 462
S형 열전대 / 443

(T)
T(구: CC)형 열전대 / 443
tack weld / 279
tempering / 490
TIG 용접 / 131
TIG 절단 / 109
tin bronze / 512
toe crack / 556
tombac / 510
toughness / 404
troostite / 489
TTT 곡선 / 494
twin / 426
T형 필릿 균열 시험 / 348

(U)
Ultrasonic test / 339
U형 홈 / 208

(V)
Vertical position / 8
Visual test / 335
V형 홈 / 208

(W)
weld decay / 467
WPS / 200, 239
WPS 초안 / 246

(X)
X선 투과 검사 / 342
X형 홈 / 208

(Y)
Y 308 / 140
Y 308 L / 140
Y 309 / 140
Y 316 / 140
Y 316 L / 140
Y 410 / 140
Y 430 / 140
Y 합금 / 515
yellow brass / 510

(α)
α페라이트 / 446

(δ)
δ페라이트 / 446

저자 약력

정균호 전북대학교 대학원 기계공학과 졸업 기계공학 석사

[前] 한국폴리텍대학 산업설비학과 교수, daum '용접기술'카페지기

[現] 중소기업산학연 평가위원

[現] 대한민국산업현장교수(금속재료 부분)

[現] ㈜ 코린텍 기술고문

[E-mail] jungkho2001@hanmail.net

[자격증] 용접기술사, 용접기능장, 용접기사, 금속재료기술사, 기계기술지도사, 주조기능사1급, 열처리기능사, 직업훈련교사1급, 중등교원 정교사1급(금속,기계)

[저 서] (구민사) : 핵심 용접공학
핵심 용접실무실습
핵심 금속 · 용접야금학개론
고수열강 용접실습
고수열강 용접 · 특수용접기능사 필기 · 실기
고수열강 용접산업기사 필기 · 실기
고수열강 용접기사 필기
고수열강 용접기능장 필기 · 실기
(산업인력공단) : 용접설계시공, 금속보호 가스용접 실기,
불활성가스텅스텐아크 실기, 전기용접 실기,
NCS 피복 아크용접 실기,
NCS CO_2 용접 실기
(삼천포마이스터공고) : 선박재료

나중쇠 전북대학교 대학원 졸업 기계공학석사

[前] 한국폴리텍대학 산업설비학과 교수

[現] 대한민국산업현장교수(금속재료 부분)

]E-mail] najs3040@hanmail.net

[자격증] 용접기능장, 용접기사

[저 서] (구민사) : 핵심 용접공학
핵심 용접실무실습
핵심 금속 · 용접야금학개론
고수열강 용접실습
고수열강 용접 · 특수용접기능사 필기 · 실기
고수열강 용접산업기사 필기 · 실기
고수열강 용접기사 필기
고수열강 용접기능장 필기 · 실기
(산업인력공단) : 가스용접 실기(공단)

핵심 용접공학

초　판　인쇄 | 2012년 9월 25일
초　판　발행 | 2012년 9월 30일
개정 6판　발행 | 2022년 3월 31일
개정 7판　발행 | 2024년 7월 15일
개정 8판　발행 | 2025년 7월 15일

공　저 | 정균호 · 나중쇠
발행인 | 조규백
발행처 | **도서출판 구민사**
서울특별시 영등포구 문래북로 116, 604호(문래동 3가 46, 트리플렉스)
전화 (02) 701-7421
팩스 (02) 3273-9642
홈페이지 www.kuhminsa.co.kr

신고번호 | 제2012-000055호 (1980년 2월 4일)
I S B N | 979-11-6875-580-2 [93550]

값 32,000원